2020 全国勘察设计注册工程师执业资格考试用书

Zhuce Dianqi Gongchengshi Zhiye Zige Kaoshi Zhuanye Jichu Kaoshi
Hexin Kaodian Yu Linian Zhenti Xiangjie

注册电气工程师执业资格考试专业基础考试
核心考点与历年真题详解

（供配电、发输变电）

王 东 / 主 编

景世良 刘 譞 高 翔 / 副主编

人民交通出版社股份有限公司

北京

内 容 提 要

本书内容涵盖了注册电气工程师(供配电、发输变电)执业资格考试专业基础考试要求的电路与电磁场、模拟电子技术、数字电路技术、电力系统分析、电机学、高电压技术、发电厂电气共七部分专业基础知识。通过深入剖析历年专业基础考试真题,提炼出专业基础考试的核心考点,并在相应模块放置了历年真题(包括参考答案及详细解析),帮助考生在较短时间内提高应试能力和复习效率。

本书配有数字资源,读者可刮开封面增值贴,扫描二维码,关注"注考大师"微信公众号兑换使用。

本书可供参加2020年注册电气工程师(供配电、发输变电)执业资格考试基础考试的考生复习使用。

图书在版编目(CIP)数据

2020注册电气工程师执业资格考试专业基础考试核心考点与历年真题详解/王东主编. — 北京:人民交通出版社股份有限公司,2020.3
ISBN 978-7-114-16322-7

Ⅰ.①2… Ⅱ.①王… Ⅲ.①电气工程—资格考试—题解 Ⅳ.①TM-44

中国版本图书馆 CIP 数据核字(2020)第 013982 号

书　　名:	2020注册电气工程师执业资格考试专业基础考试核心考点与历年真题详解
著 作 者:	王　东
责任编辑:	刘彩云　李　梦
出版发行:	人民交通出版社股份有限公司
地　　址:	(100011)北京市朝阳区安定门外馆斜街3号
网　　址:	http://www.ccpress.com.cn
销售电话:	(010)59757973
总 经 销:	人民交通出版社股份有限公司发行部
经　　销:	各地新华书店
印　　刷:	北京市密东印刷有限公司
开　　本:	787×1092　1/16
印　　张:	36.25
字　　数:	866千
版　　次:	2020年3月　第1版
印　　次:	2020年3月　第1次印刷
书　　号:	ISBN 978-7-114-16322-7
定　　价:	118.00元

(有印刷、装订质量问题的图书由本公司负责调换)

前　言

全国勘察设计注册电气工程师(供配电、发输变电)执业资格考试基础考试于2005年举办了第一次考试,截至2019年,已举办了14次(2015年停考一年)。由于专业基础考试涵盖的专业知识较多,而且近几年专业基础考试难度在不断加大,不仅出现了新的考点,考题的计算量也在不断增加,这对于参加专业基础考试的考生来说,有很大的复习备考压力。

如何高效复习,快速抓住考点,灵活应对新的出题方向,顺利通过基础考试,则显得尤为重要。本书的编写正是立足于此,通过紧扣专业基础考试大纲,精准把握考试命题方向和重难点,深入剖析历年专业基础考试真题,提炼出专业基础考试的核心考点,并在相应模块放置了历年真题,提供参考答案及详细解析,帮助考生快速、系统地熟悉和掌握考试内容,提高专业基础考试分数。

本书包含考试涉及的七门专业基础课:电路与电磁场、模拟电子技术、数字电路技术、电力系统分析、电机学、高电压技术、发电厂电气,并将2005～2017年供配电、发输变电专业基础考试真题按照考点分布在各个章节中,帮助考生系统复习各个考点。同时,本书后附2018年和2019年供配电、发输变电专业基础考试真题(包括参考答案及详细解析),可供考生检验复习效果、模拟训练使用。读者还可刮开封面上的增值贴,扫描二维码,关注"注考大师"微信公众号,获得更多学习资源。

由于编者水平有限,书中难免存在错误或不妥之处,欢迎广大读者进群交流(见封底)或来信批评指正,祝大家顺利通过基础考试!

编者
2020年2月

目　　录

第1章　电路与电磁场 ··· 1
1.1　电路的基本概念和基本定律 ··· 1
1.2　电路的分析方法 ··· 1
1.3　一阶、二阶电路时域分析 ··· 4
1.4　正弦稳态电路分析 ·· 5
1.5　非正弦周期电流电路 ··· 13
1.6　均匀传输线 ··· 13
1.7　静电场 ··· 15
1.8　恒定电场 ·· 18
1.9　恒定磁场 ·· 19
电路与电磁场历年真题及详解 ··· 20

第2章　模拟电子技术 ··· 154
2.1　二极管及其应用电路 ··· 154
2.2　三极管及其放大电路 ··· 155
2.3　线性集成运算放大电路与运算电路 ··· 164
2.4　反馈放大电路（重点） ·· 170
2.5　信号发生、处理电路 ··· 172
2.6　功率放大电路 ·· 175
2.7　直流稳压电源 ·· 176
模拟电路历年真题及详解 ··· 177

第3章　数字电路技术 ··· 214
3.1　数字电路基础 ·· 214
3.2　集成逻辑门电路 ··· 215
3.3　数字基础及逻辑函数化简 ·· 215
3.4　组合逻辑电路 ·· 216
3.5　触发器与时序逻辑电路（重点） ··· 219
3.6　脉冲波形的产生 ··· 226
3.7　数模与模数转换 ··· 228
数字电路历年真题及详解 ··· 228

第4章　电力系统分析 ··· 259
4.1　电力系统基本知识 ·· 259
4.2　电力系统各元件的参数与等值电路 ··· 261
4.3　简单电网的潮流计算 ··· 267

4.4　有功功率平衡和频率调整 ……………………………………………… 272
　4.5　无功功率平衡和电压调整 ……………………………………………… 274
　4.6　短路电流计算 …………………………………………………………… 276
　电力系统分析历年真题及详解 ………………………………………………… 285

第5章　电机学
　5.1　直流电机 ………………………………………………………………… 363
　5.2　变压器 …………………………………………………………………… 365
　5.3　异步电机 ………………………………………………………………… 369
　5.4　同步电机 ………………………………………………………………… 374
　电机学历年真题及详解 ………………………………………………………… 379

第6章　高电压技术
　高电压技术历年真题及详解 …………………………………………………… 430

第7章　发电厂电气
　7.1　电气设备的选择 ………………………………………………………… 446
　7.2　断路器 …………………………………………………………………… 447
　7.3　互感器 …………………………………………………………………… 448
　7.4　电气主接线 ……………………………………………………………… 451
　发电厂电气历年真题及详解 …………………………………………………… 455

2018年度全国勘察设计注册电气工程师(供配电)执业资格考试试卷
　　　基础考试(下) ………………………………………………………… 471
2018年度全国勘察设计注册电气工程师(供配电)执业资格考试基础考试(下)
　　　试题解析及参考答案 …………………………………………………… 485
2018年度全国勘察设计注册电气工程师(发输变电)执业资格考试试卷
　　　基础考试(下) ………………………………………………………… 496
2018年度全国勘察设计注册电气工程师(发输变电)执业资格考试基础考试(下)
　　　试题解析及参考答案 …………………………………………………… 509
2019年度全国勘察设计注册电气工程师(供配电)执业资格考试试卷
　　　基础考试(下) ………………………………………………………… 519
2019年度全国勘察设计注册电气工程师(供配电)执业资格考试基础考试(下)
　　　试题解析及参考答案 …………………………………………………… 534
2019年度全国勘察设计注册电气工程师(发输变电)执业资格考试试卷
　　　基础考试(下) ………………………………………………………… 544
2019年度全国勘察设计注册电气工程师(发输变电)执业资格考试基础考试(下)
　　　试题解析及参考答案 …………………………………………………… 559

第 1 章　电路与电磁场

1.1　电路的基本概念和基本定律

考点　功率计算

关联参考方向：电流从电压参考极性"＋"端流向"－"端；

非关联参考方向：电流从电压参考极性"－"端流向"＋"端。

关联参考方向下：$p(t)=u(t)i(t)$，当 $p(t)>0$，即为吸收正功率（或发出负功率）；当 $p(t)<0$，即为发出正功率（或吸收负功率）。

非关联参考方向下：$p(t)=u(t)i(t)$，吸收功率、发出功率判断与关联参考方向完全相反。

为避免混淆，对于非关联参考方向，计算时可在前面加负号，即 $p(t)=-u(t)i(t)$，则相当于转换为关联参考方向，便于记住。

考点　基尔霍夫定律

基尔霍夫电流定律（KCL）：在集中参数电路中，对任何一个节点，在任何时刻流入（流出）该节点的电流的代数和恒为零。其表达式为：$\sum i=0$ 或 $\sum i_入 = \sum i_出$。

基尔霍夫电压定律（KVL）：在集中参数电路中，对任何一个闭合回路，在任何时刻沿该回路循行时，所有支路电压的代数和恒为零。其表达式为：$\sum u=0$。

1.2　电路的分析方法

1.2.1　常用的电路等效变换方法

考点　电阻的等效变换

电阻的等效变换包括无源电阻的串并联、星三角变换（图 1-1）。

Y→△

$R_{12}=\dfrac{R_1R_2+R_2R_3+R_1R_3}{R_3}$

$R_{23}=\dfrac{R_1R_2+R_3R_2+R_3R_1}{R_1}$

$R_{31}=\dfrac{R_1R_2+R_2R_3+R_1R_3}{R_2}$

$R_{ij}=\dfrac{\text{星形网络中电阻两两相乘之积}}{\text{星形网络中接在 }R_{ij}\text{ 相对端钮的电阻}}$

△→Y

$R_1=\dfrac{R_{12}R_{31}}{R_{12}+R_{23}+R_{13}}$

$R_2=\dfrac{R_{23}R_{12}}{R_{12}+R_{23}+R_{31}}$

$R_3=\dfrac{R_{23}R_{31}}{R_{12}+R_{23}+R_{31}}$

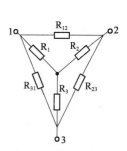

图 1-1　星三角变换

$$R_i = \frac{\text{三角形网络中接在端钮 } i \text{ 的两个电阻之积}}{\text{三角形网络中三个电阻之和}}$$

考点 电源等效变换

电源的等效变换包括电源的串并联,电压源与电阻的串联可以等效为电流源和电阻的并联,如图 1-2 所示。

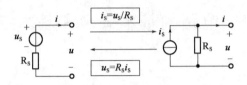

图 1-2 电源的等效变换

注意:复杂电路中采用电源等效变换可大大简化计算,电流源 i_S 的正方向为电压源 u_S 负极指向正极的方向。

考点 受控源的等效变换

受控电压源与电阻的串联可以等效为受控电流源和电阻的并联,计算公式与独立电源的计算公式相同。

注意:本考试常考查含有受控源电路等效阻抗的计算:

(1)电路定理中直接求输入电阻;

(2)动态电路的时域分析中求解时间常数 $\tau = \dfrac{L}{R}$ 或者 $\tau = RC$,其关键点还是在求等效电阻,一般采用的方法是外加电源法,求出端口的电压电流关系式,继而求出等效电阻。

1.2.2 节点方程的列写方法及求解电路

考点 节点电压方程

有效自导×本节点电压+有效互导×相邻节点电压=流入本节点电源电流代数和

有效自导指本节点与该节点相连的所有支路电导之和。有效互导指本节点与相邻节点间的电导之和的负值(自导和互导都不包括与电流源串联的电导,即电流源支路电导为 0)。

用节点电压法求解电路的步骤:

(1)选好参考点,并将各独立节点命名。当电路中某支路内只含独立电压源或只含受控电压源,优先选取独立电压源或受控电压源的负极端作为参考点。

(2)根据电路的不同结构,按方程的规律性列写节点方程和所需的补充方程。在电路中含有受控电源时,将受控电源按独立电源对待,找出控制变量与未知变量的关系作为补充方程。

(3)解出所需的节点电压以及设定所需求解的其他变量的参考方向后,求得所需变量。

特殊的,当两个独立节点间连接纯电压源时,应将该电压源的电流列入节点的 KCL 方程,并用节点电压之差表示电压源的源电压。

1.2.3 电路定理(重点)

考点 叠加和齐性定理

1) 叠加定理

在线性电阻电路中,任一支路电流(或支路电压)都是电路中各个独立电源单独作用时在该支路产生的电流(或电压)的叠加。

$$y = K_1 u_{S1} + K_2 u_{S2} + \cdots + K_\alpha u_{S\alpha} + H_1 i_{S1} + H_2 i_{S1} + \cdots + H_\beta i_{S\beta}$$

式中,K_α、H_β 是与独立电源无关的常数,仅与电路参数和响应类别、位置有关。

注意:叠加定理只适用于线性电路,不适用于非线性电路;叠加时,电路的结构以及电路所有电阻和受控源都不予更改;叠加时要注意电流和电压的参考方向;不作用的电压源用短路线代替,不作用的电流源用开路端口代替。不能用叠加定理来计算功率,因为功率不是电流或电压的一次函数。

2) 齐性定理

在线性电阻电路中,当所有激励都增大或缩小 k 倍时,响应同样也增大或缩小 k 倍。一般情况下齐性定理与叠加定理结合使用。

考点 戴维南定理

定理内容:任何一个含有独立电源的线性一端口电阻电路,对外电路而言可以用一个独立电压源和一个线性电阻相串联的电路等效替代;其独立电压源的电压为该含源一端口电路在端口处的开路电压 U_{oC};其串联电阻为该含源一端口电路中所有独立电源置零后(电压源短路,电流源开路),端口处的等效电阻 R_{in},如图1-3a)所示。

考点 诺顿定理

定理内容:任何一个含有独立电源的线性一端口电阻电路,对外电路而言可以用一个独立电流源和一个线性电导相并联的电路等效替代;其独立电流源的电流为该含源一端口电路在端口处的短路电流 I_{SC};其并联电导为该含源一端口电路中所有独立电源置零后,端口处的入端电导 G_{in},如图1-3b)所示。

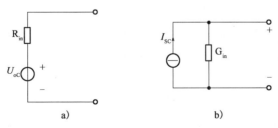

图1-3 戴维南定理和诺顿定理电路图

对同一个线性一端口电阻电路的诺顿变换电路和戴维南等效电路之间可进行等效变换。

$$G_{in} = \frac{1}{R_{in}}, I_{SC} = \frac{U_{oC}}{R_{in}}$$

说明：

(1) 求解开路电压 U_{oC} 和短路电流 I_{SC}

令一端口开路或者短路，根据电路特点选择合适方法求取开路电压或短路电流，求开口电压时端口电流 $I=0$，求短路电流时端口电压 $U=0$。

(2) 计算等效电阻 R_{in}（重点）

①开路短路法。根据戴维南定理，若同时求出含源一端口的开路电压 U_{oC} 和短路电流 I_{SC} 后，两者之比即为入端电阻。

②未含有受控源电路可采用电阻等效变换等方法求取等效电阻。

③对于含有受控源电路，一般均采用外加电源法，求出端口电压电流特性，二者之比即为等效电阻。

考点 最大功率传输定理

当负载电阻等于去掉负载电阻后的戴维南等效电路中的内阻 R_{in} 时，在负载中可获得最大功率，即当 $R_L=R_{in}$ 时，$P_L=P_{L,\max}=\dfrac{U_{oC}^2}{4R_L}$。

在正弦稳态电路中的最大功率传输定理可表示为：当负载阻抗等于电路等效阻抗的共轭，即 $Z_L=Z_{eq}^*=R_{eq}-jX_{eq}$ 时，负载获得的最大功率 $P_{\max}=\dfrac{U_{oC}^2}{4R_{eq}}$，求解方法和直流电路相同，首先求出戴维南等效电路，然后按照共轭匹配法求出最大功率。

1.3 一阶、二阶电路时域分析

1.3.1 一阶动态电路及其微分方程

用一阶微分方程描述的动态电路为一阶电路，只含一个独立储能元件，一阶电路有电阻电容(RC)一阶电路和电阻电感(RL)一阶电路。求解一阶动态电路全响应的方法：三要素法。

三要素法的一般公式为：$f(t)=f(\infty)+[f(0_+)-f(\infty)]e^{-\frac{t}{\tau}}$，当求解一阶动态电路全响应时，只需求得所求变量的三个要素，即换路后电路的稳态值、换路后的初始值和时间常数，(RL 电路中 $\tau=\dfrac{L}{R}$，RC 电路中 $\tau=RC$)；式中 R 为从储能元件两端看进去的两端网络的戴维南等效电阻。在求解 R 时，将电路中的独立电源置零后，即独立电压源短路、独立电流源断路后，从储能元件两端看进去的二端网络的输入电阻。

考点 利用三要素法求解一阶动态电路全响应

三要素法求解步骤：

(1) 求换路前电路的 $u_C(0_-)$ 或 $i_L(0_-)$：直流电源激励的电路，$t=0_-$ 时刻电路处于直流稳态，则电路处于直流稳态。将电路中的电容断路、电感短路，用电阻电路的分析方法求 $u_C(0_-)$ 或 $i_L(0_-)$。

(2)确定初始状态 $u_C(0_+)$ 或 $i_L(0_+)$：当电路中的电容电压和电感电流无跃变时，根据换路定则，得 $u_C(0_+)=u_C(0_-)$，$i_L(0_+)=i_L(0_-)$。

(3)画出 $t=0_+$ 时刻的等效电路，根据等效电路图采用电路分析方法求出其他各响应的初始值。

(4)求响应的稳态值：画出动态电路稳态时的等效电路，在等效电路中，电容元件开路处理，电感元件短路处理；根据稳态时的等效电路应用前面所学的电路分析方法求出各响应的稳态值。

(5)求出电路的时间常数，RL 电路中 $\tau=\dfrac{L}{R}$，RC 电路中 $\tau=RC$，最后代入公式 $f(t)=f(\infty)+[f(0_+)-f(\infty)]e^{-\frac{t}{\tau}}$ 中。

注意：换路定则失效的三种情形：

①换路后的电路有纯电容构成的回路或者有电容和独立电压源构成的回路。

②换路后的电路有纯电感构成的节点(或割集)或者由电感和独立电流源构成的节点。

③换路后电源中存在冲激电源。

1.3.2 二阶电路分析的基本方法

对二阶动态电路进行时域分析的基本方法：按照电路具体情况，列写相应的二阶微分方程，根据微分方程和由电路参数决定的特征根特点，解微分方程即可得到所需求解的变量。

考点 判断二阶电路的暂态 （必考）

对于 RLC 串联零状态响应电路，定义衰减系数 $\alpha=\dfrac{R}{2L}$，振荡频率 $\omega=\dfrac{1}{\sqrt{LC}}$。

(1)当 $R>2\sqrt{\dfrac{L}{C}}$ 时，微分方程有两个不等实根，电路为过阻尼非振荡过程，直接衰减到零。

(2)当 $R=2\sqrt{\dfrac{L}{C}}$ 时，微分方程有两个相等实根，电路为临界状态，系统无振荡，直接衰减到零，并且此时的衰减速度最快。

(3)当 $R<2\sqrt{\dfrac{L}{C}}$ 时，微分方程有一对共轭复根，当 $R\neq0$ 时，电路为欠阻尼振荡过程，各变量皆为幅值依指数规律衰减的正弦波；当 $R=0$ 时，电路为等幅正弦振荡电路，振荡频率为 $\omega=\dfrac{1}{\sqrt{LC}}$。

1.4 正弦稳态电路分析

1.4.1 正弦量的三要素(幅值、角频率、初相位)

如图 1-4 所示，例如：
$$i=I_m\sin(\omega t+\varphi_i)$$

式中,ω 为角频率,$\omega=2\pi f=\dfrac{2\pi}{T}$;$\varphi$ 为初相位;I_m 为正弦量的最大值或振幅。

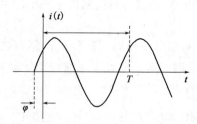

图 1-4 正弦量 i 的波形

正弦量有效值 $I=\sqrt{\dfrac{1}{T}\displaystyle\int_0^T I_m^2 \sin^2(\omega t+\varphi_i)\mathrm{d}t}=\dfrac{I_m}{\sqrt{2}}$

即可写成 $i=\sqrt{2}I\sin(\omega t+\varphi_i)$

注意: 交流测量仪表指示的电压、电流读数均为有效值。区分电压、电流的瞬时值、最大值、有效值的符号(如 i,I_m,I)。

1.4.2 电感电容元件电流电压关系的相量形式及基尔霍夫定律的相量形式

1)电感电容元件电流电压关系的相量形式

电感元件:$u_L=L\dfrac{\mathrm{d}i_L}{\mathrm{d}t}$,$\dot{U}_L=jX_L\dot{I}_L=j\omega L\dot{I}_L=\omega L\dot{I}_L\angle 90°$

电感元件相量模型如图 1-5 所示,电感两端电压相量超前于电流相量 $\pi/2$。

电容元件:$i_C=C\dfrac{\mathrm{d}u_C}{\mathrm{d}t}$,$\dot{U}_C=-jX_C\dot{I}_C=-j\dfrac{1}{\omega C}\dot{I}_C=\dfrac{1}{\omega C}\dot{I}_C\angle -90°$

电容元件相量模型如图 1-6 所示,电容两端电流相量超前于电压相量 $\pi/2$。

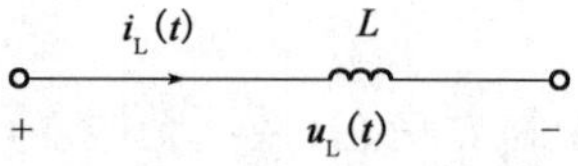

图 1-5 电感元件相量模型 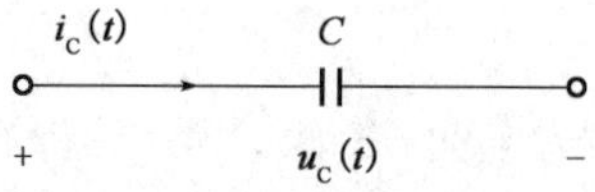   图 1-6 电容元件相量模型

注意: 相量法常用于正弦稳态分析中,对于 RLC 串联电路,一般选择相同的电流作为参照,构造直角三角形求出相关参数;对于 RLC 并联电路,一般选择电压作为参照,构造直角三角形求出相关参数。

补充复数相关知识:

$$F=a+jb=|F|e^{j\theta}=|F|(\cos\theta+j\sin\theta)=|F|\angle\theta$$

以上几种复数形式是电路中常常给出的形式,需要熟悉。

复数的加减运算:采用代数式 $F_1+F_2=a_1\pm a_2+j(b_1\pm b_2)$;

复数的乘除运算:采用极坐标式 $F_1\cdot F_2=|F_1|e^{j\theta_1}\cdot|F_2|e^{j\theta_2}=|F_1|\cdot|F_2|\angle(\theta_1+\theta_2)$,

$\dfrac{F_1}{F_2}=\dfrac{|F_1|e^{j\theta_1}}{|F_2|e^{j\theta_2}}=\dfrac{|F_1|}{|F_2|}\angle(\theta_1-\theta_2)$。

注意: 对于正弦稳态分析常用到复数的乘除法,要掌握复数最基本的运算法则。

2）基尔霍夫定律的相量形式

KCL 的相量形式为 $\sum \dot{I}=0$，KVL 的相量形式为 $\sum \dot{U}=0$。

1.4.3 阻抗、导纳、有功功率、无功功率、视在功率和功率因数

1）阻抗和导纳

对不含独立电源的正弦交流一端口电路，端口处的电压相量与电流相量在关联方向下之比为该电路的复阻抗 Z，即 $Z=\dfrac{\dot{U}}{\dot{I}}=\dfrac{\dot{U}_m}{\dot{I}_m}=|Z|\angle\varphi_Z=\dfrac{|U|}{|I|}\angle\varphi_u-\varphi_i$，当 $\varphi_Z>0$ 时电路为感性，当 $\varphi_Z<0$ 时电路为容性。

如图 1-7 所示为阻抗三角形：$Z=R+jX=\sqrt{R^2+X^2}\angle\arctan\dfrac{X}{R}$

由阻抗三角形可以得到：

$$R=|Z|\cos\varphi_Z, X=|Z|\sin\varphi_Z$$

而对于导纳参数，计算公式为：

$$G=\dfrac{1}{Z}=\dfrac{1}{R+jX}=\dfrac{R-jX}{R^2+X^2}$$

2）有功功率

瞬时功率 $p=ui$ 在一个周期内的平均值为有功功率，用大写 P 表示，数学表达式为：

$$P=UI\cos\varphi$$

式中 $\varphi=\varphi_u-\varphi_i$，为电路的阻抗角。

无功功率 $Q=UI\sin\varphi$，视在功率 $S=UI$，功率因数 $\lambda=\cos\varphi=\dfrac{P}{S}$。

有功功率、无功功率和视在功率三者的关系为 $S=\sqrt{P^2+Q^2}$，可用图 1-8 所示的功率三角形表示。

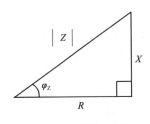

图 1-7　阻抗三角形

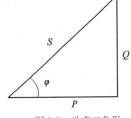

图 1-8　功率三角形

注意：无功功率 Q 的大小反映网络与外电路交换功率的速率，是由储能元件 L、C 的性质决定的。电感的无功功率为正值，表示消耗无功；电容的无功功率为负值，表示电容是发出无功的。因此，电路中消耗的有功功率即为电阻上消耗的功率。

本考试常考查并联补偿电容的计算：以图 1-9 所示的 RL 电路为例，并联电容 C 后，原 RL 负载支路的电压和电流均不变，吸收的有功功率和无功功率不变，即负载的工作状态不变。用电容的无功补偿电感的无功功率，减小电源的无功功率，从而提高电路的功率因数。

并联电容补偿如图 1-9 所示，由图可知，并联电容：

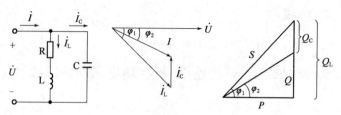

图 1-9 并联电容补偿示意图

$$C = \frac{Q_C}{\omega U^2} = \frac{Q_L - Q}{\omega U^2} = \frac{P(\tan\varphi_1 - \tan\varphi_2)}{\omega U^2}$$

3）复功率

为了用相量 $\dot{U}$ 和 $\dot{I}$ 来计算功率，引入复功率的概念。定义：

$$\tilde{S} = \dot{U} \cdot \dot{I}^* = UI\angle\varphi_u - \varphi_i = UI\cos\varphi + jUI\sin\varphi = P + jQ$$

式中，$\tilde{S}$ 是复数，而不是相量，它不对应任意正弦量；把 P、Q、S 联系在一起，其实部是平均功率，虚部是无功功率，模值是视在功率；复功率满足守恒定理，即在正弦稳态下，任一电路的所有支路吸收的复功率之和为零。要注意视在功率不守恒。

1.4.4 正弦电路分析的相量方法

1）相量计算方法

(1) 首先将电路中电阻、电感和电容用阻抗或者导纳表示。

(2) 将激励源、支路电压和电流用相量表示。

(3) 在电路相量模型中用线性直流电路的分析方法（节点电压法、电路定理）求解响应的相量，根据相量与正弦量的对应关系，得到响应的正弦函数表达式。

2）相量图解析法

在所有已知变量的相量中选择一个参考相量，将相同性质的变量采用相同的比例，由已知条件画出电路的相量图，再根据电路的基本定律在相量图中找出待求解变量的相量，利用相量图中的几何解析关系求出待求相量的数值。

注意：在 RLC 组成的串并联正弦电路中，使用相量图求解最为简单，在相量图中充分利用直角三角形及等边三角形中的边角关系，采用三角函数知识求解待求相量。

1.4.5 谐振分析（重点）

含有 L、C 的单口无源电路中，正弦激励下，端口 U 与 I 同相，即 $\varphi_Z=0$，称为谐振。

1）串联谐振

谐振时电容电压和电感电压大小相等，方向相反，相互抵消，电感电压和电容电压可能远大于总电压 U，因而串联谐振被称为电压谐振。

(1) 谐振条件：$X_L = X_C$ 或 $\omega L = \dfrac{1}{\omega C}$；谐振频率：$\omega_0 = \dfrac{1}{\sqrt{LC}}$ 或 $f_0 = \dfrac{1}{2\pi\sqrt{LC}}$。

(2) 电路特点：串联谐振时，电路阻抗达到最小，电路呈电阻性，若外施电压一定时，谐振时电流达到最大，$I_{max} = \dfrac{U}{R}$，且与电压同相位。

(3)特征阻抗:谐振时的感抗、容抗满足式 $\rho=\omega_0 L=\dfrac{1}{\omega_0 C}=\sqrt{\dfrac{L}{C}}$,品质因数 $Q=\dfrac{\rho}{R}$,推出 $Q=\dfrac{\omega_0 L}{R}=\dfrac{1}{\omega_0 CR}=\dfrac{1}{R}\sqrt{\dfrac{L}{C}}$。

2)并联谐振

(1)谐振条件:$\omega_0=\dfrac{1}{\sqrt{LC}}$ 或 $f_0=\dfrac{1}{2\pi\sqrt{LC}}$。

(2)电路特点:导纳达到最小,且电路为电阻性,$I_L=I_C$,电流谐振;品质因数 $Q=\dfrac{\omega_0 C}{G}=\dfrac{1}{G\omega_0 L}=\dfrac{1}{G}\sqrt{\dfrac{C}{L}}$,谐振电路的品质因数 Q 可以用来反映谐振电路选择性能的好坏,Q 值越大,电路的选择性越好,反之则差。

注意:谐振考点中常出现含基波和几次谐波的电压电流,需要注意 n 次谐波的 $X_L=n\omega L$,$X_C=\dfrac{1}{n\omega C}$。发生串联谐振时,电路相当于短路;发生并联谐振时,电路相当于开路。根据已知条件中电压电流所含谐波次数,分析相应谐波分量是否发生谐振,然后根据电路谐振时的条件求解相应变量。

(3)求电路谐振条件的一般方法:电路谐振时,电压与电流同相位,因此当电路发生谐振时,先求电路的输入阻抗或者导纳 $Z=\dfrac{\dot{U}}{\dot{I}}$ 或 $Y=\dfrac{\dot{I}}{\dot{U}}$,令 $\mathrm{Im}[Z]=0$,$\varphi=0$(阻抗角)或 $\mathrm{Im}[Y]=0$,$\varphi=0$(导纳角)即可求得 ω_0。

1.4.6 含耦合电感等效电路分析

1)互感元件的特性方程

图 1-10a)和 b)分别是同名端在同侧和异侧耦合电感电路,根据耦合关系可写出以下特性方程:

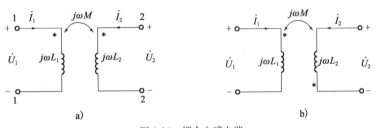

图 1-10 耦合电感电路

$$\begin{cases}\dot{U}_1=j\omega L\dot{I}_1+j\omega M\dot{I}_2\\ \dot{U}_2=j\omega L\dot{I}_2+j\omega M\dot{I}_1\end{cases}\qquad\begin{cases}\dot{U}_1=j\omega L\dot{I}_1-j\omega M\dot{I}_2\\ \dot{U}_2=j\omega L\dot{I}_2-j\omega M\dot{I}_1\end{cases}$$

耦合系数 k:用于定量地描述两个线圈耦合紧密程度,用公式表示为 $k=\dfrac{M}{\sqrt{L_1 L_2}}$,$0\leqslant k\leqslant 1$。

2)耦合电感的等效电路

(1)三端耦合电感

对一些含有耦合电感的电路,采用上述时域特性方程计算可能相对麻烦,而采用消去互感后再计算的方法会比较简便,以图 1-11a)所示同名端在同侧相连的三端耦合电感为例,其去耦等效电路如图 1-11b)所示,其等效电感取上端符号,若同名端在异侧,去耦等效电路中等效电感取下端符号。

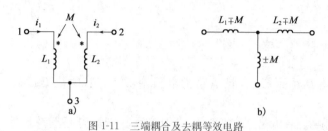

图 1-11 三端耦合及去耦等效电路

若将图 1-11 中 1、2 端连在一起,则为如图 1-12 所示两个耦合电感的并联耦合电路。

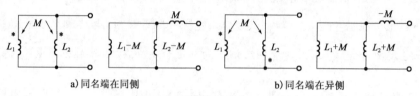

a) 同名端在同侧　　　　　　　　b) 同名端在异侧

图 1-12 并联耦合电感及去耦等效

结合图 1-12a)、b)可知,并联等效电感 $L_{eq}=\dfrac{L_1L_2-M^2}{L_1+L_2\mp 2M}$,其中同侧并联取上端符号,异侧并联取下端符号。

(2) 两端耦合电感去耦等效

两个耦合电感串联正接和反接电路分别如图 1-13a)、b)所示,等效电感 $L_{eq}=L_1+L_2\pm 2M$,其中,正接时取"+",反接时取"−"号。

(3) 理想变压器

当端口电压参考方向相对于星标相同,电流方向相对星标也相同时,即为理想变压器(图 1-14)。理想变压器的端口特性方程为 $\begin{cases}u_1=u_2n\\i_1=-i_2/n\end{cases}$,在理想变压器副边接负载 Z_L 时,从原边看的输入阻抗 $Z_m=\dfrac{\dot{U}_1}{\dot{I}_1}=\dfrac{n\dot{U}_2}{-\dfrac{1}{n}\dot{I}_2}=n^2Z_L$。

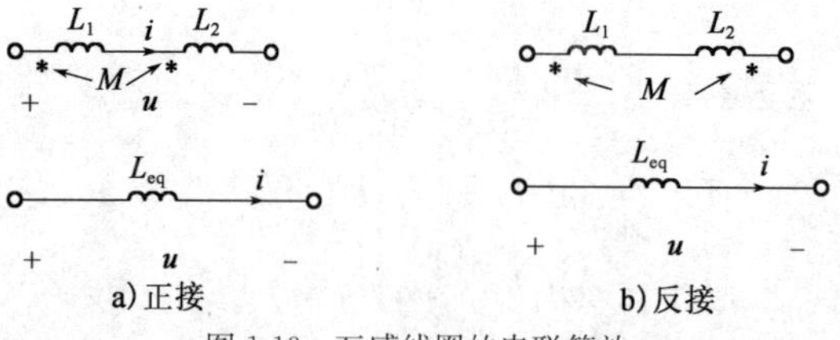

a) 正接　　　　b) 反接

图 1-13 互感线圈的串联等效 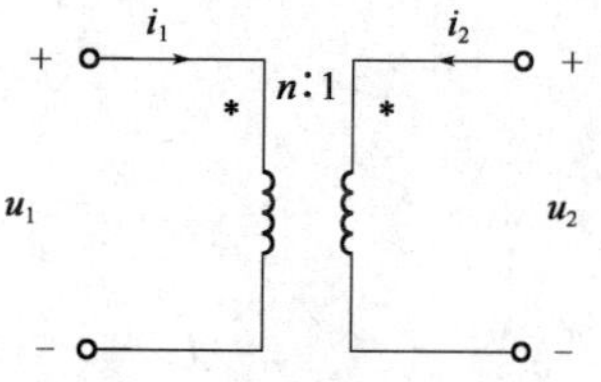　　　　图 1-14 理想变压器

注意:理想变压器和最大功率传输定理常结合起来作为考点,在含有理想变压器的电路中,负载取得最大功率的条件是转换到负载所在边的等效阻抗与负载满足共轭匹配,即 $Z_L=Z_{eq}^*=R_{eq}-jX_{eq}$。

1.4.7 三相电路

1)三相电源和三相负载的联接方式

在三相电路中,三相电源和三相负载都有星形(Y)和三角形(△)两种联接方式,因此可构成 Y-Y、Y-△、△-Y、△-△共四种联接方式。这四种联接方式称为三相三线制。在低压供电系统中,将 Y-Y 系统中的电源中点与负载中点用中线相联,构成 Y_0-Y_0 三相四线制。

2)对称三相电路及特点

对称三相电路是指在三相电路中,三相电源对称,三相负载对称,三个线路复阻抗相等的三相电路。对称三相电源正序表达式为:

$\dot{U}_A = \dot{U}_P \angle 0° = U_P \sin\omega t, \dot{U}_B = \dot{U}_P \angle -120° = U_P \sin(\omega t - 120°), \dot{U}_C = \dot{U}_P \angle 120° = U_P \sin(\omega t + 120°)$

设线电压为 U_l,相电压为 U_P,线电流为 I_l,相电流为 I_P,则:

(1)对称星形(Y)联接

①线电流等于相电流,即 $\dot{I}_l = \dot{I}_P$。

②线电压是相电压的 $\sqrt{3}$ 倍,且相位超前于相应的相电压 30°,具体关系如下:

$$\dot{U}_{AB} = \sqrt{3}\dot{U}_{AN}\angle 30°, \dot{U}_{BC} = \sqrt{3}\dot{U}_{BN}\angle 30°, \dot{U}_{CA} = \sqrt{3}\dot{U}_{CN}\angle 30°$$

(2)对称三角形(△)联接

①线电压等于相电压,即 $\dot{U}_l = \dot{U}_P$。

②线电流是相电流的 $\sqrt{3}$ 倍,且相位滞后于相应的相电流 30°,具体关系如下:

$$\dot{I}_A = \sqrt{3}\dot{I}_{AB}\angle -30°, \dot{I}_B = \sqrt{3}\dot{I}_{BC}\angle -30°, \dot{I}_C = \sqrt{3}\dot{I}_{CA}\angle -30°$$

注意:上述大小及相位关系均可通过画向量图得出!

考点 对称三相电路的电压和电流计算

1)Y-Y 联接的对称三相电路

如图 1-15a)所示,当电源和负载 Y-Y 联接时,不管有无中性线,电源中性点 N 和负载中性点 N' 等电位,即 $U_{N'N} = 0$。各相工作状态独立,仅取决于本相的电源和负载。取出任一相(如 A 相)作为三相电路的等效单相电路进行计算。A 相线电流 $\dot{I}_A = \dfrac{\dot{U}_A}{Z + Z_l}$,如图 1-15b)所示,然后根据对称关系推算出其他两相的电压、电流。

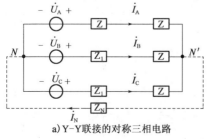

a) Y-Y联接的对称三相电路　　　　b) 单相计算电路

图 1-15　Y-Y 对称三相电路

2)△-Y 联接的对称三相电路

将△联接的电源进行△-Y 等效变换，然后按照 Y-Y 联接的对称三相电路进行计算。

3)不对称三相电路

(1)电源的中性点 N 和负载的中性点 N′不再等电位，发生了位移。

(2)用节点电压法求出中性点电压 $\dot{U}_{N'N}$，然后计算负载电流。

(3)不对称的三相四线制，当中线阻抗 $Z_N=0$，线路阻抗和负载对称时，$U_{N'N}=0$。

(4)不对称的△联接负载，线路阻抗 $Z_L=0$ 时，负载相电压就是电源的线电压，可直接求出各相负载电流。

考点 对称三相电路功率

1)三相平均功率

三相电路的平均功率为各相有功功率之和，即 $P=P_A+P_B+P_C$。

在对称情况下，有功功率 $P=3U_PI_P\cos\varphi=\sqrt{3}U_lI_l\cos\varphi$，其中 φ 是相电压超前相电流的相位差角，也是每相阻抗(包括线路阻抗)的阻抗角。

2)无功功率

$$Q=3U_PI_P\sin\varphi=\sqrt{3}U_lI_l\sin\varphi$$

3)视在功率和功率因数

视在功率：

$$S=\sqrt{P^2+Q^2}=3U_PI_P=\sqrt{3}U_lI_l$$

功率因数：

$$\lambda=\cos\varphi=P/S$$

4)瞬时功率

对称情况下，三相功率的瞬时功率不随时间变化，为一定值，此值为三相电路的平均功率，即 $p=3U_PI_P\cos\varphi=P$。

5)三相电路功率的测量

(1)一功率表法：对于三相四线制对称电路，采用一功率表法，功率表测得的平均功率乘 3 就是三相负载的平均功率。

(2)二功率表法：在测量三相三线制电路的平均功率时，不论负载对称与否，都可以采用二功率表法，如图 1-16 所示。

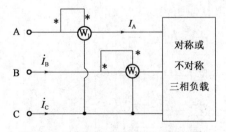

图 1-16 二功率表法测量三相三线制功率

由图 1-16 可知两个功率表的读数分别为：

$$P_1 = W_1 = U_{AC}I_A\cos(\varphi_{u_{AC}} - \varphi_{i_A})$$
$$P_2 = W_2 = U_{BC}I_B\cos(\varphi_{u_{BC}} - \varphi_{i_B})$$

则三相负载的平均功率 $P = P_1 + P_2$。

(3)三功率表法:对于不对称三相四线制电路,功率测量一般用三个功率表,每个功率表测出一相负载的平均功率,三个功率表测出的平均功率之和就是三相负载的平均功率。

注意:功率表读数是指电压线圈上的电压与电流线圈上的电流及二者相位差的余弦乘积,即 $P = UI\cos\varphi$,式中 U 和 I 分别为功率表所接电路的端电压和电流,φ 为两者的相角差。

1.5 非正弦周期电流电路

有效值和平均功率的计算方法:

(1)非正弦周期电压的有效值为 $U = \sqrt{U_0^2 + \sum\limits_{k=1}^{\infty}U_k^2}$,非正弦周期电流的有效值为 $I = \sqrt{I_0^2 + \sum\limits_{k=1}^{\infty}I_k^2}$。

(2)平均功率 $P = \sqrt{P_0^2 + \sum\limits_{k=1}^{\infty}P_k^2} = U_0 I_0 + U_1 I_1\cos\varphi_1 + U_2 I_2\cos\varphi_2 + \cdots + U_k I_k\cos\varphi_k$。

(3)非正弦电流流过某电阻时的平均功率 $P = I_0^2 R + I_1^2 R + I_2^2 R + \cdots + I_k^2 R = I^2 R$。

考点 平均功率的计算

计算平均功率时,按照激励源对各次谐波分别进行分析计算有功功率再求和。有功功率 $P_k = U_k I_k\cos\varphi_k = I_k^2 R$。在计算功率时注意有效值与最大值之间的关系为 $U_m = \sqrt{2}U$。

考点 非正弦周期电路的分析方法

解题步骤:

(1)按照激励源中存在的各 k 次谐波的数目,分别计算各次谐波单独激励下所需的响应。将瞬时值转化为相量表达式进行计算,注意有效值和最大值之间的关系,$U_m = \sqrt{2}U$。此时,对不同次数的正弦激励下的感抗和容抗应使用谐波电抗,其计算式分别为 $X_L = k\omega L$,$X_C = \dfrac{1}{k\omega C}$。

(2)直流激励下的电路中,电感相当于短路,电容相当于开路。在各次谐波激励下的正弦电路中,遇有 L、C 串联或并联环节,在计算电路之前最好先用谐波阻抗 $k\omega L = \dfrac{1}{k\omega C}$ 判断该环节是否谐振。如果发生谐振现象,L、C 串联环节相当于短路,L、C 并联环节相当于开路。

(3)将直流激励下求得的电压、电流所需响应及在各次谐波下的感抗和在各次谐波单独激励下求得的所需电压、电流响应的瞬时值进行叠加,得所需电压、电流响应的瞬时值表达式。

1.6 均匀传输线

1.6.1 均匀传输线参数

传输线单位长度的电阻 R_0、电感 L_0、电容 C_0、电导 G_0 称为原参数。

特性阻抗或波阻抗 $Z_C = \sqrt{\dfrac{R_0 + j\omega L_0}{G_0 + j\omega C_0}} = \sqrt{\dfrac{Z_0}{Y_0}}$

传播常数 $\gamma = \sqrt{\dfrac{R_0 + j\omega L_0}{G_0 + j\omega C_0}} = \sqrt{Z_0 Y_0} = \alpha + j\beta$

式中，Z_C、γ 称为传输线的二次参数。

1.6.2　均匀传输线的正弦稳态解（重点）

(1)已知始端电压相量 $\dot{U}_1$ 和电流相量 $\dot{I}_1$，则距离始端 x 处电压相量 $\dot{U}$ 和电流相量 $\dot{I}$ 为：

$$\begin{cases} \dot{U} = \dot{U}_1 \cosh\gamma x - \dot{I}_1 Z_C \sinh\gamma x \\ \dot{I} = \dot{I}_1 \cosh\gamma x - \dfrac{\dot{U}_1}{Z_C} \sinh\gamma x \end{cases}$$

(2)已知终端电压相量 $\dot{U}_2$ 和电流相量 $\dot{I}_2$，则距离终端 x' 处电压相量 $\dot{U}$ 和电流相量 $\dot{I}$ 为：

$$\begin{cases} \dot{U} = \dot{U}_2 \cosh\gamma x' + \dot{I}_2 Z_C \sinh\gamma x' \\ \dot{I} = \dot{I}_2 \cosh\gamma x' + \dfrac{\dot{U}_2}{Z_C} \sinh\gamma x' \end{cases}$$

1.6.3　无损均匀传输线（重点）

传输线单位长度的电阻 $R_0 = 0 = G_0$ 的传输线称为无损传输线。此时 $Z_C = \sqrt{\dfrac{L_0}{C_0}}$，$\gamma = j\omega\sqrt{L_0 C_0}$，$\alpha = 0$，$\beta = \omega\sqrt{L_0 C_0}$。

已知终端电压相量 $\dot{U}_2$ 和电流相量 $\dot{I}_2$，则距离终端 x' 处电压相量 $\dot{U}$ 和电流相量 $\dot{I}$ 为：

$$\begin{cases} \dot{U} = \dot{U}_2 \cos\beta x' + j\dot{I}_2 \sin\beta x' \\ \dot{I} = \dot{I}_2 \cos\beta x' + j\dfrac{\dot{U}_2}{Z_C} \sin\beta x' \end{cases}$$

当传输信号的波长为已知量时，无损耗均匀传输线的传播常数 γ 的虚部 β 可通过下式计算：$\beta = \dfrac{2\pi}{\lambda}$，波长 λ 与波速 v 和频率 f 关系式为：$\lambda = \dfrac{v}{f}$。

考点　无损线的输入阻抗

当无损传输线终端接负载 Z_L 时，距离终端 l 处输入阻抗：

$$Z_{in} = \dfrac{\dot{U}_2 \cos\beta l + j\dot{I}_2 Z_C \sin\beta l}{\dot{I}_2 \cos\beta l + j\dfrac{\dot{U}_2}{Z_C} \sin\beta l} = Z_C \times \dfrac{Z_L + jZ_C \tan\beta l}{Z_C + jZ_L \tan\beta l}$$

(1)终端开路状态($Z_L = \infty$)：此时 $\dot{I}_2 = 0$，故 $Z_{in} = -jZ_C \cot\beta l$，相当于一个纯电抗。当 $l < \dfrac{1}{4}\lambda$ 时，相当于一个电容；当 $\dfrac{1}{4}\lambda < l < \dfrac{1}{2}\lambda$ 时，相当于一个电感；若 $l = \dfrac{1}{4}\lambda$，则 $Z_{in} = 0$，造成始端短路。

(2)终端短路状态($Z_L = 0$)：此时 $\dot{U}_2 = 0$，故 $Z_{in} = jZ_C \tan\beta l$，也相当于一个纯电抗。只是在

$l<\frac{1}{4}\lambda$ 时,相当于一个电感;当 $\frac{1}{4}\lambda<l<\frac{1}{2}\lambda$ 时,相当于一个电容;若 $l=\frac{1}{4}\lambda$,则 $Z_{in}=\infty$,始端相当于开路。

(3) 长度为 1/4 波长的无损耗线的输入阻抗 Z_{in} 为:

$$Z_{in} = Z_C \frac{Z_L + jZ_C \tan\beta l}{jZ_L \tan\beta l + Z_C} = Z_C \frac{Z_L + jZ_C \tan\left(\frac{2\pi}{\lambda}\frac{\lambda}{4}\right)}{jZ_L \tan\left(\frac{2\pi}{\lambda}\frac{\lambda}{4}\right) + Z_C} = \frac{Z_C^2}{Z_L}$$

考点 阻抗匹配

阻抗匹配:终端接入的负载等于均匀传输线的特性阻抗时,称传输线工作在匹配状态。

以如图 1-17 所示为例进行说明,为使终端负载 Z_L 和无损传输线 Z_{C1} 匹配,在传输线的终端与负载之间插入一段 $l=\frac{\lambda}{4}$ 的无损传输线。

根据匹配原则,即长度为 1/4 波长的无损传输线的输入阻抗:

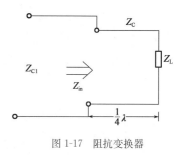

图 1-17 阻抗变换器

$$Z_{in} = \frac{Z_C^2}{Z_L} = Z_{C1} \Rightarrow Z_C = \sqrt{Z_L \cdot Z_{C1}}$$

1.7 静 电 场

考点 电场强度及电位的计算

电场强度(E):表示电场强弱的基本物理量,是一个向量,其大小反映该点电场的强弱,其方向表示该点置一正试验点电荷受力的方向。

根据已知条件,电场强度的计算方法主要有:

(1) 已知电荷在电场中某点受力, $E=\lim_{q_0 \to 0}\frac{F}{q_0}$;

(2) 在均匀介质中多个点电荷形成的电场中 $E=\frac{1}{4\pi\varepsilon}\sum_{i=1}^{n}\frac{q_i}{r_i}e_i$;

(3) 利用高斯定律求解电场强度(最常用) $\varepsilon\oint_S E \cdot dS = \oint_V \rho dV$;

(4) 已知电位表达式 $E=-\nabla\varphi=-\frac{\partial\varphi}{\partial x}e_x-\frac{\partial\varphi}{\partial y}e_y-\frac{\partial\varphi}{\partial z}e_z$。

本考试通常考查利用高斯定律计算具有对称性分布的静电场问题,高斯定律的一般形式为 $\oint_S D \cdot dS = \oint_V \rho dV$,在同一种介质中有 $D=\varepsilon E$,此时有 $\oint_S E \cdot dS = \frac{1}{\varepsilon}\oint_V \rho dV$。

高斯定律表明,在闭合曲面上,电位移向量的面积分恒等于该闭合曲面内所有自由电荷的代数和。

利用高斯定律可以方便地求得某些对称电场,常用的电场强度如下:

(1)点电荷电场,任何一点 P 的电场强度大小为 $E=\dfrac{|q|}{4\pi\varepsilon r^2}$,$q$ 为正电荷时,电场强度的方向沿场源电荷 q 与 P 的连线指向 P;q 为负电荷时,方向与正电荷时相反。

(2)无限大均匀带电平面的电场强度。无限大平面电荷分布在平面上,如果面电荷密度为一常数(均匀分布),周围的介质为均匀介质,则其电场强度为 $E=\dfrac{\sigma}{2\varepsilon}$。

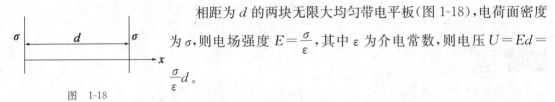

图 1-18

相距为 d 的两块无限大均匀带电平板(图 1-18),电荷面密度为 σ,则电场强度 $E=\dfrac{\sigma}{\varepsilon}$,其中 ε 为介电常数,则电压 $U=Ed=\dfrac{\sigma}{\varepsilon}d$。

(3)均匀带电球面的电场,在球面外,点 P 的电场强度 $E=\dfrac{q}{4\pi\varepsilon r^2}(r>R)$,方向为沿半径指向球外(若 $q<0$,则沿半径指向球内);在球面内,点 P 的电场强度为 $E=0(r<R)$。

(4)无限长均匀带电直线的电场。设一无限长均匀带电的直线,其线电荷密度为 τ。电场强度的大小为 $E=\dfrac{\tau}{2\pi\varepsilon r}$,$r$ 为该点到直线的距离。

(5)半径为 a 的无限长均匀带电圆柱面的电场强度 $E=0(r<a)$,$E=\dfrac{\tau}{2\pi\varepsilon r}(r>a)$。

电位 φ(V):静电场中某 P 点处的电位为单位正试验电荷从该点经过任意的路径移到无限远处电场力所做的功,即 $\varphi=\int_P^\infty E\mathrm{d}l$。

电场强度与电位的关系为:$E=-\nabla\varphi=-\dfrac{\partial\varphi}{\partial x}e_x-\left(-\dfrac{\partial\varphi}{\partial y}e_y\right)-\dfrac{\partial\varphi}{\partial z}e_z$。

电压 U:任意两点 a 和 b 的电位之差称为此两点间的电压,即 $U_{ab}=\varphi_a-\varphi_b=\int_a^b E\mathrm{d}l$。

静电场中的导体具有以下特点:

(1)导体内部电场强度为零;

(2)任一导体自身都是一个等位体;

(3)如果导体带电,电荷只能分布在导体的表面,而且导体表面处任一电场强度的方向一定与导体表面垂直。当导体表面带正电荷时,电场强度方向向导体外指,否则相反。

考点 静电场的基本方程和分界面条件

静电场是由静止电荷产生的,并且满足无旋场特性,即 $\oint_l E\cdot\mathrm{d}l=0$,在静电场中的基本方程:

$$\begin{cases}\oint_l E\cdot\mathrm{d}l=0\\ \oint_S D\cdot\mathrm{d}S=\int_V\rho\mathrm{d}V\end{cases}$$

在两种介质的分界面处,场量一般要发生变化。分界面两侧相邻近点的电场强度的切向分量相等，而其法向方向电位移之差等于分界面上自由电荷的面密度，即 $\begin{cases} E_{1t}=E_{2t} \\ D_{2n}-D_{1n}=\sigma \end{cases}$

当分界面处无自由面电荷时，$D_{2n}=D_{1n}$。

考点 镜像法

镜像法是在保持待求场域电荷分布、边界条件和媒质不变的条件下，把边界（或介质分界面）上复杂分布电荷的作用，用待求场域外的简单分布电荷来代替，从而变成无限大均匀媒质中的无边界问题。

计算原则（重点，记住镜像电荷数的计算公式）：

两个半无限大导电二面角的角度为 $\alpha=\dfrac{180°}{n}(n=1,2,3,\cdots)$ 时，才可以找到合适的镜像，此时镜像电荷数为 $(2n-1)$ 个。无限大导电平面所得的所有镜像电荷的代数和，一般等于导电平面上分布的电荷总量。

考点 电容的计算

简单形状电极结构的电容可利用公式 $C=\dfrac{q}{U}$ 计算，一般计算步骤为，先假设极板上带等量异号电荷 Q，利用高斯定理求出极板间的电场强度 E，由电场分析中电压计算公式 $U_{ab}=\varphi_a-\varphi_b=\int_a^b E \mathrm{d}l$ 计算出两极板间电压 U，最后相比求得 C。

常用的电容表达式（记住，考试时直接使用）：

(1) 平行板电容器：电容 $C=\dfrac{\varepsilon S}{d}$。

(2) 圆柱形电容器：圆柱形电容器的电极是共轴的，中间填充介质。当所填充的介质介电系数为 ε，而内外半径分别为 R_1 和 R_2，长度为 L 时，该电容器的电容 $C=\dfrac{2\pi\varepsilon L}{\ln\left(\dfrac{R_2}{R_1}\right)}$。

(3) 球形电容器：内外半径分别为 R_1 和 R_2 的球形电容器，中间填充介电系数为 ε 的介质时，其电容 $C=\dfrac{4\pi\varepsilon R_2 R_1}{R_2-R_1}$。

(4) 圆柱导体半径为 a，圆心距地面高度为 h，单位长度对地的电容 $C=\dfrac{2\pi\varepsilon_0}{\ln\dfrac{b+h-a}{b-h+a}}$，其中 $b=\sqrt{h^2-a^2}$。当 $h\gg a$ 时，可得近似式 $C=\dfrac{2\pi\varepsilon_0}{\ln\dfrac{2h}{a}}$。

注意：对于平行板电容器，当电源断开后改变极板间距离，电场强度和电场力均不变。

考点 最大击穿场强最小值和最大承受电压（必考）

1）高压同轴圆柱电缆

对于内导体半径为 a、外导体的内半径为 b 的高压同轴圆柱电缆，外加电压为 U，当 b 固定

17

时,要使半径为 a 的内导体表面上场强最小,需要求解 b 与 a 的比值。

已知对于圆柱电缆,电场强度 $E=\dfrac{\tau}{2\pi\varepsilon r}$,则 $U=\int_a^b E\mathrm{d}r=\int_a^b \dfrac{\tau}{2\pi\varepsilon r}\mathrm{d}r=\dfrac{\tau}{2\pi\varepsilon}\ln\dfrac{b}{a}$,内导体表面 a 的电场强度为 $E(r=a)=\dfrac{\tau}{2\pi\varepsilon r}=\dfrac{U}{\ln\dfrac{b}{a}r}=\dfrac{U}{\ln\dfrac{b}{a}a}$,内柱面半径 a 可变时,只要 $E_{\max}=\dfrac{U}{a\ln\dfrac{b}{a}}$ 取得最小值,可依据下列公式推导:设 $a=x$,于是 $f(x)=x\ln\dfrac{b}{x}$,$f'(x)=\ln\dfrac{b}{x}+x\cdot\dfrac{x}{b}\left(\dfrac{b}{x}\right)'=\ln\dfrac{b}{x}-\dfrac{x^2}{b}\cdot\dfrac{b}{x^2}=\ln\dfrac{b}{x}-1=0$,推出 $\ln\dfrac{b}{x}=1$,$\dfrac{b}{x}=e$。

此时 $\ln\dfrac{b}{a}=1$,即 $\dfrac{b}{a}=e$。

2)同心导体球壳

对于同心导体球壳,当外圆半径 b 和两球壳间电压 U 固定,内圆半径 a 可变时,要使半径为 a 的内导体表面上场强最小,需要求解 b 与 a 的比值。

球形电容器内($a<r<b$)的电场是球对称的,其电场强度为 $E(r)=\dfrac{q}{4\pi\varepsilon r^2}e_r$。

若两球面施加电压 U,则 $U=\int_a^b E\mathrm{d}r=\int_a^b \dfrac{q}{4\pi\varepsilon r^2}e_r\mathrm{d}r=\dfrac{q}{4\pi\varepsilon}\left(\dfrac{1}{a}-\dfrac{1}{b}\right)$,即 $\dfrac{q}{4\pi\varepsilon}=U\dfrac{ab}{b-a}$。

故 $E(r)=\dfrac{q}{4\pi\varepsilon r^2}e_r=U\dfrac{ab}{b-a}\dfrac{e_r}{r^2}$ ($a<r<b$)。

若 U、b 给定,a 可变,可令 $\dfrac{\mathrm{d}E(a)}{\mathrm{d}a}=0$,求极值点。

即 $E(a)=U\dfrac{ab}{b-a}\dfrac{e_r}{a^2}$,$\dfrac{\mathrm{d}E(a)}{\mathrm{d}a}=0$,推出 $-\dfrac{b(b-2a)}{(b-a)^2 a^2}U=0$。

因为 $b>a$,当 $b=2a$,$E(a)$ 有最小值。

1.8 恒定电场

在恒定电场中,电流密度和电场强度的关系为 $J=\gamma E$,其中 γ 表示导电媒质的电导率。

电流强度与电流密度的关系为 $I=\int_S J\cdot\mathrm{d}S$,对于对称导体,有 $J=\dfrac{I}{S}$。

考点 漏电导和接地电阻

漏电导和接地电阻的计算公式为:$G=\dfrac{I}{U}$,$R=\dfrac{U}{I}$。

对于形状规则的导体,可假设一电流再计算出电流密度 J,通过 $E=\dfrac{J}{\gamma}$ 计算出 E,再积分求得 $U=\int_l E\cdot\mathrm{d}l$,可计算出 $G=\dfrac{1}{U}$ 或两电极间的电阻 $R=\dfrac{U}{I}$。

接地电阻:接地电阻的计算与一般电阻的计算完全一样。

跨步电压为两脚之间的电压,此时的电压取无限远处为电压参考点。

典型接地体接地电阻和跨步电压的计算公式见表1-1。

典型接地体接地电阻和跨步电压的计算公式　　　　　　　　　表1-1

接地电阻类型	接地电阻	跨步电压
半球形接地体的接地电阻	$R_{半}=\dfrac{1}{2\pi\gamma a}$	$U_{AB}=\dfrac{1}{2\pi\gamma}\left(\dfrac{1}{r_A}-\dfrac{1}{r_B}\right)$
球形接地体的接地电阻	$R_{球}=\dfrac{1}{4\pi\gamma a}$	$U_{AB}=\dfrac{1}{4\pi\gamma}\left(\dfrac{1}{r_A}-\dfrac{1}{r_B}\right)$

同轴电缆和球形电容器参数常考计算公式见表1-2。

同轴电缆和球形电容器参数常考计算公式　　　　　　　　　表1-2

类别	最佳尺寸	介质最大击穿场强	最大承受电压	电容参数	漏电导	电感
同轴电缆	$b=ae$	$E_{\max}=\dfrac{U_0}{a\ln\dfrac{b}{a}}$	$U_{\max}=a\ln\dfrac{b}{a}E_{\max}$	$C=\dfrac{2\pi\varepsilon}{\ln\dfrac{b}{a}}$	$G=\dfrac{2\pi\gamma}{\ln\dfrac{b}{a}}$	$L=\dfrac{\mu}{2\pi}\ln\dfrac{b}{a}$
球形电容器	$b=2a$	$E_{\max}=\dfrac{U_0 b}{(b-a)a}$	$U_{\max}=\dfrac{a(b-a)}{b}E_{\max}$	$C=\dfrac{4\pi\varepsilon}{\dfrac{1}{a}-\dfrac{1}{b}}$	$G=\dfrac{4\pi\gamma}{\dfrac{1}{a}-\dfrac{1}{b}}$	

考点　基本方程和分界面上的衔接条件

(1) 基本方程：$\begin{cases}\oint_l E\cdot\mathrm{d}l=0\\ \oint_s J\cdot\mathrm{d}S=0\end{cases}$

(2) 分界面上的衔接条件：$\begin{cases}E_{1t}=E_{2t}\\ J_{1n}=J_{2n}\end{cases}$

即分界面处的电场强度切向分量连续，而电流密度的法向分量连续。

1.9　恒定磁场

考点　磁感应强度及磁场强度

恒定磁场的基本方程和分界面上的衔接条件：

恒定磁场中的基本方程：$\begin{cases}\oint_l H\cdot\mathrm{d}l=\sum I\\ \oint_s B\cdot\mathrm{d}S=0\end{cases}$

磁感应强度 B 与磁场强度 H 的关系：$B=\mu H$

安培环路定律说明磁场强度 H 沿任意闭合回路的线积分恒等于该回路所包围的全部自由电流，当线圈绕向符合右手螺旋法则时取正值，否则取负值。使用该定理时注意电流 I 必须是回路，不能是一段电流。

利用安培环路定律可以求解电流对称分布磁场的磁感应强度。

① 长直导线周围媒质中 $H=\dfrac{I}{2\pi r}$，$B=\dfrac{\mu I}{2\pi r}$。

② 面电流密度为 J_S 的平面周围磁场强度 $B=\dfrac{\mu J_S}{2}$。

磁通连续性定理 $\oint_S B \cdot dS = 0$，说明磁场线（又称磁感应线）必定是无头无尾的闭合曲线。

在不同媒质的分界面上有以下衔接条件：$\begin{cases} H_{1t} - H_{2t} = J_S \\ B_{1n} = B_{2n} \end{cases}$

考点 自感与互感

电感可分为自感与互感两个概念，自感又可分为内自感和外自感两种不同的计算方法。

电感主要利用公式 $L_0 = \dfrac{\psi_0}{I}$ 计算，首先设流过的电流为 I，利用安培环路定律 $\oint_l H \cdot dl = \dfrac{1}{\mu}\oint_l B \cdot dl = \sum I$ 求出磁场强度 B，然后求磁通 $\varphi = \int_S \vec{B} d\vec{S}$，磁链 $\psi_0 = n\varphi = n\int_S \vec{B} d\vec{S}$，最后求得自感 $L_0 = \dfrac{\psi_0}{I}$。

(1) 内自感：由导体内部磁链产生，此时磁通包围的电流为分数匝。半径为 R 的长直导线通有均匀分布的电流 I，单位长度的内自感为一常数，即 $L_i = \dfrac{\mu_0}{8\pi}$。二线输电线往返有两根导线，只要是实心导体，则其单位长度内的自感应为 $2\dfrac{\mu_0}{8\pi} = \dfrac{\mu_0}{4\pi}$，上述结论具有普遍的应用意义。

(2) 外自感：外自感不涉及分数匝概念，其一般计算公式为 $L_0 = \dfrac{\psi_0}{I}$。

(3) 互感：由线圈 1 的电流 I_1 所产生的磁场，在线圈 2 中产生的磁链为 ψ_{21}，则线圈 1 对线圈 2 的互感定义为 $M_{21} = \dfrac{\psi_{21}}{I_1}$，同理，线圈 2 对线圈 1 的互感定义为 $M_{12} = \dfrac{\psi_{12}}{I_2}$。

在各向同性线性媒质中，存在关系式 $M_{21} = M_{12}$。

电路与电磁场历年真题及详解

考点 电路基本概念与基本定律

【2017,1】图示电路 $U = (5 - 9e^{t/z})\text{V}, z > 0$，则 $t = 0$ 和 $t = \infty$ 时，电压 U 的真实方向为：

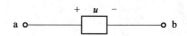

A. $\begin{cases} t=0 \text{时}, U=4\text{V}, \text{电位 a 高, b 低} \\ t=\infty \text{时}, U=5\text{V}, \text{电位 a 高, b 低} \end{cases}$
B. $\begin{cases} t=0 \text{时}, U=-4\text{V}, \text{电位 a 高, b 低} \\ t=\infty \text{时}, U=5\text{V}, \text{电位 a 高, b 低} \end{cases}$

C. $\begin{cases} t=0 \text{时}, U=4\text{V}, \text{电位 a 低, b 高} \\ t=\infty \text{时}, U=5\text{V}, \text{电位 a 高, b 低} \end{cases}$
D. $\begin{cases} t=0 \text{时}, U=-4\text{V}, \text{电位 a 低, b 高} \\ t=\infty \text{时}, U=5\text{V}, \text{电位 a 高, b 低} \end{cases}$

解 分别将 $t=0, t=\infty$ 代入即可求出电压：

$t=0, U_{ab} = U_a - U_b = -4\text{V} < 0 \Rightarrow U_a < U_b$

$t=\infty \text{时}, U_{ab} = U_a - U_b = 5\text{V} > 0 \Rightarrow U_a > U_b$

负数表示实际方向与选取的方向相反。

答案: D

【2005,1】 如图所示电路中 $u=-10\text{V}$,则 6V 电压源发出的功率为下列何值?

    A. 9.6W   B. -9.6W
    C. 2.4W   D. -2.4W

解 根据基尔霍夫电压定律,得 $10I+6\text{V}=-10\text{V} \Rightarrow I=-1.6\text{A}$
电压源电压、电流在关联参考方向下,6V 电压源吸收的功率为:
$$P=uI=6I=6\times(-1.6)=-9.6\text{W}<0$$
因此吸收负功率,即 6V 电压源发出功率为 9.6W。

答案: A

【2013,1】 图示电路中 $u=-2\text{V}$,则 3V 电压源发出的功率应为:

    A. 10W   B. 3W   C. -3W D. -10W

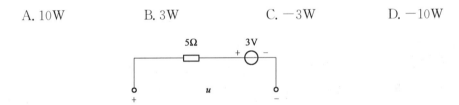

解 解题思路同上题。即 $5I+3=-2$, $I=-1\text{A}$, $P=3I=3\times(-1)=-3\text{W}$, $P<0$, 因此吸收负功率。

答案: B

【2008,1】 电路如图所示,已知 $u=-8\text{V}$,则 8V 电压源发出的功率为:

    A. 12.8W   B. 16W
    C. -12.8W D. -16W

解 取关联参考方向,规定电流正方向从右向左
电路中的电流 $I=\dfrac{u-U}{R}=\dfrac{-8-8}{10}=-1.6\text{A}$
电压源发出的功率为 $P=-UI=-8\times(-1.6)=12.8\text{W}$

答案:A

【2009,1】在图示电路中,6V电压源发出的功率为:

A. 2W B. 4W C. 6W D. -6W

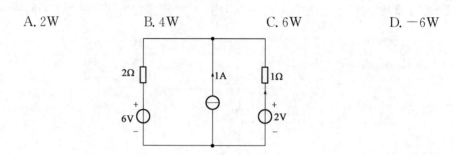

解 最简便的方法是利用戴维南和诺顿定理互相转换。

根据上图可得:$I=\dfrac{6-3}{2+1}=1\text{A}$,在非关联参考方向下,$P=UI=6\times1=6\text{W}>0$,即发出的功率为6W。

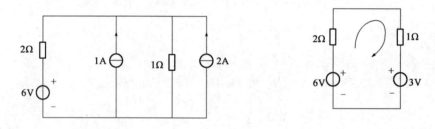

答案:C

【2017,2】图示独立电流源发出的功率为:

A. 12W B. 3W C. 8W D. -8W

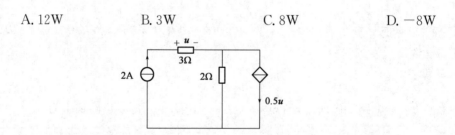

解 设2A电流源两端的电压为U_1,2Ω电阻两端的电压为U_2,如下图所示:

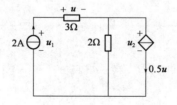

根据电路图可得：
$$U=RI_1=3\times2=6\text{V}$$
则列写 KVL 方程，得：$U_1=U+U_2=6+2\times(2-0.5\times6)=4\text{V}$
故电流源发出的功率 $P_1=U_1\times I_1=4\times2=8\text{W}$
答案：C

【2010,1】如图所示电路中，1A 电流源发出的功率为：

A. 6W   B. -2W
C. 2W   D. -6W

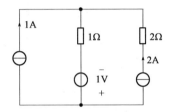

解 与上题相似，对外电路而言，与电流源串联的电阻是无效电阻，与电压源并联的电阻是无效电阻。作出等效电路图如下：

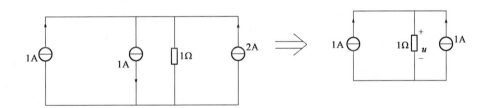

由上图可知：电流源两端的电压 $U=(1+1)\times1=2\text{V}$，在非关联参考方向下，$P=UI=2\times1=2\text{W}>0$，即发出的功率为 2W。
答案：C

【2017,3】图示电路，1Ω 电阻消耗的功率为 P_1，3Ω 电阻消耗的功率为 P_2，则 P_1、P_2 分别为：

A. $P_1=-4$W, $P_2=3$W   B. $P_1=4$W, $P_2=3$W
C. $P_1=-4$W, $P_2=-3$W   D. $P_1=4$W, $P_2=-3$W

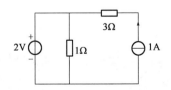

解 参照上题解法。
$P_1 = U^2/R, P_2 = I^2 R$。
答案：B

【2009,1】电路如图所示,2A 电流源发出的功率为:

A. －16W　　　B. －12W　　　C. 12W　　　D. 16W

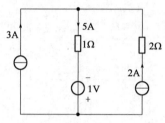

解 根据 KCL 定律,求得 ab 支路电压为 5A
$U_{ab} = 5 \times 1 - 1 = 4V$
电流源的电压为 $U = 4 + 2 \times 2 = 8V$
电压电流为非关联参考方向
电流源发出的功率为 $P = UI = 8 \times 2 = 16W$
答案：D

【2013,3】图示电路中,$U=10V$,则 5V 电压源发出的功率为:

A. 5W　　　B. 10W　　　C. －5W　　　D. －10W

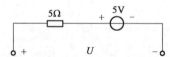

解 设电流方向从左往右为正方向
求得 $I = \dfrac{U-5}{5} = 1A$
电压源发出的功率为 $P = -UI = -5 \times 1 = -5W$
答案：C

【2011,1】如图所示电路中,电压 U 为:

A. 8V　　　B. －8V　　　C. 10V　　　D. －10V

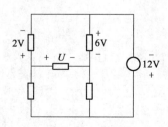

24

解 根据 KVL 定律,列出回路电压方程 $U=2+6=8V$
答案:A

【2011,2】如图所示电路中,电流 I 为:

A. 13A   B. $-7A$ C. $-13A$ D. 7A

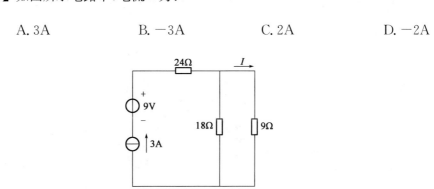

解 根据 KCL 定律,列出方程 $2+3+4=I+(-10)+6 \Rightarrow I=13A$
答案:A

【2011,3】如图所示电路中,电流 I 为:

A. 3A   B. $-3A$ C. 2A   D. $-2A$

解 对外电路而言,电流源所串接的电压源是无效元件;因而根据并联电路分流公式得:
$I=3 \times \dfrac{18}{18+9}=2A$
答案:C

【2005,2】如图所示电路 A 点的电压 u_A 为:

A. 5V   B. 5.21V
C. $-5V$ D. 38.3V

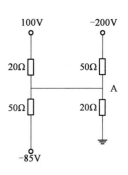

解 利用节点电压法求解:
$$u_A\left(\dfrac{1}{20}+\dfrac{1}{50}+\dfrac{1}{20}+\dfrac{1}{50}\right)=\dfrac{100}{20}+\dfrac{-200}{50}+\dfrac{-85}{50}$$

得:$u_A=-5V$
答案:C

【2012,18】如图所示,A 点的电压 u_A 为:

A. 0V B. $\dfrac{100}{3}$V C. 50V D. 75V

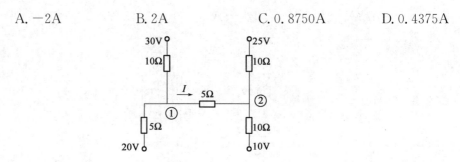

解 与上题类似,可解得:$u_A = \dfrac{100}{3}$V

答案:B

【2013,3】若图示电路中的电压值为该点的节点电压,则电路中的电流 I 应为:

A. -2A B. 2A C. 0.8750A D. 0.4375A

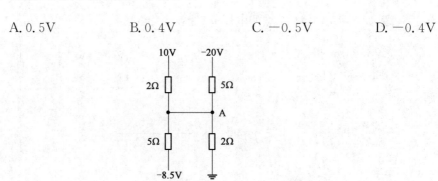

解 和上题类似,利用节点电压法,分别求出节点①、②的电压,然后根据 $I = \dfrac{U_1 - U_2}{5}$,代入数据得 $I = 0.4375$A。

答案:D

【2008,2】电路如图所示,则电位 u_A 为:

A. 0.5V B. 0.4V C. -0.5V D. -0.4V

答案:C

【2006,1】如图所示电路,I 为:

    A. 1A   B. 2A   C. -2A   D. 3A

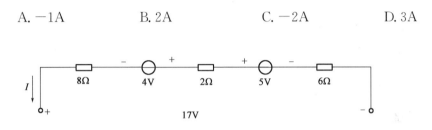

解 根据 KVL 定律,可得:$17V=-4I-4V-I+5V-3I \Rightarrow I=-2A$

答案:C

【2007,1】如图所示电路中,电流 I 为:

    A. -1A   B. 2A   C. -2A   D. 3A

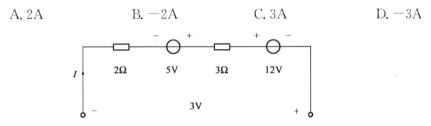

解 根据 KVL 定律,可得:$-8I-4V-2I+5V-6I=17V \Rightarrow I=-1A$

答案:A

【2008,1】如图所示电路中,电流 I 为:

    A. 2A   B. -2A   C. 3A   D. -3A

解 根据 KVL 定律,可得:$2I-5V+3I+12V=-3V \Rightarrow I=-2A$

答案:B

【2014,1】一直流发电机端电压 $U_1=230V$,线路上的电流 $I=50A$,输电线路每根导线的电阻 $R_0=0.0954\Omega$,则负载端电压 U_2 为:

    A. 225.23V   B. 220.46V   C. 225V   D. 220V

解 根据直流输电系统的等效电路可得:

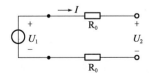

27

$U_2 = U_1 - 2R_0 \times I = 230 - 2 \times 0.0954 \times 50 = 220.46$ V

答案：B

【2009,9】图示电路中的电压 u 为：

    A. 49V   B. -49V   C. 29V   D. -29V

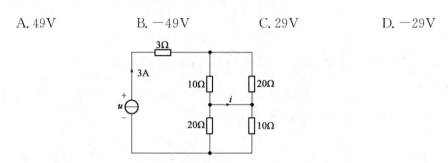

解 根据电路图可知：

$$总电阻\ R_{eq} = 3 + \frac{10 \times 20}{10+20} + \frac{20 \times 10}{20+10} = \frac{49}{3}\ \Omega$$

则电压 $u = IR_{eq} = 3 \times \frac{49}{3} = 49$ V

答案：A

【2016,1,发输变电】电阻 $R_1 = 10\Omega$ 和电阻 $R_2 = 5\Omega$ 相并联，已知流过这两个电阻的总电流 $I = 3$A，那么，流过电阻 R_1 的电流 I_1 为：

    A. 0.5A   B. 1A   C. 1.5A   D. 2A

解 由并联分流公式并结合解图可知：

$$I_1 = \frac{R_2}{R_1+R_2}I = \frac{5}{10+5} \times 3 = 1\text{A}$$

答案：B

【2016,1,供配电】图示电路中，电流 I 为：

    A. 985mA   B. 98.5mA   C. 9.85mA   D. 0.985mA

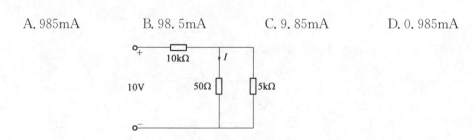

解 由图可知,流过50Ω电阻的电流为ImA,则流过5kΩ的电流$I_1=\frac{50I}{5000}=0.01I$,根据KVL定律,得:$10=10\times(I+0.01I)+5\times0.01I\Rightarrow I=0.985$mA。

答案: D

【2010,2】 如图所示,电路中电流i的大小为:

A. -1A B. 1A C. 2A D. -2A

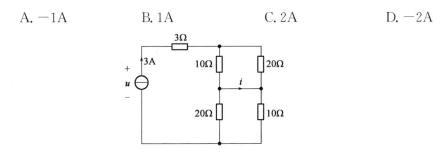

解 根据上图绘制等效下图。

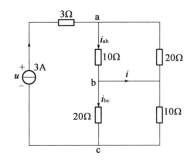

根据并联电路中分流公式,可得:
$$i_{ab}=3\times\frac{20}{10+20}\text{A}=2\text{A}, i_{bc}=3\times\frac{10}{10+20}\text{A}=1\text{A}$$

故 $i=i_{ab}-i_{bc}=2-1=1$A

答案: B

【2010,3】 图示直流电路中I_a的大小为:

A. 1A B. 2A C. 3A D. 4A

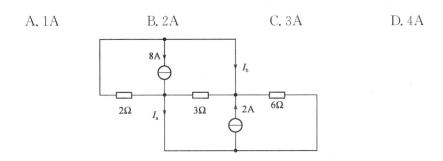

解 将电流源和电阻并联用电压源和电阻串联替换,具体分析如下:

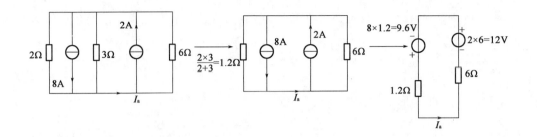

$$I_a = \frac{9.6+12}{1.2+6} = 3\text{A}$$

答案:C

【2013,2】 如图所示电路中 $U=10\text{V}$,电阻均为 100Ω,则电路中的电流 I 应为:

A. $\frac{1}{14}$A   B. $\frac{1}{7}$A   C. 14A   D. 7A

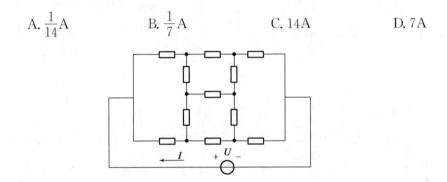

解 此题考查对称性。

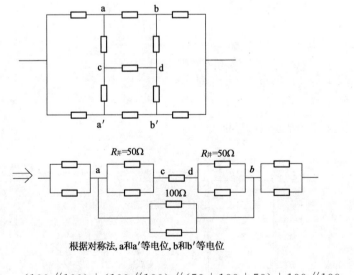

根据对称法,a和a'等电位,b和b'等电位

$R_{eq} = (100 // 100) + (100 // 100) // (50+100+50) + 100 // 100$
$= 50 + (50 // 200) + 50$
$= 140\Omega$

$$I=\frac{10}{140}=\frac{1}{14}\text{A}$$

答案:A

【2005,15】如图所示电路中,ab 间的等效电阻与电阻 R_L 相等,则 R_L 为:

    A. 10Ω   B. 15Ω   C. 20Ω   D. $5\sqrt{10}$ Ω

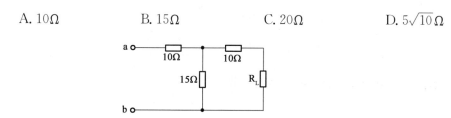

解 根据题意,可得:$R_{ab}=R_L$
把数据代入上述方程,可得:
$$10+\frac{15\times(10+R_L)}{15+10+R_L}=R_L \Rightarrow 150+15R_L=(25+R_L)\times(R_L-10)\Rightarrow R_L=20\Omega$$
答案:C(此题可以直接代入验算得出答案)

【2017,4】图示一端口电路中的等效电阻是:

    A. $\frac{2}{3}$ Ω   B. $\frac{21}{13}$ Ω   C. $\frac{18}{13}$ Ω   D. $\frac{45}{28}$ Ω

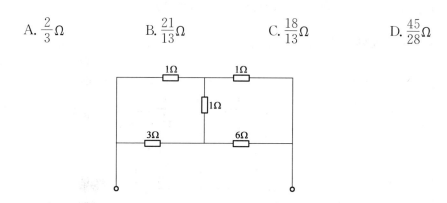

答案:B(星三角变换)

【2013,14】图示电路中 ab 间的等效电阻与电阻 R_L 相等,则 R_L 应为:

    A. 20Ω   B. 15Ω   C. $2\sqrt{10}$ Ω   D. 10Ω

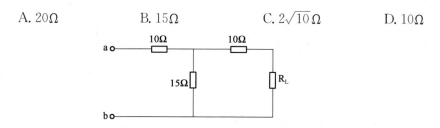

解 由题意知 $R_{ab}=(10+R_L)/\!/15+10=R_L \Rightarrow R_L=20\Omega$
答案:A

【2006,18】如图所示电路中,电阻 R_L 应为:

A. 18Ω   B. 13.5Ω   C. 9Ω   D. 6Ω

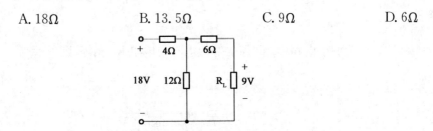

解 求出负载 R_L 的戴维南定理等效电路为:

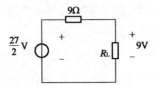

开路电压: $U_{oc}=\frac{12}{12+4}\times 18=\frac{27}{2}$ V,等效内阻 $R_o=6+12/4=9\Omega$

再根据串联分压公式: $9V=\frac{R_L}{R_L+9}=\frac{27}{2}V \Rightarrow R_L=18\Omega$

答案:A(此题仍可以代入验算,快速找到正确答案)

【2008,6】电路如图所示,R 的值为:

A. 12.5Ω   B. 15.5Ω   C. 15Ω   D. 18Ω

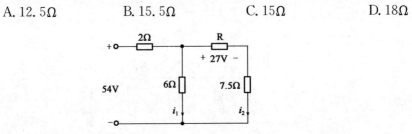

解 设两条支路的电流分别为 i_1 和 i_2,可以列出方程:$\begin{cases}54=2(i_1+i_2)+6i_1\\6i_1=27+7.5i_2\end{cases}$

求得 $i_2=1.5$A,则 $R=\frac{27}{i_2}=18\Omega$

答案:D

【2013,12】图示电路中,电阻 R 应为:

A. 18Ω   B. 9Ω   C. 6Ω   D. 3Ω

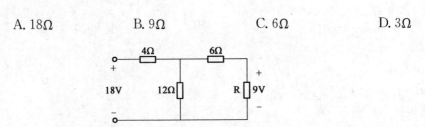

解 设两条支路的电流分别为 i_1 和 i_2,可以列出方程:$\begin{cases} 18=4(i_1+i_2)+12i_1 \\ 12i_1=9+6i_2 \end{cases}$

求得 $i_2=0.5$ A,则 $R=\dfrac{9}{i_2}=18\Omega$

答案:A

【2006,2】列写节点方程,如图所示电路BC两点间互导为:

A. 2S B. −14S C. 3S D. −3S

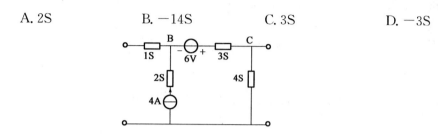

解 G_B 为节点 B 的自电导,G_C 为节点 C 的自电导;自电导总是为正。$G_{BC}=G_{CB}$,则称节点 B 与 C 互电导;互电导总是负的,则 $G_{BC}=-3$S。

注意:与电流源串联的自导纳是无效导纳。

此题若问节点 B 的自导纳,则 $G_B=1+3=4$S。

答案:D

【2007,11】列写节点方程时,如图所示部分电路中 B 点的自导为:

A. 7S B. −14S C. 5S D. 4S

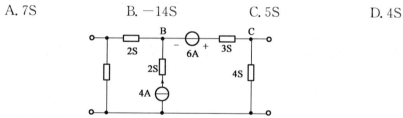

解 B 点的自导为连接 B 点的各支路电导之和,与 4A 电流源串联的电导不能计入,则 $G_B=(2+3)$S$=5$S。

答案:C

【2008,2】列写节点方程时,如图所示电路中 B 点的自导为:

A. 9S B. 10S C. 13S D. 8S

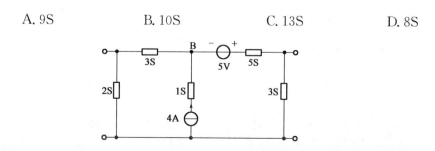

解 B 点的自导为连接 B 点的各支路电导之和,与 4A 电流源串联的电导不能计入。

则 $G_B=(3+5)S=8S$。

答案：D

【2008,3】 列写节点方程时,如上题图所示电路中B点的注入电流为:

　　　　A. 21A　　　　B. －21A　　　　C. 3A　　　　D. －3A

解　根据图示可得注入B点的电流为连接该点的电流源的电流、电压源与电导串联支路的电流之和,流入节点者前面取"＋"号,流出节点者前面取"－"号。

则B点电流为:$i_S+GU_S=[4+(-5\times 5)]A=-21A$。

答案：B

【2008,5】 电路如图所示,图示部分电路中AB间的互导为:

　　　　A. 2S　　　　B. 0　　　　C. 4S　　　　D. 0.5S

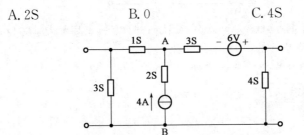

解　根据节点电压法中对于互导的定义可知,与电流源串联的电导,认为其电导为0,因此AB间互导为0。

答案：B

【2013,11】 列写节点电压方程时,图示部分电路中结点B的自导为:

　　　　A. 4S　　　　B. 6S　　　　C. 3S　　　　D. 2S

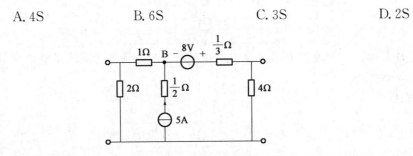

解　在节点电压方程中,与电流源相连的电导,认为其电导为0,自导等于所有与该节点直接相连的电导之和,$G_B=\left(\dfrac{1}{1}+\dfrac{1}{\frac{1}{3}}\right)=4S$。

答案：A

【2011,4】 如图所示电路中,已知$U_S=12V$,$I_{S1}=2A$,$I_{S2}=8A$,$R_1=12\Omega$,$R_2=6\Omega$,$R_3=8\Omega$,$R_4=4\Omega$。取节点0为参考节点,节点2的电压U_{n1}为:

　　　　A. 12V　　　　B. 21V　　　　C. 56.8V　　　　D. 10V

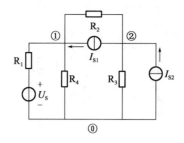

解 根据节点电压方程：
$$\begin{cases} \left(\dfrac{1}{R_1}+\dfrac{1}{R_2}+\dfrac{1}{R_4}\right)U_{n1}-\dfrac{1}{R_2}U_{n2}=\dfrac{U_S}{R_1}+I_{S1} \\ \left(\dfrac{1}{R_2}+\dfrac{1}{R_3}\right)U_{n2}-\dfrac{1}{R_2}U_{n1}=-I_{S1}+I_{S2} \end{cases}$$

可以求得 $U_{n2}=56.8\text{V}$
答案：C

【2009,2】如图所示，电路中的 u 应为：

  A. 18V   B. 12V   C. 9V   D. 8V

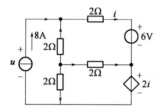

解 选择顺时针的方向为网孔电流方向，列写网孔电流方程：
$$\begin{cases} I_{m1}=8\text{A} \\ (2+2+2)I_{m2}-2I_{m1}-2I_{m3}=-6\text{V} \\ (2+2)I_{m3}-2I_{m1}-2I_{m2}=-2i \end{cases}$$
$I_{m2}=i$

可得：$i=I_{m2}=3\text{A}$，$u=2i+6+2i=18\text{V}$
答案：A

【2013,4】若图示电路中 $i_S=1.2\text{A}$ 和 $g=0.1\text{s}$，则电路中的电压 u 应为：

  A. 3V   B. 6V   C. 9V   D. 12V

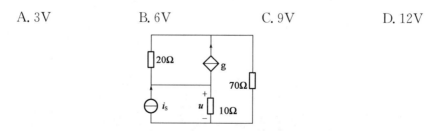

解 设定顺时针方向为网孔电流方向，并设受控电流源两端电压为 u_1，如下图所示。

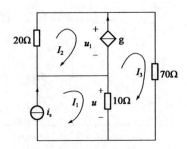

列写网孔电流方程如下:

$$\begin{cases} I_1 = 1.2\text{A} \\ 20I_2 = -u_1 \\ -10I_1 + 80I_3 = u_1 \\ u = 10(I_1 - I_3) \\ I_3 - I_2 = 0.1u \end{cases}$$

解方程组得:$I_3 = 0.3\text{A}, I_2 = -0.6\text{A}, u = 9\text{V}$

答案:C

【2011,3】如图所示电路中,已知 $U_S = 12\text{V}, R_1 = 15\Omega, R_2 = 30\Omega, R_3 = 20\Omega, R_4 = 8\Omega, R_5 = 12\Omega$,电流 I 为:

A. 2A B. 1.5A C. 1A D. 0.81A

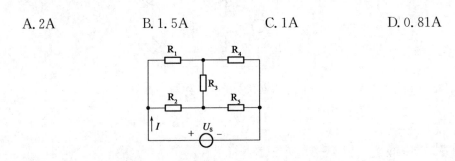

解 利用△-Y变换,变换后的电路图如下图所示:

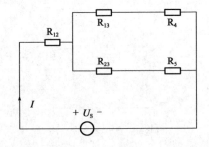

$$R_{12} = \frac{R_1 R_2}{R_1 + R_2 + R_3} = \frac{15 \times 30}{15 + 30 + 20} = \frac{450}{65} = \frac{90}{13}$$

$$R_{13} = \frac{R_1 R_3}{R_1 + R_2 + R_3} = \frac{15 \times 20}{15 + 30 + 20} = \frac{300}{65} = \frac{60}{13}$$

$$R_{23} = \frac{R_2 R_3}{R_1 + R_2 + R_3} = \frac{30 \times 20}{15 + 30 + 20} = \frac{600}{65} = \frac{120}{13}$$

电路总电阻为：

$$R = R_{12} + \frac{(R_{13} + R_4) \times (R_{23} + R_5)}{(R_{13} + R_4) + (R_{23} + R_5)} \Rightarrow R = 14.8$$

$$I = \frac{U_S}{R} = \frac{12}{14.8} = 0.81$$

答案：D

【2016,2】图示电路中，电流 I 为：

A. 0.5A B. 1A C. 1.5A D. 2A

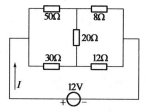

解 将电路上标号为①、②、③，然后进行△-Y 变换，得右图所示电路。

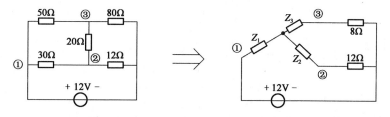

其中，$Z_1 = \dfrac{50 \times 30}{50 + 30 + 20} = 15\Omega$

$Z_2 = \dfrac{20 \times 30}{50 + 30 + 20} = 6\Omega$

$Z_3 = \dfrac{50 \times 20}{100} = 10\Omega$

则总的电流 $I = \dfrac{U_s}{Z_1 + (Z_2 + 12) /\!/ (Z_3 + 8)} = 0.5\text{A}$

答案：A

【2011,1】如图所示电路中，已知 $R_1 = 10\Omega$，$R_2 = 2\Omega$，$U_{S1} = 10\text{V}$，$U_{S2} = 6\text{V}$，则电阻 R_2 两端的电压 U 为：

A. 4V B. 2V C. -4V D. -2V

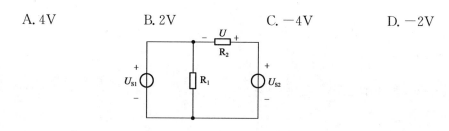

解 根据 KVL 定律,得:$U_{S1}=U_{S2}-U\Rightarrow U=U_{S2}-U_{S1}=6\text{V}-10\text{V}=-4\text{V}$。

答案:C

【2011,2】如图所示电路中,测得 $U_{S1}=10\text{V}$,电流 $I=10\text{A}$,则流过电阻 R 的电流 I_1 为:

A. 3A　　　　　B. -3A　　　　　C. 6A　　　　　D. -6A

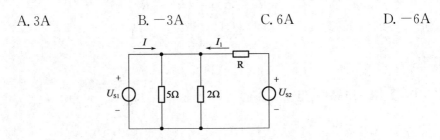

解 根据 KCL 定律,得:$I+I_1=\dfrac{U_{S1}}{5}+\dfrac{U_{S2}}{2}$,即 $I_1=-3\text{A}$。

答案:B

【2011,5;2016,2】如图所示电路中,电流 I 为:

A. -2A　　　　　B. 2A　　　　　C. -1A　　　　　D. 1A

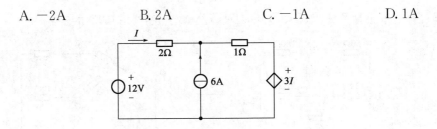

解 根据回路电流方程,得:$12\text{V}=2I+(I+6)\times1+3I$,则 $I=1\text{A}$。

答案:D

【2012,2】如图所示,电压 u 为:

A. 100V　　　　　B. 75V　　　　　C. 50V　　　　　D. 25V

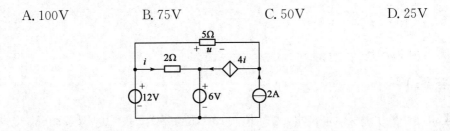

解 由题知:$i=\dfrac{12-6}{2}=3\text{A}$,设流过 5Ω 电阻的电流为 i_1,方向为从左往右,故根据 KCL 定律,得:$i_1+2=4i$,则 $i_1=10\text{A}$,求得 $u=5i_1=50\text{V}$。

答案:C

【2016,3】图示电路中,电流 I 为:

| A. 2.25A | B. 2A | C. 1A | D. 0.75A |

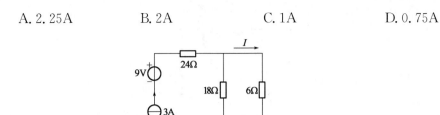

解 对外电路而言,与电流源串联的电阻及电压均是无效的,因此直接套用并联电阻分流公式可得到:$I=\dfrac{18}{18+6}\times 3=2.25\text{A}$

答案:A

考点 求等效阻抗

【2016,15】如图所示电路的等效电阻 R_{ab} 应为下列哪项数值?

| A. 5Ω | B. 5.33Ω | C. 5.87Ω | D. 3.2Ω |

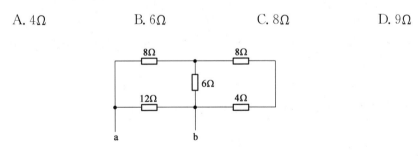

解 由图示电路串并联关系可知:$R_{ab}=\{[(8+16)//8]+16\}//8\,\Omega=5.87\,\Omega$

答案:C

【2008,3】电路如图所示,求 ab 之间的电阻值为:

| A. 4Ω | B. 6Ω | C. 8Ω | D. 9Ω |

解 $R=12//(8+6)//(4+8)=6\,\Omega$

答案:B

【2016,6】图示电路,含源二端口的入端电阻 R_i 为下列哪项数值?

| A. 5Ω | B. 10Ω | C. 15Ω | D. 20Ω |

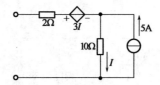

解 对于含有受控源的电路,求取端口等效电阻,采取外加电源法,且内部独立源置0。

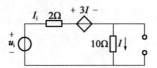

外加电压源为u_i,流入电路中的电流为I_i,则根据KVL定率,列方程式:

$$\begin{cases} u_i = 2I_i + 3I + 10I \\ I_i = I \end{cases}$$

得到 $R_i = \dfrac{u_i}{I_i} = 15\Omega$

答案:C

【2008,5】如图所示电路中的输入电阻为:

  A. 8Ω B. 2Ω C. 4Ω D. 6Ω

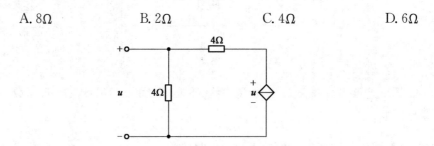

解 设该电路流入的总电流为I,则电阻4Ω支路的电流为$\dfrac{u}{4}$A,受控电流源支路的电流为$\left(I - \dfrac{u}{4}\right)$A。根据KVL定律,可得$u = 4 \times \left(I - \dfrac{u}{4}\right) + u$,得$u = 4I$,可得输入电阻$R_{in} = \dfrac{u}{I} = 4\Omega$。

答案:C

【2008,6】如图所示电路中的输入电阻为:

  A. 3Ω B. 6Ω C. 4Ω D. 1.5Ω

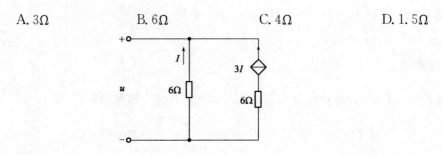

解 设该电路的总输入电流为I',如下图所示。

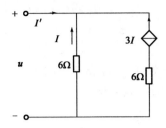

根据上面电路图利用 KVL 和 KCL 定律,可得:

$$\begin{cases} u=-6I \\ I'=-I-3I=-4I \end{cases} \Rightarrow R_{in}=\frac{u}{I'}=\frac{-6I}{-4I}=1.5\ \Omega$$

答案:D

【2008,7】 如图所示电路中的输入电阻为:

A. $2/3\Omega$ B. $4/3\Omega$ C. $8/3\Omega$ D. $-4/3\Omega$

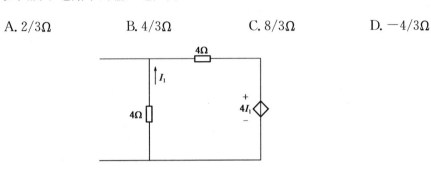

解 将上图写成如下图形式。

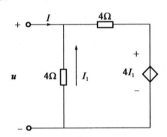

根据电路图利用 KVL 定律,可得: $\begin{cases} u=-4I_1 \\ u=4(I+I_1)+4I_1 \end{cases} \Rightarrow R_{in}=\frac{u}{I}=\frac{4}{3}\ \Omega$

答案:B

【2008,8】 如图所示电路中的输入电阻为:

A. -32Ω B. 3Ω C. 10Ω D. 4Ω

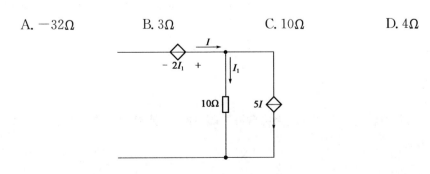

解 根据KVL和KCL定律,可得:$\begin{cases} u=-2I_1+10I_1=8I_1 \\ I=I_1+5I \end{cases} \Rightarrow R_{in}=\dfrac{u}{I}=-32\Omega$

答案: A

注意: 2008年的5~8题是一类题目,对含有受控源电压一定采用外加电源法,然后利用电路的基尔霍夫定律KVL和KCL进行求解。

【2013,1】图示电路的输入电阻为:

    A. 1.5Ω   B. 3Ω   C. 9Ω   D. 2Ω

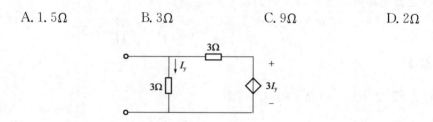

答案: B

【2013,2】图示电路的输入电阻为:

    A. 2.5Ω   B. −5Ω   C. 5Ω   D. 25Ω

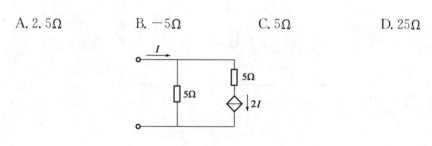

答案: B

【2012,1,供配电】图中电路的输入电阻 R_{in} 为:

    A. −11Ω   B. 11Ω   C. −12Ω   D. 12Ω

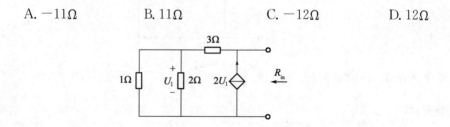

解 参照上述的外置电源法,设定输入的总电流为 I,端电压为 u,根据KVL和KCL定律,可得:$\begin{cases} u=3(I+2U_1)+U_1 \\ I+2U_1=\dfrac{U_1}{2}+\dfrac{U_1}{1} \end{cases} \Rightarrow R_{in}=\dfrac{u}{I}=-11\Omega$

答案: A

【2012,1,发输变电】图示电路为含源一端口网络,如果设一端口可以等效为一个理想电压源,则 β 为:

A. 1　　　　　　B. 3　　　　　　C. 5　　　　　　D. 7

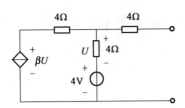

解　由于端口可以等效为一个理想电压源，说明端口的等效电阻为0，电路中含有受控源，同样采用外加电源法求取端口等效电阻(将电压源短路)，设外加电源电压，设定输入电流为 I_1，端电压为 U_1，则

端口的等效电阻 $R=\dfrac{U_1}{I_1}$，$U_1=4I_1+u$，$I_1=\dfrac{u}{4}+\dfrac{u-\beta u}{4}=\dfrac{2u-\beta u}{4}$，$R=4+\dfrac{4}{2-\beta}=0$

求得 $\beta=3$

答案：B

【2017,5】如图所示，用 KVL 至少列几个方程可以解出 I 值：

A. 1　　　　　　B. 2　　　　　　C. 3　　　　　　D. 4

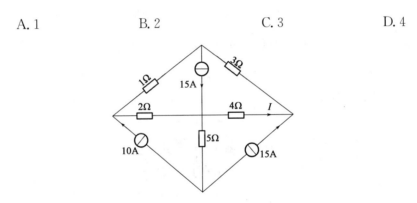

解　设定的电流方向如下图所示：

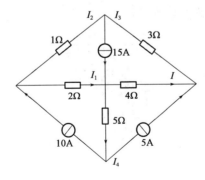

则根据 KCL 定律可得：

$$I_4=15\text{A}, I_3=(I+5)\text{A}, I_2=(-I-20)\text{A}, I_1=(I+30)\text{A}$$

列写 KVL 方程：$3I_3+2I_1+4I-I_2=0 \Rightarrow I=-9.5\text{A}$

即只需要列1个方程即可解出 I 值。

答案：A

考点 电路定理

【2005,14】如图所示,电路的戴维南等效电路参数 U_s 和 R_s 为:

　　A. 9V,2Ω　　　　　　　　　　　B. 3V,4Ω
　　C. 3V,6Ω　　　　　　　　　　　D. 9V,6Ω

解　根据戴维南定理知:求等效输入阻抗时,内部独立源置0,即电压源短路,电流源开路。则等效的输入阻抗 $R_s=2+4=6Ω$

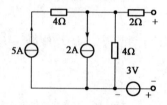

求开路电压根据回路方程: $U_s=4(5-2)-3V=9V$
答案:D

【2006,14】如图所示电路的戴维南等效电路参数 U_s 和 R_s 应为:

　　A. 3V,1.2Ω　　　　　　　　　　B. 3V,1Ω
　　C. 4V,14Ω　　　　　　　　　　 D. 3.6V,1.2Ω

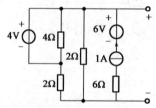

解　根据电源等效原则:对外电路而言,与电压源并联的电阻为无效电路,与电流源串联电阻为无效电阻;画出如下等效电路图。

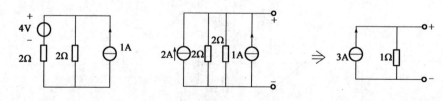

则由图可知: $U_s=3V$; $R_s=1Ω$
答案:B

【2014,1】如图所示电路中,等效电压 U_{ab} 为:

　　A. 25V　　　　　　　　　　　　B. 30V
　　C. 15V　　　　　　　　　　　　D. 35V

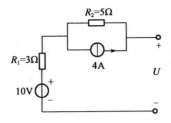

解 利用诺顿和戴维南定理转换,如下图:

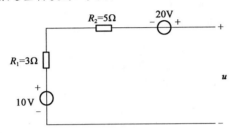

由上图可知:开路电压 $U=20+10=30\text{V}$

答案:B

【2007,18】如图所示电路的戴维南等效电路参数 u_s 和 R_s 为:

    A. 8V,2Ω   B. 3V,1Ω
    C. 4V,14Ω   D. 3.6V,1.2Ω

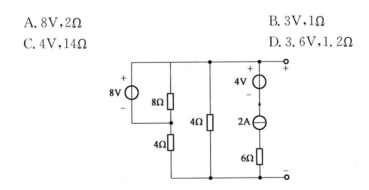

答案:A

【2008,4】如图所示电路中 ab 端口的等效电路为:

    A. 10V 与 2.93Ω 串联   B. −10V 与 2.93Ω 串联
    C. 10V 与 2.9Ω 串联   D. −10V 与 2.9Ω 串联

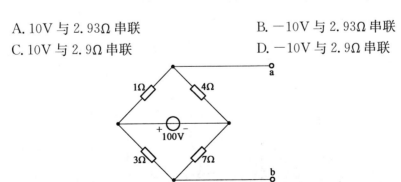

解

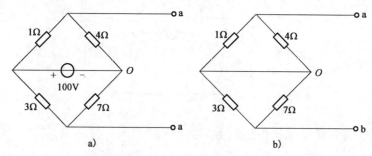

以 O 点作为参考零电位，根据图 a)可得：

$$u_{ab} = 100 \times \frac{4}{1+4} - 100 \times \frac{7}{3+7} = 10\text{V}$$

求等效电阻：将电压源短路，电路如图 b)所示。

$$R_{eq} = \frac{1 \times 4}{1+4} + \frac{3 \times 7}{3+7} = 2.9\Omega$$

答案：C

【2012,12】图示电路的戴维南等效电路参数 U_s 和 R_s 为：

A. 10V 和 5Ω B. 2V 和 3.5Ω
C. 2V 和 5Ω D. 10V 和 3.5Ω

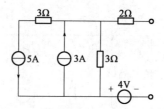

解 设 3Ω 电阻上流过的电流为 I，方向由上到下，根据 KCL 方程，求得 $5+I=3$，即 $I=-2\text{A}$，则端口开路电压 $U_s=-4-(-2)\times 3=2\text{V}$

将电流源开路，求得等效电阻 $R_s=2+3=5\Omega$

答案：C

【2014,3】如图所示电路中，通过 1Ω 电阻的电流 I 为：

A. $-\frac{5}{49}\text{A}$ B. $\frac{2}{49}\text{A}$ C. $-\frac{2}{49}\text{A}$ D. $\frac{5}{49}\text{A}$

解 参照上题解法，求出 1Ω 电阻两端的戴维南等效电路。

开口电压：$U_{oC}=\dfrac{5}{9}\times 5-\dfrac{4}{9}\times 5=\dfrac{5}{9}\text{V}$，等效内阻：$R_0=4//5+5//4=\dfrac{40}{9}\Omega$

则电流：$I=\dfrac{U_{oC}}{R_0+1}=\dfrac{5}{49}\text{A}$

答案：D

【2014，2】一含源一端口电阻网络，测得其短路电流为 2A。测得负载电阻 $R=10\Omega$ 时，通过负载电阻 R 的电流为 1.5A，该含源一端口电阻网络的开路电压 U_{oC} 为：

  A. 50V   B. 60V   C. 70V   D. 80V

解 根据戴维南等效电路见下图：

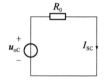

$$\begin{cases} I_{SC}=\dfrac{U_{oC}}{R_0}=2\text{A} \\ I=\dfrac{U_{oC}}{R_0+R}=\dfrac{U_{oC}}{R_0+2}=1.5\text{A} \end{cases}$$

解得 $U_{oC}=60\text{V}, R_0=30\Omega$

答案：B

【2007，8】如图所示电路中，电压 u 是：

  A. 48V   B. 24V   C. 4.8V   D. 8V

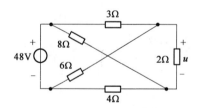

解 画出等效电路图如下图 a)和图 b)所示。

(1) 原电路可以等效为图 a)：

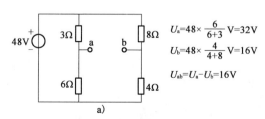

(2) 求 R_s，将独立电压源短路为图 b)：

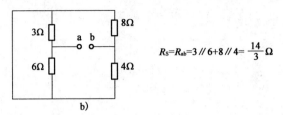

$R_S = R_{ab} = 3 /\!/ 6 + 8 /\!/ 4 = \dfrac{14}{3}\Omega$

(3)等效电路为图 c):

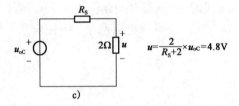

$u = \dfrac{2}{R_S + 2} \times u_{OC} = 4.8\text{V}$

答案:C

【2008,4】电路如图所示,图中的戴维南等效电路参数 u_s 和 R_s 分别为:

A. 16V,2Ω   B. 12V,4Ω
C. 8V,4Ω   D. 8V,2Ω

解 (1)原电路可以等效为:

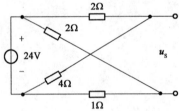

$u_a = 24 \times \dfrac{4}{4+2} = 16\text{V}, u_b = 24 \times \dfrac{1}{2+1} = 8\text{V}$

$u_o = u_a - u_b = 16 - 8 = 8\text{V}$

$u_s = u_o = 8\text{V}$

(2)求 R_s,将独立电压源短路:

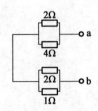

$R_s=R_{ab}=(2//4)+(2//1)=2\Omega$
答案:D

【2010,9】 如图所示电路中,若$u=0.5\text{V}$,$i=1\text{A}$,则i_S为:

A. -0.25A B. 0.125A C. -0.125A D. 0.25A

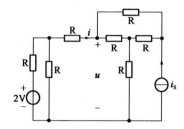

解 先对电路进行化简,如下图所示。

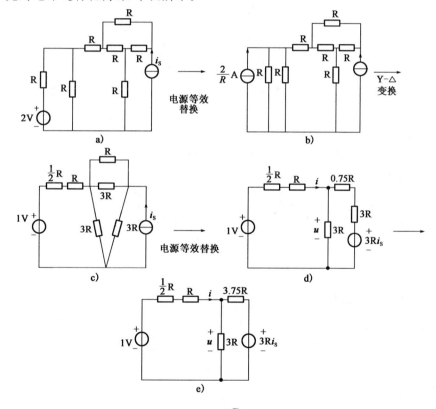

由图 e)知 $\qquad \dfrac{u}{3R}+\dfrac{u-3Ri_S}{3.75R}=i \qquad$ ①

由 $1\text{V}=\left(\dfrac{1}{2}R+R\right)\cdot i+u=\dfrac{3}{2}R+0.5 \Rightarrow R=\dfrac{1}{3}\Omega$

代入①式得 $i_S=\dfrac{-1}{8}=-0.125\text{A}$

答案:C

【2009,8】 图示电路中,若$u=0.5\text{V}$,$i=1\text{A}$,则R的值为:

A. $-\dfrac{1}{3}\Omega$ B. $\dfrac{1}{3}\Omega$ C. $\dfrac{1}{2}\Omega$ D. $-\dfrac{1}{2}\Omega$

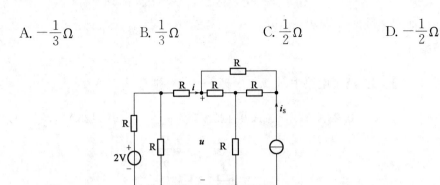

答案：B

【2011,6；2016,3】如图所示电路中,电阻 R 的阻值可变,则 R 为下列哪项数值时可获得最大功率?

A. 12Ω B. 15Ω C. 10Ω D. 6Ω

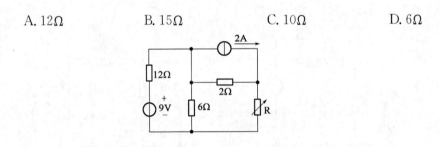

解 求戴维南等效电阻 R_{eq}。其等效电路如下图所示。

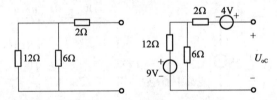

等效电阻 $R_{eq}=2+\dfrac{12\times 6}{12+6}=6\Omega$

当 $R=R_{eq}$ 时,负载获得最大功率。

如上图求开口电压 $U_{oC}=4+\dfrac{6}{12+6}\times 9=7\text{V}$,故负载获得最大功率 $P_{max}=\dfrac{U_{oC}^2}{4R_{eq}}=\dfrac{49}{24}$。

答案：D

【2016,14】已知某电源的开路电压为 220V,内阻为 50Ω,如果把一个负载电阻 R 接到此电源上,当 R 为下列何值时,负载获得最大功率?

A. 25Ω B. 50Ω C. 100Ω D. 125Ω

答案：B

【2011,10；2016,11】图示正弦交流电路中,已知 $\dot{U}_S=100\angle 0°\text{V}$,$R=10\Omega$,$X_L=20\Omega$,

$X_C=30\Omega$,当负载 Z_L 为下列哪项数值时,它将获得最大功率?

A. $(8+j21)\Omega$ B. $(8-j21)\Omega$
C. $(8+j26)\Omega$ D. $(8-j26)\Omega$

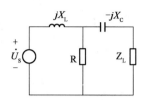

解 求戴维南等效阻抗 $Z_{eq}=R_{eq}+jX_{eq}$,在正弦稳态分析中的负载获得最大功率时,即满足 $Z_{eq}^*=R_{eq}-jX_{eq}=Z_L$。将负载开路,电压源短路,其等效电路如下图所示。

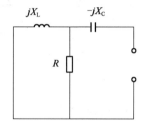

根据上图可得电路等效阻抗为:

$$Z_{eq}=-jX_C+\frac{jX_L\times R}{jX_L+R}=-j30+\frac{j20\times 10}{10+j20}=-j30+\frac{j200\times(10-j20)}{100+400}=(8-j26)\Omega$$

则 $Z_L=Z_{eq}^*=(8+j26)\Omega$

求开口电压 $U_{oC}=\dfrac{R}{R+jX_L}U=\dfrac{100}{1+j2}$V

负载获得最大功率 $P_{max}=\dfrac{U_{oC}^2}{4R_{eq}}=\dfrac{\left(\dfrac{100}{\sqrt{2}}\right)^2/5}{4\times 8}=31.25$W

答案:C

【2012,4】图示电路中,当电阻 R 为下列何值时,获得最大功率?

A. 2.5Ω B. 7.5Ω C. 4Ω D. 5Ω

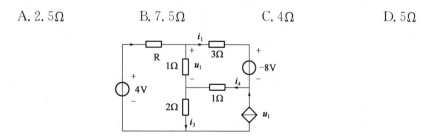

解 求出 R 两端的戴维南等效电阻 R_{eq},当 $R=R_{eq}$,电阻 R 获得最大功率。作出如下电路图:

根据 KCL 定律,可得:$i_{eq}=i_1+u_1, i_4=i_1+u_1=i_{eq}, i_3=u_1+i_4$。

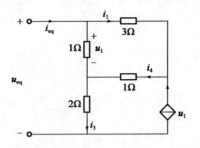

根据KVL定律,可知:
$$u_1 = 3i_1 + i_4 = 3(i_{eq} - u) + i_{eq} = 4i_{eq} - 3u_1$$

则 $u = i_{eq}$
$$u_{eq} = u_1 + 2i_3 = u_1 + 2(i_4 + u_1) = u_1 + 2(i_{eq} + u_1) = 3u_1 + i_{eq}$$

即 $u_{eq} = 5i_{eq}$
$$R_{eq} = \frac{u_{eq}}{i_{eq}} = 5\Omega$$

答案:D

【2013,5】 在图示电路中,当R为下列哪项数值时,它能获得最大功率?

A. 7.5Ω   B. 4.5Ω   C. 5.2Ω   D. 5.5Ω

解 此题与上题类似,也是求出R两端的戴维南等效电阻R_{eq},当$R = R_{eq}$,电阻R获得最大功率。

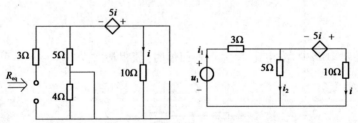

首先将电路中电压源和电流源置0,对于含有受控源的电路一律采用外加电源法求出端口的电压电流关系。

则根据下图可知:$i_2 = i_1 - i$,$5i_2 = 10i - 5i$,则 $i_2 = i$,$i_2 = 0.5i_1$

故根据KVL定律,得:$u_1 = 3i_1 + 5i_2 = 5.5i_1$,则 $R_{eq} = \frac{u_1}{i_1} = 5.5$

答案:D

【2012,2】图示电路中电流源 $i_s(t)=20\sqrt{2}\cos(2t+45°)\text{A}$,$R_1=R_2=1\Omega$,$L=0.5\text{H}$,$C=0.5\text{F}$。当负载 Z_L 为多少 Ω 时,它能获得最大功率?

A. $\dfrac{1}{2}$ B. $\dfrac{1}{4}$ C. 1 D. $\dfrac{1}{8}$

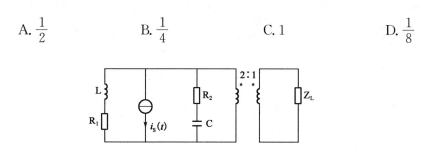

解 为使负载获得最大功率,负载 Z_L 与以负载两端为端口看入的端口等效阻抗 Z_{eq} 之间应满足共轭匹配,即 $Z_L=Z_{eq}{}^*$,而等效阻抗:

$$Z_{eq}=\left(\frac{1}{n}\right)^2\left[(R_1+j\omega L)/\!/\left(R_2+\frac{1}{j\omega C}\right)\right]=\left(\frac{1}{2}\right)^2\left[(1+j\times 2\times 0.5)/\!/\left(1+\frac{1}{j\times 2\times 0.5}\right)\right]$$
$$=\frac{1}{4}\Omega$$

所以 $Z_L=Z_{eq}{}^*=\dfrac{1}{4}\Omega$

答案: B

【2011,18】如图所示电路中,n 为下列哪项数值时,$R=4\Omega$ 电阻可以获得最大功率?

A. 2 B. 7 C. 3 D. 5

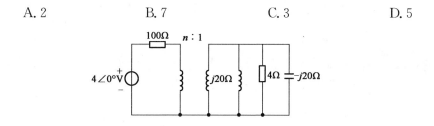

解 由题图可知,电感 $j20\Omega$ 与电容 $-j20\Omega$ 发生并联谐振,二次负载阻抗为 4Ω。4Ω 电阻获得最大功率时,其折合到一次侧的等效电阻 $4n^2=100$,得到 $n=5$。

答案: D

【2016,5】图示电路,当电流源 $I_{s1}=5\text{A}$,电流源 $I_{s2}=2\text{A}$ 时,电流 $I=1.8\text{A}$;当电流源 $I_{s1}=2\text{A}$,电流源 $I_{s2}=8\text{A}$ 时,电流 $I=0\text{A}$。那么,当电流源 $I_{s1}=2\text{A}$,电流源 $I_{s1}=-2\text{A}$ 时,则电流 I 为:

A. 0.5A B. 0.8A C. 0.9A D. 1.0A

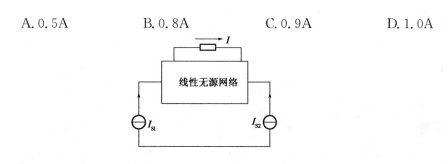

解 根据叠加定理可得：$I=k_1I_{s1}+k_2I_{s2}$

将 $I_{s1}=5\text{A},I_{s2}=2\text{A},I=1.8\text{A}$ 和 $I_{s1}=2\text{A},I_{s2}=8\text{A},I=0\text{A}$ 分别代入，可得：

$$\begin{cases}1.8=5k_1+2k_2\\0=2k_1+8k_2\end{cases}\Rightarrow k_1=0.4,k_2=-0.1$$

则当 $I_{s1}=2\text{A},I_{s2}=-2\text{A}$ 时，$I=k_1I_{s1}+k_2I_{s2}=1\text{A}$

答案：D

【2012,5】如图所示，P 为无源线性电阻电路，当 $u_1=15\text{V}$ 和 $u_2=10\text{V}$ 时，$i_1=2\text{A}$；当 $u_1=20\text{V}$ 和 $u_2=15\text{V}$ 时，$i_1=2.5\text{A}$。当 $u_1=20\text{V},i_1=5\text{A}$ 时，u_2 应该为：

  A. 10V   B. -10V

  C. 12V   D. -12V

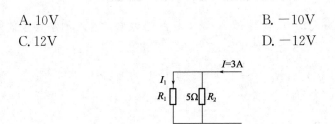

解 根据叠加定理可得：$u_2=k_1u_1+k_2i_1$

将 $u_1=15\text{V},u_2=10\text{V},i_1=2\text{A}$ 和 $u_1=20\text{V},u_2=15\text{V},i_1=2.5\text{A}$ 分别代入上式可得：

$$\begin{cases}10=15k_1+2k_2\\15=20k_1+2.5k_2\end{cases}\Rightarrow k_1=2,k_2=-10$$

则当 $u_1=20\text{V},i_1=5\text{A}$ 时，$u_2=k_1u_1+k_2i_1=2\times20\text{V}-10\times5\text{V}=-10\text{V}$

答案：B

【2016,4】在图示电路为线性无源网络，当 $U_S=4\text{V}、I_S=0\text{A}$ 时，$U=3\text{V}$；当 $U_S=2\text{V}、I_S=1\text{A}$ 时，$U=-2\text{V}$。那么，当 $U_S=4\text{V}、I_S=4\text{A}$ 时，U 为：

  A. -12V B. -11V

  C. 11V   D. 12V

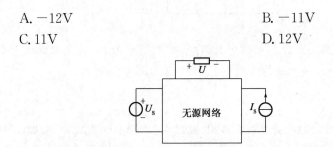

解 与上题类似，根据叠加定理可得：$u=k_1u_S+k_2i_S$

将 $u_S=4\text{V},i_S=0\text{A},u=3\text{V}$ 和 $u_S=2\text{V},i_S=1\text{A},u=3\text{V}$ 分别代入上式，可得：

$$\begin{cases}-2=2k_1+k_2\\3=4k_1\end{cases}\Rightarrow k_1=\frac{3}{4},k_2=-\frac{7}{2}$$

则当 $u_S=4\text{V},i_S=4\text{A}$ 时，$u=k_1u_S+k_2i_S=-11\text{V}$

答案：B

【2014,16】有一变压器能将100V电压升高到3000V,现将一导线绕过其铁芯,两端接在电压表上(如图所示),此电压表的读数是0.5V,则此变压器原边绕组匝数 n_1 与其副边绕组匝数 n_2 分别为:(该变压器是理想变压器)

    A. 400,1000   B. 200,6000
    C. 200,1000   D. 400,6000

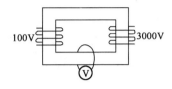

解 此题考查变压器变比的基本概念。电压表绕组匝数为1匝。则:

$$n_1 = \frac{100}{0.5} = 200; n_2 = \frac{3000}{0.5} = 6000$$

答案: B

【2017,6】图示电路中 N 为纯电阻电路,已知当 $U_s=5V$ 时, $U=2V$,则 $U_s=7.5V$ 时, U 为:

    A. 2V   B. 3V   C. 4V   D. 5V

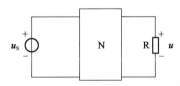

答案: B(考查叠加定理)

考点 正弦稳态分析

【2005,3】正弦电流流过电容元件时,下列哪项关系是正确的?

    A. $I_m = j\omega C U_m$ B. $u_C = X_C i_C$

    C. $\dot{I} = j\dot{U}/X_C$ D. $\dot{I} = C\frac{d\dot{U}}{dt}$

解 选项 A,应为 $I_m = \omega C U_m$。

选项 B, u_C, i_C 都为瞬时值。

选项 D,正确形式应为 $i = C\frac{du}{dt}$。

选项 C, $\dot{U}_C = -jX_C \dot{I}_C = -j\frac{1}{\omega C}\dot{I}_C \Rightarrow \dot{I}_C = \frac{j\dot{U}_C}{\omega C}$。

答案: C

【2007,20】正弦电流通过电感元件时,下列关系正确的是:

A. $u_L = \omega L i$ B. $\dot{U}_L = jX_L \dot{I}$

C. $\dot{U}_L = L\dfrac{d\dot{I}}{dt}$ D. $\psi_i = \psi_u + \dfrac{\pi}{2}$

解 选项 A,应为 $U_L = \omega L I_L$。

选项 C,应为 $u_L = L\dfrac{di}{dt}$。

选项 D,应为 $\psi_u = \psi_i + \dfrac{\pi}{2}$,因为电感元件流过正弦电流时,电压超前电流 90°,对于电容满足电路超前电压 90°。

答案:B

【2012,8】正弦电流通过电容元件时,下列关系中正确的是:

A. $\dot{I}_C = C\dfrac{dU_C}{dt}$ B. $\dot{U}_C = jX_C \dot{I}_C$

C. $\dot{U}_C = -jX_C \dot{I}_C$ D. $u_C = \dfrac{1}{j\omega C}i$

解 选项 A,应为 $i_C = C\dfrac{du_C}{dt}$。

选项 B,应为 $\dot{U}_C = -j\dfrac{1}{\omega C}\dot{I} = -jX_C \dot{I}_C$。

选项 D,应为 $\dot{U}_C = \dfrac{1}{j\omega C}\dot{I}$。

答案:C

【2013,6】正弦电流通过电容元件时,电流 $\dot{I}_C$ 应为:

A. $j\omega CU_m$ B. $j\omega C\dot{U}$ C. $-j\omega CU_m$ D. $-j\omega C\dot{U}$

答案:B

【2009,14】正弦电流通过电容元件时,下列关系正确的是:

A. $\dot{U}_C = \omega C I$ B. $\dot{U}_C = -j\omega C\dot{I}$

C. $\dot{U}_C = C\dfrac{d\dot{I}}{dt}$ D. $\psi_u = \psi_i + \dfrac{\pi}{2}$

解 对于电容元件,瞬时值有 $i_C = C\dfrac{du_C}{dt}$

用相量表达为 $\dot{I}_C = j\omega C\dot{U}_C$,$\dot{U}_C = \dfrac{\dot{I}_C}{j\omega C} = -j\dfrac{\dot{I}_C}{\omega C}$

根据相量表达式可知电流相量超前电压相量 $\dfrac{\pi}{2}$。

答案：B

【2016,8】在 RL 串联的交流电路中,用复数形式表示时,总电压 U 与电阻电压 U_R 和电感电压 U_L 的关系式为：

　　A. $\dot{U}=\dot{U}_R+\dot{U}_L$ 　　B. $\dot{U}=\dot{U}_L+\dot{U}_R$

　　C. $\dot{U}=\dot{U}_R-\dot{U}_L$ 　　D. $\dot{U}=\dot{U}_L-\dot{U}_R$

答案：A

【2005,16；2008,22】已知正弦电流的初相为 $60°$,$t=0$ 时的瞬时值为 8.66A,经过 1/300s 后电流第一次下降为 0,则其振幅 I_m 为：

　　A. 314A　　　　B. 50A　　　　C. 10A　　　　D. 100A

解　正弦电流的表达式为 $i=I_m\sin(\omega t+\varphi_i)=I_m\sin(\omega t+60°)$
当 $t=0$ 时,$i(0)=I_m\sin 60°=8.66$,则幅值 $I_m=10$A。

答案：C

【2006,16】已知正弦电流的初相为 $60°$,在 $t=0$ 时瞬时值为 8.66A,经过 1/300s 后电流第一次下降为 0,则其频率应为：

　　A. 50kHz　　　　B. 100kHz　　　　C. 314kHz　　　　D. 628kHz

解　$i=I_m\sin(\omega t+\varphi_i)=I_m\sin\left(\omega t+\dfrac{\pi}{3}\right)$

根据 $i(0)=I_m\sin\dfrac{\pi}{3}=8.66$,即 $I_m=10$A。

把 $t=\dfrac{1}{300}$s 代入上式,可得：$i\left(\dfrac{1}{300}\times10^{-3}\right)=10\sin\left(\omega\times\dfrac{1}{300}\times10^{-3}+\dfrac{\pi}{3}\right)=0$

得：$\omega\times\dfrac{1}{300}\times10^{-3}+\dfrac{\pi}{3}=\pi$

即：$\omega=200\times10^3\pi=2\pi f\Rightarrow f=100\times10^3$Hz

答案：B

【2007,9】已知正弦电流的初相角为 $60°$,在 $t=0$ 时的瞬时值为 17.32A,经过 1/150s 后电流第一次下降为 0,则其频率为：

　　A. 50Hz　　　　B. 100Hz　　　　C. 314Hz　　　　D. 628Hz

解　$i=I_m\sin(\omega t+\varphi_i)=I_m\sin\left(\omega t+\dfrac{\pi}{3}\right)$

根据：$i(0)=I_m\sin\dfrac{\pi}{3}=17.32$,即 $I_m=20$A

把 $t=\dfrac{1}{150}$s 代入上式,可得：$i\left(\dfrac{1}{150}\right)=20\sin\left(\omega\times\dfrac{1}{150}+\dfrac{\pi}{3}\right)=0$

得：$\omega \times \dfrac{1}{150} + \dfrac{\pi}{3} = \pi$

即 $\omega = \dfrac{\pi - \dfrac{\pi}{3}}{\dfrac{1}{150}} = \dfrac{2\pi}{3} \times 150 = 100\pi$

由 $\omega = 100\pi = 2\pi f$，得 $f = 50 \text{Hz}$

答案：A

【2008,7】正弦电流的初相为 $45°$，在 $t=0$ 时的瞬时值为 8.66A，经过 $\dfrac{3}{800}$s 后，电流第一次下降为 0，则角频率为：

    A. 785rad/s   B. 628rad/s   C. 50rad/s   D. 100rad/s

解 正弦电流 $i = A\sin(\omega t + 45°)$ 第一次下降为零时，相位：$\omega t + 45° = \omega \times \dfrac{3}{800} + \dfrac{\pi}{4} = \pi$，$\omega = \dfrac{3}{4}\pi \times \dfrac{800}{3} = 628 \text{rad/s}$

答案：B

【2009,20；2012,23】已知正弦电流的初相为 $30°$，在 $t=0$ 时的瞬时值是 34.64A，经过 1/60s 后电流第一次下降为 0，则其频率为：

    A. 25Hz   B. 50Hz   C. 314Hz   D. 628Hz

答案：A

【2012,7】已知正弦电流的初相为 $90°$，在 $t=0$ 时瞬时值为 17.32A，经过 0.5×10^{-3}s 后，电流第一次下降为 0，则其频率为：

    A. 500Hz   B. 1000MHz   C. 50MHz   D. 1000Hz

答案：A

【2013,15】已知正弦电流的振幅为 10A，在 $t=0$ 时刻的瞬时值为 8.66A，经过 1/300s 后电流第一次下降为 0，则其初相角应为：

    A. 70°   B. 60°   C. 30°   D. 90°

答案:B

【2010,19】已知正弦电流的初相位 90°,在 $t=0$ 时的瞬时值为 17.32A,经过 1/50s 后电流第一次下降为 0,则其角频率为:

       A. 78.54rad/s   B. 50rad/s   C. 39.27rad/s   D. 100rad/s

解 $i=I_\mathrm{m}\sin(\omega t+\varphi_\mathrm{i})=I_\mathrm{m}\sin(\omega t+90°)$

当 $t=0$ 时,$i=I_\mathrm{m}\sin 90°=I_\mathrm{m}=17.32\mathrm{A}$;当 $t=\dfrac{1}{50}\mathrm{s}$ 时,$i=I_\mathrm{m}\sin\left(\omega\times\dfrac{1}{50}+90°\right)=0$

$\omega\times\dfrac{1}{50}+\dfrac{\pi}{2}=\pi$,即 $\omega=25\pi=78.54\mathrm{rad/s}$

答案:A

【2013,13】已知正弦电流的初相为 60°,$t=0$ 时的瞬时值为 8.66A,经过 $\dfrac{1}{300}\mathrm{s}$ 后电流第一次下降为 0,则其频率应为:

       A. 314Hz   B. 50Hz   C. 100Hz   D. 628Hz

解 根据上题方法求得角频率为 $\omega=200\pi$,$f=\dfrac{\omega}{2\pi}=100\mathrm{Hz}$

答案:C

【2014,3】按照图示所选定的参考方向,电流 i 的表达式 $i=32\sin\left(314t+\dfrac{2}{3}\pi\right)\mathrm{A}$,如果把参考方向选成相反的方向,则 i 的表达式为:

       A. $32\sin\left(314t-\dfrac{\pi}{3}\right)\mathrm{A}$ B. $32\sin\left(314t-\dfrac{2}{3}\pi\right)\mathrm{A}$

       C. $32\sin\left(314t+\dfrac{2\pi}{3}\right)\mathrm{A}$ D. $32\sin(314t+\pi)\mathrm{A}$

解 当参考方向选成相反的方向时,电流的表达式为:$i'=-i=-32\sin\left(314t+\dfrac{2}{3}\pi\right)=32\sin\left(314t+\dfrac{2}{3}\pi-\pi\right)=32\sin\left(314t-\dfrac{1}{3}\pi\right)\mathrm{A}$

答案:A

【2014,4】已知通过线圈的电流 $i=10\sqrt{2}\sin(314t)\mathrm{A}$,线圈的电感 $L=70\mathrm{mH}$(电阻可以忽略不计)。设电流 i 和外施电压 u 的参考方向为关联方向,那么在 $t=\dfrac{T}{6}$ 时刻的外施电压 u 为:

       A. $-310.8\mathrm{V}$ B. $-155.4\mathrm{V}$ C. $155.1\mathrm{V}$ D. $310.8\mathrm{V}$

解 有题意知,电流与外加电源为关联参考方向,如下图所示:

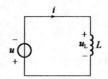

对于电感线圈的电压电流为关联参考方向,$u_L = L\dfrac{di_L}{dt} = 70 \times 10^{-3} \times 10\sqrt{2} \times 314\cos(314t)$,而根据上图知:$u = -u_L$;已知 $\omega = \dfrac{2\pi}{T} = 314 \Rightarrow T = 0.02 \Rightarrow t = \dfrac{T}{6} = \dfrac{0.02}{6}$,代入电压表达式,求得电压为 $-155.4V$。

答案: B(注意此题易做错)

【2011,22】某正弦量的复数形式为 $F = 5 + j5$,它的极坐标形式 F 为:

    A. $\sqrt{50}\angle 45°$ B. $\sqrt{50}\angle -45°$
    C. $10\angle 45°$ D. $10\angle -45°$

解 $F = 5 + j5 = 5\sqrt{2}\angle 45°$
答案: A

【2014,5】两个交流电源 $u_1 = 3\sin(\omega t + 53.4°)$,$u_2 = 4\sin(\omega t - 36.6°)$ 串接在一起,新的电源最大幅值是:

    A. 5V   B. 7V   C. 1V   D. -1V

解 由题知两个同频率的交流电源夹角为 $90°$,故根据平行四边形法,则 $u = \sqrt{u_1^2 + u_2^2} = \sqrt{3^2 + 4^2} = 5V$。

答案: A

【2014,9】某电感线圈参数:电阻 $R = 60\Omega$,电感 $L = 0.2H$,通过直流电流 $I = 3A$ 时,该线圈的压降为:

    A. 90V   B. 30V   C. 180V   D. 60V

解 电感通过直流电相当于短路,电容相当于开路。故通过3A直流电流时,电压 $U = RI = 60 \times 3 = 180V$。

答案: C

【2014,6】图示电路中,$C = 3.2\mu F$,$R = 100\Omega$,电源电压 220V,频率 50Hz,则电容两端电压 U_C 与电阻两端电压 U_R 的比值为:

    A. 10   B. 20   C. 30   D. 15

解 根据串联电路分压定律,知:$U_C = \dfrac{\dfrac{1}{\omega C}}{\dfrac{1}{\omega C} + R} \times U$

$$U_R = \frac{R}{\frac{1}{\omega C} + R} \times U \Rightarrow \frac{U_C}{U_R} = \frac{1}{\omega CR} = 9.95$$

答案:A

【2016,6】由电阻 $R=100\Omega$ 和电感 $L=1\mathrm{H}$ 组成串联电路。已知电源电压为 $u_S(t) = 100\sqrt{2}\sin(100t)\mathrm{V}$,那么该电路的电流 $i_S(t)$ 为:

  A. $\sqrt{2}\sin(100t+45°)\mathrm{A}$ B. $\sqrt{2}\sin(100t-45°)\mathrm{A}$
  C. $\sin(100t+45°)\mathrm{A}$ D. $\sin(100t-45°)\mathrm{A}$

解 $\dot{U}_S = 100\angle 0°$,则电流 $\dot{I} = \frac{\dot{U}_S}{R+j\omega L} = \frac{100\angle 0°}{100+j100} = \frac{\sqrt{2}}{2}\angle -45°$

答案:D

【2016,7】由电阻 $R=100\Omega$ 和电容 $C=100\mu\mathrm{F}$ 组成串联电路,已知电源电压为 $u_S(t) = 100\sqrt{2}\cos(100t)\mathrm{V}$,那么该电路的电流 $i_S(t)$ 为:

  A. $\sqrt{2}\cos(100t-45°)\mathrm{A}$ B. $\sqrt{2}\cos(100t+45°)\mathrm{A}$
  C. $\cos(100t-45°)\mathrm{A}$ D. $\cos(100t+45°)\mathrm{A}$

解 $\dot{U}_S = 100\angle 0°$,则电流 $\dot{I} = \frac{\dot{U}_S}{R - 1/j\omega C} = \frac{100\angle 0°}{100 - j100} = \frac{\sqrt{2}}{2}\angle 45°$

答案:D

【2017,7】正弦电压 $u_1 = 100\cos(\omega t+30°)$ 对应的有效值为:

  A. $100\mathrm{V}$ B. $100\sqrt{2}\mathrm{V}$ C. $100/\sqrt{2}\mathrm{V}$ D. $50\mathrm{V}$

答案:C

【2016,7】已知电流 $i_1(t) = 15\sqrt{2}\sin(\omega t+45°)\mathrm{A}$,电流 $i_2(t) = 10\sqrt{2}\sin(\omega t-30°)\mathrm{A}$,电流 $i_1(t)+i_2(t)$ 为下列哪项数值?

  A. $20.07\sqrt{2}\sin(\omega t-16.23°)\mathrm{A}$ B. $20.07\sqrt{2}\sin(\omega t+15°)\mathrm{A}$
  C. $20.07\sqrt{2}\sin(\omega t+16.23°)\mathrm{A}$ D. $20.07\sqrt{2}\sin(\omega t+75°)\mathrm{A}$

解   由题意知:

$$\dot{I}_1 = 15\angle 45° = \left(\frac{15}{\sqrt{2}} + j\frac{15}{\sqrt{2}}\right)\mathrm{A}$$

$$\dot{I}_2 = 10\angle -30° = (5\sqrt{3} - j5)\mathrm{A}$$

$$\dot{I}_1 + \dot{I}_2 = (19.27 + j5.61)\mathrm{A}, \varphi = \arctan\frac{5.61}{19.27} = 16.23° \Rightarrow$$

$$i_1(t)+i_2(t)=\sqrt{19.27^2+5.61^2}\cdot\sqrt{2}\sin(\omega t+16.23°)=20.07\sqrt{2}\sin(\omega t+16.23°)\text{A}$$

答案：A

【2009,11】如图所示电路中，已知电流有效值 $I=2\text{A}$，则有效值 U 为：

A. 200V B. 150V C. 100V D. 50V

解　由题意知：总阻抗 $Z=R+j\omega L=-j50+100//j100=50\Omega\Rightarrow U=IZ=100\text{V}$

答案：C

【2014,5】电阻为 4Ω 和电感为 25.5mH 的线圈接到频率为 50Hz、电压有效值为 115V 的正弦电源上，通过线圈的电流的有效值为：

A. 12.85A B. 28.75A C. 15.85A D. 30.21A

解　电压有效值和电流有效值的关系为 $|\dot{U}|=|\dot{I}||Z|$

对于本题电路，阻抗 $Z=R+j\omega L=4+j2\pi\times 50\times 25.5\times 10^{-3}=4+j2.55\pi=(4+j8)\Omega$

则电流的有效值 $|\dot{I}|=\dfrac{|\dot{U}|}{|Z|}=\dfrac{115}{\sqrt{4^2+8^2}}=12.85\text{A}$

答案：A

【2014,9】某一供电线路的负载功率为 85kW，功率因数是 $0.85(\varphi>0)$，已知负载两端的电压为 1000V，线路的电阻为 0.5Ω，感抗为 1.2Ω，则电源的端电压有效值为：

A. 1105V B. 554V C. 1000V D. 130V

解　设 $\dot{U}_L=1000\angle 0°\text{V}$，$P=U_L I\cos\varphi$

则 $I=\dfrac{85\times 10^3}{1000\times 0.85}=100\text{A}$，$\dot{I}=100\angle 37.78°=(85-j52.68)\text{A}$

$\dot{U}=\dot{I}(R+jX)+\dot{U}_L=(85-j52.68)(0.5+j1.2)+1000\angle 0°=(1105.716+j75.66)\text{V}$

故 $|\dot{U}|=1108\text{V}$

答案：A

【2014,6】在 RLC 串联电路中，总电压 u 可能超前电流 i，也可能滞后电流 i 一个相位角 φ，u 超前 i 一个角 φ 的条件是：

A. $L>C$ B. $\omega^2 LC>1$ C. $\omega^2 LC<1$ D. $L<C$

解 由题意知，RLC 串联电阻总阻抗：$Z=\dfrac{\dot{U}}{\dot{I}}=R+j\left(\omega L-\dfrac{1}{\omega C}\right)=|Z|\angle\varphi$

电压超前电流 φ 角，即要求 $\omega L-\dfrac{1}{\omega C}>0 \Rightarrow \omega^2 LC>1$

答案：B

考点 向量分析法

【2017,8】 图示正弦电路有理想电压表读数，则电容电压有效值为：

A. 10V   B. 30V   C. 40V   D. 90V

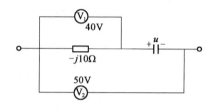

答案：B（相量分析法）

【2005,7；2008,18】 如图所示电路中，$U=220\text{V}$，$f=50\text{Hz}$，S 断开及闭合时电流 I 的有效值均为 0.5A，则感抗 X_L 为：

A. 440Ω   B. 220Ω   C. 380Ω   D. 不能确定

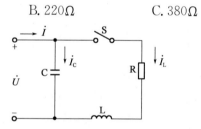

解 由闭合前后的总电流大小不变，故闭合前后的阻抗大小相等。

(1) S 断开时，容抗 X_C 由电压、电流的有效值决定：$X_C=\dfrac{U}{I}=\dfrac{220}{0.5}=440\Omega$。

(2) S 闭合电路的阻抗：$Z=-jX_C//(R+jX_L)=\dfrac{-j440\times(R+jX_L)}{-j440+R+jX_L}$。

由 $440=|Z|$，$X_L^2=(X_L-440)^2 \Rightarrow X_L=220\Omega$。

答案：B

【2012,6】 图示电路中，$\dot{U}=220\text{V}$，$f=50\text{Hz}$，S 断开及闭合时电流 I 的有效值均为 0.5A，则容抗为：

A. 110Ω   B. 440Ω   C. 220Ω   D. 不能确定

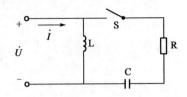

答案：C

【2014,13】 图示电路中,已知 $U=380\text{V}$, $f=50\text{Hz}$,如当 K 闭合时电流表的度数不变,则 L 的值为：

  A. 0.6H   B. 1.2H   C. 1.8H   D. 2.4H

解 参照上题。

$$X_C = \frac{U}{I} = \frac{380}{0.5} = 760\Omega, \quad X_L^2 = (X_L - X_C)^2 \Rightarrow X_L = 380 = \omega L \Rightarrow L = 1.2H$$

答案：B

【2005,13】 在 RLC 串联电路中, $X_L=20\Omega$;若总电压维持不变而将 L 短路,总电流的有效值与原来相同,则 X_C 应为：

  A. 40Ω   B. 30Ω   C. 10Ω   D. 5Ω

解 由题可知 L 短路前后总电流不变,故短路前后的总阻抗模值不变。

(1) L 短路前, $|Z| = \sqrt{R^2 + (X_L - X_C)^2}$;

(2) L 短路后, $|Z'| = \sqrt{R^2 + X_C^2} = |Z| \Rightarrow X_C = 10\Omega$。

答案：C

【2012,11】 在 RLC 串联电路中, $X_C=10\Omega$;若总电压维持不变而将 L 短路,总电流的有效值与原来相同,则 X_L 应为：

  A. 40Ω   B. 20Ω   C. 10Ω   D. 5Ω

答案：B

【2008,21】 在 RLC 串联电路中, $X_C=10\Omega$;若总电压保持不变而将 C 短路,总电流的有效值与原来相同,则 X_L 为：

  A. 20Ω   B. 10Ω   C. 5Ω   D. 2.5Ω

答案：C

【2006,13】如图所示,在RLC串联电路中,若总电压U,电容电压U_C,及RL两端的电压U_{RL}均为100V,且$R=10\Omega$,则电流I应为:

A. 10A B. 8.66A C. 5A D. 5.77A

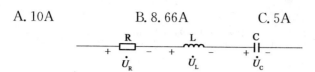

解 RLC串联电路中,电流一样,画出如下相量图:

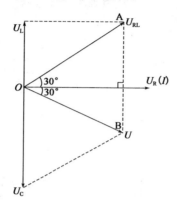

由题中$|U_{RL}|=|U_C|=|U|$,知$\triangle AOB$为等边三角形

故由相量图可知,$U_{RL} \cdot \cos 30° = RI \Rightarrow I = \dfrac{100\cos 30°}{10} = 5\sqrt{3}$ A

答案: B

【2013,14】在一个由R、L和C三个元件相串联的电路中,若总电压U、电容电压U_C及RL两端的电压U_{RL}均为100V,且$R=10\Omega$,则电流I为:

A. 10A B. 5A C. 8.66A D. 5.77A

答案: C

【2010,18】在RLC串联电路中,若总电压U、电感电压U_L及RC两端的电压U_{RC}均为400V,且$R=50\Omega$,则电流I为:

A. 8A B. 8.660A C. 1.732A D. 6.928A

解 与上题解法一致。根据题意作相量图如下:

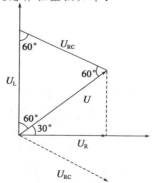

根据相量图 U 与 U_R 呈 30°角,即 $U_R=\dfrac{\sqrt{3}}{2}U$,再结合条件可得:$50I=U_R$

代入数据,求得:$I=\dfrac{U_R}{50}=\dfrac{\frac{\sqrt{3}U}{2}}{50}=4\sqrt{3}=6.928\text{A}$

答案:D

【2012,9】在 RLC 串联电路中,若总电压 U、电感电压 U_L 以及 RC 两端电压 U_{RC} 均为 150V,且 $R=25\Omega$,则该串联电路中电流 I 为:

    A. 6A   B. $3\sqrt{3}$A   C. 3A   D. 2A

解: 参照上题解法可知:电阻两端电压 $U_R=U_{RC}\cos 30°$

电阻上流过的电流 $I=\dfrac{U_R}{R}=\dfrac{\sqrt{3}U_{RC}/2}{R}=3\sqrt{3}\text{A}$

答案:B

【2008,8】已知 RLC 串联电路,总电压 $u=100\sqrt{2}\sin\omega t$,$U_C=180\text{V}$,$U_R=80\text{V}$,则 U_{RL} 为:

    A. 110V   B. $50\sqrt{2}$V   C. 144V   D. 80V

解 根据串联电路电流相等的特点,可得总电压:

$$U=\sqrt{(U_C-U_L)^2+U_R^2}=\sqrt{(180-U_L)^2+80^2}=100\text{V}$$

$$U_L=120\text{V},\ U_{RL}=\sqrt{U_L^2+U_R^2}=144\text{V}$$

答案:C

【2007,24】若含有 R、L 的线圈与电容 C 串联,线圈电压 $U_{RL}=100\text{V}$,$U_C=60\text{V}$,总电压与电流同相,则总电压为:

    A. 20V   B. 40V   C. 80V   D. 58.3V

解 因为总电压与电流同相,表明发生串联谐振,阻抗呈阻性,结合上题的相量图可知 $\dot{U}_C+\dot{U}_L=0$,只剩下水平方向的电压 U_R 为总电压。结合相量关系可知:

$$|U_R|=\sqrt{U_{RL}^2-U_L^2}=\sqrt{U_{RL}^2-U_C^2}=\sqrt{100^2-60^2}=80\text{V}$$

答案:C

【2009,11(供配电);2010,12(发输变电)】在图示正弦交流电路中,若电源电压有效值 $U=100\text{V}$,角频率为 ω,电流有效值 $I=I_1=I_2$,电源提供的有功功率 $P=866\text{W}$,则电阻 R 的值为:

    A. 30Ω   B. 25Ω   C. 15Ω   D. 10Ω

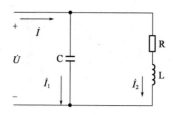

解 设 $U=U\angle 0°$，已知 $I=I_1=I_2$

根据基尔霍夫电流定律可得：$\dot{I}=\dot{I}_1+\dot{I}_2$

绘制相量图如下图所示：

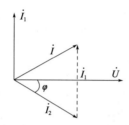

电容支路电流 $\dot{I}_1$ 超前于 $\dot{U}$ 90°，则电流 I、I_1、I_2 形成一个正三角形，据相量图可得 $\varphi=30°$，即 $\arctan\dfrac{\omega L}{R}=30°\Rightarrow \dfrac{\omega L}{R}=\dfrac{\sqrt{3}}{3}$

已知电源提供的有功功率 $P=866\mathrm{W}$ 全部消耗在电阻 R 上，$P=I_2^2 R=866\mathrm{W}$

再根据：$I_2=\dfrac{100}{\sqrt{R^2+(\omega L)^2}}$

联立以上各式，可求得：$R=8.66\Omega$，$X_L=5\Omega$。

根据并联支路的电流相同可知，两支路的阻抗模值也相等，有：

$|X_C|=\sqrt{X_L^2+R^2}=10\Omega$

答案：D

【2009,8】如图所示正弦交流电路中，若电源电压有效值 $U=100\mathrm{V}$，角频率为 ω，电流有效值 $I=I_1=I_2$，电源提供的有功功率 $P=866\mathrm{W}$，则 $\dfrac{1}{\omega C}$ 为：

    A. 30Ω B. 25Ω C. 15Ω D. 10Ω

答案：D

【2010,12】如图所示正弦交流电路中，已知电源电压有效值 $U=100\mathrm{V}$，角频率为 ω，电流有效值 $I=I_1=I_2$，电源提供的有功功率 $P=866\mathrm{W}$。则 ωL 为：

    A. 15Ω B. 10Ω C. 5Ω D. 1Ω

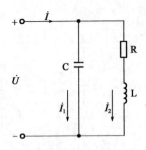

答案:C

【2007,14】如图所示,$u_S=50\sqrt{2}\sin(\omega t)$V,在电阻10Ω上的有功功率为10W,则总电路功率因数为:

  A. 0.6   B. 0.5

  C. 0.3   D. 不能确定

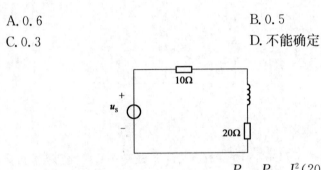

解   由 $P=I^2R=10I^2=10$W,得 $I=1$A,则 $\cos\varphi=\dfrac{P}{S}=\dfrac{P}{UI}=\dfrac{I^2(20+10)}{50}=0.6$

答案:A

【2008,11】在如图所示电路中,$u_S=\sqrt{2}\,100\sin(\omega t)$V,在电阻4Ω上的有功功率为100W,则电路中的总功率因数为:

  A. 0.6   B. 0.5   C. 0.8   D. 0.9

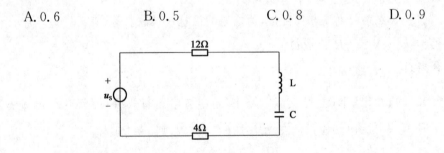

答案:C

【2009,22】在如图所示电路中,$u_S=30\sqrt{2}\sin(\omega t)$V,在电阻10Ω上的有功功率为10W,则总电路的功率因数为:

  A. 1.0   B. 0.6

  C. 0.3   D. 不能确定

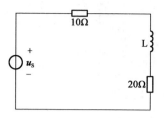

答案：A

【2013,16】在如图所示电路中，$u_S = 50\sin(\omega t)$V，电阻 15Ω 上的功率为 30W，则电路的功率因数应为：

    A. 0.8   B. 0.4   C. 0.6   D. 0.3

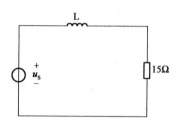

答案：C

【2017,9】图示 RLC 串联电路，已知 $R=60Ω, L=0.02$H$, C=10\mu$F，正弦电压 $u=100\sqrt{2}\cos(10^3 t+15°)$V。则该电路视在功率为：

    A. 60VA   B. 80VA   C. 100VA   D. 160VA

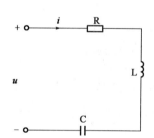

解 电流 $|\dot{I}| = \left|\dfrac{\dot{U}}{Z}\right| = \dfrac{\dot{U}}{|R+j(\omega L - 1/\omega C)|} = \dfrac{100}{|60-j80|} = 1$A

故视在功率 $S=UI=100$VA

答案：C

【2010,5】在图示正弦稳态电路中，若电压表读数为 50V，电流表读数为 1A，功率表读数为 30W，则 ωL 为：

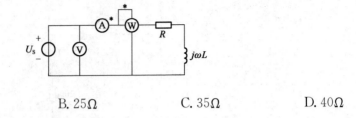

A. 45Ω B. 25Ω C. 35Ω D. 40Ω

解 $P=I^2R=1\times R=30\text{W}$，得 $R=30\text{A}$

$Z=\dfrac{U}{I}=\dfrac{50}{1}=50\Rightarrow \omega L=X=\sqrt{Z^2-R^2}=40\Omega$

答案：D

【2008,20;2005,12】已知图中正弦电流电路发生谐振时，电流表 A_1、A_2 的读数分别为 4A 和 3A，则电流表 A_3 的读数为：

A. 1A   B. 5A   C. 7A   D. 不能确定

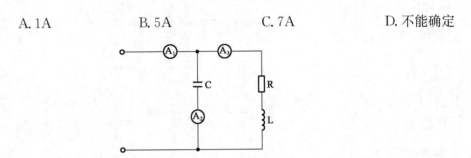

解 电路发生谐振，则电流表 A_1 的电流 I_1 与端电压 U 同相位。而电容支路电流 I_2 与超前端电压 U $90°$；阻抗支路电流 I_3 滞后端电压 U 一定的角度。

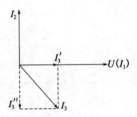

根据相量图可知，电流 I_3 分解在纵轴和横轴上的分量分别为 I_3''，I_3'，只有纵轴的电流相抵消，电流才能和端电压同相位，故电流表 A_3 的读数 $I_3=\sqrt{I_3'^2+I_3''^2}=\sqrt{I_1^2+I_2^2}=\sqrt{3^2+4^2}=5\text{A}$。

答案：B

【2012,10】已知图示正弦电流电路发生谐振时，电流表 A_1、A_2 的读数分别为 4A 和 3A，则电流表 A_3 的读数为：

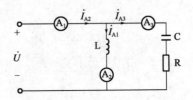

A. 1A B. $\sqrt{7}$A C. 5A D. 不能确定

答案:C

【2012,21】如图所示正弦电流电路发生谐振时,电流表 A_2 和 A_3 的读数分别为 6A 和 10A,则电流表 A_1 的读数为:

A. 4A B. 8A C. $\sqrt{136}$A D. 16A

答案:B

【2013,11】如图所示正弦电流电路发生谐振时,电流 $\dot{I}_1$ 和 $\dot{I}_2$ 的大小分别为 4A 和 3A,则电流 $\dot{I}_3$ 的大小应为:

A. 7A B. 1A C. 5A D. 0A

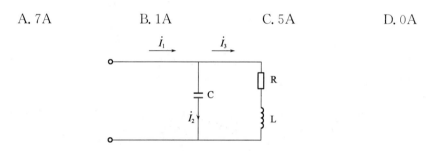

答案:C

【2010,11】图示正弦稳态电路发生谐振时,安培表 A_1 的读数为 12A,安培表 A_2 的读数为 20A,安培表 A_3 的读数为:

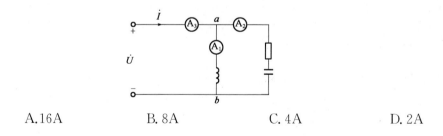

A. 16A B. 8A C. 4A D. 2A

答案:A

【2009,2】在如图所示正弦稳态电路中,若 $\dot{U}_S = 20\angle 0°$V,电流表 A 的读数为 40A,电流表 A_2 的读数为 28.28A,则电流表 A_1 的读数为:

A. 11.72A B. 28.28A C. 48.98A D. 15.28A

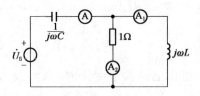

解 参照上题，以并联支路的端电压为基准画相量图，由题意可知，$I_1 = \sqrt{I^2 - I_2^2} = \sqrt{40^2 - 28.28^2} = 28.28$A。

答案：B

【2009,13】在如图所示正弦稳态电路中，若 $\dot{U}_S = 20\angle 0°$V，$\dot{I}$ 与 $\dot{U}_S$ 同相位，电流表 A 示数为 40A，电流表 A_2 的读数为 28.28A，则 ωC 为：

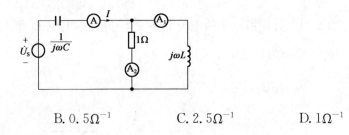

A. $2\Omega^{-1}$ B. $0.5\Omega^{-1}$ C. $2.5\Omega^{-1}$ D. $1\Omega^{-1}$

解 设 $\dot{I}_2 = 28.28\angle 0°$A，画出如下相量图，电阻支路电压为 $\dot{u}_R = \dot{U}_L$。

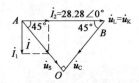

由 $\dot{I}_1 + \dot{I}_2 = \dot{I}$，可以求得 $I_1 = \sqrt{40^2 - 28 \cdot 28^2} = 28.28$A $= I_2 \Rightarrow \triangle AOB$ 为一个等腰三角形

$\dot{I} = 40\angle -45°$A

$\dot{U}_C = \dot{I} \dfrac{1}{j\omega C} = \dfrac{1}{\omega C} \cdot 40\angle -135°$V

又由 $\dot{U}_S = \dot{U}_C + \dot{U}_L$，并结合相量图可以得出 $|\dot{U}_C| = |\dot{U}_S| = 20$V

所以 $\dfrac{1}{\omega C} \times 40 = 20 \Rightarrow \omega C = 2\Omega^{-1}$

答案：A

【2010,4】如图所示正弦稳态电路中，$\dot{U}_S = 20\angle 0°$V，电流表 A 的读数为 40A，电流表 A_2 的读数为 28.28A，则 ωL 应为：

A. 2Ω B. 5Ω C. 1Ω D. 1.5Ω

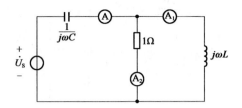

解 由题可知，$I_1=\sqrt{I^2-I_2^2}=\sqrt{40^2-28.28^2}=28.28\text{A}$

设电阻两端的电压为 U_R，电感两端电压为 U_L，则：$|U_R|=28.28\text{A}\times1\Omega=28.28\text{V}$

因为 $|U_R|=|U_L|$，所以 $|U_L|=28.28\text{V}\Rightarrow\omega L=\dfrac{U_L}{I_1}=\dfrac{28.28\text{V}}{28.28\Omega}=1\Omega$

> 如果题目问 $\omega C=?$
> 做法如下：总阻抗 $Z=-j\dfrac{1}{\omega C}+1//j1=0.5+j\left(0.5-\dfrac{1}{\omega C}\right)$，则根据 $I|Z|=|U_S|\Rightarrow\omega C=2$

答案：C

【2014,7】 已知某感性负载接在 220V、50Hz 的正弦电压上，测得其有功功率和无功功率各为 7.5kW 和 5.5kvar，其功率因数为：

A. 0.686　　　　B. 0.906　　　　C. 0.706　　　　D. 0.806

解 由功率因数的定义知：$\lambda=\dfrac{P}{S}=\dfrac{P}{\sqrt{P^2+Q^2}}=\dfrac{7.5}{\sqrt{7.5^2+5.5^2}}=0.806$

答案：D

【2009,4；2010,5】 如图所示正弦稳态电路中，若电压表读数为 50V，电流表读数为 1A，功率表读数为 30W，R 的值为：

A. 20Ω　　　　B. 25Ω　　　　C. 30Ω　　　　D. 10Ω

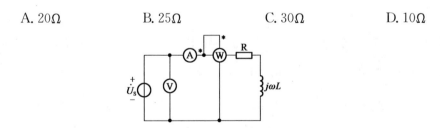

解 功率表的读数是有功功率，即是电阻 R 上消耗的功率，由 $P=I^2R$，得 $R=30\Omega$。

根据 $|Z|=\dfrac{U}{I}=\dfrac{50}{1}\Omega=\sqrt{R^2+(\omega L)^2}$，求得：$\omega L=40\Omega$。

答案：C

【2009,5】 如图所示电路为含耦合电感的正弦稳态电路，开关 S 断开时，$\dot{U}$ 为：

A. $10\sqrt{2}\angle45°\text{V}$　　　　　　　　B. $-10\sqrt{2}\angle45°\text{V}$

C. $10\sqrt{2}\angle30°\text{V}$　　　　　　　　D. $-10\sqrt{2}\angle30°\text{V}$

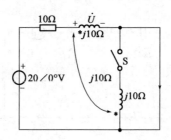

解 当开关 S 断开时,则有:

$$\dot{U}=j10\times\frac{20\angle0°}{10+j10}=j10\times\frac{20\angle0°}{10\sqrt{2}\angle45°}=10\angle90°\times\sqrt{2}\angle-45°=10\sqrt{2}\angle45°\text{V}$$

答案: A

【2010,6】如图所示电路为含耦合电感的正弦稳态电路,开关 S 断开时,$\dot{I}$ 为:

  A. $\sqrt{2}\angle45°$A   B. $\sqrt{2}\angle-45°$A

  C. $\sqrt{2}\angle30°$A   D. $-\sqrt{2}\angle30°$A

解 当开关 S 断开时,根据图可得:

$$I=\frac{U}{Z}=\frac{20\angle0°}{10+j10}=\frac{20\angle0°}{10\sqrt{2}\angle45°}=\sqrt{2}\angle-45°\text{A}$$

答案: B

【2011,9;2016,10】如图所示正弦交流电路中,已知 $Z=10+j50\Omega$,$Z_1=400+j1000\Omega$。当 β 为下列哪项数值时,$\dot{I}_1$ 和 $\dot{U}_\text{S}$ 的相位差为 $90°$?

  A. -41 B. 41 C. -51 D. 51

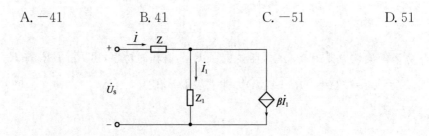

解 $U_\text{S}=IZ+I_1Z_1$,而 $I=I_1+\beta I_1$,则:

$$U_\text{S}=[(1+\beta)Z+Z_1]I_1=[(410+10\beta)+j(1050+50\beta)]I_1$$

I_1 与 U_S 的相位差为 90°,则实部为 0,即 $410+10\beta_1=0$,得 $\beta=-41$。

答案: A

【2014,8(供配电)】 某些应用场合中,常预使某一电流与某一电压的相位差为 90°。如图所示电路中,如果 $Z_1=100+j500\Omega$, $Z_2=400+j1000\Omega$,当 R_1 取何值时,才可以使电流 $\dot{I}_2$ 与电压 $\dot{U}$ 的相位相差 90°($\dot{I}_2$ 滞后于 $\dot{U}$)?

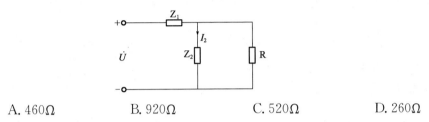

A. 460Ω B. 920Ω C. 520Ω D. 260Ω

解 设 $\dot{I}_2=I_2\angle 0°$,则根据图示电路得到: $\dot{U}_Z=\dot{I}_2 Z_2$, $\dot{I}_R=\dfrac{\dot{U}_Z}{R}$

$$\dot{U}=\dot{I}Z_1+\dot{U}_Z=(\dot{I}_2+\dot{I}_R)Z_1+\dot{I}_2 Z_2=\dot{I}_2(Z_1+Z_2)+\dot{I}_R Z_1$$
$$=\left[500+1500j+\left(\dfrac{400}{R_1}+j\dfrac{1000}{R_1}\right)(100+j500)\right]\dot{I}_2$$

因为 U 超前 I_2 90°,令 U 的实部为 0,解得

$$500+\dfrac{40000}{R_1}-\dfrac{500000}{R_1}=0 \Rightarrow R_1=920\Omega$$

答案: B

【2014,12】 如图所示电路中,$X_L=X_C=R$,则 u 超前 i 的相位角为:

A. 0 B. $\pi/2$ C. $-\dfrac{3\pi}{4}$ D. $\dfrac{\pi}{4}$

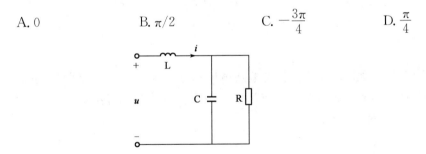

解 根据题意,总阻抗 $Z=\dfrac{u}{i}=R//(-jX_C)+jX_L=\dfrac{1}{2}R+j\dfrac{1}{2}R=\dfrac{\sqrt{2}}{2}R\angle 45°$

答案: D

【2014,17】 如图所示理想变压器电路中,已知负载电阻 $R=\dfrac{1}{\omega C}$,则输入端电流 i 和输入端电压 u 间的相位差是:

A. $-\dfrac{\pi}{2}$ B. $\dfrac{\pi}{2}$ C. $-\dfrac{\pi}{4}$ D. $\dfrac{\pi}{4}$

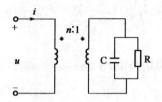

解 根据理想变压器二次侧阻抗折算到一次侧为 n^2Z,其中 $R=\dfrac{1}{\omega C}=X_C$

$$\dfrac{\dot{u}}{\dot{i}}=n^2Z=n^2[R/\!/(-jX_C)]=\dfrac{1}{2}n^2(R-jR)=\dfrac{\sqrt{2}}{2}R n^2\angle-45°$$

则输入电流和输入电压的相位差为 $\pi/4$。

答案: D

【2014,8(发输变电)】如图所示,电源的频率是确定的,电感 L 的值固定,电容 C 的值和电阻 R 的值是可调的,当 ω^2LC 为下列何值时,通过 R 的电流与 R 无关?

    A. 2   B. $\sqrt{2}$ C. -1 D. 1

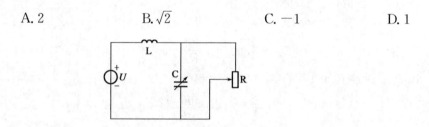

解 由电阻和电容并联,可知: $\dot{I}_R=\dfrac{\dot{U}_R}{R},\dot{I}_C=\dot{U}_R\cdot j\omega C\Rightarrow \dot{I}_C=\dot{I}_R\cdot j\omega CR$

根据图列出方程: $\dot{U}=\dot{U}_R+\dot{U}_L=\dot{I}_RR+(\dot{I}_R+\dot{I}_C)X_L=\dot{I}_R(R+j\omega L-\omega^2LCR)$

当 $1-\omega^2LC=0$ 时,通过电阻 R 的电流与 R 无关。

答案: D

【2009,10】如图所示正弦稳态电路角频率为 1000rad/s,N 为线性阻抗网络,其功率因数为 0.707(感性),吸收的有功功率为 500W,若要使 N 吸收的有功功率达到最大,则需在其两端并联的电容 C 的值应为:

    A. $50\mu F$ B. $75\mu F$ C. $100\mu F$ D. $125\mu F$

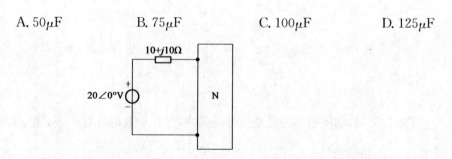

解 根据题知 N 为线性阻抗网络,$\cos\varphi=0.707\Rightarrow \varphi=45°$(感性)

则总功率 $S=\dfrac{P}{\cos\varphi}=\dfrac{500}{0.707}=707\text{W}$，无功功率 $Q=\sqrt{707^2-500^2}=\sqrt{249849}=500\text{W}$

故设：$Z=R+jX=R+jR$

则电流 $I=\dfrac{U}{10+j10+Z}=\dfrac{200\angle 0°}{10+j10+R+jR}$，有效值 $I=\dfrac{200}{\sqrt{2}\,(10+R)}$

线性网络吸收的有功功率 $P=I^2R=\dfrac{40000}{2\,(10+R)^2}R=500\text{W}$，得 $R=10\Omega$

要使 N 吸收的有功功率最大，电路呈纯阻性，则：

$$Z_{\text{eq}}=(R+jX)\mathbin{/\mkern-5mu/}\left(-j\dfrac{1}{\omega C}\right)=(R+jR)\mathbin{/\mkern-5mu/}(-jX_{\text{C}})=\dfrac{(10+j10)\times(-jX_{\text{C}})}{10+j10-jX_{\text{C}}}=Z^*$$

$$\Rightarrow Z_{\text{eq}}=\dfrac{(10+j10)\times(-jX_{\text{C}})}{10+j10-jX_{\text{C}}}=Z^*=10-j10$$

整理上式得：$(10+j10)\times(-jX_{\text{C}})=(10-j10)\times(10+j10-jX_{\text{C}})$

$\Rightarrow (-jX_{\text{C}})[(10+j10)-(10-j10)]=200$

$\Rightarrow X_{\text{C}}=10=\dfrac{1}{\omega C}\Rightarrow C=100\mu\text{F}$

答案：C

【2011,7】如图所示电路中，RL 串联电路为日光灯的电路模型。将此电路接在 50Hz 的正弦交流电压源上，测得端电压为 220V，电流为 0.4A，功率为 40W。电路吸收的无功功率 Q 为：

A. 76.5var　　　　B. 78.4var　　　　C. 82.4var　　　　D. 85.4var

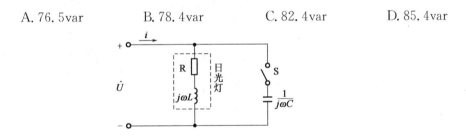

解　根据图可得：$R=\dfrac{P}{I^2}=\dfrac{40}{0.4^2}=250\Omega$，$Z=\dfrac{U}{I}=\dfrac{220}{0.4}=550\Omega$

$Z=\sqrt{R^2+(X_L)^2}\Rightarrow X_L=490$，$\varphi=\arctan\dfrac{X_L}{R}=\arctan\dfrac{490}{250}=63°$

$Q=UI\sin\varphi=220\times 0.4\times\sin 63°=88\times 0.891=78.4\text{var}$

答案：B

【2011,8】在上题中，如果要求将功率因数提高到 0.95，应给日光灯并联的电容 C 的值：

A. 4.29μF　　　　B. 3.29μF　　　　C. 5.29μF　　　　D. 1.29μF

解　开关 S 未合上前，根据上题的计算结果：$P_1=40\text{W}$，$Q_1=78.4\text{var}$，$\varphi=63°$。

根据题图设并联电容功率因数 $\cos\varphi'=0.95\Rightarrow\varphi'=18.19°$，此时需要的无功功率：

$Q=P_1\tan\varphi'=40\times\tan 18.19°=13.147\text{var}$

则根据并联电容补偿确定电容 C 值：

$$\Delta Q = P_1(\tan\varphi - \tan\varphi') = 2\pi f C U^2 \Rightarrow C = \frac{P_1(\tan\varphi - \tan\varphi')}{2\pi f U^2} = \frac{65.25}{314 \times 220^2} = 4.29\mu F$$

答案：A

【2009,13】在如图所示电路中，若电流有效值 $I=2A$，则有效值 I_R 为：

  A. $\sqrt{3}$ A   B. $\sqrt{5}$ A   C. $\sqrt{7}$ A   D. $\sqrt{2}$ A

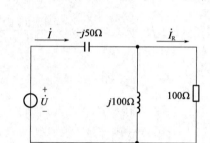

解 根据题图可得：

$$I_R = 2 \times \left| \frac{j100}{100+j100} \right| = 2 \times \left| \frac{j1 \times (1-j1)}{1^2 - (j1)^2} \right| = |1+j| = \sqrt{2} A$$

答案：D

【2009,16】调整电源频率，当图示电路电流 i 的有效值达到最大值时，电容电压有效值为 160V，电源电压有效值为 10V，则线圈两端的电压 U_{RL} 为：

  A. 160V   B. $10\sqrt{257}$ V   C. $10\sqrt{259}$ V   D. $10\sqrt{255}$ V

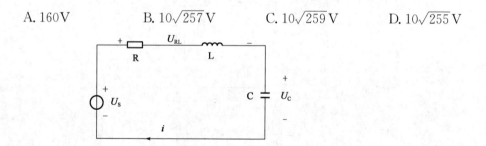

解 对于串联电路发生了串联谐振时，电流达到最大值，其电流有效值 $I = \dfrac{U_S}{\sqrt{R^2 + \left(\omega L - \dfrac{1}{\omega C}\right)^2}}$，最大值 $I_{max} = \dfrac{U_S}{R}$，即满足 $\omega L = \dfrac{1}{\omega C}$，此时 $U_L = U_C = 160V$，$U_R = U_S = 10V$，

$U_{RL} = \sqrt{U_R^2 + U_C^2} = \sqrt{10^2 + 160^2} = 10\sqrt{257}$ V。

答案：B

【2009,17】在如图所示正弦稳态电路中，若 $\dot{I}_S = 10\angle 0°$A，$\dot{I} = 4\angle 60°$A，则 Z_L 消耗的平均功率 P 为：

  A. 80W   B. 85W   C. 90W   D. 100W

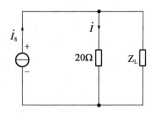

解 根据图可得：
$I_{Z_L} = 10\angle 0° - 4\angle 60° = 8 - j2\sqrt{3} = 8.717\angle -23.41°\text{A}$
而 $U = IR = 4\angle 60° \times 20 = 80\angle 60°$
Z_L 消耗的平均功率为：$P = UI_{Z_L}\cos\varphi$
即 $P = 80 \times 8.717 \times \cos[60° - (-23.41°)] = 80\text{W}$

答案：A

【2014,7】某一电源：电压为220V，容量为20kVA；某一负载：电压为220V，功率为4kW，功率因数 $\cos\varphi = 0.8$，则此电源最多能带几组负载？

    A. 8   B. 6   C. 4   D. 3

解 负载的视在功率 $S = \dfrac{P}{\cos\varphi} = \dfrac{4}{0.8} = 5\text{kVA}$，故最多可以带负载的个数 $n = \dfrac{20}{5} = 4$。

答案：C

【2016,9】RL 串联电路可以看成是日光灯电路模型，将日光灯接于50Hz 的正弦交流电压源上，测得端电压为220V，电流为0.4A，功率为40W，那么，该日光灯的等效电阻 R 的值为：

    A. 250Ω   B. 125Ω   C. 100Ω   D. 50Ω

解 根据题意知，只有电阻消耗有功功率，则 $P = I^2 R \Rightarrow R = \dfrac{P}{I^2} = \dfrac{40}{0.16} = 250\Omega$。此题进一步可求出电抗 $X_L = \sqrt{Z^2 - R^2} = \sqrt{(220/0.4)^2 - 250^2} = 490\Omega$。

答案：A

【2016,12】某 RLC 串联电路的 $L = 3\text{mH}$，$C = 2\mu\text{F}$，$R = 0.2\Omega$。该电路的品质因数近似为：

    A. 198.7   B. 193.7   C. 190.7   D. 180.7

解 谐振频率：$\omega = \dfrac{1}{\sqrt{LC}} = 12910$

根据品质因数的定义：$Q = \dfrac{\omega L}{R} = \dfrac{1}{\omega RC} = \dfrac{1}{R}\sqrt{\dfrac{L}{C}} = 193.65$

答案：B

【2012,3】图示电路中,电压 $\dot{U}_1$ 为:

A. $5.76\angle 51.36°$V B. $5.76\angle 38.65°$V
C. $2.88\angle 51.36°$V D. $2.88\angle 38.64°$V

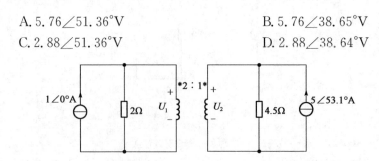

解 将电路等效变换,如下图所示:

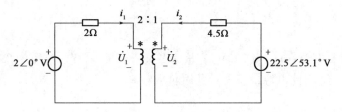

列方程得:

$$\begin{cases} 2\angle 0°=2\dot{I}+\dot{U}_1 \\ 22.2\angle 53.1°=\dot{U}_2+4.5\dot{I}_2 \\ \dfrac{\dot{U}_1}{\dot{U}_2}=\dfrac{2}{1} \\ \dfrac{\dot{I}_1}{\dot{I}_2}=\dfrac{-1}{2} \end{cases}$$

$\Rightarrow \dot{U}_1=4.5+j3.6=5.76\angle 38.65°$V

答案: B

【2011,16】在 RCL 串联谐振电路中,$R=10\Omega$,$L=20$mH,$C=200$pF,电源电压 $U=10$V,电路的品质因数 Q 为:

A. 3 B. 10 C. 100 D. 1000

解 根据品质因数的定义可知: $Q=\dfrac{\omega L}{R}=\dfrac{1}{\omega RC}=\dfrac{1}{R}\sqrt{\dfrac{L}{C}}=1000$

答案: D

考点 谐振电路

【2016,10】一电阻 $R=20\Omega$,电感 $L=0.25$mH 和可变电容相串联,为了接收到某广播电台 560kHz 的信号,可变电容 C 应调至:

A. 153pF B. 253pF
C. 323pF D. 353pF

解 当发生串联谐振时,接收的该频率信号效果最好,达到选频的作用。

$$f=\frac{1}{2\pi\sqrt{LC}}\Rightarrow C=\frac{1}{(2\pi)^2 L}=323\text{pF}$$

答案:C

【2005,10】如图所示电路中电压 u 含有基波和三次谐波,基波角频率为 10^4 rad/s。若要求 u_1 中不含基波分量而将 u 中的三次谐波分量全部取出,则 C_1 的值应为:

A. 2.5μF B. 1.25μF C. 5μF D. 10μF

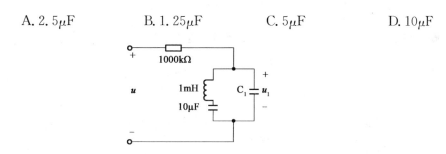

解 基波单独作用时,$Z_1 = j\left(\omega L - \frac{1}{\omega C}\right) = j\left(10^4 \times 10^{-3} - \frac{1}{10^4 \times 10 \times 10^{-6}}\right) = 0$,此时电感和电容发生串联谐振,相当于"短路",即 u_1 中没有基波分量。

三次谐波单独作用时,此时并联支路发生谐振,相当于"断路",即是 L、C、C_1 发生并联谐振。$Y_3 = \frac{1}{j\left(3\omega L - \frac{1}{3\omega C}\right)} + j3\omega C_1 = 0 \Rightarrow -j\frac{3}{80} + j3 \times 10^4 \times C_1 = 0 \Rightarrow C_1 = 1.25\mu\text{F}$。

答案:B

【2007,6】如图所示电路输入电压 u 中含有三次和五次谐波分量,基波角频率为 1000rad/s。若要求电阻 R 上的电压中没有三次谐波分量,R 两端电压与 u 的五次谐波分量完全相同,则 L 应为:

A. 1/9H B. 1/900H C. 4×10^{-4}H D. 1×10^{-3}H

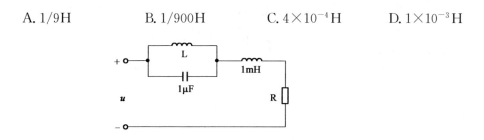

解 根据图和题意可知,电阻 R 上的电压中没有三次谐波分量时,电感 L 与电容 $C(1\mu\text{F})$ 发生并联谐振,则 $3\omega_1 = 3 \times 1000 = \sqrt{\frac{1}{LC}} = \sqrt{\frac{1}{L \times 10^{-6}}}$,得 $L = \frac{1}{9}$H。

答案:A

【2008,15;2011,20】如图所示电路中,已知 $L_1=0.12\text{H},\omega=314\text{rad/s},u_1(t)=U_{1m}\cos(\omega t)+U_{3m}\cos(3\omega t),u_2(t)=U_{1m}\cos(\omega t)$。$C_1$ 和 C_2 的数值分别为:

  A. 7.39μF 和 71.14μF   B. 71.14μF 和 7.39μF
  C. 9.39μF 和 75.14μF   D. 75.14μF 和 9.39μF

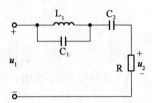

解 根据题意可知,输入电压为三次谐波分量时,输出电压没有三次谐波分量,即 L 和 C_1 发生并联谐振,使电路发生了"断路",即 $3\omega=\sqrt{\dfrac{1}{LC_1}}$,代入数据得:$3\times 314=\sqrt{\dfrac{1}{0.12\times C_1}}\Rightarrow C_1\approx 9.39\mu\text{F}$。

输入电压为基波分量时,输出电压和输入电压完全一致,即表明 L、C_1 与 C_2 发生串联谐振,使电路发生了"短路"。总的阻抗为:

$$Z=R+\dfrac{j\omega L_1\times\left(-j\dfrac{1}{\omega C_1}\right)}{j\omega L_1-j\dfrac{1}{\omega C_1}}-j\dfrac{1}{\omega C_2}=R+j\left(\dfrac{-\omega L_1}{\omega^2 L_1 C_1-1}-\dfrac{1}{\omega C_2}\right)$$

令虚部为 0,可得到:

$$\dfrac{-\omega L_1}{\omega^2 L_1 C_1-1}=\dfrac{1}{\omega C_2}\Rightarrow C_2=\dfrac{1}{\omega^2 L_1}-C_1=75.14\mu\text{F}$$

答案:C

【2010,8】如图所示电路中,若 $u_S(t)=10+15\sqrt{2}\cos(1000t+45°)+20\sqrt{2}\cos(2000t-20°)\text{V}$,$u(t)=15\sqrt{2}\cos(1000t+45°)\text{V},R=10\Omega,L_1=1\text{mH},L_2=2/3\text{mH}$,则 C_2 的值为:

  A. 150μF   B. 200μF   C. 250μF   D. 500μF

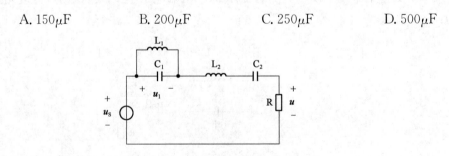

解 由题意,10V 的直流电被电容断开,不会施加在电阻 R 上。其他参数参照上题即可分析计算出:$C_1=250\mu\text{F},C_2=500\mu\text{F}$。

答案:D

【2007,23】如图所示,电路电压 u 含有基波和三次谐波,基波角频率为 10^4rad/s。若要求

u_1 中不含基波分量而将 u 中的三次谐波分量全部取出,则 C 的值等于:

  A. $10\mu F$ B. $30\mu F$ C. $50\mu F$ D. $20\mu F$

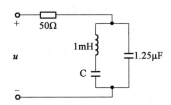

解 根据图可得:u_1 中不含基波分量,发生串联谐振,即 $\omega L = \dfrac{1}{\omega C}$

代入数据可求得:$C = \dfrac{1}{\omega^2 L} = \dfrac{1}{10^4 \times 10^4 \times 0.001} = 10\mu F$

答案:A

【2012,9】图示电路中,电压 u 含有基波和三次谐波,基波角频率为 10^4rad/s。若要求 u_1 中不含基波分量而将 u 中的三次谐波分量全部取出,则 C_1 应为:

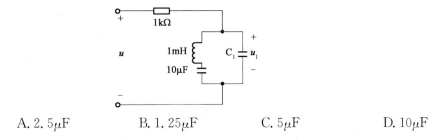

  A. $2.5\mu F$ B. $1.25\mu F$ C. $5\mu F$ D. $10\mu F$

答案:B

【2008,14】电路如图所示,电压 U 含基波和三次谐波,基波角频率为 10^4,若要求 U_1 不含基波而将 U 中三次谐波分量全部取出。则电感 L 应为:

  A. $2.5mH$ B. $5mH$ C. $2mH$ D. $1mH$

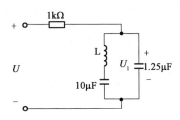

答案:D

【2012,13】图示电路中,若 $u(t) = 100\sqrt{2}\sin(10000t) + 30\sqrt{2}\sin(30000t)$ V,则 $u_1(t)$ 为:

  A. $30\sqrt{2}\sin(30000t)$ V   B. $100\sqrt{2}\sin(10000t)$ V

C. $30\sqrt{2}\sin(30t)\text{V}$ D. $100\sqrt{2}\sin(10t)\text{V}$

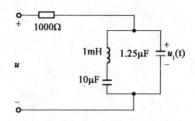

解 根据题图,1mH 和 $10\mu\text{F}$ 串联的支路的谐振频率为:

$$\omega=\frac{1}{\sqrt{LC}}=\frac{1}{\sqrt{1\times10^{-3}\times10\times10^{-6}}}=1\times10^4\text{rad/s}$$

1mH 和 $10\mu\text{F}$ 串联支路发生串联谐振,则 u_1 中不含 10000rad/s 分量,因此 $u_1=30\sqrt{2}\sin(30000t)\text{V}$。

答案:A

【2013,9】 图示电路中电压 u 含有基波和三次谐波,基波频率为 10^4rad/s,若要求 u_1 中不含基波分量,则电感 L 和电容 C 分别为:

A. 2mH,$2\mu\text{F}$ B. 1mH,$1.25\mu\text{F}$
C. 2mH,$2.5\mu\text{F}$ D. 1mH,$2.5\mu\text{F}$

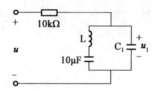

答案:B

【2006,3】 若电路中 $L=1\text{H}$,$C=100\text{pF}$ 时,恰好有 $X_L=X_C$。则此时频率 f 为:

A. 17kHz B. 15.92kHz C. 20kHz D. 21kHz

解 因为 $X_L=X_C$,电路产生谐振,谐振角频率:

$$\omega=2\pi f=\frac{1}{\sqrt{LC}}=\frac{1}{\sqrt{1\times100\times10^{-12}}}=10^5\text{rad/s}$$

则 $f=\frac{\omega}{2\pi}=\frac{10^5}{2\times3.14}=15.92\text{kHz}$

答案:B

【2007,2】 若电路中 $L=4\text{H}$,$C=25\text{pF}$ 时恰好有 $X_L=X_C$,则此时频率 f 为:

A. 15.92kHz B. 16kHz C. 24kHz D. 36kHz

答案：A

【2006,7】如图所示电路中当 $u=[36+100\sin(\omega t)]$V 时，电流 $i=[4+4\sin(\omega t)]$A，其中 $\omega=400$rad/s，则 R 为：

  A. 4Ω   B. 9Ω   C. 20Ω   D. 250Ω

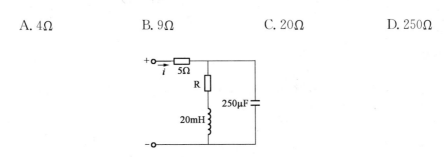

解 根据题意可知，电路通过直流分量时，电感短路，电容开路，相当于 5Ω 的电阻和 R 串联，即 $\dfrac{U}{I}=5+R$，代入数据，可得 $R=\dfrac{U}{I}-5\Omega=\dfrac{36}{4}\Omega-5\Omega=4\Omega$。

答案：A

【2006,12】如图所示电路的谐振频率应为：

  A. $1/\sqrt{LC}$ B. $0.5/\sqrt{LC}$
  C. $2/\sqrt{LC}$ D. $4/\sqrt{LC}$

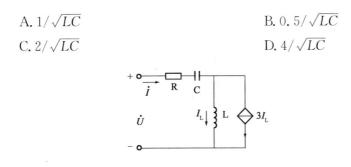

解 根据基尔霍夫电流定律，得 $\dot{I}=\dot{I}_L+3\dot{I}_L=4\dot{I}_L$
再根据 KVL 定律，得：

$$\dot{U}=\dot{I}\left(R-j\dfrac{1}{\omega C}\right)+j\omega L \dot{I}_L=\dot{I}R+j\dot{I}\left(\dfrac{\omega L}{4}-\dfrac{1}{\omega C}\right)$$

当电路谐振时，电压与电流同相位，即 $\dfrac{\omega L}{4}-\dfrac{1}{\omega C}=0$，得 $\omega=\dfrac{2}{\sqrt{LC}}$

答案：C

【2008,9】已知 RLC 串并联电路如图所示，电路的谐振角频率为：

  A. $\dfrac{1}{2\sqrt{LC}}$rad/s   B. $\dfrac{2}{\sqrt{LC}}$rad/s

  C. $\dfrac{4}{\sqrt{LC}}$rad/s   D. $\dfrac{1}{2\sqrt{LC}}$rad/s

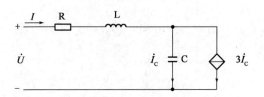

答案：A

【2014,20】如图所示电路的谐振角频率(rad/s)为：

A. $\dfrac{1}{3\sqrt{LC}}$ B. $\dfrac{1}{9\sqrt{LC}}$ C. $\dfrac{9}{\sqrt{LC}}$ D. $\dfrac{3}{\sqrt{LC}}$

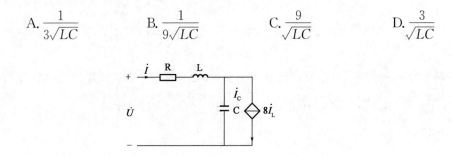

答案：A

【2012,10】如图所示，电路的谐振角频率为：

A. $\dfrac{1}{2\sqrt{LC}}$ B. $\dfrac{2}{\sqrt{LC}}$ C. $\dfrac{1}{3\sqrt{LC}}$ D. $\dfrac{3}{\sqrt{LC}}$

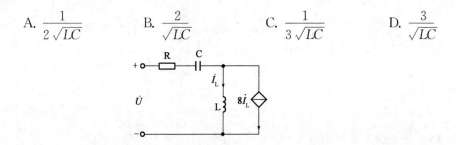

答案：D

【2007,7】RLC 串联电路中，在电容 C 上再并联一个电阻 R_1，则电路的谐振频率将：

A. 升高 B. 降低 C. 不变 D. 不确定

解 RLC 串联电路的谐振频率 $\omega=\sqrt{\dfrac{1}{LC}}$

根据题意，在电容 C 上再并联一个电阻 R_1，如下图所示：

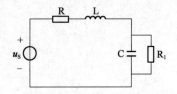

电容 C 并联电阻 R_1,令 $X_C = \dfrac{1}{\omega C}$,则总的阻抗:

$$Z = R + j\omega L - \dfrac{jX_C R_1}{R_1 - jX_C} = R + j\omega L + \dfrac{R_1 X_C^2 - jX_C R_1^2}{R_1^2 + X_C^2}$$

$$= R + \dfrac{R_1 X_C^2}{R_1^2 + X_C^2} + j\left(\omega L - \dfrac{X_C R_1^2}{R_1^2 + X_C^2}\right)$$

根据谐振条件可得:

$$\omega L - \dfrac{X_C R_1^2}{R_1^2 + X_C^2} = 0 \Rightarrow \dfrac{\omega L(R_1^2 + X_C^2) - X_C R_1^2}{R_1^2 + X_C^2} = 0 \xrightarrow{X_C = 1/(\omega C)}$$

$$\omega' = \sqrt{\dfrac{R_1^2 C - 1}{L R_1^2 C^2}} = \sqrt{\dfrac{1}{LC} - \dfrac{1}{R_1^2 C^2}} < \omega$$

答案: B

【2013,17】RLC 串联电路中,在电容 C 上再并联一个电阻 R_1,则电路的谐振角频率 ω 应为:

A. $\sqrt{\dfrac{1}{LC} - \dfrac{1}{R_1^2 C^2}}$ 　　　　　　　　B. $\sqrt{\dfrac{1}{R_1^2 C^2} - \dfrac{1}{LC}}$

C. $\sqrt{\dfrac{1}{LC} + \dfrac{1}{R_1^2 C^2}}$ 　　　　　　　　D. $\sqrt{\dfrac{R_1}{LC}}$

答案: A

【2009,19】RLC 串联电路中,在电感 L 上再并联一个电阻 R_1,则电路的谐振频率将:

A. 升高　　　　B. 不能确定　　　　C. 不变　　　　D. 降低

解 RLC 串联电路的谐振频率 $\omega = \sqrt{\dfrac{1}{LC}}$

电感 L 并联电阻 R_1 后,如下图所示:

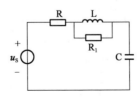

电感 L 并联电阻 R_1,总阻抗:

$$Z = R + \dfrac{j\omega L R_1}{R_1 + j\omega L} - j\dfrac{1}{\omega C} = R + \dfrac{j\omega L R_1^2 + (\omega L)^2 R_1}{R_1^2 + (\omega L)^2} - j\dfrac{1}{\omega C}$$

$$= R + \dfrac{(\omega L)^2 R_1}{R_1^2 + (\omega L)^2} + j\left[\dfrac{\omega L R_1^2}{R_1^2 + (\omega L)^2} - \dfrac{1}{\omega C}\right]$$

根据谐振条件可得:

$$\frac{\omega L R_1^2}{R_1^2+(\omega L)^2}-\frac{1}{\omega C}=0 \Rightarrow \omega^2=\frac{R_1^2}{LR_1^2C-L^2} \Rightarrow \omega=\sqrt{\frac{R_1^2}{LR_1^2C-L^2}}=\sqrt{\frac{1}{LC-\frac{L^2}{R_1^2}}}$$

答案：A

【2014,14】由 R_1、L_1、C_1 组成的串联电路和由 R_2、L_2、C_2 组成的另一串联电路，在某一频率下可发生谐振，如果把上述两电路组合串联成一个回路，那么这个回路的谐振频率为：

A. $\dfrac{1}{2\pi\sqrt{L_1C_1}}$ B. $\dfrac{1}{2\pi\sqrt{L_1C_2}}$

C. $\dfrac{1}{2\pi\sqrt{L_2C_1}}$ D. $\dfrac{1}{2\pi\sqrt{(L_1+L_2)(C_1+C_2)}}$

解 由题知，在未串联成一个回路时，在某一频率下发生谐振，即 $\omega_1=\omega_2=\dfrac{1}{\sqrt{L_1C_1}}=\dfrac{1}{\sqrt{L_2C_2}}$，得到 $L_1C_1=L_2C_2$。

当串联成一个回路时：

$$\omega=\frac{1}{\sqrt{(L_1+L_2)\cdot\dfrac{C_1C_2}{C_1+C_2}}}$$

$$=\frac{1}{\sqrt{\dfrac{L_1C_1C_2+C_1L_2C_2}{C_1+C_2}}}=\frac{1}{\sqrt{L_1C_1\left(\dfrac{C_1+C_2}{C_1+C_2}\right)}}=\frac{1}{\sqrt{L_1C_1}}=\frac{1}{\sqrt{L_2C_2}}$$

$$\Rightarrow f=\frac{\omega}{2\pi}=\frac{1}{2\pi\sqrt{L_1C_1}}$$

答案：A

【2010,13】如图所示正弦稳态电路中，已知 $\dot{U}_S=20\angle 0°\text{V}$，$\omega=1000\text{rad/s}$，$R=10\Omega$，$L=1\text{mH}$。当 L 和 C 发生并联谐振时，$\dot{I}_C$ 为：

A. $20\angle-90°\text{A}$ B. $20\angle 90°\text{A}$

C. 2A   D. 20A

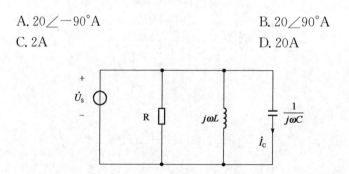

解 因为 L 和 C 发生并联谐振，所以 $\omega L=\dfrac{1}{\omega C}$，即 $1000\times 0.001=\dfrac{1}{\omega C}$，$\omega C=1$。

则电容支路电流:$\dot{I}_C = j\omega C \dot{U}_S = j \times 1 \times 20\angle 0° = 1\angle 90° \times 20\angle 0° = 20\angle 90°$ A

答案:B

【2014,10】图示并联谐振电路,已知 $R=10\Omega, C=10.5\mu F, L=40mH$,则其谐振频率 f_0 为:

A. 1522Hz B. 761Hz
C. 121.1Hz D. 242.3Hz

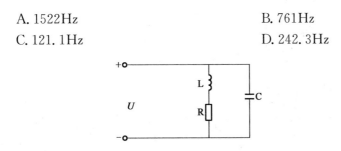

解 根据题图可求得该电路的阻抗:

$$Z = (R+j\omega L) // \frac{1}{j\omega C} \xrightarrow{\substack{X_C = 1/\omega C \\ X_L = \omega L}} \frac{(R+jX_L)\times(-jX_C)}{R+jX_L-jX_C} = \frac{RX_C^2 - jX_C(R^2+X_L^2-X_LX_C)}{R^2+(X_L-X_C)^2}$$

根据谐振条件可知:$R^2 + X_L^2 - X_L X_C = 0$

即 $\omega^2 = \frac{1}{LC} - \frac{R^2}{L^2} \Rightarrow f = \frac{\omega}{2\pi} = \frac{\sqrt{\frac{1}{LC} - \frac{R^2}{L^2}}}{2\pi}$

代带入数据得:$f = 242.3$Hz

答案:D

【2009,12】在如图所示正弦稳态电路中,若 $\dot{U}_S = 20\angle 0°$V, $\omega = 1000$rad/s, $R=10\Omega$, $L=1$mH,当 L 和 C 发生并联谐振时,C 的值为:

A. 3000μF B. 2000μF
C. 1500μF D. 1000μF

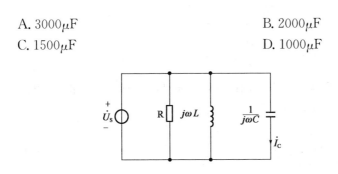

解 由 $\omega L = \frac{1}{\omega C}$,推出 $C = \frac{1}{\omega^2 L}$,代入数据后求得:$C = \frac{1}{\omega^2 L} = \frac{1}{1000^2 \times 0.001} = 1000\mu F$

答案:D

【2008,13】如图所示电路,发生谐振的条件是:

A. $R > \sqrt{L/C}$ B. $R > 2\sqrt{L/C}$

  C. $R<\sqrt{L/C}$ D. $R<2\sqrt{L/C}$

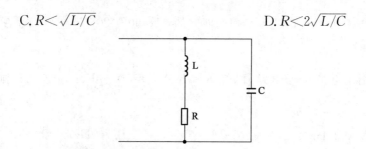

解 根据题图可求得该电路的阻抗为：

$$Z=(R+j\omega L)// \frac{1}{j\omega C} \xrightarrow{X_C=\frac{1}{\omega C},X_L=\omega L}$$

$$=\frac{(R+jX_L)\times(-jX_C)}{R+jX_L-jX_C}=\frac{RX_C^2-jX_C(R^2+X_L^2-X_LX_C)}{R^2+(X_L-X_C)^2}$$

根据谐振条件可知：$R^2+X_L^2-X_LX_C=0$，即 $\omega^2=\frac{1}{LC}-\frac{R^2}{L^2}$，因此该电路发生谐振的条件为：$R<\sqrt{\frac{L}{C}}$。

答案：C

【2013,22】如图所示电路中 $u=12\sin(\omega t)$V，$i=2\sin(\omega t)$A，$\omega=2000$rad/s，无源二端口网络 N 可以看作是电阻 R 与电容 C 相串联。则 R 与 C 应为：

  A. $2\Omega, 0.250\mu F$ B. $3\Omega, 0.125\mu F$

  C. $4\Omega, 0.250\mu F$ D. $4\Omega, 0.500\mu F$

答案：A

【2014,11】如图所示，确定方框内的无源二端口网络等效元件为何值？（其中 $R_1=3\Omega$，$L=2$H，$u=30\cos2t$，$i=3\cos2t$A）

  A. $R=3\Omega, C=\frac{1}{8}$F   B. $R=4\Omega, C=\frac{1}{8}$F

  C. $R=4\Omega$ D. $C=\frac{1}{8}$F

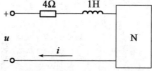

答案：D

【2012,12】 如图所示,$u=24\sin(\omega t)$ V,$i=4\sin(\omega t)$A,$\omega=2000$rad/s,则无源二端网络 N 可以看作电阻 R 与电感 L 相串联,则 R 与 L 的大小分别为:

  A. 1Ω 和 4H   B. 2Ω 和 2H
  C. 4Ω 和 1H   D. 4Ω 和 4H

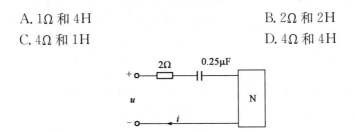

答案: C

【2010,20】 如图所示电路 $u=10\sin(\omega t)$V,$i=2\sin(\omega t)$A,$\omega=1000$rad/s,则无源二端网络 N 可以看作 R 和与 C 串联,其数值应为:

  A. 1Ω,1.0μF   B. 1Ω,0.125μF
  C. 4Ω,1.0μF   D. 2Ω,1.0μF

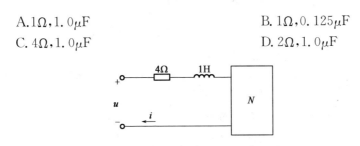

解 根据题意和图可得总阻抗:$Z=4+j\omega L+R-j\dfrac{1}{\omega C}$

已知 $u=10\sin(\omega t)$V,$i=2\sin(\omega t)$A,即表明电路呈现纯阻性性质,电路发生串联谐振。有 $\omega L=\dfrac{1}{\omega C}$,则 $C=\dfrac{1}{\omega^2 L}=\dfrac{1}{1\times 10^6 \times 1}F=1.0\mu F$

又 $Z=\dfrac{u}{i}=\dfrac{10\sin(\omega t)\text{V}}{2\sin(\omega t)\text{A}}=5\Omega$,则 $R=5-4=1\Omega$

答案: A

考点 互感特性及去耦等效法

【2017,10】 图示一端口电路的等效阻抗为:

  A. $j\omega(L_1+L_2+2M)$ B. $j\omega(L_1+L_2-2M)$
  C. $j\omega(L_1+L_2)$ D. $j\omega(L_1-L_2)$

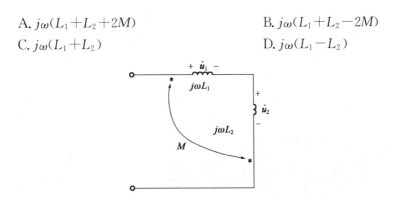

答案：B(利用去耦合等效电路分析)

【2006,6;2007,4】如图所示，$L_1=L_2=10\text{H}$，$C=1000\mu\text{F}$，当 M 从 0 变到 6H 时，谐振角频率的变化范围是：

A. $10\sim\dfrac{10}{\sqrt{14}}\text{rad/s}$

B. $0\sim\infty\text{rad/s}$

C. $10\sim12.5\text{rad/s}$

D. 不能确定

解 第一种方法：根据互感特性列出时域方程。

$$U_1=I_1\left(R+j\omega L_1-j\dfrac{1}{\omega C}\right)+j\omega M I_2$$

$$0=j\omega M I_1+j\omega L_2 I_2$$

结合以上两式得：$U_1=I_1\left[R+j\left(\omega L_1-\dfrac{1}{\omega C}-\omega M\times\dfrac{M}{L_2}\right)\right]$

当发生谐振时即令阻抗的虚部为 0，得到：

$$\omega\left(L_1-\dfrac{M^2}{L_2}\right)=\dfrac{1}{\omega C}\Rightarrow\omega=\sqrt{\dfrac{L_2}{C(L_1L_2-M^2)}}$$

当 $L_1=L_2=10\text{H}$，$C=1000\mu\text{F}$，$M=0$ 时，

$$\omega=\sqrt{\dfrac{L_2}{C(L_1L_2-M^2)}}=\sqrt{\dfrac{10}{0.001\times(100-0)}}=10\text{rad/s}$$

当 $L_1=L_2=10\text{H}$，$C=1000\mu\text{F}$，$M=6$ 时，

$$\omega=\sqrt{\dfrac{L_2}{C(L_1L_2-M^2)}}=\sqrt{\dfrac{10}{0.001\times(100-36)}}=12.5\text{rad/s}$$

第二种方法：去耦合等效电路法。

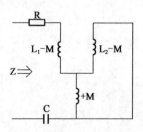

等效电感 $L_{\text{eq}}=L_1-M+M/\!/(L_2-M)=\dfrac{L_1L_2-M^2}{L_2}$

故等效总阻抗 $Z=R+j\omega L_{\text{eq}}-j\dfrac{1}{\omega C}$

当电路发生谐振时，即阻抗 Z 虚部为 0，即 $\omega L_{\text{eq}}-\dfrac{1}{\omega C}=0$

即 $\omega = \dfrac{L_2}{C(L_1 L_2 - m^2)}$

注意：若改变同名端的位置，计算谐振频率点的变形题。

答案：C

【2009,13】 如图所示电路中，$L_1 = L_2 = 40\text{H}$，$C = 1000\mu\text{F}$，M 从 0 变至 10H 时，谐振角频率的变化范围是：

A. 10～16.67 rad/s　　　　　　　　B. 0～∞ rad/s

C. 2.50～2.58 rad/s　　　　　　　　D. 不能确定

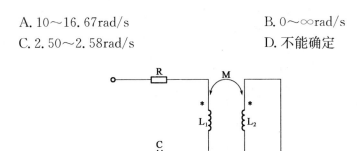

答案：C

【2010,22】 如图所示电路的谐振频率 f 为：

A. 79.58Hz　　　B. 238.74Hz　　　C. 159.16Hz　　　D. 477.48Hz

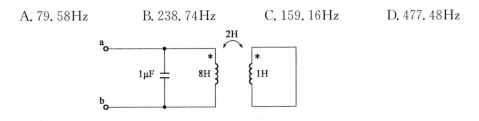

解　参照 2006 年供配电第 6 题。采用第二种去耦等效法：

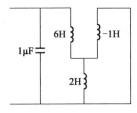

等效电感，$L_{eq} = 6\text{H} + (2\text{H}) // (-1\text{H}) = 4\text{H}$

故并联谐振的导纳参数为 $Y = j\omega C + \dfrac{1}{j\omega L_{eq}} = 0$

即 $\omega = 2\pi f = \dfrac{1}{\sqrt{L_{eq} C}} \Rightarrow f = \dfrac{1}{2\pi \sqrt{L_{eq} C}} = 79.58\text{Hz}$

答案：A

【2014,11】 通过测量流入有互感的两串联线圈的电流、功率和外施电压，能够确定两个线圈之间的互感，现在用 $U = 220\text{V}$，$f = 50\text{Hz}$ 电源进行测量。当顺向串接时，测得 $I = 2.5\text{A}$，$P =$

62.5W；当反串接时，测得 $P=250$W，因此，两线圈的互感 M 为：

  A. 42.85mH   B. 45.29mH
  C. 88.21mH   D. 35.49mH

解 （1）顺极性接法：
去耦等效电路图为：

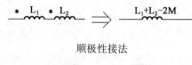

顺极性接法

$$R=\frac{P_1}{I_1^2}=\frac{62.5}{2.5^2}=10\Omega$$

等效电路图为：

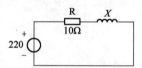

$$Z=R+jX=\frac{U}{I}=88 \Rightarrow X=\sqrt{Z^2-R^2}=\sqrt{88^2-10^2}=87.43$$

（2）逆极性接法：
去耦等效电路图为：

逆极性接法

$$I_2^2=\frac{P_2}{R}=\frac{250}{10}=25 \Rightarrow I=5\text{A}$$

$$Z_1=\frac{U}{I}=\frac{220}{5}=44 \Rightarrow X'=42.85$$

故 $\begin{cases} L_1+L_2+2M=\dfrac{87.43}{2\pi f} \\ L_1+L_2-2M=\dfrac{42.85}{2\pi f} \end{cases} \Rightarrow 4M=\dfrac{44.58}{100\pi} \Rightarrow M=35.49\text{mH}$

答案：D

【2012，11】如图所示，正弦交流电路中，$L_1=L_2=10$H，$C=1000\mu$F，$M=6$H，$R=15\Omega$，电流的角频率 $\omega=10$rad/s，则 Z_{ab} 为：

  A. $(36-j15)\Omega$ B. $(15-j36)\Omega$
  C. $(36+j15)\Omega$ D. $(15+j36)\Omega$

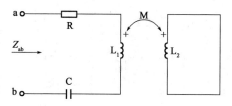

解 去耦等效电路如下：

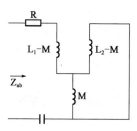

等效电感 $L_{eq}=L_1-M+(L_2-M)//M=L_1-\dfrac{M^2}{L_2}$，代入数据得 $L_{eq}=6.4$H，则等效阻抗 $Z=R+j\omega L_{eq}-j\dfrac{1}{\omega C}=15+j\times 10\times 6.4-j\dfrac{1}{10\times 10^3\times 10^{-6}}=15-j36$

答案：B

【2005,6;2013,8】如图所示空心变压器 AB 之间的输入阻抗 Z_{in} 应为：

  A. $j15\Omega$ B. $-j5\Omega$
  C. $-j1.25\Omega$ D. $j11.25\Omega$

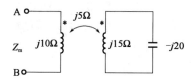

解 将题中电路写成如下图所示电路：

列写互感特性方程：$\begin{cases}U_{AB}=j10I_1+j5I_2\\ 0=-j5I_2+j5I_1\end{cases}$

得 $Z_{in}=\dfrac{U_{AB}}{I_1}=j15\Omega$

答案：A

【2014,21】图示电路的等效阻抗为：

A. $j3$ B. $j2.5$ C. $j4$ D. $j6$

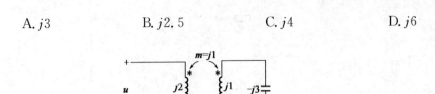

解 列出互感方程:
$$\begin{cases} \dot{U}_1 = j2\dot{I}_1 + j\dot{I}_2 \\ j\dot{I}_1 + j(-3+1)\dot{I}_2 = 0 \end{cases} \Rightarrow \frac{\dot{U}_1}{\dot{I}_1} = j2.5$$

答案:B

【2008,17】 如图所示,空心变压器 ab 间的输入阻抗为:

A. $-j22.5\Omega$ B. $j22.5\Omega$ C. $j25\Omega$ D. $-j25\Omega$

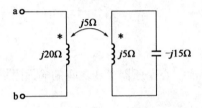

解 根据题列写方程:
$$\begin{cases} U_{ab} = j20 I_1 + j5 I_2 \\ 0 = j5 I_1 + j5 I_2 - j15 I_2 \end{cases}$$

即 $R = \dfrac{U_{ab}}{I_1} = j22.5$

答案:B

【2012,5】 图示空心变压器 AB 间的输入阻抗为下列何值?

A. $-j3\Omega$ B. $j3\Omega$ C. $-j4\Omega$ D. $j4\Omega$

答案:B

【2008,12】 如图所示电路中,$L_1=0.1H$,$L_2=0.2H$,$M=0.1H$,若电源频率为 $50Hz$,则电路等值阻抗为:

A. $j31.4\Omega$ B. $j6.28\Omega$ C. $-j31.4\Omega$ D. $-j6.28\Omega$

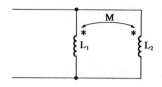

解 去耦合等效电路如下图所示,可知:

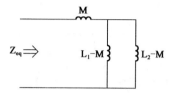

等效阻抗 $Z_{eq}=j\omega M+j\omega(L_1-M)/\!/j\omega(L_2-M)=j31.4+\dfrac{j(314\times 0)\times j31.4}{j(314\times 0)+j31.4}=j31.4\Omega$

答案:A

【2013,5】图示空心变压器 ab 端的输入阻抗 Z_{ab} 为:

A. $j16\Omega$ B. $j25\Omega$ C. $j15\Omega$ D. $j4\Omega$

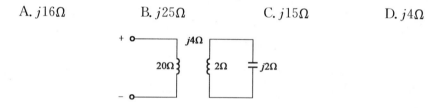

答案:A

【2011,17】如图所示含耦合电感电路中,已知 $L_1=0.1H, L_2=0.4H, M=0.12H$。ab 端的等效电感 L_{ab} 为:

A. 0.064H B. 0.062H C. 0.64H D. 0.62H

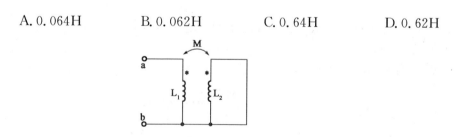

解 去耦合等效电路如下图所示:

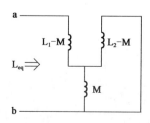

可知：$L_{eq}=(L_1-M)+M//(L_2-M)=L_1-\dfrac{M^2}{L_2}=0.064\text{H}$

答案：A

【2009,14】图示电路中，端口 1-1' 的开路电压为：

A. $-5\sqrt{2}\angle 45°\text{V}$
B. $5\sqrt{2}\angle 45°\text{V}$
C. $-5\sqrt{2}\angle -45°\text{V}$
D. $5\sqrt{2}\angle -45°\text{V}$

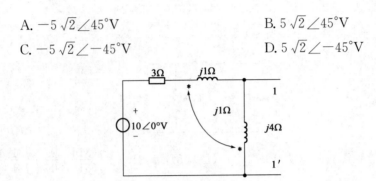

解 方法 1：根据题图作出如下电路图：

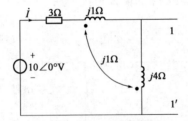

可得：$10\angle 0°=(3+j1)\times \dot{I}-j1\times \dot{I}+j4\times \dot{I}-j1\times \dot{I}=(3+j3)\dot{I}$

求得：$\dot{I}=\dfrac{10\angle 0°}{3+j3}\text{A}=\dfrac{10\angle 0°}{3\sqrt{2}\angle 45°}=\dfrac{10\angle -45°}{3\sqrt{2}}\text{A}$

根据 KVL 定律，得：

$U_{1-1'}=(j4\times I-j1\times I)\text{V}=j3\times \dfrac{10\angle -45°}{3\sqrt{2}}=5\sqrt{2}\angle 45°\text{V}$

方法 2：去耦合等效电路如下图所示。

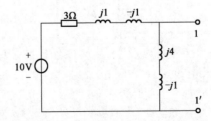

由图可知：$U_{1-1'}=\dfrac{10\angle 0°}{3+j3}\times j3=j3\times \dfrac{10\angle 0°}{3\sqrt{2}\angle 45°}=5\sqrt{2}\angle 45°\text{V}$

答案：B

【2009,4】如图所示的电路为含耦合电感的正弦稳态电路,则当开关S闭合时,$\dot{U}$为:

A. $\sqrt{2}\angle 45°$ V B. $\sqrt{2}\angle -45°$ V
C. 0 D. $-\sqrt{2}\angle 30°$ V

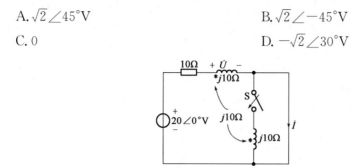

解 对上述电路进行去耦合等效,得到等效电路如下图所示:

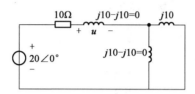

根据电路图可知:所求电抗支路的两端电压为0。
答案:C

考点 简单动态电路的时域分析

1)求时间常数

【2017,14】暂态电路三要素不包括:

A. 待求量的原始值 B. 待求量的初始值
C. 时间常数 D. 任一特征解

答案:A

【2012,14】如图所示电路的时间常数为:

A. 2.5ms B. 2ms C. 1.5ms D. 1ms

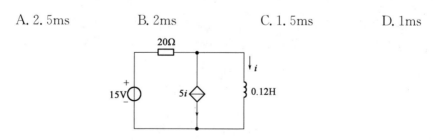

解 时间常数 $\tau = \dfrac{L}{R}$,因此其关键在于求出戴维南等效电阻。将电压源短路,电感元件开路,由于含有受控源因此采用外加电源法,外加电源电压为 u_1,流入系统电流为 i_1,如下图所示。

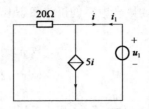

利用 KVL 定律：$\begin{cases} u_1 = 20(i_1 - 5i) \\ i_1 = -i \end{cases} \Rightarrow \dfrac{u_1}{i_1} = 120\Omega$

则时间常数：$\tau = \dfrac{L}{R} = \dfrac{0.12}{120} = 0.001\text{s} = 1\text{ms}$

答案：D

【2013,19】图示电路的时间常数 τ 应为：

  A. 16ms   B. 4ms   C. 2ms   D. 8ms

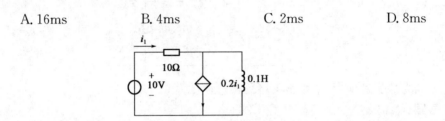

答案：D

【2008,13】电路如图所示，电路的时间常数为：

  A. 10ms   B. 5ms   C. 8ms   D. 12ms

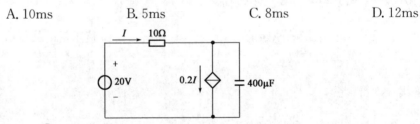

解 时间常数 $\tau = \dfrac{L}{R}$，因此本题的关键在于求出戴维南等效电阻。

将电压源短路，电感元件开路，由于含有受控源，因此采用外加电源法。外加电源电压为 u_1，流入系统电流为 i_1，如下图所示。

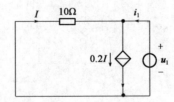

利用 KVL 定律：$\begin{cases} u_1 = -10i \\ i_1 + i = 0.2i \end{cases} \Rightarrow \dfrac{u_1}{i_1} = \dfrac{25}{2}\Omega$

则时间常数:$\tau = RC = \dfrac{25}{2}\Omega \times 400 \times 10^{-6}\text{F} = 5\text{ms}$

答案: B

【2012,15】图示电路时间常数为:

A. 12ms   B. 10ms

C. 8ms   D. 6ms

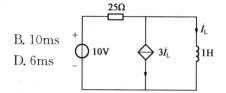

答案: B

2) 求初始值

【2005,9】如图所示电路原已稳定,$t=0$ 时断开开关 S,则 $u_{C1}(0_+)$ 为:

A. 78V   B. 117V   C. 135V   D. 39V

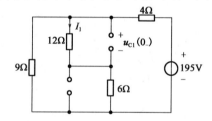

解 开关断开前,原电路处于稳态即电容相当于开路,如下图所示。

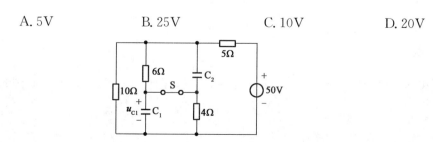

根据图可得:$I_1 = \dfrac{9}{12+6+9} \times \dfrac{195}{4+[9//(12+6)]} = \dfrac{195}{4+6} = 6.5\text{A}$

则:$u_{C1}(0_-) = 12 \times I_1 = 12 \times 6.5 = 78\text{V}$

根据换路定则可知:$u_{C1}(0_+) = u_{C1}(0_-) = 78\text{V}$

答案: A

【2007,22】如图所示,电路原已稳定,$t=0$ 时断开开关 S,则 $u_{C1}(0_+)$ 等于:

A. 5V   B. 25V   C. 10V   D. 20V

答案：C

【2012,8】图示电路原已稳定,$t=0$ 时断开开关 S,则 $u_{(0+)}$ 为：

A. 12V B. 24V C. 0 D. 36V

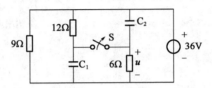

答案：A

【2012,15】如图所示,电路原已稳定,$t=0$ 时断开开关 S,则 $u_{C1}(0_+)$ 为：

A. 10V B. 15V C. 20V D. 25V

答案：C

【2006,9】如图所示电路中,$i_L(0_-)=0$,在 $t=0$ 时闭合开关 S 后,$t=0_+$ 时 $\dfrac{di_L}{dt}$ 应为：

A. 0 B. $\dfrac{U_S}{R}$ C. $\dfrac{U_S}{L}$ D. U_S

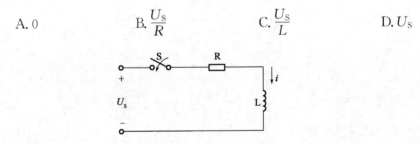

解 开关闭合后,电感电流不能突变,即 $i_L(0_+)=i_L(0_-)=0$,根据 KVL 定律,可得：

$$U_S = U_L + Ri_L(0_+) = 0 + L\dfrac{di}{dt}$$

有 $\left.\dfrac{di}{dt}\right|_{t=0_+} = \dfrac{U_S}{L}$

或者按照三要素法进行求解,相对来说复杂些。

答案：C

【2013,21】图示电路中 $u_C(0_-)=0$,在 $t=0$ 时闭合开关 S 后,$t=0_+$ 时刻的 $i_C(0_+)$ 应为：

A. 3A B. 6A C. 2A D. 18A

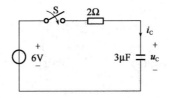

解 开关闭合后,电容电压不能突变,即 $u_C(0_+)=u_C(0_-)=0$,根据 KVL 定律,可得:
$$U_S=U_C(0_+)+Ri_C(0_+) \Rightarrow i_C(0_+)=\frac{U_S}{R}=\frac{6}{2}=3\text{A}$$

或者按照三要素法进行求解,相对来说复杂些。
答案:A

【2012,16】图示电路中 $U_C(0_-)=0$,在 $t=0$ 时刻闭合开关 S 后,$t=0_+$ 时 $\dfrac{du_C}{dt}$ 为:

A. 0　　　　B. $\dfrac{U_S}{R}$　　　　C. $\dfrac{U_S}{RC}$　　　　D. $\dfrac{U_S}{C}$

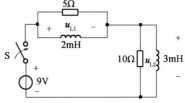

解 开关闭合后,电容电压不能突变,即 $U_C(0_+)=U_C(0_-)=0$

根据 KVL 方程可得: $U_S=U_C(0_+)+Ri_C(0_+)=0+RC\dfrac{dU_C}{dt} \Rightarrow \dfrac{dU_C}{dt}=\dfrac{U_S}{RC}$

有 $\dfrac{di}{dt}\Big|_{t=0_+}=\dfrac{U_S}{L}$

或者按照三要素法进行求解,但相对来说复杂些。
答案:C

【2008,12】电路如图所示,当 $t=0$ 时,闭合开关 S,开关闭合前有 $u_{L1}(0_-)=u_{L2}(0_-)=0$,则 $u_{L1}(0_+)$ 为:

A. 1.5V
B. 6V
C. 3V
D. 7.5V

解 $t=0_+$ 时的等效电路中电感相当于开路,电容相当于短路,与稳态时情况相反,要注意!

由电路分压公式可知: $U_{L1}(0_+)=\dfrac{5\times U_S}{5+10}=\dfrac{5}{5+10}\times 9=3\text{V}$

答案:C

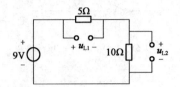

【2011,14】如图所示电路中,已知 $R_1=3\Omega$,$R_2=R_3=2\Omega$,$U_S=10V$,开关 S 闭合前电路处于稳态,$t=0$ 时开关闭合。$t=0_+$ 时,$i_{L1}(0_+)$ 为:

A. 2A B. $-$2A C. 2.5A D. $-$2.5A

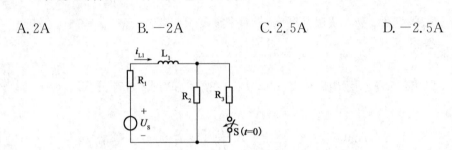

解 开关 S 闭合前电路处于稳态,根据题图可得电感电流初始值为:

$$i_L(0_-)=\frac{U_S}{R_1+R_2}=\frac{10}{3+2}A=2A$$

根据换路定则,$i_L(0_+)=i_L(0_-)=2A$
答案:A

【2011,13】如图所示电路中,已知 $U_S=6V$,$R_1=1\Omega$,$R_2=2\Omega$,$R_3=4\Omega$,开关闭合前电流处于稳态,$t=0$ 时开关 S 闭合。$t=0_+$ 时,$u_C(0_+)$ 为:

A. $-$6V B. 6V C. $-$4V D. 4V

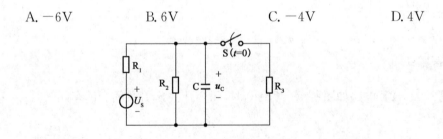

解 开关闭合前电路处于稳态,则电容电压的初始值:

$$u_C(0_-)=\frac{U_S}{R_1+R_2}\times R_2=\left(6\times\frac{2}{1+2}\right)V=4V$$

根据换路定则知:$u_C(0_+)=u_C(0_-)=4V$
答案:D

3)一阶电路的全响应

【2017,15】若一阶电路的时间常数为 3s,则零输入响应换路后经过 3s 后衰减为初始值的:

A. 50% B. 75% C. 13.5% D. 36.8%

解:以一阶 RC 零输入响应为例,$U=U_0 e^{\frac{-t}{\tau}}$,其中时间常数为 $\tau=3s$,经过一个周期之后,$U=U_0 e^{-1}=0.368U_0$。

答案:D

【2006,8】 如图所示电路,$u_{C1}(0_-)=10V$,$u_{C2}(0_-)=0V$,当 $t=0$ 时闭合开关 S 后,u_{C1} 应为($\tau=2\mu s$):

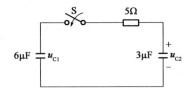

(以上各式中 $\tau=2\mu s$)

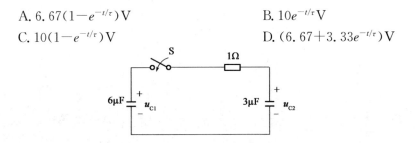

解 (1)开关 S 闭合瞬间,由于不是全电容回路,所以电容电压不能突变,由换路定则知:

$$u_{C1}(0_+)=u_{C1}(0_-)=10V, u_{C2}(0_+)=u_{C2}(0_-)=0$$

(2)换路后 C_1 经 R 向 C_2 充电,C_1 放电,C_1 储存的电荷在两个电容上重新分配,但总量不变。根据电荷守恒:

$$C_1 u_{C1}(\infty)+C_2 u_{C2}(\infty)=C_1 u_{C1}(0_+)+C_2 u_{C2}(0_+)$$

同时稳态时有:$u_{C1}(\infty)=u_{C2}(\infty)$

结合以上各式可解出:$u_{C1}(\infty)=u_{C2}(\infty)=\dfrac{C_1 u_{C1}(0_+)+C_2 u_{C2}(0_+)}{C_1+C_2}$

$$=\dfrac{6\times 10+3\times 0}{6+3}=6.67V$$

(3)求时间常数:$\tau=R\times\left(\dfrac{C_1 C_2}{C_1+C_2}\right)=5\times\left(\dfrac{6\times 3}{6+3}\right)\mu s=10\mu s$

(4)根据三要素法得:

$$u_{C1}(t)=u_{C1}(\infty)+[u_{C1}(0_+)-u_{C1}(\infty)]e^{-\frac{t}{\tau}}=6.67+(10-6.67)e^{-\frac{t}{\tau}}V=(6.67+3.33e^{-\frac{t}{\tau}})V$$

答案:D

【2007,5】 如图所示电路中,$u_{C1}(0_-)=10V$,$u_{C2}(0_-)=0$,当 $t=0$ 时闭合开关 S 后,u_{C1} 应为:

A. $6.67(1-e^{-t/\tau})V$
B. $10e^{-t/\tau}V$
C. $10(1-e^{-t/\tau})V$
D. $(6.67+3.33e^{-t/\tau})V$

答案:D[参照上题。注意 $\tau = R \times \left(\dfrac{C_1 C_2}{C_1 + C_2}\right) = 1 \times \left(\dfrac{6 \times 3}{6+3}\right)\mu s = 2\mu s$]

【2012,16】如图所示,$u_{C1}(0_-) = 15V$,$u_{C2}(0_-) = 6V$,当 $t=0$ 时闭合开关 S 后,$u_{C1}(t)$ 为:

A. $(12 + 3e^{-1250})V$
B. $(3 + 12e^{-1250})V$
C. $(15 + 6e^{-1250})V$
D. $(6 + 15e^{-1250})V$

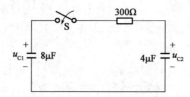

答案:A[参照以上两题。本题 $\tau = R \times \left(\dfrac{C_1 C_2}{C_1 + C_2}\right) = 300 \times \left(\dfrac{8 \times 4}{8+4}\right) \times 10^{-6} s = 800 \times 10^{-6} s$]

【2009,3】如图所示,电路原已稳定,$t=0$ 时闭合开关 S 后,则 $i_L(t)$ 为:

A. $(1.5 - 0.9e^{-4000t})A$
B. $(0.9 + 1.5e^{-t})A$
C. 0A
D. $(1.5 + 0.9e^{-4000t})A$

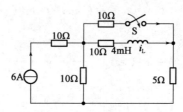

解 (1)根据换路前电路确定 $i_L(0_-)$,根据换路定则确定 $i_L(0_+)$。

开关 S 未合上前,电感回路中的电流: $i_L(0_-) = 6 \times \dfrac{10}{10+10+5} = 2.4A$

根据换路定则可知: $i_L(0_+) = i_L(0_-) = 2.4A$

(2)开关 S 闭合后电路进入稳态,如下图所示。

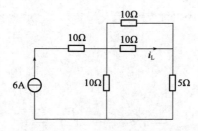

可得稳态电流: $i_L(\infty) = 6 \times \dfrac{10}{10 + [(10 /\!/ 10) + 5]} \times \dfrac{10}{10+10} A = 1.5A$

(3)求时间常数:将电感开路,如下图所示,求出电感端口的等效电阻。

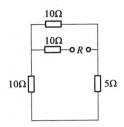

$R=10\Omega+[10\Omega//(10\Omega+5\Omega)]=16\Omega$

时间常数 $\tau=\dfrac{L}{R}=\dfrac{0.004}{16}=0.25\times10^{-3}$s

(4)根据三要素法得:

$$i_L(t)=i_L(\infty)+[i_L(0_+)-i_L(\infty)]e^{-\frac{t}{\tau}}$$
$$=1.5+(2.4-1.5)e^{\left(-\frac{t}{0.25\times10^{-3}}\right)}=(1.5+0.9e^{-4000t})\text{A}$$

答案:D

【2013,20】图示电路原已稳定,$t=0$ 时闭合开关 S 后,电流 $i(t)$ 应为:

A. $(4-3e^{-10t})$A B. 0A
C. $(4+3e^{-t})$A D. $(4-3e^{-t})$A

答案:D(按照上题分析几个过程即可)

【2010,21】图示电路原已稳定,$t=0$ 时闭合开关 S 后,则 $U_L(t)$ 为:

A. $-3e^{-t}$V B. $3e^{-t}$V C. 0V D. $1+3e^{-t}$V

解 按照三要素法步骤确定电感电流 $i_L(t)$,继而求导得 $u_L(t)=L\dfrac{di_L(t)}{dt}$。

答案:B

【2008,9】如图所示电路中,$i_L(0_-)=0$,在 $t=0$ 时闭合开关 S 后,i_L 应为:(式中,$\tau=10^{-6}$s)

A. $10^{-2}(1-e^{-t/\tau})$ A B. $10^{-2}e^{-t/\tau}$ A
C. $10(1-e^{-t/\tau})$ A D. $10e^{-t/\tau}$ A

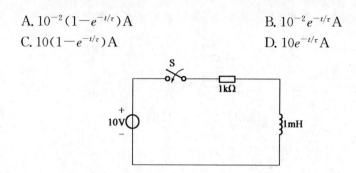

答案：A

【2012,17】如图所示，$i_L(0_-)=0$，在 $t=0$ 时闭合开关 S 后，电感电流 $i_L(t)$ 为：

A. 75A B. $75t$A C. $3000t$A D. 3000A

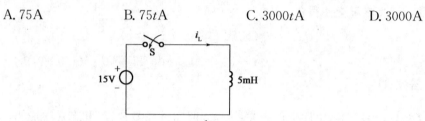

解 根据电感元件的电压与电流的关系，得 $L\dfrac{di_L}{dt}=U$，则：

$$\frac{di_L}{dt}=\frac{U}{L}\Rightarrow i_L(t)=\int_0^t \frac{U}{L}dt=3000t。$$

答案：C

【2013,8】图示电路中，$i_L(0_-)=0$，$t=0$ 时闭合开关 S 后，$i_L(t)$ 为：

A. $12.5(1+e^{-1000t})$ A B. $12.5(1-e^{-1000t})$ A
C. $25(1+e^{-1000t})$ A D. $25(1-e^{-1000t})$ A

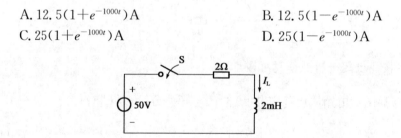

答案：D

【2012,7】图示电路中 $u_C(0_-)=0$，$t=0$ 时闭合开关 S 后，$u_C(t)$ 为多少 V？

A. $6e^{-\frac{t}{\tau}}$，式中 $\tau=0.5\mu s$ B. $6-8e^{-\frac{t}{\tau}}$，式中 $\tau=0.5\mu s$
C. $8e^{-\frac{t}{\tau}}$，式中 $\tau=2\mu s$ D. $6(1-e^{-\frac{t}{\tau}})$，式中 $\tau=2\mu s$

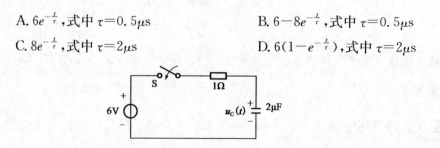

答案:D

【2013,7】图示电路中 $u_C(0_+)=0$,$t=0$ 时闭合开关 S,$u_C(t)$ 为:

A. $50(1+e^{-100t})$ V B. $100e^{-100t}$ V
C. $100(1+e^{-100t})$ V D. $100(1-e^{-100t})$ V

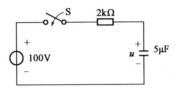

答案:D

【2009,10】如图所示电路中,开关 S 闭合前电路为稳态,$t=0$ 时开关 S 闭合,则 $t>0$ 时电容电压 $u_C(t)$ 为:

A. $3(1+e^{-10t})$ V B. $5(1+e^{-10t})$ V
C. $5(1-e^{-10t})$ V D. $3(1-e^{-10t})$ V

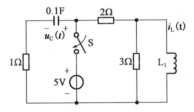

答案:C

【2011,15】图示电路中,开关 S 闭合前电路已处于稳态,在 $t=0$ 时开关 S 闭合。开关闭合后的 $u_C(t)$ 为:

A. $16-6e^{\frac{t}{2.4\times 10^2}}$ A B. $16-6e^{-\frac{t}{2.4\times 10^2}}$ A
C. $16+6e^{\frac{t}{2.4\times 10^2}}$ A D. $16+6e^{-\frac{t}{2.4\times 10^2}}$ A

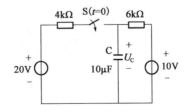

答案:A

【2009,15】图示电路中,电路原已达稳态,设 $t=0$ 时开关 S 打开,则开关 S 断开后的电容

电压 $u(t)$ 为：

  A. $(3+3e^{-\frac{t}{3}})$ V   B. $(3-3e^{-\frac{t}{3}})$ V

  C. $-3e^{-\frac{t}{3}}$ V   D. $3e^{-\frac{t}{3}}$ V

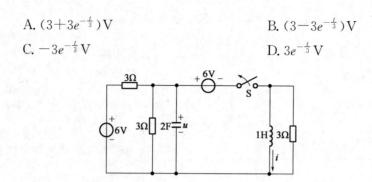

解 (1)开关 S 未断开前，电路已达稳态即是电容开路，电感短路，如下图 a)所示。
根据图 a)可得：$u(0_+)=u(0_-)=6$V
(2)开关 S 断开后，电路进入稳态，电路如下图 b)所示。
根据下图 b)左图可得：$u(\infty)=3$V，$i(\infty)=0$
(3)求时间常数：$\tau=RC=(3//3)\times 2=1.5\times 2=3$s
(4)根据三要素法得：
$$u(t)=u(\infty)+[u(0_+)-u(\infty)]e^{-\frac{t}{\tau}}=3+(6-3)e^{-\frac{t}{3}}\text{V}=3+3e^{-\frac{t}{3}}\text{V}$$

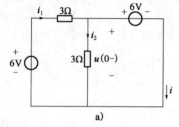 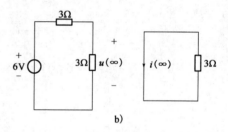

        a)   b)

答案：A

[2010,15] 如图所示电路中，电路原已达稳态，设 $t=0$ 时开关 S 断开，则开关 S 断开后的电感电流 $i(t)$ 为：

  A. $-2e^{-3t}$ A   B. $2e^{-3t}$ A   C. $-3e^{-t/3}$ A   D. $3e^{-t/3}$ A

解 参照上题。
(1)$t=0_-$ 时等效电路如下图 a)所示，利用戴维南定理将下图 a)左图转化成右图的形式。
则 $i(0_-)=\dfrac{3-6}{1.5}=-2$A

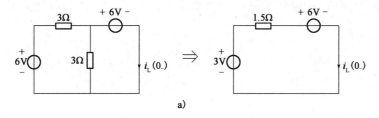

根据换路定则可知:$i(0_+)=i(0_-)=-2$A

(2)开关 S 打开后电路进入稳态,电路如下图 b)所示。

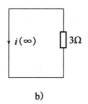

根据图 b)可得:$i(\infty)=0$,时间常数:$\tau=\dfrac{L}{R}=\dfrac{1}{3}$s

(3)根据三要素法求得:

$i(t)=i(\infty)+[i(0_+)-i(\infty)]e^{-\frac{t}{\tau}}=0+(-2-0)e^{-3t}V=-2e^{-3t}$A

答案:A

【2016,13】如图所示电路中,换路前已处于稳定状态,在 $t=0$ 时开关 S 打开后的电流 $i_L(t)$ 为:

    A. $(3-e^{-0.05t})$A   B. $(3+e^{-0.05t})$A

    C. $(3+e^{-20t})$A   D. $(3+e^{20t})$A

解 (1)$t=0_-$ 时,电感电流初始值 $i_L(0_-)=\dfrac{30}{10//30}=\dfrac{30}{7.5}=4$A

根据换路定则,可得:$i_L(0_-)=i_L(0_+)=4$A

(2)$t=\infty$ 时,稳态电流 $i_L(\infty)=\dfrac{30}{10}=3$A

(3)求时间常数:

将图中的 30V 电压源短路,则等效电阻:$R=10\Omega$

时间常数:$\tau=\dfrac{L}{R}=\dfrac{0.5}{10}=0.05$s

根据三要素法得:$i_L(t)=i_L(\infty)+[i_L(0_+)-i_L(\infty)]e^{-\frac{t}{\tau}}=3+(4-3)e^{-\frac{t}{0.05}}=(3+e^{-20t})$A

答案:C

【2011,16】如图所示电路中,换路前已处于稳定状态,在 $t=0$ 时开关 S 打开后的电流 $i_L(t)$ 为:

   A. $(3-e^{20t})$ A   B. $(3-e^{-20t})$ A
   C. $(3+e^{-20t})$ A   D. $(3+e^{20t})$ A

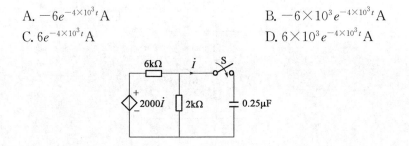

解 (1) $t=0_-$ 时,电感电流初始值 $i_L(0_-)=\dfrac{30}{10//30}=\dfrac{30}{7.5}=4$ A

根据换路定则,可得: $i_L(0_-)=i_L(0_+)=4$ A

(2) $t=\infty$ 时,稳态电流 $i_L(\infty)=\dfrac{30}{10}=3$ A

(3)求时间常数:将上图中的 30V 电压源短路,则等效电阻 $R=10\Omega$

时间常数 $\tau=\dfrac{L}{R}=\dfrac{0.5}{10}=0.05$ s

(4)根据三要素法得:

$$i_L(t)=i_L(\infty)+[i_L(0_+)-i_L(\infty)]e^{-\frac{t}{\tau}}=3+(4-3)e^{-\frac{t}{0.05}}=(3+e^{-20t}) \text{ A}$$

答案:C

【2016,20】已知开关闭合前电容两端电压 $U_C(0_-)=6$ V, $t=0$ 时刻将开关 S 闭合, $t\geq 0$ 时,电流 $i(t)$ 为:

   A. $-6e^{-4\times 10^3 t}$ A   B. $-6\times 10^3 e^{-4\times 10^3 t}$ A
   C. $6e^{-4\times 10^3 t}$ A   D. $6\times 10^3 e^{-4\times 10^3 t}$ A

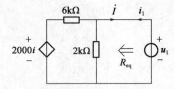

解 (1)开关闭合前,电容电压的初始值 $u_C(0_-)=6$ V,根据换路定则可知开关闭合时的电容电压 $u_C(0_+)=u_C(0_-)=6$ V。

(2)开关闭合后,电容存储能量最终在电阻中消耗掉,则电容电压的稳态 $u_C(\infty)=0$ V。

(3)求时间常数:关键在于求戴维南等效电阻,对于含有受控源的需要采用外加电源法:外加电源为 U_1,流入的电流为 i_1,如下图所示。

根据图求等效电阻 R_{eq}：$\begin{cases} U_1 = \left(i_1 - \dfrac{U_1}{2000}\right) \times 6000 + 2000i \\ i_1 = -i \end{cases} \Rightarrow R_{eq} = \dfrac{U_1}{i_1} = 1000\Omega$

则 $\tau = RC = 10^3\Omega \times 0.25 \times 10^{-6}F = 0.25 \times 10^{-3}s$

(4)根据三要素法得：

$$u_C(t) = u_C(\infty) + [u_C(0_+) - u_C(\infty)]e^{-\frac{t}{\tau}} = 0 + (6-0)e^{-4 \times 10^3 t}V = (6e^{-4 \times 10^3 t})V$$

求导得：$i_C(t) = C\dfrac{du_C(t)}{dt} = (-6 \times 10^3 e^{-4 \times 10^3 t})A$

答案：B

【2014,4】图示电路中，$L = 10H$，$R_1 = 10\Omega$，$R_0 = 100\Omega$，将电路开关闭合，那么此段时间内电阻 R_0 上产生的焦耳热为：

  A. 100J   B. 330J   C. 440J   D. 220J

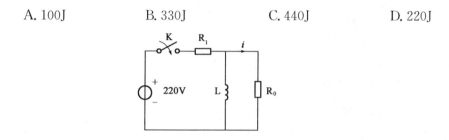

解 (1)开关闭合前，电感电流的初始值 $i_L(0_-) = 0$，开关闭合后，根据换路定则知：$i_L(0_+) = i_L(0_-) = 0$

(2)开关闭合后达到稳态时，电感短路，则电感电流的稳态值 $i_L(\infty) = \dfrac{U}{R_1} = \dfrac{220}{10} = 22A$

(3)求时间常数：$\tau = \dfrac{L}{R} = \dfrac{L}{R_1 // R_0} = \dfrac{10}{10 // 100} = \dfrac{11}{10}$

(4)根据三要素法得：

$$i_L(t) = i_L(\infty) + [i_L(0_+) - i_L(\infty)]e^{-\frac{t}{\tau}} = 22 + (0-22)e^{\frac{-10}{11}t}V$$

求导得：$u_L(t) = L\dfrac{di_L(t)}{dt} = 200e^{\frac{-10}{11}t} \Rightarrow i_{R_0} = \dfrac{u_L(t)}{R_0} = 2e^{\frac{-10}{11}t}$

因此，电阻 R_0 产生的热量：

$$\int_0^\infty (i_{R_0})^2 R_0 dt = \int_0^\infty 100 \times (2e^{\frac{-10}{11}t})^2 dt = 400 \times \left(-\dfrac{11}{20}\right)e^{\frac{-20}{11}t}\Big|_0^\infty = 220J$$

答案：B

【2014,14】把 $R = 20\Omega$、$C = 400\mu F$ 的串联电路接到 $\mu = 220\sqrt{2}\sin(314t)V$ 的正弦电压上，接通后电路中的电流 i 为：

  A. $[10.22\sqrt{2}\sin(314t + 21.7°) - 5.35e^{-125t}]A$

  B. $[10.22\sqrt{2}\sin(314t - 21.7°) - 5.35e^{-125t}]A$

  C. $[10.22\sqrt{2}\sin(314t + 21.7°) + 5.35e^{-125t}]A$

D. $[10.22\sqrt{2}\sin(314t-21.7°)+5.35e^{-125t}]$A

解 注意开关后,电路具有一个交流分量和直流分量,随着时间增加,直流分量逐渐衰减为0,最终只剩下交流周期分量。

$$i(t)=i_1(t)+Ce^{\frac{-t}{\tau}}$$

其中,前者为稳态交流分量,后者为暂态直流分量。

$\dot{u}=220\angle 0°, w=314$

$Z=R+\dfrac{1}{jwC}=20-j8, \dot{I}=\dfrac{\dot{U}}{Z}=\dfrac{220\angle 0°}{20-j8}=10.22\angle 21.7°$

故稳态交流分量 $\dot{U}=10.22\sqrt{2}\sin(314t+21.7°)$

暂态分量(直流分量):根据电容电压不能突变,且在 $t=0$ 时,$u(t)=0\Rightarrow i(t)=0$

即 $C=-i_1|_{t=0}=10.22\sqrt{2}\sin 21.7°=-5.35$

而时间常数 $\tau=RC=20\times 400\times 10^{-6}=8\times 10^{-3}$

因此 $i(t)=[10.22\sqrt{2}\sin(314t+21.7°)-5.35e^{-12.5t}]$A

答案:A(考试时可以通过两个条件直接选出答案,一是 $t=0$,电流 $i(t)=0$;二是电容电阻回路,稳态交流分量电流肯定超前电压)

4)换路定则失效的情况

【2007,15】如图所示电路中,$t=0$ 时闭合开关S,且 $u_{C1}(0_-)=u_{C2}(0_-)=0$,则 $u_{C1}(0_+)$ 等于:

A. 6V　　　　B. 18V　　　　C. 4V　　　　D. 0

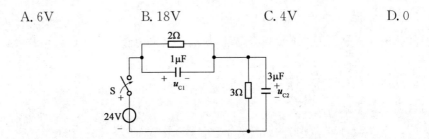

解 已知 $u_{C1}(0_-)=u_{C2}(0_-)=0$,开关闭合后,若继续依据换路定则 $u_{C1}(0_+)=u_{C2}(0_+)=0$,则环路将不满足KVL定律$[u_{C1}(0_+)+u_{C2}(0_+)=0\neq 24V]$。因此电容电压将发生强迫跃变,有 $u_{C1}(0_+)+u_{C2}(0_+)=U_S$。

开关闭合后,$t=0_+$ 时,根据KVL定律,应该有:$\dfrac{u_{C1}(t)}{R_1}+C_1\dfrac{du_{C1}(t)}{dt}=\dfrac{u_{C2}(t)}{R_2}+C_2\dfrac{du_{C2}(t)}{dt}$

对上式两端从 $t=0_-$ 到 0_+ 求积分,且 u_{C1} 和 u_{C2} 在 $t=0$ 时为有限值,即:

$$\int_{0_-}^{0_+}\dfrac{u_{C1}(t)}{R_1}+\int_{0_-}^{0_+}C_1\dfrac{du_{C1}(t)}{dt}=\int_{0_-}^{0_+}\dfrac{u_{C2}(t)}{R_1}+\int_{0_-}^{0_+}C_2\dfrac{du_{C2}(t)}{dt}$$

得到:$C_1[u_{C1}(0_+)-u_{C1}(0_-)]=C_2[u_{C2}(0_+)-u_{C2}(0_-)]$

联立求解得:$u_{C1}(0_+)=\dfrac{C_2}{C_1+C_2}U_S, u_{C2}(0_+)=\dfrac{C_1}{C_1+C_2}U_S$

则:$u_{C1}(0_+)=18V, u_{C2}(0_+)=6V$

答案:B

【2013,18】图示电路中,$t=0$ 时闭合开关 S,且 $u_1(0_-)=u_2(0_-)=0$,则 $u_1(0_+)$ 应为:

A. 6V   B. 4V   C. 0V   D. 8V

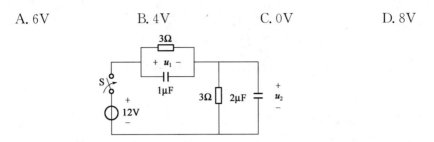

解 求初始值参照上题。此题需要注意,如果求的是 $t=\infty$ 时,即电路进入稳态,电容相当于开路,电流从电阻回路流通,会使电容两端的电位分别钳制在 $u_{C1}(\infty)=u_{C2}(\infty)=\dfrac{R}{R+R}\times U_S=6V$。

答案:D

【2014,10】图示电路中,两电容容量 $C_1=C_2=0.05F$,当 K 开关闭合后,电容 C_1 的电压为:

A. $(2-e^{-t})V$
B. $(2+e^{-t})V$
C. $\left(1-\dfrac{1}{2}e^{-t}\right)V$
D. $\left(1+\dfrac{1}{2}e^{-t}\right)V$

解 (1)$t=0_-$ 时,电容上的初始值:$u_{C1}(0_-)=2V,u_{C2}(0_-)=0V$。当开关闭合后,形成了全电容回路,因此电容电压将发生突变。

(2)换路后,$u_{C1}(0_+)=u_{C2}(0_+)$,再根据换路前后电荷守恒定律,得:

$C_2[u_{C2}(0_+)-u_{C2}(0_-)]=-C_1[u_{C1}(0_+)-u_{C1}(0_-)]$(注意与串联电容的区别)

得:$u_{C1}(0_+)=u_{C2}(0_+)=1$

到达稳态时有:$u_{C1}(\infty)=u_{C2}(\infty)=2V$

(3)求时间常数:$\tau=R\times(C_1+C_2)=10\times(0.05+0.05)=1s$

(4)根据三要素法可得:

$u_{C1}(t)=u_{C1}(\infty)+[u_{C1}(0_+)-u_{C1}(\infty)]e^{-\frac{t}{\tau}}=2+(1-2)e^{-t}V=(2-e^{-t})V=u_{C2}(t)$

答案:A

【2005,8】如图所示,电路 $u_{C1}(0_-)=u_{C2}(0_-)=0$,$t=0$ 时闭合开关 S 后,u_{C1} 为:

A. $12e^{-t/\tau}V$,式中 $\tau=3\mu s$
B. $(12-8e^{-t/\tau})V$,式中 $\tau=3\mu s$

C. $8e^{-t/\tau}$ V,式中 $\tau=3\mu s$ D. $8(1-e^{-t/\tau})$ V,式中 $\tau=1\mu s$

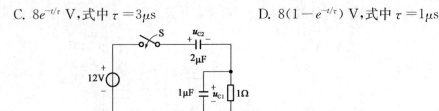

解 (1)已知 $u_{C1}(0_-)=u_{C2}(0_-)=0$,开关闭合后,由于电路存在电容和独立电压源构成回路,若继续依据换路定则 $u_{C1}(0_+)=u_{C2}(0_+)=0$,则环路将不满足 KVL 定律[$u_{C1}(0_+)+u_{C2}(0_+)=0V\neq 12V$]。因此换路前后该电容电压突变。根据换路前后瞬间电容上电荷守恒有:

$$C_1[u_{C1}(0_+)-u_{C1}(0_-)]=C_2[u_{C2}(0_+)-u_{C2}(0_-)]$$

开关闭合后,$t=0_+$ 时,根据 KVL 定律,应该有 $u_{C1}(0_+)+u_{C2}(0_+)=12V$

结合以上两式可以得到:

$$u_{C1}(0_+)=U_s\times\frac{C_2}{C_2+C_1}=12\times\frac{2}{2+1}V=8V, u_{C2}(0_+)=U_s\times\frac{C_1}{C_2+C_1}=12\times\frac{1}{2+1}V=4V$$

(2)$t=\infty$ 时,即电路进入稳态,电容相当于开路,则 $u_{C1}(\infty)=0V, u_{C2}(\infty)=12V$

(3)求时间常数:其关键在于等效电阻的求取,一般是利用戴维南定理求解等效电阻,对于含有受控源的需要采用外加电源法。根据题图作出如下等效电路:

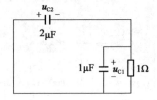

则时间常数 $\tau=R(C_1+C_2)=3\mu s$

$$u_{C1}(t)=u_{C1}(\infty)+[u_{C1}(0_+)-u_{C1}(\infty)]e^{-\frac{t}{\tau}}=8e^{-t/\tau}V$$
$$u_{C2}(t)=u_{C2}(\infty)+[u_{C2}(0_+)-u_{C2}(\infty)]e^{-\frac{t}{\tau}}=(12-8e^{-t/\tau})V$$

答案:C

5)二阶电路

【2005,4】一个由 $R=3k\Omega, L=4H$ 和 $C=1\mu F$ 三个元件相串联的电路。若电路振荡,则振荡角频率为:

A. 375 rad/s   B. 500 rad/s   C. 331 rad/s   D. 不振荡

解 由振荡条件知 $\omega=\frac{1}{\sqrt{LC}}=\frac{1}{\sqrt{4\times 1\times 10^{-6}}}=500$ rad/s。

答案:B

【2006,4】在 $R=4k\Omega, L=4H, C=1\mu F$ 三个元件串联电路中,电路的暂态属于:

A. 振荡   B. 非振荡

C. 临界振荡   D. 不能确定

解 $2\sqrt{\dfrac{L}{C}}=2\sqrt{\dfrac{4}{1\times10^{-6}}}=4\times10^3\Omega=R$，为临界振荡。

答案：C

总结：

$R>2\sqrt{\dfrac{L}{C}}$——过阻尼，非振荡过程；

$R<2\sqrt{\dfrac{L}{C}}$——欠阻尼，振荡过程；

$R=2\sqrt{\dfrac{L}{C}}$——临界过程。

【2007,12】在 $R=9\mathrm{k}\Omega,L=9\mathrm{H},C=1\mu\mathrm{F}$ 三个元件串联的电路中，电路的暂态属于：

A. 振荡   B. 非振荡

C. 临界振荡   D. 不能确定

答案：B

【2007,21】在 $R=6\mathrm{k}\Omega,L=8\mathrm{H},C=2\mu\mathrm{F}$ 三个元件串联的电路中，电路的暂态属于：

A. 振荡   B. 不能确定

C. 临界振荡   D. 非振荡

答案：D

【2008,10】在 $R=6\mathrm{k}\Omega,L=4\mathrm{H},C=1\mu\mathrm{F}$ 三个元件串联的电路中，电路的暂态属于：

A. 非振荡   B. 振荡

C. 临界振荡   D. 不能确定

答案：A

【2009,21】在 $R=9\mathrm{k}\Omega,L=36\mathrm{H},C=1\mu\mathrm{F}$ 三个元件串联的电路中，电路的暂态属于：

A. 非振荡   B. 振荡

C. 临界振荡   D. 不能确定

答案：B

【2010,17】在 $R=7\mathrm{k}\Omega,L=4.23\mathrm{H},C=0.47\mu\mathrm{F}$ 三个元件串联的电路中，电路的暂态属于：

A. 非振荡 B. 临界振荡 C. 振荡 D. 不能确定

答案：A

【2016,14】 在 RLC 串联电路中，$C=1\mu F$，$L=1H$，当 R 小于下列哪项数值时，放电过程是振荡性质的？

A. 1000Ω B. 2000Ω C. 3000Ω D. 4000Ω

答案：B

【2013,4】 有一个由 $R=1k\Omega$，$L=2H$ 和 $C=0.5\mu F$ 三个元件相串联的电路，则该电路在动态过程中的振荡角频率为：

A. $250\sqrt{5}\,\text{rad/s}$ B. $1000\,\text{rad/s}$
C. $500\sqrt{5}\,\text{rad/s}$ D. $750\,\text{rad/s}$

答案：B

【2009,18；2012,22】 图示二阶动态电路的过渡过程是欠阻尼，则电容 C 的值应不大于：

A. 0.012F B. 0.024F C. 0.036F D. 0.048F

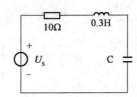

解 过渡过程是欠阻尼，即振荡过程，有 $R<2\sqrt{\dfrac{L}{C}}$，推得 $C<\dfrac{4L}{R^2}=\dfrac{4\times 0.3}{100}=0.012\text{F}$。

答案：A

【2011,21】 如图所示电路中，换路前已达稳态，在 $t=0$ 时开关 S 打开，欲使电路产生临界阻尼响应，R 应取：

A. 3.16Ω B. 6.33Ω
C. 12.66Ω D. 20Ω

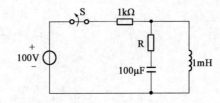

解 开关打开后，电路如下图所示。

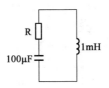

欲使电路发生临界阻尼响应,即:$R=2\sqrt{\dfrac{L}{C}}=2\sqrt{\dfrac{1\times10^{-3}}{100\times10^{-6}}}=6.33\Omega$

答案:B

【2012,9;2013,7】有一个由 $R=3000\Omega$,$L=4$H 和 $C=1\mu$F 三个元件串联构成的振荡电路,其振荡角频率为:

  A. 331rad/s   B. 375rad/s

  C. 500rad/s   D. 750rad/s

解 振荡角频率 $\omega=\dfrac{1}{\sqrt{LC}}=\dfrac{1}{\sqrt{4\times1\times10^{-6}}}=500$rad/s。

答案:C

【2014,9】已知某二阶电路的微分方程为 $\dfrac{d^2i}{d^2t}+4\dfrac{di}{dt}+5i=0$,则该电路的响应的性质为:

  A. 无阻尼振荡   B. 非振荡

  C. 衰减的振荡   D. 临界的非振荡

答案:C[提示:解特征方程,特征根为 $-2\pm j1$,即一对共轭复根,因此过渡性质为欠阻尼,即 $i(t)=Ae^{-2t}\sin(t+\beta)$]

【2014,15】图示电路中,$R=2\Omega$,$L_1=L_2=0.1$mH,$C=100\mu$F,要使电路达到临界阻尼情况,则互感值 M 应为:

  A. 1mH   B. 2mH   C. 0   D. 3mH

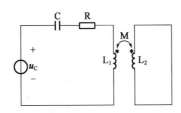

解 图示去耦合等效电路如下图所示:

根据图可得等效电感:$L_{eq}=L_1-M+(L_2-M)//M=L_1-\dfrac{M^2}{L_2}$

再根据临界阻尼的条件:$R=2\sqrt{\dfrac{L_{eq}}{C}}\Rightarrow L_{eq}=\dfrac{R^2C}{4}=L_1-\dfrac{M^2}{L_2}\Rightarrow M=0$

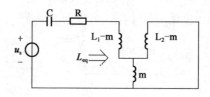

答案：C

考点　三相电路分析

【2008,11】 对称三相负载三角形连接,线电压 U_1,若端线上的一根保险丝熔断,则该保险丝两端的电压为：

A. U_1　　B. $\dfrac{U_1}{\sqrt{3}}$　　C. $\dfrac{U_1}{2}$　　D. $\dfrac{\sqrt{3}U_1}{2}$

解　如图所示。

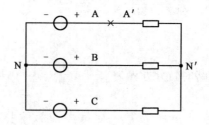

由图知：

$$\dot{U}_{AA'}=\dot{U}_{AB}+\dot{U}_{BA'}=\dot{U}_{AB}+\frac{1}{2}\dot{U}_{BN'}=\dot{U}_{AB}+\frac{1}{2}\dot{U}_{BC}$$

$$=U_1\angle 30°+\frac{U_1}{2}\angle -90°=\frac{\sqrt{3}}{2}U_1\angle 0°$$

答案：D

【2010,7】 如图所示电路为对称三相电路,相电压为 200V, $Z_1=Z_2=150-j150\Omega$。$\dot{I}_{AC}$ 为：

A. $\sqrt{2}\angle 45°$A　　　　　　B. $\sqrt{2}\angle -45°$A

C. $\dfrac{\sqrt{6}}{6}\angle -15°$A　　　　D. $\dfrac{\sqrt{6}}{6}\angle 15°$A

解 设 $U_A=200\angle 0°V$,负载 Z_2 进行△-Y 转换后,其 A 相电路如下图所示。

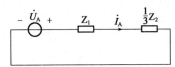

根据电路图可得:

$$I_A=\frac{U_A}{Z_1+\frac{Z_2}{3}}=\frac{200\angle 0°}{(150-j150)+(50-j50)}=\frac{\sqrt{2}}{2}\angle 45°A$$

然后根据三角形绕组的电流相量关系:

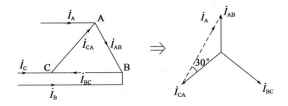

根据 $\dot{I}_A=\dot{I}_{AB}-\dot{I}_{CA}$,由相量图可知,$\dot{I}_{AC}=\frac{\dot{I}_A}{\sqrt{3}}\angle -30°=\frac{\sqrt{6}}{6}\angle 15°A$

答案:D

【2017,11】如图所示,线电压 $U_{BC}=380\angle -90°V$,阻抗 $Z=38\angle -30°\Omega$,则电流 I_A 为:

A. $5.77\angle 30°A$
B. $5.77\angle 90°A$
C. $17.32\angle 30°A$
D. $17.32\angle 90°A$

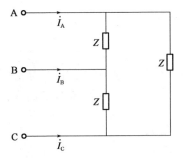

解 根据 $U_{BC}=380\angle 90°V$,利用相量关系可知:$U_A=220\angle 0°V$

则线电流 $I_A=\dfrac{220\angle 0°}{\dfrac{38}{3}\angle -30°}=17.3\angle 30°A$

答案:C

【2009,7】如图所示对称三相电路中,若线电压为380V,$Z_1=(110-j110)\Omega$,$Z_2=(330+j330)\Omega$,则 $\dot{I}$ 为:

A. $-\dfrac{\sqrt{3}}{3}\angle -30°$ A B. $-\dfrac{\sqrt{3}}{3}\angle 30°$ A

C. $\dfrac{\sqrt{3}}{3}\angle 30°$ A D. $\dfrac{\sqrt{3}}{3}\angle -30°$ A

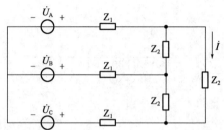

答案:D

【2016,16】在对称三相电路中,已知每相负载电阻 $R=60\Omega$,与感抗 $X_L=80\Omega$ 串联而成,且三相负载是星形连接,电源的线电压 $U_{AB}(t)=380\sqrt{2}\sin(314t+30°)$V,则 A 相负载的线电流为:

A. $2.2\sqrt{2}\sin(314t+37°)$ A B. $2.2\sqrt{2}\sin(314t-37°)$ A

C. $2.2\sqrt{2}\sin(314t-53°)$ A D. $2.2\sqrt{2}\sin(314t+53°)$ A

解 由题可知每相阻抗 $Z=60+80j$

又由 $U_{AB}(t)=380\sqrt{2}\sin(314t+30°)$,可知:

$$U_A=220\sqrt{2}\angle 0°\ (U_B=220\sqrt{2}\angle -120°,\ U_C=220\sqrt{2}\angle 120°)$$

则 A 相相电流 $I_A=\dfrac{220\sqrt{2}\angle 0°}{60+80j}=2.2\sqrt{2}\angle -53.13°$

星形联接相电流=线电流,即 $I_A=2.2\sqrt{2}\sin(314t-53.13°)$A

答案:C

【2010,16】如图所示,已知三相对称电路的线电压为380V,三相负载消耗的总的有功功率为10kW,负载的功率因数为 $\cos\varphi=0.6$,则负载 Z 的值为:

A. $(4.123\pm j6.931)\Omega$ B. $(5.198\pm j3.548)\Omega$

C. $(5.198\pm j4.246)\Omega$ D. $(5.198\pm j6.931)\Omega$

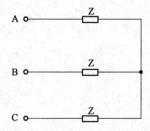

解 已知线电压为380V,则相电压为220V。

根据三相有功功率计算公式 $P=3UI\cos\varphi$，则相电流：

$$I=\frac{P}{3U\cos\varphi}=\frac{10\times 10^3}{3\times 220\times 0.6}A=25.25A$$

由 $\cos\varphi=0.6 \Rightarrow \sin\varphi=\pm 0.8$

阻抗 $Z=R+jX=\frac{220}{25.25}\times(\cos\varphi+j\sin\varphi)=(5.22\pm j6.96)\Omega$

答案：D（较为接近）

【2014,12】一个三相变压器作三角形连接，空载时其每相的等值阻抗 $Z=j100\Omega$，其额定相电压为380V，经过端线复阻抗 $Z_l=1+j2$ 的三相输电线与电源连接。如要求变压器在空载时的端电压为额定值，此时电源的线电压应为：

A. 421V B. 404V C. 398V D. 390V

解 取A相等值电路进行计算：（将△转变成星形电路），取定 $\dot{U}_A=220\angle 0°$

$$\dot{I}_A=\frac{\dot{U}_A}{\frac{1}{3}Z_L}=\frac{380/\sqrt{3}}{\frac{1}{3}\times j100}=-j6.6$$

则一相电源相电压 $\dot{u}_1=\dot{i}_A\cdot Z_1+220\angle 0°=233.2-j6.6$

故电源线电压为 $\sqrt{3}|u_1|=\sqrt{3}\times\sqrt{233.2^2+6.6^2}=404V$

答案：B

【2012,3】图示对称三相电路中，三相电源线电压为380V，频率为50Hz，负载阻抗 $Z=(16+j2)\Omega$，接入三角形连接电容网络，电容 C 为多少 μF 时，电路的功率因数为1？

A. 76.21μF B. 62.82μF C. 75.93μF D. 8.16μF

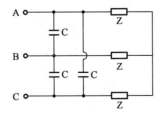

解 设 $\dot{U}_A=220\angle 0°V$，则一相绕组的电流 $\dot{I}_A=\frac{\dot{U}_A}{Z}=\frac{220\angle 0°}{16+j2}=13.64\angle -7.12°A$

则负载的原先功率因数角 $\varphi=7.12°$，为将功率因数补偿到 $\cos\varphi=1$，则负载需要的无功功

率 $\Delta Q=Q_1-Q_1'=3\times|U||I|\sin\varphi-0=3\times220\times13.64\sin 7.12°=1115.83\text{var}$

而负载所需的感性无功功率全部由电容发出的感性无功功率进行补尝已达到平衡,因为电容是跨接在相间,因此电容器提供的无功功率为:

$$Q_C=3\times\frac{U_L^2}{X_C}=3U_L^2\omega C, U_L=380\text{V}$$

令 $Q_C=\Delta Q\Rightarrow C=\frac{\Delta Q}{3U_L^2\omega}=\frac{\Delta Q}{3U^2\times2\pi f}=8.20\times10^{-6}\text{F}=8.2\mu\text{F}$

答案:D

【2016,12】 图示三相电路中,工频电源线电压为380V,对称感性负载的有功功率 $P=15\text{kW}$,功率因数 $\cos\varphi=0.6$,为了将线路的功率提高到 $\cos\varphi=0.95$,每相应并联的电容器的电容量 C 为:

    A. $110.74\mu\text{F}$ B. $700.68\mu\text{F}$
    C. $705.35\mu\text{F}$ D. $710.28\mu\text{F}$

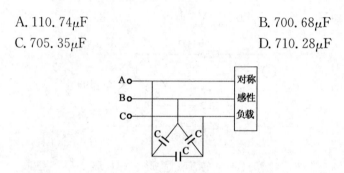

解 参照上题解法。

负载的原先功率因数 $\cos\varphi=0.6\Rightarrow\tan\varphi=1.333$,为将功率因数补偿到 $\cos\varphi_1'=0.95\Rightarrow\tan\varphi_1'=0.3286$,则负载需要的无功功率 $\Delta Q=Q_1-Q_1'=P(\tan\varphi_1-\tan\varphi_1')$

电容器提供的无功功率 $Q_C=3\times\frac{U_L^2}{X_C}=3U_L^2\omega C, U_L=380\text{V}$

令 $Q_C=\Delta Q\Rightarrow C=\frac{\Delta Q}{3U_L^2\omega}=\frac{\Delta Q}{3U_L^2\times2\pi f}=\frac{P(\tan\varphi_1-\tan\varphi_1')}{3U_L^2\times2\pi f}=110.74\mu\text{F}$

答案:A

【2005,11;2008,19;2012,30;2013,10】 三相对称三线制电路中线电压为380V,功率表接线如图所示,且各负载 $Z=R=22\Omega$,则功率表的读数应为:

    A. 380W   B. 2200W   C. 0W   D. 6600W

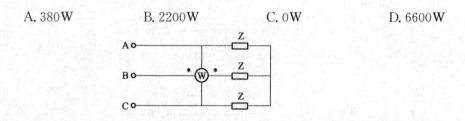

解 设三相相电压:$\dot{U}_A=220\angle0°\text{V},\dot{U}_B=220\angle-120°\text{V},\dot{U}_C=220\angle120°\text{V}$

则:$\dot{U}_{AC}=\dot{U}_A-\dot{U}_C=220\angle0°-220\angle120°=380\angle-30°$

或者根据向量图可直接写出线电压与相电压的关系。

则 B 相相电流为：$\dot{I}_B = \dfrac{\dot{U}_B}{Z} = \dfrac{220\angle-120°}{22} = 1\angle-120°$ A

则功率表的功率为：$P = |U_{AC}||I_B|\cos(\varphi_{AC}-\varphi_B) = 380\times1\times\cos[-30°-(-120°)] = 0$

注：负载为纯电阻，其线电压和相电流的关系间相角差为 90°，有功功率必然为 0。

答案：C

【2006,11】如图所示对称三相电路，线电压 380V，每相阻抗 $Z=(18+j24)\Omega$，则图中功率表读数为：

A. 5134W   B. 999W   C. 1772W   D. 7667W

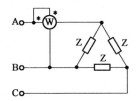

解 设 $\dot{U}_A = 220\angle0°$ V，画出如下三相星形图：

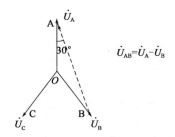

其中 $\dot{U}_A = \overline{OA}, \dot{U}_B = \overline{OB} \Rightarrow \dot{U}_A - \dot{U}_B = \overline{BA}$

由向量关系知，向量 $\overline{BA}$ 超前 $\overline{OA}$ 30°，即 $\dot{U}_{AB} = 380\angle30°$ V

负载进行 △-Y 转换后，计算 A 相电流得：

$$\dot{I}_A = \dfrac{\dot{U}_A}{\dfrac{Z}{3}} = \dfrac{220\angle0°}{6+j8} = \dfrac{220\angle0°}{10\angle53.13°} = 22\angle-53.13°\text{ A}$$

根据图示功率接线，得 $P = U_{AB}I_A\cos[30°-(-53.13°)] = 380\times22\times\cos83.13° = 999$W

答案：B

【2012,14】图示对称三相电路中，线电压为 380V，每相阻抗 $Z=(54+j72)\Omega$，则图中功率表读数为：

A. 334.78W   B. 766.75W   C. 513.42W   D. 997W

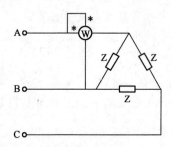

解 设 $\dot{U}_A=220\angle 0°\text{V}$，由向量关系知，$\dot{U}_{AB}=380\angle 30°\text{V}$

负载进行△-Y变换后，计算 A 相电流得：

$$\dot{I}_A=\frac{\dot{U}_A}{\frac{Z}{3}}=\frac{220\angle 0°}{18+j24}=\frac{220\angle 0°}{30\angle 53.13°}=\frac{22}{3}\angle -53.13°\text{A}$$

根据图示功率接线，得：

$$P=U_{AB}I_A\cos[30°-(-53.13°)]=380\times\frac{22}{3}\times\cos 83.13°=333\text{W}$$

答案：A

【2008，10】如图所示，线电压为380V，每相阻抗 $Z=(3+j4)\Omega$，图中功率表的读数为：

A. 5134W　　　B. 7667W　　　C. 46128W　　　D. 23001W

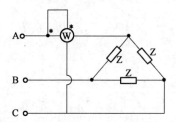

解 设 $\dot{U}_A=220\angle 0°\text{V}$，画出如下三相星形图：

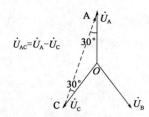

其中 $\dot{U}_A=\overline{OA},\dot{U}_C=\overline{OC}\Rightarrow \dot{U}_A-\dot{U}_C=\overline{CA}$

由向量关系知，向量 $\overline{CA}$ 滞后 $\overline{OA}$ 30°，即 $\dot{U}_{AC}=380\angle -30°$

负载进行△-Y变换后，计算 A 相电流得：

$$\dot{I}_A=\frac{\dot{U}_A}{\frac{Z}{3}}=\frac{220\angle 0°}{1+j\frac{4}{3}}=132\angle -53.13°\text{A}$$

根据图示功率接线，得：

$P = U_{AC}I_A\cos[-30°-(-53.13°)] = 380 \times 132 \times \cos 23.13° = 46147\text{W}$

答案：C

【2007,17】如图所示对称三相电路中，线电压为380V，线电流为3A，功率因素为0.8，则功率表读数为：

A. 208W　　　　B. 684W　　　　C. 173W　　　　D. 0

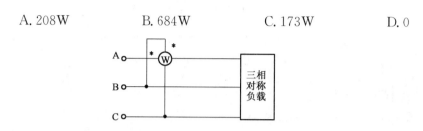

解　设 $\dot{U}_A = 220\angle 0°\text{V}$，由向量关系知 $\dot{U}_{BC} = 380\angle -90°\text{V}$

由 $\cos\varphi = 0.8 \Rightarrow \varphi = \arccos 0.8 = 36.87°$，则 $\dot{I}_A = 3\angle -36.87°$

根据图示功率接线，得：

$$P = U_{BC}I_A\cos[-90°-(-36.87°)] = 380 \times 3 \times \cos(-53.13°) = 684\text{W}$$

答案：B

【2013,12】图示对称三相电路中，线电压为380V，线电流为3A，若功率表读数为684W，则功率因数应为：

A. 0.6　　　　B. 0.8　　　　C. 0.7　　　　D. 0.9

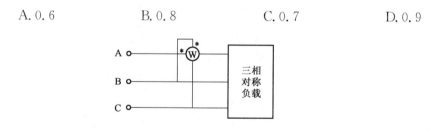

解　设 $\dot{U}_A = 220\angle 0°\text{V}$，由向量关系知 $\dot{U}_{BC} = 380\angle -90°\text{V}$

设功率因数角为 φ，则 $\dot{I}_A = 3\angle -\varphi$

根据图示功率接线计算，得：

$$P = U_{BC}I_A\cos[-90°-(-\varphi°)] = 380 \times 3 \times \cos(-90°+\varphi°) = 684\text{W}$$

得：$\varphi = 36.8° \Rightarrow \cos\varphi = 0.8$

答案：B（与上一题是逆过程求解）

【2010,10】如图所示，电路在开关S闭合时为对称三相电路，且三个电流表读数均为30A，$Z = 10 - j10\Omega$。开关S闭合时，三个负载Z的总无功功率为：

A. -9kvar　　　　　　　　B. 9kvar
C. 150kvar　　　　　　　D. -150kvar

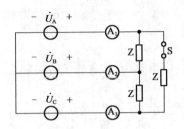

解 根据△-Y关系知,三角形负载的相电流 $I_{AB}=\dfrac{I_A}{\sqrt{3}}=17.32\text{A}$

则负载的总无功功率为:

$$Q=3U_{AB}I_{AB}\sin\varphi=3I_{AB}Z\sin\varphi I_{AB}=3I_{AB}^2X=3\times17.32^2\times(-10)=-9000\text{var}$$

答案: A

【2010,14】 如图所示对称三相电路中,相电压是 200V,$Z=(100\sqrt{3}+j100)\Omega$,功率表 W_1 的读数为:

A. $100\sqrt{3}$ W
B. $200\sqrt{3}$ W
C. $300\sqrt{3}$ W
D. $400\sqrt{3}$ W

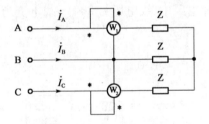

解 设 $\dot{U}_A=200\angle0°\text{V}$,根据向量关系可知,$\dot{U}_{AB}=200\sqrt{3}\angle30°\text{V}$

根据接线图可求得 A 相电流:$\dot{I}_A=\dfrac{\dot{U}_A}{Z}=\dfrac{200\angle0°}{100\sqrt{3}+j100}=\dfrac{200\angle0°}{200\angle30°}=1\angle-30°\text{A}$

功率表 W_1 的读数:$P=U_{AB}I_A\cos\varphi=200\sqrt{3}\times1\times\cos[30°-(-30°)]=100\sqrt{3}$ W

若问功率表 W_2 的读数?求解如下:

$$\dot{I}_A=1\angle-30°\text{A}\Rightarrow\dot{I}_C=1\angle90°\text{A}$$

$\dot{U}_A=200\angle0°\text{V}$,根据向量关系知,$\dot{U}_{CB}=200\sqrt{3}\angle90°\text{V}$

则 $P_2=U_{CB}I_C\cos\varphi=200\sqrt{3}\times1\times\cos[90°-(90°)]=200\sqrt{3}$ W

答案: A

【2009,9】 如图所示对称三相电路中,相电压是 200V,$Z=(100\sqrt{3}+j100)\Omega$,功率表 W_2 的读数为:

A. $50\sqrt{3}\,\text{W}$ B. $100\sqrt{3}\,\text{W}$
C. $150\sqrt{3}\,\text{W}$ D. $200\sqrt{3}\,\text{W}$

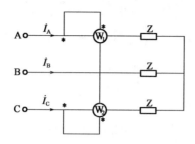

答案:D

【2011,19】如图所示对称三相电路中,已知线电压 $U_l=380\text{V}$,负载阻抗 $Z_1=-j12\Omega$,$Z_2=3+j4\Omega$,三相负载吸收的全部平均功率 P 为:

A. 17.424kW   B. 13.068kW
C. 5.808kW   D. 7.42kW

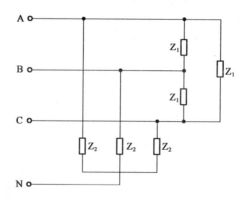

解 已知线电压为380V,设相电压 $\dot{U}_A=220\angle 0°\text{V}$,将负载 Z_1 进行△-Y转换后,画出A相电路如下图所示。

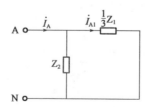

$$\dot{I}_A=\frac{\dot{U}_A}{Z_2\ /\!/\ (Z_1/3)}=\frac{220\angle 0°}{(3+j4)\ /\!/\ (-j4)}=33\angle 36.87°\text{A}$$

三相负载吸收的平均功率 $P=3U_A I_A\cos\varphi=3\times 220\times 33\times\cos(-36.87°)\text{W}=17.424\text{kW}$

答案:A

【2014,18】三个相等的负载 $Z=(40+j30)\Omega$,接成星形,其中点与电源中点通过阻抗 $Z_N=$

$(1+j0.9)\Omega$ 相联接,已知对称三相电源的线电压为380V,则负载的总功率 P 为:

A. 1682.2W   B. 2323.2W   C. 1221.3W   D. 2432.2W

解 三相电源及负载都对称的前提下,中性线中流过的电流为0。故设相电压 $\dot{U}_A = 220\angle 0°$V,求出A相电流: $\dot{I}_A = \dfrac{\dot{U}_A}{Z} = \dfrac{220\angle 0°}{40+j30} = 4.4\angle 36.87°$A

三相负载吸收的平均功率为:
$$P = 3U_A I_A \cos\varphi = 3 \times 220 \times 4.4 \times \cos(-36.87°)\text{W} = 2323.2\text{W}$$

答案:B

[2014,15] 图示三相对称电路中,三相电源相电压有效值为 U,Z 为已知,则 I_1 为:

A. $\dfrac{U_Z}{Z}$ B. 0   C. $\dfrac{\sqrt{3}U_Z}{Z}$ D. $\dfrac{U_Z}{Z}\angle 120°$

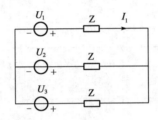

答案:A

考点 非正弦稳态分析

[2006,10] 如图所示电路中,电压 $u = 60[1+\sqrt{2}\cos(\omega t)+\sqrt{2}\cos(2\omega t)]$V,$\omega L_1 = 100\Omega$,$\omega L_2 = 100\Omega$,$1/\omega C_1 = 400\Omega$,$1/\omega C_2 = 100\Omega$,则有效值 i_1 应为:

A. 1.204A   B. 0.45A   C. 1.3A   D. 1.9A

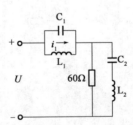

解 (1)直流分量作用时,电感短路,电容开路。电流 i_1 的直流分量: $I_{10} = \dfrac{U_0}{R} = \dfrac{60}{60} = 1$A。

(2)基波分量作用时,因为 $\omega L_2 = \dfrac{1}{\omega C_2} = 100\Omega$,$L_2$ 和 C_2 发生串联谐振,相当于短路,电流 i_1 的基波分量: $I_{11} = \dfrac{U_1}{\omega L_1} = \dfrac{60}{100}$A $= 0.6$A。

(3)二次谐波分量作用时,因为 $2\omega L_1 = \dfrac{1}{2\omega C_1} = 200\Omega$,$L_1$ 和 C_1 发生并联谐振,相当于开路,电流 i_1 的二次谐波分量:$I_{12} = \dfrac{U_2}{2\omega L_2} = \dfrac{60}{200}\text{A} = 0.3\text{A}$。

(4)电流 i_1 的有效值:$I = \sqrt{I_{10}^2 + I_{11}^2 + I_{12}^2} = \sqrt{1^2 + 0.6^2 + 0.3^2} = 1.204\text{A}$。

答案:A

【2017,12】图示网络中已知 $i_1 = 3\sqrt{2}\cos(\omega t)\text{A}$,$i_2 = 3\sqrt{2}\cos(\omega t + 120°)\text{A}$,$i_3 = 4\sqrt{2}\cos(2\omega t + 60°)\text{A}$,则电流表读数为:

A. 5A　　　　　B. 7A　　　　　C. 13A　　　　　D. 1A

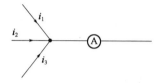

解 由题可知 i_1,i_2 为基波电流,i_3 为二次谐波电流。则:
$$i_1 + i_2 = 3\angle 0° + 3\angle 120° = 3\angle 60°$$
根据非正弦周期电流的有效值公式
$$I = \sqrt{I_0^2 + \sum_{k=1}^{\infty} I_k^2}$$
可得:$I = \sqrt{3^2 + 4^2} = 5\text{A}$

答案:A

【2007,16】如图所示电路中,电压 $u = 100[1 + \sqrt{2}\cos(\omega t) + \sqrt{2}\cos(2\omega t)]\text{V}$,$\omega L_1 = 100\Omega$,$\omega L_2 = 100\Omega$,$1/(\omega C_1) = 400\Omega$,$1/(\omega C_2) = 100\Omega$,则有效值 I_1 为:

A. 1.5A　　　　　B. 0.64A　　　　　C. 2.5A　　　　　D. 1.9A

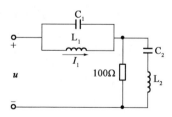

答案:A

【2014,13】某一端口网络的电压 $u = 311\sin(314t)\text{V}$,流入的电流为 $i = 0.8\sin(314t - 85°) + 0.25\sin(942t - 105°)\text{A}$。该网络吸收的平均功率为:

A. 20.9W　　　　　B. 10.84W　　　　　C. 40.18W　　　　　D. 21.68W

解 根据平均功率的定义知：

$$P=U_0I_0+U_1I_1\cos\varphi_1+U_2I_2\cos\varphi_2=0+\frac{311}{\sqrt{2}}\times\frac{0.8}{\sqrt{2}}\times\cos 85°+0=10.84\text{W}$$

答案：B

【2010,8】 图示电路，若 $u_S(t)=10+15\sqrt{2}\cos(1000t+45°)+20\sqrt{2}\cos(2000t-20°)$V，$u(t)=15\sqrt{2}\cos(1000t+45°)$V，$R=10$，$L_1=1$mH，$L_2=\dfrac{2}{3}$mH，则 C_1 的值为：

  A. 75μF   B. 200μF   C. 250μF   D. 150μF

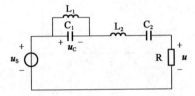

解 二次谐波作用时，电路发生并联谐振，相当于电路断路，即 R 的电压 U 无二次谐波分量。则

$$2\omega L_1=\frac{1}{2\omega C_1}\Rightarrow C_1=\frac{1}{4\omega^2 L_1}=\frac{1}{4\times 1000\times 1000\times 0.001}=250\mu\text{F}$$

答案：C

【2011,11】 在 RC 串联电路中，已知外加电压：$u(t)=20+90\sin(\omega t)+30\sin(3\omega t+50°)+10\sin(5\omega t+10°)$V，电路中电流：$i(t)=1.5+1.3\sin(\omega t+85.3°)+6\sin(3\omega t+45°)+2.5\sin(5\omega t-60.8°)$A，则电路的平均功率 P 为：

  A. 124.12W   B. 128.12W   C. 145.28W   D. 134.28W

解 根据平均功率的定义，可得：

$$P=U_0I_0+U_1I_1\cos\varphi_1+U_2I_2\cos\varphi_2+U_3I_3\cos\varphi_3$$

$$=20\times 1.5+\frac{90}{\sqrt{2}}\times\frac{1.3}{\sqrt{2}}\times\cos(-85.3°)+\frac{30}{\sqrt{2}}\times\frac{6}{\sqrt{2}}\times\cos 5°+\frac{10}{\sqrt{2}}\times\frac{2.5}{\sqrt{2}}\times\cos 70.8°$$

$$=30+4.79+89.657+4.11=128.56\text{W}$$

答案：B

【2009,5】 如图所示电路为非正弦周期电路，若此电路中的 $R=10\Omega$，$L_1=1$H，$u_s(t)=100+50\sqrt{2}\cos(1000t+45°)+50\sqrt{2}\cos(3000t-20°)$V，$C_1=1\mu$F，$C_2=125$pF，则电阻 R 吸收的平均功率为：

  A. 200W   B. 250W   C. 150W   D. 300W

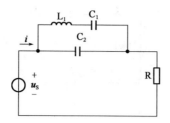

解 (1)直流分量作用时(电容开路,电感短路):$U_0=100\text{V} \Rightarrow I_0=0$。

(2)基波分量作用时:$\dot{U}_1=50\angle 45°\text{V}, \omega=\dfrac{1}{\sqrt{L_1 C_1}}=1000\text{rad/s}$,即$L_1, C_1$发生串联谐振,相当于电路短路,则$\dot{I}_1=\dfrac{50\angle 45°}{10}=5\angle 45°\text{A}$。

(3)三次谐波分量作用时:$\dot{U}_3=30\angle 45°\text{V}$。

$Y_3=\dfrac{1}{j(3\omega L-\dfrac{1}{3\omega C_1})}+j3\omega C_2 \Rightarrow -j\dfrac{3}{8000}+j3\times 1000\times 125\times 10^{-9}=0 \Rightarrow L_1, C_1, C_2$发生并联谐振,相当于"断路",则$\dot{I}_3=0$。

则电阻吸收的平均功率:

$$P=U_0 I_0 + U_1 I_1 \cos\varphi_1 + U_2 I_2 \cos\varphi_2 = 0 + 50\times 5\times \cos 0° + 0 = 250\text{W}$$

答案:B

[2014,19] 图示电路中,$u(t)=20+40\cos\omega t+14.1\cos(3\omega t+60°)\text{V}, R=16\Omega, \omega L=2\Omega, \dfrac{1}{\omega C}=18\Omega$,电路中的有功功率$P$为:

A. 122.85W B. 61.45W C. 31.25W D. 15.65W

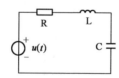

答案:C

[2011,12;2016,13] 如图所示RLC串联电路中,已知$R=10\Omega$,$L=0.05\text{H}$,$C=50\mu\text{F}$,电源电压:$u(t)=20+90\sin(\omega t)+30\sin(3\omega t+45°)\text{V}$,电源的基波角频率$\omega=314\text{rad/s}$。电路中的电流$i(t)$为:

A. $[1.3\sqrt{2}\sin(\omega t+78.2°)+0.77\sqrt{2}\sin(3\omega t-23.9°)]\text{A}$
B. $[1.3\sqrt{2}\sin(\omega t-23.9°)+0.77\sqrt{2}\sin(3\omega t+78.2°)]\text{A}$
C. $[1.3\sqrt{2}\sin(\omega t-78.2°)-0.77\sqrt{2}\sin(3\omega t-23.9°)]\text{A}$
D. $[1.3\sqrt{2}\sin(\omega t+23.9°)+0.77\sqrt{2}\sin(3\omega t-78.2°)]\text{A}$

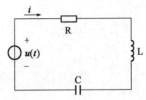

解 (1)直流分量作用时,$U_0=20$V $\Rightarrow I_0=0$

(2)基波分量作用时,$\dot{U}_1=90\angle 0°$V

$$\dot{I}_1=\frac{90\angle 0°}{10+j15.7-j63.69}=\frac{90\angle 0°}{49\angle -78.23°}=1.836\angle 78.23°\text{A}$$

(3)三次谐波分量作用时,$\dot{U}_3=30\angle 45°$V

$$\dot{I}_3=\frac{30\angle 45°}{10+j15.7\times 3-j\frac{63.69}{3}}=\frac{30\angle 45°}{27.735\angle 68.87°}=1.0817\angle -23.87°\text{A}$$

按时域形式叠加为:

$$i=1.863\sin(\omega t+78.23°)+1.0817\sin(3\omega t-23.87°)$$
$$=[1.3\sqrt{2}\sin(\omega t+78.2°)+0.77\sqrt{2}\sin(3\omega t-23.9°)]\text{A}$$

答案:A

【2008,16】 三相发电机的三个绕组的相电动势为对称三相非正弦波,其中一相为 $e=300\sin(\omega t)+160\sin(3\omega t-\pi/6)+100\sin(5\omega t+\pi/4)+60\sin(7\omega t+\pi/3)+40\sin(9\omega t+\pi/8)$V。如图所示,如果将三相绕组接成三角形,则安培表A的读数为下列哪项数值?(设每相绕组对基波的阻抗为$Z=3+j1\Omega$)

A. 20.9A　　　　B. 26.9A　　　　C. 127.3A　　　　D. 25.9A

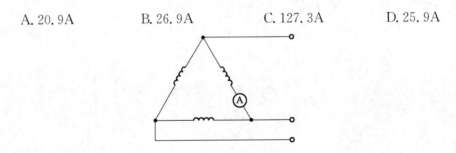

解 题目要求的是三角形负载中的相电流,设定为$\dot{I}_{AB}$,而电源给的是相电压,可直接将相电压转换为线电压,即:$\dot{U}_{AB(1)}=\frac{300\sqrt{3}}{\sqrt{2}}\angle 0°=150\sqrt{6}\angle 0°$V

$\dot{U}_{AB(3)}=\frac{160\sqrt{3}}{\sqrt{2}}\angle -30°=80\sqrt{6}\angle -30°$V,$\dot{U}_{AB(5)}=\frac{100\sqrt{3}}{\sqrt{2}}\angle 45°=50\sqrt{6}\angle 45°$V,$\dot{U}_{AB(7)}=\frac{60\sqrt{3}}{\sqrt{2}}\angle 60°=30\sqrt{6}\angle 60°$V;$\dot{U}_{AB(9)}=\frac{40\sqrt{3}}{\sqrt{2}}\angle 22.5°=20\sqrt{6}\angle 22.5°$V

当$k=1$时,$\dot{I}_{AB(1)}=\frac{150\sqrt{6}\angle 0°}{3+j1}=116.19\angle -18.43°$A

当 $k=3$ 时,$\dot{I}_{AB(3)} = \dfrac{80\sqrt{6}\angle -30°}{3+j1\times 3} = 46.19\angle -75°\text{A}$

当 $k=5$ 时,$\dot{I}_{AB(5)} = \dfrac{50\sqrt{6}\angle 45°}{3+j1\times 5} = 21\angle -14°\text{A}$

当 $k=7$ 时,$\dot{I}_{AB(7)} = \dfrac{30\sqrt{6}\angle 60°}{3+j1\times 7} = 9.65\angle -6.8°\text{A}$

当 $k=9$ 时,$\dot{I}_{AB(9)} = \dfrac{20\sqrt{6}\angle 22.5°}{3+j1\times 9} = 5.0164\angle -49.1°\text{A}$

因此,电流表的读数为 $I_{AB} = \sqrt{I_{AB(1)}^2 + I_{AB(3)}^2 + I_{AB(5)}^2 + I_{AB(7)}^2 + I_{AB(9)}^2} = 127.25\text{A}$

答案:C

考点 均匀传输线

【2005,5】无限长无损耗传输线上任意处的电压在相位上超前电流的角度为:

A. 90°　　　　　　　　　　　　　　B. −90°

C. 0°　　　　　　　　　　　　　　D. 某一固定角度

解 无损耗的传输线的特性阻抗是纯电阻,因此无限长无损耗传输线上任意处的电压在相位上超前电流的角度为 0°。

答案:C

【2012,4】无损耗传输线终端接一匹配负载,则传输线上任意处的电压在相位上超前电流多少度?

A. −90°　　　　　　　　　　　　　B. 90°

C. 0°　　　　　　　　　　　　　　D. 某一固定角度

答案:C

【2006,5】电阻为 300Ω 的信号源通过特性阻抗为 300Ω 的传输线,向 75Ω 的电阻性负载供电,为达到匹配目的,在传输线与负载间插入一段长度为 λ/4 的无损传输线,该线的特性阻抗应为:

A. 187.5Ω　　　B. 150Ω　　　C. 600Ω　　　D. 75Ω

解 设无损耗线的特性阻抗为 $Z_C'=300\Omega$,负载阻抗为 $Z_L=75\Omega$,使 Z_L 与 Z_C' 匹配,则在传输线的终端与负载 Z_L 之间插入一段长度 l 为 1/4 波长的无损耗线。

长度为 1/4 波长的无损耗线的输入阻抗 Z_{in} 为:

$$Z_{in} = Z_C \dfrac{Z_L + jZ_C\tan(\beta l)}{jZ_L\tan(\beta l) + Z_C} = Z_C \dfrac{Z_L + jZ_C\tan\left(\dfrac{2\pi}{\lambda}\dfrac{\lambda}{4}\right)}{jZ_L\tan\left(\dfrac{2\pi}{\lambda}\dfrac{\lambda}{4}\right) + Z_C} = \dfrac{Z_C^2}{Z_L}$$

为了达到匹配的目的,使 $Z_{in} = Z_C'$,长度为 1/4 波长的无损耗线的特性阻抗为:

$$Z_C = \sqrt{Z_L Z'_C} = \sqrt{300 \times 75}\,\Omega = 150\,\Omega$$

答案：B

【2007,3】电阻为 300Ω 的信号源通过特性阻抗为 36Ω 的传输线向 25Ω 的电阻性负载馈电，为达到匹配的目的，在传输线与负载之间插入一段长度为 λ/4 的无损耗传输线，该线的特性阻抗应为：

   A. 30Ω   B. 150Ω   C. 20Ω   D. 70Ω

答案：A

【2009,23】内阻抗为 250Ω 的信号源通过特性阻抗为 75Ω 的传输线向 300Ω 的电阻性负载供电，为达到匹配目的，在传输线与负载间插入一段长度为 λ/4 的无损耗传输线，该线的特性阻抗应为：

   A. 150Ω   B. 375Ω   C. 250Ω   D. 187.5Ω

答案：A

【2011,26】一特性阻抗为 $Z_0=50\,\Omega$ 的无损传输线经由另一长度 $l=0.105\lambda$（λ 为波长），特性阻抗为 Z_{02} 的无损传输线达到与 $Z_L=40+j10\,\Omega$ 的负载匹配，应取 Z_{02} 为：

   A. 38.75Ω   B. 77.5Ω   C. 56Ω   D. 66Ω

解 $Z_{in}=Z_C\dfrac{Z_L+Z_C\tan\beta l}{Z_C+jZ_L\tan\beta l}$

$$=Z_C\dfrac{Z_L+jZ_C\tan\left(\dfrac{2\pi}{\lambda}\times 0.105\lambda\right)}{Z_C+jZ_L\tan\left(\dfrac{2\pi}{\lambda}\times 0.105\lambda\right)}=Z_C\dfrac{Z_L+j0.7757Z_C}{Z_C+j0.7757Z_L}=Z_0$$

即 $Z_C\times(Z_L+j0.7757Z_C)=Z_0\times(Z_C+j0.7757Z_L)$

利用两边复数的实部相等或者虚部相等，代入数据计算可得：$Z_C=Z_{02}=38.78\,\Omega$

答案：A

【2014,19】特性阻抗 $Z_g=150\,\Omega$ 的传输线通过长度为 λ/4，特性阻抗为 Z_C 的无损耗线接向 250Ω 的负载，当 Z_C 取何值时，可使负载和特性阻抗为 150Ω 的传输线相匹配？

   A. 200Ω   B. 193.6Ω   C. 400Ω   D. 100Ω

解 长度为 1/4 波长的无损耗线的输入阻抗 Z_{in} 为：$Z_{in}=\dfrac{Z_C^2}{Z_L}$

则 $Z_C=\sqrt{Z_{in}Z_L}=\sqrt{150\times 250}=193.6\,\Omega$

答案：B

【2007,13；2008,26】终端短路的无损耗传输线长度为波长的下列哪项倍数时，其入端阻抗的绝对值不等于特性阻抗？

A. 1/8　　　　　B. 3/8　　　　　C. 1/2　　　　　D. 5/8

解 终端短路状态（$Z_L=0$）。

$U_2=0$，则 $Z_{in}=\dfrac{jI_2Z_C\sin\beta l}{I_2\cos\beta l}=jZ_C\tan\beta l$

当长度为 $\dfrac{1}{2}$ 波长时，$Z_{in}=jZ_C\tan\left(\dfrac{2\pi}{\lambda}\times\dfrac{1}{2}\lambda\right)=0$

答案：C

【2009,16】有一段特性阻抗为 $Z_0=500\Omega$ 的无损耗传输线，当其终端短路时，测得始端的端阻抗为 250Ω 的感抗，则该传输线的长度为：（设该传输线上传输的电磁波的波长为 λ）

A. $7.4\times10^{-2}\lambda$　　B. $7.4\times10^{-1}\lambda$　　C. λ　　D. 0.5λ

解 终端短路时，输入阻抗 $Z_{in}=jZ_C\tan(\beta l)$

其中，$\beta=\dfrac{2\pi}{\lambda}$，$Z_C$ 为特性阻抗，$Z_C=Z_0=500\Omega$，$Z_{in}=250\Omega$

求得 $\tan(\beta l)=\tan\dfrac{2\pi}{\lambda}l=\dfrac{1}{2}$

则 $l=\arctan\left(\dfrac{1}{2}\right)\dfrac{\lambda}{2\pi}=7.4\times10^{-2}\lambda$

答案：A

【2010,25；2013,26；2014,24】终端开路无限长无损耗，当长度为波长的多少倍时，输入阻抗绝对值不等于特性阻抗。

A. 1/8　　　　　B. 3/8　　　　　C. 1/2　　　　　D. 7/8

解 终端开路状态（$Z_L=\infty$）$\dot{I}_2=0$，则：

$$Z_{in}=\dfrac{\dot{U}_2\cos\beta l}{j\dfrac{\dot{U}_2}{Z_C}\sin\beta l}=jZ_C\cot\beta l=jZ_C\cot\left(\dfrac{2\pi}{\lambda}\times\dfrac{4\lambda}{8}\right)=\infty$$

输入端阻抗的绝对值不等于特性阻抗。

答案：C

注：由以上两题可得出结论：仅当长度为波长的 1/8 的奇数倍时，特性阻抗的大小与输入阻抗相同。

【2010,20；2012,20】终端短路的无损耗传输线的长度为波长的几倍时，其入端阻抗为零？

A. $\dfrac{1}{8}$　　　B. $\dfrac{1}{4}$　　　C. $\dfrac{1}{2}$　　　D. $\dfrac{2}{3}$

解 终端短路状态时，输入阻抗 $Z_{in}=jZ_C\tan(\beta l)=jZ_C\tan\dfrac{2\pi}{\lambda}\times l=0$

则 $\dfrac{2\pi}{\lambda} \times l = n\pi (n=0,1,2,\cdots)$

$l = \dfrac{n}{2}\lambda$，可得 $l = \dfrac{1}{2}\lambda$

答案：C

【2013,20】一特性阻抗 $Z_C = 75\Omega$ 的无损耗传输线，其长度为八分之一波长，且终端短路。则该传输线的入端阻抗应为：

   A. $-j75\Omega$ B. $j75\Omega$ C. 75Ω D. -75Ω

解 终端短路状态时，输入阻抗 $Z_{in} = jZ_C\tan(\beta l) = jZ_C\tan\dfrac{2\pi}{\lambda}\times\dfrac{1}{8}\lambda = jZ_C = j75\Omega$

答案：B

【2009,19】双导体架空线，可看成是无损耗的均匀传输线，已知特性阻抗 $Z_0 = 500\Omega$，线长 $l = 7.5\text{m}$，现始端施以正弦电压，其有效值 $U_1 = 100\text{V}$，频率 $f = 16\text{MHz}$，终端接一容抗为 $X = 500\Omega$ 的电容器，那么其入端阻抗为：

   A. 500Ω B. 0Ω C. $\infty\Omega$ D. 250Ω

解 对于无损耗均匀传输线，$Z_{in} = Z_0\dfrac{Z_L + jZ_0\tan(\beta l)}{Z_0 + jZ_L\tan(\beta l)}$

$\beta = \dfrac{2\pi}{\lambda}$，$Z_0$ 为特性阻抗，Z_L 为终端接入的负载

根据本题条件，$Z_0 = 500\Omega$，$Z_L = 500\Omega$，$\lambda = \dfrac{v}{f} = \dfrac{3\times 10^8}{16\times 10^6} = \dfrac{75}{4}$

代入式子可求得输入阻抗。

本题中因 $Z_0 = 500\Omega$，$Z_L = 500\Omega$，可直接化简得到 $Z_{in} = Z_0 = 500\Omega$，而不需要求取波长。

答案：A

【2011,25】一条长度为 $\dfrac{\lambda}{4}$ 的无损耗传输线，负载阻抗为 $Z_L = R_L + jX_L$，其输入导纳相当于一电阻 R_i 与电抗 X_i 并联，其数值为：

   A. $R_L Z_C$ 和 $X_L Z_C$ B. $\dfrac{Z_C^2}{X_L}$ 和 $\dfrac{Z_C^2}{R_L}$

   C. $\dfrac{Z_C^2}{R_L}$ 和 $\dfrac{Z_C^2}{X_L}$ D. $R_L Z_C^2$ 和 $X_L Z_C^2$

解 长度为 1/4 波长的无损耗线的输入阻抗 Z_{in} 为：

$$Z_{in} = Z_C\dfrac{Z_L + jZ_C\tan(\beta l)}{jZ_L\tan(\beta l) + Z_C} = Z_C\dfrac{Z_L + jZ_C\tan\left(\dfrac{2\pi}{\lambda}\dfrac{\lambda}{4}\right)}{jZ_L\tan\left(\dfrac{2\pi}{\lambda}\dfrac{\lambda}{4}\right) + Z_C} = \dfrac{Z_C^2}{Z_L}$$

所以输入导纳 $G_{in} = \dfrac{1}{Z_{in}} = \dfrac{Z_L}{Z_C^2} = \dfrac{R_L + jX_L}{Z_C^2} = \dfrac{1}{R_i} + j\dfrac{1}{X_i}$

$$\Rightarrow R_i = \frac{Z_C^2}{R_L}, X_i = \frac{Z_C^2}{X_L}$$

答案：C

【2016,19】特性阻抗 $Z_C=100\Omega$，长度为 $\frac{\lambda}{8}$ 的无损耗线，输出端接有负载 $Z_L=(200+j300)\Omega$，输入端接有内阻为 100Ω、电压为 $500\angle 0°\text{V}$ 的电源，传输线输入端的电压为：

A. $372.68\angle -26.565°\text{V}$
B. $372.68\angle 26.565°\text{V}$
C. $-372.68\angle 26.565°\text{V}$
D. $-372.68\angle -26.565°\text{V}$

解 根据题意画出等效电路图如下：

由传输线方程知，输入阻抗 $Z_{in}=Z_C \cdot \frac{Z_L+jZ_C\tan\beta l}{Z_C+jZ_L\tan\beta l}$

其中 $\beta=\frac{2\pi}{\lambda}$

代入数据得：$Z_{in}=\frac{1+j2}{j1-1}\times 100=50(1-j3)$

故输入电压 $u=\frac{Z_{in}}{Z_{in}+Z_S}\cdot u_S=\frac{50(1-j3)}{50(1-j3)+100}\times 500\angle 0°=372.68\angle -26.56°\text{V}$

答案：A

考点　电场强度及电位的计算

【2008,16】已知一带电量为 $q=10^{-6}\text{C}$ 的点电荷距离不接地金属球壳（其半径 $R=5\text{cm}$）的球心 1.5cm 处，则球壳表面的最大电场强度 E_{max} 为：

A. $2.00\times 10^4\text{V/m}$
B. $2.46\times 10^6\text{V/m}$
C. $3.6\times 10^6\text{V/m}$
D. $3.23\times 10^6\text{V/m}$

解 由于点电荷距金属球壳球心的距离小于半径，因此点电荷位于球壳内部。内部有电荷的金属球壳内部电场强度为 0，球壳表面任一点的电场强度相等，利用高斯定理可得：

$$E_{max}=E=\frac{q}{4\pi\varepsilon R^2}=\frac{10^{-6}}{4\times 3.14\times 8.85\times 10^{-12}\times 0.05^2}=3.6\times 10^6\text{V/m}$$

答案：C

【2013,12】无限大真空中一半径为 a 的带电导体球，所带体电荷在球内均匀分布，体电荷总量为 q，在球外（即 $r>a$）任一点 r 处的电场强度的大小 E 为：

A. $\frac{q}{4\pi\varepsilon_0 a}$
B. $\frac{q}{4\pi\varepsilon_0 a^2}$
C. $\frac{q}{4\pi\varepsilon_0 r}$
D. $\frac{q}{4\pi\varepsilon_0 r^2}$

解 根据高斯定理，均匀导体球外任一点有 $E=\dfrac{q}{4\pi\varepsilon_0 r^2}$。

答案：D

【2013,19】真空中有一均匀带电球表面，半径为 R，电荷总量为 q，则球心处的电场强度大小应为：

  A. $\dfrac{q}{4\pi\varepsilon R^2}$ B. $\dfrac{q}{4\pi\varepsilon R}$ C. $\dfrac{q^2}{4\pi\varepsilon R^2}$ D. 0

解 由于静电屏蔽效应，带电球面的中心处电场强度为 0。
答案：D

【2009,17】无限长同轴圆柱面，半径分别为 a 和 $b(b>a)$，每单位长度上电荷：内柱为 τ，而外柱为 $-\tau$，已知两圆柱面间的电介质为真空，则两带电圆柱面间的电压 U 为：

  A. $\dfrac{\tau}{2\pi\varepsilon_0}\ln\left(\dfrac{a}{b}\right)$ B. $\ln\left(\dfrac{a}{b}\right)$

  C. $\dfrac{\tau}{2\pi\varepsilon_0}$ D. $\dfrac{\tau}{2\pi\varepsilon_0}\ln\left(\dfrac{b}{a}\right)$

解 利用高斯定理，$\oint_S \vec{D}\cdot\mathrm{d}\vec{S}=\int_V \rho\mathrm{d}V$

对单位长度的平行板电容器，构造半径为 r，长度为 1 的闭合曲面，有 $D\cdot 2\pi r\cdot 1=\tau\cdot 1$

可得在区间内有 $E=\dfrac{D}{\varepsilon_0}=\dfrac{\tau}{2\pi\varepsilon_0 r}$

电压 $U=\int_a^b E\mathrm{d}r=\int_a^b \dfrac{\tau}{2\pi\varepsilon_0 r}\mathrm{d}r=\dfrac{\tau}{2\pi\varepsilon_0}\ln\left(\dfrac{b}{a}\right)$

答案：D

【2009,18】一理想的平板电容器，极板间介质为真空，两极板距离为 $d=10^{-3}$ m，若真空的击穿场强为 3×10^6 V/m，那么在该电容器上所加的电压应小于：

  A. 3×10^6 V   B. 3×10^3 V   C. 3×10^2 V   D. 30 V

解 $U_{\max}=E_{\max}\cdot d=3\times 10^6\times 10^{-3}=3\times 10^3$ V
答案：B

【2011,22】真空中相距为 a 的两无限大平板，电荷面密度分别为 $+\delta$ 和 $-\delta$，这两个带电面之间的电压 U 为：

  A. $\dfrac{\delta a}{2\varepsilon_0}$ V   B. $\dfrac{\delta a}{\varepsilon_0}$ V   C. $\dfrac{\delta a}{3\varepsilon_0}$ V   D. $\dfrac{\delta a}{4\varepsilon_0}$ V

解 由高斯定理可知，两极板间取一与面法向量平行的小圆柱体，有 $\mathrm{d}S=\mathrm{d}S$，两无限大平

板间的场强 $E=\dfrac{\delta}{\varepsilon_0}$,则 $U=Ed=\dfrac{\delta a}{\varepsilon_0}$。

答案:B

【2011,23】 无限大真空中一半径为 a 的带电导体球,所带体电荷在球内均匀分布,体电荷总量为 q。在球外(即 $r>a$ 处)任一点 r 处的电场强度的大小 E 为:

  A. $\dfrac{q}{4\pi\varepsilon_0 a}$ V/m   B. $\dfrac{q}{4\pi\varepsilon_0 a^2}$ V/m

  C. $\dfrac{q}{4\pi\varepsilon_0 r}$ V/m   D. $\dfrac{q}{4\pi\varepsilon_0 r^2}$ V/m

解 用高斯定律计算具有对称性分布的静电场问题。

球外任一点 r 处的电场强度为 $E(r)=\dfrac{q}{4\pi\varepsilon_0 r^2}(r\geqslant a)$

答案:D

【2012,24】 无限大真空中一半径为 a 的球,内部均匀分布有体电荷,电荷总量为 q。在 $r>a$ 的球外任一点 r 处的电场强度的大小 E 为:

  A. $\dfrac{q}{4\pi\varepsilon_0 a}$ V/m   B. $\dfrac{q}{4\pi\varepsilon_0 a^2}$ V/m

  C. $\dfrac{q}{4\pi\varepsilon_0 r}$ V/m   D. $\dfrac{q}{4\pi\varepsilon_0 r^2}$ V/m

答案:D

【2014,22】 均匀带电球中心的电场强度 E 为:

  A. $\dfrac{\rho}{3\varepsilon_0}$ B. 0   C. $\dfrac{\rho r}{3\varepsilon_0}$ D. $\dfrac{\rho r^2}{3\varepsilon_0}$

解 考虑均匀球体场强各方向上大小相等,方向沿半径方向。因此球心处的场强会有无数的方向,场强大小只能为0才能满足条件,可不用计算即得到答案。

计算过程:取中心点半径为 r 的小球,球面上任一点场强为 E,则 $\displaystyle\int_S E\mathrm{d}S=\dfrac{\rho\cdot\frac{4}{3}\pi r^3}{\varepsilon_0}$,$4\pi r^2 E=\dfrac{4\pi\rho r^3}{3\varepsilon_0}$,$E=\dfrac{\rho r}{3\varepsilon_0}$,$\lim\limits_{r\to 0}E=\lim\limits_{r\to 0}\dfrac{\rho r^2}{3\varepsilon_0}=0$。

答案:B

【2016,22】 在真空中,有一半径为 R 的均匀带电球面,面密度为 σ,球心处的电场强度为:

  A. $\dfrac{\sigma}{2\varepsilon_0}$V/m   B. $\varepsilon_0\sigma$V/m   C. $\dfrac{\sigma}{\varepsilon_0}$V/m   D. 0V/m

答案:D

【2014,23】在真空中,一无限大均匀带电面电荷中某点的场强方程为 $\dot{E}=0.65e_x-0.35e_y-1.00e_z$ V/m,则该点的电荷面密度为:(设该点的场强与导体表面外法线方向一致)

    A. 0.65C/m^2 B. 2C/m^2
    C. 1.24C/m^2 D. -1.24C/m^2

解 在该点附近取一与面法向量平行的小圆柱体,则有 $EdS=\dfrac{\sigma dS}{\varepsilon_0}$,$\sigma=\varepsilon_0 E=\varepsilon_0\sqrt{0.65^2+0.35^2+1^2}=1.24\varepsilon_0$。

答案:C

【2013,23】在无限大真空中,有一半径为 a 的导体球,离球心 $d(d>a)$ 处有一点电荷 q。该导体球的电位 φ 应为:

    A. $\dfrac{q}{4\pi\varepsilon_0 d}$ B. $\dfrac{q}{4\pi\varepsilon_0 a}$

    C. $\dfrac{q}{4\pi\varepsilon_0 d^2}$ D. $\dfrac{q}{4\pi\varepsilon_0 a^2}$

解 对于导体球,内部电场强度为 0,根据高斯定理可得电场强度分布为 $E=\dfrac{q}{4\pi\varepsilon_0 r^2}(r>a)$,该导体球的电位为 $\varphi=\int_d^\infty \vec{E}\cdot d\vec{r}=\int_d^\infty \dfrac{q}{4\pi\varepsilon_0 r^2}dr=\dfrac{q}{4\pi\varepsilon_0 d}$。

答案:A

【2013,24】在真空中,相距为 a 的两无限大均匀带电平板,面电荷密度分别为 $+\sigma$ 和 $-\sigma$。该两带电平板间的电位 U 应为:

  A. $\dfrac{\sigma a^2}{\varepsilon_0}$ B. $\dfrac{\sigma a}{\varepsilon_0}$ C. $\dfrac{\varepsilon_0 a}{\sigma}$ D. $\dfrac{\sigma a}{\varepsilon_0^2}$

解 由高斯定理可知,两极板间单位面积上有 $DS=\sigma S$,两无限大平板间的场强 $E=\dfrac{\sigma}{\varepsilon_0}$,则 $U=Ed=\dfrac{\sigma a}{\varepsilon_0}$。

答案:B

【2007,10】在一个圆柱形电容器中,置有两层同轴的绝缘体,其内导体的半径为 2cm,外导体的内半径为 8cm,内、外两绝缘层的厚度分别为 2cm 和 4cm,内、外导体间的电压为 150V(以外导体为电位参考点)。设有一根薄的金属圆柱片放在两层绝缘体之间,为了使两层绝缘体内的最大场强相等,金属圆柱片的电位应为:

    A. 100V   B. 250V   C. 667V   D. 360V

解 本题考查圆柱体电容器或同轴电缆的电场强度和电位的公式计算。
  根据题意作出题图,如下图所示。

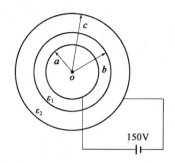

对于圆柱体电容器,由高斯定理 $\oint_S \vec{D} \cdot d\vec{S} = \int_V \rho dV$,对单位长度的平行板电容器构造半径为 r,长度为 1 的闭合曲面,有 $D \cdot 2\pi r \cdot 1 = \tau \cdot 1$,在区间内有 $E = \dfrac{D}{\varepsilon} = \dfrac{\tau}{2\pi\varepsilon r}$,电压 $U = \int_a^b E dr = \int_a^b \dfrac{\tau}{2\pi\varepsilon_0 r} dr = \dfrac{\tau}{2\pi\varepsilon_0} \ln \dfrac{b}{a}$。

设金属圆柱片的电位为 φ(电位参考点取在外导体上),则金属圆珠片电位有:

$$\varphi = \dfrac{\tau_2}{2\pi\varepsilon_2} \ln \dfrac{c}{b} \qquad ①$$

由于内导体与金属圆柱片间的电压为 $U_0 = \dfrac{\tau_1}{2\pi\varepsilon_1} \ln \dfrac{b}{a}$,已知内外导体间的电压为 150V,则 $150 - \varphi = U_0$,即

$$150 - \varphi = \dfrac{\tau_1}{2\pi\varepsilon_1} \ln \dfrac{b}{a} \qquad ②$$

联立①式、②式,得:

$$\tau_1 = \dfrac{2\pi\varepsilon_1(150-\varphi)}{\ln \dfrac{b}{a}}, \tau_2 = \dfrac{2\pi\varepsilon_2 \varphi}{\ln \dfrac{c}{b}} \qquad ③$$

由于 $E_1 = \dfrac{\tau_1}{2\pi\varepsilon_1 r}, E_2 = \dfrac{\tau_2}{2\pi\varepsilon_2 r}$,所示内层介质最大场强出现在 $r=a$ 时,有 $E_{1\max} = \dfrac{\tau_1}{2\pi\varepsilon_1 a}$;外层介质最大场强出现在 $r=b$ 时,有 $E_{2\max} = \dfrac{\tau_2}{2\pi\varepsilon_2 b}$。

欲使 $E_{1\max} = E_{2\max}$,则:

$$\dfrac{\tau_1}{2\pi\varepsilon_1 a} = \dfrac{\tau_2}{2\pi\varepsilon_2 b} \qquad ④$$

联立式③、式④,可得:

$$\dfrac{150-\varphi}{a \ln \dfrac{b}{a}} = \dfrac{\varphi}{b \ln \dfrac{c}{b}} \Rightarrow \dfrac{150-\varphi}{2\ln 2} = \dfrac{\varphi}{4\ln 2}$$

则金属圆柱片的电位 $\varphi = 100 \text{V}$。

答案:A

【2009,24】在一个圆柱形电容器中,置有两层同轴的绝缘体,其内导体的半径为 3cm,外导体的内半径为 12cm,内、外两绝缘层的厚度分别为 3cm 和 6cm,内、外导体间的电压为 270V(以外导体为电位参考点)。设有一很薄的金属圆柱片放在两层绝缘体之间,为了使两绝缘体内的最大场强相等,金属圆柱片的电位为:

A. 60V　　　　　　　　　　　　　　　　B. 90V
C. 150V　　　　　　　　　　　　　　　D. 180V

答案: D

考点　接地电阻、跨步电压和漏电导

【2010,10;2013,15】 一个半径为1m的半球形导体球当作接地电极埋于地下,其平面部分与地面相重合,土壤的电导率$\gamma=10^{-2}$S/m,则此接地体的接地电阻为:

A. 15.92Ω　　　　B. 7.96Ω　　　　C. 63.68Ω　　　　D. 31.48Ω

解 半球形接地体的接地电阻:$R=\dfrac{1}{2\pi\gamma R_0}=\dfrac{1}{2\times 3.14\times 0.01\times 1}=\dfrac{1}{0.0628}=15.92\Omega$

答案: A

【2006,17;2008,25;2014,23】 一半径为0.5m的导体球作接地极,深埋于地下,土壤的导电率$\gamma=10^{-2}$S/m,则此接地体的接地电阻应为:

A. 31.84Ω　　　　B. 7.96Ω　　　　C. 63.68Ω　　　　D. 15.92Ω

解 此题可视为金属球体在均匀导电媒质中向无限远处电流流散,故若设流出的电流为I,则$J=\dfrac{I}{4\pi r^2}$,$E=\dfrac{J}{\gamma}$,$U=\int_{R_0}^{\infty}\dfrac{I}{4\pi\gamma r^2}\mathrm{d}r=\dfrac{I}{4\pi\gamma R_0}$,接地电阻为$R=\dfrac{U}{I}=\dfrac{1}{4\pi\gamma R_0}$,代入公式,可得接地电阻为31.84Ω。

答案: A

【2005,17;2010,23;2017,17】 一半径为0.5m的半球形导体球当作接地电极埋于地下,其平面部分与地面相重合,土壤的电导率$\gamma=10^{-2}$S/m,则此接地体的接地电阻为:

A. 31.84Ω　　　　B. 7.96Ω　　　　C. 63.68Ω　　　　D. 15.92Ω

解 由镜像法可知,该半球电流I流出的电流是对称的,且$J=\dfrac{I}{2\pi r^2}$,$E=\dfrac{J}{\gamma}$,$U=\int_{R_0}^{\infty}\dfrac{I}{2\pi\gamma r^2}\mathrm{d}r=\dfrac{I}{2\pi\gamma R_0}$,接地电阻为$R=\dfrac{U}{I}=\dfrac{1}{2\pi\gamma R_0}$

半球形接地体的接地电阻为:$R=\dfrac{1}{2\pi\gamma R_0}=\dfrac{1}{2\times 3.14\times 0.01\times 0.5}=\dfrac{1}{0.0314}=31.84\Omega$

注意: 熟记对于半球形接地体接地电阻为$R=\dfrac{1}{2\pi\gamma R_0}$。

答案: A

【2014,18】 半球形电极位置靠近一直而深的陡壁,如图所示,$R=0.3$m,$h=10$m,土壤的电导率$\gamma=10^{-2}$s/m。该半球形电极的接地电阻为:

A. 53.84Ω　　　　　　　　　　　　　B. 53.12Ω

C. 53.98Ω   D. 53.05Ω

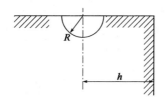

解 假想右侧一个半球与此半球对称布置,由镜像法知,该半球电器 I 流出的电流是对称的,半球到无穷远处的电压是两个的叠加。

电压:$U = \int_R^\infty \frac{1}{2\pi\gamma r^2}dr + \int_{2h}^\infty \frac{I}{2\pi\gamma r^2}dr = \frac{I}{2\pi\gamma R} + \frac{I}{2\pi\gamma 2h}$

接地电阻:$R = \frac{U}{I} = \frac{I}{2\pi\gamma R} + \frac{I}{2\pi\gamma 2h} = 53.84Ω$

答案:A

【2010,24】球形电容器的内半径 $R_1 = 5\text{cm}$,外半径 $R_2 = 10\text{cm}$,若介质的电导率 $\gamma = 10^{-10}\text{S/m}$,则该球形电容器的源电导为:

A. $0.2 \times 10^{-9}\text{S}$ B. $0.15 \times 10^{-9}\text{S}$
C. $0.126 \times 10^{-9}\text{S}$ D. $0.1 \times 10^{-9}\text{S}$

解 设电容内导体球带电荷 q,由高斯定律可求得介质中的电场强度为:

$$E(r) = \frac{q}{4\pi\varepsilon_0 r^2} \quad (R_1 < r < R_2)$$

介质中的电流密度为:$J = \gamma E(r) = \frac{\gamma q}{4\pi\varepsilon_0 r^2}$

总的漏电流 I 为:$I = \int_S J dS = J \times 4\pi r^2 = \frac{\gamma q}{4\pi\varepsilon_0 r^2} \times 4\pi r^2 = \frac{\gamma q}{\varepsilon_0}$

两导体间的电位差为:$U = \int_{R_1}^{R_2} E(r) dr = \frac{q}{4\pi\varepsilon_0}\left(\frac{1}{R_1} - \frac{1}{R_2}\right)$

电容器的漏电导为:

$$G = \frac{I}{U} = \frac{\gamma q}{\varepsilon_0} \times \frac{4\pi\varepsilon_0}{q\left(\frac{1}{R_1} - \frac{1}{R_2}\right)} = \frac{4\pi\gamma}{\frac{1}{R_1} - \frac{1}{R_2}} = \frac{4\pi \times 10^{-10}}{\frac{1}{5 \times 10^{-2}} - \frac{1}{10 \times 10^{-2}}}$$

$$= \frac{1.256637061 \times 10^{-9}}{20 - 10} \approx 0.126 \times 10^{-9}\text{S}$$

答案:C

总结:像这类题目直接记住公式 $G = \dfrac{4\pi\gamma}{\dfrac{1}{R_1} - \dfrac{1}{R_2}}$ 即可!

【2007,25】一半球形接地系统,已知其接地电阻为100Ω,土壤电导率 $\gamma=10^{-2}$S/m,设有短路电流500A从该接地体流入地中,有人正以0.6m的步距向此接地系统前进,前足距接地体中心2m,则跨步电压为:

A. 512V　　　　　　B. 624V　　　　　　C. 728V　　　　　　D. 918V

解　已知步长 $b=0.6$m,距球心距离 $x=2$m,$I=500$A。
对于半球形接地系统跨步电压为:

$$U_x = \frac{I}{2\pi\gamma}\left(\frac{1}{x}-\frac{1}{x+b}\right) = \frac{500}{2\pi\times10^{-2}}\left(\frac{1}{2}-\frac{1}{2+0.6}\right)\text{V} = 918.2\text{V}$$

答案:D

【2009,26】一半球形接地系统,已知其接地电阻为300Ω,土壤的电导率 $\gamma=10^{-2}$S/m,设有短路电流100A从该接地体流入地中,有人正以0.6m的步距向此接地系统前进,前足距接地体中心4m,则跨步电压近似为:

A. 104V　　　　　　B. 26V　　　　　　C. 78V　　　　　　D. 52V

答案:D

【2014,25】一半球形接地体,其接地电阻为4Ω,土壤电导率 $\gamma=10^{-2}$S/m,当短路电流250A,从该接地体流入地中,有人以0.6m的步距向此接地系统前进,其后足距接地体中心2m,则跨步电压为:

A. 852.62V　　　　　B. 632.62V　　　　　C. 457.62V　　　　　D. 326.62V

解　$U = \dfrac{I}{2\pi(r-b)\gamma} - \dfrac{I}{2\pi r\gamma} = \dfrac{250}{2\pi(2-0.6)\times10^{-2}} - \dfrac{250}{2\pi\times2\times10^{-2}} = 852.62$V

答案:A

【2016,18】一个由钢条组成的接地体系统,已知其接地电阻为100Ω,土壤的电导率 $\gamma=10^{-2}$S/m,设有短路电流500A从钢条流入地中,有人正以0.6m的步距向此接地体系统前进,前足距钢条中心2m,则跨步电压为下列哪项数值?(可将接地体系统用一等效的半球形接地器代替之)

A. 420.2V　　　　　B. 520.2V　　　　　C. 918.2V　　　　　D. 1020.2V

解　已知步长 $b=0.6$m,距球心距离 $x=2$m,$I=500$A
对于半球形接地系统,跨步电压为:

$$U_x = \frac{I}{2\pi\gamma}\left(\frac{1}{x}-\frac{1}{x+b}\right) = \frac{500}{2\pi\times10^{-2}}\left(\frac{1}{2}-\frac{1}{2+0.6}\right)\text{V} = 918.2\text{V}$$

答案:D

考点 电容器和电容的计算

【2013,17】介质为空气的一平板电容器,板间距离为 d,与电压 U_0 连接时,两板间的相互作用力为 f,断开电源后,将距离压缩至 $d/2$,则两板间的相互作用力为:

    A. f B. $2f$ C. $4f$ D. $\sqrt{2}f$

解 对于平行板电容器,电容 $C=\dfrac{\varepsilon S}{d}$

当板间距离变为 $d/2$ 时,电容 C' 变为原来的 2 倍,即 $C'=2C$

又有电容 $C=\dfrac{Q}{U}$,当电源断开后,电荷量 Q 不变,所以当板间距离变为 $d/2$ 时,电压减小为原来的一半,即 $U'=\dfrac{1}{2}U$

由电场强度 $E=\dfrac{U}{d}$,知板间距离为 $d/2$ 时,电场强度 E 不变

电场力 $F=QE$,因此极板距离改变前后,电场力 F 不变。
答案:A

【2008,17】一理想的平板电容器,极板间距离为 d,由直流电压源充电至电压 U_0,此时两极板间相互作用力为 f,然后又断开电源,断电后将极板间距离增大到 $3d$,则两板相互作用力为:

    A. $f/3$ B. f C. $f/9$ D. $3f$

解 对于平行板电容器,电容 $C=\dfrac{\varepsilon S}{d}$

当板间距离变为原来的 3 倍时,电容 C' 变为原来的 1/3,即 $C'=\dfrac{1}{3}C$

又有电容 $C=\dfrac{Q}{U}$,当电源断开后,电荷量 Q 不变,所以当板间距离变为原来的 3 倍,电压减小为原来的 1/3,即 $U'=\dfrac{1}{3}U$

由电场强度 $E=\dfrac{U}{d}$,知电场强度 E 不变

再根据电场力 $F=QE$,因此极板距离改变前后,电场力 F 不变。
对于平行板电容器,当电源断开后改变极板间距离,电场强度和电场力均不变
答案:B

【2014,17】一根导体平行地放置于大地上方,其半径为 1.5mm,长度为 40m,轴心离地面 5m,该导体对地面的电容为:

    A. 126.3pF   B. 98.5pF
    C. 157.8pF   D. 252.6pF

解 圆柱导体半径为 a，圆心距地面高度为 h，单位长度对地的电容值

$$C = \frac{2\pi\varepsilon_0}{\ln\dfrac{b+h-a}{b-h+a}}$$

$$b = \sqrt{h^2 - a^2}$$

长度为 40m 的导体，电容为 $C = \dfrac{2\pi\varepsilon_0 l}{\ln\dfrac{b+h-a}{b-h+a}} = 252.5\text{pF}$

答案：D

考点 最大击穿场强最小值和最大承受电压

【2008，18】 一高压同轴圆柱电缆，内导体的半径为 a，外导体的内半径为 b，若 b 固定，要使内导体表面上场强最小，a 与 b 的比值应为：

    A. $1/e$ B. $1/2$ C. $1/4$ D. $1/8$

解 利用高斯定理，$\oint_S \vec{D}\cdot\mathrm{d}\vec{S} = \int_V \rho\mathrm{d}V$

对单位长度的平行板电容器，构造半径为 r，长度为 1 的闭合曲面，有 $D\cdot 2\pi r\cdot 1 = \tau\cdot 1$

可得在区间内有 $E = \dfrac{D}{\varepsilon_0} = \dfrac{\tau}{2\pi\varepsilon_0 r}$

电压 $U = \int_a^b E\mathrm{d}r = \int_a^b \dfrac{\tau}{2\pi\varepsilon_0 r}\mathrm{d}r = \dfrac{\tau}{2\pi\varepsilon_0}\ln\left(\dfrac{b}{a}\right)$，$\dfrac{\tau}{2\pi\varepsilon_0} = \dfrac{U}{\ln\left(\dfrac{b}{a}\right)}$

在内导体表面上 $E = \dfrac{\tau}{2\pi\varepsilon_0 r} = \dfrac{\tau}{2\pi\varepsilon_0 a} = \dfrac{U}{\ln\left(\dfrac{b}{a}\right)a}$

$f(a) = \ln\left(\dfrac{b}{a}\right)a$ 最大时，场强最小

对 a 求导数，当 $\ln\dfrac{b}{a} = 1$，即 $\dfrac{a}{b} = \dfrac{1}{e}$ 时，电场强度有最小值

对于同轴圆柱电缆，当 $b = ea$ 时，$E(a)$ 有最小值

电容器能够承受的最大电压为：

$$U_{\max} = aE_m \times \ln\dfrac{b}{a}$$

答案：A

【2014，16】 一圆柱形电容器，外导体的内半径为 2cm，其间介质的击穿场强为 200kV/cm。若其内导体的半径可以自由选择，则电容器能承受的最大电压为：

    A. 284kV   B. 159kV
    C. 252kV   D. 147kV

解 当 $R_2 = eR_1$ 时，电容器能够承受的最大电压为：

$$U_{\max}=R_1 E_{\mathrm{m}}\times\ln\frac{R_2}{R_1}=\frac{2}{e}\times 200\times\ln e\approx 147\mathrm{V}$$

答案：D

【2007,19】 一高压同轴圆柱电缆,外导体的半径为 b,内导体的内半径为 a,其值可以自由选定,若 b 固定,要使半径为 a 的内导体表面上场强最小,b 与 a 的比值应是：

    A. e B. 2   C. 3   D. 4

解 若给定内、外圆柱面的半径 a、b 和外加电压 U,则：

$$U=\int_a^b E\mathrm{d}r=\int_a^b \frac{\tau}{2\pi\varepsilon r}\mathrm{d}r=\frac{\tau}{2\pi\varepsilon}\ln\frac{b}{a}$$

即 $E(r)=\dfrac{U}{r\ln\dfrac{b}{a}}e_r$

电场强度 $E(r)$ 的最大值在 $r=a$ 上,$E_{\max}=E(r=a)=\dfrac{U}{a\ln\dfrac{b}{a}}$

电场强度 $E(r)$ 的最小值在 $r=b$ 上,$E_{\min}=E(r=b)=\dfrac{U}{b\ln\dfrac{b}{a}}$

当外柱面半径 b 和两柱面间电压 U 固定,内柱面半径 a 可变时,只要 $E_{\max}=\dfrac{U}{a\ln\dfrac{b}{a}}$ 取得最小值,此时 $\ln\dfrac{b}{a}=1$(注,此最小值的推导过程可参照后面的标注),即 $\dfrac{b}{a}=e$。因此电容器中的最大电场强度有最小值的可能。

注：(1)本题涉及求 $E_{\max}=\dfrac{U}{a\ln\dfrac{b}{a}}$ 取得最小值问题,可依据下列公式推导：设 $a=x$,

于是 $f(x)=x\ln\dfrac{b}{x}$,$f'(x)=\ln\dfrac{b}{x}+x\cdot\dfrac{x}{b}\left(\dfrac{b}{x}\right)'=\ln\dfrac{b}{x}-\dfrac{x^2}{b}\cdot\dfrac{b}{x^2}=\ln\dfrac{b}{x}-1=0$,推出 $\ln\dfrac{b}{x}=1$,$\dfrac{b}{x}=e$。

(2)记住对于同轴圆轴电缆,当外柱面半径 b 和两柱面间电压 U 固定,内柱面半径 a 可变时,$\dfrac{b}{a}=e$,最大电场强度有最小值。

答案：A

【2012,17】 一高压同轴电缆,内导体半径 a 的值可以自由选定,外导体半径 b 固定,若希望电缆能承受的最大电压为 $\dfrac{b}{e}E_{\mathrm{m}}$(其中,$E_{\mathrm{m}}$ 是介质击穿场强),则 a 与 b 的比值应当为：

    A. $\dfrac{1}{4e}$ B. $\dfrac{1}{3e}$ C. $\dfrac{1}{2e}$ D. $\dfrac{1}{e}$

解 对于同轴圆柱电缆,当 $b=ea$ 时,$E(a)$ 有最小值。
答案:D

【2013,18】 对于高压同轴电缆,为了在外导体尺寸固定不变(半径 b 为定值)和外加电压不变(U_0 为定值)的情况下,使介质得到最充分利用,则内导体半径 a 的最佳尺寸应为外导体半径 b 的多少倍?

    A. $\dfrac{1}{\pi}$ B. $\dfrac{1}{3}$ C. $\dfrac{1}{2}$ D. $\dfrac{1}{e}$

答案:D

【2010,26】 一高压同轴圆柱电缆,内导体的半径为 a,外导体的内半径为 b,其值可以自由选定,若 a 固定,要使内导体表面上场强最小,a 与 b 的比值应为:

    A. $\dfrac{1}{e}$ B. $\dfrac{1}{2}$ C. $\dfrac{1}{4}$ D. $\dfrac{1}{8}$

答案:A

【2008,23;2011,25;2005,18】 两半径为 a 和 b($a<b$)的同心导体球壳间电压为 V_0。若 b 固定,要使半径为 a 的球面上场强最小,a 与 b 的比值为:

    A. $\dfrac{1}{e}$ B. $\dfrac{1}{2}$ C. $\dfrac{1}{4}$ D. $\dfrac{1}{8}$

解 球形电容器内($a<r<b$)的电场是球对称的,其电场强度为 $E(r)=\dfrac{q}{4\pi\varepsilon r^2}e_r$

若两球面施加电压 U,则 $U=\int_a^b E\mathrm{d}r=\int_a^b \dfrac{q}{4\pi\varepsilon r^2}e_r \mathrm{d}r=\dfrac{q}{4\pi\varepsilon}\left(\dfrac{1}{a}-\dfrac{1}{b}\right)$,即 $\dfrac{q}{4\pi\varepsilon}=U\dfrac{ab}{b-a}$

故 $E(r)=\dfrac{q}{4\pi\varepsilon r^2}e_r=U\dfrac{ab}{b-a}\dfrac{e_r}{r^2}$ ($a<r<b$)

若 U、b 给定,a 可变,可令 $\dfrac{\mathrm{d}E(a)}{\mathrm{d}a}=0$,求极值点。

即 $E(a)=U\dfrac{ab}{b-a}\dfrac{e_r}{a^2}$,$\dfrac{\mathrm{d}E(a)}{\mathrm{d}a}=0$,推出 $-\dfrac{b(b-2a)}{(b-a)^2 a^2}U=0$

因为 $b>a$,当 $b=2a$ 时,$E(a)$ 有最小值。

注意:对于同心导体球壳,当外圆半径 b 和两球壳间电压 U 固定,内柱面半径 a 可变时,当 $b=2a$ 时,最大电场强度有最小值。

答案:B

考点 恒定电场和磁场分界面的衔接条件

【2011,24】 内半径为 a,外半径为 b 的单芯同轴电缆。在 $\rho<a$ 的区域中,磁场强度 H 为:

    A. $\dfrac{I}{2\pi\rho}$ A/m   B. $\dfrac{\mu_0 I}{2\pi\rho}$ A/m

C. 0 A/m D. $\dfrac{I(\rho^2-a^2)}{2\pi(b^2-a^2)\rho}$ A/m

解 根据安培环路定律,得 $\oint_l \vec{H} \cdot d\vec{l} = \sum I$,在内外半径导体间的磁场强度为 $H \cdot 2\pi\rho = 0, H=0$。

答案:C

[2013,25] 一无损耗同轴电缆,其内导体的半径为 a,外导体的内半径为 b。内外导体间媒质的磁导率为 μ,介电常数为 ε。该同轴电缆单位长度的外电感 L_0 应为:

A. $\dfrac{2\pi\mu}{\ln\dfrac{b}{a}}$ B. $\dfrac{3\pi\varepsilon}{\ln\dfrac{b}{a}}$ C. $\dfrac{2\pi}{\varepsilon}\ln\dfrac{b}{a}$ D. $\dfrac{\mu}{2\pi}\ln\dfrac{b}{a}$

解 外自感的一般计算公式为 $L=\dfrac{\varphi_0}{I}$,磁通 $\varphi_0 = \int_S \vec{B} \cdot d\vec{S}$。对于同轴电缆,内外导体间的磁感应强度为 $B=\dfrac{\mu I}{2\pi r}$。取轴向长度为 l,宽为 dr 的矩形面积元,可得 $\varphi_0 = \int_S \vec{B} \cdot d\vec{S} = \int_a^b \dfrac{\mu I}{2\pi r} l \, dr = \dfrac{\mu I l}{2\pi}\ln\dfrac{b}{a}$,相应自感系数为 $L=\dfrac{\varphi_0}{I}=\dfrac{\mu l}{2\pi}\ln\dfrac{b}{a}$,单位长度的自感系数为 $L=\dfrac{\mu}{2\pi}\ln\dfrac{b}{a}$。

答案:D

[2011,23] 设 $y=0$ 平面是两种介质的分界面,在 $y>0$ 区域内,$\varepsilon_1=5\varepsilon_0$,在 $y<0$ 区域内,$\varepsilon_2=3\varepsilon_0$,在此分界面上无自由电荷,已知 $\vec{E}_1=(10\vec{e}_x+12\vec{e}_y)$ V/m,则 $\vec{E}_2$ 为:

A. $(10\vec{e}_x+20\vec{e}_y)$ V/m B. $(20\vec{e}_x+10\vec{e}_y)$ V/m
C. $(10\vec{e}_x-20\vec{e}_y)$ V/m D. $(20\vec{e}_x-100\vec{e}_y)$ V/m

解 当分界面上无自由电荷时,分界面满足 $\begin{cases} E_{1t}=E_{2t} \\ D_{2n}=D_{1n} \end{cases}$

已知在分界面上 $E_{2t}=E_{1t}=10\vec{e}_x$,$D_{2n}=\varepsilon_2 E_{2n}=D_{1n}=\varepsilon_1 E_{1n}=5\varepsilon_0 \times 12\vec{e}_y$,$E_{2n}=20\vec{e}_y$

则 $\vec{E}_2=(10\vec{e}_x+20\vec{e}_y)$ V/m

答案:A

[2011,24] 在恒定电场中,若两种不同的媒质分界面为 XOZ 平面,其上有电流线密度 $\vec{K}=2\vec{e}_x$ A/m,已知 $\vec{H}_1=(\vec{e}_x+2\vec{e}_y+3\vec{e}_z)$ A/m,$\mu_1=\mu_0$,$\mu_2=2\mu_0$,则 $\vec{H}_2$ 为:

A. $(3\vec{e}_x+2\vec{e}_y+\vec{e}_z)$ A/m B. $(3\vec{e}_x+\vec{e}_y+3\vec{e}_z)$ A/m
C. $(3\vec{e}_x+\vec{e}_y+\vec{e}_z)$ A/m D. $(\vec{e}_x+\vec{e}_y+3\vec{e}_z)$ A/m

解 分界面满足 $\begin{cases} H_{2t}-H_{1t}=K \\ B_{1n}=B_{2n} \end{cases}$

在分界面上 $\vec{H}_{2t}=\vec{H}_{1t}+\vec{K}=3\vec{e}_x+3\vec{e}_z$，$B_{2n}=\mu_2 H_{2n}=B_{1n}=\mu_1 H_{1n}=\mu_0\times 2\vec{e}_y$，$H_{2n}=\vec{e}_y$

则 $\vec{H}_2=(3\vec{e}_x+\vec{e}_y+3\vec{e}_z)$ A/m

答案：B

【2011，26】已知一真空电场中的电位数函数为 $\varphi=2x^2y+20z-4\mathrm{Ln}(x^2+y^2)$ V，则 P 点 $(6\mathrm{m},-1.5\mathrm{m},3\mathrm{m})$ 处的场强 $\vec{E}$ 为：

A. $(43.125\vec{e}_x-71.476\vec{e}_y-20\vec{e}_z)$ V/m
B. $(43.125\vec{e}_x-72.473\vec{e}_y-25\vec{e}_z)$ V/m
C. $(61.136\vec{e}_x-72.473\vec{e}_y-20\vec{e}_z)$ V/m
D. $(61.136\vec{e}_x-71.476\vec{e}_y-20\vec{e}_z)$ V/m

解 $\vec{E}=-\nabla\varphi=-\left(\dfrac{\partial\varphi}{\partial x}\vec{e}_x+\dfrac{\partial\varphi}{\partial y}\vec{e}_y+\dfrac{\partial\varphi}{\partial z}\vec{e}_z\right)$

$=-\left[\left(4xy-4\dfrac{2x}{x^2+y^2}\right)\vec{e}_x+\left(2x^2-4\dfrac{2y}{x^2+y^2}\right)\vec{e}_y+20\vec{e}_z\right]$

代入 P 点坐标，得 $\vec{E}_P=(-61.136\vec{e}_x-72.473\vec{e}_y-20\vec{e}_z)$ V/m

答案：C

考点　镜像电荷

【2008，24】一半径为 R 的半球形金属球，置于真空中的一无限大接地导电平板上方，在球外有一点电荷 q，位置如图所示。在用镜像法计算点电荷 q 受力时，需放置镜像电荷的数目为：

A. 4 个　　　　　　B. 3 个　　　　　　C. 2 个　　　　　　D. 无限多

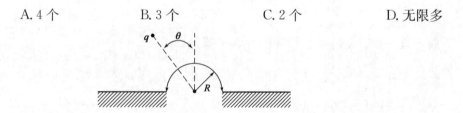

解　设电荷 q 和导体平面法线所在的平面为 xz 平面，如下图所示。

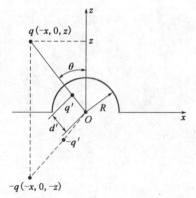

先作电荷 q 对导体平面 xz 平面的镜像电荷 $-q(-x,0,-z)$,其次作 q 对球面的镜像 q' 为: $q'=-(R/\sqrt{x^2+z^2})q$

q' 位于原点 O 与电荷 q 的连线上,且与原点的距离为:$d'=R^2/\sqrt{x^2+z^2}$

最后作镜像电荷 q' 对 xy 平面的镜像 $-q'$。

由电荷 q、$-q$、q' 和 $-q'$ 组成点电荷系统可以使原问题的边界条件得到满足,导体外任意点的场可以由这 4 个点电荷共同确定。

因此在用镜像法计算点电荷 q 受力时,需放置镜像电荷的数目为 3 个。

答案:B

【2012,19】图示两夹角为 90°的半无限大导体平板接地,其间有一点电荷 q,若用镜像法计算其间的电场分布,需要设置几个镜像电荷?

  A. 2   B. 3   C. 4   D. 1

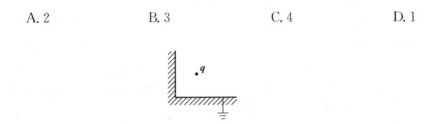

解 当无限大导电二面角的角度为 $\alpha=\dfrac{180°}{n}=90°$ 时,才可以找到合适的镜像,此时镜像电荷数为 $2n-1=3$ 个。

答案:B

【2008,15】如图所示,有一夹角为 30°的半无限大导电平板接地,其内有一点电荷 q,若用镜像法计算其间的电荷分布,需镜像电荷的个数为:

  A. 12   B. 11   C. 6   D. 3

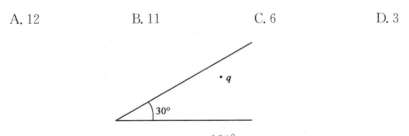

解 当两个半无限大导电二面角的角度为 $\alpha=\dfrac{180°}{n}=30°$ 时,才可以找到合适的镜像,此时镜像电荷数为 $2n-1=11$ 个。

答案:B

第 2 章　模拟电子技术

2.1　二极管及其应用电路

2.1.1　基本概念

本征半导体：完全纯净的、结构完整的半导体。

杂质半导体：晶体在本征半导体中掺入某些微量元素（主要为三价或五价元素）作为杂质，可使半导体的导电性发生显著变化。掺入杂质的本征半导体称为杂质半导体。

其中，N 型半导体（电子型半导体），主要掺入五价的元素（磷、砷、锑）；P 型半导体（空穴型半导体），主要掺入三价的元素（硼）。即 N 型半导体的多数载流子为电子，少数载流子是空穴；P 型半导体的多数载流子为空穴，少数载流子是电子。

注意：正常情况下，无论是 P 型还是 N 型半导体，对外都是电中性的。

2.1.2　二极管

PN 结：在 N 型（或者 P 型）半导体基片上，掺入一定的三价或者五价杂质元素，产生一个 P 型（或 N 型）半导体区间。在其交界面上形成一个空间电荷区，称为 PN 结。

PN 结的单向导电性如图 2-1a）所示：二极管正极（P 区）接电源正极、负极（N 区）接电源负极（即正向偏置）时电阻小，处于正向导通状态；外加反向电压时，电阻大，电流小，因而 PN 结为反向截止状态。

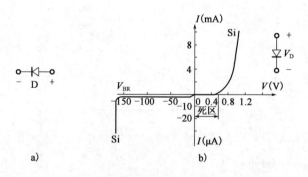

图 2-1　二极管符号及其伏安特性曲线

由图 2-1b）示的二极管伏安特性曲线可以看出：

正向区分为两段：当 $0<V<V_{th}$ 时，正向电流为零，V_{th} 称死区电压或开启电压；当 $V>V_{th}$ 时，开始出现正向电流，并按指数规律增长。硅二极管的死区电压 $V_{th}=0.5\sim0.8V$，锗二极管的死区电压 $V_{th}=0.2\sim0.3V$。（注意常用于三极管类型的判断）

反向特性：由图 2-1 可见，二极管外加反向电压时，反向电流很小，而且在相当宽的反向电压范围内,反向电流几乎不变,因此,称此电流值为二极管的反向饱和电流。

2.1.3 稳压二极管

稳压管工作于反向击穿区,如图 2-2 所示为稳压二极管的符号及伏安特性曲线。其杂质浓度比较大,易发生击穿,其击穿时的电压基本上不随电流的变化而变化,从而达到稳压的目的。在实际工作中,反接并串入一只电阻,其电阻主要为限流和稳压作用。

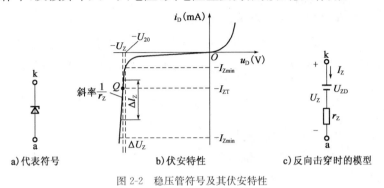

图 2-2 稳压管符号及其伏安特性

2.1.4 二极管基本电路及其分析方法

二极管在限幅、整流电路中的应用将在后面介绍。而在二极管基本电路中,判断二极管工作状态步骤如下:

(1)将二极管从电路中断开。

(2)分析各个二极管的阳极、阴极电位。

(3)含有多个二极管时,根据单向导电性,阴、阳极电位相差大者优先导通,再分析其他二极管导通情况。

2.2 三极管及其放大电路

2.2.1 三极管放大原理

1) 三种接法

用晶体管组成电路时,信号从一个电极输入,另一个电极输出,第三个极作为公共端,因而三极管电路有共发射极、共集电极、共基极三种接法(图 2-3)。

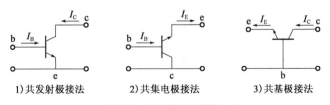

图 2-3 三极管的三种接法

2) 晶体管的电流分配关系

$$I_C = \beta I_B, I_E = (1+\beta) I_B$$

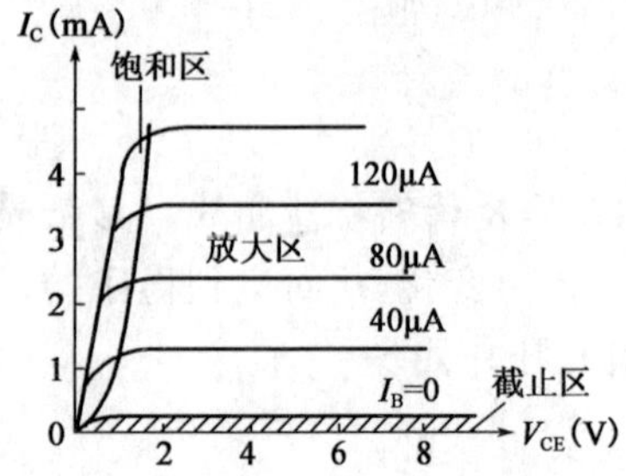

2.2.2 晶体管的工作状态

晶体管输出特性为：
$$i_C = f(V_{CE}) \mid i_B = 常数$$
式中，i_C 是输出电流，V_{CE} 是输出电压。三极管的三种工作状态如图 2-4 所示。

图 2-4 三极管的三种工作状态

1) 放大状态

直流偏置条件：发射结正偏，集电结反偏。

对于 NPN 型，电位关系为 $U_C>U_B>U_E$；对于 PNP 型，电位关系为 $U_C<U_B<U_E$。

电流满足关系：$I_C=\beta I_B$。

2) 饱和状态

直流偏置条件：发射结正偏，集电结正偏。

对于 NPN 型，电位关系为 $U_B>U_E,U_B>U_C$；对于 PNP 型，电位关系为 $U_B<U_E,U_B<U_C$。

工程上常以 $V_{CE}=0.3V$ 作为放大区和饱和区的分界线。

3) 截止状态

直流偏置条件：发射结反偏，集电结反偏。

对于 NPN 型，电位关系为 $U_B<U_E,U_B<U_C$；对于 PNP 型，电位关系为 $U_B>U_E,U_B>U_C$。

电流满足关系：$I_C=0$（即图 2-4 中 $I_B=0$ 以下的区域）。

2.2.3 基本放大电路

静态工作点 Q：当输入信号为 0 时，即直流状态下的晶体管各极电流 I_C、I_B、V_{BE}、V_{CE} 大小为放大电路的静态工作点。

基本放大电路一般是指由一个三极管与相应元件组成的三种基本组态放大电路，放大电路主要技术指标包括放大倍数、输入电阻 R_i、输出电阻 R_o。

输入电阻是表明放大电路从信号源吸取电流大小的参数，R_i 大，放大电路从信号源吸取的电流小，反之则大；输出电阻是表明放大电路带负载的能力，R_o 大，表明放大电路带负载的能力差，反之则强。

注意：放大倍数、输入电阻、输出电阻通常都是在正弦信号下的交流参数，只有在放大电路处于放大状态且输出不失真的条件下才有意义。

1) 共发射极基本放大电路的组成

共发射极基本放大电路如图 2-5 所示。其中：偏置电路 V_{CC}、R_b 提供电源，并使三极管工作在线性区；耦合电容 C_1、C_2，输入耦合电容 C_1 保证信号加到发射结，不影响发射结偏置；输出耦合电容 C_2 保证信号输送到负载，不影响集电结偏置；三极管 T 起放大作用；负载电阻 R_C、R_L 将变化的集电极电流转换为电压输出。

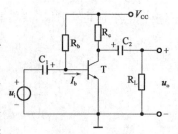

图 2-5 共发射极基本放大电路

放大电路的组成原则：

(1) 直流偏置电路（即直流通路）要保证器件工作在放大模式。

(2)交流通路要保证信号能正常传输,即有输入信号 u_i 时,应有 u_o 输出。

(3)元件参数的选择要保证信号能不失真地放大,即电路需提供合适的 Q 点及足够的放大倍数。

判断一个电路是否具有放大作用,关键就是看它的直流通路与交流通路是否合理。若有任何一部分不合理,则该电路就不具有放大作用。

2)静态工作点 Q 计算分析法

静态:输入信号 $u_i=0$ 时,放大电路的工作状态,也称直流工作状态。动态:输入信号 $u_i \neq 0$ 时,放大电路的工作状态,也称交流工作状态。放大电路建立正确的静态,是保证动态工作的前提。分析放大电路必须要正确地区分静态和动态,正确地区分直流通路和交流通路。

直流通路:能通过直流的通路(即电容相当于断路、交流电压源相当于短路),如图 2-6a)所示。

交流通路:能通过交流的电路通路(即直流电源和耦合电容对交流相当于短路),如图 2-6b)所示。

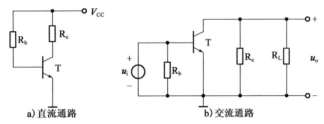

图 2-6 共发射极放大电路的直流、交流通路

根据直流通路对放大电路的静态进行计算:

$$I_B = \frac{V_{CC}-V_{BE}}{R_b} \approx \frac{V_{CC}}{R_b}; I_C = \beta I_B; V_{CE} = V_{CC} - R_C I_C$$

在输出特性曲线上确定两个特殊点 $(V_{CC}, V_{CC}/R_C)$,即可画出直流负载线如图 2-7a)所示;由直流负载线 $V_{CE}=V_{CC}-R_C I_C$,得到 Q 点的参数 I_{CQ}、I_{BQ} 和 V_{CEQ}。

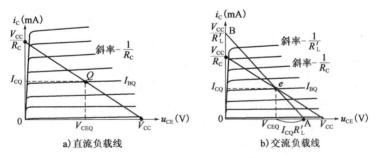

图 2-7 输出特性曲线对比图

从 B 点通过输出特性曲线上的 Q 点作一条直线,其斜率为 $-1/R_L'$,其中 $R_L'=R_L//R_C$,是交流负载电阻。交流负载线是有交流输入信号时 Q 点的运动轨迹,交流负载线与直流负载线相交于 Q 点,如图 2-7b)所示。

注意:该考点往往考查识图能力。通过给定输出特性曲线,反求共射极放大电路的基本电路参数以及放大倍数。

3)图解法分析放大器动态工作

若静态工作点设置合适,当输入正弦信号幅值较小时,则电路中各动态电压和动态电流也为正弦波,且输出电压信号与输入电压信号相位相反,如图 2-8 所示。

(1)截止失真(图 2-9)。当静态工作点 Q 较低时,在输入信号的负半周靠近峰值的区域,晶体管发射结电压 u_{BE} 小于开启电压 u_{th},晶体管截止,基极电流 i_B 将产生底部失真,集电极电流随之产生失真,对于 NPN 三极管输出电压表现为顶部失真,因静态工作点 Q 偏低而产生的失真称为截止失真。

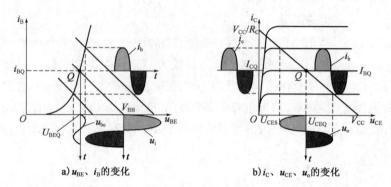

图 2-8 输入正弦信号时电压放大倍数的分析

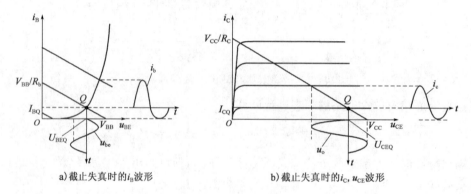

图 2-9 截止失真

出现截止失真的原因是基极电流太小,消除的方法即是增加基极电流 i_B 使其进入放大区,例如在如图 2-5 所示电路中可以减小基极电阻 R_b 的大小。

(2)饱和失真(图 2-10)。当静态工作点 Q 较高时,在输入信号的正半周靠近峰值的区域,晶体管进入饱和区,集电极电流产生失真,对于 NPN 三极管输出电压表现为底部失真,因静态工作点 Q 偏高而产生的失真称为饱和失真。

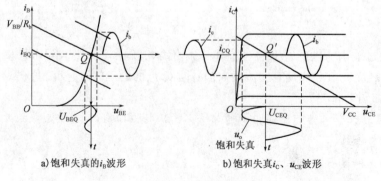

图 2-10 饱和失真

出现饱和失真的原因是静态工作点 Q 设置过高,因此消除的方法是减小基极电流,可在图 2-5 所示电路中通过增大 R_b,减小 R_C,增大 V_{CC} 等。

注意:对于 PNP 管,由于是负电源供电,失真的表现形式与 NPN 管正好相反。

(3)最大不失真输出电压。最大不失真输出电压指的是不失真时能输出的最大电压,有效值用 U_{oM} 表示,则 $U_{oM}=\min(I_C R'_L, V_{CC}-V_{CES})$。放大电路要想获得大的不失真输出幅度,工作点 Q 需要设置在输出特性曲线放大区的中间部位,且要有合适的交流负载线。

2.2.4 微变等效电路分析法(重点)

1)三极管简化的微变等效电路

三极管是非线性器件,但是在静态工作点合适的前提下,当输入交流信号很小时,其动态工作点可认为在线性范围内变动,这时三极管中各极电压和电流的关系近似为线性关系,因此可给三极管建立一个小信号的线性模型,即微变等效电路。以共发射极放大电路为例,三极管及其简化微变等效电路模型如图 2-11 所示。其中 $r_{be}=r'_{bb}+(1+\beta)\cdot 26\text{mV}/I_E$,$r'_{bb}$ 为基区体电阻,一般取 300Ω,$I_E=(1+\beta)I_B$。由公式可以看出 r_{be} 大小与放大倍数 β 基本无关。

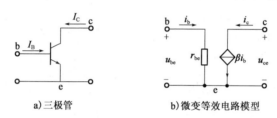

图 2-11 简化的三极管微变等效电路模型

2)微变等效电路分析法

在放大电路的交流通路中,用三极管的微变等效电路模型代替三极管可得到放大电路的微变等效电路,可以计算放大电路的电压放大倍数、输入阻抗、输出阻抗等放大性能指标。图 2-12 分别给出了阻容耦合基本共射极放大电路及其微变等效电路。

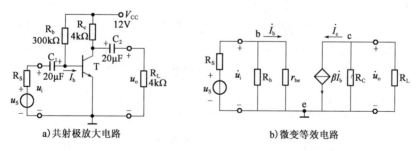

图 2-12 阻容耦合基本共射极放大电路交流等效电路

(1)电压放大倍数

从图 2-12b)微变等效电路可得:

电压放大倍数 $$A_V = \frac{U_o}{U_i} = \frac{-\beta I_b R'_L}{I_b r_{be}} = \frac{-\beta R'_L}{r_{be}}$$

源电压放大倍数 $$A_{VS} = \frac{U_o}{U_S} = \frac{U_o}{U_i} \cdot \frac{U_i}{U_S} = \frac{-\beta R'_L}{r_{be}} \cdot \frac{R_b // r_{be}}{R_b // r_{be} + R_S}$$

其中 $R'_L=R_L // R_C$，注意两个放大倍数间的区别，考试时一定要看清题目是求输出电压与输入电压之比还是输出电压与信源电压之比！

(2) 输入阻抗

$$R_i = \frac{V_i}{I_i} = R_b // r_{be}$$

(3) 输出阻抗

$$R_o \approx R_C$$

3) 静态工作点稳定电路

半导体器件对温度十分敏感，如温度上升，三极管的反向饱和电流 I_{CBO} 增加，穿透电流 $I_{CEO}=(1+\beta)I_{CBO}$ 也增加，发射结正向电压 U_{BE} 下降，电流放大倍数 β 增大，引起集电极电流 I_{CQ} 增大，反映在输出特性曲线上是静态工作点的上移。Q 点过高，会使输出电压和电流产生饱和失真；反之 Q 点过低，产生截止失真。如图 2-13 所示为常见的稳定静态工作点的偏置电路。引入分压偏置电阻 R_{b1}、R_{b2}，引入发射极电阻 R_e 及其旁路电容 C_e，C_e 要足够大，一般为几十微法。

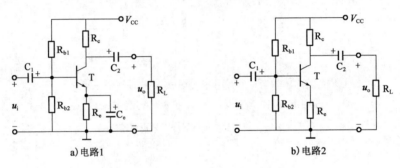

图 2-13 两种稳态静态工作点电路

根据图 2-13 所示两种电路画出直流通路后可以求出：$U_{BQ} \approx \frac{R_{b2}}{R_{b2}+R_{b1}} U_{CC}$（忽略较小的基极电流）。可见，基极电位主要由两个分压电阻和直流电源决定，与温度无关，因此当温度变化时，基极电位 U_{BQ} 基本不变。当温度升高时，集电极电流 I_{CQ} 变大，引起发射极电流 I_{BQ} 增大，发射极电阻 R_e 上的压降增大，即提高了发射极电位 U_{EQ}。因为三极管发射结 $U_{BE}=U_{BQ}-U_{EQ}$ 势必减小，集电极电流 I_{CQ}、射极电流 I_{BQ} 变小，基本抵消了由于温度升高而使集电极电流变大的部分，稳定了静态工作点。

由图 2-14 微变等效电路可以分别求出以下参数：

电路 1：电压放大倍数 $A_V = \frac{U_o}{U_i} = \frac{-\beta I_b R'_L}{I_b r_{be}} = \frac{-\beta R'_L}{r_{be}}$，其中 $R'_L = R_L // R_C$

输入阻抗 $R_i = \frac{U_i}{I_i} = R_{b1} // r_{be} // R_{b2}$

输出阻抗 $R_o \approx R_C$

电路 2：电压放大倍数 $A_V = \frac{U_o}{U_i} = \frac{-\beta I_b R'_L}{I_b [r_{be}+(1+\beta)R_e]} = \frac{-\beta R'_L}{(1+\beta)R_e + r_{be}}$，其中 $R'_L = R_L // R_C$

输入阻抗 $R_i = \frac{U_i}{I_i} = R_{b1} // [r_{be}+(1+\beta)R_e] // R_{b2}$

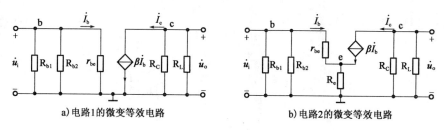

图 2-14 微变等效电路

输出阻抗 $R_o \approx R_C$

因而既能获得稳定静态工作点 Q，同时又希望提高电压放大倍数，采用电路 1 所示的结构。

4）共基极放大电路

晶体管组成的放大电路有共射、共基、共集三种基本接法，即除了前面所述的共射极放大电路，还有以基极为公共端的放大电路(图 2-15)和以集电极为公共端的放大电路(图 2-17)。

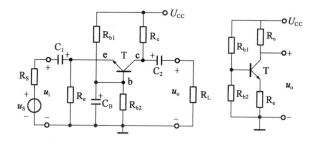

图 2-15 共基极放大电路及直流通路

(1) 直流分析：与共射组态相同。
(2) 微变等效电路(图 2-16)。

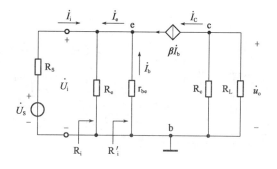

图 2-16 共基极放大电路的微变等效电路

由图 2-16 微变等效电路可求如下参数：

电压放大倍数：$A_u = \dfrac{U_o}{U_i} = \dfrac{\beta R'_L}{r_{be}}$

输入阻抗：$R_i = \dfrac{U_i}{I_i} = \dfrac{r_{be}}{1+\beta} // R_e \approx \dfrac{r_{be}}{1+\beta}$

输出电阻：$R_o \approx R_c$

5)共集电极放大电路(图 2-17)

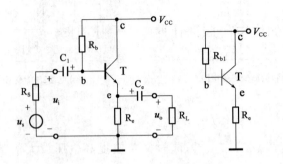

图 2-17　共集电极放大电路及直流通路

(1)直流分析:求工作点 Q

由 $U_{CC}=R_bI_B+U_{BE}+U_E$,其中 $U_E=I_ER_e=(1+\beta)I_BR_e$,解得:

Q 点:$\begin{cases} I_B=\dfrac{U_{CC}-U_{BE}}{R_b+(1+\beta)R_e}\approx\dfrac{U_{CC}}{R_b+(1+\beta)R_e} \\ I_C=\beta I_B \\ U_{CE}=U_{CC}-I_CR_e \end{cases}$

(2)交流分析

①电压放大倍数

由图 2-18 微变等效电路可知:

$\dot{U}_i=\dot{I}_br_{be}+R'_L(\dot{I}_b+\beta\dot{I}_b)\Rightarrow\dot{I}_b=\dfrac{\dot{U}_i}{r_{be}+R'_L(1+\beta)}$

$\dot{U}_o=R'_L(\dot{I}_b+\beta\dot{I}_b)=R'_L(1+\beta)\dot{I}_b$

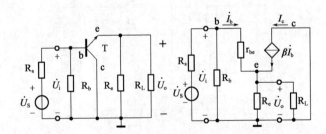

图 2-18　共集电极放大电路交流通路及微变等效电路

则电压放大倍数 $A_V=\dfrac{\dot{U}_o}{\dot{U}_i}=\dfrac{(1+\beta)R'_L}{r_{be}+(1+\beta)R'_L}\approx 1$

因此,共集电极放大电路输出电压和输入电压同相位,且电压放大倍数近似为 1。

②输入电阻(图 2-19)

将图 2-18 中的独立源置零,输入端加上独立电压源 U_T,流入基极的电流为 I_T,根据输入阻抗定义可知:

$$R_{\mathrm{i}} = \frac{\dot{U}_{\mathrm{T}}}{\dot{I}_{\mathrm{T}}} = \frac{\dot{I}_{\mathrm{T}}\{R_{\mathrm{b}} // [r_{\mathrm{be}} + (1+\beta)R'_{\mathrm{L}}]\}}{\dot{I}_{\mathrm{T}}} \approx R_{\mathrm{b}} // R'_{\mathrm{L}}, \text{其中} R'_{\mathrm{L}} = R_{\mathrm{L}} // R_{\mathrm{e}}$$

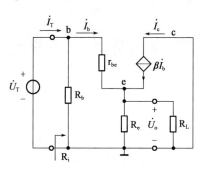

图 2-19　共集电极放大电路输入电阻等效电路

③输出电阻(图 2-20)

将图 2-18 中的独立源置零,输出端加上独立电压源 U_{T},流入发射极的电流为 I_{T},根据输出阻抗定义可知:

$$R_{\mathrm{o}} = \frac{\dot{U}_{\mathrm{T}}}{\dot{I}_{\mathrm{T}}} = \frac{\dot{U}_{\mathrm{T}}}{\frac{\dot{U}_{\mathrm{T}}}{R_{\mathrm{e}}} + \frac{\dot{U}_{\mathrm{T}}}{r_{\mathrm{be}} + R_{\mathrm{b}} // R_{\mathrm{s}}} \times (1+\beta)} = \frac{1}{\frac{1}{R_{\mathrm{e}}} + \frac{1+\beta}{r_{\mathrm{be}} + R_{\mathrm{b}} // R_{\mathrm{s}}}} \Rightarrow$$

$$R_{\mathrm{o}} = R_{\mathrm{e}} // \frac{r_{\mathrm{be}} + R_{\mathrm{b}} // R_{\mathrm{s}}}{1+\beta}$$

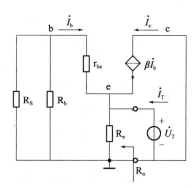

图 2-20　共集电极放大电路输出电阻等效电路

共集电极放大电路特点:电压增益<1,输入电压与输出电压同相,输入电阻高,输出电阻低。

2.2.5　多级放大电路的分析

多级放大电路中,级间耦合常见的有直接耦合、阻容耦合、变压器耦合和光电耦合。一个 N 级放大电路,电压放大倍数定义为:$A_{\mathrm{u}} = \frac{U_{\mathrm{o}}}{U_{\mathrm{i}}}$;由于前一级的输出电压是后一级的输入电压,所以多级放大电路的电压放大倍数为:$A_{\mathrm{u}} = A_{\mathrm{u}1} \cdot A_{\mathrm{u}2} \cdot A_{\mathrm{u}3} \cdots A_{\mathrm{u}n}$。而每级的电压放大倍数分别为:$A_{\mathrm{u}1} = \frac{U_{\mathrm{o}1}}{U_{\mathrm{i}}}, A_{\mathrm{u}2} = \frac{U_{\mathrm{o}2}}{U_{\mathrm{i}2}} = \frac{U_{\mathrm{o}2}}{U_{\mathrm{o}1}}, \cdots, A_{\mathrm{u}n} = \frac{U_{\mathrm{o}n}}{U_{\mathrm{i}n}} = \frac{U_{\mathrm{o}}}{U_{\mathrm{o}(n-1)}}$。

注意:多级放大电路中的级与级之间是相互影响的,应将后一级的输入阻抗视为前一级的负载。一般地,多级放大电路中的输入阻抗是第一级的输入电阻;多级放大电路中的输出电阻是最末一级的输出电阻。

2.3 线性集成运算放大电路与运算电路

2.3.1 差分放大电路

1)差模、共模信号定义

在直接耦合放大电路中,将输入端短路,输出端也会有变化缓慢的输出电压,这种现象叫零漂。产生零漂最主要原因是温度,为了减小直接耦合放大电路的零点漂移,集成运放的输入极采用差分放大电路结构。主要结构有四种:双端输入双端输出、双端输入单端输出、单端输入双端输出、单端输入单端输出。

差模信号:是指在两个输入端加幅度相等、极性相反的信号,用公式表示为 $u_{i1}=-u_{i2}=\frac{1}{2}u_{id}$,则差模输入电压为 $u_{id}=u_{i1}-u_{i2}$。

共模信号:是指在两个输入端加幅度相等、极性相同的信号,用公式表示为:$u_{i1}=u_{i2}=u_{ic}$,则共模输入电压为 $u_{ic}=\frac{1}{2}(u_{i1}+u_{i2})$。

任意信号:均可分解为一对差模信号与一对共模信号之代数和。(曾经考过信号分解)

$$\begin{cases} u_{i1}=u_{ic}+\frac{1}{2}u_{id} \\ u_{i2}=u_{ic}-\frac{1}{2}u_{id} \end{cases}, 求差模以及共模信号 \begin{cases} u_{ic}=\frac{1}{2}(u_{i1}+u_{i2}) \\ u_{id}=u_{i1}-u_{i2} \end{cases}$$

放大电路即是对两个输入信号之差进行放大,对共模信号进行抑制。差分放大电路是由两个特性基本相同的三极管组成,电路参数对称相等。

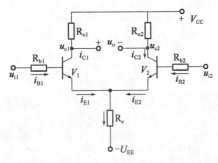

图 2-21 长尾式差分放大电路

2)静态分析

当输入信号为零时,即 $u_{i1}=u_{i2}=0$,由于电路完全对称,这时输出电压 $u_o=u_{C1}-u_{C2}=0$。当温度发生变化,电源电压的波动同时引起两管集电极电流、集电极电压的变化,由于两管处于同一个环境温度下,两管的变化量都是相等的,因而其输出电压仍然为 0,有效地消除了零漂。长尾式差分放大电路如图 2-21 所示。

此时电阻 R_e 的电流等于 V_1、V_2 发射极电流之和,即 $I=I_{E1}+I_{E2}=2I_E$;根据基极回路方程 $I_B R_b+U_{BE}+2I_E R_e-U_{EE}=0$,可得到 $I_B=\dfrac{U_{EE}-U_{BE}}{R_b+2\beta R_e}$。

通常 R_b 较小,电流 I_B 也很小,所以忽略电阻 R_b 上电压,因而流过电阻 R_e 的电流 $I\approx\dfrac{U_{EE}-U_{BE}}{R_e}$;发射极的静态电流 $I_E=\dfrac{1}{2}I\approx\dfrac{U_{EE}-U_{BE}}{2R_e}$,只要合理地选择 R_e 的阻值,并与电源 U_{EE}

相配合,就可以设置合适的静态工作点,由 I_E 可得 U_{CE}、I_B：$I_B=\dfrac{I_E}{1+\beta}$,$U_{CE}=U_{CC}-I_C R_C+U_{BE}$。

注意：含有差分放大电路的放大倍数的计算,主要涉及 I_E 电流的确定,进而确定电阻 r_{be},接着求出放大倍数。尤其注意含有调零电阻 R_w 放大倍数的分析与计算。

3) 差模信号动态性能分析

当在电路两个输入端各加一个大小相等、极性相反的信号电压,即 $u_{i1}=-u_{i2}=0.5u_{id}$；一个管电流增加,另一个管电流减小,所以 $u_o=u_{C1}-u_{C2}\neq 0$,即在两个输出端有信号的输出。

(1) 差放半电路分析法

因电路两边完全对称,因此差放分析的关键就是如何在差模输入与共模输入时,分别画出半电路交流通路,在此基础上分析电路各项性能指标。分析步骤如下：

① 差模分析：画半电路差模交流通路计算 A_{Vd}、R_{id}、R_{od}。
② 共模分析：画半电路共模交流通路计算 A_{Vc}、R_{ic}、K_{CMR}。
③ 根据需要计算输出电压：双端输出,计算 U_o；单端输出,计算 U_{o1},U_{o2}。

(2) 双端输出电路(图 2-22)

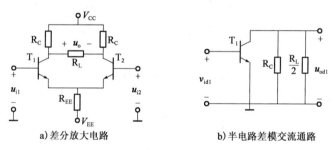

图 2-22 双端输出半电路差模交流电路

半电路差模交流电路画法分析：R_{EE} 对差模信号视为短路,R_L 中点视为交流地电位,即每管负载为 $R_L/2$；直流电源短路接地。注意关键在于对公共器件的处理。

差模输入阻抗：$R_{id}=\dfrac{u_{id}}{i_i}=\dfrac{u_{id1}-u_{id2}}{i_i}=\dfrac{2u_{id1}}{i_i}=2R_{i1}=2r'_{be}$

差模输出阻抗：$R_{od}=2R_{o1}\approx 2R_C$

差模电压增益：$A_{vd}=\dfrac{u_{od}}{u_{id}}=\dfrac{u_{od1}-u_{od2}}{u_{id1}-u_{id2}}=\dfrac{2u_{od1}}{2u_{id1}}=A_{v1}=-\dfrac{\beta\left(R_C//\dfrac{R_L}{2}\right)}{r'_{be}}$

注意：电路采用了成倍元件,但电压增益并没有得到提高,即差分放大电路是以牺牲一只管子的放大倍数为代价获取了低温漂的效果。

(3) 单端输出电路(图 2-23)

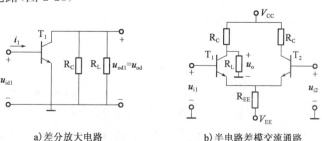

图 2-23 单端输出半电路差模交流电路

与双端输出电路的区别:仅在于对 R_L 的处理上。

差模输入电阻:$R_{id}=\dfrac{u_{id}}{i_i}=2R_{i1}=2r'_{be}$(不变)

差模输出电阻:$R_{od1}=R_{o1}\approx R_C$(减小)

差模放大倍数:$A_{vd1}=\dfrac{u_{od1}}{u_{id}}=\dfrac{u_{od1}}{2u_{id1}}=\dfrac{A_{v1}}{2}=-\dfrac{1}{2}\cdot\dfrac{\beta(R_C//R_L)}{r'_{be}}=-A_{vd2}$(减小)

4)共模信号动态性能分析

(1)双端输出电路(图 2-24)

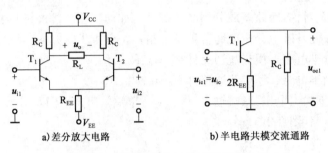

图 2-24 双端输出半电路共模交流电路

电路特点为:双端输出电路利用对称性抑制共模。每管发射极接 $2R_{EE}$;因为流过 R_L 的共模电流为 0,故 R_L 对共模视为开路;直流电源短路接地。

共模输入阻抗:$R_{ic}=\dfrac{u_{ic}}{i_i}=\dfrac{u_{ic1}}{i_i}=R_{i1}=r'_{be}+2R_{EE}(1+\beta)$

共模电压增益:$A_{vd}=\dfrac{u_{oc}}{u_{ic}}=\dfrac{u_{oc1}-u_{oc2}}{u_{ic}}=0$

(2)单端输出电路(图 2-25)

与双端输出电路的区别:仅在于对 R_L 的处理上。

共模输入阻抗:$R_{ic}=\dfrac{u_{ic}}{i_i}=\dfrac{u_{ic1}}{i_i}=R_{i1}=r'_{be}+2R_{EE}(1+\beta)$(不变)

共模输出电阻:$R_{oc1}=R_{o1}\approx R_C$

共模放大倍数:$A_{vc1}=\dfrac{u_{oc}}{u_{ic}}=A_{v1}=-\dfrac{\beta(R_C//R_L)}{r'_{be}+2R_{EE}(1+\beta)}\approx-\dfrac{R'_L}{2R_{EE}}=A_{vc2}$

电路特点:一般电阻 R_{EE} 较大,共模电压放大倍数较小。单端输出电路利用 R_{EE} 的负反馈作用抑制共模信号。

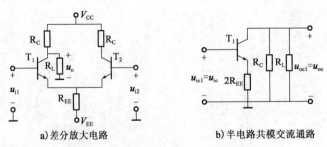

图 2-25 单端输出半电路共模交流电路

从以上四种方式的分析可知,无论电路采用何种输出方式,差放都具有放大差模信号、抑制共模信号的能力。总结见表 2-1。

总 结 表　　　　　　　　　　　　　　　　　　　　　　　表 2-1

变量	双端输入	单端输入	双端输入	单端输入
	双端输出		单端输出	
A_{vd}	$-\beta R'_L/r_{be}, R'_L=R_C//(R_L/2)$		$\mp\beta R'_L/2r_{be}, R'_L=R_C//R_L$	
R_{id}	$2r_{be}$			
R_o	$2R_C$		R_C	
A_{vc}	0		$\approx -R'_L/2R_{EE}$	
K_{CMR}	∞		$\beta R_{EE}/r_{be}\approx g_m r_{be}$	
R_{ic}	$r_{be}+(1+\beta)2R_{EE}$			

典型例题：

图 2-26 为差动放大电路,设两管的 $\beta=150, U_{BE}=0.7V$。试解答以下问题：

(1) 分析电位器 R_P 的作用；

(2) 求 $R_{id}、R_{od}$ 及 A_{ud}；

(3) 求共模输入电阻 R_{iC},共模电压放大倍数 A_{uC} 和 K_{CMR}。

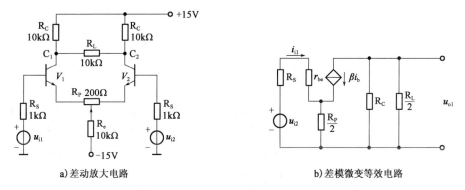

a) 差动放大电路　　　　b) 差模微变等效电路

图 2-26　例题图示

解题步骤和说明：

(1) 电位器 R_P 是平衡电阻,它用于调零,保证输入为零时,输出也为零。

(2) 画出差模微变等效电路,如图 2-26b)所示。

① 计算 R_{id} 和 A_{ud} 都要用到晶体管的输入电阻 r_{be},因此应先求静态工作点电流：

$$I_{E1}=I_{E2}=\frac{1}{2}I_E\approx\frac{V_{EE}-U_{BE}}{2R_C+R_P/2}=\frac{(15-0.7)V}{(20+0.1)k\Omega}=0.71mA$$

$$r_{be}=200+151\frac{26V}{0.71mA}=5.73k\Omega$$

② 由图 2-26b)可知：

$$R_{id}=2\left[R_s+r_{be}+(1+\beta)\frac{R_P}{2}\right]$$
$$=2\times(1+5.73+151\times 0.1)=43.85k\Omega$$

输出电阻 R_{od} 的值：

单端输出时：$R_{od}=R_C=10k\Omega$；

双端输出时：$R_{od}=2R_C=20k\Omega$。

③ 双端输出时的差模电压放大倍数：

$$A_{ud} = \frac{u_o}{u_i} = A_{u1} = -\frac{\beta(R_C /\!/ \frac{R_L}{2})}{R_S + r_{be} + (1+\beta)\frac{R_P}{2}}$$

$$= -\frac{150 \times (10 /\!/ 5)}{1 + 5.73 + 151 \times 0.1} = -22.9$$

如果 R_L 接在 C_2 和地之间，差模放大倍数为：

$$A_{u2} = \frac{1}{2} \times \frac{\beta(R_C /\!/ R_L)}{R_S + r_{be} + (1+\beta)\frac{R_P}{2}}$$

$$= \frac{1}{2} \times \frac{150 \times (10 /\!/ 10)}{1 + 5.73 + 151 \times 0.1} = 17.18$$

2.3.2 集成运算放大器

集成运算放大器是一种高电压增益，高输入电阻和低输出电阻的多级直接耦合放大电路。

在分析电路时，用理想的运放代替实际运算放大器所引起的误差不大，并能使分析过程大大简化。

1) 理想运放的放大条件及其特性

差模电压放大倍数 $A_{vd} = \infty$；开环输出电阻 $R_o = 0$；开环输入电阻：$R_i = \infty$；共模抑制比：$K_{CMR} = \infty$。

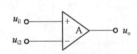

图 2-27 运算放大器的引线

运算放大器符号中有三个引线端(图 2-27)：两个输入端，一个输出端。一个称为同相输入端，即该端输入信号变化的极性与输出端相同，用符号"+"表示；另一个称为反相输入端，即该端输入信号变化的极性与输出端相反，用符号"-"表示。

2) 线性区理想运放的特性

为了保证线性运用，运放必须在闭环(负反馈)下工作。

(1) 虚短

虚短是指在分析运算放大器处于线性状态时，可把两输入端视为等电位，这一特性称为虚假短路，简称虚短。

(2) 虚断

由于运放的差模输入电阻很大，近似认为无穷大。而运放的输入端电压是有限的，使得集成运放的两个输入端几乎不取用电流，这时两个输入端就像断开一样，简为"虚断"。

3) 非线性区的理想运放特性分析

当集成运放的工作范围超出线性区，输出电压和输入电压不再满足虚短特性关系，不能按照线性电路理论进行分析，但是此时也有两条结论成立。

由于 A_{vd} 很大，输出电压即达到正向饱和电压 $+U_{oM}$ 或者负向饱和电压 $-U_{oM}$，即：

$$\begin{cases} u_+ > u_-, u_o = +U_{oM} \\ u_+ < u_-, u_o = -U_{oM} \end{cases}$$

由于理想运放的差模输入电阻为无穷大，因而输入电流仍然为 0，即虚断现象依然存在。

其电路特点主要是开环工作,例如电压比较器。

注意:在分析运放应用电路时,将集成运放当作理想运算放大器,根据电路特点(开环、闭环)确定运放工作在线性区还是非线性区。若运放工作于线性区,利用虚短和虚断特性建立输出电压和输入电压的数学关系式。

4)基本运算电路

集成运放适当引入反馈后,使输出和输入有特定的函数关系。此时集成运放工作于线性区。

(1)比例运算电路

如图2-28所示反相比例运算电路,根据虚断和虚短知:$u_+ = u_- = 0$。则 $I_i = \dfrac{u_i - u_-}{R_1} = I_f = \dfrac{u_- - u_o}{R_f}$,得电压增益 $A_{vf} = \dfrac{u_o}{u_f} = \dfrac{-R_f}{R_1}$。

如图2-29所示的同相比例运算电路,根据虚断和虚短特性知:$u_i = u_+ = u_- = \dfrac{R_1}{R_1 + R_f} u_o$,则电压增益 $A_{vf} = \dfrac{u_o}{u_f} = 1 + \dfrac{R_f}{R_1}$。

电压跟随器电路如图2-30所示,则根据虚断和虚短特性知:$u_o = u_i$。

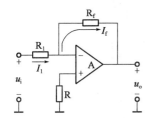

图2-28 反相比例运算电路

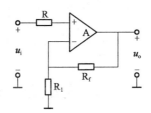

图2-29 同相比例运算电路

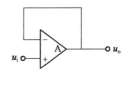

图2-30 电压跟随器电路

(2)积分和微分电路

积分电路如图2-31所示,根据虚短:$i_1 = \dfrac{u_S}{R}$。根据虚断:$i_C = i_1$。因此 $u_o = -u_C = -\dfrac{1}{C}\int i_C dt = -\dfrac{1}{RC}\int u_S dt$。

微分电路如图2-32所示,$u_o = -i_R R = -i_C R = -RC \dfrac{du_C}{dt} = -RC \dfrac{du_S}{dt}$。

模拟乘法器是实现两个模拟量相乘功能的器件。如图2-33所示,与运放一样,有两个输入端和一个输出端,若输入信号分别为 u_X、u_Y,则输出信号 $u_o = K u_X u_Y$,式中 K 为乘法器的增益系数。

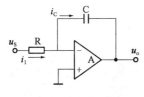

图2-31 积分电路

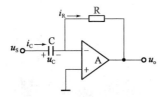

图2-32 微分电路

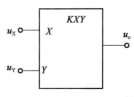

图2-33 模拟乘法器

解题思路:集成运算放大器涉及复杂的运算电路,主要考查的还是以上几个运算电路的组合,利用理想运放的虚断和虚短特性,逐步分析每个运放的输入输出电压关系式,最终可得总的电路增益。

例如下面的基本运算电路图 2-34～图 2-36,包括反相、同相求和电路等。

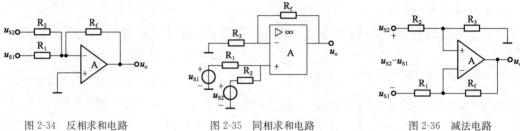

图 2-34　反相求和电路　　　　图 2-35　同相求和电路　　　　图 2-36　减法电路

根据前面的虚断和虚短特性很容易求出图 2-34 的输出电压为:$u_o = \dfrac{R_f}{R_1}u_{S1} - \dfrac{R_f}{R_2}u_{S2}$

如图 2-35 所示,先利用叠加定理求出 $u_+ = \dfrac{R_2}{R_1+R_2}u_{S1} + \dfrac{R_1}{R_1+R_2}u_{S2}$,故输出电压 $u_o = \left(1+\dfrac{R_f}{R_3}\right)u_+ = \left(1+\dfrac{R_f}{R_3}\right)\left(\dfrac{R_2}{R_1+R_2}u_{S1} + \dfrac{R_1}{R_1+R_2}u_{S2}\right)$。

图 2-36 为减法电路,基本思路是先分别求 $u_+ = \dfrac{R_3}{R_1+R_3}u_{S2}$,$u_- = \dfrac{R_f}{R_1+R_f}u_{S1} + \dfrac{R_1}{R_1+R_f}u_o$,再利用 $u_+ = u_-$,得:$u_o = \dfrac{R_f+R_1}{R_1}\left(\dfrac{R_3}{R_2+R_3}u_{S2}\right) - \dfrac{R_f}{R_1}u_{S1}$;若 $R_f=R_1=R_2=R_3$,则 $u_o = u_{S2} - u_{S1}$。

2.4　反馈放大电路(重点)

负反馈放大器组成如图 2-37 所示。

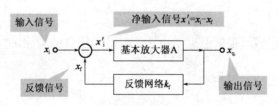

图 2-37　负反馈放大器组成框图

2.4.1　反馈电路增益表达式

开环增益:$A = x_o/x_i'$

反馈系数:$k_f = x_f/x_o$

闭环增益:$A_f = x_o/x_i' = \dfrac{x_o}{x_i'+x_f} = \dfrac{x_o/x_i'}{1+x_f/x_i'} = \dfrac{A}{1+Ak_f} = \dfrac{A}{F}$

反馈深度:$F = 1+Ak_f = 1+T$

反馈极性的判断:若 x_f 削弱了 x_i,使 $x_i' < x_i$ 为负反馈;
　　　　　　　　若 x_f 增强了 x_i,使 $x_i' > x_i$ 为正反馈。

通常采用瞬时极性法来判断实际电路的反馈极性。主要记住两点:三极管的集电极极性与基极相反,含有运算放大器的输出端极性与反相输入端相位相反。

用瞬时极性法比较 x_f 与 x_i 极性时:若是串联反馈,则直接用电压进行比较($u_i' = u_i - u_f$);若是并联反馈,则需根据电压的瞬时极性,标出相关支路的电流流向,然后用电流进行比较($i_i' = i_i - i_f$)。

2.4.2 负反馈对放大电路性能的影响

(1)降低增益。

闭环增益 $A_f = \dfrac{x_o}{x_i} = \dfrac{A}{1+Ak_f} = \dfrac{A}{F}$

式中,$F = 1 + Ak_f$ 为反馈深度。

①深度负反馈:$|1+Ak_f| \gg 1$,$|A_f| \approx \dfrac{1}{F}$。

②正反馈:$|1+Ak_f| < 1$,$|A_f| > |A|$。

③无反馈:$|1+Ak_f| = 1$,$|A_f| = |A|$。

④自激振荡:$|1+Ak_f| = 0$,$|A_f| \to \infty$。

(2)负反馈提高增益稳定性。

由
$$\dfrac{A_f}{A} = \dfrac{1}{1+Ak_f} \qquad ①$$

得:
$$\dfrac{\partial A_f}{\partial A} = \dfrac{1}{(1+Ak_f)^2} \qquad ②$$

结合①、②两式得:
$$\dfrac{\partial A_f}{A_f} = \dfrac{1}{1+Ak_f} \dfrac{\partial A}{A}$$

可见:引入负反馈后放大倍数的相对变化量为未引入负反馈时相对变化量的 $\dfrac{1}{1+Ak_f}$ 倍。即负反馈使闭环增益降低了 $1+Ak_f$ 倍,但却使稳定度提高了 $1+Ak_f$ 倍。

(3)负反馈扩展通频带,减小非线性失真和抑制放大回路内的干扰、噪声。

(4)负反馈影响放大回路的输入阻抗和输出阻抗。

对输入阻抗的影响:串联负反馈增大输入阻抗,并联负反馈减小输入阻抗。

对输出阻抗的影响:电压负反馈使输出阻抗减小,稳定输出电压;电流负反馈使输出阻抗增大,稳定输出电流。

2.4.3 交流负反馈的四种组态

1)串联、并联负反馈的判别方法

反馈信号与输入信号分别加在两个输入端子上,在输入回路以电压形式叠加,为串联反馈。反馈信号与输入信号都加在同一个输入端子上,在输入回路以电流形式叠加,为并联反馈。

2)电压电流负反馈的判别方法

第一种方法:根据定义,在输出端,反馈网络与基本放大电路、负载 R_L 并联联接,即反馈信号取样于输出电压,为电压反馈。在输出端,反馈网络与基本放大电路、负载 R_L 串联联接,即反馈信号取样于输出电流,为电流反馈。

第二种方法:输出短路法。即假设输出端交流短路,若反馈信号消失,则为电压反馈;反之为电流反馈。

2.4.4 基本放大器引入负反馈的原则(重点)

1)在电路输出端

若要求电路电压 u_o 稳定或输出电阻 R_o 小,应引入电压负反馈;

若要求电路电流 i_o 稳定或输出电阻 R_o 大,应引入电流负反馈。

2)在电路输入端

若要求输入电阻 R_i 大或从信号源索取的电流小,应引入串联负反馈;

若要求输入电阻 R_i 小或从信号源索取的电流大,应引入并联负反馈。

3)反馈效果与信号源内阻 R_s 的关系

若电路采用 R_s 较小的电压源激励,应引入串联负反馈;

若电路采用 R_s 较大的电流源激励,应引入并联负反馈。

2.5 信号发生、处理电路

2.5.1 信号处理电路

1)滤波电路分类

滤波器是一种选频网络,对于所选定的频率范围的信号衰减小,能使其顺利通过;对于频率超出此范围的信号衰减大,使其不易通过。根据滤波器能够通过或者阻止信号频率范围的不同,可分为以下几类:

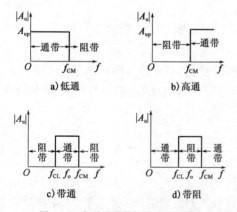

图 2-38 各种滤波器的理想幅频特性

(1)低通滤波器:通低频,阻高频。

(2)高通滤波器:通高频,阻低频。

(3)带通滤波器:通过某段频率,阻止频率低于此范围和高于此范围的频带。

(4)带阻滤波器:与带通滤波器相反。

如图 2-38 所示:A_{up} 为通带电压增益,f_o 为中心频率,f_{CL}、f_{CM} 分别为下限和上限截止频率。

仅有无源元件 R、C 构成的滤波器称为无源滤波器,无源滤波器电路对输入信号总是衰减的,其带负载能力较差。

由无源元件 R、C 和放大器构成的滤波器称为有源滤波器。有源滤波电路是一种信号处理电路,组成有源滤波器的集成运算放大器工作在线性区。因而可以利用运放的虚断和虚短特性求出输出与输入的电压关系式。

2)电压比较器

电压比较器主要用于波形变换、整形以及电平检测等。

(1)简单电压比较器基本原理

简单电压比较器电路如图 2-39 所示,电路实现了输入信号电压 u_S 与基准电压 U_{REF} 进行比较功能。设运放最大的输出电压为 U_{oM}（由运放的电源电压决定）,即特性为以下公式：

$$\begin{cases} u_S > U_{REF}, u_o = -U_{oM} \\ u_S < U_{REF}, u_o = U_{oM} \end{cases}$$

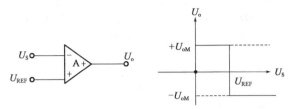

图 2-39　简单电压比较器

当 $U_{REF}=0$,该电路被称为过零比较器。

由图 2-39 可知所示电路的功能：电压 u_S 与基准电压 U_{REF} 比较,结果达到 U_{REF} 时翻转,常把比较器输出电压从一个电平跳变到另一个电平时所对应的输入电压称为阈值电压 U_{TH},此处只有一个阈值,因此也称单值电压比较器。

(2) 具有限幅措施的电压比较器

由于电压比较器中的运放输入端可出现 $u_+ \neq u_-$,为了避免 u_S 过大损坏运放,除了在输入回路串接电阻外,还应在运放的两个输入端并联二极管,当 u_S 过大时二极管导通后,由于其导通压降较低,可有效地保护运放输入回路不被损坏。

为了减小输出电压,在比较器的输出回路加上限幅电路,如图 2-40 所示,输出电压的最大值 $U_{oM} \approx \pm U_Z$。

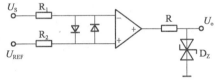

图 2-40　具有限幅环节的电压比较器

(3) 滞回比较器

单阈值电压比较器由一个输出状态向另一个输出状态转换部分不够陡峭,不能灵敏地判断输入电压和阈值电压的相对大小,当输入电压中有干扰信号时,输出电压有可能在 $-U_{oM}$ 和 $+U_{oM}$ 之间跳动,因此需要改善电压比较电路的性能。以图 2-41 给出的反相滞回比较器为例。

由图 2-41 可知：

$U_+ = \dfrac{R_2}{R_2+R_3} u_o = \dfrac{R_2}{R_2+R_3}(\pm U_{oM})$,在本电路中,$\pm U_{oM} = \pm U_Z$;当输出为 $+U_Z$ 时,$U_+ = \dfrac{R_2}{R_2+R_3} U_Z = U_{T+}$,称为上限阈值电压;当输出为 $-U_Z$ 时,$U_+ = -\dfrac{R_2}{R_2+R_3} U_Z = U_{T-}$,称为下限阈值电压。

设开始时 $u_o = +U_Z$,当 u_S 由负向正变化,且使 u_S 稍大于 U_{T+} 时,输出电压由 $+U_Z$ 跳变成 $-U_Z$,电路输出翻转一次；当 u_S 由正向负变化,回到 U_{T+} 时,由于此时阈值电压为 U_{T-},电路输出并不翻转,只有在 u_S 稍小于 U_{T-} 时,输出电压由 $-U_Z$ 跳变成 $+U_Z$,电路输出才翻转一次。当 u_S 由负向正变化,回到 U_{T-} 时,电路输出也不翻转,当 u_S 稍大于 U_{T+} 时,输出电压由 $+U_Z$ 再次跳变成 $-U_Z$,电路输出又翻转一次。因此该电路具有回差特性,回差电压 $\Delta U_T = U_{T+} - U_{T-}$,通过调节 R_2、R_3 的比值,可以改变回差电压的数值。

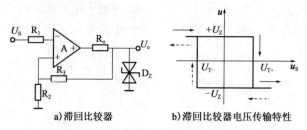

图 2-41 滞回比较器

2.5.2 信号发生电路(重点)

1)方波发生器(非正弦波)

方波产生电路如图 2-42 所示,R_f、C 的一阶电路组成无源积分电路,其余部分是滞回比较器。上、下限电压分别为 $U_{TH1}=\dfrac{R_2 \cdot U_Z}{R_2+R_3}$,$U_{TH2}=\dfrac{-R_2 \cdot U_Z}{R_2+R_3}$。如图 2-42b)所示即为电容两端电压 u_C 波形和输出电压 u_o 的波形。

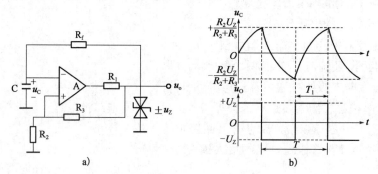

图 2-42 方波产生电路及输出电压波形

(1)矩形波的宽度 T_1 与周期 T 之比称为占空比,方波占空比为 50%。

(2)方波的周期 $T=2R_f C \ln\left(1+\dfrac{2R_2}{R_3}\right)$。

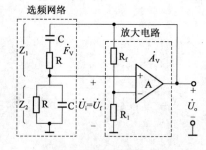

图 2-43 RC 桥式振荡电路

2)文氏桥振荡电路(正弦波)

正弦波振荡电路是一个没有输入信号,带选频网络的正反馈放大电路,根据幅度平衡条件和相位平衡条件须满足:$AF=1$,$\varphi_A+\varphi_F=2n\pi(n=0,1,2,\cdots)$,但若要求振荡电路能够自行起振,开始必须满足 $AF>1$ 的幅度条件。如图 2-43 所示为 RC 桥式振荡电路。

电路的构成:

RC 串并联网络是正反馈网络,R_f 和 R_1 为负反馈网络;RC 串并联网络与 R_f、R_1 负反馈支路正好构成一个桥路,称为桥式。

根据电路图知:$Z_1=R+\dfrac{1}{j\omega C}$,$Z_2=R // \dfrac{1}{j\omega C}=\dfrac{R}{1+j\omega RC}$,则反馈系数

$$\dot{F}_\mathrm{V} = \frac{\dot{U}_\mathrm{f}}{\dot{U}_\mathrm{o}} = \frac{Z_2}{Z_1 + Z_2} = \frac{R/(1+j\omega RC)}{R + \frac{1}{j\omega C} + \left(\frac{R}{1+j\omega RC}\right)} = \frac{R}{[R+(1+j\omega C)](1+j\omega RC)+R}$$

$$= \frac{1}{3+j\left(\omega RC - \frac{1}{\omega RC}\right)} \xrightarrow{\omega_0 = \frac{1}{RC}} \dot{F}_\mathrm{V} = \frac{1}{3+j\left(\frac{\omega}{\omega_0} - \frac{\omega_0}{\omega}\right)}$$

则 $|\dot{F}_\mathrm{V}| = \dfrac{1}{\sqrt{3^2 + \left(\dfrac{\omega}{\omega_0} - \dfrac{\omega_0}{\omega}\right)^2}} \Rightarrow |\dot{F}_\mathrm{V}|_\mathrm{max} = \dfrac{1}{3}$,此时振荡频率 $f = f_0 = \dfrac{1}{2\pi RC}$。

根据起振条件知:$AF > 1 \Rightarrow A > 3$。结合运算放大器虚断和虚短特性知:放大倍数 $A = 1 + \dfrac{R_\mathrm{f}}{R_1} > 3 \Rightarrow R_\mathrm{f} > 2R_1$。

2.6 功率放大电路

常考的乙类互补功率放大电路如图 2-44 所示,T_1、T_2 两个晶体管都只在半个周期内工作的方式,称为乙类放大。

2.6.1 电路特点

(1)由 NPN 型、PNP 型三极管构成两个对称的射极输出器对接而成。
(2)双电源供电。
(3)输入输出端不加隔直电容。

2.6.2 参数计算

(1)忽略晶体管的饱和压降,则负载 R_L 上的电压和电流的最大幅值分别为:$U_\mathrm{Lmax} = U_\mathrm{SC}$,$I_\mathrm{Lmax} = U_\mathrm{SC}/R_\mathrm{L}$。

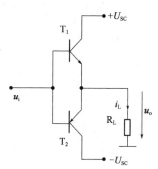

图 2-44 乙类互补功率放大电路

(2)负载上得到的最大功率:

$$P_\mathrm{omax} = \frac{U_\mathrm{SC}}{\sqrt{2}} \times \frac{U_\mathrm{SC}}{\sqrt{2}} \times \frac{1}{R_\mathrm{L}} = \frac{U_\mathrm{SC}^2}{2R_\mathrm{L}}$$

(3)电源提供的直流平均功率:

每个电源中的电流为半个正弦波,其平均值:

$$I_\mathrm{av1} = \frac{1}{2\pi}\int_0^\pi \frac{U_\mathrm{SC}}{R_\mathrm{L}} \sin\omega t \, \mathrm{d}(\omega t) = \frac{U_\mathrm{SC}}{\pi R_\mathrm{L}}$$

则两个电源提供的总的功率为:

$$P_\mathrm{E} = P_\mathrm{E1} + P_\mathrm{E2} = 2U_\mathrm{SC} \cdot \frac{U_\mathrm{SC}}{\pi R_\mathrm{L}} = \frac{2U_\mathrm{SC}^2}{\pi R_\mathrm{L}}$$

(4)效率:

$$\eta = \frac{P_\mathrm{omax}}{P_\mathrm{E}} = \frac{U_\mathrm{SC}^2}{2R_\mathrm{L}} \bigg/ \frac{2U_\mathrm{SC}^2}{\pi R_\mathrm{L}} = \frac{\pi}{4} = 78.5\%$$

2.7 直流稳压电源

2.7.1 整流及其滤波电路

由变压器 T 和二极管 $D_1 \sim D_4$ 及负载 R_L 组成桥式整流电路如图 2-45 所示。

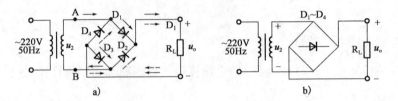

图 2-45 桥式整流电路

参数计算：负载电阻 R_L 上的电压 u_o 的平均值 $U_{o(AV)} = \frac{1}{\pi}\int_0^\pi \sqrt{2}U_2\sin\omega t\,\mathrm{d}(\omega t) = \frac{2\sqrt{2}U_2}{\pi} \approx 0.9U_2$，其中 U_2 为变压器二次侧电压有效值。

若在负载 R_L 两端并联滤波电容 C，则负载电阻 R_L 上的电压平均值 $U_{o(AV)} \approx 1.2U_2$。

2.7.2 串联型线性稳压电路

由基准环节（R、D_Z 组成）、取样环节（R_1、R_2、R_3 组成）、比较放大环节（运算放大器 A）、调整环节（三极管 T）组成的串联反馈式稳压电路如图 2-46 所示。

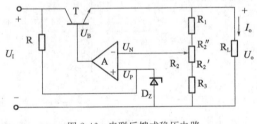

图 2-46 串联反馈式稳压电路

输出电压的调整范围：$\frac{R_1+R_2+R_3}{R_2+R_3}U_Z \leq U_o \leq \frac{R_1+R_2+R_3}{R_3}U_Z$（利用运放的虚断和虚短特性求解）

2.7.3 三端集成稳压器

正电源 W78××系列：××表示稳压器的输出电压值（图 2-47 中 2、3 两点间的电压），例如+5V 的 LM7805、+12V 的 LM7812。

负电源 W79××系列：输出电压-5V、-6V、-9V、-12V、-15V、-18V、-24V。

注意：电路中含有运算放大器，利用运放的虚断和虚短特性即可求出输入输出的关系式。

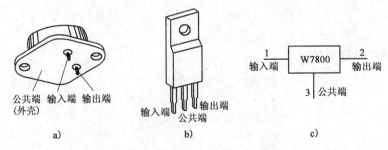

图 2-47 三端稳压器的外形和方框图

模拟电路历年真题及详解

考点 二极管电路分析

【2006,30;2009,21】如图所示电路中,设 D_{Z1} 的稳定电压为7V,D_{Z2} 的稳定电压为13V,则电压 U_{AB} 等于：

  A. 0.7V   B. 7V   C. 13V   D. 20V

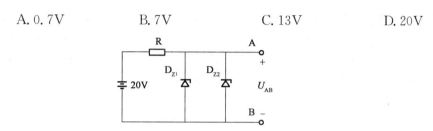

解 稳压管工作于反向截止区,VD_{Z1} 先反向击穿,VD_{Z2} 截止,$U_{AB}=7V$。
答案：B

【2008,28】在如图所示电路中,设二极管正向导通时的压降为0.7V,则电压 U_a 为：

  A. 0.7V   B. 0.3V   C. $-5.7V$ D. $-11.4V$

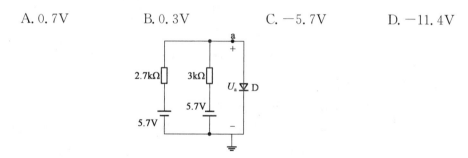

解 将二极管开路,电路如图 a)所示,求出端口的戴维南等效电路：

环形电流 $I=\dfrac{5.7+5.7}{2.7+3}=\dfrac{11.4}{5.7}=2A$,则端口电压 $U_{ab}=5.7-2.7\times2=5.7-5.4=0.3V$

等效电阻为电路两电阻并联 $R=\dfrac{2.7\times3}{2.7+3}=\dfrac{8.1}{5.7}=1.421k\Omega$

由等效电路图 b)可知,0.3V<0.7V,二极管截止,则 $U_a=0.3V$

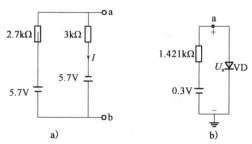

      a)   b)

答案：B

【2010,27】如图所示电路中,二极管性能理想,则电压 U_{AB} 为：

A. $-5V$ B. $-15V$ C. $10V$ D. $25V$

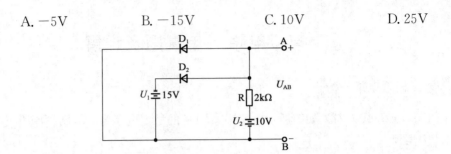

解 将 VD_1 和 VD_2 都断开,以 B 点作为电位参考点,则 VD_1 的阳极电位为 $10V$,阴极电位为 $0V$;VD_2 的阳极电位为 $10V$,阴极电位为 $-15V$。VD_1 和 VD_2 均为正向偏置。阴阳极电位差较大的优先导通,故 VD_2 优先导通。VD_2 一旦导通,VD_1 的阳极电位变为 $-15V$,VD_1 便不再导通。该电路 VD_1 截止,VD_2 导通,$U_{AB}=-15V$。

答案:B

【2012,29】如图所示,设二极管为理想元件,当 $u_i=150V$ 时,u_o 为:

A. $25V$ B. $75V$ C. $100V$ D. $150V$

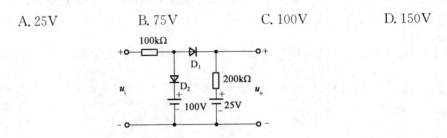

解 将 VD_1 和 VD_2 都断开,以负极作为参考电位点。

VD_1 的阳极电位为 $u_i=150V$,阴极电位为 u_o;

VD_2 的阳极电位为 $u_i=150V$,阴极电位为 $100V$;

VD_1 和 VD_2 均为正向偏置。

(1)若 $u_o \geq 100V$,VD_2 优先导通,VD_1 的阳极电位变为 $100V$,VD_1 导通,则 $u_o=100V$,符合题意。

(2)若 $u_o < 100V$,VD_1 优先导通,VD_2 的阳极电位即为 $u_o = \dfrac{150-25}{300} \times 200 + 25 = 108.33V$,不符合题意。

答案:C

【2012,24】电路如图所示,设图中各二极管的性能均为理想,当 $u_i=15V$ 时,u_o 为:

A. $6V$ B. $12V$ C. $15V$ D. $18V$

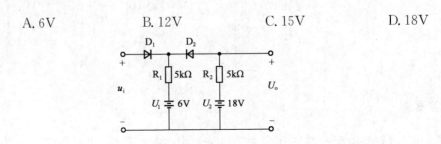

答案:C

【2017,16】已知 Z_1,Z_2 的击穿电压分别是 5V、7V。正向导通压降是 0.7V。那么 U_o 为:

A. 5V B. 5.7V C. 7V D. 7.7V

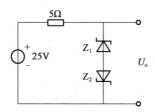

答案:B

考点　三极管放大电路

1)放大电路分析

【2013,27】N 型半导体和 P 型半导体所呈现的电性分别为:

A. 正电,负电 B. 负电,正电
C. 负电,负电 D. 中性,中性

解　不论 N 型还是 P 型半导体,所呈现的电性皆为电中性。
答案:D

【2005,27;2006,24;2013,31】一基本共射放大电路如图所示,已知 $V_{CC}=12V$,$R_B=1.2MΩ$,$R_C=2.7kΩ$,晶体管的 $β=100$,且已测得 $r_{be}=2.7kΩ$。若输入正弦电压有效值为 27mV,则用示波器观察到的输出电压波形是下列哪种?

A. 正弦波 B. 顶部削平的失真了的正弦波
C. 底部削平的失真了的正弦波 D. 底部和顶部都削平的梯形波

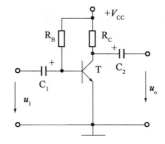

解　理论上 R_B 阻抗大小为兆欧级,其基极电流 I_B 很小,易出现截止失真。由核心考点可知,对于 NPN 三极管放大电路,输出电压波形为顶部削平失真的正弦波;对于 PNP 三极管放大电路,输出电压波形即为底部削平失真的正弦波。
答案:B

【2007,29】 一放大电路如图所示,当逐渐增大输入电压 u_1 的幅度时,输出电压 u_o 波形首先出现了顶部被削平的现象,为了消除这种失真应:

  A. 减小 R_C B. 减小 R_B
  C. 减小 V_{CC} D. 换用 β 小的管子

解 由上题可知,NPN 三极管电压输出波形首先出现顶部失真,即基极电流过小,三极管进入截止区,因此只要是增大基极电流的方法皆是备选答案。

答案: B

【2006,26】 在放大电路失真时,若输入信号为正弦波,则输出信号:

  A. 会产生线性失真   B. 会产生非线性失真
  C. 为正弦波   D. 为非正弦波

解 当放大器的工作点选的太低或者太高时,放大器将不能对输入信号实施正常的放大。工作点太低,三极管将产生截止失真;工作点太高,三极管将产生饱和失真。输出电压不随输入信号变化,输出波形产生失真,变为非正弦波。

答案: D

【2007,26】 在某放大电路中,测得三极管各电极对地的电压分别为 6V、9.8V、10V,由此可判断该三极管为:

  A. NPN 硅管   B. NPN 锗管   C. PNP 硅管   D. PNP 锗管

解 (1)晶体管工作于放大状态的外部条件是:发射结正偏,集电结反偏。三个电极的电位关系为:NPN 管,$U_C>U_B>U_E$;PNP 管,$U_C<U_B<U_E$。
(2)正向压降:硅,0.6~0.8V;锗,0.2~0.4V。
由题意可知,该题中各电极对"地"的电压分别为 6V、9.8V、10V,因此为 PNP 管。$U_E-U_B=0.2$V,因此为锗管。

答案: D

【2008,27】 在温度为 20℃时某晶体管的 $I_{CBO}=2\mu A$,那么温度为 60℃时 I_{CBO} 约为:

  A. $4\mu A$ B. $8\mu A$ C. $16\mu A$ D. $32\mu A$

解 温度每升高 10℃,I_{CBO} 约增大 1 倍,用公式表示为 $I_{CBO}(T_2)=I_{CBO}(T_1)\times 2^{(T_2-T_1)/10}$。
则 $I_{CBO60℃}=I_{CBO20℃}\times 2^4=2\mu A\times 16=32\mu A$。

答案:D

【2009,22;2016,20】晶体管的参数受温度的影响较大,当温度升高时,晶体管的 β、I_{CBO}、U_{BE} 的变化情况为:

  A. β 和 I_{CBO} 增加,U_{BE} 减小   B. β 和 U_{BE} 减小,I_{CBO} 增加

  C. β 增加,I_{CBO} 和 U_{BE} 减小   D. β、U_{BE} 和 I_{CBO} 都增加

解 由晶体管的特性可知,温度升高,放大倍数 β 增大,集电极电流 I_{CBO} 增大,发射结电压 U_{BE} 减小。

答案:A

【2008,31】如图所示电路中,具有电压放大作用的电路是:(图中各电容对交流可视为短路)

  A. 图 a)   B. 图 b)   C. 图 c)   D. 图 d)

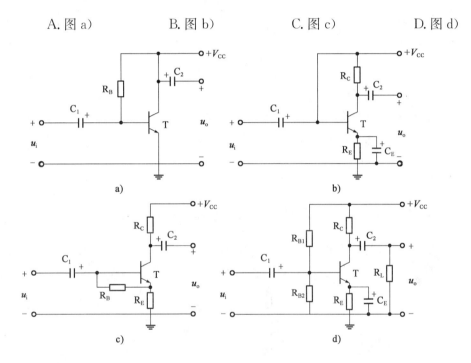

解 三极管放大电路有合适的静态工作点和交流通路。图 a)缺少集电极电阻,图 b)缺少偏置电阻,图 c)晶体管发射结没有直流偏置电压,静态电流 $I_{BQ}=0$,该电路处于截止状态,不能实现电压放大。

答案:D

【2009,27】三极管三个电极的静态电流分别为 0.06mA、3.66mA、3.6mA,则该管的 β 为:

  A. 60   B. 61   C. 100   D. 50

解 由基本放大电路的电流关系可知 $\begin{cases} I_C = \beta I_B \\ I_E = (1+\beta) I_B \end{cases}$,从而求出 $\beta = 60$。

答案:A

【2011,28】晶体管电路如图所示,已知各晶体管的 $\beta=50$,那么晶体管处于放大工作状态的电路是:

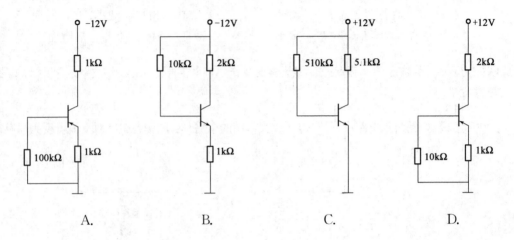

A.　　　　　　B.　　　　　　C.　　　　　　D.

解 图 A,发射结电压 $U_{BE}=0$,晶体管处于截止状态;
图 B,电源应该是 $+12V$,才是工作于放大状态;
图 D,发射结电压 $U_{BE}=0$,晶体管处于截止状态。
答案:C

【2017,20】判断三极管 a)、b)的状态,设二极管压降为 0.7V。

A. 放大,饱和　　B. 截止,饱和　　C. 截止,放大　　D. 放大,放大

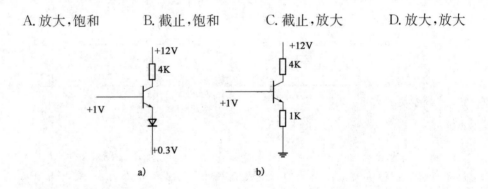

a)　　　　　　　　b)

解 图 a)中,由于二极管正向压降为 0.7V,加上三极管 PN 结正向压降 0.7V,基极电压 1V 不足以使其开通,所以为截止状态。图 b)中,发射极电流 $I_E=\dfrac{1-0.7}{R_e}=\dfrac{0.3}{1000}=0.3\text{mA}$,发射结电位 $U_E=1-0.7=0.3V$;集电极电位 $U_{CE}=U_{CC}-R_C I_C \approx V_{CC}-R_C I_E=10.8V$。满足 $U_C>U_B>U_E$,即工作于放大区。
答案:C

【2012,23】有两个性能完全相同的放大器,其开路电压增益为 20dB,$R_i=2\text{k}\Omega$,$R_o=3\text{k}\Omega$。现将两个放大器级联构成两级放大器,则其开路电压增益为:

A. 40dB B. 32dB C. 30dB D. 20dB

解 由于前一级的输出电压是后一级的输入电压,所以多级放大电路的电压放大倍数为:
$$A_u = A_{u1} \cdot A_{u2} \cdot A_{u3} \cdots A_{un}$$

而每级的电压放大倍数分别为:
$$A_{u1} = \frac{U_{o1}}{U_i}, A_{u2} = \frac{U_{o2}}{U_{i2}} = \frac{U_{o2}}{U_{o1}}, \cdots, A_{un} = \frac{U_{on}}{U_{in}} = \frac{U_o}{U_{o(n-1)}}$$

多级放大电路中级与级间是相互影响的,应将后一级的输入阻抗视为前一级的负载。当两个放大器级联时,级联后总增益为:
$$A_u + A_u \cdot \frac{R_o}{R_i + R_o} = 20 + 20 \times \frac{3}{3+2} = 32\text{dB}$$

答案:B

【2009,28】由两只晶体管组成的复合管电路如图所示,已知 T_1、T_2 管的电流放大系数分别为 β_1、β_2,那么复合管子的电流放大系数 β 约为:

A. β_1 B. β_2 C. $\beta_1 + \beta_2$ D. $\beta_1 \beta_2$

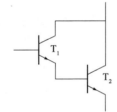

解 由多个三极管级联关系可知 $\beta = \beta_1 \cdot \beta_2$。
答案:D

【2010,28】某晶体管的极限参数 $P_{CM} = 150\text{mW}$, $I_{CM} = 100\text{mA}$, $U_{(BR)CEO} = 30\text{V}$。若它的工作电压分别为 $U_{CE} = 10\text{V}$ 和 $U_{CE} = 1\text{V}$ 时,则其最大允许工作电流分别为:

A. 15mA,100mA B. 10mA,100mA
C. 150mA,100mA D. 15mA,10mA

解 集电极电流通过集电结时产生的功耗 $P_{CM} = I_C U_{CB} \approx I_C U_{CE}$。
当 $U_{CE} = 10\text{V}$ 时,$P_{CM} \approx I_C U_{CE} = 150\text{mW}$,则 $I_{CM} = 15\text{mA}$;
当 $U_{CE} = 1\text{V}$ 时,$P_{CM} \approx I_C U_{CE} = 150\text{mW}$,则 $I_{CM} = 150\text{mA}$。
因晶体管的最大集电极电流 $I_{CM} = 100\text{mA}$,因此 $I_{CM} = 100\text{mA}$。
答案:A

【2008,21】简单电路如图所示,已知晶闸管 $\beta = 100$,$r_{be} = 1\text{k}\Omega$,耦合对交流信号视为短路,求电路的电压放大倍数 $\dot{A}_u = \frac{\dot{U}_o}{\dot{U}_i}$ 为:

| A. -8.75 | B. 300 | C. -300 | D. -150 |

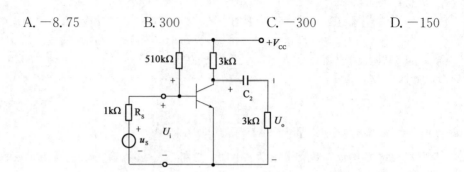

解 画出题图的交流微变等效电路如下:

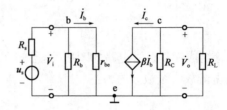

共发射级放大电路电压放大倍数为: $A_u = \dfrac{U_o}{U_i} = \dfrac{-\beta R'_L}{r_{be}} = -\dfrac{100(3//3)}{1} = -150$

答案: D

【2016,21】电路如图所示,若更换晶体管,使 β 由 50 变为 100,则电路的电压放大倍数约为:

A. 原来值的 $\dfrac{1}{2}$ B. 原来的值

C. 原来值的 2 倍 D. 原来值的 4 倍

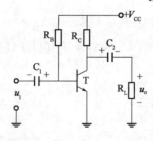

解 此题电路是共发射极放大电路,电压放大倍数 $A_u = \dfrac{U_o}{U_i} = \dfrac{-\beta R'_L}{r_{be}} = -\dfrac{\beta(R_C//R_L)}{r_{be}}$,根据公式可知,当 β 增大一倍时,放大倍数也增大一倍。

答案: C

【2012,25】在图示放大电路中, $\beta_1 = \beta_2 = 50$, $r_{be1} = r_{be2} = 1.5\text{k}\Omega$, $U_{BE1Q} = U_{BE2Q} = 0.7\text{V}$,各电容器的容量均足够大。当输入信号 $u_S = 4.2\sin(\omega t)\text{mV}$ 时,电路实际输出电压的峰值为:

| A. 3.3V | B. 2.3V | C. 2.0V | D. 1.8V |

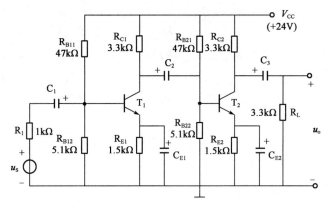

解 画出题图的微变等效电路(见下图)。

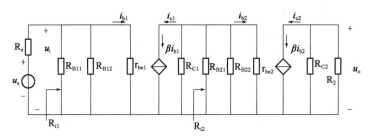

根据等效电路可知：

第一级放大器的输入阻抗为 $R_{i1}=R_{B11} // R_{B12} // r_{be1}=47 // 5.1 // 1.5=1.13\text{k}\Omega$

第二级放大器的输入阻抗为 $R_{i2}=R_{B21} // R_{B22} // r_{be2}=47 // 5.1 // 1.5=1.13\text{k}\Omega$

则第一级放大电路的放大倍数为：$A_{u1}=\dfrac{-\beta R'_L}{r_{be1}}=-\dfrac{\beta(R_{C1} // R_{i2})}{r_{be1}}=-28$

第二级放大电路的放大倍数为：$A_{u2}=\dfrac{-\beta R'_L}{r_{be2}}=-\dfrac{\beta(R_{C2} // R_L)}{r_{be2}}=-55$

源电压增益为：$A_{uS}=\dfrac{u_o}{u_S}=\dfrac{R_{i1}}{R_{i1}+R_S}\times A_{u1}\times A_{u2}=817 \Rightarrow u_o=A_{uS}\times u_S=817\times 4.2\text{mV}=3.3\text{V}$

答案：A

【2014,31】放大电路如图 a)所示，晶体管的输出特性和交、直流负载线如图所示，已知 $U_{BE}=0.6\text{V}, r_{bb}=300\Omega$，试求在输出电压不产生失真的条件下，最大输入电压的峰值为：

A. 78mV B. 62mV C. 38mV D. 18mV

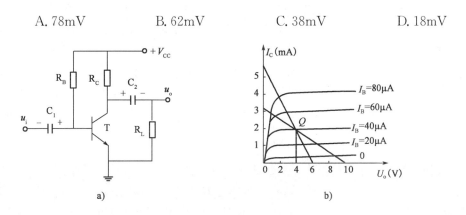

解 从题图可以看出,静态工作点 $I_B=40\mu A, I_C=2mA, U_{CC}=10V$,当静态工作点在曲线的正中间时,其输出电压最大且不失真。当 Q 值低于当前值时,输入信号的正半周电流峰值趋近于静态工作点,则电流的负半周进入三极管截止区($I_B=0$),输出电压的正半周顶部被削平,出现截止失真。同理,当 Q 值高于当前值时,会出现饱和失真。因此当前位置为最佳工作点,能够保证输出最大不失真电压。题中电路的微变等效电路如下:

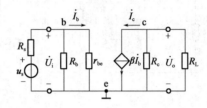

则最大的输入电压 $U_i = I_B r_{be}$

其中 $r_{be} = r_{bb'} + (1+\beta)\dfrac{26mV}{I_E} = r_{bb'} + \dfrac{26mV}{I_B} = 300 + \dfrac{26mV}{40\mu A} = 950\Omega$

则 $U_i = I_B r_{be} = 40\mu A \times 950\Omega = 38mV$

答案: C

【2013,24】放大电路如图 a)所示,晶体管的输出特性曲线以及放大电路的交、直流负载线如图 b)所示。设晶体管的 $\beta=50, U=0.7V$,放大电路的电压放大倍数 A_u 为:

A. -102.6 B. -88.2 C. -77.9 D. -53

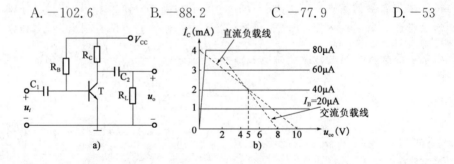

解 根据直流通路的静态工作 Q 点:

$$I_B = \dfrac{V_{CC} - V_{BE}}{R_b} \approx \dfrac{V_{CC}}{R_b}; I_C = \beta I_B; V_{CE} = V_{CC} - R_C I_C$$

在输出直流负载特性曲线上确定两个特殊点($V_{CC}, V_{CC}/R_C$),结合图 b)可知:

$$V_{CC} = 10V, V_{CC}/R_C = 4mA \Rightarrow R_C = 2.5k\Omega$$

根据 Q 点可得:

$$I_C = 2mA, I_B = 40\mu A \Rightarrow I_{EQ} = (1+\beta)I_B \approx I_C$$

交流负载线是有交流输入信号时 Q 点的运动轨迹,交流负载线与直流负载线相交于 Q 点,由交流负载特性曲线可知,其斜率为 $-1/R_L'$,其中 $R_L' = R_L // R_C$,故得 $R_L' = 1.5k\Omega$。

$$r_{be} = r_{bb'} + \dfrac{26mV}{I_{EQ}} \times (1+\beta) = 960\Omega$$

根据共射极放大电路电压放大公式:

$$A_{u1} = \dfrac{-\beta R_L'}{r_{be}} = -\dfrac{\beta(R_C // R_L)}{r_{be}} = \dfrac{-50 \times 1.5}{0.96} = -77.9$$

答案：C

【2014,23】电路如图所示，晶体管 T 的 $\beta=50$，$r_{bb'}=300\Omega$，$U_{BE}=0.7V$，结电容可以忽略，$R_S=0.5k\Omega$，$R_B=300k\Omega$，$R_C=4k\Omega$，$R_L=4k\Omega$，$C_1=C_2=10\mu F$，$V_{CC}=12V$，$C_L=1600pF$。放大电路的电压放大倍数 $A_u=u_o/u_i$ 为：

A. 67.1 B. 101 C. -67.1 D. -101

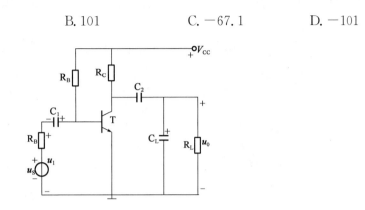

解 根据直流通路的静态工作 Q 点：$I_B=\dfrac{V_{CC}-V_{BE}}{R_b}\approx\dfrac{V_{CC}}{R_b}$；$I_C=\beta I_B$；$I_B=\dfrac{12V}{300k\Omega}=40\mu A\Rightarrow$
$I_{EQ}=(1+\beta)I_B\approx I_C=2mA$

而 $r_{be}=r_{bb'}+\dfrac{26mV}{I_{EQ}}\times(1+\beta)=300+\dfrac{26}{2}\times51=960\Omega$

微变等效电路如下图所示：

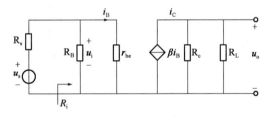

由图可知：输入阻抗 $R_i=R_B//r_{be}=300//0.96=0.957k\Omega$
根据共射极放大电路的电压放大公式可知：

$$A_u=\dfrac{u_o}{u_s}=\dfrac{u_i}{u_s}\times\dfrac{u_o}{u_i}=\dfrac{R_i}{R_i+R_s}\times\dfrac{-\beta R_L'}{r_{be}}=-\dfrac{\beta(R_C//R_L)}{r_{be}}$$

$$=\dfrac{0.957}{0.957+0.5}\times\dfrac{-50\times2}{0.96}=-68.4$$

（若不忽略 V_{BE}，则算出 $A_u=-67.43$，差别不大）

答案：C

【2014,24】上题图示电路的下限截止频率 f_L 和上限截止频率 f_H 分别为：

A. 25Hz, 100kHz B. 12.5Hz, 100kHz
C. 12.5Hz, 49.8kHz D. 50Hz, 100kHz

解 在高频区,影响电路上限截止频率的电容只有负载等效电容 C_L,则:

$$f_H = \frac{1}{2\pi C_L(R_C /\!/ R_L)} = \frac{1}{2\pi \times 1600 \times 10^{-12} \times (4 /\!/ 4) \times 10^3} = 49.74 \text{kHz}$$

$$f_{L2} = \frac{1}{2\pi C_2(R_L + R_C)} = \frac{1}{2\pi \times 10 \times 10^{-6} \times (4+4) \times 10^3} = 2 \text{Hz}$$

$$f_{L1} = \frac{1}{2\pi C_1 r_{be}} = \frac{1}{2\pi \times 10 \times 10^{-6} \times 1 \times 10^3} = 15.9 \text{Hz}$$

$f_{L2} \ll f_{L1}$,故电路下的下限截止频率 $f_L = f_{L1} = 15.9 \text{Hz}$。

答案: C

2)负反馈分析

【2005,20;2013,30】 为了稳定输出电压,提高输入电阻,放大电路应该引入下列哪种负反馈?

    A. 电压串联   B. 电压并联
    C. 电流串联   D. 电流并联

解 本题考查负反馈的引入原则。

答案: A

【2005,23】 某放大器要求其输出电流几乎不随负载电阻的变化而变化,且信号源的内阻很大,应选用下列哪种负反馈?

    A. 电压串联   B. 电压并联
    C. 电流串联   D. 电流并联

答案: D

【2008,29】 如果电路需要稳定输出电流,且增大输入电阻,可以选择引入下列哪种负反馈?

    A. 电流串联   B. 电压串联   C. 电压并联   D. 电流串联

答案: D

【2011,27】 减少电流源提供电流,增加带负荷能力,采用下列何种反馈?

    A. 电压串联反馈   B. 电压并联反馈
    C. 电流串联反馈   D. 电流并联反馈

解 增强带负载能力,即是使输出电阻 R_o 减小,应该引入电压负反馈;要求从信号源索取的电流小,即是增大输入电阻,故而引入串联反馈。

答案: A

【2009,30;2010,31】 在图示电路中,为使输出电压稳定,应该引入下列哪种反馈?

A. 电压并联负反馈　　　　　　　　　B. 电流并联负反馈
C. 电压串联负反馈　　　　　　　　　D. 电流串联负反馈

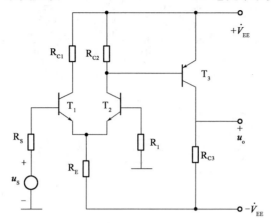

解　根据负反馈的引入原则,首先判断引入电压负反馈,根据瞬时极性法,输入和输出反相,为构成负反馈,需将反馈信号加在三极管 T_1 的基极上,故反馈类型为电压并联负反馈。若反馈信号加在 T_1 的发射极或者 T_2 的基极,都为正反馈,不符合题意。

答案：A

【2008,23】电路如图所示,如果电路引入反馈来稳定输出电压,则反馈支路(R_F 与 G_F 的支路)应加在电路的下列哪两点之间?

A. A 和 G　　　　　　　　　　　　　B. B 和 G
C. C 和 G　　　　　　　　　　　　　D. D 和 G

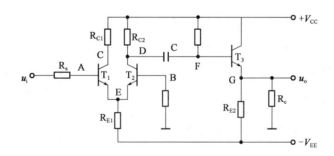

解　根据核心考点负反馈的引入原则,要稳定输出电压需要引入电压负反馈,反馈点要施加在 G 点;根据瞬时极性法,反馈点与输入电压极性相同,为了构成负反馈,反馈支路必须加到与 u_i 不同的输入端,因此反馈支路应该接在 B-G 之间。

答案：B

【2009,24】如图所示电路中,为使输出电压稳定,应该引入下列哪项反馈方式?

A. 电压并联负反馈　　　　　　　　　B. 电流并联负反馈
C. 电压串联负反馈　　　　　　　　　D. 电流串联负反馈

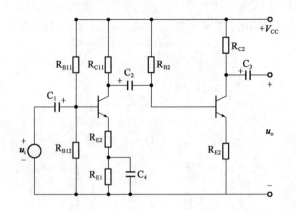

答案:C

【2014,26;2012,21】由集成运放组成的放大电路如图所示,反馈类型为:

  A. 电流串联负反馈   B. 电流并联负反馈
  C. 电压串联负反馈   D. 电压并联负反馈

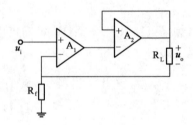

解 根据瞬时极性法判断正负反馈,根据输出短路法判断电压或电流反馈。将负载 R_L 短接,反馈信号仍然存在,因此是电流反馈;再根据瞬时极性法,判断为负反馈;反馈信号和输入信号未加在同一个端子,故是串联反馈。因此可以判断出反馈类型为电流串联负反馈。

答案:A

【2011,27】负反馈所能抑制的干扰和噪声是:

  A. 反馈环内的干扰和噪声   B. 反馈环外的干扰和噪声
  C. 输入信号所包含的干扰和噪声   D. 输出信号所包含的干扰和噪声

解 由负反馈的特性可知,可抑制放大电路内部的干扰和噪声。

答案:A

【2014,26】由集成运放组成的放大电路如图所示,反馈类型为:

  A. 电流串联负反馈   B. 电流并联负反馈
  C. 电压串联负反馈   D. 电压并联负反馈

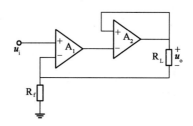

解 根据瞬时极性法判断正负反馈,根据输出短路法判断电压或电流反馈。将负载 R_L 短接,反馈信号仍然存在,因此是电流反馈;再根据瞬时极性法,判断为负反馈;反馈信号和输入信号未加在同一个端子,故是串联反馈。因此可以判断出反馈类型为电流串联负反馈。

答案:A

【2014,20】电路如图所示,电路的反馈类型为:

  A. 电压串联负反馈   B. 电压并联负反馈
  C. 电流串联负反馈   D. 电流并联负反馈

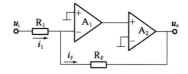

答案:B

【2010,30】某反馈电路的闭环增益 $A_f=20\text{dB}$、$\Delta A/A=10\%$、$\Delta A_f/A_f=0.1\%$,则 A 和 F 的值应为:

  A. 100,0.009   B. 1000,0.1
  C. 100,0.01   D. 1000,0.009

解 负反馈放大电路的闭环增益 $\dot{A}_f = \dfrac{\dot{X}_o}{\dot{X}_i} = \dfrac{\dot{A}}{1+\dot{A}\dot{F}}$

对闭环增益取微分,得:$dA_f = \dfrac{dA}{(1+AF)^2} \Rightarrow \dfrac{dA_f}{A_f} = \dfrac{1}{1+AF} \times \dfrac{dA}{A}$

代入已知条件,可得:$0.1\% = \dfrac{1}{1+AF} \times 10\% \Rightarrow 0.001 = \dfrac{1}{1+AF} \times 0.1$

又由 $A_f = 20\text{dB} \Rightarrow 20\lg\dfrac{A}{1+AF} = 20\text{dB}$,可得:$\dfrac{A}{1+AF} = 10$

联立求解,可得:$A=1000$,$F=0.009$

答案:D

【2016,28】某反馈电路的闭环增益 $A_f=40\text{dB}$,$\Delta A/A=10$,$\Delta A_f/A_f=10\%$,则开环增益 A 为:

A. 20dB B. 40dB C. 60dB D. 80dB

解 负反馈放大电路的闭环增益 $\dot{A}_f = \dfrac{\dot{X}_o}{\dot{X}_i} = \dfrac{\dot{A}}{1+\dot{A}\dot{F}}$

对闭环增益取微分,得: $dA_f = \dfrac{dA}{(1+AF)^2} \Rightarrow \dfrac{dA_f}{A_f} = \dfrac{1}{1+AF} \times \dfrac{dA}{A}$

代入已知条件,可得: $0.1\% = \dfrac{1}{1+AF} \times 10 \Rightarrow 0.001 = \dfrac{1}{1+AF} \times 0.1$

又由 $A_f = 40\text{dB} \Rightarrow 20\lg\dfrac{A}{1+AF} = 40\text{dB}$,可得: $\dfrac{A}{1+AF} = 100$

联立求解,可得: $A=10000 \Rightarrow 20\lg A = 80\text{dB}$

答案: D

【2007,31】某负反馈放大电路的组成框图如图所示,则电路的总闭环增益 $\dot{A}_f = \dot{X}_o/\dot{X}_i$ 等于:

A. $\dfrac{\dot{A}_1 \dot{A}_2}{1+\dot{A}_1 \dot{A}_2 \dot{F}_1}$ B. $\dfrac{\dot{A}_1 \dot{A}_2}{1+\dot{A}_1 \dot{A}_2 \dot{F}_1 \dot{F}_2}$

C. $\dfrac{\dot{A}_1 \dot{A}_2}{1+\dot{A}_2 \dot{F}_2 + \dot{A}_1 \dot{F}_1}$ D. $\dfrac{\dot{A}_1 \dot{A}_2}{1+\dot{A}_2 \dot{F}_2 + \dot{A}_1 \dot{A}_2 \dot{F}_1}$

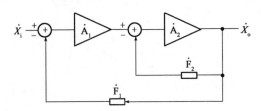

解 结合反馈框图,由后往前推导:

$\dot{X}_o = [\dot{A}_1(\dot{X}_i - \dot{F}_1 \dot{X}_o) - \dot{F}_2 \dot{X}_o] \dot{A}_2 = \dot{A}_1 \dot{A}_2 \dot{X}_i - \dot{A}_1 \dot{A}_2 \dot{F}_1 \dot{X}_o - \dot{A}_2 \dot{F}_2 \dot{X}_o$

$\dot{X}_o [1 + \dot{A}_1 \dot{A}_2 \dot{F}_1 - \dot{A}_2 \dot{F}_2] = \dot{A}_1 \dot{A}_2 \dot{X}_i$

$\Rightarrow \dfrac{\dot{X}_o}{\dot{X}_i} = \dfrac{\dot{A}_1 \dot{A}_2}{1+\dot{A}_1 \dot{A}_2 \dot{F}_1 + \dot{A}_2 \dot{F}_2}$

答案: D

考点 集成运算放大电路与运算电路

1) 差分放大电路

【2005,21】同一差动放大电路中,采用下列哪种方式可使共模抑制比 K_{CMR} 最大?

A. 单端输入   B. 双端输入   C. 单端输出   D. 双端输出

解 双端输出时,输出共模信号近似为零,共模抑制比 $K_{CMR} = \left|\dfrac{A_d}{A_c}\right| = \infty$。

答案：D

【2006,19】集成运算放大器输入极采用差动放大电路的主要目的应为：

A. 稳定放大倍数 B. 克服温漂
C. 提高输入阻抗 D. 扩展频带

解 放大器输入电压为零、输出电压不为零的现象称为零点漂移，因此采用差分放大电路的主要目的是消除温漂。

答案：B

【2014,30】某差动放大器从双端输出，已知其差模放大倍数 $A_{ud}=80\text{dB}$，当 $u_{i1}=1.001\text{V}$，$u_{i2}=0.999\text{V}$，$K_{CMR}=80\text{dB}$ 时，u_{o1} 为：

A. 2.1V B. 2.01V C. 10.1V D. 20.1V

解 差模信号放大电压倍数为 $20\lg A_{ud}=80\text{dB} \Rightarrow A_{ud}=10^4$

则共模抑制比：$K_{CMR}=20\lg\left|\dfrac{A_{ud}}{A_{uc}}\right|=80\text{dB} \Rightarrow A_{uc}=1$

因此输出电压为：$u_o = u_{od}+u_{oc} = A_{ud}\cdot u_{Id} + A_{uc}\cdot u_{Ic} = A_{ud}\cdot(u_{i1}-u_{i2}) + A_{uc}\cdot\left(\dfrac{u_{i1}+u_{i2}}{2}\right)$

计算得：$u_o = 20+0.1 = 20.1\text{V}$

答案：D

【2009,23】某双端输入、单端输出的差分放大电路的差模电压放大倍数为 200，当输入端并接 1V 时，输出 $u_o=100\text{mV}$，该电路的共模抑制比为：

A. 10 B. 20
C. 200 D. 2000

解 根据共模抑制比 $K_{CMR}=\left|\dfrac{A_{ud}}{A_{uc}}\right|$，其中差模信号放大倍数 $A_{ud}=200$

输出电压为差模输出电压和共模输出电压之和，即：

$$u_o = u_{od}+u_{oc} = A_{ud}\cdot u_{id} + A_{uc}\cdot u_{ic} = A_{ud}\cdot(u_{i1}-u_{i2}) + A_{uc}\cdot\left(\dfrac{u_{i1}+u_{i2}}{2}\right)$$

差模电压输入 $u_{id}=u_{i1}-u_{i2}=0$，共模电压输入 $u_{ic}=\dfrac{1}{2}(u_{i1}+u_{i2})=1\text{V}$

故 $A_{uc}=\dfrac{U_o}{U_i}=\dfrac{0.1}{1}=0.1 \Rightarrow K_{CMR}=2000$

答案：D

【2011,29】某双端输入、单端输出的差分放大电路的差模电压放大倍数为 200，当两个输入端并接 $u_1=1\text{V}$ 的输入电压时，输出电压 $\Delta u_o=100\text{mV}$。那么该电路的共模电压放大倍数和共模抑制比分别为：

A. $-0.1, 200$
B. $-0.1, 2000$
C. $-0.1, -200$
D. $1, 2000$

解 由题意可知，差模电压输入 $u_{id}=u_{i1}-u_{i2}=0$，共模电压输入 $u_{ic}=\frac{1}{2}(u_{i1}+u_{i2})=1\mathrm{V}$；单端输出共模放大系数 $A_c=\frac{\Delta u_{oc}}{\Delta u_{ic}}=-\frac{100}{1000}=-0.1$；共模抑制比 $K_{CMR}=\left|\frac{A_d}{A_c}\right|=\left|\frac{200}{0.1}\right|=2000$。

答案：B

【2008,22】电路如图所示，电路的差模电压放大倍数为：

A. $\dfrac{1}{2}\dfrac{R_C/\!/R_L}{R_B+r_{be}}$
B. $-\beta\dfrac{R_C/\!/R_L}{R_B+r_{be}+2(1+\beta)R_E}$
C. $\dfrac{1}{2}\dfrac{\beta(R_C/\!/R_L)}{R_B+r_{be}}$
D. $\beta\dfrac{R_C/\!/R_L}{R_B+r_{be}}$

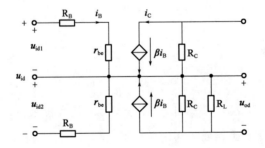

解 由题可知，这是双端输入、单端输出差分电路，差模信号流过电阻 R_E 电流相互抵消，其交流微变等效电路如下图所示：

由图可知，差模放大倍数：

$$A_{vd}=\frac{u_{od}}{u_{id}}=\frac{u_{od}}{u_{id1}-u_{id2}}=\frac{u_{od}}{-2u_{id2}}=\frac{-1}{2}\times\frac{-\beta(R_C/\!/R_L)}{R_B+r_{be}}=\frac{1}{2}\times\frac{\beta(R_C/\!/R_L)}{R_B+r_{be}}$$

答案：C

【2011,30】运放有同相、反相和差分三种输入方式，为了使集成运放既能放大差模信号，又能抑制共模信号，应采用下列哪种方式？

A. 同相输入
B. 反相输入
C. 差分输入
D. 任何一种输入方式

解 由差分放大电路基本知识可知,差分电路可以放大差模信号,抑制共模信号。
答案:C

【2016,22】电路如图所示,其中电位器 R_W 的作用为:

    A. 提高 K_{CMR} B. 调零
    C. 提高 $|A_{ud}|$ D. 减小 $|A_{ud}|$

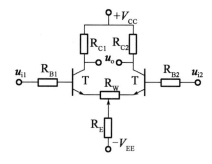

答案:B

【2016,23】若上题图所示电路的参数满足 $R_{C1}=R_{C2}=R_C$,$R_{B1}=R_{B2}=R_B$,$\beta_1=\beta_2=\beta$,$r_{be1}=r_{be2}=r_{be}$,电位器滑动端调在中点,则该电路的差模输入电阻 R_{id} 为:

    A. $2(R_B+r_{be})$

    B. $\dfrac{1}{2}\left[R_B+r_{be}+(1+\beta)\dfrac{R_W}{2}\right]$

    C. $\dfrac{1}{2}\left[R_B+r_{be}+(1+\beta)\dfrac{R_W}{2}+2(1+\beta)R_E\right]$

    D. $2(R_B+r_{be})+(1+\beta)R_W$

解 微变等效电路如下:

由图可知:差模输入电阻 $R_{id}=\dfrac{\Delta u_{id}}{i_B}=2\left[R_B+r_{be}+(1+\beta)\cdot\dfrac{R_W}{2}\right]$

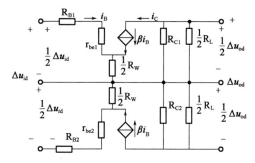

答案:D

【2013,32】电路如图所示,图中 R_W 是调零电位器(计算时可设滑动端在 R_W 的中间),且已知 T_1、T_2 均为硅管,$U_{BE1}=U_{BE2}=0.7V$,$\beta_1=\beta_2=60$。电路的差模电压放大倍数为:

    A. -102 B. -65.4 C. -50.7 D. -45.6

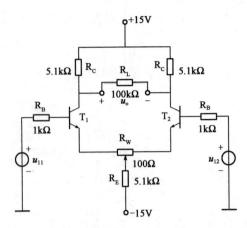

解 此题为差分放大电路计算的典型题目，要牢牢掌握。对差模信号而言：R_E 相当于短路，双端输出时负载为 $\frac{1}{2}R_L$。

图示直流通路如下图。

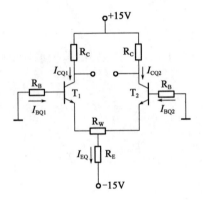

由图示直流通路可知：$I_{EQ} = I_{EQ1} + I_{EQ2} = 2I_{EQ1}$，$I_{BQ1} = \frac{I_{EQ1}}{1+\beta}$

由 KVL 定律知：

$$I_{BQ1} \cdot R_B + U_{BEQ} + 2I_{EQ1} \cdot R_E + I_{EQ1} \cdot \frac{1}{2}R_W = 0 - (-U_{EE})$$

解得：$I_{EQ1} = \dfrac{U_{EE} - U_{BEQ}}{2R_E + \frac{1}{2}R_W + R_B/(1+\beta)} = 1.39 \text{mA}$

$$r_{be} = r'_{bb} + (1+\beta) \times \frac{26\text{mA}}{I_{EQ1}} = 300 + (1+60) \times \frac{26}{1.39} = 1.44 \text{k}\Omega$$

其微变等效电路参照上题，根据图可得出电压放大倍数：

$$A_{ud} = \frac{\Delta u_{od}}{\Delta u_{id}} = \frac{\frac{1}{2}\Delta u_{od}}{\frac{1}{2}\Delta u_{id}} = \frac{-\beta\left(R_C \mathbin{/\mkern-6mu/} \frac{1}{2}R_L\right)}{R_B + r_{be} + (1+\beta) \cdot \frac{1}{2}R_W}$$

$$= -50.6$$

答案：C

2)运算放大器

【2005,22】 基本运算放大器中的"虚地"概念只在下列哪种电路中存在：

A. 比较器 B. 差动放大器
C. 反相比例放大器 D. 同相比例放大器

解 只有反相比例放大电路具有"虚地"概念。
答案: C

【2005,26】 在如图所示电路中,已知 $u_1=1V$,硅稳压管 D_Z 的稳定电压为 6V,正向导通压降为 0.6V,运放为理想运放,则输出电压 u_o 为:

A. 6V B. −6V C. −0.6V D. 0.6V

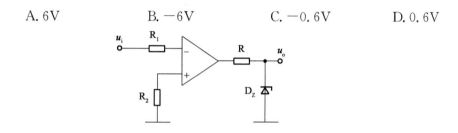

解 稳压管 VD_Z 的稳定电压为 U_Z,正向导通电压为 U_D。
若 $u_i<0$,则 $u_o=+U_{oM}$,VD_Z 工作在稳压状态,因而输出电压 $u_o=U_Z$;
若 $u_i>0$,则 $u_o=-U_{oM}$,VD_Z 正向导通,因而输出电压 $u_o=-U_D$;
本题中,$u_i=1V>0$,VD_Z 正向导通,因而输出电压 $u_o=-U_D=-0.6V$。
答案: C

【2007,30】 如图所示的理想运放电路,已知 $R_1=1k\Omega, R_2=R_4=R_5=10k\Omega, u_i=1V$,$u_o$ 应为:

A. 20V B. 15V C. 10V D. 5V

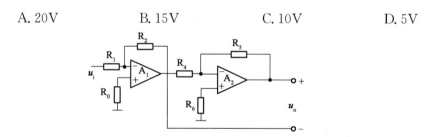

解 含有运算放大器的题目,应牢牢掌握虚断、虚短特性求取输入和输出的电压关系式。由题图的接法可知:A_1,A_2 为反相比例放大电路。利用虚断和虚短特性:

$$\frac{0-u_{o1}}{R_2}=\frac{u_1-0}{R_1} \Rightarrow u_{o1}=\frac{-R_2}{R_1}u_1=-10u_1$$

同理可得:

$$u_{o2}=-\frac{R_5}{R_4}u_{o1}=\frac{R_5}{R_4}\times\frac{R_2}{R_1}u_1=10u_1, u_o=u_{o2}-u_{o1}=20u_1=20V$$

答案:A

【2008,25】电路如图所示,$R_1=R_3=1\text{k}\Omega$,$R_2=R_4=10\text{k}\Omega$,则$\dfrac{U_o}{U_{i1}-U_{i2}}$为:

A. 10　　　　　　B. 5　　　　　　C. -5　　　　　　D. -10

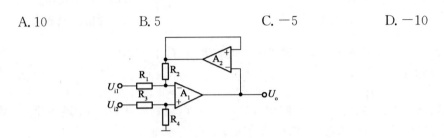

解　由题图可知,运放 A_2 为电压跟随器,故其输出电压为 $u_V=u_o$。
根据虚短特性可知,运放 A_1 的同相和反相输入端电压:$u_{A1+}=u_{A1-}$
根据虚断特性可知,$\dfrac{u_{i1}-u_{A1-}}{R_1}=\dfrac{u_{A1-}-u_V}{R_2}$,$\dfrac{u_{i1}-u_{A1+}}{R_3}=\dfrac{u_{A1+}-0}{R_4}$

结合以上各式可得,$u_{i1}-u_{i2}=-0.1u_V \Rightarrow \dfrac{u_V}{u_{i1}-u_{i2}}=-10$

答案:D

【2009,25;2014,22】电路如图所示,设运算放大器均有理想的特性,则输出电压 u_o 为:

A. $\dfrac{R_3}{R_2+R_3}(u_{i2}-u_{i1})$　　　　　　B. $\dfrac{R_3}{R_2+R_3}(u_{i1}-u_{i2})$

C. $\dfrac{R_3}{R_2+R_3}(u_{i1}+u_{i2})$　　　　　　D. $\dfrac{R_3}{R_2+R_3}\left(\dfrac{u_{i1}+u_{i2}}{2}\right)$

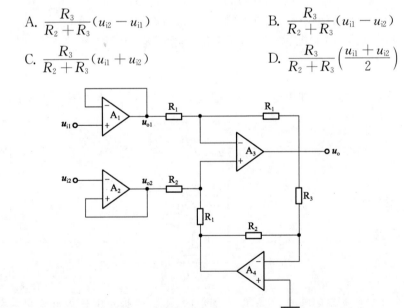

解　由题图可知,运放 A_1,A_2 为电压跟随器,故其输出电压为 $u_{o1}=u_{i1}$,$u_{o2}=u_{i2}$,
根据虚短特性,运放 A_4 同相和反相输入端电压满足 $u_{A4+}=u_{A4-}=0$,设 u_{A4} 为运放 A_4 的输出电压,运放 A_3 同相和反相端满足 $u_{A3+}=u_{A3-}$。
对于运放 A_3,根据虚断特性可知:

$$\frac{u_{o1} - u_{A3-}}{R_1} = \frac{u_{A3-} - u_o}{R_1}, \frac{u_{o2} - u_{A3+}}{R_1} = \frac{u_{A3+} - u_{o4}}{R_1}$$

对于运放 A_4：满足 $\dfrac{u_{o4} - u_{A4-}}{R_2} = \dfrac{0 - u_o}{R_3}$

结合以上可得，$u_o = \dfrac{R_3}{R_3 + R_2}(u_{i2} - u_{i1})$

答案：A

【2008，30】在如图所示电路中，若运放 A_1、A_2 的性能理想，则电路的电压放大倍数 $A_u = \dfrac{u_o}{u_i}$ 为：

  A. 33   B. 22   C. 21   D. 11

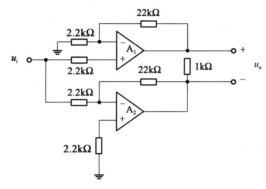

解 由题图可知，运放 A_1 的同相和反相输入端电压分别为：

$$u_{A1+} = u_i, u_{A1-} = \frac{2.2}{2.2 + 22} u_{o+} = \frac{1}{11} u_{o+}$$

且 $u_{A1+} = u_{A1-}$，即 $u_i = \dfrac{1}{11} u_{o+} \Rightarrow u_{o+} = 11 u_i$

而对于运放 A_2，根据虚短特性：$u_{A2+} = u_{A2-} = 0$；根据虚断特性：$\dfrac{u_i}{2.2} = -\dfrac{u_{o-}}{22}$

则 $u_{o-} = -10 u_i, u_o = u_{o+} - u_{o-} = 21 u_i$

答案：C

【2008，32】某放大电路如图所示，设各集成运算放大器都具有理想特性，该电路的中频电压放大倍数 $A_{um} = \dot{U}_o / \dot{U}_i$ 为：

  A. 30   B. -30 C. -3 D. 10

解 题中运放 A_1、A_2、A_3 构成三运放测量放大电路，运放 A_4 构成一阶低通滤波器，电容器 C_2 和 R_L 构成高通滤波器。根据题图求出 U_{o3} 与 U_i 的关系如下：

利用叠加定理：

$$U'_{o3} = \left(1 + \frac{R_6}{R_4}\right) \times \frac{R_7}{R_5 + R_7} U_{o2}, U''_{o3} = -\frac{R_6}{R_4} U_{o1}$$

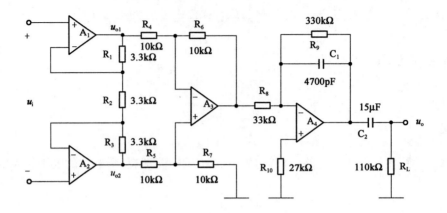

$$U_{o3} = U'_{o3} + U''_{o3} = \left(1 + \frac{R_6}{R_4}\right) \times \frac{R_7}{R_5 + R_7} U_{o2} - \frac{R_6}{R_4} U_{o1} = -(U_{o1} - U_{o2})$$

$$= -\frac{R_1 + R_2 + R_3}{R_3} U_i = -3U_i$$

则电压放大倍数 $A_{um} = \dfrac{\dot{U}_o}{\dot{U}_i} = \dfrac{\dot{U}_{o3}}{\dot{U}_i} \dfrac{\dot{U}_o}{\dot{U}_{o3}} = -3 \times \left(-\dfrac{R_9}{R_8}\right) = 30$

答案:A

【2009,32】理想运放如图所示,若 $R_1 = 5\text{k}\Omega$, $R_2 = 20\text{k}\Omega$, $R_3 = 10\text{k}\Omega$, $R_4 = 50\text{k}\Omega$, $u_{i1} - u_{i2} = 0.2\text{V}$,则输出电压 u_o 为:

A. -4V B. 4V C. -40V D. 40V

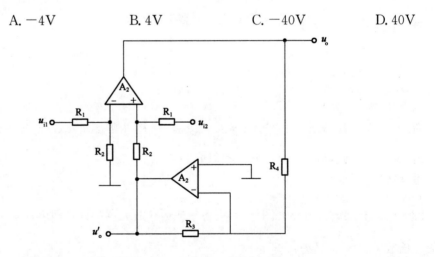

解 由题图可知:运放 A_2 组成反相输入比例运算电路,则 $u'_o = -\dfrac{R_3}{R_4} u_o$

运放 A_1 的同相和反相输入端电压分别为:

$$u_+ = \frac{R_2}{R_1 + R_2} u_{i2} + \frac{R_1}{R_1 + R_2} u'_o = \frac{R_2}{R_1 + R_2} u_{i2} - \frac{R_1}{R_1 + R_2} \times \frac{R_3}{R_4} u_o$$

$$u_- = \frac{R_2}{R_1 + R_2} u_{i1}$$

对于运放 A_1,根据虚短特性可知,$u_- = u_+$,则可得:$u_o = -\dfrac{R_2 R_4}{R_1 R_3}(u_{i1} - u_{i2}) = -4\text{V}$

答案:A

【2010,32】如图所示,集成运放和模拟乘法器均为理想元件,模拟乘法器的乘积系数 $k > 0$。u_o 应为:

A. $\sqrt{u_{i1}^2 + u_{i2}^2}$　　　　　　　　B. $K\sqrt{u_{i1}^2 + u_{i2}^2}$

C. $\sqrt{K(u_{i1}^2 + u_{i2}^2)}$　　　　　　　D. $\sqrt{ku_{i1}u_{i2}}$

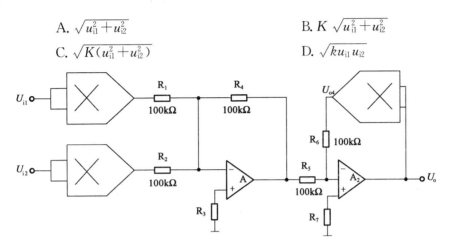

解　题中所示电路,输入端两个模拟乘法器的输出电压分别为 $u_{o1} = ku_{i1}^2$,$u_{o2} = ku_{i2}^2$。

运放 A_1 与 $R_1 \sim R_4$ 组成反相求和运算电路,其输出电压 u_{o3} 可通过叠加原理求得:

$$u_{o3} = -\dfrac{R_4}{R_1}u_{o1} - \dfrac{R_4}{R_2}u_{o2} = -u_{o1} - u_{o2} = -k(u_{i1}^2 + u_{i2}^2)$$

运放 A_2 的两个输入端电位为零,是"虚地",流过电阻 R_5 和 R_6 的电流相等,根据虚断和虚短特性,可得:$\dfrac{u_{o3}}{R_5} = -\dfrac{u_{o4}}{R_6} \Rightarrow u_{o4} = -\dfrac{R_6}{R_5}u_{o3} = -u_{o3}$

根据模拟乘法器的输入求得其输出电压为:$u_{o4} = ku_o^2$

由于 $k > 0$,经过平方运算后,$u_{o1} > 0$,$u_{o2} > 0$;因此,$u_{o3} < 0$,$u_{o4} > 0$

则:$u_o > 0$,$u_o = \sqrt{\dfrac{u_{o4}}{k}} = \sqrt{\dfrac{-u_{o3}}{k}} = \sqrt{\dfrac{k(u_{i1}^2 + u_{i2}^2)}{k}} = \sqrt{u_{i1}^2 + u_{i2}^2}$,该电路可实现开平方和运算。

答案:A

【2017,21】求下列运放的放大倍数 $\dfrac{U_o}{U_i}$ 为:

A. 8　　　　　　B. 9　　　　　　C. 10　　　　　　D. 11

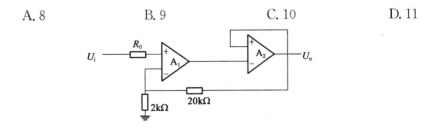

答案:D

【2013,21】图示电路的电压增益表达式为：

A. $-R_1/R_f$ B. $R_1/(R_f+R_1)$
C. $-R_f/R_1$ D. $-(R_f+R_1)/R_1$

解：设运放 A_1 的输出电压为 u_{o1}，由虚短特性可知：$u_{A1-}=u_{A1+}=0$

由虚断特性可知：$\dfrac{u_{i1}-u_{A1-}}{R_1}=\dfrac{u_{A1-}-u_{o2}}{R_f}$

解得：$\dfrac{u_{o2}}{u_{i1}}=-\dfrac{R_f}{R_1}$

答案：C

【2013,23】理想运放电路如图所示，若 $R_1=5\text{k}\Omega, R_2=20\text{k}\Omega, R_3=10\text{k}\Omega, R_4=50\text{k}\Omega, u_{i1}-u_{i2}=0.2\text{V}$，则 u_o 为：

A. -4V B. -5V C. -8V D. -10V

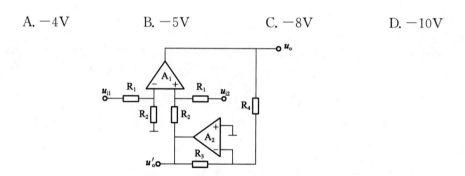

解：运放 A_2 的输出电压为 u_o'，根据虚断和虚短特性可知：$\dfrac{u_o'-0}{R_3}=\dfrac{0-u_o}{R_4}\Rightarrow u_o'=-\dfrac{R_3}{R_4}u_o$

对于运放 A_1，由虚短特性可知：$u_{A1-}=u_{A1+}$；

反相端：$u_{A1-}=\dfrac{R_2}{R_1+R_2}u_{i1}$，

同相端：$u_{A1+}=\dfrac{u_{i2}-u_o'}{R_1+R_2}\times R_2+u_o'$

联立以上各式可得：$u_o=-\dfrac{R_4}{R_3}\times\dfrac{R_2}{R_1}(u_{i1}-u_{i2})=-4\text{V}$

答案：A

【2011,32】电路如图所示，设运放均有理想的特性，则输出电压 u_o 为：

A. $\dfrac{R_3}{R_2+R_3}\dfrac{u_{i1}+u_{i2}}{2}$ B. $\dfrac{R_3}{R_2+R_3}(u_{i1}+u_{i2})$

C. $\dfrac{R_3}{R_2+R_3}(u_{i1}-u_{i2})$ D. $\dfrac{R_3}{R_2+R_3}(u_{i2}-u_{i1})$

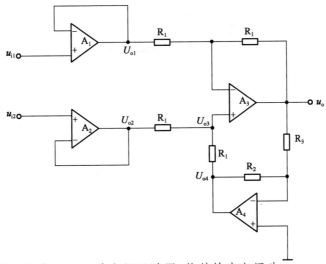

解 由题图可知,运放 A_1、A_2 为电压跟随器,故其输出电压为 $u_{o1}=u_{i1}$,$u_{o2}=u_{i2}$

根据虚短特性,运放 A_4 同相和反相输入端电压满足 $u_{A4+}=u_{A4-}=0$,设运放 A_4 的输出电压为 u_{o4}。

运放 A_3 同相和反相端满足:$u_{A3+}=u_{A3-}$

对于运放 A_3,根据虚断特性知,$\dfrac{u_{o1}-u_{A3-}}{R_1}=\dfrac{u_{A3-}-u_o}{R_1}$,$\dfrac{u_{o2}-u_{A3+}}{R_1}=\dfrac{u_{A3+}-u_{o4}}{R_1}$

对于运放 A_4,满足 $\dfrac{u_{o4}-u_{A4-}}{R_2}=\dfrac{0-u_o}{R_3}$

综上可得:$u_o=\dfrac{R_3}{R_3+R_2}(u_{i2}-u_{i1})$

答案: D

【2012,30】 由理想运放组成的放大电路如图所示,若 $R_1=R_3=1\text{k}\Omega$,$R_2=R_4=10\text{k}\Omega$,该电路的电压放大倍数 $A_{uf}=\dfrac{u_o}{u_{i1}-u_{i2}}$ 为:

A. -5 B. -10 C. 5 D. 10

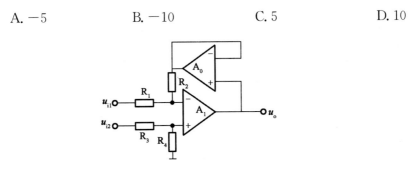

解 设运放 A_2 的输出电压为 u_{o2},根据题图可知:$u_o=u_{A2+}=u_{A2-}=u_{o2}$

对于运放 A_1,由虚短概念可知:$u_{A1-}=u_{A1+}$

反相端为:$\dfrac{u_{i1}-u_{A1-}}{R_1}=\dfrac{u_{A1-}-u_{o2}}{R_2}$,同相端:$\dfrac{u_{i2}-u_{A1+}}{R_3}=\dfrac{u_{A1+}}{R_4}$

联立可得:$u_o=-\dfrac{R_2}{R_1}u_{i1}+\dfrac{R_2}{R_1}\times\left(\dfrac{R_1+R_2}{R_2}\times\dfrac{R_4}{R_3+R_4}\right)u_{i2}$

将 $R_1=R_3=1\text{k}\Omega, R_2=R_4=10\text{k}\Omega$ 代入可得：$u_o=-10u_{i1}+10u_{i2}\Rightarrow A_v=\dfrac{u_o}{u_{i1}-u_{i2}}=-10$

答案：B

【2014,27】欲将正弦波电压移相＋90°，应选用的电路为：

    A. 比例运算电路   B. 加法运算电路
    C. 积分运算电路   D. 微分运算电路

解 比例运算电路、加法运算电路不能改变相位角，积分电路移相＋90°。微分电路是输出电压，相位滞后输入电压 90°。

答案：C

【2013,22】欲在正弦波电压上叠加一个直流量，应选用的电路为：

    A. 反相比例运算电路   B. 同相比例运算电路
    C. 差分比例运算电路   D. 同相输入求和运算电路

解：选项 A、B、C 皆为比例运算放大电路，只能实现一个正弦电压的放大、移相，只有求和电路才能够实现在一个正弦电压上叠加直流量。

答案：D

【2014,28；2016,27】设图示电路中模拟乘法器($K>0$)和运算放大器均为理想器件，该电路实现的运算功能为：

   A. 乘法   B. 除法   C. 加法   D. 减法

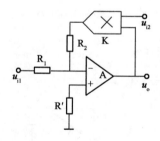

解 题中所示电路，输入端两个模拟乘法器的输出电压为：$\dfrac{u_{i1}}{R_1}=\dfrac{0-ku_{i2}u_o}{R_2}\Rightarrow u_o=\dfrac{-R_2}{kR_1}\times\dfrac{u_{i1}}{u_{i2}}$。因此是除法运算。

答案：B

考点 信号处理、信号发生电路

1）信号处理电路

【2017,13】图示电路以端口电压为激励，以电容电压为响应时，属于：

A. 高通滤波电路   B. 带通滤波电路
C. 低通滤波电路   D. 带阻滤波电路

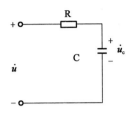

答案：C

【2009,29】 某滤波器的传递函数为 $A(s)=\dfrac{1}{1+sRC}\left(1+\dfrac{R_2}{R_1}\right)$，该滤波器的通带增益和截止角频率分别为：

   A. $1+\dfrac{R_2}{R_1},RC$ B. $1+\dfrac{R_2}{R_1},\dfrac{1}{RC}$ C. $\dfrac{R_2}{R_1},\dfrac{1}{RC}$ D. $\dfrac{R_2}{R_1},RC$

解 根据题中传递函数可知该滤波器为低通滤波器，其通带增益为 $1+\dfrac{R_2}{R_1}$，截止角频率为 $\dfrac{1}{RC}$。

答案：B

【2012,22】 已知某放大器的频率特性表达式为 $A(j\omega)=\dfrac{200\times10^6}{j\omega+10^6}$，该放大器的中频电压增益为：

   A. 200dB   B. 200×10^6 dB   C. 120dB   D. 160dB

解 由题可知，中频增益为 $|A(j\omega)|=\dfrac{200\times10^6}{\sqrt{\omega^2+(10^6)^2}}$，其最大值为 $|A(j\omega)|_{\max}=200$dB。

答案：A

【2013,25】 电路如图所示，已知 $R_1=R_2$，$R_3=R_4=R_5$，且运放的性能均理想，$A_u=\dfrac{\dot U_o}{\dot U_1}$ 的表达式为：

   A. $-\dfrac{j\omega R_2C}{1+j\omega R_2C}$ B. $\dfrac{j\omega R_2C}{1+j\omega R_2C}$

   C. $-\dfrac{j\omega R_3C}{1+j\omega R_3C}$ D. $\dfrac{j\omega R_3C}{1+j\omega R_3C}$

解 运放 A_1 构成一阶低通滤波器，按照虚短和虚断特征，可求出输入与输出关系方程：

$\dfrac{u_1-0}{R_1}=\dfrac{0-u_2}{R_2 /\!/ (-j1/\omega C)}$

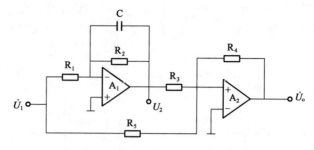

$$\Rightarrow u_2 = \frac{-1}{R_1} \times \frac{R_2}{1+j\omega CR_2} u_1 \xrightarrow{R_1=R_2} u_2 = \frac{-1}{1+j\omega CR_2} u$$

运放 A_2 构成同相求和电路,故:

$$\frac{u_1-0}{R_5} + \frac{u_2-0}{R_3} = \frac{0-u_o}{R_4} \Rightarrow A = \frac{\dot{u}_o}{\dot{u}_1} = \frac{j\omega CR_2}{1+j\omega CR_2}$$

答案:B

2)信号发生电路

【2006,20】文氏桥振荡电路的固有频率为:

  A. $\dfrac{1}{2\pi RC}$ B. $\dfrac{1}{2\pi\sqrt{RC}}$ C. $\dfrac{1}{2\pi\sqrt{6}RC}$ D. $\dfrac{RC}{2\pi}$

解 熟记公式。
答案:A

【2007,28】文氏电桥式正弦波发生器电路如图所示,电路的振荡频率 f_0 约为:

  A. 1590Hz   B. 10000Hz   C. 159Hz   D. 10^{-1}Hz

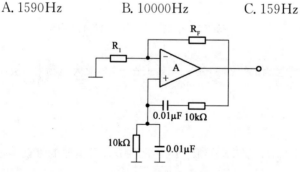

解 文氏电桥式正弦波发生器的振荡频率 $f = \dfrac{1}{2\pi RC} = \dfrac{1}{2\pi \times 10^4 \times 10^{-7}} = 159\text{Hz}$
答案:C

【2012,31】如图所示,矩形波发生电路中,运算放大器的电源为+15V(单电源供电),其最大输出电压 $U_{omax}=12$V,最小输出电压 $U_{omin}=0$V,其他特征都是理想的,则电容电压的变化范围为:

  A. 1~5V   B. 0~6V   C. 3~12V   D. 0~12V

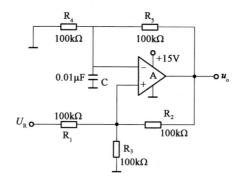

解 运算放大器同相输入端电压 U_+ = 反相输入端电压 U_-,即 $U_+ = U_-$; ①

由图可知,$U_- = U_C$; ②

$\dfrac{U_o - U_+}{R_3} + \dfrac{U_R - U_+}{R_1} = \dfrac{U_+}{R_2}$ ③

$R_1 = R_2 = R_3 = 100\text{k}\Omega$ ④

根据③、④可求得:$U_+ = \dfrac{U_o + U_R}{3} = \dfrac{U_o + 3}{3}$ ⑤

根据⑤,当 $U_{\text{omax}} = 12\text{V}$,$U_+ = 5\text{V}$;当 $U_{\text{omin}} = 0\text{V}$,$U_+ = 1\text{V}$。

根据①、②可知,当 $U_o = 12\text{V}$ 时,电容器 C 充电;当 $U_+ = U_C$ 时,C 充电结束,$U_{C\text{max}} = 5\text{V}$;

当 $U_o = 0\text{V}$ 时,电容器 C 放电;当 $U_+ = U_C$ 时,C 放电结束,$U_{\text{min}} = 1\text{V}$;

因此,电容器 C 电压变化范围为 1~5V。

答案: A

【2013,29;2017,23】电路如图所示,设运放是理想器件,电阻 $R_1 = 10\text{k}\Omega$,为使该电路能产生正弦波,则要求 R_F 为:

A. $R_F = 10\text{k}\Omega + 4.7\text{k}\Omega$(可调) B. $R_F = 100\text{k}\Omega + 4.7\text{k}\Omega$(可调)

C. $R_F = 18\text{k}\Omega + 4.7\text{k}\Omega$(可调) D. $R_F = 4.7\text{k}\Omega + 4.7\text{k}\Omega$(可调)

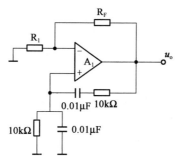

解 正弦波信号产生电路实际上是一个没有输入信号的正反馈放大电路,电路在没有外加输入信号的正反馈放大电路,依靠自激振荡输出正弦波信号。起振条件为 $\dot{A}\dot{F} > 1$,其中 $\omega_0 = \dfrac{1}{RC}$,当 $\omega = \omega_0$,$|F|$ 取得最大值。

$$Z_1 = R_1 + \frac{1}{j\omega C_1}, Z_2 = R /\!/ \frac{1}{j\omega C_2}, 则 \dot{F} = \frac{\dot{u}_F}{\dot{u}_o} = \frac{Z_2}{Z_1 + Z_2} = \frac{1}{3 + j\left(\omega RC - \frac{1}{\omega RC}\right)}$$

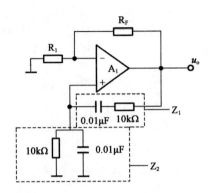

将 $\omega_0 = \dfrac{1}{RC}$ 代入得:$\dot{F} = \dfrac{1}{3 + j\left(\dfrac{\omega}{\omega_0} - \dfrac{\omega_0}{\omega}\right)}$,$|\dot{F}| = \dfrac{1}{\sqrt{3^2 + \left(\dfrac{\omega}{\omega_0} - \dfrac{\omega_0}{\omega}\right)^2}}$

$|\dot{F}|_{max} = \dfrac{1}{3}$

又因 $|\dot{A}\dot{F}| > 1$,故 $A > 3$

由运放 A_1 虚短和虚断特性知,放大倍数 $A = 1 + \dfrac{R_F}{R_1} > 3 \Rightarrow R_F > 2R_1 = 20k\Omega$

其实,对于文氏电桥式正弦波电路,只需记住运放的放大倍数大于3,即 $A > 3$,便很容易求出反馈电阻的范围。

答案:C

考点 功率放大电路

【2014,29】某通用示波器中的时间标准振荡电路如图所示(图中 L_1 是高频消弧装置,C_4 是去耦电容),该电路的振荡频率为:

A. 5kHz　　　　B. 10kHz　　　　C. 20kHz　　　　D. 32kHz

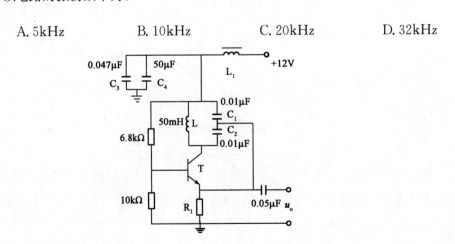

解 L、C_1、C_2 串联形成振荡,振荡频率为:

$$f = \frac{1}{2\pi\sqrt{L \times \frac{C_1 C_2}{C_1 + C_2}}} = \frac{1}{2 \times 3.14 \times \sqrt{2.5 \times 10^{-10}}} = 10\text{kHz}$$

答案:B

【2011,31】电路如图所示,其中运算放大器 A 的性能理想,若 $u_i = \sqrt{2}\sin(\omega t)\text{V}$,那么电路的输出功率 P_o 为:

A. 6.25W   B. 12.5W   C. 20.25W   D. 25W

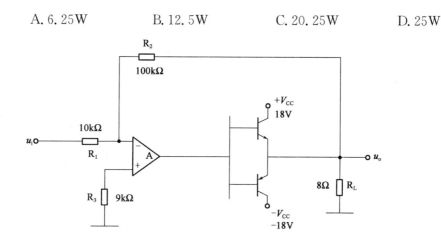

解 因为运算放大器 A 性能理想,根据虚短、虚断特性可以得出:

$\frac{u_i - 0}{R_1} = \frac{0 - u_o}{R_2} \Rightarrow U_o = -10\sqrt{2}\sin\omega t, U_o = \pm 10\text{V}$,功放电路不能正常工作

电路最大输出功率 $P = \frac{U_o^2}{R_L} = \frac{10^2}{8} = 12.5\text{W}$

答案:B

【2017,22】求图示放大电路的输出功率为:

A. 9W   B. 4.5W   C. 2.75W   D. 2.25W

解 考查乙类放大电路特性,需要注意的是此题图为非对称电路,U_o 能输出的最大电压

为6V,代入公式:$P=\dfrac{U_{oM}^2}{2R_L}=\dfrac{6^2}{2\times 8}=2.25\text{W}$。

答案:D

【2016,24】电路如图所示,已知运放性能理想,其最大的输出电流为15mA,最大的输出电压幅值为15V,设晶体管 T_1 和 T_2 的性能完全相同,$\beta=60$,$|U_{BE}|=0.7\text{V}$,$R_L=10\Omega$,那么,电路的最大不失真输出功率为:

A. 4.19W B. 11.25W C. 16.2W D. 22.5W

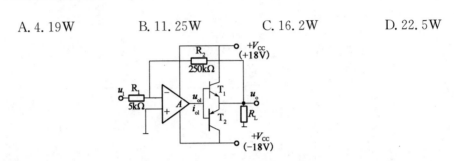

解 图为甲乙类推挽功率放大电路,其输出电压幅值为 $U_{om}=u_{o1}=15\text{V}$,最大输出功率为:

$$P_{om}=\dfrac{1}{2}\times\dfrac{U_{om}^2}{R_L}=\dfrac{1}{2}\times\dfrac{15^2}{10}=\dfrac{225}{20}=11.25\text{W}$$

答案:B

考点 | 直流稳压电源

【2006,29;2010,29】如图所示电路中,A 为理想运算放大器,三端集成稳压器的2、3端之间的电压用 U_{REF} 表示,则电路的输出电压可表示为:

A. $U_o=(U_i+U_{REF})\dfrac{R_2}{R_1}$
B. $U_o=U_i\dfrac{R_2}{R_1}$
C. $U_o=U_{REF}\left(1+\dfrac{R_2}{R_1}\right)$
D. $U_o=U_{REF}\left(1+\dfrac{R_1}{R_2}\right)$

解 根据运算放大器A的接法,利用虚断和虚短特性可知,电压 U_{REF} 即为电阻 R_1 两端电压,再根据串联电压分压原理可求出输出电压: $U_o=\dfrac{U_{REF}}{R_1}(R_1+R_2)$。

答案:C

【2017,24】R_W 不为 0,忽略满电流 I_W,则 U_o 为:

A. $\dfrac{12R_W}{R_L}$ B. $\dfrac{12R_L}{R_W}$ C. $\dfrac{6R_W}{R_L}$ D. $\dfrac{6R_L}{R_W}$

解 根据 LM7812 引脚功能知,2,3 两点间的输出电压为 12V,也为电阻器 R_W 两端的电压。忽略电流 I_W 时,有:

$$U_{ab}=\left(1+\dfrac{R_L}{R_W}\right)U'$$

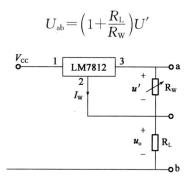

$$U_o=\dfrac{R_L}{R_W+R_L}U_{ab}=\dfrac{R_L}{R_W+R_L}\left(1+\dfrac{R_L}{R_W}\right)\times 12=\dfrac{12R_L}{R_W}$$

答案:A

【2008,24】电路如图所示,如果放大器是理想运放,直流输入电压满足理想运放的要求,则电路的输出电压 u_o 最大值为:

A. 15V   B. 18V   C. 22.5V   D. 30V

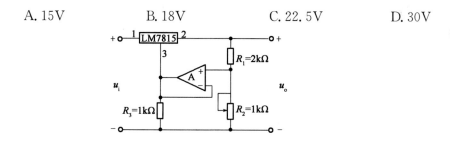

解 由三端集成稳压器芯片 W7915 可知,输出端两引脚间的电压为 15V,根据虚短和虚断特性,该电压即是电阻 R_1 两端电压,故最大输出电压:

$$U_o=\dfrac{U}{R_1}(R_1+R_2)=\dfrac{15}{2}(2+1)=22.5\text{V}$$

答案:C

【2014,21】电路如图所示,已知 $I_W=3\text{mA}$;U_1 足够大,C_3 是容量较大的电解电容,输出电压 U_o 为:

A. -15V B. -22.5V
C. -30V D. -33.36V

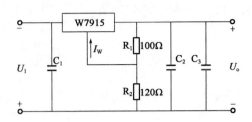

解 由三端集成稳压器芯片 W7915 可知,输出端两引脚间的电压 -15V 即是电阻 R_1 两端的电压,则可以求出电流 $I_{R1}=\dfrac{0-(-15)}{R_1}=150$mA,因此流过电阻 R_2 的电流 $I_{R2}=I_{R1}+I_w=150+3=153$mA。

输出电压 $U_o=I_{R2}R_2+I_{R1}R_1=153\times-0.12-15=-33.36$V

答案:D

【2012,32】某串联反馈型稳压电路如图所示,图中输入直流电压 $U_i=24$V,调整管 T_1 和误差放大管 T_2 的 U_{BE} 均等于 0.7V,稳压管的稳定电压 U_z 等于 5.3V。输出电压 U_o 的变化范围为:

A. $0\sim24$V B. $12\sim18$V
C. $6\sim18$V D. $8\sim12$V

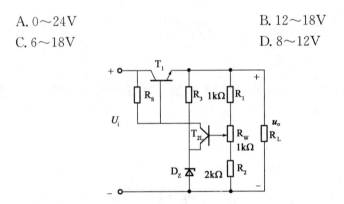

解 题图为串联型线性稳压电路,其输出电压为:$U_o=\dfrac{R_1+R_W+R_2}{R_{W2}+R_2}(U_z+U_{BE2})$

其中 R_{W2} 表示电位器 R_W 的抽头电阻,通过调节电位器可以调节输出电压 U_o 的大小,但 U_o 必定大于等于 U_z。

本题中:当抽头位于电位器的最上端,即 $R_{W2}=R_W=1$kΩ,$U_{omin}=\dfrac{R_1+R_W+R_2}{R_{W2}+R_2}(U_z+U_{BE2})=\dfrac{6}{3}\times(5.3+0.7)=12$V

当抽头位于电位器的最下端,即 $R_{W2}=R_W=0$,$U_{omax}=\dfrac{R_1+R_W+R_2}{R_{W2}+R_2}(U_z+U_{BE2})=\dfrac{6}{2}\times(5.3+0.7)=18$V

因此,输出电压 U_o 的变化范围为 $12\sim18$V。

答案:B

【2007,27;2013,28】在图示桥式整流电容滤波电路中,若二极管具有理想的特性,那么,当 $u_2 = 10\sqrt{2}\sin 314t\text{V}, R_L = 10\text{k}\Omega, C = 50\mu\text{F}$ 时,U_o 为下列哪项数值?

A. 9V B. 10V C. 12V D. 14.14V

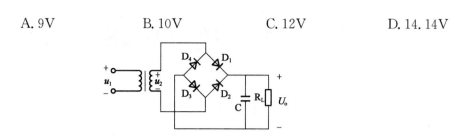

解 对于全波整流,一定要看清是否有滤波电容。若有滤波电容,则输出电压为 $1.2U_2$,其中电压为有效值。

答案: C

第3章 数字电路技术

3.1 数字电路基础

3.1.1 数制和码制

1) 2^n 进制数转换成十进制数

可将二进制数、八进制数、十六进制数按权位展开后,求得各位数之和,即可得到对应的十进制数。

2) 十进制数转换成 2^n 进制数

十进制数转换成 2^n 进制数时,可将其分为整数和小数两部分分别转换,然后将其合并起来,即可得到转换的结果。

整数部分的转换:采用除 K 取余法。即用目的数制的基数去除 K 进制整数,第一次所得的余数为目的数的最低位,把所得的商再除以该基数,所得的余数为目的数的次低位,依此类推,直至商为 0,所得的余数为目的数的最高位。

小数部分的转换:采用乘积取整法。即用该小数去乘目的数制的基数,第一次乘得结果的整数部分为目的数的最高位,将乘得结果的小数部分再乘基数,所得结果的整数部分作为目的数的第二位,依此类推,直到小数部分为 0 或达到要求的精度(要求的小数位数)为止。

计算示例如图 3-1 所示。

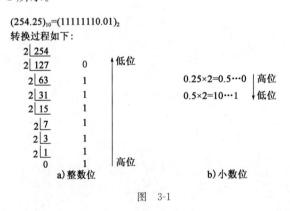

图 3-1

3) 带符号的二进制数

二进制数的最高位表示符号位,用 0 表示正数,用 1 表示负数。其余部分用原码的形式表示数值位。

二进制数的补码和反码:补码和反码的最高位为符号位,正数为 0,负数为 1。

(1) 当二进制数为正数时,其补码、反码与原码相同;

(2)当二进制数为负数时,将原码的数值位逐位求反,然后在最低位加1得到补码。(最高位不变,仍为1)

3.1.2 逻辑运算(重点)

逻辑运算见表3-1。

表3-1 逻 辑 运 算

逻辑运算	逻辑表达式	逻辑符号
与运算	$Y=AB$	A、B → & → Y
或运算	$Y=A+B$	A、B → ≥1 → Y
非运算	$Y=\overline{A}$	A → 1 → Y
与非运算	$Y=\overline{A \cdot B}$	A、B → & → Y
或非运算	$Y=\overline{A+B}$	A、B → ≥1 → Y
异或	$Y=A \oplus B=\overline{A}B+A\overline{B}$	A、B → =1 → Y
同或	$Y=A \odot B=\overline{A}\,\overline{B}+AB$	A、B → = → Y

3.2 集成逻辑门电路

如图3-2所示,以高电平使能的三态与非门(TS门)为例,其逻辑功能为:

$$\begin{cases} L=\overline{AB}|_{EN=1} & \text{与非逻辑} \\ L=Z|_{EN=0} & \text{高阻状态} \end{cases}$$

三态门作用:可实现用一条总线分时传送几个不同的数据或控制信号。

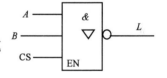

图3-2 三态与非门

扇出数:是指其在正常工作情况下,所能带同类门电路的最大数目。

高电平扇出数: $$N_{OH}=\frac{I_{OH}(驱动门)}{I_{IH}(负载门)}$$

低电平扇出数: $$N_{OL}=\frac{I_{OL}(驱动门)}{I_{IL}(负载门)}$$

以上计算后取数值小的为扇出数。

3.3 数字基础及逻辑函数化简

3.3.1 逻辑函数化简的方法

1)公式法(代数法)

运用逻辑代数的基本定律和恒等式进行化简的方法,称为公式法。

反演律:$\overline{ABC}=\overline{A}+\overline{B}+\overline{C}$,$\overline{A+B+C}=\overline{A}\,\overline{B}\,\overline{C}$

吸收法：$A+AB=A$
消去法：$A+\bar{A}B=A+B$
配项法：$A=A(B+\bar{B})$

2）卡诺图法（重点）

（1）最小项：n 个变量 $X_1,X_2,\cdots,X_n$ 的最小项是 n 个因子的乘积，每个变量都以它的原变量或非变量的形式在乘积项中出现，且仅出现一次。一般 n 个变量的最小项应有 2^n 个。

①对于任意一个最小项，只有一组变量取值使得它的值为 1；在变量取其他各组值时，这个最小项的值都是 0。

②不同的最小项，使它的值为 1 的那一组输入变量取值也不同。

③对于变量的任一组取值，任意两个最小项的乘积为 0。

④对于变量的任一组取值，全体最小项之和为 1。

最小项的表示：通常用 m_i 表示最小项，m 表示最小项，下标 i 为最小项号。

（2）卡诺图化简法：当逻辑函数为最小项表达式时，在卡诺图中找出和表达式中最小项对应的小方格填上 1，其余的小方格填上 0（有时也可用空格表示），就可以得到相应的卡诺图。任何逻辑函数都等于其卡诺图中为 1 的方格所对应的最小项之和。

3.3.2 化简步骤

具体化简步骤为：

①将逻辑函数写成最小项表达式。

②按最小项表达式填卡诺图，凡式中包含了的最小项，其对应方格填 1，其余方格填 0。

③合并最小项，即将相邻的 1 方格圈成一组（包围圈），每一组含 $2n$ 个方格，对应每个包围圈写成一个新的乘积项。

④将所有包围圈对应的乘积项相加。

3.3.3 遵循的原则

画包围圈时应遵循以下原则：

①包围圈内的方格数一定是 $2n$ 个，且包围圈必须呈矩形。

②循环相邻特性包括上下底相邻、左右边相邻和四角相邻。

③同一方格可以被不同的包围圈重复包围多次，但新增的包围圈中一定要有原有包围圈未曾包围的方格。

④一个包围圈的方格数要尽可能多，包围圈的数目要尽可能少。

无关项：在真值表内对应于变量的某些取值下，函数的值可以是任意的，或者这些变量的取值根本不会出现，这些变量取值所对应的最小项称为无关项或任意项。在含有无关项逻辑函数的卡诺图化简中，它的值可以取 0 或取 1，具体取什么值，可以根据使函数尽量得到简化而定。

3.4 组合逻辑电路

组合逻辑电路是指任一时刻的输出仅由该时刻的输入决定。其特点是：电路内部没有记忆单元，也不存在信号的反向传输路径。

组合逻辑电路分析是指已知逻辑电路,确定电路的逻辑功能。

组合逻辑电路的分析步骤:

(1)由逻辑图写出输出端的逻辑表达式;

(2)化简逻辑表达式;

(3)列出真值表;

(4)根据真值表或逻辑表达式,确定其功能。

3.4.1 集成组合逻辑电路

常用的组合逻辑部件有编码器、译码器、数据选择器、加法器和数值比较器等。

1)编码器

(1)定义:具有编码功能的逻辑电路。若编码状态数为 2^n,编码输出位数为 n,则称之为二进制编码器。

(2)集成优先编码器:优先编码器是只为优先级最高的输入信号进行编码操作的逻辑电路,对输入信号没有约束,允许多个信号同时输入。常见的集成编码器有 8 线—3 线优先编码器 74LS148、CD4532 和 10 线—4 线 BCD 优先编码器 74LS147 两种。图 3-3 为普通二进制编码器示意图。

74LS148 是一种常用的 8 线—3 线优先编码器(图 3-4)。其中 $\overline{I_0} \sim \overline{I_7}$ 为编码输入端,低电平有效;$\overline{Y_0} \sim \overline{Y_2}$ 为编码输出端,也是低电平有效,即反码输出。优先顺序为 $\overline{I_7} \sim \overline{I_0}$,$\overline{I_7}$ 的优先级最高。$\overline{S}$ 为使能输入端,低电平有效。$\overline{S}=0$ 时,允许编码,$\overline{S}=1$ 时,禁止编码,此时输出端均为高电平,同时 $\overline{Y}_{EX}$ 和 $\overline{Y}_S$ 也为高电平,编码器不工作。

$\overline{Y}_S$ 为输出使能端(选通输出),$\overline{Y}_S$ 只有在 $\overline{S}=0$ 时,且所有输入端都为 1 时,输出为 0,其余情况均为 1。$\overline{Y}_{EX}$ 为优先编码器工作状态标志,低电平有效。

图 3-3 普通二进制编码器   图 3-4 8 线—3 线优先编码器

2)译码器

(1)译码是编码的逆过程,它能将二进制码翻译成代表某一特定含义的信号。具有译码功能的逻辑电路称为译码器(图 3-5)。

(2)二进制译码器:输入为 n 位二进制代码,输出为 2^n 个状态,则称之为二进制译码器。74LS138 二进制译码器,当使能信号 $G_1=1$(高电平)且 $\overline{G}_{2A}$ 和 $\overline{G}_{2B}$ 同时为低电平时,译码器正常译码,当使能信号 $G_1=0$ 时,译码器不译码;当使能信号 $\overline{G}_{2A}+\overline{G}_{2B}=1$ 时,译码器不译码。3 线—8 线译码器如图 3-6 所示。

3)加法器(重点)

半加器:"半加"就是求本位和,不考虑低位进来的进位数,如图 3-7a)所示。

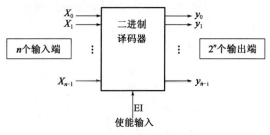

图 3-5 译码器示意图

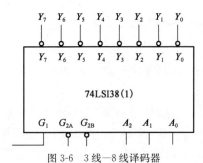

图 3-6 3线—8线译码器

全加器:全加器能进行加数、被加数和低位来的进位信号相加,并根据求和结果给出该位的进位信号,如图 3-7b)所示。

多位串位加法器是多个全加器从低位到高位排列起来,把低位的进位输出接到高位的进位输入端。图 3-8 为 4 位串位加法器。

两个 4 位二进制数相加,可用 4 个 1 位全加器实现。$A_3A_2A_1A_0$ 和 $B_3B_2B_1B_0$ 分别为 4 位二进制数的输入,C_4 为两个 4 位二进制数相加的进位输出,$S_3S_2S_1S_0$ 为和位输出。

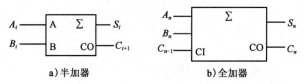

图 3-7 半加器及全加器

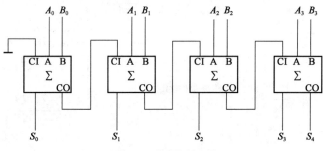

图 3-8 4位串位加法器

4)数值比较器

对两个数字进行比较(A、B),以判断其大小的逻辑电路。四位二进制数比较器有 74LS85、CC406、CC4085 和 CC14585。其逻辑表达式为:

$$F_{A>B}=A\overline{B}, F_{A<B}=\overline{A}B, F_{A=B}=\overline{A}\,\overline{B}+AB$$

注意:对于组合逻辑电路的芯片,可不必花时间记忆,近些年该部分考试主要是基于给定基本逻辑元件组成的电路,分析其逻辑功能。

3.4.2 存储器

分类:根据用户能对存储器进行的操作分为只读存储器(ROM)和随机读写存储器(RAM)两大类。

存储器的主要技术指标是存储容量。存储容量指存储器内能存储的二进制位数,有以下两种表示方法:

(1)位(bit)。位是二进制数的基本单位,也是存储器存储信息的最小单位。存储容量可表示为存储器地址码总数与存储单元位数的乘积。如:1k×4 位,表示该芯片有 1024 个地址码,对应 1024 个存储单元,每个存储单元存储 4 位二进制数。

(2)字节(Byte)。计算机中一般用 8 位构成 1 个字节,一般用大写字母 B 表示。

存储器容量扩展方式有以下两种:

(1)位扩展方式。地址信号、片选信号和读写信号都并联,输出并列。只扩大存储器每一个存储单元存储的位数,而存储单元的总数不变,地址数不变。

(2)字扩展方式。片内地址信号并联,多余地址端通过译码器接至各片的片选端,I/O 同名端并联。字扩展方式地址线要增加,输出数据线不变,只扩大存储器存储单元数,每一个存储单元的二进制信息的位数不变。

3.5 触发器与时序逻辑电路(重点)

3.5.1 基本触发器

触发器是具有记忆功能,存储二进制信息的双稳态电路。其广泛应用于计数器、运算器、存储器等部件中。触发器具有两个稳定的状态,即"1"和"0"状态,每种状态有原码 Q 和反码 $\overline{Q}$ 两个互补输出。在输入信号的作用下,触发器可以由一个稳态到另一个稳态,若输入信号不变,则触发器将长期稳定在其中一个状态,具有记忆功能。

触发器的触发方式主要包括:CP 脉冲输入端上不带小三角为电平触发;带小三角的为脉冲边沿触发,包括不带小圈的为时钟脉冲上升沿触发。带小圈的为时钟脉冲下降沿触发。因此在分析电路时,应注意时钟脉冲的触发方式。如图 3-9 所示。

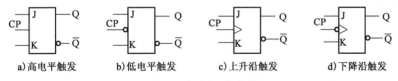

a)高电平触发　　b)低电平触发　　c)上升沿触发　　d)下降沿触发

图 3-9　方式的逻辑符号

1)基本触发器的逻辑符号

图 3-10 为常考的几种不同逻辑功能的触发器及其逻辑符号(以上升沿触发为例)。

2)特性方程(重点)

(1)RS 触发器

特性方程:$\begin{cases} Q^{n+1} = S + \overline{R}Q^n \\ SR = 0(约束条件) \end{cases}$

(2)D 触发器

特性方程:$Q^{n+1} = D$

(3)JK 触发器(重点)

特性方程:$Q^{n+1} = J\overline{Q}^n + \overline{K}Q^n$

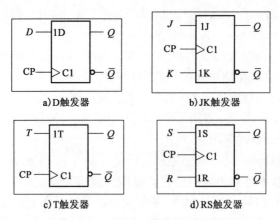

图 3-10　几种不同逻辑功能触发器及其逻辑符号

（4）T 触发器

特性方程：$Q^{n+1}=T\overline{Q}^n+\overline{T}Q^n$

3.5.2　时序逻辑电路分析（重点）

时序逻辑电路任意时刻的输出状态不仅与当前的输入信号有关，而且与此前电路的状态有关。

时序逻辑电路是由组合逻辑电路和存储电路两部分组成，X 表示外部输入，Q 表示存储电路的输出状态，Y 表示存储电路输入，Z 表示组合电路的外部输出，它们之间的关系为：

$$Z=F_1(X,Q^n)\quad\text{输出方程}$$
$$Y=F_2(X,Q^n)\quad\text{驱动方程}$$
$$Q=F_3(Y,Q^n)\quad\text{状态方程}$$

> **考点**　时序逻辑电路逻辑功能的描述

基本步骤

①分析电路的组成。

②确定输出方程和驱动方程。

③写出存储器的状态方程（分析异步时序电路时应考虑时钟脉冲的作用）。

④列出状态转换真值表和状态表。

⑤画出状态转换图。

⑥电路逻辑功能的描述。

【例 3-1】　电路如图 3-11 所示，试分析是几进制计数器，并画出它的状态转换图。

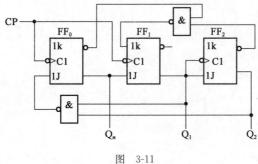

图　3-11

分析：这是一个异步时序电路，可按异步时序电路步骤分析。

解：(1) 写出各逻辑方程式。

① 各触发器的时钟信号的逻辑方程

$CP_0 = CP$ 　　下降沿触发

$CP_1 = CP$ 　　下降沿触发

$CP_2 = Q_1^n$ 　　仅当 Q_1^n 由 1→0 时，Q_2^n 才可能改变状态

② 驱动方程

$J_0 = \overline{Q_1^n Q_2^n}$ 　　$K_0 = 1$

$J_1 = Q_0^n$ 　　$K_1 = \overline{\overline{Q_0^n} \overline{Q_2^n}}$

$J_2 = Q_1^n$ 　　$K_2 = 1$

(2) 各触发器状态方程。

$Q_0^{n+1} = J_0 \overline{Q_0^n} + \overline{K_0} Q_0^n = \overline{Q_1^n Q_2^n} \cdot \overline{Q_0^n}$ 　　（CP 下降沿时有效）

$Q_1^{n+1} = J_1 \overline{Q_1^n} + \overline{K_1} Q_1^n = Q_0^n \overline{Q_1^n} + \overline{Q_0^n} \overline{Q_2^n} Q_1^n$ 　　（CP 下降沿时有效）

$Q_2^{n+1} = J_2 \overline{Q_2^n} + \overline{K_2} Q_2^n = Q_1^n \overline{Q_2^n}$ 　　（Q_1^n 由 1→0 时有效）

(3) 列状态表、画状态图，如表 3-2 及图 3-12 所示。

状态表　　　　　　　　　　　　　　　表 3-2

Q_2^n	Q_1^n	Q_0^n	$CP_2 = Q_1^n$	Q_2^{n+1}	Q_1^{n+1}	Q_0^{n+1}
0	0	0	0	0	0	1
0	0	1	0	0	1	0
0	1	0	0	0	1	1
0	1	1	⌐	1	0	0
1	0	0	0	1	0	1
1	0	1	0	1	1	0
1	1	0	⌐	0	0	0
1	1	1	⌐	0	0	0

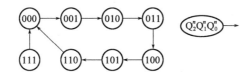

图 3-12　状态图

由状态图 3-12 可见，有效循环中状态数目为 7，因此该电路为异步七进制计数器。

考点　计数器（重点）

计数器是用于累计脉冲个数的一类时序电路，按照工作方式可分为同步计数器（同一个时钟脉冲）和异步计数器；按照功能来分，可分成加法计数器、减法计数器和可逆计数器。具体如下：

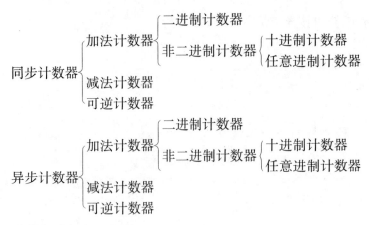

1)集成计数器

(1)清零方式

①异步清零方式:当清零信号=0时,即使没有时钟脉冲 CP,计数器输出也将被直接置零($Q_3Q_2Q_1Q_0=0000$),计数器74××160/161 异步清零。

②同步清零方式:当清零信号=0 且时钟上升沿达到时,计数器输出才清零($Q_3Q_2Q_1Q_0=0000$),计数器 74××162/163 为同步清零。

(2)置数

计数器 74160/161/162/163 均为同步置数。当清零信号=1、置数信号=0 时,在输入时钟脉冲 CP 上升沿作用下,并行输入端数据 $D_3D_2D_1D_0=d_3d_2d_1d_0$ 被置入计数器的输出端,即 $Q_3Q_2Q_1Q_0=d_3d_2d_1d_0$。由于这个操作要与 CP 上升沿同步,所以称为同步预置数。

(3)计数

当清零信号=1、置数信号=1、计数使能信号=1 且时钟上升沿到达时,在 CP 端输入计数脉冲,计数器进行二进制加法计数。

(4)保持

当清零信号=1、置数信号=1,两个使能端 EP、ET 中有 0 时,则计数器保持原来的状态不变。如 EP=0、ET=1,则进位输出信号保持不变;如 ET=0,则不管 EP 状态如何,进位输出信号为低电平 0。表 3-3 为常见集成计数器的清零方式和预置数方式。

常见集成计数器的清零方式和预置数方式　　表 3-3

CP 脉冲引入方式	型号	计数模式	清零方式	预置数方式
同步	74160	十进制加法	异步(低电平)	同步(低有效)
	74161	4 位二进制加法	异步(低电平)	同步(低有效)
	74162	十进制加法	同步(低电平)	同步(低有效)
	74163	4 位二进制加法	同步(低电平)	同步(低有效)
	74164	十进制加法	异步(高电平)	同步(低有效)
	74165	4 位二进制加法	异步(高电平)	同步(低有效)

以 74××161 为例进行说明,其逻辑图、功能表、时序图如图 3-13、表 3-4、图 3-14 所示。

(1)引脚功能介绍

RCO 为进位信号,当 $Q_3Q_2Q_1Q_0=1111$,进位输出为 RCO=1,下一个时钟脉冲,复位为 0;$D_3D_2D_1D_0$、$Q_3Q_2Q_1Q_0$ 分别为并行输入和并行输出;R_D、L_D 分别为清零信号和置数信号(均为低电平有效);ET、EP 为使能端,当 ET＝EP＝1,计数器才能开始计数,具体逻辑功能见表 3-4。

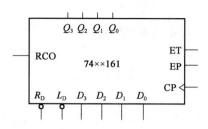

图 3-13 逻辑图示意图

74××161 逻辑功能表   表 3-4

清零	预置	使能		时钟	频率数量输入				输 出				工 作 模 式
R_D	L_D	EP	ET	CP	D_3	D_2	D_1	D_0	Q_3	Q_2	Q_1	Q_0	
0	×	×	×	×	×	×	×	×	0	0	0	0	异步清零
1	0	×	×	↑	d_3	d_2	d_1	d_0	d_3	d_2	d_1	d_0	同步置数
1	1	0	×	×	×	×	×	×	保持				数据保持
1	1	×	0	×	×	×	×	×	保持				数据保持
1	1	1	1	↑	×	×	×	×	计数				加法计数

(2)时序图

74××161 时序图如图 3-14 所示。

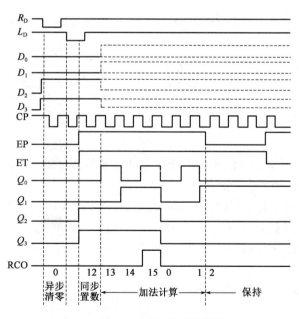

图 3-14 74××161 时序图

2)计数器的应用(重点)

(1)计数器的级联

两个模 N 计数器级联,可实现 N×N 的计数器。计数器的级联利用进位信号有同步级联和异步级联两种连接方式。

①同步级联:同步并行进位方式中多个计数器共用一个时钟信号。
②异步级联:异步串行方式进位中后一级的时钟利用前一级的进位信号产生。
(2)任意进制计数器的构成
①反馈置数法(包括同步置数和异步置数)。
②反馈清零法(包括同步清零和异步清零)。

【例 3-2】 分析如图 3-15 所示电路,说明它是多少进制的计数器。

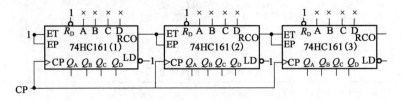

图 3-15 电路图

分析:161(1)一直计数,当 161(1)计数到 15,其进位 RCO=1,则 161(2)做好了计数准备,下一个时钟到来时,161(1)复 0,161(2)加 1。同样,当 161(2)计数到 15 时,则 161(3)做好了计数准备,下一个时钟到来时,161(3)加 1。

解:由分析可知,161(2)加 1 相当于计数 16 个脉冲,161(3)相当于计数 256 个脉冲,此计数器采用同步级联并行进位的方式,故是 $16 \times 16 \times 16 = 2^{12}$ 计数器。

【例 3-3】 分析如图 3-16 所示电路,说明它是多少进制计数器。

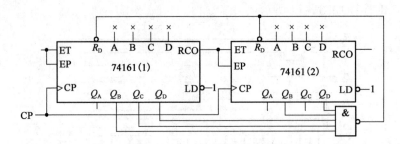

图 3-16 电路图

分析:这是使用整体反馈清 0 法构成的计数器,161 是异步复 0,当检测门输出 0 时,两片 161 同时立即复 0,即最后的状态为无效状态。

解:当计数器计数到 $Q_{D2}Q_{C2}Q_{B2}Q_{A2}Q_{D1}Q_{C1}Q_{B1}Q_{A1}=10101110$ 时,检测门输出 0,161 立即复 0,因此该计数器的有效计数状态为 00000000~10101101,中间无空缺状态,该计数器是一个模 174 计数器,若改成 163,则是 175 进制,因为 163 是同步清零,最后一个状态也是有效状态。

【例 3-4】 分析如图 3-17 所示的电路,说明它是多少进制计数器。

分析:这仍是一个通过 RCO 进行进位的计数器,只是通过整体反馈置数来实现预定模数的计数。

解:161(1)计数到 1111,其 RCO=1,则 161(2)做好了计数准备,下一个时钟到来时,161(1)复 0,161(2)加 1。同样,当 161(2)计数到 15 时,其 RCO=1,则两片的 LD=0。下一个脉冲到来后两 161 同时预置(同步置数)。因此该计数器的有效计数状态为 01010010~11111111,最后一个状态也是有效状态,故该计数器是一个模 174 计数器。

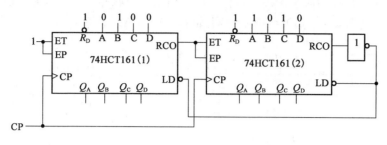

图 3-17 电路图

考点 寄存器和移位寄存器

寄存器是数字系统中用来存储代码或数据的逻辑部件。它的主要组成部分是触发器。一个触发器能存储 1 位二进制代码,存储 n 位二进制代码的寄存器需要由 n 个触发器组成,寄存器实际上是若干触发器的集合。

移位寄存器是既能寄存数码,又能在时钟脉冲的作用下使数码向高位或向低位移动的逻辑功能部件。移位寄存器构成的主要器件是环形计数器和扭环形计数器。

①环形计数器:N 位移位寄存器可以计 N 个数,实现模 N 计数器;

②扭环形计数器:N 位移位寄存器可以计 $2N$ 个数,实现模 $2N$ 计数器。

以集成移位寄存器 74LS194 为例,其由 4 个触发器组成 4 位移位器逻辑功能及功能表如图 3-18 和表 3-5 所示。D_{SR}、D_{SL} 分别是右移和左移串行输入,Q_3、Q_0 分别是右移和左移的串行输出端;$D_0 \sim D_3$、$Q_0 \sim Q_3$ 分别为并行输入端和并行输出端。

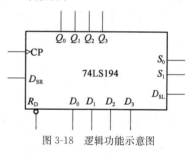

图 3-18 逻辑功能示意图

74LS194 功能表 表 3-5

输入										输出				工作模式
清零	控制		串行输入		时钟	并行输入								
R_D	S_1	S_0	D_{SL}	D_{SR}	CP	D_0	D_1	D_2	D_3	Q_0	Q_1	Q_2	Q_3	
0	×	×	×	×	×	×	×	×	×	0	0	0	0	异步清零
1	0	0	×	×	×	×	×	×	×	Q_0^n	Q_1^n	Q_2^n	Q_3^n	保持
1	0	1	×	1	↑	×	×	×	×	1	Q_0^n	Q_1^n	Q_2^n	右移,D_{SR} 为串行输入,Q_3 为串行输出
1	0	1	×	0	↑	×	×	×	×	0	Q_0^n	Q_1^n	Q_2^n	
1	1	0	1	×	↑	×	×	×	×	Q_1^n	Q_2^n	Q_3^n	1	左移,D_{SL} 为串行输入,Q_0 为串行输出
1	1	0	0	×	↑	×	×	×	×	Q_1^n	Q_2^n	Q_3^n	0	
1	1	1	×	×	↑	D_0	D_1	D_2	D_3	D_0	D_1	D_2	D_3	并行置数

注意:2016 年发输电专业基础 27 题对移位寄存器 74LS194 构成的环形计数器(图 3-19)进行了考查,依据上述给定的功能表,即可很容易选出答案,考查了识图能力。

具体原理如下:正脉冲启动信号 START 来时,$S_0=1$,$S_1=1$,根据上述功能表,是并行置数,在 CP 脉冲作用下,$Q_0Q_1Q_2Q_3=D_0D_1D_2D_3=1000$,正脉冲启动信号 START 由 1 变成 0

时，$S_0S_1=10$，在 CP 脉冲作用下进行右移操作。当第四个脉冲到来时，$D_{SR}=Q_3=1$ 时，在 CP 脉冲作用下输出变回 $Q_0Q_1Q_2Q_3=1000$［得出如图 3-19b）所示答案］。

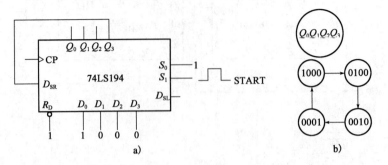

图 3-19　74LS194 构成环形计数器的逻辑图和状态图

3.6　脉冲波形的产生

3.6.1　多谐振荡器

多谐振荡器利用自激振荡电路直接产生矩形脉冲信号。它没有稳定的状态，不需要外加信号，只要接通电源，就能产生矩形脉冲信号。由于矩形波有丰富的谐波分量，故常称这种振荡器为多谐振荡器。

(1) 环形多谐振荡器

它是利用闭合回路中的正反馈作用产生自激振荡的。由于门电路存在延迟时间，将奇数个门首尾相接，即可构成环形多谐振荡器，如图 3-20 所示。

设每个门的平均传输时间为 t_{pd}，振荡周期 $T=2nt_{pd}$，振荡频率 $f=\dfrac{1}{2nt_{pd}}$。

(2) 由施密特触发器构成的多谐振荡器（CMOS）（图 3-21）

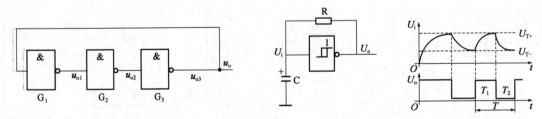

图 3-20　环形多谐振荡器　　　　图 3-21　由施密特触发器构成的多谐振荡器

振荡周期 $T_1=RC\ln\dfrac{V_{DD}-V_{T-}}{V_{DD}-V_{T+}}$，$T_2=RC\ln\dfrac{V_{T+}}{V_{T-}}$

振荡周期 $T=T_1+T_2=RC\ln\dfrac{V_{DD}-V_{T-}}{V_{DD}-V_{T+}}\times\dfrac{V_{T+}}{V_{T-}}$，振荡频率 $f=\dfrac{1}{T}$

3.6.2　555 定时器及其应用

1) 555 定时器

555 定时器是一种应用方便的中规模集成电路，广泛用于信号的产生、变换、控制与检测。

555定时器的电气原理图及功能表如图3-22、表3-6所示。

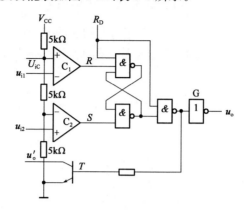

图3-22　555定时器电气原理图

555定时器功能表　　　　　　　　　　　　　　　　　　　　　　　　表3-6

输入			输出	
阈值输入(V_{11})	触发输入(V_{12})	复位(R_D)	输出(V_o)	放电管T
×	×	0	0	导通
$<\frac{2}{3}V_{CC}$	$<\frac{1}{3}V_{CC}$	1	1	截止
$>\frac{2}{3}V_{CC}$	$>\frac{1}{3}V_{CC}$	1	0	导通
$<\frac{2}{3}V_{CC}$	$>\frac{1}{3}V_{CC}$	1	不变	不变

2)应用(重点)

(1)由555定时器构成单稳态触发器(图3-23)

单稳态触发器具有稳态和暂稳态两种不同的工作状态,在外界触发信号作用下,能从稳态翻转到暂稳态,维持一段时间后,再自动返回到稳态。暂稳态维持时间的长短取决于电路的参数,而与外界触发信号的宽度和幅度无关。根据如图3-23所示接法可得出以下几个参数:

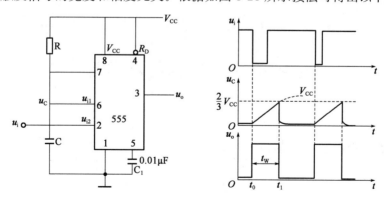

图3-23　由555定时器构成的单稳态触发器

①输出脉冲宽度: $t_W = RC\ln\dfrac{V_{CC}-0}{V_{CC}-\frac{2}{3}V_{CC}} = RC\ln3 = 1.1RC$

②恢复时间: $t_R = (3\sim5)RC$

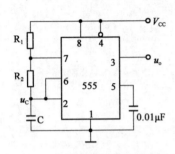

图 3-24 由 555 定时器构成的
多谐振荡器

③电路的最高工作频率：$f = \dfrac{1}{t_W + t_R}$

(2) 由 555 定时器构成的多谐振荡器(重点)

由 555 定时器构成的多谐振荡器，其电路组成如图 3-24 所示。

①电容充电时间：$T_1 = (R_1 + R_2)C\ln\dfrac{V_{CC} - \dfrac{1}{3}V_{CC}}{V_{CC} - \dfrac{2}{3}V_{CC}}$

$= 0.7(R_1 + R_2)C$

②电容放电时间：$T_2 = 0.7R_2C$

③电路振荡周期：$T = T_1 + T_2 = 0.7(R_1 + 2R_2)C$

④电路振荡频率：$f = \dfrac{1}{T} = \dfrac{1.43}{(R_1 + 2R_2)C}$

⑤占空比：$q = \dfrac{T_1}{T} = \dfrac{R_1 + R_2}{R_1 + 2R_2}$

3.7 数模与模数转换

3.7.1 A/D 转换

A/D 转换器的输出量求法：

(1) 求出输入电压和最小分辨电压的商，只保留整数部分(没有要求四舍五入的情况下直接进位)；

(2) 将求出的整数用二进制表示法表示，即为输出量。

3.7.2 D/A 转换

D/A 转换器的输出量求法：

(1) 将输入的二进制数用十进制数表示；

(2) 输出电压等于输入电压乘以最小输出增量。

数字电路历年真题及详解

考点 数制和数码

【2005,28】将十进制数 24 转换为二进制数，结果为：

    A. 10100   B. 10010   C. 11000   D. 100100

答案：C (除 2 取余法)

【2014,32】十进制数 89 的 8421BCD 码为：

    A. 10001001   B. 1011001   C. 1100001   D. 01001001

解 BCD码就是用4位二进制数来表示1位十进制数中的0～9这10个数码,当从十进制数转换为BCD码时,只需将各个十进制数表示为4位二进制数。从BCD码转换为十进制时,从低位开始每4个为一组。高位不满4个时在前面补零,再分别转换为十进制。

本题8表示为1000,9表示为1001。

答案:A

【2014,25】二进制数$(-1101)_2$的补码为:

A. 11101 B. 01101 C. 00010 D. 10011

解 带符号的二进制数反码和补码的最高位为符号位,0代表正数,1代表负数。当二进制数为正数时,反码和补码与原码相同;当二进制数为负数时,反码等于原码逐位取反,补码等于反码加1。

本题$(-1101)_2$加符号位变为$(11101)_2$,反码$(10010)_2$,补码$(10011)_2$。

答案:D

【2009,33】$(1000)_{8421BCD}+(0110)_{8421BCD}$应为:

A. 14(Q) B. 14(H)
C. $(10100)_{8421BCD}$ D. $(1110)_{8421BCD}$

解 $(1000)_{BCD}+(0110)_{BCD}=14=(00010100)_{BCD}$

答案:C(注意:BCD码是用4位二进制数来表示1位十进制数中的0～9这10个数码)

考点 门电路

【2007,33】若干个三态逻辑门的输出端连接在一起,能实现的逻辑功能是:

A. 线与 B. 无法确定
C. 数据驱动 D. 分时传送数据

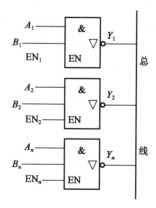

解 当$EN=1$时,电路为正常的与非工作状态;当$EN=0$时,电路处于高阻状态,为三态与非门的第三状态(静止态)。将若干个三态逻辑门的输出端连接在一起,通过选通不同三态

门的 EN 端,可实现信号的分时传送。
答案:D

【2012,26】测得某 74 系列 TTL 门的 I_{ts} 为 0.2mA,I_{tn} 为 5μA,I_{CL} 为 10mA,I_{CH} 为 400μA,这种门的扇出系数为:

    A. 200   B. 80   C. 50   D. 20

解 高电平输出时的扇出数 $N_{OH} = \dfrac{I_{OH}}{I_{IH}} = \dfrac{400}{5} = 80$

低电平输出时的扇出数 $N_{OL} = \dfrac{I_{OL}}{I_{IL}} = \dfrac{10}{0.2} = 50$

根据以上计算,取数值小的为扇出数,即扇出数系数为 50。
答案:C

考点   逻辑函数表达式

【2005,25】数字系统中,有三种最基本的逻辑关系,这些逻辑关系的常用表达方式为:

    A. 真值表   B. 逻辑式   C. 符号图   D. A、B 和 C

答案:D

【2013,26】"或非"逻辑运算结果为"1"的条件为:

    A. 该或项的变量全部为"0"   B. 该或项的变量全部为"1"
    C. 该或项的变量至少一个为"1"   D. 该或项的变量至少一个为"0"

解 或非结果为 1,则或运算结果为 0,只有该或项的变量全部为 0 才能得到。
答案:A

【2012,28】逻辑函数 $L = \overline{AB} + \overline{B}C + B\overline{C} + \overline{AB}$ 的最简与一或式为:

    A. $L = \overline{B}\,\overline{C}$ B. $L = \overline{B} + \overline{C}$ C. $L = \overline{BC}$ D. $L = BC$

解 $L = \overline{(A+\overline{A})B} + \overline{B}C + B\overline{C} = \overline{B} + \overline{B}C + B\overline{C} = \overline{B}(1+C) + B\overline{C} = \overline{B} + B\overline{C} = \overline{B} + \overline{C} = \overline{BC}$
答案:A

【2007,32】用卡诺图简化具有无关项的逻辑函数时,若用圈"1"法,在包围圈内的 X 和包围圈外的 X 分别按( )处理。

    A. 1,1   B. 1,0   C. 0,0   D. 无法确定

解 对于卡诺图,包围圈内的无关项按"1"处理,包围圈外的无关项按"0"处理。
答案:B

【2008,34】 一组合电路,AB 是输入端,L 是输出端,输入输出波形如图所示,则 L 的逻辑表达式为:

A. $L=\overline{A+B}$ B. $L=\overline{AB}$ C. $L=\overline{A \oplus B}$ D. $L=A \oplus B$

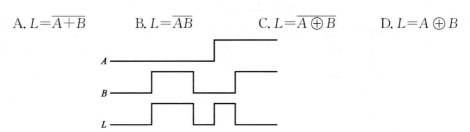

解 将 ABL 信号列出,代入各选项进行选择,满足条件的为异或,即 $L=A \oplus B$。

A	B	L
0	0	0
0	1	1
1	0	1
1	1	0

答案: D

【2011,33】 下列逻辑关系中,不正确的是:

A. $A\overline{B}+\overline{A}B=\overline{AB+\overline{A} \cdot \overline{B}}$ B. $A(\overline{A}+B)=AB$
C. $\overline{AB}=\overline{A}+\overline{B}$ D. $\overline{A}+\overline{B}=\overline{AB}$

答案: C

【2009,36】 函数 $L=A(B \odot C)+A(B+C)+A\overline{B}\overline{C}+\overline{A}\overline{B}C$ 的最简与或式为:

A. $A+B\overline{C}$ B. $A\overline{B}C$ C. $A+BC$ D. $A+\overline{B}C$

解 $L=A(BC+\overline{B}\overline{C})+A(B+C)+A\overline{B}\overline{C}+\overline{A}\overline{B}C$
$=A(B+C+BC+\overline{B}\overline{C}+\overline{B}\overline{C})+\overline{A}\overline{B}C=A+\overline{A}\overline{B}C=A+\overline{B}C$

答案: D

【2012,33】 已知 $F=\overline{ABC+CD}$,下列使 $F=0$ 的取值为:

A. $ABC=011$ B. $BC=11$ C. $CD=10$ D. $BCD=111$

解 $F=\overline{ABC} \cdot \overline{CD}$,当 ABC 或 CD 为 1 时,可以使 F 为 0。

答案: D

【2013,27】 逻辑函数:$L=A\overline{B}C+\overline{A}BC+ABC+AC(DEF+DEG)$,最简化简结果为:

A. $AC+\overline{A}BC$ B. $AC+BC$
C. AB D. BC

解 $L = A\overline{B}C + \overline{A}BC + ABC + AC(DEF + DEG)$
$= AC(\overline{B}+B) + \overline{A}BC + AC(DEF + DEG)$
$= AC + \overline{A}BC + AC(DEF + DEG)$
$= AC(1 + DEF + DEG) + \overline{A}BC$
$= AC + \overline{A}BC$
$= C(A + \overline{A}B)$
$= C(A + B)$
$= AC + BC$

答案: B

【2014,26】 函数 $Y = A(B+C) + CD$ 的反函数 $\overline{Y}$ 为:

A. $\overline{A}\,\overline{C} + \overline{B}\,\overline{C} + \overline{A}\,\overline{D}$
B. $\overline{A}\,\overline{C} + \overline{B}\,\overline{C}$
C. $\overline{A}\,\overline{C} + \overline{B}\,\overline{C} + \overline{A}D$
D. $\overline{A}C + \overline{B}\,\overline{C} + \overline{A}\,\overline{D}$

解 $\overline{Y} = \overline{A(B+C) + CD}$
$= (\overline{A} + \overline{(B+C)}) \cdot \overline{CD}$
$= (\overline{A} + \overline{B} \cdot \overline{C}) \cdot (\overline{C} + \overline{D})$
$= \overline{A} \cdot \overline{C} + \overline{A} \cdot \overline{D} + \overline{B} \cdot \overline{C} + \overline{B} \cdot \overline{C} \cdot \overline{D}$
$= \overline{A} \cdot \overline{C} + \overline{A} \cdot \overline{D} + \overline{B} \cdot \overline{C}$

答案: A

【2014,35】 将逻辑关系式 $Y = (A\overline{B}+B)C\overline{D} + \overline{(A+B)(\overline{B}+C)}$ 转化为最简形式是下列哪种？已知条件为 $ABC + ABD + ACD + BCD = 0$。

A. $Y = \overline{A} + \overline{B} + \overline{C}$
B. $Y = \overline{A} + B + C$
C. $Y = \overline{A}B\overline{C}$
D. $Y = \overline{A}B + C$

解 根据已知条件可分解成如下式:
$ABC = 0, ABD = 0, ACD = 0, BCD = 0$。
继而将逻辑关系式 Y 化简:
$Y = (A+B)C\overline{D} + \overline{A}\,\overline{B} + B\overline{C}$
$= AC\overline{D} + \overline{A}\,\overline{B} + B(\overline{C} + C\overline{D})$
$= AC\overline{D} + \overline{A}\,\overline{B} + B(\overline{C} + \overline{D}) + B\overline{B}$
$= AC\overline{D} + \overline{A}\,\overline{B} + B\overline{BCD}$
$= AC\overline{D} + \overline{A}\,\overline{B} + B$
$= AC\overline{D} + \overline{A} + B$
$= AC\overline{D} + ACD + \overline{A} + B$
$= AC + \overline{A} + B$
$= \overline{A} + B + C$

答案: B (解答此题考试最简单的办法就是特殊值法。设定满足条件的 $ABC + ABD + ACD + BCD = 0$ 的逻辑值，直接代入找寻答案。)

【2016,26】若 $A=B\oplus C$,则下列正确的式子为：

A. $B=A\oplus C$
B. $B=\overline{A\oplus C}$
C. $B=AC$
D. $B=A+C$

解 题中 $A=B\oplus C$ 列与真值表如下：

B	C	A
0	0	0
0	1	1
1	0	1
1	1	0

由表可知 $B=A\oplus C$
答案：A

【2009,27】逻辑函数 $Y(A,B,C,D)=\sum m(0,1,2,3,6,8)+\sum d(10,11,12,13,14)$ 的最简与或表达式为：

A. $\overline{A}\cdot\overline{B}+C\overline{D}+A\overline{D}$
B. $A+\overline{B}C+D$
C. $A+C+D$
D. $A+\overline{D}$

解 m 集合内的项处取 1;d 集合内的项为无关项,其值可以为 0 或 1,用×表示。画出卡诺图再利用卡诺图进行化简,可以得到最简与或式。

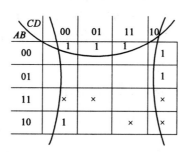

答案：A

【2008,26】已知 $L=\overline{A}\cdot B\cdot\overline{D}+\overline{B}\cdot\overline{C}\cdot D+\overline{A}\cdot\overline{B}\cdot D$ 的化简式为 $L=B\oplus D$,则函数的无关项至少有：

A. 1个　　　　B. 2个　　　　C. 3个　　　　D. 4个

解 无关项取值可以为 1 或者为 0,在用卡诺图化简时,取值应有利于得到更为简化的逻辑函数式,$L=\overline{B}D+B\overline{D}$ 在卡诺图中划分相应区域如图 a)所示,再将 $L=\overline{A}\cdot B\cdot C\cdot\overline{D}+\overline{A}\cdot B\cdot\overline{C}\cdot\overline{D}+A\cdot\overline{B}\cdot\overline{C}\cdot D+\overline{A}\cdot\overline{B}\cdot\overline{C}\cdot D+\overline{A}\cdot\overline{B}\cdot C\cdot D$ 表示的项用图 b)表示,可以看到圆圈内有 3 个无关项被当作"1"处理。

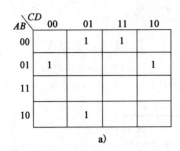
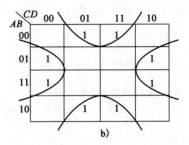

答案：C

【2014,34】将逻辑函数 $Y=AB+\overline{A}C+\overline{B}C$ 化为与或非形式为：

A. $Y=\overline{\overline{A}\overline{B}C+\overline{A}\overline{B}\,\overline{C}}$
B. $Y=\overline{\overline{A}BC+A\overline{B}C}$
C. $Y=\overline{\overline{A}B+ABC}$
D. $Y=\overline{\overline{A}\,\overline{B}C+A\overline{B}\,\overline{C}}$

解 $Y=\overline{\overline{AB+\overline{A}C+\overline{B}C}}=\overline{\overline{AB}\cdot\overline{\overline{A}C}\cdot\overline{\overline{B}C}}=\overline{(\overline{A}+\overline{B})\cdot(A+\overline{C})\cdot(B+\overline{C})}$
$=\overline{(A\overline{C}+\overline{A}\overline{B}+\overline{B}\,\overline{C})\cdot(B+\overline{C})}=\overline{\overline{A}\,\overline{B}C+A\overline{B}\,\overline{C}}$

答案：D

【2016,33】$L=A\overline{B}C+\overline{A}BC+ABC+AC(DEF+DEG)$ 化简最简结果为：

A. $AC+\overline{A}BC$ B. $AC+BC$ C. ABC D. AC

解 $L=A\overline{B}C+ABC+AC(DEF+DEG)+\overline{A}BC$
$=AC(\overline{B}+B+DEF+DEG)+\overline{A}BC$
$=AC+\overline{A}BC=(A+\overline{A}B)C=AC+BC$

答案：B

【2012,35】逻辑函数 $Y(A,B,C,D)=\sum m(0,1,2,3,4,6,8)+\sum d(10,11,12,13,14)$ 的最简与或表达式为：

A. $\overline{ABC}+\overline{A}D$ B. $\overline{A}\,\overline{B}+\overline{D}$
C. $A\overline{B}+D$ D. $A+D$

解 m 集合内的项处取 1，d 集合内的项为无关项，其值可以为 0 或 1，用×表示，画出如下卡诺图，故得出 $L=\overline{A}\,\overline{B}+\overline{D}$。

答案:B

【2013,33】电路如图所示,若用 $A=1$ 和 $B=1$ 代表开关在向上位置,$A=0$ 和 $B=0$ 代表开关在向下位置;以 $L=1$ 代表灯亮,$L=0$ 代表灯灭,则 L 与 A、B 的逻辑函数表达式为:

A. $L=A \odot B$ B. $L=A \oplus B$
C. $L=AB$ D. $L=A+B$

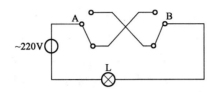

解 数字电路考试常考异或和同或(异或的非)电路,常结合时序逻辑电路一起考查。当输入信号相同时,输出为 0;当输入信号相反时,输出为 1。可以简记为:"相同得 0,相异得 1"。

答案:B

考点 组合逻辑电路分析

【2011,30】74LS253 芯片的作用是:

A. 检测 5421 码   B. 检测 8421 码
C. 加法器   D. 数据选择器

答案:D(74LS253 为 4 选 1 数据选择器)

【2005,30】逻辑电路如图所示,其逻辑功能的正确描述为:

A. 裁判功能,且 A 为主裁
B. 三变量表决功能
C. 当 $A=1$ 时,B 或 C 为 1,输出为 1
D. C 为 1 时,A 或 B 为 1,输出为 1

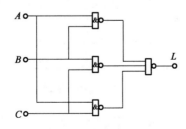

解 组合逻辑电路的分析过程为先根据逻辑电路写出逻辑表达式,再列出真值表,通过真值表分析逻辑电路所实现的功能。如图逻辑表达式为:$L=\overline{\overline{AB} \cdot \overline{BC} \cdot \overline{AC}}=AB+BC+AC$。列出真值表如下:

A	B	C	L
0	0	0	0
0	0	1	0
0	1	0	0
0	1	1	1
1	0	0	0
1	0	1	1
1	1	0	1
1	1	1	1

根据真值表,当两个或两个以上变量为1时输出为1,可知逻辑电路的功能为三变量的多数表决器。

答案:B

【2008,36】电路如图所示,该电路能实现下列哪种功能?

A. 减法器　　　　B. 加法器　　　　C. 比较器　　　　D. 译码器

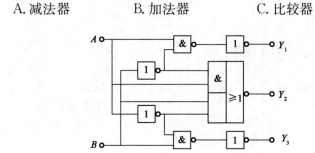

解　根据逻辑电路,写出逻辑表达式为:

$Y_1 = A\overline{B}$,$Y_2 = \overline{\overline{AB} + \overline{AB}}$,$Y_3 = \overline{\overline{\overline{AB}}} = \overline{A}B$,列出真值表如下:

A	B	Y_1	Y_2	Y_3
0	0	0	1	0
0	1	0	0	1
1	0	1	0	0
1	1	0	1	0

根据真值表可知:当 $A=B$ 时,$Y_2=1$;当 $A>B$ 时,$Y_1=1$;当 $A<B$ 时,$Y_3=1$。

答案:C

【2009,37】图示电路实现的逻辑功能是:

A. 两变量与非　　　　　　　　　　　　B. 两变量或非
C. 两变量与　　　　　　　　　　　　　D. 两变量异或

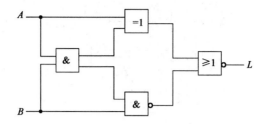

解 根据逻辑电路图写出逻辑表达式：
$L=\overline{A\oplus(AB)+\overline{B}(AB)}=\overline{\overline{A}(AB)+A\overline{AB}}\cdot AB=\overline{\overline{A}\;\overline{(AB)}}\cdot AB=(\overline{A}+AB)AB=AB$

答案：C

【2010,38】如图所示电路能实现下列哪种逻辑功能？

    A. 二变量异或   B. 二变量与非
    C. 二变量或非   D. 二变量与

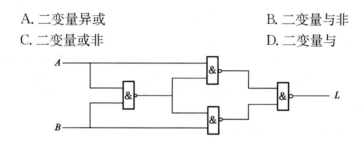

解 $L=\overline{\overline{(A\cdot\overline{AB})}\cdot\overline{(B\cdot\overline{AB})}}$
  $=A\overline{AB}+B\overline{AB}=A(\overline{A}+\overline{B})+B(\overline{A}+\overline{B})=A\overline{B}+\overline{A}B=A\oplus B$

答案：A

【2017,26】图中，函数 Y 的表达式为：

    A. $Y=A+B+\overline{AB}$ B. $Y=AB+\overline{AB}$
    C. $Y=(\overline{A}+B)\cdot(A+\overline{B})$ D. $Y=\overline{A}B+A\overline{B}$

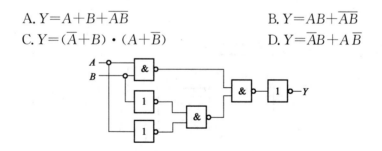

答案：D

【2014,36】逻辑电路如图所示，该电路的逻辑功能为：

    A. 全加器   B. 半加器   C. 表决器   D. 编码器

解 根据逻辑点图列出各输出端的逻辑函数表达式：$Y_1=AB+BC+CA$，$Y_0=ABC+\overline{Y_1}(A+B+C)$，列出真值表如下：

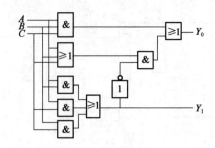

A	B	C	Y_1	Y_0
0	0	0	0	0
0	0	1	0	1
0	1	0	0	1
0	1	1	1	0
1	0	0	0	1
1	0	1	1	0
1	1	0	1	0
1	1	1	1	1

根据真值表可知为全加器。

答案：A

【2012,36】由 3-8 线译码器 74LS138 构成的逻辑电路如图所示。该电路能实现的逻辑功能为：

A. 8421BCD 码检测及四舍五入   B. 全减器
C. 全加器   D. 比较器

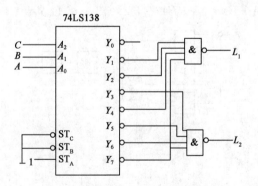

解 根据逻辑电路写出逻辑表达式为：$L_1=\overline{Y_1Y_2Y_4Y_7}$，$L_2=\overline{Y_3Y_5Y_6Y_7}$，列出真值表如下：

C	B	A	L_1	L_2
0	0	0	0	0
0	0	1	1	0

续上表

C	B	A	L_1	L_2
0	1	0	1	0
0	1	1	0	1
1	0	0	1	0
1	0	1	0	1
1	1	0	0	1
1	1	1	1	1

可以看出该逻辑电路实现的功能为全加器。
答案:C

【2009,30】如图所示,电路实现的逻辑功能是:

  A. 三变量异或   B. 三变量同或
  C. 三变量与非   D. 三变量或非

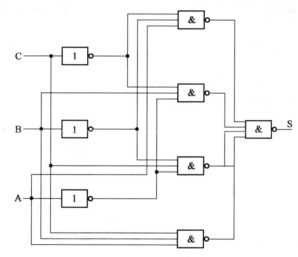

解 首先根据逻辑电路图写出输出量的逻辑表达式:

$$S = \overline{\overline{L_1}\,\overline{L_2}\,\overline{L_3}\,\overline{L_4}} = L_1 + L_2 + L_3 + L_4 = A \cdot \overline{B} \cdot \overline{C} + \overline{A}BC + \overline{A} \cdot \overline{B} \cdot C = A \oplus B \oplus C$$

由逻辑表达式可知逻辑功能为三变量异或。
答案:A

【2016,29】图示电路的逻辑功能为:

  A. 四位二进制加法器   B. 四位二进制减法器
  C. 四位二进制加/减法器   D. 四位二进制比较器

解 当 $C=0$ 时,$B_i \oplus C = B_i$,即为二进制加法器;
当 $C=1$ 时,$B_i \oplus C = \overline{B_i}$,即为二进制减法器。

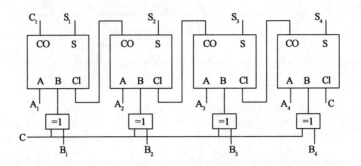

答案：C

考点 A/D 转换器和 D/A 转换器

【2005,24】与逐次渐近 A/D 比较，双积分 A/D 有下列哪种特点？

A. 转换速度快，抗干扰能力强　　　　B. 转换速度慢，抗干扰能力强
C. 转换速度高，抗干扰能力差　　　　D. 转换速度低，抗干扰能力差

答案：B

【2006,23】一个双积分 A/D 转换器的计数器为 4 位十进制计数器，设最大容量为 $(3000)_{10}$，计数器的时钟频率为 $f_{cp}=400\mathrm{kHz}$，若参考电压 $U_{REF}=15\mathrm{V}$，当输出为 $(1000)_{10}$ 时，输入模拟电压是：

A. 5V　　　　　B. 10V　　　　　C. 7.5V　　　　　D. 2.5V

答案：A

【2006,27；2008,35；2009,35】一片 4 位 ADC 电路，最小分辨电压是 1.2mV，若输入电压为 4.387V，则显示的数字量为：

A. E47H　　　　　B. E48H　　　　　C. E49H　　　　　D. E50H

解 A/D 转换器的输出量求法：
(1)求出输入电压和最小分辨电压的商，只保留整数部分；
(2)将求出的整数用二进制表示法表示即为输出量。
$\dfrac{4.387\mathrm{V}}{1.2\mathrm{mV}}=3655.8\approx 3656$（不是四舍五入），直接进位。将 3656 转换为 16 进制数为 E48H。

答案：B

【2010,35】若一个 8 位 ADC 的最小量化电压为 19.6mV，当输入电压为 4.0V 时，输出数字量为：

A. $(11001001)_B$　　　　　B. $(11001000)_B$

    C. $(10001100)_B$ D. $(11001100)_B$

 答案:D

【2012,35】 8位 D/A 转换器,当输入数字量 10000000 时,输出电压为 5V。若输入为 10001000,输出电压为:

  A. 5.3125V   B. 5.76V   C. 6.25V   D. 6.84V

 解 将输入的数字量转换为十进制数,有 $(10000000)_2=128$,$(10001000)_2=136$。输出电压与输入电压之比为一定值,$\dfrac{U_o}{136}=\dfrac{5}{128}$,$U_o=136\times\dfrac{5}{128}=5.3125\text{V}$。

 答案:A

【2013,35】 一片8位 DAC 的最小输出电压增量为 0.02V,当输入为 11001011 时,输出电压为:

  A. 2.62V   B. 4.06V   C. 4.82V   D. 5.00V

 解 将输入的数字量转换为十进制数,有 $(11001011)_2=203$,输出电压为 $203\times0.02=4.06\text{V}$。

 答案:B

【2014,33】 如果要对输入二进制数码进行 D/A 转换,要求输出电压能分辨 2.5mV 的变化量,并要求最大输出电压要达到 10V,应选择 D/A 转换器的位数为:

  A. 14位   B. 13位   C. 12位   D. 10位

 解 设 D/A 转换器的位数为 n,则其能分辨的电压为 $\dfrac{10}{2^n}\leqslant 2.5\times 10^{-3}\text{V}$,$2^n\geqslant\dfrac{10}{2.5\times 10^{-3}}=4000$,则 $n\geqslant 12$。

 答案:C

【2009,29】 某10位 ADC 的最小分辨率电压为 8mV,采用四舍五入的量化方法,若输入电压为 5.337V,则输出数字量为:

  A. $(1010011111)_B$ B. $(1110011001)_B$
  C. $(1010011011)_B$ D. $(1010010001)_B$

 解 $\dfrac{5.337\text{V}}{8\text{mV}}=667.1$

 注意:此题是四舍五入,取 $667.667=512+128+16+8+2+1$,即 $(1010011011)_B$

 答案:C

【2013,28】 如果将一个最大幅值为 5.1V 的模拟信号转换为数字信号,要求输入每变化 20mV,输出信号的最低位(LSB)发生变化,选用的 ADC 至少应为:

    A. 6 位   B. 8 位   C. 10 位   D. 12 位

解 $\dfrac{U_o}{U_i}=\dfrac{5.1\text{V}}{20\text{mV}}=\dfrac{5100}{20}=255$

如果用二进制数来表示 255,则二进制数的位数能够表达的最大数应大于或等于 255,根据 $2^8=256$,至少需要 8 位二进制数。

答案:B

考点 存储器

【2009,34】一个具有 13 位地址输入和 8 位 I/O 端的存储器,其存储容量为:

    A. 13×8k   B. 8k×8   C. 13k×8   D. 16k×8

解 13 位地址的存储器能够存储的单位为 $2^{13}=8192=8\times1024=8\text{k}$,每个 I/O 端口采用的单位为 B=8bit,故总容量为 8k×8。

答案:B

【2017,27】某 EPROM 有 8 条数据线,13 条地址线,则其存储容量为:

    A. 8k bit   B. 8k byte   C. 16k byte   D. 64k byte

解 $8\times2^{13}\text{bit}=2^{10}\times2^3\text{byte}=8\text{k byte}$

答案:B

【2005,29】一个具有 13 位地址输入和 8 位 I/O 端的存储器,其存储容量为:

    A. 8k×8   B. 13×8k   C. 13k×8   D. 64000 位

答案:A

【2010,34】要扩展 8k×8 RAM,需用 512×4 的 RAM 的数量为:

    A. 8 片   B. 16 片   C. 32 片   D. 64 片

解 $n=8\text{k}\times8=4\times2\times1024\times8\div(512\times4)=32$

答案:C

【2011,34】要获得 32k×8 的 RAM,需用 4k×4 的 RAM 的片数为:

    A. 8   B. 16   C. 32   D. 64

答案:B

【2007,35】要用 256×4 的 RAM 扩展成 4k×8 的 RAM,需选用此种 256×4 的 RAM 的片数为:

A. 8   B. 16   C. 32   D. 64

答案：C

考点 触发器和时序逻辑电路

【2005,19】某时序电路的状态图如图所示,则其电路为：

A. 五进制计数器   B. 六进制计数器
C. 环形计数器   D. 移位寄存器

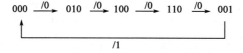

答案：A

【2017,28】采用中规模加法计数器74LS161构成的计数器电路如图所示,该电路实现的进制数为：

A. 十一进制   B. 十二进制   C. 八进制   D. 十进制

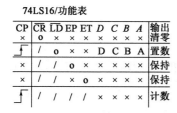 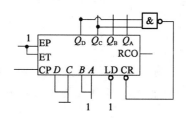

解 计数器 $74 \times \times 160/161$ 的异步清零方式：当清零信号 $(\overline{CR})=0$ 时,不管有无时钟脉冲 CP,计数器输出都将被直接置零 $(Q_D Q_C Q_B Q_A = 0000)$。故从 $0000 \sim 1100$,1100 为无效状态。因此,总的计数值为12个,即为十二进制。

答案：B

【2012,27】欲把36kHz的脉冲信号变为1Hz的脉冲信号,若采用10进制集成计数器,则各级的分频系数为：

A. (3,6,10,10,10)   B. (4,9,10,10,10)
C. (3,12,10,10,10)   D. (18,2,10,10,10)

解 各级的分频系数的乘积应等于36k,且各级分频系数不超过10。

答案：B

【2006,22】JK触发器的特性方程为：

A. $Q^{n+1} = J\overline{Q^n} + \overline{K}Q^n$ 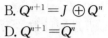 B. $Q^{n+1} = D$
C. $Q^{n+1} = \overline{R}Q^n + S$ D. $Q^{n+1} = JQ^n + K\overline{Q^n}$

答案：A

【2016,25】JK 触发器外部连接如图所示,则其输出可表达为：

A. $Q^{n+1} = J\overline{Q^n}$ B. $Q^{n+1} = J \oplus Q^n$
C. $Q^{n+1} = J + \overline{K}Q^n$ D. $Q^{n+1} = \overline{Q^n}$

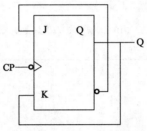

解 由图中接线知：$J = \overline{Q^n}$，$K = Q^n$
由 JK 触发器特征方程知：$Q^{n+1} = J\overline{Q^n} + KQ^n = \overline{Q^n}$

答案：D

【2007,34】n 位寄存器组成的环形移位寄存器可以构成哪些计数器？

A. n B. 2^n C. 4^n D. 无法确定

解 n 位移位寄存器可以计 n 个数,实现模 n 计数器,且状态为 1 的输出端的序号即代表收到的计数脉冲的个数,通常不需要译码电路。

答案：A

【2007,37】时序电路如图所示,其中 R_A、R_B 和 R_S 均为 8 位移位寄存器,其余电路分别为全加器和 D 触发器,那么,该电路又具有何种功能？

A. 实现两组 8 位二进制串行乘法功能
B. 实现两组 8 位二进制串行除法功能
C. 实现两组 8 位二进制串行加法功能
D. 实现两组 8 位二进制串行减法功能

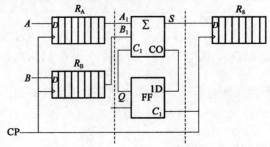

解 对于 D 触发器有 $Q^{n+1}=D=CO$，列出真值表如下：

A_1	B_1	$Q^{n+1}(C_1)$	CO	S
0	0	1	0	0
0	1	0	0	1
1	0	0	0	1
1	1	0	1	0
0	0	1	0	1

由真值表可以看出，该电路实现了两组 8 位二进制串行加法功能。
答案：C

【2011，37】电路如图所示，该电路完成的功能是：

    A. 8 位并行加法器   B. 8 位串行加法器
    C. 4 位并行加法器   D. 4 位串行加法器

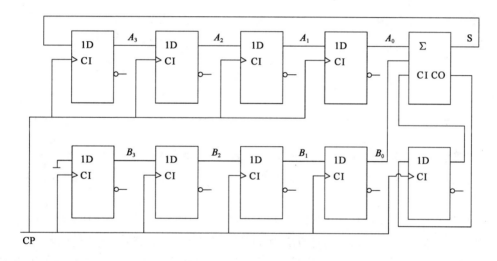

解 D 触发器具有移位寄存器的功能，假设两个移位寄存器的原始数据分别为 $A_3A_2A_1A_0=0001$，$B_3B_2B_1B_0=1001$，列出状态表如下：

计数脉冲 CP 的顺序	B_3	B_2	B_1	B_0	A_3	A_2	A_1	A_0	S	CO
0	1	0	0	1	0	0	0	1	0	1
1	0	1	0	0	0	0	0	0	1	0
2	0	0	1	0	1	0	0	0	0	0
3	0	0	0	1	0	1	0	0	1	0
4	0	0	0	0	1	0	1	0	0	0

经过 4 个时钟信号作用后，S 端输出的数据依次为 1010，等于 $A_3A_2A_1A_0+B_3B_2B_1B_0$，说明这是一个 4 位串行加法计数器。

直接分析选项，一定为加法器，A、B 分别为 4 位移位寄存器，输出为 S，可知实现的功能 4

位串行加法器。

答案: D

【2010,37】 全同步十六进制加法集成计数器 74163 构成的电路如图所示。74163 的功能表如表所示。该电路完成下列哪种功能?

A. 256 分频　　　B. 240 分频　　　C. 208 分频　　　D. 200 分频

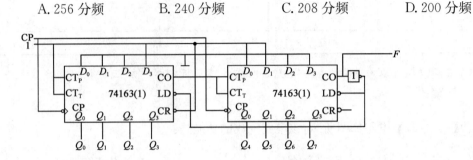

74163 功能表

CP	$\overline{CR}$	$\overline{LD}$	CT_P	CT_T	工作状态
↑	0	×	×	×	清零
↑	1	0	×	×	预置数
×	1	1	0	×	保持
×	1	1	×	0	保持
↑	1	1	1	1	计数

解 **方法 1:** 根据题表可知,4 位二进制同步加法计数器 74LS163 具有同步清零功能。同步清零即是当清零端接上清零信号后,计数时钟脉冲的上升沿或者下降沿到来后,计数器才会清零。

从上图可以看出,第一片 74LS163 接成十六进制计数器,第二片 74LS163 对 $\overline{LD}$ 进行置数时置入 0011,所以第二片 74LS163 计数有 0011～1111 共 13 个状态,为十三进制计数器。

由于两片的 $\overline{LD}$ 接在第二片的进位端,当第二片为 0011 时,第一片从 1000～1111,而当片(2)为 0100～1111 时,片(1)从 0000～1111,因此总的计数值为 8+12×16=200。

两片串接组成 200 进制计数器,因此进位输出 F 的频率为 CP 频率的 1/200,实现 200 分频。

方法 2: 由逻辑电路可知,该电路使用"反馈置数法"。

预置数为 00111000,计数终值为 11111111,计数范围为 00111000～11111111。

则为 200 分频(最后一个状态也是有效状态)。

答案: D

【2008,37】 计数器 74161 构成电路如图所示。74LS161 的功能见下表,该电路的逻辑功能是:

A. 同步 196 进制计数器　　　B. 同步 195 进制计数器
C. 同步 200 进制计数器　　　D. 同步 256 进制计数器

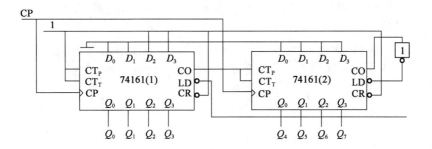

解 因为片(1)置数端 LD 悬空，所以片(1)无置数功能，片(1)为16进制，片(2)置数端与进位端相连，计数从预置数 0000～1111，为16进制。故该电路为 16×16＝256 进制。

答案 D

【2009，38】同步十进制加法器 74162 构成的电路如图所示，74162 的功能表如表所示，该电路可完成下列哪种功能？

  A. 40 分频   B. 60 分频   C. 80 分频   D. 100 分频

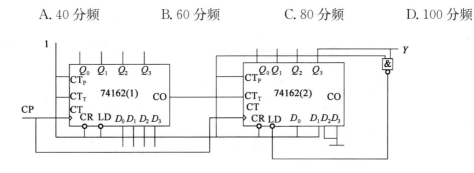

CP	$\overline{CR}$	$\overline{LD}$	CT_P	CT_T	工作状态
↑	0	×	×	×	清零
↑	1	0	×	×	预置数
×	1	1	0	×	保持
×	1	1	×	0	保持
↑	1	1	1	1	计数

解 根据题目知，74LS162 十进制同步计数器（同步清零）。

从图中接线可知，第一片 74LS162 进位输出端 CO 输出高电平 1 时，对 $\overline{CR}$ 进行清零，所以 74LS162(1) 计数有 0000～1001 共 10 个状态，为十进制计数器。

当第二片 74LS162(2) 的 $Q_3=1$ 时，此时 $\overline{LD}=0$，进行置数置入 0011，所以 74LS162(2) 计数有 0011～1000 共 6 个状态，为六进制计数器。

两级串联构成六十进制计数器，因此进位输出 Y 的频率为 CP 频率的 1/60。实现了60分频的功能。

答案：B

【2017，28】采用中规模加法计数器 74LS161 构成的计数器电路如图所示，该电路实现的进制数为：

A. 十一进制　　　　B. 十二进制　　　　C. 八进制　　　　D. 十进制

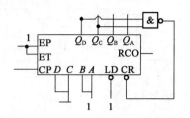

解　计数器 $74\times\times160/161$ 的异步清零方式：当清零信号 $(\overline{CR})=0$ 时，不管有无时钟脉冲 CP，计数器输出都将被直接置零 $(Q_D Q_C Q_B Q_A=0000)$。故从 0000~1100，1100 为无效状态。因此，总的计数值为 12 个，即为十二进制。

答案：B

【2010，37】全同步十六进制加法集成计数器 74163 构成的电路如图所示。74163 的功能表如表所示。该电路完成下列哪种功能？

A. 256 分频　　　　B. 240 分频　　　　C. 208 分频　　　　D. 200 分频

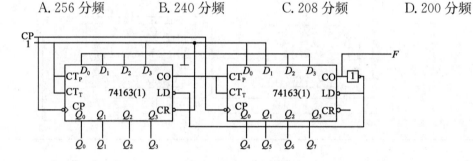

74163 功能表

CP	$\overline{CR}$	$\overline{LD}$	CT_P	CT_T	工作状态
↑	0	×	×	×	清零
↑	1	0	×	×	预置数
×	1	1	0	×	保持
×	1	1	×	0	保持
↑	1	1	1	1	计数

解　**方法1**：根据题表可知，4 位二进制同步加法计数器 74LS163 具有同步清零功能。同步清零即是当清零端接上清零信号后，计数时钟脉冲的上升沿或者下降沿到来后，计数器才会清零。

从上图可以看出，第一片 74LS163 接成十六进制计数器，第二片 74LS163 对 $\overline{LD}$ 进行置数时置入 0011，所以第二片 74LS163 计数有 0011~1111 共 13 个状态，为十三进制计数器。

由于两片的 $\overline{LD}$ 接在第二片的进位端，当第二片为 0011 时，第一片从 1000~1111，而当片(2)为 0100~1111 时，片(1)从 0000~1111，因此总的计数值为 $8+12\times16=200$。

两片串接组成 200 进制计数器，因此进位输出 F 的频率为 CP 频率的 1/200，实现 200

分频。

方法 2：由逻辑电路可知，该电路使用"反馈置数法"。

预置数为 00111000，计数终值为 11111111，计数范围为 00111000～11111111。

则为 200 分频（最后一个状态也是有效状态）。

答案：D

【2012，38】由 4 位二进制同步计数器 74161 构成的逻辑电路如图所示，该电路的逻辑功能为：

A. 同步 256 进制计数器　　　　　B. 同步 243 进制计数器
C. 同步 217 进制计数器　　　　　D. 同步 196 进制计数器

解　方法 1：反馈置数法：片 1 和片 2 置数端均与片 2 的进位端相连，片 2 预置数为 0011，片 1 预置数为 1100，两片串联的计数范围从 00111100～11111111，用十进制表示为 60～255，共计 196 个数。因此为 196 进制计数器。

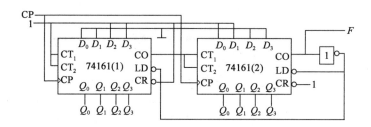

方法 2：参考 2010 年 37 题解析。
答案：D

【2012，30】16 进制加法计数器 74161 构成的电路如图所示。74161 的功能表如表所示，F 为输出。该电路能完成的功能为：

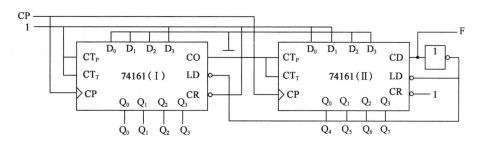

74161 功 能 表

CP	$\overline{CR}$	$\overline{LD}$	CT_P	CT_T	工作状态
×	0	×	×	×	清零
↑	1	0	×	×	预置数
×	1	1	0	×	保持
×	1	1	×	0	保持
↑	1	1	1	1	计数

A. 200 分频　　　　B. 208 分频　　　　C. 240 分频　　　　D. 256 分频

解　由逻辑电路连接可知,该电路使用"反馈置数法"。
预置数为 00111000,计数终值为 1111.1111,计数范围为(00111000～11111111)。
则为 200 分频。

方法 2:从题图可以看出,第一片 74LS163 接成十六进制计数器,第二片 74LS163 对 $\overline{LD}$ 进行置数时置入 0011,所以第二片 74LS163 计数有 0011～1111,共 13 个状态,为十三进制计数器;

由于两片的 $\overline{LD}$ 接在第二片的进位端,当第二片为 0011 时,第一片从 1000～1111,而当片(2)为 0100～1111 时,片(1)从 0000～1111,因此总的计数值为 8+12×16=200,两片串接组成 200 进制计数器。因此进位输出 F 的频率为 CP 频率的 1/200,实现 200 分频。

答案:A

【2011,38】74LS161 的功能见表,如图所示电路的分频比(即 Y 与 CP 的频率之比)为:

A. 1:63　　　　B. 1:60　　　　C. 1:96　　　　D. 1:256

74161 功能表

CP	$\overline{R_D}$	$\overline{LD}$	EP	ET	工作状态
×	0	×	×	×	置零
↑	1	0	×	×	预置数
×	1	1	0	1	保持
×	1	1	×	0	保持(但 C=0)
↑	1	1	1	1	计数

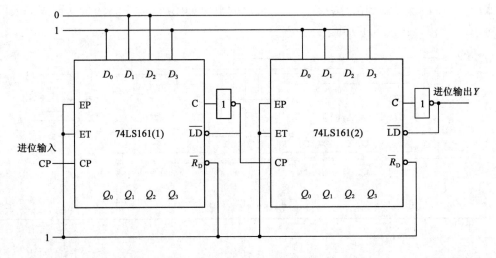

解　根据题图和功能表可得:当 74LS161(1)的进位输出 C 输出高电平 1 时,对 $\overline{LD}$ 进行置数,置入 1001,所以 74LS161(1)计数有 1001～1111 共 7 个状态,为七进制计数器。

当 74LS161(2)对 $\overline{LD}$ 进行置数置入 0111,所以 74LS161(2)计数有 0111～1111 共 9 个状态,为九进制计数器。

两级串联构成六十三进制计数器,因此进位输出 Y 的频率为 CP 频率的 1/63。
答案:A

【2012,37】如图所示,电路中 Z 点的频率为:

A. 5Hz　　　　B. 10Hz　　　　C. 20Hz　　　　D. 25Hz

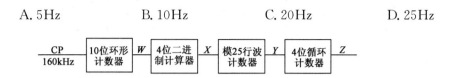

解　10 位环形计数器为 10 分频器,4 位二进制计数器为 16 分频器,模 25 行波计数器为 25 分频器,n 位环形计数器有 n 个有效状态,故 4 位是 4 分频,因此输出端 Z 的频率为 10Hz。
答案:B

【2013,30】图示电路中的频率为:

A. 25Hz　　　　B. 20Hz　　　　C. 10Hz　　　　D. 5Hz

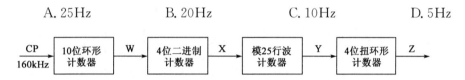

解　10 位环形计数器为 10 分频器,4 位二进制计数器为 16 分频器,模 25 行波计数器为 25 分频器,4 位扭环形计数器为 8 分频,因此输出端 Z 的频率为 5Hz。
答案:D

【2013,36】在图示电路中,当开关 A、B、C 分别闭合时,电路所实现的功能分别为:

A. 八、四、二进制加法计数器　　　　B. 十六、八、四进制加法计数器
C. 四、二进制加法计数器　　　　　　D. 十六、八、二进制加法计数器

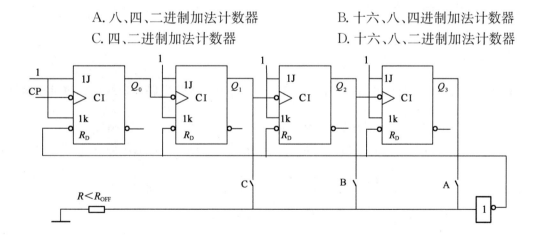

解　开关 A 闭合,4 片 JK 触发器有 $\overline{R}_D = \overline{Q}_3$。同理,当 B 和 C 闭合时,分别有 $\overline{R}_D = \overline{Q}_2$ 和 $\overline{R}_D = \overline{Q}_1$。对于 4 片触发器均有 $Q^{n+1} = \overline{Q^n}$,因此每到时钟下降沿时翻转,如下图所示。当 A 闭合,计数到 1000 时,4 片触发器全部清零,为八进制加法计数器;当 B 闭合,计数到 0100 时全部清零,为四进制加法计数器;当 C 闭合,计数到 0010 时全部清零,为二进制加法计数器。

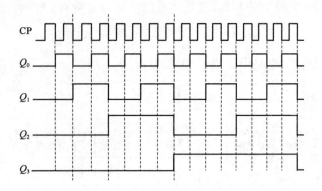

答案:A

【2014,27】图示电路中,当开关 A、B、C 均断开时,电路的逻辑功能为:

  A. 8 进制加法计数   B. 10 进制加法计数
  C. 16 进制加法计数   D. 10 进制减法计数

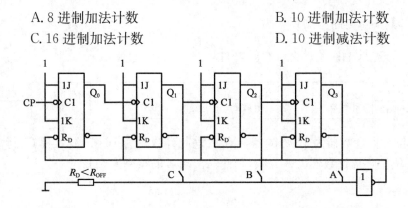

  解 对于4片触发器均有 $Q^{n+1}=\overline{Q^n}$,因此每到时钟下降沿翻转。考虑各触发器时钟信号 CP_n 的作用,只有当前一片处在下降沿时后一片翻转。画出波形图并列出状态表可知电路为 16 进制加法计数器。

答案:C

【2014,28】题 27 图示电路中,当开关 A、B、C 分别闭合时,电路实现的逻辑功能分别为:

  A. 16、8、4 进制加法计数   B. 16、10、8 进制加法计数
  C. 10、8、4 进制加法计数   D. 8、4、2 进制加法计数

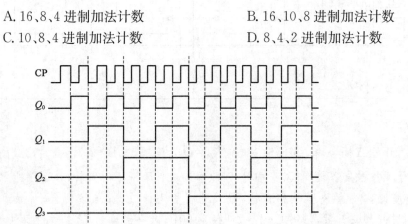

解 开关 A 闭合,4 片 JK 触发器有 $\overline{R_D}=\overline{Q_3}$。同理,当 B 和 C 闭合时,分别有 $\overline{R_D}=\overline{Q_2}$ 和 $\overline{R_D}=\overline{Q_1}$。对于 4 片触发器均有 $Q^{n+1}=\overline{Q^n}$,因此每到时钟下降沿翻转,如图所示。当 A 闭合,计数到 1000 时,4 片全部清零,为 8 进制加法计数器;当 B 闭合,计数到 0100 时,全部清零,为 4 进制加法计数器;当 C 闭合,计数到 0010 时,全部清零,为 2 进制加法计数器。

答案: D

【2014,29】图示电路中,计数器 74163 构成电路的逻辑功能为:

  A. 同步 84 进制加法计数   B. 同步 73 进制加法计数
  C. 同步 72 进制加法计数   D. 同步 32 进制加法计数

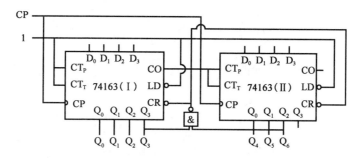

解 反馈清零法。74LS163 为同步清零,计数为 $(0000000)_2 \sim (1001000)_2$,一共 73 个数,当清零端 $\overline{CR}=0$ 时,需要时钟信号下降沿,才能对计数器进行清零,因此 1001000 不是虚态,在计数过程中需保持在内。

答案: B

【2014,37】图示电路实现的功能为:

  A. 同步七进制计数器   B. 同步八进制计数器
  C. 异步七进制计数器   D. 异步八进制计数器

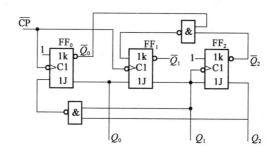

解 根据时序逻辑电路的分析过程,首先列出电路的驱动方程和输出方程

(1)驱动方程:$\begin{cases} J_0=\overline{Q_1 Q_2} \\ K_0=1 \end{cases}$, $\begin{cases} J_1=Q_0 \\ K_1=\overline{Q_0 \cdot Q_2} \end{cases}$, $\begin{cases} J_2=Q_1 \\ K_2=1 \end{cases}$

(2)输出方程为 Q_2,Q_1,Q_0
(3)列状态方程

$$\begin{cases} Q_0^{n+1}=Q_0^n \cdot \overline{Q_2^n Q_1^n} \\ Q_1^{n+1}=Q_0^n \overline{Q_1^n}+\overline{Q_0^n} \cdot \overline{Q_2^n} \cdot Q_1^n \\ Q_2^{n+1}=Q_1^n \overline{Q_2^n} \end{cases}$$

列出状态表和状态图,由于触发器FF_2是由Q_1的下降沿出发,只有当Q_1出现下降沿(即是从 1→0)时CP_2为脉冲即为下降沿,触发器FF_2才能触发开始计数,最终的状态图如下图所示。

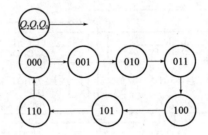

由图可以看出,该电路实现的功能为异步七进制计数器。
答案:C

考点 脉冲电路的产生和变换

多谐振荡器

【2006,21】能提高计时精度的元件是:

　　A. 施密特　　　　　　　　B. 双稳态
　　C. 单稳态　　　　　　　　D. 多谐振荡器

解 振荡器是数字钟的核心。振荡器的稳定度和振荡频率的精确度决定了数字钟的计时精度。振荡器的频率越高,计时精度越高。
答案:D

【2006,28】用 50 个与非门构成的环形多谐振荡器如图所示,设每个门的平均传输时间 $t_{pd}=20\mu s$,试求振荡周期 T 为:

　　A. 20ms　　　　B. 2ms　　　　C. 40ms　　　　D. 4ms

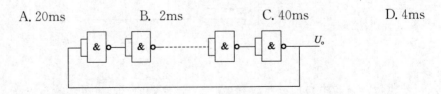

解 环形多谐振荡器的振荡周期 $T=2nt_{pd}=2\times 50\times 20\times 10^{-6}=2$ms
答案:B

【2007,36】由555定时器构成的多谐振荡器如图所示,已知$R_1=33\text{k}\Omega, R_2=27\text{k}\Omega, C=0.083\mu\text{F}, V_{CC}=15\text{V}$。电路的振荡频率$f_0$约为:

    A. 286Hz   B. 200Hz

    C. 127Hz   D. 140Hz

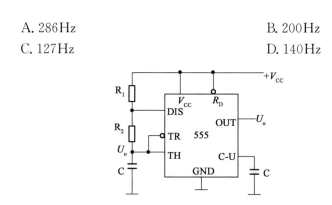

TH	$\overline{\text{TR}}$	R_D	OUT	DIS
×	×	L	L	导通
$>2V_{CC}/3$	$>V_{CC}/3$	H	L	导通
$<2V_{CC}/3$	$>V_{CC}/3$	H	不变	不变
×	$<V_{CC}/3$	H	H	截止

解 对于由555定时器构成的多谐振荡电路的振荡周期$T=(R_1+2R_2)C\ln2$,则电路振荡频率:

$$f=\frac{1}{T}\approx\frac{1}{(R_1+2R_2)C\ln2}$$

$$=\frac{1}{(33000+2\times27000)\times0.083\times10^{-6}\times\ln2}=199.79\text{Hz}$$

答案:B

【2017,29】555定时器构成的多谐振荡器如图所示,若$R_A=R_B$,则输出矩形波的占空比为:

    A. $\dfrac{1}{2}$ B. $\dfrac{1}{3}$ C. $\dfrac{2}{3}$ D. $\dfrac{3}{4}$

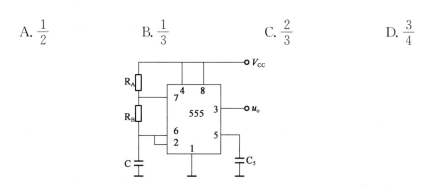

555 定时器的功能表

$\overline{R}_d$（④脚）	U_{TH}（⑥脚）	U_{TL}（②脚）	U_o（③脚）	VT（⑦脚）
0	×	×	0	导通
1	$>\frac{2}{3}V_{CC}$	$>\frac{1}{3}V_{CC}$	0	导通
1	$<\frac{2}{3}V_{CC}$	$>\frac{1}{3}V_{CC}$	保持	保持
1	$<\frac{2}{3}V_{CC}$	$<\frac{1}{3}V_{CC}$	1	截止
1	$>\frac{2}{3}V_{CC}$	$<\frac{1}{3}V_{CC}$	1	截止

解 由 555 定时器构成的多谐振荡器，输出的正向脉冲宽度 $T_1=0.7(R_A+R_B)C$，电路振荡周期 $T=T_1+T_2=0.7(R_A+2R_B)C$。正向脉冲宽度与电路振荡周期之比称为矩形波的占空比 $q=\dfrac{T_1}{T}=\dfrac{R_A+R_B}{R_A+2R_B}=\dfrac{2}{3}$。

答案：C

【2010,36；2012,38】图示是用 555 定时器组成的开机延时电路。若给定 $C=25\mu F$，$R=91k\Omega$，$V_{CC}=12V$，常闭开关 S 断开以后经过延时间为下列哪项数值时，V_0 才能跳变为高电平？

A. 1.59s   B. 2.5s   C. 1.82s   D. 2.275s

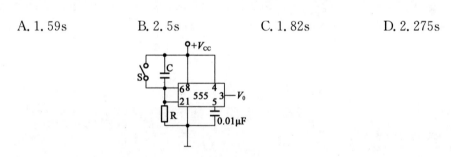

解 延时时间等于从开关 S 断开瞬间电阻 R 上的电压 $U_R=V_{CC}$ 降至 $U_R=U_{T-}=\dfrac{1}{3}V_{CC}$ 的时间，即

$$t_d=RC\ln\dfrac{0-V_{CC}}{0-\dfrac{1}{3}V_{CC}}=RC\ln 3=91\times 10^3\times 25\times 10^{-6}\times \ln 3=2.499s$$

答案：B

【2013,29】由 555 定时器组成的脉冲发生电路如图所示，电路的振荡频率为：

A. 200Hz   B. 400Hz
C. 1000Hz   D. 2000Hz

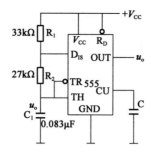

解 此图为555定时器构成的多谐振荡器,振荡周期 $T=(R_1+2R_2)C \cdot \ln2$。则频率

$$f=\frac{1}{T}$$
$$=\frac{1}{(R_1+2R_2)C \cdot \ln2}$$
$$=\frac{1}{(33000+2\times27000)\times0.083\times10^{-6}\times\ln2}=199.79\text{Hz}$$

答案:A

【2013,37】CMOS集成施密特触发器组成的电路如图 a)所示,该施密特触发器的电压传输特性曲线如图 b)所示,该电路的功能为:

A. 双稳态触发器 B. 单稳态触发器
C. 多谐振荡器   D. 三角波发生器

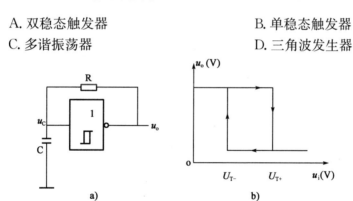

答案:C

【2016,28】利用CMOS集成施密特触发器组成的多谐振荡器如图所示,设施密特触发器的上、下限阀值电平分别为 $U_{T+}=\frac{2}{3}V_{DO}$、$U_{T-}=\frac{1}{3}V_{DO}$,则电路的振荡周期约为:

A. 0.7RC   B. 1.1RC   C. 1.4RC   D. 2.2RC

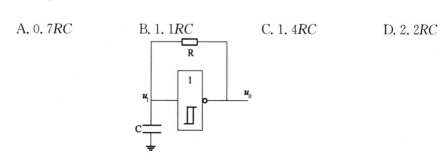

解 由公式 $T = Rc\ln\left(\dfrac{V_{DD}-U_{T+}}{V_{DD}-U_{T-}}\right)$

结合 $U_{T+}=\dfrac{2}{3}V_{DD}$，$U_{T-}=\dfrac{1}{3}V_{DD}$

代入得：$T=1.4RC$

答案：C

【2016，36】 由 COMS 与非门组成的单稳态触发器，如图所示，已知：$R=51\text{k}\Omega$，$C=0.01\mu\text{F}$，电源电压 $V_{DD}=10\text{V}$，在触发信号作用下输出脉冲的宽度为：

A. 1.12ms　　　　B. 0.70ms　　　　C. 0.56ms　　　　D. 0.35ms

解 单稳态触发器的输出脉冲宽度仅取决于定时元件 RC，与输入触发信号和电源电压无关，调节 RC 的值，即可方便地调节

$$t_W = RC\ln\dfrac{0-V_{CC}}{0-\dfrac{1}{3}V_{CC}} = RC\ln 3 = 51\times 10^3 \times 0.01\times 10^{-6}\times \ln 3 = 0.56\text{ms}$$

答案：C

第4章 电力系统分析

4.1 电力系统基本知识

考点 电力系统运行的特点和基本要求

1) 电力系统的定义和组成
定义：由发电、变电、输电、配电和用电等环节组成的电能生产与消费系统。
组成：主要由发电厂、变电站、输电线路和用电设备组成。
2) 电力系统运行的特点
(1) 电能不能大量存储。
(2) 电能生产、输送、消费工况的改变十分迅速。
(3) 与国民经济各部分紧密相关。
3) 电力系统运行的基本要求
(1) 保证可靠地持续供电。
(2) 保证良好的电能质量。
(3) 提高系统运行的经济性。

考点 电能质量的各项指标

衡量电能质量的三个基本指标是：电压、频率和波形。电压质量和频率质量一般都以偏移是否超过给定值来衡量，允许的电压偏移为额定值的 $\pm 5\%$，允许的频率偏移为 $\pm(0.2\sim0.5)\mathrm{Hz}$。波形质量则以畸变率是否超过给定值来衡量。

考点 电力系统的接线方式

电力系统的接线方式通常按照可靠性分为两类：无备用接线和有备用接线。
(1) 无备用接线：包括单回路放射式、干线式、链式网络。
优点：简单、经济、运行方便；缺点：供电可靠性差。
(2) 有备用接线：包括双回路放射式、干线式、链式以及环式和两端供电网络。
优点：供电可靠性高，电能质量好；缺点：不够经济。

考点 电力系统的额定电压（高频考点）

电力系统中所说的额定电压均指额定线电压，当涉及电力系统分析计算时注意：稳态潮流计算中一般就是用线电压，而在暂态分析计算中，尤其是短路计算中，非故障相电压一般均指相值，因此需将线电压转化为相电压。

1) 电网的额定电压

电网的额定电压=线路的额定电压=母线的额定电压=U_N,具体数值如下(单位为 kV):

3　6　10　35　110　220　330　500

注:用电设备的额定电压=线路的额定电压=U_N。

2) 发电机的额定电压

发电机的额定电压为线路额定电压的 1.05 倍(即 $1.05U_N$)。

3) 变压器的额定电压

(1) 变压器的一次侧接电源,相当于用电设备,因此变压器一次侧的额定电压等于用电设备的电压,即等于线路的额定电压 U_N。如果变压器的一次侧直接和发电机相连,则一次侧额定电压等于发电机的额定电压 $1.05U_N$。

(2) 变压器的二次侧向负荷供电,相当于发电机,再考虑到变压器内部的电压损耗,因此变压器二次侧的额定电压等于线路额定电压的 1.1 倍,即 $1.1U_N$。若二次侧直接和用电设备(电动机)相连,二次侧的额定电压等于线路额定电压的 1.05 倍,即 $1.05U_N$。

变压器的额定电压总结如下:

一次侧额定电压:$\begin{cases} U_{1N}=U_N \\ U_{1N}=1.05U_N \end{cases}$;二次侧额定电压:$\begin{cases} U_{2N}=1.1U_N \\ U_{2N}=1.05U_N \end{cases}$。

4) 电力系统的平均额定电压

电力系统的平均额定电压 $U_{av}=1.05U_N$,并适当取整。电力系统的额定电压(U_N)和平均额定电压(U_{av})对比见表 4-1。

U_N 和 U_{av} 对比情况　　　　　　表 4-1

U_N	3	6	10	35	110	220	330	500
U_{av}	3.15	6.3	10.5	37	115	230	345	525

注:平均额定电压常用于短路计算中,额定电压常用于稳态计算中。

5) 变压器的变比

(1) 变压器的额定变比:主抽头额定电压之比,即 $k_T=\dfrac{U_{1N}}{U_{2N}}$。

(2) 变压器的实际变比:实际所接分接头的额定电压之比,即 $k_T=\dfrac{U_{1N}(1\pm n\%)}{U_{2N}}$,其中 $n\%$ 表示具体的分抽头。

注:变压器的分接头在高压侧及中压侧。

考点 电力系统中性点的运行方式 (高频考点)

电力系统的中性点是指星形接线的变压器或发电机的中性点。电力系统中性点的运行方式或者接地方式分为两类:中性点直接接地和中性点不接地。其中,中性点不直接接地又分为不接地和经消弧线圈接地。在我国,110kV 及以上的系统中性点直接接地,60kV 及以下的系统中性点不接地或者经消弧线圈接地。

1) 中性点直接接地方式

中性点直接接地系统也称为大电流接地系统。当发生单相接地故障时,接地相的电源被短接,形成很大的短路电流;中性点的电位仍为0,非故障相的对地电压近似不变,仍为相电压,因此电气设备的绝缘水平只需按照电网的相电压考虑即可。

中性点直接接地方式的特点是:较为经济,但一旦某相接地时,就会形成较大的短路电流(非容性电流),因此供电可靠性差。

2)中性点不接地方式

中性点不接地系统也称为小电流接地系统。当发生单相接地故障时,接地电流是网络的容性电流,相对于中性点直接接地系统发生单相接地短路时短路电流小很多,系统仍可继续运行2h;中性点对地电压升高至相电压,而非故障相电压升高至线电压(即非故障相电压升高$\sqrt{3}$倍),因而增加了线路和设备的绝缘成本。

中性点不接地方式的特点是:供电可靠性高,对设备和线路绝缘水平的要求高。

3)中性点经消弧线圈接地方式

60kV及以下的电力系统采用中性点不接地或经消弧线圈接地的运行方式。

在3~60kV的网络,当容性电流超过表4-2所列数值时,中性点应装设消弧线圈。

表4-2

电压等级(kV)	3~6	10	35~60
容性电流(A)	30	20	10

装设消弧线圈的目的是减少接地点的容性电流,使得电弧易于自行熄灭,提高供电可靠性。

中性点经消弧线圈接地时的补偿方式有:

$$补偿方式\begin{cases}欠补(I_L < I_c)\\过补(I_L = I_c),一般采用这种方式\\全补(I_L > I_c),不允许,容易谐振\end{cases}$$

实践中,一般都采用过补偿。

在全补偿情况下,电感L的确定:

$$I_L = \frac{U_p}{\omega L} = \frac{U_p}{\frac{1}{3\omega C}} = 3\omega C U_p \Rightarrow L = \frac{1}{3\omega^2 C}$$

4.2 电力系统各元件的参数与等值电路

考点 电力线路的参数计算及等值电路(高频考点)

注意:只需理解电力线路4个参数的物理意义,不需要死记公式。

(1)电阻(r):反映电力线路的发热效应。

(2)电抗(x):反映电力线路的磁场效应。

①单导线

$$x_1 = 0.1445\lg\frac{D_m}{r} + 0.0157$$

式中：x_1——导线单位长度的电抗（Ω/km）；

D_m——几何均距（mm），表示三相导线的几何平均距离，$D_m = \sqrt{D_{ab}D_{bc}D_{ca}}$，其中 D_{ab}、D_{bc}、D_{ca} 为三相导线的相互间距；

r——导线的半径（mm）。

②分裂导线

分裂导线是将每相导线分裂成若干根相互间保持一定距离的导线，分裂导线增大了导线的等值半径，而导线半径越大，越不容易产生电晕。并且分裂导线的等值半径越大，分裂的根数越多，电抗值越小。

分裂导线的作用：减小线路电抗，抑制高压超高压电力系统中的电晕现象。

分裂导线的电抗为：

$$x_1 = 0.1445 \lg \frac{D_m}{r_{eq}} + \frac{0.0157}{n}$$

式中：r_{eq}——导线的等值半径（mm），其与导线的半径 r 的大小关系为 $r_{eq} > r$；

n——分裂导线的根数。

注意：此处考点是根据导线半径和几何均距 D_m 来判断电抗和电容大小的。

总结如下：

①同等电压等级下，电缆线路的电抗比架空线路的电抗小，电缆线路的电容比架空线路的电容大。（原因是电缆三相导体间的距离远小于同电压等级下的架空线路，即 D_m 小，再由电抗和电纳的计算公式可推之。注：电纳和电容的关系：$b = 2\pi f C$。）

②相同型号的线路用于高电压等级和低电压等级时，高电压等级的线路电抗大于低电压等级线路的电抗，电容则相反。（原因是高电压等级的线路三相间的距离大于低电压等级线路的三相间的距离。）

③采用分裂导线时，主要是增大了等值半径 r_{eq}，即电抗减小，电容增大。

（3）电纳（b）：反映电力线路的电场效应。

①单导线

$$b_1 = \frac{7.58}{\lg \dfrac{D_m}{r}} \times 10^{-6}$$

式中：b_1——导线单位长度的电纳（S/km）。

②分裂导线

$$b_1 = \frac{7.58}{\lg \dfrac{D_m}{r_{eq}}} \times 10^{-6}$$

（4）电导（g）：反映电力线路的电晕现象和泄漏现象。

一般情况下，忽略电晕损耗和泄露电流，$g \approx 0$。

（5）中等长度线路的 Π 型等值电路：所谓中等长度线路，是指长度为 100～300km 的架空线路和不超过 100km 的电缆线路。这种线路的电纳 B 一般不能略去。其 Π 型等值电路如图 4-1 所示。图中：$Z = R + jX, Y = jB$。

（6）长线路：是指长度超过 300km 的架空线路和超过 100km 的电缆线路。这种线路需要考虑它们的分布参数特性。长线路的等值电路如图 4-2 所示。

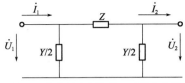
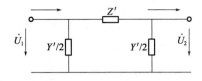

图 4-1　中等长度线路的 Ⅱ 型等值电路　　　　图 4-2　长线路的等值电路

图 4-2 中：Z'、Y' 表示长线路集中参数的阻抗、导纳，$Z'=R'+jX'=k_rR+jk_xX$，$Y'=jB'=jk_bB$。k_r、k_x、k_b 为修正系数：

$$k_r = 1 - x_1 b_1 \frac{l^2}{3} ; \quad k_x = 1 - \left(x_1 b_1 - \frac{r_1^2 b_1}{x_1}\right)\frac{l^2}{6} ; \quad k_b = 1 + x_1 b_1 \frac{l^2}{12}$$

长距离输电线路的稳态方程：

$$\begin{bmatrix} \dot{U}_1 \\ \dot{I}_1 \end{bmatrix} = \begin{bmatrix} \cosh\gamma l & Z_c \sinh\gamma l \\ \dfrac{\sinh\gamma l}{Z_c} & \cosh\gamma l \end{bmatrix} \begin{bmatrix} \dot{U}_2 \\ \dot{I}_2 \end{bmatrix}$$

考点　双绕组变压器的参数计算及等值电路（高频考点）

注意：变压器的参数计算公式需熟记，注意公式中各变量的单位，尤其注意公式中功率 S_N 的单位，计算时保证量纲统一即可（下述公式 S_N 的单位都为 MVA）。

变压器的参数包括等值电路中的电阻 R_T、电抗 X_T、电导 G_T 和电纳 B_T。电阻 R_T 和电抗 X_T 通过短路试验获得，电导 G_T 和电纳 B_T 通过空载试验获得。

1）电阻（R_T）

$$R_T = \frac{P_k}{1000} \times \frac{U_N^2}{S_N^2}$$

式中：R_T——变压器高低压绕组的总电阻（Ω）；
　　　P_k——变压器的短路损耗（kW）；
　　　S_N——变压器的额定容量（MVA）；
　　　U_N——变压器的额定电压（kV）。

2）电抗（X_T）

$$X_T = \frac{U_k\%}{100} \times \frac{U_N^2}{S_N}$$

式中：X_T——变压器高低压绕组的总电抗（Ω）；
　　　$U_k\%$——变压器的短路电压百分值。

3）电导（G_T）

$$G_T = \frac{P_0}{1000 U_N^2}$$

式中：G_T——变压器的电导（S）；
　　　P_0——变压器的空载损耗（kW）。

4）电纳（B_T）

$$B_T = \frac{I_0\%}{100} \times \frac{S_N}{U_N^2}$$

式中：B_T——变压器的电纳(S)；
　　　$I_0\%$——变压器的空载电流百分值。

5) 各参数的物理意义

R_T：反映变压器的铜耗(负载损耗)；
X_T：反映变压器的漏磁损耗；
G_T：反映变压器的铁耗(空载损耗)；
B_T：反映变压器的励磁损耗。

6) 双绕组变压器的等值电路

双绕组变压器的等值电路如图 4-3 所示。

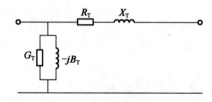

图 4-3　双绕组变压器的等值电路

注意：变压器励磁支路是感性的，输电线路对地支路是容性的。因而进行潮流计算时，一定要弄清楚励磁支路功率的正负号。

考点　三绕组变压器的参数计算及等值电路

1) 三绕组变压器的等值电路

三绕组变压器的等值电路如图 4-4 所示。

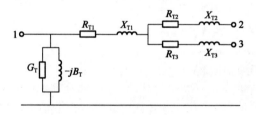

图 4-4　三绕组变压器的等值电路

2) 电阻（R_{T1}、R_{T2}、R_{T3}）

三绕组变压器按三个绕组容量比的不同有三种不同的类型。第Ⅰ种为 100/100/100，即三个绕组的容量都等于变压器的额定容量；第Ⅱ种为 100/100/50，即第三绕组的容量仅为变压器额定容量的 50%；第Ⅲ种为 100/50/100，即第二绕组的容量仅为变压器额定容量的 50%。

(1) 第Ⅰ种类型(100/100/100)

$$P_{k1}=\frac{1}{2}(P_{k(1-2)}+P_{k(3-1)}-P_{k(2-3)})$$

$$P_{k2}=\frac{1}{2}(P_{k(1-2)}+P_{k(2-3)}-P_{k(3-1)})$$

$$P_{k3}=\frac{1}{2}(P_{k(2-3)}+P_{k(3-1)}-P_{k(1-2)})$$

式中：$P_{k(1-2)}$、$P_{k(2-3)}$、$P_{k(3-1)}$——三绕组变压器两两间的短路损耗，$P_{k(1-2)}=P_{k1}+P_{k2}$，$P_{k(2-3)}=P_{k2}+P_{k3}$，$P_{k(3-1)}=P_{k3}+P_{k1}$。

然后按与双绕组变压器相似的公式计算各绕组电阻：

$$R_{T1}=\frac{P_{k1}}{1000}\times\frac{U_N^2}{S_N^2};R_{T2}=\frac{P_{k2}}{1000}\times\frac{U_N^2}{S_N^2};R_{T3}=\frac{P_{k3}}{1000}\times\frac{U_N^2}{S_N^2}$$

(2)第Ⅱ种类型(100/100/50)和第Ⅲ种类型(100/50/100)

制造商提供的短路损耗数据不是额定情况下的数据，而是使一对绕组中容量较小的绕组达到它本身的额定电流，即 $I_N/2$ 时的值。因此应首先将测得的短路损耗数据归算到额定电流下的值，再运用上述公式求取各绕组的短路损耗和电阻。

①对于(100/100/50)：

$$P_{k(1-2)}=P'_{k(1-2)}$$

$$P_{k(2-3)}=P'_{k(2-3)}\left(\frac{I_N}{I_N/2}\right)^2=4P'_{k(2-3)}$$

$$P_{k(3-1)}=P'_{k(3-1)}\left(\frac{I_N}{I_N/2}\right)^2=4P'_{k(3-1)}$$

式中：$P'_{k(1-2)}$、$P'_{k(2-3)}$、$P'_{k(3-1)}$——制造商提供的短路损耗数据。

②对于(100/50/100)：

$$P_{k(1-2)}=P'_{k(1-2)}\left(\frac{I_N}{I_N/2}\right)^2=4P'_{k(1-2)}$$

$$P_{k(2-3)}=P'_{k(2-3)}\left(\frac{I_N}{I_N/2}\right)^2=4P'_{k(2-3)}$$

$$P_{k(3-1)}=P'_{k(3-1)}$$

3)电抗(X_{T1}、X_{T2}、X_{T3})

制造商提供的短路电压百分值已经归算到各绕组中通过变压器额定电流时的数值，因此计算电抗时，对于第Ⅱ、Ⅲ种类型的变压器，其短路电压百分值不需再归算。

$$U_{k1}\%=\frac{1}{2}(U_{k(1-2)}\%+U_{k(3-1)}\%-U_{k(2-3)}\%)$$

$$U_{k2}\%=\frac{1}{2}(U_{k(1-2)}\%+U_{k(2-3)}\%-U_{k(3-1)}\%)$$

$$U_{k3}\%=\frac{1}{2}(U_{k(2-3)}\%+U_{k(3-1)}\%-U_{k(1-2)}\%)$$

式中：$U_{k(1-2)}\%$、$U_{k(2-3)}\%$、$U_{k(3-1)}\%$——制造商提供的短路电压百分值。

然后按与双绕组变压器相似的公式计算各绕组电抗：

$$X_{T1}=\frac{U_{k1}\%}{100}\times\frac{U_N^2}{S_N};X_{T2}=\frac{U_{k2}\%}{100}\times\frac{U_N^2}{S_N};X_{T3}=\frac{U_{k3}\%}{100}\times\frac{U_N^2}{S_N}$$

4)导纳(G_T、B_T)

三绕组变压器的导纳计算公式和双绕组变压器的相同。

考点 发电机和电抗器的参数计算

1) 发电机的电抗(X_G)

发电机的电抗百分数为 $X_G\% = \dfrac{X_G}{X_{GN}} \times 100\%$，其中 $X_{GN} = \dfrac{U_{GN}}{\sqrt{3}\,I_{GN}}$，$I_{GN} = \dfrac{S_{GN}}{\sqrt{3}\,U_{GN}}$，所以发电机的电抗为：

$$X_G = \dfrac{X_G\%}{100} \times \dfrac{U_{GN}^2}{S_{GN}} = \dfrac{X_G\%}{100} \times \dfrac{U_{GN}^2 \cos\varphi_N}{P_{GN}}$$

式中：$X_G\%$——发电机的电抗百分数；
  S_{GN}——发电机的额定容量(MVA)；
  P_{GN}——发电机的额定有功功率(MW)；
  U_{GN}——发电机的额定电压(kV)；
  $\cos\varphi_N$——发电机的额定功率因数。

2) 电抗器的电抗(X_R)

电抗器的电抗百分数为 $X_R\% = \dfrac{X_R}{X_{RN}} \times 100\%$，其中 $X_{RN} = \dfrac{U_{RN}}{\sqrt{3}\,I_{RN}}$，所以电抗器的电抗为：

$$X_R = \dfrac{X_R\%}{100} \times \dfrac{U_{RN}}{\sqrt{3}\,I_{RN}}$$

考点 标幺值参数计算（高频考点）

1) 标幺值

(1) 标幺值的定义

$$\text{标幺值} = \dfrac{\text{有名值}}{\text{基准值}}$$

式中，基准值必须与有名值单位相同；标幺值是一个没有量纲的量，其大小与基准值的取值有关。

线电压和相电压标幺值相同，三相功率和单相功率的标幺值相同。

(2) 基准值的选取

基准值的选取除了与实际值单位相同外，还应符合电路的基本关系。阻抗、导纳的基准值为每相阻抗、导纳，电压、电流的基准值为线电压、线电流，功率的基准值为三相功率。这些基准值应满足如下关系：

$$S_B = \sqrt{3}\,U_B I_B;\ U_B = \sqrt{3}\,I_B Z_B;\ Y_B = \dfrac{1}{Z_B}$$

电力系统中，一般先选定三相功率和线电压的基准值 S_B、U_B，而 I_B、Z_B、Y_B 由上述公式推出：

$$I_B = \dfrac{S_B}{\sqrt{3}\,U_B};\ Z_B = \dfrac{U_B^2}{S_B};\ Y_B = \dfrac{S_B}{U_B^2}$$

(3) 不同基准值的标幺值之间的换算

电力系统的实际计算中，在制定标幺值的等值电路时，各元件的参数必须按统一的基准值进行归算，但从手册或产品说明书中查得的阻抗值，一般都是以各设备的额定容量和额定电压为基准值的标幺值或百分值，因此需要归算为统一基准下的标幺参数。具体方法为：

先把设备额定值下的标幺值换算为有名值，即 $X=X_{*(N)}\dfrac{U_N^2}{S_N}$，式中 $X_{*(N)}$ 为设备以自身额定功率 S_N 和额定电压 U_N 为基准的标幺值。再按照给定基准（S_B、U_B），求出其标幺值，即 $X_{*(B)}=\dfrac{X}{U_B^2/S_B}=X_{*(N)}\dfrac{U_N^2}{S_N}\times\dfrac{S_B}{U_B^2}$，式中 $X_{*(B)}$ 为以公共基准值表示的标幺值。

发电机的电抗标幺值为：$X_{G*(B)}=X_{G*(N)}\times\dfrac{U_{GN}^2}{S_{GN}}\times\dfrac{S_B}{U_B^2}$

变压器的电抗标幺值为：$X_{T*(B)}=\dfrac{U_k\%}{100}\times\dfrac{U_{TN}^2}{S_{TN}}\times\dfrac{S_B}{U_B^2}$

线路的电抗标幺值为：$X_{l*(B)}=x_1 l\times\dfrac{S_B}{U_B^2}$

电抗器的电抗标幺值为：$X_{R*(B)}=\dfrac{X_R\%}{100}\times\dfrac{U_{RN}}{\sqrt{3}I_{RN}}\times\dfrac{S_B}{U_B^2}$

2）近似计算法（短路计算中常用的方法，尤其三相短路中必考）

将电力系统各级网络和各元件的额定电压用网络的平均额定电压代替，近似计算中变压器的变比为各电压等级的平均额定电压之比，基准电压取网络的平均额定电压，即 $U_B=U_{av}$，从而约掉元件参数标幺值计算中的各电压量，简化计算。各元件电抗标幺值的近似计算公式如下：

发电机：$X_{G*}=X_{G*(N)}\times\dfrac{S_B}{S_{GN}}$

变压器：$X_{T*}=\dfrac{U_k\%}{100}\times\dfrac{S_B}{S_{TN}}$

线路：$X_{l*}=x_1 l\times\dfrac{S_B}{U_B^2}$

电抗器：$X_{R*}=\dfrac{X_R\%}{100}\times\dfrac{U_{RN}}{\sqrt{3}I_{RN}}\times\dfrac{S_B}{U_B^2}$

注：电抗器的电抗标幺值的近似计算中，U_{RN} 仍取电抗器的额定电压。
务必熟记上述四个公式！

4.3 简单电网的潮流计算

考点 电压质量指标（高频考点）

（1）电压降落：指线路始末两端电压的相量差 $\mathrm{d}\dot{U}=\dot{U}_1-\dot{U}_2$。

（2）电压损耗：指线路始末两端电压的数值差 U_1-U_2，以百分值表示为：

$$\text{电压损耗}\%=\dfrac{U_1-U_2}{U_N}\times 100\%$$

（3）电压偏移：指线路始端或末端电压与线路额定电压的数值差 U_1-U_N 或 U_2-U_N，以百分值表示为：

$$始端电压偏移\% = \frac{U_1 - U_N}{U_N} \times 100\%$$

$$末端电压偏移\% = \frac{U_2 - U_N}{U_N} \times 100\%$$

(4)电压调整:指线路末端空载与负载时电压的数值差 $U_{20} - U_2$,以百分值表示为:

$$电压调整\% = \frac{U_{20} - U_2}{U_{20}} \times 100\%$$

考点 电力线路的电压降落和功率损耗(高频考点)

电力线路的 π 型等值电路如图 4-5 所示。

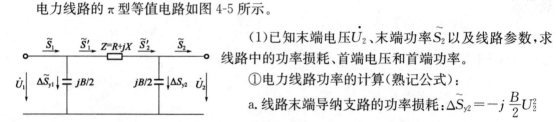

图 4-5 电力线路的 π 型等值电路

(1)已知末端电压 $\dot{U}_2$、末端功率 $\tilde{S}_2$ 以及线路参数,求线路中的功率损耗、首端电压和首端功率。

①电力线路功率的计算(熟记公式):

a. 线路末端导纳支路的功率损耗:$\Delta \tilde{S}_{y2} = -j\frac{B}{2}U_2^2$

b. 线路阻抗支路末端功率:$\tilde{S}_2' = \tilde{S}_2 + \Delta \tilde{S}_{y2}$

c. 线路阻抗支路的功率损耗:$\Delta \tilde{S}_z = \frac{P_2'^2 + Q_2'^2}{U_2^2}(R + jX)$

d. 线路阻抗支路首端功率:$\tilde{S}_1' = \tilde{S}_2' + \Delta \tilde{S}_z$

e. 线路首端导纳支路的功率损耗:$\Delta \tilde{S}_{y1} = -j\frac{B}{2}U_1^2$

f. 线路首端功率:$\tilde{S}_1 = \tilde{S}_1' + \Delta \tilde{S}_{y1}$

注:当输电线路空载时,线路末端的功率为 0,即 $\tilde{S}_2 = 0$。

②电力线路电压的计算(熟记公式):

电压降落:

$$d\dot{U} = \dot{U}_1 - \dot{U}_2 = \Delta U + j\delta U = \frac{P_2'R + Q_2'X}{U_2} + j\frac{P_2'X - Q_2'R}{U_2}$$

式中:ΔU、δU——分别为电压降落的纵分量和横分量;

$$\Delta U = \frac{P_2'R + Q_2'X}{U_2}; \delta U = \frac{P_2'X - Q_2'R}{U_2}$$

首端电压:

$$\dot{U}_1 = \dot{U}_2 + \Delta U + j\delta U = U_2 + \frac{P_2'R + Q_2'X}{U_2} + j\frac{P_2'X - Q_2'R}{U_2}$$

(2)已知首端电压 $\dot{U}_1$、首端功率 $\tilde{S}_1$ 以及线路参数,求线路中的功率损耗、末端电压和末端功率。

功率的求取方法与上相同,注意功率的流向。

电压降落:

$$d\dot{U} = \Delta U + j\delta U = \frac{P_1'R + Q_1'X}{U_1} + j\frac{P_1'X - Q_1'R}{U_1}$$

末端电压:

$$\dot{U}_2 = \dot{U}_1 - \Delta U - j\delta U = U_1 - \frac{P_1'R + Q_1'X}{U_1} - j\frac{P_1'X - Q_1'R}{U_1}$$

(3)已知首端电压 $\dot{U}_1$，末端功率 $\tilde{S}_2$ 以及线路参数，求线路中的功率损耗、末端电压和首端功率。（常考）

①先计算首端功率，设末端电压为线路的额定电压 $U_2 = U_{2N}$，由末端向始端推算，仅计算各元件的功率损耗而不计算电压降落，求得线路阻抗支路的首端功率 $\tilde{S}_1'$ 和线路首端功率 $\tilde{S}_1$。

②利用已知的首端电压 $\dot{U}_1$ 和求得的 $\tilde{S}_1'$ 推算出电压降落和末端电压。

考点 变压器的电压降落和功率损耗

变压器的 Γ 型等值电路如图 4-6 所示。

1) 变压器功率的计算

(1) 变压器阻抗支路的功率损耗：

$$\Delta \tilde{S}_{zT} = \frac{P_2'^2 + Q_2'^2}{U_2^2}(R_T + jX_T)$$

(2) 变压器励磁支路的功率损耗：

$$\Delta \tilde{S}_{yT} = (G_T + jB_T)U_1^2$$

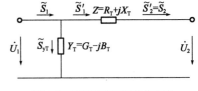

图 4-6 变压器的 Γ 型等值电路

(3) 变压器首端功率：

$$\tilde{S}_1 = \tilde{S}_2 + \Delta \tilde{S}_{zT} + \Delta \tilde{S}_{yT}$$

2) 变压器的电压降落

$$d\dot{U} = \dot{U}_1 - \dot{U}_2 = \Delta U + j\delta U = \frac{P_2'R_T + Q_2'X_T}{U_2} + j\frac{P_2'X_T - Q_2'R_T}{U_2}$$

3) 根据制造厂提供的试验数据计算其功率损耗（熟记公式）

(1) 变压器阻抗支路的功率损耗：

$$\Delta P_{zT} = \frac{P_k}{1000} \times \frac{S_2^2}{S_N^2}; \Delta Q_{zT} = \frac{U_k\%S_N}{100} \times \frac{S_2^2}{S_N^2}$$

(2) 变压器励磁支路的功率损耗：

$$\Delta P_{yT} = \frac{P_0}{1000}; \Delta Q_{yT} = \frac{I_0\%S_N}{100}$$

(3) 变压器总有功损耗：

$$\Delta P_T = \frac{P_k}{1000} \times \frac{S_2^2}{S_N^2} + \frac{P_0}{1000}$$

(4) 变压器总无功损耗：

$$\Delta Q_T = \frac{U_k\%S_N}{100} \times \frac{S_2^2}{S_N^2} + \frac{I_0\%S_N}{100}$$

(5) n 台变压器并列运行，单台变压器的额定容量为 S_N，总负荷功率为 S_2 时，n 台变压器并列运行的总有功、无功损耗为：

$$\Delta P_T = n\frac{P_k}{1000} \times \frac{S_2^2}{(nS_N)^2} + n\frac{P_0}{1000}$$

$$\Delta Q_T = n\frac{U_k\%S_N}{100} \times \frac{S_2^2}{(nS_N)^2} + n\frac{I_0\%S_N}{100}$$

注：P_k、P_0 的单位为 kW。

此处是变压器并联运行计算功率损耗的高频考点，真题中曾多次考查。

考点 简单环网和两端供电网络的潮流计算

1) 简单环网的潮流计算

简单环网如图 4-7 所示，它的潮流分布计算如下：

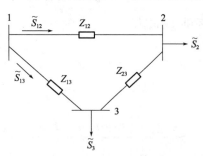

图 4-7 简单环网

(1) 求出支路的功率分布。

$$\widetilde{S}_{12}=\frac{(Z_{23}^*+Z_{13}^*)\widetilde{S}_2+Z_{13}^*\widetilde{S}_3}{Z_{12}^*+Z_{23}^*+Z_{13}^*}$$

$$\widetilde{S}_{13}=\frac{(Z_{23}^*+Z_{12}^*)\widetilde{S}_3+Z_{12}^*\widetilde{S}_2}{Z_{12}^*+Z_{23}^*+Z_{13}^*}$$

式中：Z^*——共轭阻抗。

(2) 计算整个网络的功率分布，确定其功率分点。

功率分点：网络中某些节点的功率是由两侧向其流动的，这种节点称为功率分点，分为有功功率分点和无功功率分点。

在环网潮流求解过程中，在功率分点处将环网解列。当有功分点和无功分点不一致时，在无功分点处解列，因为电网应在电压最低处解列，而电压的损耗主要由无功功率流动引起，无功分点的电压往往低于有功分点的电压。

(3) 在功率分点即网络最低电压点将环网解开，将环网络看作两个辐射形网络，由功率分点开始，分别从其两侧逐段向电源端推算电压降落和功率损耗。

2) 两端供电网络的潮流计算

回路电压为 0 的单一环网等值于两端电压大小相等、相位相同的两端供电网络。同时，两端电压大小不相等、相位不相同的两端供电网络，也可等值于回路电压不为 0 的单一环网（环网中变压器变比不匹配引起）。

两端供电网络如图 4-8 所示。

$$\widetilde{S}_{12}=\frac{(Z_{23}^*+Z_{34}^*)\widetilde{S}_2+Z_{34}^*\widetilde{S}_3}{Z_{12}^*+Z_{23}^*+Z_{34}^*}+\frac{U_N\mathrm{d}U^*}{Z_{12}^*+Z_{23}^*+Z_{34}^*}$$

$$\widetilde{S}_{34}=\frac{(Z_{23}^*+Z_{12}^*)\widetilde{S}_3+Z_{12}^*\widetilde{S}_2}{Z_{12}^*+Z_{23}^*+Z_{34}^*}-\frac{U_N\mathrm{d}U^*}{Z_{12}^*+Z_{23}^*+Z_{34}^*}$$

式中，$\mathrm{d}\dot{U}^*\dot{U}_1-\dot{U}_4$，而 $\frac{U_N\mathrm{d}U^*}{Z_{12}^*+Z_{23}^*+Z_{34}^*}$ 称为循环功率，即 $\widetilde{S}_c=\frac{U_N\mathrm{d}U^*}{Z_{12}^*+Z_{23}^*+Z_{34}^*}$。

循环功率规定的正方向与 $\mathrm{d}\dot{U}$ 的取向有关，若取 $\mathrm{d}\dot{U}=\dot{U}_1-\dot{U}_4$，则规定循环功率由节点 1 流向节点 4 时为正。循环功率的实际方向为：由高电压节点流向低电压节点。

3) 环网中变压器变比不匹配时的潮流计算

(1) 环网中变压器变比不匹配时循环功率的方向。

如图 4-9 所示，如将图中断路器 1 断开，其左侧电压为 242kV，右侧电压为 231kV，若将该断路器闭合，则将有顺时针方向的循环功率流动。

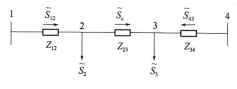
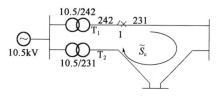

图 4-8 简单环网　　　　　　　　　　图 4-9 变压器变比不匹配的环网

(2) 潮流计算的表达式与两端供电网络相同。

考点 电力线路中功率的流向与电压相角、幅值的关系

高压输电线路的电阻远小于电抗,有功功率的流向主要由两端节点电压的相位差 θ 决定,有功功率从电压相位超前的一端流向滞后的一端;无功功率的流向主要由两端节点电压的幅值决定,由电压幅值高的一端流向幅值低的一端。

$$P_2 = \frac{U_1 U_2}{X}\sin\theta;\ Q_2 = \frac{(U_1 - U_2)U_2}{X}$$

考点 电力线路的空(轻)载运行特性(高频考点)

高压输电线路在轻载或空载时将产生末端电压升高现象(线路末端电压高于始端电压)。
原因:线路的对地容抗大于线路感抗,线路中的容性电流流过电感。
解决方法:在线路末端加装并联电抗器。
计算题常考已知线路末端空载求其首端电压:以图 4-5 所示线路模型为例,求首端电压:

(1) 线路末端空载($\widetilde{S}_2 = 0$),导纳支路的功率损耗:

$$\Delta\widetilde{S}_{y2} = -j\frac{B}{2}U_2^2$$

(2) 线路阻抗支路的末端功率:

$$\widetilde{S}_2' = \widetilde{S}_2 + \Delta\widetilde{S}_{y2} = \Delta\widetilde{S}_{y2}$$

(3) 线路首端电压 $\dot{U}_1$ 由以下公式求得:

$$\dot{U}_1 = U_2 - \frac{BX}{2}U_2 + j\frac{BR}{2}U_2$$

具体推导过程如下:

$$\dot{U}_1 = \dot{U}_2 + \mathrm{d}\dot{U} = \dot{U}_2 + \Delta U + j\delta U = U_2 + \frac{P_2'R + Q_2'X}{U_2} + j\frac{P_2'X - Q_2'R}{U_2}$$
$$= U_2 + \frac{Q_2'X}{U_2} + j\frac{-Q_2'R}{U_2} = U_2 - \frac{BX}{2}U_2 + j\frac{BR}{2}U_2$$

考点 环形电力网潮流控制的手段

辐射形网络中的潮流是不加控制的,完全取决于负荷点的负荷,环形网络中的潮流若不采取附加措施,则按阻抗分布(也称自然功率分布)。为了确保供电的安全、优质、经济,需调整控制潮流。下面是几条重要的结论:

(1) 有功功率损耗最小时的功率分布应按线段电阻分布而不是阻抗分布。
(2) 调整控制潮流的手段主要有串联电容、串联电感、附加串联加压器。
① 串联电容的作用:抵偿线路的感抗,将其串联在环网中阻抗相对过大的线路上,可起转

移其他重载线路上流通功率的作用。

②串联电抗的作用:限流,将其串联在重载线路上可避免该线路过载。

③附加串联加压器作用:产生一个环流或强制循环功率,使强制循环功率与自然分布功率的叠加可达到理想值。

4.4 有功功率平衡和频率调整

考点 三种有功功率负荷的变化及其与调频的关系

1)频率的一次调整(一次调频)

由发电机组的调速器进行,对变化幅度较小、周期很短的负荷变动引起的频率偏移进行调整。一次调频是有差调节。

2)频率的二次调整(二次调频)

由发电机组的调频器进行,对变化幅度较大、周期较长的负荷变动引起的频率偏移进行调整。二次调频能够实现无差调节。

3)频率的三次调整(三次调频)

各发电厂按事先给定的发电负荷曲线发电,对变化幅度最大、周期最长的负荷变动引起的频率偏移进行调整。三次调频属于电力系统的经济运行调度。

4)有功功率备用容量

系统电源容量大于发电负荷的部分称为系统的备用容量,系统备用容量可以分为热备用和冷备用或者负荷备用、事故备用、检修备用和国民经济备用。其中,热备用包括全部的负荷备用和部分的事故备用,还有部分的事故备用是冷备用。

考点 有功功率负荷的最优分配

1)耗量特性

发电机组单位时间内输入能量 F 和输出有功功率 P 的关系。

2)比耗量

单位时间内输入能量和输出功率的比值: $\mu = \dfrac{F}{P}$。

3)耗量微增率

单位时间内输入能量增量和输出功率增量的比值: $\lambda = \dfrac{\Delta F}{\Delta P} = \dfrac{\mathrm{d}F}{\mathrm{d}P}$。

结论:有功功率负荷最优分配的基本准则是等耗量微增率准则。

考点 频率的一次调整(一次调频)

(1)发电机的单位调节功率记为 K_G,标幺值记为 K_{G*}。

若题目中给定 K_{G*},则有名值 $K_G = K_{G*} \dfrac{P_{GN}}{f_N}$;若题目中给定发电机的调差系数百分数

$\sigma\%$,则 $K_G = \dfrac{100}{\sigma\%} \cdot \dfrac{P_{GN}}{f_N}$。

(2) 负荷的单位调节功率记为 K_L,标幺值记为 K_{L*}。

若题目中给定 K_{L*},则有名值 $K_L = K_{L*} \dfrac{P_{LN}}{f_N}$。

(3) 系统的单位调节功率 $K_S = K_G + K_L$。

注:对于满载的发电机组,不再参与调整,即 $K_G = 0$。对于系统中有多台发电机组参与一次调频,则 $K_S = \sum K_G + K_L$。

(4) 系统频率的变化量 $\Delta f = -\dfrac{\Delta P_L}{K_S}$,式中 ΔP_L 为负荷增量。

考点 频率的二次调整(调频器)

当系统进行一次调频时,其频率仍不能满足要求时,启动频率的二次调整。通过操作调频器,使发电机组的频率特性平行地移动,从而使负荷变化引起的频率偏移在允许的波动范围内。

1) 系统负荷增加的原因

当系统负荷增加时,由以下三方面提供:

(1) 二次调频的发电机组增发的功率 ΔP_G。
(2) 发电机组执行一次调频,按有差特性的调差系数分配而增发的功率 $K_{G\Sigma}\Delta f$。
(3) 由系统的负荷频率调节效应所减少的负荷功率 $K_L \Delta f$。

2) 数学表达式

$$\Delta P_{L0} - \Delta P_{G0} = -(K_G + K_L)\Delta f$$

$$-\dfrac{\Delta P_{L0} - \Delta P_{G0}}{\Delta f} = K_G + K_L = K_S$$

若 $\Delta P_{L0} = \Delta P_G$,即发电机组如数增发了负荷功率的原始增量,则 $\Delta f = 0$,即所谓的无差调节。

对于 N 台机,且由第 s 台机组担负二次调整的任务,则:

$$-\dfrac{\Delta P_{L0} - \Delta P_{G0}}{\Delta f} = \sum K_G + K_L = K_S$$

3) 互联系统的频率调整

图 4-10 中,K_A、K_B 分别为联合前 A、B 两系统的单位调节功率,A、B 两系统的负荷变量分别为 ΔP_{LA}、ΔP_{LB},假设 A、B 两系统都设有二次调频的电厂,增发的功率分别为 ΔP_{GA}、ΔP_{GB}。设联络线上的交换功率 ΔP_{AB} 由 A 流向 B 时为正值。

令 $\Delta P_A = \Delta P_{LA} - \Delta P_{GA}$,$\Delta P_B = \Delta P_{LB} - \Delta P_{GB}$,则:

$\Delta f = -\dfrac{\Delta P_A + \Delta P_B}{K_A + K_B}$;$\Delta P_{ab} = \dfrac{K_A \Delta P_B - K_B \Delta P_A}{K_A + K_B}$

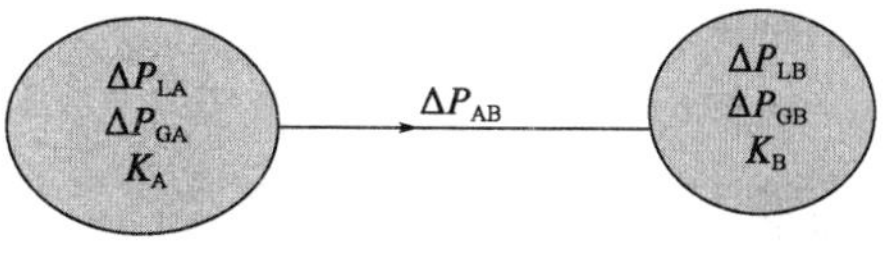

图 4-10 两个系统的联合

考点 调频厂的选择

调频厂:负有二次调频任务的电厂。

调频厂的选择原则：
(1)具有足够的调频容量,以满足系统负荷增、减最大的负荷变量。
(2)具有足够的调整速度,以适应系统负荷增、减最快的速度需要。
(3)出力的调整应符合安全和经济运行的原则。
(4)在系统中所处的位置及其与系统联络通道的输送能力。
在实际中,首选水电厂,其次是中温中压火电厂。

4.5 无功功率平衡和电压调整

考点 无功功率电源

电力系统的无功功率电源有发电机、同步调相机、静电电容器和静止补偿器。

1)发电机

通过改变发电机的励磁电流可以改变发电机的端电压,从而调整系统的运行电压。

2)同步调相机

同步调相机实质上是只能发无功功率的发电机。在过励磁运行时,它向系统输送感性无功功率;在欠励磁运行时,它从系统吸收感性无功功率。

3)静电电容器

只能向系统输送感性无功功率,它供给的感性无功功率 Q_C 与所在节点电压 U 的平方成正比,即:$Q_C=U^2/X_C$。

4)静止补偿器

静止补偿器由静电电容器与电抗器并联组成,相对来说比较灵活,既可以吸收感性无功功率,也可以向系统发送无功功率。

考点 中枢点的调压方式（高频考点）

电压中枢点指那些能够反映和控制整个系统电压水平的节点(母线)。中枢点电压调整的方式分为三类:逆调压、顺调压和常调压。

1)逆调压

最大负荷时,中枢点的电压为 $1.05U_N$;最小负荷时,中枢点的电压为 U_N。

2)顺调压

最大负荷时,中枢点的电压不低于 $1.025U_N$;最小负荷时,中枢点的电压不高于 $1.075U_N$。

3)常调压

在任何负荷下,中枢点的电压保持在一个基本不变的数值,例如 $(1.02\sim1.05)U_N$。

注:U_N 为所在线路的额定电压。

考点 降压变压器分接头的选择（高频考点）

降压变压器模型如图 4-11 所示,高压侧母线的电压为 U_1,低压侧母线的电压为 U_2,待选的变压器高压绕组的分接头电压为 U_{T1},变压器低压绕组的额定电压为 U_{T2N},归算到高压侧的

变压器阻抗为 R_T+jX_T，到高压侧的变压器电压损耗为 ΔU_T，$\Delta U_T=\dfrac{PR_T+QX_T}{U_1}$。

$$\begin{cases}\dfrac{U_{T1max}}{U_{T2N}}=\dfrac{U_{1max}-\Delta U_{Tmax}}{U_{2max}},求出 U_{T1max}\\ \dfrac{U_{T1min}}{U_{T2N}}=\dfrac{U_{1min}-\Delta U_{Tmin}}{U_{2min}},求出 U_{T1min}\quad(熟记)\\ U_{T1,av}=\dfrac{U_{T1max}+U_{T1min}}{2}\end{cases}$$

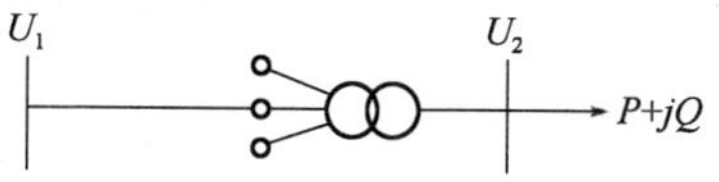

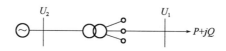

图 4-11　降压变压器模型

根据 $U_{T1,av}$，选择一个最接近 $U_{T1,av}$ 的变压器分接头电压。

考点 升压变压器分接头的选择

升压变压器模型如图 4-12 所示。

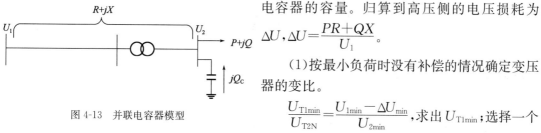

图 4-12　升压变压器模型

$$\begin{cases}\dfrac{U_{T1max}}{U_{T2N}}=\dfrac{U_{1max}+\Delta U_{Tmax}}{U_{2max}},求出 U_{T1max}\\ \dfrac{U_{T1min}}{U_{T2N}}=\dfrac{U_{1min}+\Delta U_{Tmin}}{U_{2min}},求出 U_{T1min}\quad(注意与降压变压器的对比)\\ U_{T1,av}=\dfrac{U_{T1max}+U_{T1min}}{2}\end{cases}$$

根据 $U_{T1,av}$，选择一个最接近 $U_{T1,av}$ 的变压器分接头电压。

考点 并联电容器（高频考点）

并联电容器模型如图 4-13 所示，$R+jX$ 为输电线路和变压器的总阻抗，Q_C 为安装的静电电容器的容量。归算到高压侧的电压损耗为 ΔU，$\Delta U=\dfrac{PR+QX}{U_1}$。

（1）按最小负荷时没有补偿的情况确定变压器的变比。

$\dfrac{U_{T1min}}{U_{T2N}}=\dfrac{U_{1min}-\Delta U_{min}}{U_{2min}}$，求出 U_{T1min}；选择一个最接近 U_{T1min} 的变压器分接头电压 U_{T1}，从而变压器的变比为：$k=\dfrac{U_{T1}}{U_{T2N}}$。

图 4-13　并联电容器模型

（2）按最大负荷时的调压要求确定电容器的容量。

最大负荷时低压母线归算到高压侧的电压为：$U'_{2max}=U_{1max}-\Delta U_{max}$。

电容器的容量为：$Q_C=\dfrac{kU_{2max}}{X}(kU_{2max}-U'_{2max})$。

考点 线路串联电容器补偿调压

在线路上串联电容器，利用电容器的容抗补偿线路的感抗，减少电压损耗中 QX/U 分量

中的 X，从而提高线路末端电压。

线路串联电容器补偿前后如图 4-14 所示。线路末端电压在串联电容器前为 U_2，在串联电容器后为 U_{2C}，末端负荷功率为 $P+jQ$。

所需串联电容器的容抗值：$X_C = \dfrac{U_{2C}(U_{2C}-U_2)}{Q}$；若功率 $P+jQ$ 在线路首端，则 $X_C = \dfrac{U_1(U_{2C}-U_2)}{Q}$。

实际中，串联电容器是由若干个电容器串、并联组成的串联电容器组，如图 4-15 所示。

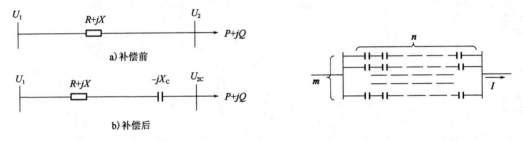

图 4-14　串联电容器　　　　　　　图 4-15　串联电容器组

每个电容器的额定电压为 U_{NC}，额定电流为 I_{NC}，额定容量为 $Q_{NC}=U_{NC}I_{NC}$。根据线路通过的最大负荷电流 I_{max} 和所需容抗值 X_C，可以求出电容器组串联的个数 n 和并联的串数 m 以及三相电容器的总容量 Q_C。

$$\begin{cases} mI_{NC} \geqslant I_{max} & 求出 m(取整数) \\ nU_{NC} \geqslant I_{max}X_C & 求出 n(取整数) \end{cases}$$

注：$I_{max} = \dfrac{S_{max}}{\sqrt{3}U_{max}}$（$U_{max}$ 为对应于 S_{max} 且为同一点的电压）。

所需串联电容器的总容量为：$Q_C = 3mnQ_{NC} = 3mnU_{NC}I_{NC}$

4.6　短路电流计算

考点　电力系统故障分析的基本知识

1）无限大功率电源

(1)指端电压的幅值和频率都保持恒定的电源，其内阻抗为 $Z_s=0$。

(2)无限大功率电源供电电路的短路电流包含两部分：交流分量（周期分量）和直流分量（非周期分量）。

2）短路冲击电流

(1)概念：短路电流的最大瞬时值。

(2)作用：校验电气设备的电动力稳定性。

(3)出现时刻：短路发生后约半个周期，即 $T/2(0.01s)$。

(4)计算公式：$i_M = k_M I_m = \sqrt{2} k_M I$。式中，$k_M$ 是冲击系数，一般取 $1.8 \sim 1.9$；I_m 是短路电流交流分量的幅值；I 是短路电流交流分量的有效值。

(5)短路电流的直流分量有最大初值的条件是：短路前空载；电压初相角为 0；短路回路为纯电感回路，即 $\varphi=90°$。

3)短路电流的有效值

该有效值可用于检验断路器的开断能力。

最大短路电流有效值也发生在短路后半个周期，$I_M=I\cdot\sqrt{1+2(k_M-1)^2}$。
当 $k_M=1.8$，$I_M=1.52I$；$k_M=1.9$，$I_M=1.62I$。

4)短路容量

短路功率（短路容量）是某支路的短路电流与额定电压构成的三相功率，即 $S_f=\sqrt{3}U_N I_f$，在标幺值计算中，取基准功率为 S_B，电压 $U_B=U_N$，则有：$S_{f*}=\dfrac{S_f}{S_B}=\dfrac{\sqrt{3}U_N I_f}{\sqrt{3}U_N I_B}=I_{f*}$，故短路容量 $S_f=S_{f*}\,S_B=I_{f*}\,S_B$。

考点 同步发电机突然三相短路分析

1)同步发电机三相短路电流分析

(1)定子绕组含有的电流分量

包括基频分量（稳态电路电流、基频自由分量）和非基频分量（直流电流、倍频电流）。

(2)转子侧电流分量

包括直流分量（稳态励磁电流、励磁绕组自由直流）和交流分量（励磁绕组基频交流分量等）。

注意：周期分量包含基频分量以及倍频分量。

(3)磁链守恒

根据超导体闭合回路磁链守恒原则，同步发电机突然短路后，短路瞬间的磁链不变，继而与磁链成正比的稳态电动势 E_q，暂态电动势 E'_q，次暂态电动势 E''_q、E''_d 在突变瞬间也不变。

2)同步发电机稳态运行向量图及其等值电路总结（表 4-3）

表 4-3

项目	稳态等值电路	暂态等值电路	次暂态等值电路
两个轴向的等值电路及其对应方程	a)纵轴向 b)横轴向 $\dot{U}_q=\dot{E}_q-jx_d\dot{I}_d$ $\dot{U}_d=-jx_q\dot{I}_q$ 其中 $E_q=x_{ad}i_f$	a)纵轴向 b)横轴向 $\dot{U}_q=\dot{E}'_q-jx'_d\dot{I}_d$ $\dot{U}_d=-jx_q\dot{I}_q$ 其中 $E'_q=\dfrac{x_{ad}}{x_f}\psi_f$	a)纵轴向 b)横轴向 $\dot{U}_q=\dot{E}''_q-jx''_d\dot{I}_d$ $\dot{U}_d=\dot{E}''_d-jx''_q\dot{I}_q$ 其中 $E''_q=K_f\psi_f+K_D\psi_D$ $E''_d=-\dfrac{x_{aq}}{x_Q}\psi_Q$

续上表

项目	稳态等值电路	暂态等值电路	次暂态等值电路
简化的等值电路及其对应方程	同步发电机等值隐极机电路 $\dot{U}=\dot{E}_Q-jx_q\dot{I}$	用暂态电抗后电势表示的发电机暂态等值电路 $\dot{U}=\dot{E}'-jx'_d\dot{I}$	用次暂态电抗后电势表示的发电机暂态等值电路 $\dot{U}=\dot{E}''-jx''_d\dot{I}$
计算定子电流周期分量时的应用（以机端短路为例）	计算定子稳态短路电流 I_∞ $\left(I_\infty=\dfrac{E_{q0}}{x_d}\right)$	计算定子瞬态电流 I' $\left(I'=\dfrac{E'_{q0}}{x'_d}\right)$	计算定子层次暂态电流 I'' $\left(I''_d=\dfrac{E''_{q0}}{x''_d},I''_q=\dfrac{E''_{d0}}{x''_q}\right)$ $I''=\sqrt{I''^2_d+I''^2_q}$ 通常，$I''_d\ll I''_q$，故 $I''=I''_d$

注意：表 4-3 中的等值电路虽然为发电机暂态、稳态等值电路，但发电机处于稳态时仍然适用。为了便于记忆和求解稳态电势、暂态电势、次暂态电势，特给出同步发电机稳态运行相量图 4-16。

其中，d,q 分别为直轴和交轴，同步发电机三个角度：功角 δ（电动势和端电压夹角）、内功率因数角 ψ（电动势和电流夹角）、功率因数角 φ（端电压和电流夹角）。三者关系为 $\psi=\delta+\varphi$，求解三个电势的关键就在于内功率因数角的确定，结合相量图可以利用直角关系：

$$\tan\psi=\frac{IX_q+U\sin\varphi}{U\cos\varphi+Ir_a}\Rightarrow\psi\begin{cases}\Rightarrow\delta=\psi-\varphi\\ \Rightarrow I_d=I\sin\psi\Rightarrow E_q,E'_q,E''_q\\ \Rightarrow I_q=I\cos\psi\end{cases}$$

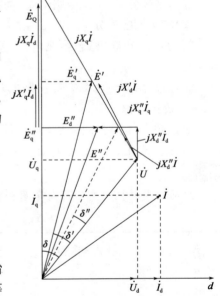

图 4-16 同步发电机稳态运行相量图

考点 三相短路计算（高频考点）

考题中出现的短路电流、短路电流周期分量起始值、短路电流交流分量起始值、次暂态电流有效值是等效的，记为 I_f。

1）三相短路电流的计算步骤（熟记）

（1）选取基准值 S_B、U_{av}，计算各元件参数的标幺值。

（2）绘出等值电路图并化简等值电路，求出电源到短路点 f 的总电抗标幺值 X_Σ。

（3）计算短路电流的标幺值和有名值及其他待求量。

短路电流标幺值：$\dot{I}_f^*=\dfrac{1}{X_\Sigma}$；有名值：$I_f=\dot{I}_f^*\dfrac{S_B}{\sqrt{3}U_{av}}$。

短路容量标幺值：$S_f^*=\dot{I}_f^*=\dfrac{1}{X_\Sigma}$；有名值：$S_f=S_f^*S_B$。

冲击电流有名值:$i_M=\sqrt{2}k_M I_f$;最大短路电流有效值:$I_M=I_f \cdot \sqrt{1+2(k_M-1)^2}$。

注:

(1)短路电流计算中各元件电抗标幺值的计算公式如下:

发电机:$X_{G^*}=X_{G^*(N)} \cdot \dfrac{S_B}{S_{GN}}$;变压器:$X_{T^*}=\dfrac{U_k\%}{100} \cdot \dfrac{S_B}{S_{TN}}$;

线路:$X_{l^*}=x_1 l \cdot \dfrac{S_B}{U_{av}^2}$;电抗器:$X_{R^*}=\dfrac{X_R\%}{100} \cdot \dfrac{U_{RN}}{\sqrt{3} I_{RN}} \cdot \dfrac{S_B}{U_{av}^2}$。

(2)电网的平均额定电压U_{av}(单位:kV)具体数值见表4-4。

表4-4

U_N	3	6	10	35	110	220	330	500
U_{av}	3.15	6.3	10.5	37	115	230	345	525

2)转移阻抗、计算阻抗

(1)转移阻抗的定义

任一个复杂网络,经网络化简后消去了除电源和短路点以外的所有中间节点,最后得到的各电源与短路点之间的直接联系的阻抗为转移阻抗。

(2)利用转移阻抗求短路电流

①求出各电源对短路点的转移阻抗Z_{if}。

②短路点的短路电流标幺值$\dot{I}_f^*=\dfrac{1}{Z_{1f}}+\dfrac{1}{Z_{2f}}+\dfrac{1}{Z_{3f}}+\cdots$

(3)计算阻抗的含义

将转移阻抗按该电源发电机的额定功率归算所得的阻抗,用公式表示为:

$$Z_{ijs}=Z_{if}\dfrac{S_{Ni}}{S_B}$$

考点 对称分量法及正负零序网络的绘制

1)对称分量法(理解)

对称分量法是将一组三相不对称的电压或电流相量分解为三组分别对称的相量,分别称为正序分量、负序分量和零序分量,再利用线性电路的叠加原理,对这三组对称分量分别按对称的三相电路进行求解,然后再将其结果进行叠加。已知某一相电压或电流的各序分量,可以求得其他两相的电压或电流。

a、b、c 三相电压或电流的序分量如图4-17所示。(熟记相位关系)

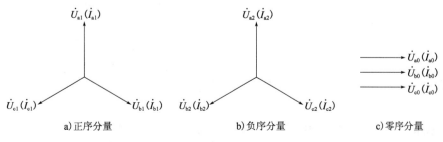

图4-17 三相分量的正负零序分量

正序分量：大小相等，相位：a 相超前 b 相 $120°$，b 相超前 c 相 $120°$。
负序分量：大小相等，相位：a 相超前 c 相 $120°$，c 相超前 b 相 $120°$。
零序分量：大小相等，相位相同。

若已知 a 相的各序分量，则 a、b、c 三相电压或电流与 a 相正负零序分量的关系为：

$$\begin{bmatrix}\dot{U}_a\\\dot{U}_b\\\dot{U}_c\end{bmatrix}=\begin{bmatrix}1&1&1\\a^2&a&1\\a&a^2&1\end{bmatrix}\begin{bmatrix}\dot{U}_{a1}\\\dot{U}_{a2}\\\dot{U}_{a0}\end{bmatrix}, \begin{bmatrix}\dot{I}_a\\\dot{I}_b\\\dot{I}_c\end{bmatrix}=\begin{bmatrix}1&1&1\\a^2&a&1\\a&a^2&1\end{bmatrix}\begin{bmatrix}\dot{I}_{a1}\\\dot{I}_{a2}\\\dot{I}_{a0}\end{bmatrix}$$

式中，$a=e^{j120°}=-\frac{1}{2}+j\frac{\sqrt{3}}{2}$，$a^2=e^{j240°}=-\frac{1}{2}-j\frac{\sqrt{3}}{2}$，$1+a+a^2=0$，$a^3=1$。

注意：若题目中已知 b 相或 c 相的各序分量，通过图 4-17 可求得其他两相的电压或电流。

2）正负零序网络的绘制（用于求正、负、零序的等效电抗，必须掌握）

(1) 电力系统元件的序参数和等值电路

静止元件：正序阻抗等于负序阻抗，不等于零序阻抗，如变压器、输电线路等。

旋转元件：各序阻抗均不相同，如发电机、异步电动机等元件。

正序、负序、零序全是一相等值参数，故涉及序电压、序电流皆是单相等效参数。

(2) 正序网络

正序网络与正常三相对称短路时的等值网络相同，但不包括中性点接地阻抗、空载线路、空载变压器。正序网络中含有发电机次暂态电势 $\dot{E}''$。

(3) 负序网络

负序网络和正序网络基本相同，将正序网络中各元件的参数用负序参数代替，电源电势等于 0，即为负序网络。

(4) 零序网络（关键在于确定零序电流的流通路径）

绘制零序网络时，从短路点出发，只有零序电流能够流通的元件才包含在零序网络中，零序电流的流通和变压器中性点的接地情况及变压器的接法密切相关。

注意：考试难点在于零序网络图的绘制，尤其注意变压器接线方式对零序网络构成的影响。

① 双绕组变压器接线及其零序等值电路。

双绕组变压器接线及其零序等值电路如图 4-18 所示，具体分析如下：

$Y_0/\triangle$ 联接的变压器：变压器的两侧零序漏抗参数 X_I、X_{II} 均反映在零序等值电路中，$\triangle$ 侧外电路的参数不反映在零序网络中（被短接）。即 $X_{(0)}=X_I+X_{m0}//X_{II}\approx X_I+X_{II}$。

Y_0/Y 联接的变压器：变压器的一次侧零序漏抗 X_I 参数反映在零序等值电路中，Y 侧的漏抗 X_{II} 不反映在零序等值电路中，即 $X_{(0)}=X_I+X_{m0}=\infty$。

Y_0/Y_0 联接的变压器：当变压器二次绕组所联电路有其他星形接地中性点时，变压器的二次侧零序参数反映在网络中；当变压器二次绕组所联电路没有其他接地中性点时，二次侧漏抗参数不反映在电路中。Y_0/Y_0 联接的变压器关键在于外电路能否再提供一个接地点，具体分析如下：

若外电路为 $\triangle$ 或 Y 接法，则同 Y_0/Y，即 $X_{(0)}=X_I+X_{m0}\approx\infty$。

若外电路为 Y_0 接法，则 $X_{(0)}=X_I+(X_{II}+X_{外})//X_{m0}\approx X_I+X_{II}+X_{外}$。

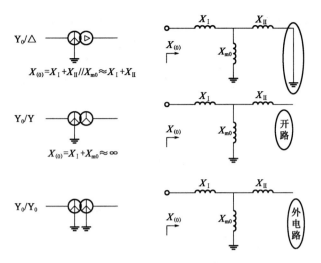

图 4-18 双绕组变压器接线及其零序等值电路

注意一种特殊情况：星形中性点经阻抗 Z_n 接地，如图 4-19 所示。

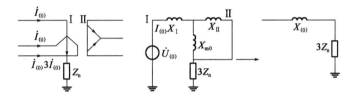

图 4-19 中性点经阻抗接地的变压器及其零序等值电路

在变压器流过正序或者负序电流时，中性点的三相电流之和为 0，中性线中没有电流通过，因此中性点的阻抗不需要反映在正负序等值电路中。变压器流过零序电流时，中性点阻抗上流过的电流为 $3\dot{I}_{(0)}$，中性点的电位为 $3\dot{I}_{(0)}Z_n$，中性点阻抗必须反映在零序等值电路中。由于等值电路是单相的，流过电流为 $\dot{I}_{(0)}$，所以在零序等值电路中应以 $3Z_n$ 反映中性点阻抗。

从图 4-19 中可以看出：零序等值电抗 $X_{(0)} = X_I + (X_{II} // X_{m0}) + 3Z_n \approx X_I + X_{II} + 3Z_n$。

为便于记忆，从变压器的角度分析变压器零序等值电路与外电路的联接如图 4-20 所示。

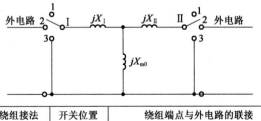

变压器绕组接法	开关位置	绕组端点与外电路的联接
Y	1	与外电路断开
Y_0	2	与外电路接通
△	3	与外电路断开，但与励磁支路并联

图 4-20 变压器零序等值电路与外电路的联接

②三绕组变压器接线及其零序等值电路。

三绕组变压器接线及其零序等值电路如图 4-21 所示，具体分析如下：

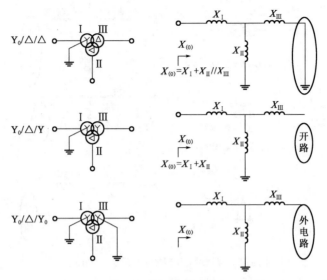

图 4-21 三绕组变压器接线及其零序等值电路

$Y_0/\triangle/Y$:一次绕组和二次绕组的零序参数反映在零序网络中,三次绕组的不反映在零序网络中。

$Y_0/\triangle/Y_0$:一次绕组和二次绕组的零序参数反映在零序网络中,三次绕组的零序参数取决于三次绕组所联外电路能否再提供一个接地点。

$Y_0/\triangle/\triangle$:一次绕组、二次绕组、三次绕组的零序参数均反映在零序网络中。

三绕组变压器中性点接地阻抗的处理:中性点接地阻抗 X_n 接在哪一侧,就将 X_n 与该侧漏抗串联即可,如图 4-22 所示。

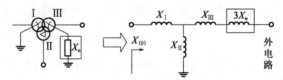

图 4-22 三绕组变压器中性点接地阻抗的处理

例如图 4-23a)所示系统,其正负零序网络分别如图 4-23b)、c)、d)所示。

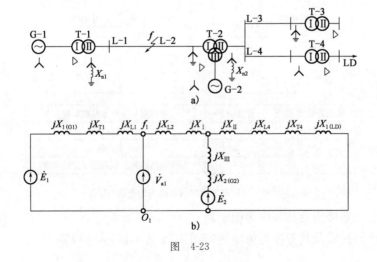

图 4-23

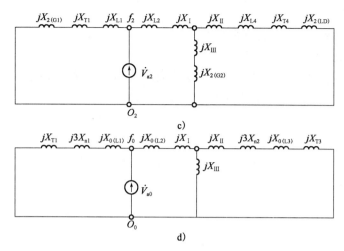

图 4-23 正负零序网络的绘制

考点 单相接地短路(A 相为例) (高频考点)

单相接地短路、两相短路、两相接地短路分析计算的关键在于求出正、负、零序的等效电抗(分别通过正、负、零序网络求得),继而求出故障处各序电流、电压,并注意序分量经过变压器的相位变化。

1)短路点处的边界条件

相边界条件:$\dot{I}_b=0, \dot{I}_c=0, \dot{U}_a=0$。

序网边界条件:$\dot{I}_{a1}=\dot{I}_{a2}=\dot{I}_{a0}, \dot{U}_{a1}+\dot{U}_{a2}+\dot{U}_{a0}=0$。

2)复合序网图(串联)

复合序网图(串联)如图 4-24 所示。

3)短路点电流、电压的各序分量

$$\dot{I}_{a1}=\dot{I}_{a2}=\dot{I}_{a0}=\frac{\dot{E}_\Sigma}{j(X_{1\Sigma}+X_{2\Sigma}+X_{0\Sigma})}$$

$$\begin{cases} \dot{U}_{a1}=\dot{E}_\Sigma-jX_{1\Sigma}\dot{I}_{a1} \\ \dot{U}_{a2}=-jX_{2\Sigma}\dot{I}_{a2} \\ \dot{U}_{a0}=-jX_{0\Sigma}\dot{I}_{a0} \end{cases}$$ (电压平衡方程)

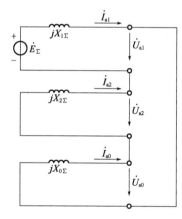

图 4-24 复合序网图(串联)

注:单相接地短路、两相短路(无零序)、两相接地短路的电压平衡方程相同。

4)短路点故障相电流及非故障相电压

故障相电流:$\dot{I}_f=\dot{I}_a=\dot{I}_{a1}+\dot{I}_{a2}+\dot{I}_{a0}=3\dot{I}_{a1}$

非故障处 B、C 相电压:$\dot{U}_B=a^2\dot{U}_{a1}+a\dot{U}_{a2}+\dot{U}_{a0}$;$\dot{U}_C=a\dot{U}_{a1}+a^2\dot{U}_{a2}+\dot{U}_{a0}$。

(1)短路点故障相电流、电压和短路点非故障相电流、电压可以通过边界条件以及对称分量法的基本公式求得。

(2)非故障处的各相电流、电压的求法：

①先求出短路点的正、负、零序电流和电压。

②在正负零序网络中，按照电路原理求取非故障点的正负零序电压和电流；再根据对称分量法将同一节点处的各序电压、电流分别进行合成，得该节点的相电压和电流。注意序分量经过变压器的相位变化。

(3)对称分量经变压器后的相位变化。

经过 Y/△-11 接法的变压器，正序分量三角形侧较星形侧超前 30°；负序分量三角形侧较星形侧滞后 30°，公式表示如下：

$$\begin{cases} \dot{I}_{\triangle(a1)} = \dot{I}_{Y(A1)} e^{j30°} \\ \dot{I}_{\triangle(a2)} = \dot{I}_{Y(A2)} e^{-j30°} \end{cases} \quad \begin{cases} \dot{U}_{\triangle(a1)} = \dot{U}_{Y(A1)} e^{j30°} \\ \dot{U}_{\triangle(a2)} = \dot{U}_{Y(A2)} e^{-j30°} \end{cases}$$

注意：零序分量不可能经 Y/△ 接法的变压器流出，所以不存在转相位问题。

此处常考变压器三角形侧或者星形侧发生不对称短路，分析星形侧或者三角形侧电流的大小及相位关系。

考点 两相短路(BC 两相短路为例)

1)短路点处的边界条件

相边界条件：$\dot{I}_a = 0, \dot{I}_b = -\dot{I}_c, \dot{U}_b = \dot{U}_c$。

序边界条件：$\dot{I}_{a0} = 0, \dot{I}_{a1} = -\dot{I}_{a2}, \dot{U}_{a1} = \dot{U}_{a2}$。

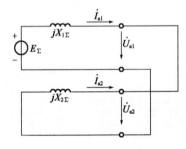

图 4-25 复合序网图(正负序并联)

2)复合序网图(正负序并联)

复合序网图(正负序并联)如图 4-25 所示。

3)短路点处 A 相电流和电压的各序分量

$$\dot{I}_{a1} = -\dot{I}_{a2} = \frac{\dot{E}_\Sigma}{j(X_{1\Sigma} + X_{2\Sigma})}$$

各序电压的求法同单相接地短路，并结合边界条件。

4)短路点处 B 相或 C 相电流

$$\dot{I}_B = a^2 \dot{I}_{a1} + a \dot{I}_{a2} + \dot{I}_{a0} = -\dot{I}_C$$

考点 两相接地短路(以 BC 两相接地短路为例)

1)短路点处的边界条件

相边界条件：$\dot{I}_a = 0, \dot{U}_b = \dot{U}_c = 0$。

序边界条件：$\dot{I}_{a1} + \dot{I}_{a2} + \dot{I}_{a0} = 0, \dot{U}_{a1} = \dot{U}_{a2} = \dot{U}_{a0}$。

2)复合序网图(并联)

复合序网图(并联)如图 4-26 所示。

3）短路点处 A 相电流和电压的各序分量

$$\dot{I}_{a1} = \frac{\dot{E}_\Sigma}{j(X_{1\Sigma} + X_{2\Sigma} // X_{0\Sigma})}$$

$$\dot{I}_{a2} = -\frac{X_{0\Sigma}}{X_{2\Sigma} + X_{0\Sigma}} \dot{I}_{a1}$$

$$\dot{I}_{a0} = -\frac{X_{2\Sigma}}{X_{2\Sigma} + X_{0\Sigma}} \dot{I}_{a1}$$

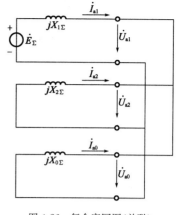

图 4-26　复合序网图（并联）

各序电压的求法同单相接地短路，并结合边界条件。

4）短路点处各相电流及非故障相电压

在短路计算中最重要的是确定序电流，尤其是正序电流，其他待求量则可以通过正序电流间接求得。

考点 正序等效定则

正序电流及短路电流的计算公式：$\dot{I}_{a1} = \frac{\dot{U}_{f|0|}}{X_{1\Sigma} + X_\triangle^{(n)}}$，$I_f = m^{(n)} \dot{I}_{a1}$，其附加电抗 $X_\triangle^{(n)}$ 和比例系数 $m^{(n)}$ 见表 4-5。其中，对于两相短路接地，表中的 m 值适合于纯电抗的情况。

表 4-5

短路类型 $f^{(n)}$	$X_\triangle^{(n)}$	$m^{(n)}$
三相短路 $f^{(3)}$	0	1
两相短路接地 $f^{(1,1)}$	$\dfrac{X_{2\Sigma} X_{0\Sigma}}{X_{2\Sigma} + X_{0\Sigma}}$	$\sqrt{3}\sqrt{1 - \dfrac{X_{2\Sigma} X_{0\Sigma}}{(X_{2\Sigma} + X_{0\Sigma})^2}}$
两相短路 $f^{(2)}$	$X_{2\Sigma}$	$\sqrt{3}$
单相接地短路 $f^{(1)}$	$X_{2\Sigma} + X_{0\Sigma}$	3

电力系统分析历年真题及详解

1）电力系统基本知识

【2005，40】目前我国电能的主要输送方式是：

  A. 直流 B. 单相交流 C. 三相交流 D. 多相交流

解 目前我国电能的输送方式有三相交流输电和高压直流输电，但主要的输送方式是三相交流输电。

答案： C

【2008，44】对电力系统的基本要求是：

  A. 在优质前提下，保证安全，力求经济
  B. 在经济前提下，保证安全，力求经济

C. 在安全前提下,保证质量,力求经济
D. 在降低网损前提下,保证一类用户供电

解 电力系统运行的基本要求:①保证可靠地持续供电;②保证良好的电能质量;③提高系统运行的经济性。
答案:C

【2008,39】 电力系统的主要元件包括:

A. 发电、输电、供电(配电)　　　　B. 发电、变电、输电、变电
C. 发电、变电、输电　　　　　　　　D. 发电、输电、变电、供电(配电)、用电

解 电力系统是由发电、输电、变电、配电、用电五部分组成的。
答案:D

【2017,31】 可再生能源发电不包括:

A. 水电　　　　B. 核电　　　　C. 生物质发电　　　　D. 地热发电

答案:B

【2011,40;2012,39】 电力系统的主要元件有:

A. 发电厂、变电所、电容器、变压器
B. 发电厂、变电所、输电线路、负荷
C. 发电厂、变压器、输电线路、负荷
D. 发电厂、变压器、电容器、输电线路

答案:B

【2006,41;2007,45;2009,45】 衡量电能质量的指标是:

A. 电压、频率　　　　　　　B. 电压、频率、网损率
C. 电压、频率、波形　　　　D. 电压、频率、不平衡度

解 衡量电能质量的三个基本指标:电压、频率和波形。
答案:C

【2017,33】 电力系统中最主要的谐波源是:

A. 变压器　　　　　　　　B. 电动机
C. 电力电子装置　　　　　D. 同步发电机

解 当电流流过与所加电压不成线性关系的负荷(非线性特性用电设备)时,就形成非正弦电流。含有铁芯设备的各种磁饱和装置如变压器、电抗器等谐波源在电力电子装置大量应

用前是主要谐波源；各种电力电子换流装置，这类具有相当容量的非线性负荷是目前电力系统中最主要的谐波源。

答案：C

【2005,43】 电力系统接线及各级电网的额定电压如图所示，发电机 G 和变压器 T_1、T_2、T_3 的额定电压分别为：

A. G：10.5kV　T_1：10.5/121kV　T_2：110/38.5kV　T_3：35/6.3kV
B. G：10kV　T_1：10/121kV　T_2：121/35kV　T_3：35/6kV
C. G：11kV　T_1：11/110kV　T_2：110/38.5kV　T_3：35/6.6kV
D. G：10.5kV　T_1：10.5/110kV　T_2：121/35kV　T_3：35/6kV

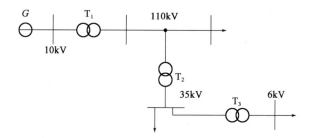

解 发电机的额定电压为线路额定电压的1.05倍，即10.5kV；变压器 T_1 的一次侧直接和发电机相连，则一次侧额定电压等于发电机的额定电压，即10.5kV，变压器 T_1 二次侧的额定电压等于线路额定电压的1.1倍，即121kV。变压器 T_2 一次侧相当于用电设备，因此一次侧的额定电压等于用电设备的电压，即等于线路的额定电压110kV，变压器 T_2 二次侧的额定电压等于线路额定电压的1.1倍，即38.5kV。变压器 T_3 一次侧相当于用电设备，因此一次侧的额定电压等于用电设备的电压，即等于线路的额定电压35kV；变压器 T_3 二次侧电压等级低，直接和用电设备（电动机）相连，二次侧的额定电压等于线路额定电压的1.05倍，即6.3kV。

答案：A

【2008,42】 电力系统的部分接线如图所示，各电压级的额定电压已标明，则各电气设备 G，T_1，T_2，T_3 的额定电压表述正确的是：

A. G：10.5　T_1：10.5/242　T_2：220/121/11　T_3：110/38.5
B. G：10　T_1：10/242　T_2：220/110/11　T_3：110/35
C. G：10.5　T_1：10.5/220　T_2：220/110/11　T_3：110/38.5
D. G：10.5　T_1：10.5/242　T_2：220/110/11　T_3：110/38.5

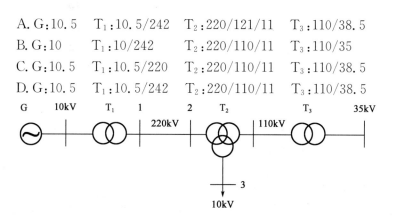

答案:A

【2013,39】电力系统接线如下图,各级电网的额定电压示于图中,发电机 G,变压器 T_1、T_2、T_3、T_4 的额定电压分别为:

A. G:10.5kV　T_1:10.5/363kV　T_2:363/121kV　T_3:330/242kV　T_4:110/35kV
B. G:10kV　T_1:10/363kV　T_2:330/121kV　T_3:330/242kV　T_4:110/35kV
C. G:10.5kV　T_1:10.5/363kV　T_2:330/121kV　T_3:330/242kV　T_4:110/38.5kV
D. G:10kV　T_1:10.5/330kV　T_2:330/220kV　T_3:330/110kV　T_4:110/35kV

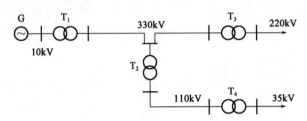

答案:C

【2007,46】电力系统的部分接线如图所示,各级电网的额定电压示于图中,设变压器 T_1 工作于+2.5%的抽头,T_2 工作于主抽头,T_3 工作于-5%抽头,这些变压器的实际变比分别为:

A. T_1:10.5/124.025kV　T_2:110/38.5kV　T_3:33.25/11kV
B. T_1:10.5/121kV　T_2:110/38.5kV　T_3:36.575/10kV
C. T_1:10.5/112.75kV　T_2:110/35kV　T_3:37.5/11kV
D. T_1:10.5/115.5kV　T_2:110/35kV　T_3:37.5/11kV

解 变压器的实际变比:实际所接分接头的额定电压之比,即 $k_T=\dfrac{U_{1N}(1\pm n\%)}{U_{2N}}$,其中 $n\%$ 表示具体的分抽头,U_{1N} 表示高压侧,U_{2N} 表示低压侧(注:双绕组变压器的分接头在高压侧)。

答案:A

【2010,46;2014,40】发电机与10kV母线相接,变压器一次侧接发电机,二次侧接110kV线路,发电机与变压器额定电压分别为:

A. 10.5kV,10.5/121kV　　　　　　B. 10.5kV,10.5/110kV
C. 10kV,10/110kV　　　　　　　　D. 10.5kV,10/121kV

解 发电机的额定电压为线路额定电压的 1.05 倍,即 10.5kV;变压器的一次侧直接和发电机相连,则一次侧额定电压等于发电机的额定电压,即 10.5kV,变压器二次侧的额定电压等于线路额定电压的 1.1 倍,即 121kV。

答案: A

【2009,46】变压器一次侧接 110kV 线路,二次侧接 10kV 线路,该变压器分接头工作在+2.5%,则实际变比为:

A. 110/10kV B. 112.75/11kV
C. 112.75/10.5kV D. 121/11kV

答案: B

【2011,42】一台降压变压器的变化是 220/38.5kV,则低压侧、高压侧的接入电压为:

A. 35/220kV B. 38.5/225.5kV
C. 10.5/242kV D. 10.5/248.05kV

解 变压器一次侧的额定电压等于用电设备的电压,即等于线路的额定电压,所以高压侧的接入电压为 220kV;变压器二次侧的额定电压等于线路额定电压的 1.1 倍,所以低压侧的接入电压为 35kV。

答案: A

【2017,33】连接 110kV 和 35kV 的降压变压器,额定电压是:

A. 110/35 B. 110/38.5 C. 121/35 D. 121/38.5

答案: B

【2009,42】发电机与 10kV 母线相接,变压器一次侧接发电机,二次侧接 220kV 线路,该变压器分接头工作在+2.5%,其实际变比为:

A. 10.5/220kV B. 10.5/225.5kV
C. 10.5/242kV D. 10.5/248.05kV

解 变压器一次侧的额定电压为 10.5kV,二次侧的额定电压为 242kV,由实际变比公式可知选项 D 正确(变压器的分接头在高压侧)。

答案: D

【2013,43】SF_6-31500/110±2×2.5% 变压器当分接头位置在+2.5%位置,分接头电压为:

A. 112.75kV B. 121kV
C. 107.25kV D. 110kV

解 分接头电压为 110×(1+2.5%)=112.75kV

答案:A

【2006,40;2012,47】110kV 中性点常采用的运行方式为:

    A. 中性点直接接地   B. 中性点不接地
    C. 中性点经阻抗接地   D. 中性点绝缘

解 110kV 及以上的系统中性点直接接地,60kV 及以下的系统中性点不接地或者经消弧线圈接地。

答案:A

【2011,41】中性点直接接地的系统是:

    A. 10kV 以上   B. 35kV 以上
    C. 110kV 以上   D. 220kV 以上

解 110kV 及以上的系统中性点直接接地,60kV 及以下的系统中性点不接地或者经消弧线圈接地。

答案:C

【2007,44】我国 35kV 及容性电流大的电力系统中性点常采用:

    A. 直接接地   B. 不接地
    C. 经消弧线圈接地   D. 经小电阻接地

解 60kV 及以下的电力系统采用中性点不接地或经消弧线圈接地的运行方式,当容性电流较大时,为了使电弧易于熄灭,采用中性点经消弧线圈接地。

答案:C

【2005,51;2008,48;2009,41】中性点绝缘的 35kV 系统发生单相接地短路时,其故障处的非故障相电压是:

    A. 35kV   B. 38.5kV
    C. 110kV   D. 115kV

解 在中性点不接地系统发生单相接地故障时,中性点对地电压升高至相电压,而非故障相电压升高至线电压,即 35kV(注意 35kV 就是线电压)。

答案:A

【2016,42】中性点不接地系统,单相故障时非故障相电压升高到原来对地电压的:

    A. $1/\sqrt{3}$ 倍   B. 1 倍
    C. $\sqrt{2}$ 倍   D. $\sqrt{3}$ 倍

答案:D

【2009,58】 35kV及以下不接地配电系统可以带单相接地故障运行的原因是：

   A. 设备绝缘水平低   B. 过电压幅值低
   C. 短路电流小   D. 设备造价低

  解 中性点不接地系统发生单相接地故障时，接地电流是网络的容性电流，相对于中性点直接接地系统发生单相接地短路时短路电流小很多，系统仍可继续运行2h。

  答案：C

【2011,58】 中性点非有效接地配电系统中性点加装消弧线圈是为了：

   A. 增大系统零序阻抗   B. 提高继电保护的灵敏性
   C. 补偿接地短路电流   D. 增大电源的功率因数

  解 装设消弧线圈的目的，是利用感性电流补偿容性电流，从而减小接地点的短路电流，使得电弧易于自行熄灭，提高供电可靠性。

  答案：C

【2016,56】 当35kV及以下系统中性点经消弧线圈接地运行时，消弧线圈的补偿度应如何选择？

   A. 全补偿   B. 过补偿
   C. 欠补偿   D. 以上都可以

  答案：B

【2012,58】 交流超高压中性点有效接地系统中，部分变压器中性点采用不接地方式运行是为了：

   A. 降低中性点绝缘水平   B. 减小系统短路电流
   C. 减少系统零序阻抗   D. 降低系统过电压水平

  解 中性点直接接地系统发生单相接地故障时，接地相的电源被短接，形成很大的短路电流，中性点的电位仍为0，非故障相的对地电压仍为相电压，因此电气设备的绝缘水平只需按照电网的相电压考虑即可；中性点不接地系统发生单相接地故障时，接地电流是网络的容性电流，相对于中性点直接接地系统发生单相短路接地时短路电流小很多，中性点对地电压升高至相电压，而非故障相电压升高至线电压（即非故障相电压升高$\sqrt{3}$倍），因而增加了线路和设备的绝缘成本。

  答案：B

【2014,50】 以下关于中性点经消弧线圈接地系统的描述，正确的是：

   A. 无论采用欠补偿还是过补偿，原则上都不会发生谐振，但实际运行中消弧
     线圈多采用欠补偿方式，不允许采用过补偿方式

B. 实际电力系统中多采用过补偿为主的运行方式,只有某些特殊情况下,才允许短时间以欠补偿方式运行

C. 实际电力系统中多采用全补偿运行方式,只有某些特殊情况下,才允许短时间以过补偿或欠补偿方式运行

D. 过补偿、欠补偿及全补偿方式均无发生谐振的风险,能满足电力系统运行的需要,设计时根据实际情况选择适当的运行方式

解 中性点经消弧线圈接地时的补偿方式有欠补偿、过补偿和全补偿。实践中,一般都采用过补偿;当采用全补偿时,容易发生谐振。

答案: B

2)电力系统各元件的参数与等值电路

【2017,32】架空输电线路进行导线换位的目的是:
  A. 减小电晕损耗   B. 减少三相参数不平衡
  C. 减小线路电抗   D. 减小泄露电流

答案: B

【2008,45】在架空线路中,一般用电阻反映输电线路的热效应,用电容反映输电线路的:
  A. 电场效应   B. 磁场效应   C. 电晕现象   D. 电离现象

解 在架空线路的4个参数中,电阻反映电力线路的发热效应,电抗反映磁场效应,电纳(电容)反映电场效应,电导反映电晕现象和泄露现象。

答案: A

【2009,39】反应输电线路的磁场效应的参数为:
  A. 电阻   B. 电抗   C. 电容   D. 电导

解 在电力线路的参数中,电阻反映发热效应,电抗反映磁场效应,电纳(电容)反映电场效应,电导反映电晕现象和泄露现象。

答案: B

【2017,31】架空输电线路等值参数中表征消耗有功功率的是:
  A. 电阻 电导   B. 电导 电纳
  C. 电纳 电阻   D. 电导 电感

解 架空输电线路等值参数中,电阻和电导表征消耗有功功率,电感和电纳表征消耗无功功率。

答案: A

【2014,38】输电线路电气参数电阻和电导反映输电线路的物理现象分别为:

A. 电晕现象和热效应 B. 热效应和电场效应
C. 电场效应和磁场效应 D. 热效应和电晕现象

答案: D

【2013,40】三相输电线路的单位长度等效电抗参数计算公式为:

A. $x_l = 0.1445\ln\dfrac{D_m}{r} + 0.0157$ B. $x_l = 1.445\ln\dfrac{D_m}{r_{eq}} + 0.0157$

C. $x_l = 1.445\ln\dfrac{D_m}{r} + 0.0157$ D. $x_l = 0.1445\lg\dfrac{D_m}{r} + 0.0157$

答案: D

【2013,41】长距离输电线路的稳态方程为:

A. $\dot{U}_1 = \dot{U}_2 \sinh\gamma l + Z_C \dot{I}_2 \cosh\gamma l, \dot{I}_1 = \dfrac{\dot{U}_2}{Z_C}\sinh\gamma l + \dot{I}_2 \cosh\gamma l$

B. $\dot{U}_1 = \dot{U}_2 \cosh\gamma l + Z_C \dot{I}_2 \sinh\gamma l, \dot{I}_1 = \dfrac{Z_C}{\dot{U}_2}\sinh\gamma l + \dot{I}_2 \cosh\gamma l$

C. $\dot{U}_1 = \dot{U}_2 \cosh\gamma l + Z_C \dot{I}_2 \sinh\gamma l, \dot{I}_1 = \dfrac{\dot{U}_2}{Z_C}\sinh\gamma l + \dot{I}_2 \cosh\gamma l$

D. $\dot{U}_1 = \dot{U}_2 \sinh\gamma l + Z_C \dot{I}_2 \cosh\gamma l, \dot{I}_1 = \dfrac{\dot{U}_2}{Z_C}\cosh\gamma l + \dot{I}_2 \sinh\gamma l$

解 见分布参数基本公式。

答案: C

【2016,38】输电线路单位长度阻抗为 Z_1,导纳为 Y_1,长度为 l,传播系数为 γ,波阻抗 Z_C 为:

A. $Z_1 \sinh\gamma l$ B. $\sqrt{\dfrac{Z_1}{Y_1}}$

C. $\sqrt{Z_1 \cdot Y_1}$ D. $Z_1 \cosh\gamma l$

解 此题考查分布参数中波阻抗 Z_C 的基本含义,即 $Z_C = \sqrt{\dfrac{Z_1}{Y_1}} = \sqrt{\dfrac{R_1 + j\omega L_1}{G_1 + j\omega C_1}}$。

答案: B

【2010,40】三绕组变压器数学模型中的电抗反映变压器绕组的:

A. 铜耗 B. 铁耗
C. 等值漏磁通 D. 漏磁通

解 R_T：反映变压器的铜耗（负载损耗）；X_T：反映变压器的漏磁损耗；G_T：反映变压器的铁耗（空载损耗）；B_T：反映变压器的励磁损耗。

电抗是经过折算的，因此反映的是变压器绕组的等值漏磁通而不是漏磁通。

答案：C

【2009，41】变压器短路试验的目的主要是测量：

  A. 铁耗和铜耗   B. 铜耗和阻抗电压
  C. 铁耗和阻抗电压   D. 铜耗和励磁电流

解 变压器短路试验的目的主要是测量铜耗（短路损耗，用来求电阻 R_T）、短路电压百分数（用来求电抗 X_T），变压器空载试验的目的主要是测量铁耗（空载损耗，用来求电导 G_T）、空载电流百分数（用来求电纳 B_T）。

答案：B

【2012，41】当输电线路电压等级越高时，普通线路电抗和电容的变化为：

  A. 电抗值变大，电容值变小   B. 电抗值不变，电容值变小
  C. 电抗值变小，电容值变大   D. 电抗值不变，电容值不变

解 输电线路电压等级越高，三相导体间的距离越大，即几何均距 D_m 越大，再由电抗和电纳（电容）的计算公式可推之。

答案：A

【2014，47】当输电线路采用分裂导线时，与普通导线相比，输电线路的单位长度电抗和容值的变化为：

  A. 电抗变大，电容变小   B. 电抗变大，电容变大
  C. 电抗变小，电容变小   D. 电抗变小，电容变大

解 采用分裂导线时主要是增大了等效半径 r_{eq}，由电抗和电容的计算公式可知，电抗减小，电容增大。

答案：D

【2012，43】高电压长距离输电线路常采用分裂导线，其目的为：

  A. 均为改善导线周围磁场分布，增加等值半径，减小线路电抗
  B. 均为改善导线周围电场分布，减小等值半径，减小线路电抗
  C. 均为改善导线周围磁场分布，增加等值半径，增大线路电抗
  D. 均为改善导线周围电场分布，减小等值半径，增大线路电抗

解 分裂导线是将每相导线分裂成若干根相互间保持一定距离的导线，改变了导线周围的磁场分布，等效地增大了导线半径，从而减小了线路电抗。

答案：A

【2012,56】超高压输电线路采用分裂导线的目的之一是：

A. 减少导线电容
B. 减少线路雷击概率
C. 增加导线机械强度
D. 提高线路输送容量

解 分裂导线是将每相导线分裂成若干根相互间保持一定距离的导线，等效的增大了导线半径，从而减小线路电抗和增大线路电容，提高线路的输送容量。

答案：D

【2008,41；2016,39】变压器 X_T 的计算公式是：

A. $X_T = \dfrac{U_k\%}{100} \dfrac{U_{TN}^2}{S_{TN}} \Omega$

B. $X_T = \dfrac{U_k\% U_{TN}^2}{S_{TN}} \times 10 \Omega$

C. $X_T = \dfrac{U_k\% S_{TN}^2}{100 U_{TN}^2} \Omega$

D. $X_T = \dfrac{U_k\% S_{TN}}{10 U_{TN}^2} \Omega$

答案：A

【2005,42】变压器的 $S_{TN}(kVA)$、$U_{TN}(kV)$ 及试验数据 $U_K\%$ 已知，求变压器 X_T 的公式为：

A. $X_T = \dfrac{U_k\%}{100} \cdot \dfrac{U_{TN}^2}{S_{TN}^2} \times 10^{-3} \Omega$

B. $X_T = \dfrac{U_k\%}{100} \cdot \dfrac{U_{TN}^2}{S_{TN}} \times 10^3 \Omega$

C. $X_T = \dfrac{U_k\%}{100} \cdot \dfrac{S_{TN}^2}{U_{TN}^2} \times 10^{-3} \Omega$

D. $X_T = \dfrac{U_k\%}{100} \cdot \dfrac{S_{TN}}{U_{TN}^2} \times 10^3 \Omega$

解 变压器电抗的计算公式 $X_T = \dfrac{U_k\%}{100} \times \dfrac{U_N^2}{S_N}$，式中 S_N 的单位为 MVA，注意单位换算。

答案：B

【2007,47】某三相三绕组自耦变压器，S_{TN} 为 90MVA，额定电压为 220kV/121kV/38.5kV，容量比 100/100/50，实测的短路试验数据为：$P'_{k(1-2)}=333$kW，$P'_{k(1-3)}=265$kW，$P'_{k(2-3)}=277$kW（1、2、3 分别代表高、中、低压绕组，"'"表示未归算到额定容量），三绕组变压器归算到低压侧等值电路中的 R_{T1}、R_{T2}、R_{T3} 分别为：

A. $1.990\Omega, 1.583\Omega, 1.655\Omega$
B. $0.026\Omega, 0.035\Omega, 0.168\Omega$
C. $0.850\Omega, 1.140\Omega, 5.480\Omega$
D. $0.213\Omega, 0.284\Omega, 1.370\Omega$

解 （1）$P_{k(1-2)} = P'_{k(1-2)} = 333$kW

$P_{k(2-3)} = 4P'_{k(2-3)} = 4 \times 277$kW $= 1108$kW

$P_{k(1-3)} = 4P'_{k(1-3)} = 4 \times 265$kW $= 1060$kW

（2）$P_{k1} = \dfrac{1}{2}[P_{k(1-2)} + P_{k(1-3)} - P_{k(2-3)}] = 142.5$kW

$P_{k2} = \dfrac{1}{2}[P_{k(1-2)} + P_{k(2-3)} - P_{k(1-3)}] = 190.5$kW

$$P_{k3} = \frac{1}{2}[P_{k(2\text{-}3)} + P_{k(1\text{-}3)} - P_{k(1\text{-}2)}] = 917.5 \text{kW}$$

(3) $R_{T1} = \dfrac{P_{k1}}{1000} \times \dfrac{U_N^2}{S_N^2} = 0.026\Omega, R_{T2} = \dfrac{P_{k2}}{1000} \times \dfrac{U_N^2}{S_N^2} = 0.035\Omega$

$R_{T3} = \dfrac{P_{k3}}{1000} \times \dfrac{U_N^2}{S_N^2} = 0.168\Omega$，式中 $U_N = 38.5\text{kV}$

答案：B

【2005,41；2006,48】在电力系统分析和计算中，功率和阻抗一般分别是指：

  A. 一相功率，一相阻抗   B. 三相功率，一相阻抗

  C. 三相功率，三相阻抗   D. 三相功率，一相等值阻抗

解 在电力系统分析计算中，选定三相功率、线电压、线电流、一相等值阻抗进行分析和计算。

答案：D

【2011,45】当元件的额定容量、额定电压分别为 S_N 和 U_N 时，基准容量 S_B，基准电压 U_B，设某阻抗的原标幺值为 $Z_{*(N)}$，则该阻抗统一基准 Z_* 为：

  A. $Z_{*(N)} \cdot \dfrac{S_N}{U_N^2} \cdot \dfrac{U_B^2}{S_B}$ B. $Z_{*(N)} \cdot \dfrac{U_N^2}{S_N} \cdot \dfrac{S_B}{U_B^2}$

  C. $Z_{*(N)} \cdot \dfrac{U_N^2}{S_N} \cdot \dfrac{U_B^2}{S_B}$ D. $Z_{*(N)} \cdot \dfrac{S_N}{U_N^2} \cdot \dfrac{S_B}{U_B^2}$

解 基本公式。解题思路是先把设备额定值下的标幺值换算为有名值，再按照给定基准 (S_B、U_B)，求出其标幺值。

答案：B

【2017,32】标幺值中，导纳基准表示为：

  A. $\dfrac{U_B^2}{S_B}$ B. $\dfrac{S_B}{U_B^2}$ C. $\dfrac{S_B}{U_B}$ D. $\dfrac{U_B}{S_B}$

答案：B

【2005,44】某网络中的参数如图所示。用近似计算法计算得到的各元件标幺值为下列哪组？（取 $S_B = 100\text{MVA}$）

  A. $X_{G^*} = 0.048, X_{T_1^*} = 0.333, X_{l^*} = 0.302, X_{T_2^*} = 0.333, X_{R^*} = 0.698$

  B. $X_{G^*} = 0.5, X_{T_1^*} = 0.333, X_{l^*} = 0.302, X_{T_2^*} = 0.333, X_{R^*} = 0.698$

  C. $X_{G^*} = 0.15, X_{T_1^*} = 3.33, X_{l^*} = 0.302, X_{T_2^*} = 3.33, X_{R^*} = 0.769$

  D. $X_{G^*} = 0.5, X_{T_1^*} = 0.33, X_{l^*} = 0.364, X_{T_2^*} = 0.33, X_{R^*} = 0.769$

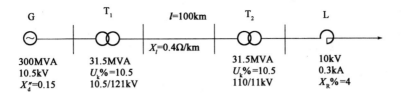

解 近似计算，$U_B = U_{av}$

发电机：$X_{G*} = X_{G*(N)} \times \dfrac{S_B}{S_{GN}} = 0.15 \times \dfrac{100}{30} = 0.5$

变压器 T_1、T_2：$X_{T*} = \dfrac{U_k\%}{100} \times \dfrac{S_B}{S_{TN}} = \dfrac{10.5}{100} \times \dfrac{100}{31.5} = 0.333$

线路：$X_{l*} = x_1 l \times \dfrac{S_B}{U_B^2} = 0.4 \times 100 \times \dfrac{100}{115^2} = 0.302$

电抗器：$X_{R*} = \dfrac{X_R\%}{100} \times \dfrac{U_{RN}}{\sqrt{3}\,I_{RN}} \times \dfrac{S_B}{U_B^2} = \dfrac{4}{100} \times \dfrac{10}{\sqrt{3} \times 0.3} \times \dfrac{100}{10.5^2} = 0.698$。

答案：B

【2008，47】 如图所示的电力系统，元件参数如图中标出，用有名值表示该电力系统等值电路（功率标幺值 30MVA），下面选项正确的是：

  A. $x''_{d*} = 1.143$ $x_{T1*} = 0.105$ $x_{l*} = 0.0725$ $x_{T2*} = 0.075$ $x_{R*} = 0.0838$
  B. $x''_{d*} = 0.5$ $x_{T1*} = 0.35$ $x_{l*} = 0.302$ $x_{T2*} = 0.33$ $x_{R*} = 0.698$
  C. $x''_{d*} = 1.143$ $x_{T1*} = 10.5$ $x_{l*} = 0.364$ $x_{T2*} = 7.5$ $x_{R*} = 0.769$
  D. $x''_{d*} = 1.143$ $x_{T1*} = 0.105$ $x_{l*} = 0.0363$ $x_{T2*} = 0.075$ $x_{R*} = 0.0838$

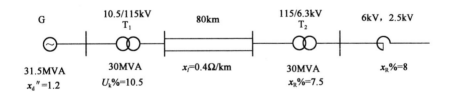

解 近似计算，$U_B = U_{av}$。

发电机：$X_{G*} = X_{G*(N)} \times \dfrac{S_B}{S_{GN}} = 1.2 \times \dfrac{30}{31.5} = 1.143$

变压器 T_1：$X_{T*} = \dfrac{U_k\%}{100} \times \dfrac{S_B}{S_{TN}} = \dfrac{10.5}{100} \times \dfrac{30}{30} = 0.105$

线路：$X_{l*} = \dfrac{1}{2} x_1 l \times \dfrac{S_B}{U_B^2} = \dfrac{1}{2} \times 0.4 \times 80 \times \dfrac{30}{115^2} = 0.0363$

变压器 T_2：$X_{T*} = \dfrac{U_k\%}{100} \times \dfrac{S_B}{S_{TN}} = \dfrac{7.5}{100} \times \dfrac{30}{30} = 0.075$

电抗器：$X_{R*} = \dfrac{X_R\%}{100} \times \dfrac{U_{RN}}{\sqrt{3}\,I_{RN}} \times \dfrac{S_B}{U_B^2} = \dfrac{8}{100} \times \dfrac{6}{\sqrt{3} \times 2.5} \times \dfrac{30}{6.3^2} = 0.0838$

答案:D

3)简单电网的潮流计算

【2017,51】环网供电的缺点是:

   A. 可靠性差   B. 经济性差
   C. 故障时电压质量差   D. 线路损耗大

答案:C

【2010,45】电力系统电压降和电压损耗的定义分别是:

   A. $U_1-U_2, \dot{U}_1-\dot{U}_2$ B. $\dot{U}_1-\dot{U}_2, |\dot{U}_1-\dot{U}_2|$
   C. $\dot{U}_1-\dot{U}_2, |\dot{U}_1|-|\dot{U}_2|$ D. $|\dot{U}_1|-|\dot{U}_2|, \dot{U}_1-\dot{U}_2$

解 电压降落指线路始末两端电压的相量差 $d\dot{U}=\dot{U}_1-\dot{U}_2$,电压损耗指线路始末两端电压的数值差 U_1-U_2。

答案:C

【2014,44】某线路始端电压为 $U_1=230.5\angle 12.5°$ kV,末端电压 $U_2=229.0\angle 150°$ kV,其始端、末端电压偏移分别为:

   A. 5.11%,0.71%   B. 4.77%,0.41%
   C. 3.21%,0.32%   D. 2.75%,0.21%

解 始端电压偏移% $=\dfrac{U_1-U_N}{U_N}\times 100\%=\dfrac{230.5-220}{220}\times 100\%=4.77\%$

末端电压偏移% $=\dfrac{U_2-U_N}{U_N}\times 100\%=\dfrac{220.9-220}{220}\times 100\%=0.41\%$

答案:B

【2014,39】某线路两端母线电压分别为 $\dot{U}_1=230.5\angle 12.5°$ kV 和 $\dot{U}_2=220.9\angle 10.0°$ kV,线路的电压降落为:

   A. 13.76kV   B. 11.6kV
   C. 13.76∠56.96°kV   D. 11.6∠30.45°kV

解 电压降落指线路始末两端电压的相量差 $d\dot{U}=\dot{U}_1-\dot{U}_2$,代入数据即可求得。

答案:C

【2012,42】电力系统电压偏移计算公式为:

   A. $\Delta\dot{U}=|\dot{U}_1-\dot{U}_2|$ B. $\Delta U=U_1-U_2$

$$\text{C. } \Delta \dot{U} = \dot{U}_1 - \dot{U}_2 \qquad\qquad \text{D. } \Delta \dot{U} = \frac{U_1 - U_2}{U_N}$$

解 电压偏移指线路始端或末端电压与线路额定电压的数值差 $U_1 - U_N$ 或 $U_2 - U_N$。以百分值表示为：始端电压偏移%＝$\frac{U_1 - U_N}{U_N} \times 100\%$，末端电压偏移%＝$\frac{U_2 - U_N}{U_N} \times 100\%$。

答案：D

【2017,36】线路的电压降落是指：

  A. 线路始末两端电压相量差
  B. 线路始末两端电压数值差
  C. 线路末端电压与额定电压之差
  D. 线路末端空载时与负载时电压之差

答案：A

【2006,43；2008,40】计算功率损耗的公式为：

$$\text{A. } \Delta \dot{S} = \frac{P^2 + Q^2}{U^2}(B + jX) \qquad \text{B. } \Delta \dot{S} = \frac{P^2 + jQ^2}{U}(R + jX)$$

$$\text{C. } \Delta \dot{S} = \frac{P^2 + Q^2}{U^2}(R + jX) \qquad \text{D. } \Delta \dot{S} = \frac{P^2 + Q^2}{U^2}(B + jX)$$

答案：C

【2011,43】电力系统电压降计算公式为：

$$\text{A. } \frac{P_i X + Q_i R}{U_i} + j \frac{P_i R - Q_i X}{U_i} \qquad \text{B. } \frac{P_i X - Q_i R}{U_i} + j \frac{P_i R + Q_i X}{U_i}$$

$$\text{C. } \frac{Q_i R + P_i X}{U_i} + j \frac{P_i R - Q_i X}{U_i} \qquad \text{D. } \frac{P_i R + Q_i X}{U_i} + j \frac{P_i X - Q_i R}{U_i}$$

答案：D

【2010,49】电力系统的频率主要取决于：

  A. 系统中的有功功率平衡   B. 系统中的无功功率平衡
  C. 发电机的调速器   D. 系统中的无功补偿

解 电力系统的频率主要与有功功率有关，电压主要与无功功率有关。
答案：A

【2016,40】电力系统的一次调频为：

  A. 调速器自动调整的有差调节   B. 调频器自动调整的有差调节
  C. 调速器自动调整的无差调节   D. 调频器自动调整的无差调节

解 电力系统一次调频由调速器动作,为有差调频,二次调频由调频器动作,可实现无差调频。

答案:A

【2017,34】 电力系统中有功功率不足时,会造成:

    A. 频率上升   B. 电压下降

    C. 频率下降   D. 电压上升

解 系统中的有功功率过剩,将导致频率上升;系统中的有功功率不足,将导致频率下降。

答案:C

【2010,47】 高电压网线路中流过的无功功率主要影响线路两端的:

    A. 电压相位   B. 电压幅值

    C. 有功损耗   D. 电压降落的横分量

解 高压输电线路的电阻远小于电抗,有功功率的流向主要由两端节点电压的相位差 θ 决定,有功功率从电压相位超前的一端流向滞后的一端;无功功率的流向主要由两端节点电压的幅值决定,由幅值高的一端流向幅值低的一端。

答案:B

【2013,48】 某高压电网线路两端电压分布如图所示,则有:

    A. $P_{ij}>0, Q_{ij}>0$ B. $P_{ij}<0, Q_{ij}<0$

    C. $P_{ij}>0, Q_{ij}<0$ D. $P_{ij}<0, Q_{ij}>0$

答案:D

【2017,37】 110kV 输电线路参数 $r=0.2\Omega/\text{km}, x=0.4\Omega/\text{km}, \dfrac{b}{2}=2.19\times10^{-6}\text{s/km}$,线路长度 $l=100\text{km}$,线路空载,线路末端电压为 120kV,线路首端电压和充电功率为:

    A. $118.66\angle0.339°\text{kV}, 7.946\text{Mvar}$

    B. $121.34\angle0.332°\text{kV}, 8.035\text{Mvar}$

    C. $121.34\angle-0.332°\text{kV}, 8.035\text{Mvar}$

    D. $118.66\angle-0.339°\text{kV}, 7.946\text{Mvar}$

解 方法1:长距离空载线路末端电压高于首端电压,即 $U_{首端}>U_{末端}$,有功功率从电压相位超前的一端流向滞后的一端,即 $\varphi_{首端}>\varphi_{末端}$。

方法2:根据空载线路电压计算公式,可得 $U_1 = U_2 - \dfrac{blx}{2}U_2 + j\dfrac{blr}{2}U_2$,代入数据可计算出

结果。

答案：A

【2009,47】 元件两端电压的相角差主要取决于通过元件的：

  A. 电压降落   B. 有功功率
  C. 无功功率   D. 电压降落的纵分量

解 由 $P_2=\dfrac{U_1U_2}{X}\sin\theta$ 可知，元件两端电压的相角差 θ 主要与有功功率有关。

答案：B

【2012,48】 在忽略输电线路电阻和电导的情况下，输电线路电抗为 X，输电线路电纳为 B，线路传输功率与两端电压的大小及其相位差 θ 之间的关系为：

  A. $P=\dfrac{U_1U_2}{B}\sin\theta$ B. $P=\dfrac{U_1U_2}{X}\cos\theta$

  C. $P=\dfrac{U_1U_2}{X}\sin\theta$ D. $P=\dfrac{U_1U_2}{B}\cos\theta$

答案：C

【2012,40】 在高压网中有功功率和无功功率的流向为：

  A. 有功功率和无功功率均从电压相位超前端流向电压相位滞后端
  B. 有功功率从高电压端流向低电压端，无功功率从相位超前端流向相位滞后端
  C. 有功功率从电压相位超前端流向相位滞后端，无功功率从高电压端流向低电压端
  D. 有功功率和无功功率均从高电压端流向低电压端

答案：C

【2010,48】 降低网络损耗的主要措施之一是：

  A. 增加线路中传输的无功功率   B. 减少线路中传输的有功功率
  C. 增加线路中传输的有功功率   D. 减少线路中传输的无功功率

解 输电线路的网络损耗包括有功功率损耗和无功功率损耗，具体公式为：$\Delta P=\dfrac{P^2+Q^2}{U^2}R$；$\Delta Q=\dfrac{P^2+Q^2}{U^2}X$。输电线路主要用来传输有功功率，因此不能通过减少线路传输的有功功率来降低网损，而无功功率可以就地补偿，因此可以通过减少线路传输的无功功率来降低网损。

答案：D

【2012,45】网络及参数如图所示,已知末端电压为 $10.5\angle0°\text{kV}$,线路末端功率为 $\dot{S}_2=(4-j3)\text{MVA}$,始端电压和线路始端功率为:

A. $\dot{U}_1=10.33\angle11.724°\text{kV},\dot{S}_1=(4.45-j3.91)\text{MVA}$
B. $\dot{U}_1=11.01\angle10.99°\text{kV},\dot{S}_1=(3.55+j2.09)\text{MVA}$
C. $\dot{U}_1=10.33\angle11.724°\text{kV},\dot{S}_1=(4.45-j2.09)\text{MVA}$
D. $\dot{U}_1=11.01\angle10.99°\text{kV},\dot{S}_1=(4.45+j3.91)\text{MVA}$

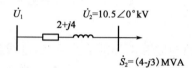

解 代入公式 $\dot{U}_1=\dot{U}_2+\Delta U+j\delta U=U_2+\dfrac{P_2R+Q_2X}{U_2}+j\dfrac{P_2X-Q_2R}{U_2}=10.33\angle11.7°\text{kV}$,

$\tilde{S}_1=\tilde{S}_2+\dfrac{P_2^2+Q_2^2}{U_2^2}(R+jX)=4-j3+\dfrac{4^2+3^2}{10.5^2}(2+j4)=(4.45-j2.09)\text{MVA}$

答案:C

【2005,45】输电线路的等值电路如图所示,已知末端功率及电压,$\dot{S}_2=(11.77+j5.45)\text{MVA},\dot{U}_2=110\angle0°\text{kV}$,图中所示的始端电压 $\dot{U}_1$ 和始端功率 $\dot{S}_1$ 为下列哪组数值:

A. $112.24\angle0.58°\text{kV},(11.95+j5.45)\text{MVA}$
B. $112.14\angle0.62°\text{kV},(11.95+j4.30)\text{MVA}$
C. $112.14\angle0.62°\text{kV},(11.95+j5.45)\text{MVA}$
D. $112.24\angle0.58°\text{kV},(11.77+j4.30)\text{MVA}$

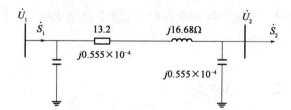

解 (1)线路末端导纳支路的功率损耗:

$\Delta\tilde{S}_{y2}=-j\dfrac{B}{2}U_2^2=-j0.555\times10^{-4}\times110^2=-j0.67155\text{Mvar}$

(2)线路阻抗支路末端的功率:

$\tilde{S}_2'=\tilde{S}_2+\Delta\tilde{S}_{y2}=(11.77+j4.77845)\text{MVA}$

(3)线路阻抗支路的功率损耗:

$$\Delta \tilde{S}_z = \frac{P_2'^2 + Q_2'^2}{U_2^2}(R+jX) = \frac{11.77^2 + 4.77845^2}{110^2}(13.2+j16.68) = (0.176+j0.2224)\text{MVA}$$

(4) 线路阻抗支路首端功率：

$$\tilde{S}_1' = \tilde{S}_2' + \Delta \tilde{S}_z = (11.946+j5.00085)\text{MVA}$$

(5) 电压降落：

$$\text{d}\dot{U} = \Delta U + j\delta U = \frac{P_2'R+Q_2'X}{U_2} + j\frac{P_2'X-Q_2'R}{U_2} = (2.136987+j1.211346)\text{kV}$$

(6) 始端电压：

$$\dot{U}_1 = \dot{U}_2 + \Delta U + j\delta U = 112.1435\angle 0.6189°\text{kV}$$

(7) 线路首端导纳支路的功率损耗：

$$\Delta \tilde{S}_{y1} = -j\frac{B}{2}U_1^2 = -j0.69798\text{Mvar}$$

(8) 始端功率：

$$\tilde{S}_1 = \tilde{S}_1' + \Delta \tilde{S}_{y1} = (11.946+j4.30)\text{MVA}$$

答案：B

【2009，45】一辐射性网络电源侧电压为112kV，线路和变压器归算到高压侧的数据标在图中，在图中所标负荷数据下，变压所高压母线电压 $\dot{U}_A$ 为：

A. $115\angle 10°\text{kV}$
B. $98.01\angle -1.2°\text{kV}$
C. $108.24\angle 2.5°\text{kV}$
D. $101.96\angle -3.26°\text{kV}$

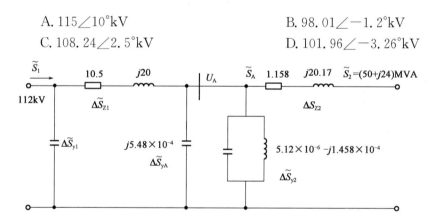

解 本题已知末端功率 $S_2=50+j24$ 和首端电压 $U_1=112\text{kV}$，因此设末端电压为线路的额定电压 $U_2=U_{2N}=110\text{kV}$。

(1) 线路上损耗：$\Delta \tilde{S}_{z2} = \frac{P_2^2+Q_2^2}{U_2^2}(R_T+jX_T) = (0.294+j5.128)\text{MVA}$

(2) $\text{d}\dot{U}_2 = \dot{U}_A - \dot{U}_2 = \Delta U + j\delta U = \frac{P_2R_T+Q_2X_T}{U_2} + j\frac{P_2X_T-Q_2R_T}{U_2} = (4.927+j8.916)\text{kV}$

$$\dot{U}_A = \dot{U}_2 + \text{d}\dot{U}_2 = (114.927+j8.916)\text{kV}, \quad U_A = 115.27\text{kV}$$

(3) 变压器励磁支路损耗：$\Delta \tilde{S}_{y2} = (G_T+jB_T)U_A^2 = (0.068+j1.937)\text{MVA}$

阻抗末端功率：$\tilde{S}_A = \tilde{S}_2 + \tilde{S}_{z2} + \Delta \tilde{S}_{y2} = (50.362+j31.065)\text{MVA}$

(4)输电线路导纳支路:

$$\Delta \tilde{S}_{yA} = -j\frac{B}{2}U_A^2 = -j7.281 \text{Mvar}, \tilde{S}'_A = \tilde{S}_A + \Delta \tilde{S}_{yA} = (50.362+j23.784)\text{MVA}$$

阻抗支路损耗:$\Delta \tilde{S}_{z1} = \frac{P'^2_A + Q'^2_A}{U_A^2}(R+jX) = (2.451+j4.669)\text{MVA}$

输电线路首端功率:$\tilde{S}'_1 = \tilde{S}'_A + \Delta \tilde{S}_{z1} = (52.813+j28.453)\text{MVA}$

(5)$d\dot{U}_A = \dot{U}_1 - \dot{U}_A = \Delta U + j\delta U = \frac{P'_1 R + Q'_1 X}{U_1} + j\frac{P'_1 X - Q'_1 R}{U_1} = (10.032+j6.763)\text{kV}$

$\dot{U}_A = \dot{U}_1 - \Delta U - j\delta U = 102.19\angle -3.79° \text{kV}$

答案:D

【2006,46;2008,69】变压器等值电路及参数如图所示,已知末端电压 $\dot{U}_2 = 112\angle 0° \text{kV}$,末端负荷功率 $S_2 = (50+j20)\text{MVA}$,变压器始端电压 $\dot{U}_1$ 为:

A. $116.3\angle 4.32° \text{kV}$ B. $122.24\angle 4.5° \text{kV}$
C. $114.14\angle 4.62° \text{kV}$ D. $116.3\angle 1.32° \text{kV}$

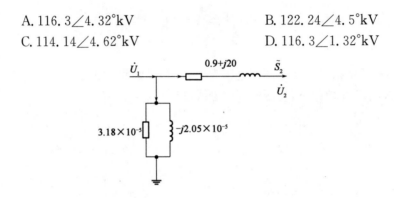

解 电压降落:$d\dot{U} = \Delta U + j\delta U = \frac{P_2 R_T + Q_2 X_T}{U_2} + j\frac{P_2 X_T - Q_2 R_T}{U_2} = (3.973+j8.768)\text{kV}$

始端电压:$\dot{U}_1 = \dot{U}_2 + \Delta U + j\delta U = 115.973 + j8.768 = 116.3\angle 4.32° \text{kV}$

答案:A

【2014,42】已知 500kV 线路的参数为 $r_1 = 0, x_1 = 0.28 \Omega/\text{km}, g_1 = 0, b_1 = 4\times 10^{-6} \text{S/km}$,线路末端电压为 575kV,当线路空载,线路长度为 400km 时,线路始端电压为:

A. 550.22kV   B. 500.00kV
C. 524.20kV   D. 525.12kV

解 此线路为长线路,需要考虑它们的分布参数特性,先求等值参数。
(1)$R' = k_r R = 0$

$k_x = 1 - \left(x_1 b_1 - \frac{r_1^2 b_1}{x_1}\right)\frac{l^2}{6} = 0.970, k_b = 1 + x_1 b_1 \frac{l^2}{12} = 1.015$

$X' = k_x X = 0.970 \times 0.28 \times 400 = 108.64 \Omega$

$B' = k_b B = 1.015 \times 4 \times 10^{-6} \times 400 = 1.624 \times 10^{-3} \text{S}$

(2)线路空载,则线路始端电压为:
$$\dot{U}_1 = U_2 - \frac{B'X'}{2}U_2 + j\frac{B'R'}{2}U_2 = 575 - \frac{1.624 \times 10^{-3} \times 108.64}{2} \times 575 = 524.28\text{kV}$$
答案:C

【2011,46】如图所示,由一线路和变压器组成的简单电力系统归算到高压侧的等值电路,电力线路额定电压110kV,末端接一容量为30MVA,电压比为110kV/38.5kV的降压变压器。变压器低压侧负荷为(15+j11.25)MVA,正常运作时要求达36kV,则母线2处母线上应有的电压和功率分别为:($S_B = 15\text{MVA}, U_B = 110\text{kV}$)

  A. 110.52kV,(15.22+j13.96)MVA
  B. 130.82kV,(15.22+j23.32)MVA
  C. 110.52kV,(14.60+j30.07)MVA
  B. 110.53kV,(10.37+j20.56)MVA

解 由题意可知,$\tilde{S}_3 = (15+j11.25)\text{MVA}$,$U_3 = 36 \times \frac{110}{38.5} = 102.86\text{kV}$

(1) $\Delta U = \dfrac{P_3 R_T + Q_3 X_T}{U_3} = \dfrac{15 \times 4.93 + 11.25 \times 63.5}{102.86} = 7.66\text{kV}$

忽略电压降落的横分量,$U_2 = U_3 + \Delta U = 110.52\text{kV}$

(2)
$$\Delta \tilde{S}_{zT} = \frac{P_3^2 + Q_3^2}{U_3^2}(R_T + jX_T) = \frac{15^2 + 11.25^2}{102.86^2}(4.93 + j63.5) = (0.16 + j2.11)\text{MVA}$$

$$\Delta \tilde{S}_{yT} = (G_T + jB_T)U_2^2 = (4.95 + j49.5) \times 10^{-6} \times 110.52^2 = (0.06 + j0.6)\text{MVA}$$

$$\tilde{S}_2 = \tilde{S}_3 + \tilde{S}_{zT} + \Delta \tilde{S}_{yT} = (15.22 + j13.96)\text{MVA}$$

答案:A

【2007,49;2011,50;2014,48】一条空载运行的220kV单回输电线,长200km,导线型号为LGJ-300,$r_1 = 0.18\Omega/\text{km}$,$x_1 = 0.426\Omega/\text{km}$,$b_1 = 2.66 \times 10^{-6}\text{S/km}$,线路受端电压为205kV,则线路送端电压为:

  A. 200.35kV   B. 205kV
  C. 220kV   D. 209.65kV

解 由题意可知,$R = 36\Omega$,$X = 85.2\Omega$,$B = 5.32 \times 10^{-4}\text{S}$

输电线路空载时,线路的首端电压为:$\dot{U}_1 = U_2 - \dfrac{1}{2}BU_2X + j\dfrac{1}{2}BU_2R = 200.354 + j1.963$

所以 $U_1 = \sqrt{200.354^2 + 1.963^2} = 200.363\text{kV}$

答案:A

【2014,42】简单系统等值电路如图所示,若变压器空载,输电线路串联支路末端功率及串联支路功率损耗为:

A. $\dot{S}_1=(0.27+j4.337)\text{MVA}$, $\Delta\dot{S}_1=(2.55+j5.313)\times10^{-2}\text{MVA}$

B. $\dot{S}_1=(0.027-j4.337)\text{MVA}$, $\Delta\dot{S}_1=(2.54+j5.29)\times10^{-2}\text{MVA}$

C. $\dot{S}_1=(0.027+j4.337)\text{MVA}$, $\Delta\dot{S}_1=(2.55-j5.313)\times10^{-2}\text{MVA}$

D. $\dot{S}_1=(0.27-j4.337)\text{MVA}$, $\Delta\dot{S}_1=(2.55-j5.313)\times10^{-2}\text{MVA}$

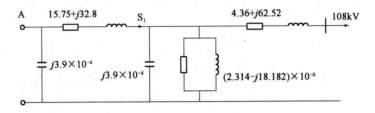

解 变压器空载,变压器末端功率为 0,阻抗支路没有功率损耗和电压损耗。

变压器励磁支路的功率损耗:

$$\Delta\tilde{S}_{yT}=(G_T+jB_T)U_2^2=(2.314+j18.182)\times10^{-6}\times108^2=(0.027+j0.212)\text{MVA}$$

线路末端导纳支路的功率损耗:

$$\Delta\tilde{S}_{y2}=-j\frac{B}{2}U_2^2=-j\times3.9\times10^{-4}\times108^2=-j4.549\text{Mvar}$$

线路串联支路末端功率: $\tilde{S}_2'=\Delta\tilde{S}_{yT}+\Delta\tilde{S}_{y2}=(0.027-j4.337)\text{MVA}$

线路串联支路的功率损耗:

$$\Delta\tilde{S}_z=\frac{P_2'^2+Q_2'^2}{U_2^2}(R+jX)=\frac{0.027^2+(-4.337)^2}{108^2}(15.75+j32.8)$$

$$=(2.54+j5.29)\times10^{-2}\text{MVA}$$

答案:B

【2008,46】如图所示的简单电力系统,已知 220kV 系统参数为 $R=19.65\Omega$, $X=59.10\Omega$, $B=43.33\times10^{-6}\text{S}$,发电机母线电压为 225kV,则线路空载时 B 母线实际电压为:

A. $229.718\angle0.23°\text{kV}$ B. $225\angle0°\text{kV}$

C. $227.81\angle0.23°\text{kV}$ D. $220.5\angle5°\text{kV}$

解 已知始端电压 $\dot{U}_1=225\angle0°$,末端功率 $\tilde{S}_2=0$。

(1)线路阻抗支路末端的功率:$\tilde{S}_2'=-j\frac{B}{2}U_{2N}^2=-j1.049\text{Mvar}$

(2)线路阻抗支路的功率损耗:$\Delta\tilde{S}_z=\frac{P_2'^2+Q_2'^2}{U_{2N}^2}(R+jX)=j0.001\text{Mvar}$

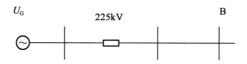

(3)线路阻抗支路的首端功率：$\tilde{S}'_1 = \tilde{S}'_2 + \Delta \tilde{S}_z = -j1.048 \text{MVA}$

(4)电压降落：$\mathrm{d}\dot{U} = \Delta U + j\delta U = \dfrac{P'_1 R + Q'_1 X}{U_1} + j\dfrac{P'_1 X - Q'_1 R}{U_1} = (-0.275 + j0.092)\text{kV}$

(5)末端电压：$\dot{U}_2 = \dot{U}_1 - \Delta U - j\delta U = 225.3\angle 0°\text{kV}$

答案：B

【2013,45】在下图系统中,已知 200kV 线路的参数为 $R = 31.5\Omega$, $X = 58.5\Omega$, $B/2 = 2.168 \times 10^{-4} \text{S}$,线路始端母线电压为 $223\angle 0°\text{kV}$,线路末端电压为：

A. $225.9\angle -0.4°\text{kV}$ B. $235.1\angle -0.4°\text{kV}$
C. $225.9\angle 0.4°\text{kV}$ D. $235.1\angle 0.4°\text{kV}$

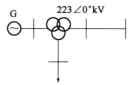

解 已知始端电压 $\dot{U}_1 = 223\angle 0°$,线路末端开路,末端功率 $\tilde{S}_2 = 0$,设 $U_2 = U_{2N} = 220\text{kV}$。

(1)线路阻抗支路末端的功率：$\tilde{S}'_2 = -j\dfrac{B}{2}U_{2N}^2 = -j10.5\text{Mvar}$

(2)线路阻抗支路的功率损耗：$\Delta \tilde{S}_z = \dfrac{P'^2_2 + Q'^2_2}{U_{2N}^2}(R + jX) = (0.072 + j0.133)\text{MVA}$

(3)线路阻抗支路的首端功率：$\tilde{S}'_1 = \tilde{S}'_2 + \Delta \tilde{S}_z = (0.072 - j10.367)\text{MVA}$

(4)电压降落：$\mathrm{d}\dot{U} = \Delta U + j\delta U = \dfrac{P'_1 R + Q'_1 X}{U_1} + j\dfrac{P'_1 X - Q'_1 R}{U_1} = (-2.71 + j1.48)\text{kV}$

(5)末端电压：$\dot{U}_2 = \dot{U}_1 - \Delta U - j\delta U = 225.7\angle -0.4°\text{kV}$

答案：A

【2016,43】有一台三绕组降压变压器额定电压为 525/230/66kV,变压器等值电路参数及功率标在图中(均为标幺值,$S_B = 100\text{MVA}$),低压侧空载,当 $\dot{U}_2 = 1.0\angle -9.53°\text{kV}$ 时,流入变压器高压侧功率 $\dot{S}_1$ 及 $\dot{U}_1$ 的实际电压为下列哪项数值？

A. $(86 + j51.6)\text{MVA}, 527.6\angle 8.89°\text{kV}$
B. $(86.7 + j63.99)\text{MVA}, 541.8\angle 5.78°\text{kV}$
C. $(86 + j51.6)\text{MVA}, 527.6\angle -8.89°\text{kV}$
D. $(86.7 + j63.99)\text{MVA}, 541.8\angle -5.78°\text{kV}$

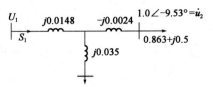

解 此题仍属于已知末端功率、末端电压，求首端电压、功率的题型。

低压绕组空载，可忽略低压绕组电抗，直接将剩下两个阻抗求和计算。此外，末端电压 $\dot{U}_2 = 1.0\angle -9.53°$，由于角度较小，因此为了计算方便，忽略角度的影响。

(1) 电压降落：

$$d\dot{U} = \Delta U + j\delta U = \frac{P_2 R + Q_2 X}{U_2} + j\frac{P_2 X - Q_2 R}{U_2}$$

$$= \frac{0.5 \times 0.0124}{1} + j\frac{0.863 \times 0.0124}{1}$$

$$= (6.2 \times 10^{-3} + j0.0107)\text{kV}$$

(2) 首端电压：$\dot{U}_1 = \dot{U}_2 + d\dot{U} = 1 + 6.2 \times 10^{-3} + j0.0107 = 1.0063\angle 0.609°\text{kV}$

有名值电压：

$$U_1 = \dot{U}_1 \times U_B = 1.0063\angle 0.609° \times 525 = 528.3\angle 0.609°\text{kV}$$

$$\dot{S}_1 = \dot{S}_2 + \Delta \dot{S}_2 = \dot{S}_2 + \frac{P_2^2 + Q_2^2}{U_2^2}(R + jX) = \dot{S}_2 + \frac{P_2^2 + Q_2^2}{U_2^2}(R + jX)$$

(3) 首端功率 $= 0.863 + j0.5 + \frac{0.863^2 + 0.5^2}{1}(j0.0124) = (0.863 + j0.5123)\text{MVA}$

故有名值 $S_1 = \dot{S}_1 \times S_B = (0.863 + j0.5123) \times 100 = (86.3 + j51.23)\text{MVA}$

答案：A

【2008，50】某110kV的输电线路的等值电路如图所示，已知 $\dot{U}_2 = 112\angle 0°\text{kV}$，$\tilde{S}_2 = (100 + j20)\text{MVA}$，则线路的串联支路的功率损耗为：

A. $(3.415 + j14.739)\text{MVA}$ B. $(6.235 + j8.723)\text{MVA}$
C. $(5.461 + j8.739)\text{MVA}$ D. $(3.293 + j8.234)\text{MVA}$

解 (1) 线路末端导纳支路的功率损耗：

$\Delta \tilde{S}_{y2} = -j\frac{B}{2}U_2^2 = -j1.5\times10^{-4}\times112^2 = -j1.8816\text{Mvar}$

(2)线路阻抗支路末端的功率：

$\tilde{S}'_2 = \tilde{S}_2 + \Delta\tilde{S}_{y2} = 100+j18.1184\text{MVA}$

(3)线路阻抗支路的功率损耗：

$\Delta\tilde{S}_z = \frac{P_2'^2+Q_2'^2}{U_2^2}(R+jX) = \frac{100^2+18.1184^2}{112^2}(4+j10) = (3.293+j8.234)\text{MVA}$

答案：D

【2012,50】某330kV输电线路的等值电路如图所示，已知$\dot{U}_1=363\angle0°\text{kV}$，$\tilde{S}_2=(150+j50)\text{MVA}$，线路始端功率$\tilde{S}_1$及末端电压$\dot{U}_2$为：

A. $(146.7+j57.33)\text{MVA}$，$330.88\angle-4.3°\text{kV}$
B. $(146.7+j60.538)\text{MVA}$，$353.25\angle-2.49°\text{kV}$
C. $(152.34+j60.538)\text{MVA}$，$330.88\angle-4.3°\text{kV}$
D. $(152.34+j42.156)\text{MVA}$，$353.25\angle-2.49°\text{kV}$

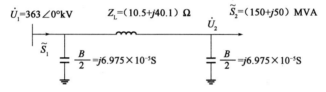

解 设末端电压为线路的额定电压$U_2=U_{2N}=330\text{kV}$

(1)线路末端导纳支路的功率损耗：

$\Delta\tilde{S}_{y2} = -j\frac{B}{2}U_2^2 = -j6.975\times10^{-5}\times330^2 = -j7.595775\text{Mvar}$

(2)线路阻抗支路末端的功率：

$\tilde{S}'_2 = \tilde{S}_2 + \Delta\tilde{S}_{y2} = 150+j42.404225\text{MVA}$

(3)线路阻抗支路的功率损耗：

$\Delta\tilde{S}_z = \frac{P_2'^2+Q_2'^2}{U_2^2}(R+jX) = \frac{150^2+42.404225^2}{330^2}(10.5+j40.1) = (2.34279+j8.94724)\text{MVA}$

(4)线路阻抗支路的首端功率：

$\tilde{S}'_1 = \tilde{S}'_2 + \Delta\tilde{S}_z = (152.34279+j51.351465)\text{MVA}$

(5)线路首端导纳支路的功率损耗：

$\Delta\tilde{S}_{y1} = -j\frac{B}{2}U_1^2 = -j9.190888\text{Mvar}$

(6)始端功率：

$\tilde{S}_1 = \tilde{S}'_1 + \Delta\tilde{S}_{y1} = (152.34279+j42.160577)\text{MVA}$

(7)电压降落：

$\text{d}\dot{U} = \Delta U + j\delta U = \frac{P_1'R+Q_1'X}{U_1} + j\frac{P_1'X-Q_1'R}{U_1} = (10.079+j15.344)\text{kV}$

(8)末端电压：
$$\dot{U}_2 = \dot{U}_1 - \Delta U - j\delta U = 353.25 \angle -2.49°$$
答案：D

【2006,46；2008,69】 变压器等值电路及参数如图所示，已知末端电压 $\dot{U}_2 = 112\angle 0°\text{kV}$，末端负荷功率 $S_2 = (50+j20)\text{MVA}$，变压器始端电压 $\dot{U}_1$ 为：

A. $116.3\angle 4.32°\text{kV}$ B. $122.24\angle 4.5°\text{kV}$
C. $114.14\angle 4.62°\text{kV}$ D. $116.3\angle 1.32°\text{kV}$

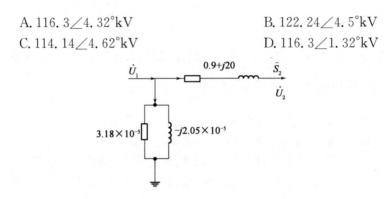

解 电压降落：$d\dot{U} = \Delta U + j\delta U = \dfrac{P_2 R_T + Q_2 X_T}{U_2} + j\dfrac{P_2 X_T - Q_2 R_T}{U_2} = 3.973 + j8.768$

始端电压：$\dot{U}_1 = \dot{U}_2 + \Delta U + j\delta U = 115.973 + j8.768 = 116.3\angle 4.32°$

答案：A

【2007,49；2011,50；2014,48】 一条空载运行的220kV单回输电线，长200km，导线型号为LGJ-300，$r_1 = 0.18\Omega/\text{km}$，$x_1 = 0.426\Omega/\text{km}$，$b_1 = 2.66\times 10^{-6}\text{S/km}$，线路受端电压为205kV，则线路送端电压为：

A. 200.35kV B. 205kV C. 220kV D. 209.65kV

解 由题意可知，$R = 36\Omega$，$X = 85.2\Omega$，$B = 5.32\times 10^{-4}\text{S}$

输电线路空载时，线路的首端电压为：$\dot{U}_1 = U_2 - \dfrac{1}{2}BU_2 X + j\dfrac{1}{2}BU_2 R = 200.354 + j1.963$

所以 $U_1 = \sqrt{200.354^2 + 1.963^2} = 200.363\text{kV}$

答案：A

【2005,46】 在如图所示系统中，已知220kV线路的参数为 $R = 16.9\Omega$，$X = 83.1\Omega$，$B = 5.79\times 10^{-4}\text{S}$，当线路(220kV)两端开关都断开时，两端母线电压分别为242kV和220kV，开关A合上时，开关B断口两端的电压差为下列何值：

A. 22kV B. 34.20kV C. 27.95kV D. 5.40kV

解 开关B断口相当于输电线路空载，线路首端电压 $\dot{U}_1$ 由以下公式求得：
$$\dot{U}_1 = U_2 - \dfrac{1}{2}BU_2 X + j\dfrac{1}{2}BU_2 R = 0.976U_2 + j0.0049U_2$$

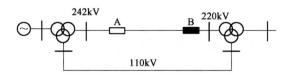

已知 $U_1=242\text{kV}$,所以 $242=\sqrt{(0.976U_2)^2+(0.0049U_2)^2}$,求得 $U_2=247.95\text{kV}$
则开关 B 断口两端的电压差为:$U_2-220\text{kV}=27.95\text{kV}$

答案:C

【2006,44;2008,44;2009,43;2010,50】对高压线末端电压升高的现象,常用的办法是在末端加:

  A. 并联电抗器   B. 串联电抗器
  C. 并联电容器   D. 串联电容器

解 高压输电线路在轻载或空载时将产生末端电压升高的现象(线路末端电压高于始端电压),原因是线路的对地容抗大于线路感抗,线路的电容(对地电容和相间电容)电流在线路的电感上的压降所引起的。它将使线路电压高于电源电压。通常,线路越长,电容效应越大,工频电压升高也越大。解决方法是在线路末端加装并联电抗器。

答案:A

【2014,46】高电压长距离输电线路,当线路空载时,末端电压升高,其原因是:

  A. 线路中的容性电流流过电容   B. 线路中的容性电流流过电感
  C. 线路中的感性电流流过电感   D. 线路中的感性电流流过电容

答案:B

【2010,60;2012,49】线路上装设并联电抗器的作用是:

  A. 降低线路末端过电压   B. 改善无功平衡
  C. 提高稳定性   D. 提高线路功率因数

解 并联电抗器可以吸收线路在轻载或空载时过剩的感性无功功率,降低线路末端过电压。

答案:A

【2011,44】长距离输电线路,末端加装电抗器的目的是:

  A. 吸收容性无功功率,升高末端电压
  B. 吸收感性无功功率,降低末端电压
  C. 吸收容性无功功率,降低末端电压
  D. 吸收感性无功功率,升高末端电压

解 高压输电线路在轻载或空载时将产生末端电压升高的现象,通常在线路末端加装并联电抗器,吸收线路电容发出的感性无功功率,降低末端电压。

答案：B

【2012,44】线路空载运行时,由于输电线路充电功率的作用,使线路末端电压高于始端电压,其升高幅度与输电线路长度的关系和抑制电压升高的方法分别为：

    A. 线性关系；在线路末端并联电容器
    B. 平方关系；在线路末端并联电容器
    C. 平方关系；在线路末端并联电抗器
    D. 线性关系；在线路末端并联电抗器

答案：C

【2009,44】n 台相同变压器在额定功率 S_N,额定电压下并联运行,其总无功损耗为：

    A. $n \times \left(\dfrac{I_0\%}{100} + \dfrac{U_k\%}{100} \right) S_N$

    B. $\left(\dfrac{1}{n} \times \dfrac{I_0\%}{100} + n \times \dfrac{U_k\%}{100} \right) S_N$

    C. $\left(\dfrac{I_0\%}{100} + \dfrac{U_k\%}{100} \right) \dfrac{S_N}{n}$

    D. $\left(n \times \dfrac{I_0\%}{100} + \dfrac{1}{n} \times \dfrac{U_k\%}{100} \right) S_N$

解 单台变压器的额定容量为 S_N,总负荷功率为 S_2 时,n 台变压器并列运行时总无功损耗为：

$$\Delta Q_T = n \dfrac{U_k\% S_N}{100} \times \dfrac{S_2^2}{(nS_N)^2} + n \dfrac{I_0\% S_N}{100}$$

因为题中 n 台相同变压器在额定功率下并列运行,所以总负荷功率 $S_2 = nS_N$,所以 $\Delta Q_T = n \dfrac{U_k\% S_N}{100} + n \dfrac{I_0\% S_N}{100}$。

答案：A

【2014,41】两台相同变压器其额定功率为 31.5MVA,在额定功率、额定电压下并联运行,每台变压器空载损耗 294kW,短路损耗 1005kW,两台变压器总有功损耗为：

    A. 1.299MW   B. 1.091MW   C. 0.649MW   D. 2.157MW

解 单台变压器的额定容量为 S_N,总负荷功率为 S_2 时,n 台变压器并列运行的总有功损耗为：

$$\Delta P_T = n \dfrac{P_k}{1000} \times \dfrac{S_2^2}{(nS_N)^2} + n \dfrac{P_0}{1000}$$

因为题中两台相同变压器在额定功率下并列运行,所以总负荷功率 $S_2 = 2S_N$,所以 $\Delta P_T = 2 \times \left(\dfrac{P_k}{1000} + \dfrac{P_0}{1000} \right) = 2 \times \left(\dfrac{1005}{1000} + \dfrac{294}{1000} \right) = 2.598\text{MW}$。

答案：无

【2008,48】已知变压器额定容量、额定电压及变压器试验数据,当变压器在额定电压下通

过功率为 S 时,变压器的有功功率损耗的计算公式(下式中,S 为三相功率,U 为线电压)为:

A. $\Delta P = \dfrac{P_k}{1000}$
B. $\Delta P = \dfrac{P_k}{1000} \times \left(\dfrac{S}{S_{TN}}\right)^2$
C. $\Delta P = 3 \times \dfrac{P_k}{1000} \times \left(\dfrac{S}{S_{TN}}\right)^2$
D. $\Delta P = \dfrac{P_k}{1000} \times \dfrac{U_{TN}^2}{S_{TN}^2}$

解 变压器阻抗支路的有功功率损耗: $\Delta P_{zT} = \dot{I}^2 R = \dfrac{S_2^2}{U_N^2} \times \left(\dfrac{P_k}{1000} \times \dfrac{U_N^2}{S_N^2}\right) = \dfrac{P_k}{1000} \times \dfrac{S_2^2}{S_N^2}$。

答案: B

【2014,45】两台相同变压器,其额定功率为 20MVA,负荷功率为 18MVA,在额定电压下运行,两台变压器空载损耗 22kW,短路损耗 135kW,两台变压器总有功损耗为:

A. 1.529MW
B. 0.191MW
C. 0.0987MW
D. 0.2598MW

解 单台变压器的额定容量为 S_N,总负荷功率为 S_2 时,n 台变压器并列运行的总有功损耗为:

$$\Delta P_T = n\dfrac{P_k}{1000} \times \dfrac{S_2^2}{(nS_N)^2} + n\dfrac{P_0}{1000} = 2 \times \dfrac{135}{1000} \times \dfrac{18^2}{(2 \times 20)^2} + 2 \times \dfrac{22}{1000} = 0.0987\text{MW}$$

答案: C

【2008,48】两台相同变压器在额定功率 S_{TN}、额定电压下并联运行,其总有功损耗为:

A. $2 \times \left(\dfrac{P_0}{1000} + \dfrac{P_k}{1000}\right)$
B. $\left(\dfrac{P_0}{1000} + \dfrac{P_k}{1000}\right) \times \dfrac{1}{2}$
C. $2 \times \dfrac{P_0}{1000} + \dfrac{1}{2} \times \dfrac{P_k}{1000}$
D. $\dfrac{1}{2} \times \dfrac{P_0}{1000} + 2 \times \dfrac{P_k}{1000}$

解 单台变压器的额定容量为 S_N,总负荷功率为 S_2 时,n 台变压器并列运行的总有功损耗为:

$$\Delta P_T = n\dfrac{P_k}{1000} \times \dfrac{S_2^2}{(nS_N)^2} + n\dfrac{P_0}{1000}$$

因为题中两台相同变压器在额定功率下并列运行,所以总负荷功率 $S_2 = 2S_N$,所以:

$$\Delta P_T = 2 \times \left(\dfrac{P_k}{1000} + \dfrac{P_0}{1000}\right)$$

答案: A

【2007,48】某变电所有 2 台变压器并联运行,每台变压器的额定容量为 31.5MVA,短路损耗 $P_k = 148$kW,短路电压百分比 $U_k\% = 10.5$,空载损耗 $P_0 = 40$kW,空载电流 $I_0\% = 0.8$。变压器运行在额定电压下,变比为 110/11kV,两台变压器流过的总功率为 $(40+j30)$MVA,则两台变压器的总功率损耗为:

A. $(0.093+j2.336)$MVA
B. $(0.372+j9.342)$MVA

C. $(0.186+j4.671)$MVA D. $(0.266+j4.671)$MVA

解 单台变压器的额定容量为 S_N,总负荷功率为 $S_2=\sqrt{40^2+30^2}=50$MVA 时,n 台变压器并列运行的总有功、无功损耗为:

$$\Delta P_T = n\frac{P_k}{1000} \times \frac{S_2^2}{(nS_N)^2} + n\frac{P_0}{1000} = 2\times\frac{148}{1000}\times\frac{50^2}{(2\times31.5)^2}+2\times\frac{40}{1000}=0.2664\text{MW}$$

$$\Delta Q_T = n\frac{U_k\%S_N}{100}\times\frac{S_2^2}{(nS_N)^2}+n\frac{I_0\%S_N}{100}=2\times\frac{10.5\times31.5}{100}\times\frac{50^2}{(2\times31.5)^2}+2\times\frac{0.8\times31.5}{100}$$

$$=4.671\text{Mvar}$$

答案: D

【2016,47】n 台额定功率为 S_{TN} 的变压器在额定电压下并联运行,已知变压器铭牌参数通过额定功率时,n 台变压器的总有功损耗为:

A. $\dfrac{nP_0}{1000}+\dfrac{1}{n}\dfrac{P_k}{1000}$ B. $n\left(\dfrac{P_0}{1000}+\dfrac{P_k}{1000}\right)$

C. $\dfrac{1}{n}\left(\dfrac{P_0}{1000}+\dfrac{P_k}{1000}\right)$ D. $\dfrac{1}{n}\times\dfrac{P_0}{1000}+n\dfrac{P_k}{1000}$

解 负荷 $S_2=nS_N$,代入上题公式可以得到:

$$\Delta P_T=n\frac{P_k}{1000}\times\frac{S_2^2}{(nS_N)^2}+n\frac{P_0}{1000}=n\frac{P_k}{1000}+n\frac{P_0}{1000}$$

答案: B

【2014,43】图示一环网,已知两台变压器归算到高压侧的电抗均为 12.1Ω,T-1 的实际变比 110/10.5kV,T-2 的实际变比 110/11kV,两条线路在本电压级下的电抗均为 5Ω。已知低压母线 B 电压为 10kV,不考虑功率损耗,流过变压器 T-1 和变压器 T-2 的功率分别为:

A. $(5+j3.45)$MVA,$(3+j2.56)$MVA
B. $(5+j2.56)$MVA,$(3+j3.45)$MVA
C. $(4+j3.45)$MVA,$(4+j2.56)$MVA
D. $(4+j2.56)$MVA,$(4+j3.45)$MVA

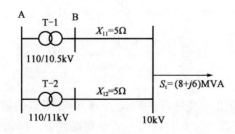

解 变压器归算到低压侧的电抗为 $X_{T1}=12.1\times\left(\dfrac{10.5}{110}\right)^2=0.110\Omega$,$X_{T2}=12.1\times\left(\dfrac{11}{110}\right)^2=$

0.121Ω。

变压器低压侧两端电压不相等将产生循环功率,规定循环功率的方向以顺时针为正方向,如下图所示:

$$Z_{AB} = jX_{T1} + jX_{L1} = j5.11\Omega, Z_{A'B} = jX_{T2} + jX_{L2} = j5.121\Omega$$

循环功率: $\tilde{S}_c = \dfrac{U_N dU^*}{Z_{AB}^* + Z_{A'B}^*} = \dfrac{10 \times (10.5 - 11)}{-j5.11 - j5.121} = -j0.489 \text{Mvar}$

流过变压器 T_1, T_2 的功率分别为:

$$\tilde{S}_1 = \dfrac{\tilde{S}_t Z_{A'B}^*}{Z_{AB}^* + Z_{A'B}^*} + \tilde{S}_c = \dfrac{(8+j6) \times (-j5.121)}{-j5.11 - j5.121} - j0.489 = (4.004 + j2.514)\text{MVA}$$

$$\tilde{S}_2 = \dfrac{\tilde{S}_t Z_{AB}^*}{Z_{AB}^* + Z_{A'B}^*} - \tilde{S}_c = \dfrac{(8+j6) \times (-j5.11)}{-j5.11 - j5.121} + j0.489 = (3.996 + j3.486)\text{MVA}$$

答案:D

5) 无功功率平衡和电压调整

【2009,49】电力系统的有功功率电源是:

  A. 发电机 B. 变压器 C. 调相机 D. 电容器

解 电力系统唯一的有功功率电源:发电机。电力系统的无功功率电源:发电机、同步调相机、静电电容器和静止补偿器。

答案:A

【2017,34】电力系统中最基本的无功功率电源是:

  A. 调相机   B. 电容器
  C. 静止补偿器   D. 同步发电机

解 这四个选项都是无功功率电源,但最基本的无功功率电源是同步发电机。

答案:D

【2017,35】用户侧可采取如下哪种措施调整电压?

  A. 串联电容器   B. 改变有功功率
  C. 发电机调压   D. 加装 SVG

解 调整电压的措施主要有发电机调压、改变变压器变比调压、并联电容器、静止无功补偿器等。其中,适合在用户侧只有并联电容器和静止无功补偿器。

答案：D

【2006,42】 一额定电压为10kV的静电电容器，其容抗值为10.5Ω，接在6kV母线上，电容器在额定电压下供给母线的无功功率为：

A. 0.719Mvar　　B. 0.324Mvar　　C. 7.19Mvar　　D. 3.43Mvar

解 静电电容器供给的感性无功功率Q_C与所在节点电压U的平方成正比，即$Q_C=\dfrac{U^2}{X_C}=\dfrac{6^2}{10.5}=3.43\text{Mvar}$。

答案：D

【2017,35】 需要断开负荷的条件下，才能对变压器进行分接头的调整是：

A. 有载调压　　　　　　　　　B. 无载调压
C. 变压器的分闸操作　　　　　D. 变压器的合闸操作

答案：B

【2016,41】 在低压网中线路串联电容器的目的是：

A. 补偿系统容性无功调压
B. 补偿系统感性无功调压
C. 通过减少线路电抗调压
D. 通过减少线路电抗提高输送容量

解 本题考查串联电容在低压电网的调压原理，主要是通过减少线路电抗调压。选项B是并联电容器的作用；选项D是串联电容在高压输电网中的作用。

答案：C

【2006,45；2008,45】 已知某变压器变比为110(1±2×2.5%)/11kV，容量为20MVA，低压母线最大负荷为18MVA，$\cos\varphi=0.6$，最小负荷为7MVA，$\cos\varphi=0.7$，归算到高压侧的变压器参数为$(5+j60)\Omega$，变电所高压侧母线在任何情况下均维持电压为107kV，为了使低压侧母线保持顺调压，该变压器的分接头为：

A. 主接头档，$U_1=110$kV
B. 110(1−5%)档，$U_1=104.5$kV
C. 110(1+2.5%)档，$U_1=112.75$kV
D. 110(1−2.5%)档，$U_1=107.25$kV

解 由题意可知，最大负荷和最小负荷分别为：
$S_{max}=18\cos\varphi+j18\sin\varphi=18\times0.6+j18\times0.8=(10.8+j14.4)\text{MVA}$
$S_{min}=7\cos\varphi+j7\sin\varphi=7\times0.6+j7\times0.8=(4.9+j5)\text{MVA}$

按照顺调压的要求,最大负荷和最小负荷时变压器低压侧电压分别为:
$U_{2\max}=1.025U_N=10.25\text{kV}$
$U_{2\min}=1.075U_N=10.75\text{kV}$

最大负荷和最小负荷时变压器电压损耗分别为:
$$\Delta U_{T\max}=\frac{P_{\max}R+Q_{\max}X}{U_{1\max}}=\frac{10.8\times5+14.4\times60}{107}\text{kV}=8.58\text{kV}$$
$$\Delta U_{T\min}=\frac{P_{\min}R+Q_{\min}X}{U_{1\min}}=\frac{4.9\times5+5\times60}{107}\text{kV}=3.03\text{kV}$$

最大负荷和最小负荷时分接头电压为:
$$\frac{U_{T1\max}}{U_{T2N}}=\frac{U_{1\max}-\Delta U_{T\max}}{U_{2\max}},\text{即}\frac{U_{T1\max}}{11}=\frac{107-8.58}{10.25},\text{求出}U_{T1\max}=105.62\text{kV}$$
$$\frac{U_{T1\min}}{U_{T2N}}=\frac{U_{1\min}-\Delta U_{T\min}}{U_{2\min}},\text{即}\frac{U_{T1\min}}{11}=\frac{107-3.03}{10.75},\text{求出}U_{T1\min}=106.39\text{kV}$$
$$U_{T1,av}=\frac{U_{T1\max}+U_{T1\min}}{2}=\frac{105.62+106.39}{2}=106\text{kV}$$

选择与106kV最接近的分接头电压为 $110\times(1-2.5\%)\text{kV}=107.25\text{kV}$

答案:D

【2010,51】某变电所装有一变比为 $110\pm5\times2.5\%/11\text{kV}$,$S_N=31.5\text{MVA}$ 的降压器,变电所高压母线电压、变压器归算到高压侧的阻抗及负荷功率均标在图中,若欲保证变电所低压母线电压 $U_{\max}=10\text{kV}$,$U_{\min}=10.5\text{kV}$,在忽略变压器功率损耗和电压降横分量的情况下,变压器分接头为:

A. $110(1+2.5\%)\text{kV}$ B. $110(1-2.5\%)\text{kV}$
C. $110(1-5\%)\text{kV}$ D. $110(1+5\%)\text{kV}$

解 最大负荷和最小负荷时变压器电压损耗分别为:
$$\Delta U_{T\max}=\frac{P_{\max}R+Q_{\max}X}{U_{1\max}}=\frac{33\times2.5+25\times40}{105}\text{kV}=10.3\text{kV}$$
$$\Delta U_{T\min}=\frac{P_{\min}R+Q_{\min}X}{U_{1\min}}=\frac{25\times2.5+20\times40}{107.5}\text{kV}=8.0\text{kV}$$

最大负荷和最小负荷时分接头电压为:
$$\frac{U_{T1\max}}{U_{T2N}}=\frac{U_{1\max}-\Delta U_{T\max}}{U_{2\max}},\text{即}\frac{U_{T1\max}}{11}=\frac{105-10.3}{10},\text{求出}U_{T1\max}=104.17\text{kV}$$
$$\frac{U_{T1\min}}{U_{T2N}}=\frac{U_{1\min}-\Delta U_{T\min}}{U_{2\min}},\text{即}\frac{U_{T1\min}}{11}=\frac{107.5-8.0}{10.5},\text{求出}U_{T1\min}=104.24\text{kV}$$
$$U_{T1,av}=\frac{U_{T1\max}+U_{T1\min}}{2}=104.2\text{kV}$$

选择与104.2kV最接近的分接头电压为 $110\times(1-2\times2.5\%)=104.5\text{kV}$

答案:C

【2009,46】某变电站有一台容量240MW的变压器,电压为 $242\pm2\times2.5\%/11\text{kV}$,变电站高压母线最大负荷时为235kV,最小负荷时为226kV。变电站归算高压侧的电压损耗最大负荷时为8kV,最小负荷时为4kV。变电站低压侧母线要求为逆调压,该变压器的分接头为:

A. 242kV B. 242(1−2.5%)kV
C. 242(1+2.5%)kV D. 242(1−5%)kV

解 按照逆调压的要求,最大负荷和最小负荷时变压器低压侧母线电压分别为:
$$U_{2\max} = 1.05U_N = 10.5\text{kV}, U_{2\min} = U_N = 10\text{kV}$$
最大负荷和最小负荷时分接头电压为:
$$\frac{U_{T1\max}}{U_{T2N}} = \frac{U_{1\max} - \Delta U_{T\max}}{U_{2\max}}, 即 \frac{U_{T1\max}}{11} = \frac{235-8}{10.5}, 求出 U_{T1\max} = 237.8\text{kV}$$
$$\frac{U_{T1\min}}{U_{T2N}} = \frac{U_{1\min} - \Delta U_{T\min}}{U_{2\min}}, 即 \frac{U_{T1\min}}{11} = \frac{226-4}{10}, 求出 U_{T1\min} = 244.2\text{kV}$$
$$U_{T1,av} = \frac{U_{T1\max} + U_{T1\min}}{2} = 241\text{kV}$$
选择与 241kV 最接近的分接头电压为 242kV
答案:A

【2013,51】在一降压变电所中,装有两台电压为 $110 \pm 2 \times 2.5\%/11\text{kV}$ 的相同变压器并联运行,两台变压器归算到高压侧的并联等值阻抗 $Z_T = (2.04 + j31.76)\Omega$,高压母线最大负荷时的运行电压 U 是 115kV,最小负荷时的运行电压 U 为 108kV,变压器低压母线负荷为 $\dot{S}_{\max} = (20 + j15)\text{MVA}, \dot{S}_{\min} = (10 + j7)\text{MVA}$。若要求低压母线逆调压,且最小负荷时切除一台变压器,则变压器分接头的电压应为:

A. 110kV B. 115.5kV C. 114.8kV D. 121kV

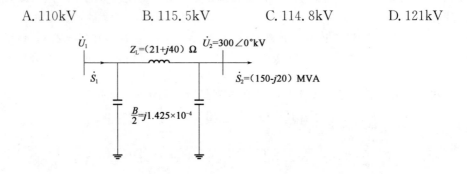

解 由题意可知,最小负荷时切除一台变压器,变压器的等效阻抗是最大负荷时的 2 倍。按照逆调压的要求,最大负荷和最小负荷时变压器低压侧电压分别为:
$$U_{2\max} = 1.05U_N = 10.5\text{kV}, U_{2\min} = U_N = 10\text{kV}$$
最大负荷和最小负荷时变压器电压损耗分别为:
$$\Delta U_{T\max} = \frac{P_{\max}R + Q_{\max}X}{U_{1\max}} = \frac{20 \times 2.04 + 15 \times 31.76}{115}\text{kV} = 4.5\text{kV}$$
$$\Delta U_{T\min} = \frac{P_{\min}R + Q_{\min}X}{U_{1\min}} = \frac{10 \times 4.08 + 7 \times 63.52}{108}\text{kV} = 4.5\text{kV}$$
最大负荷和最小负荷时分接头电压为:
$$\frac{U_{T1\max}}{U_{T2N}} = \frac{U_{1\max} - \Delta U_{T\max}}{U_{2\max}}, 求出 U_{T1\max} = 115.76\text{kV}$$

$$\frac{U_{T1min}}{U_{T2N}} = \frac{U_{1min} - \Delta U_{Tmin}}{U_{2min}}, 求出 U_{T1min} = 113.85 \text{kV}$$

$$U_{T1,av} = \frac{U_{T1max} + U_{T1min}}{2} = 114.8 \text{kV}$$

选择与 114.8kV 最接近的分接头电压为 $110 \times (1 + 2 \times 2.5\%) = 115.5 \text{kV}$

答案: B

【2014,44】某发电厂有一台升压变压器,电压为 $121 \pm 2 \times 2.5\%/10.5 \text{kV}$。变电站高压母线电压最大负荷时为 118kV,最小负荷时为 115kV,变压器最大负荷时电压损耗为 9kV,最小负荷时电压损耗为 6kV(由归算到高压侧参数算出),根据发电厂地区负荷的要求,发电厂母线逆调压且在最大、最小负荷时与发电机的额定电压有相同的电压偏移,变压器分接头电压为:

  A. 121kV   B. $121(1-2.5\%) \text{kV}$

  C. $121(1+2.5\%) \text{kV}$ D. $121(1+5\%) \text{kV}$

解 由题意可知,此变压器为升压变压器。按照逆调压的要求,最大负荷和最小负荷时变压器低压侧电压分别为:

$$U_{2max} = 1.05 U_N = 10.5 \text{kV}, U_{2min} = U_N = 10 \text{kV}$$

最大负荷和最小负荷时分接头电压为:

$$\frac{U_{T1max}}{U_{T2N}} = \frac{U_{1max} + \Delta U_{Tmax}}{U_{2max}}, 即 \frac{U_{T1max}}{10.5} = \frac{118+9}{10.5}, 求出 U_{T1max} = 127 \text{kV}$$

$$\frac{U_{T1min}}{U_{T2N}} = \frac{U_{1min} + \Delta U_{Tmin}}{U_{2min}}, 即 \frac{U_{T1min}}{10.5} = \frac{115+6}{10}, 求出 U_{T1min} = 127.05 \text{kV}$$

$$U_{T1,av} = \frac{U_{T1max} + U_{T1min}}{2} = 127.025 \text{kV}$$

选择与 127.025kV 最接近的分接头电压为 $121 \times (1 + 2 \times 2.5\%) \text{kV} = 127.05 \text{kV}$

答案: D

【2005,47;2013,46】如图所示输电系统,在满足送端电压固定为112kV,变压器低压侧母线要求逆调压的条件时,应安装的静电电容器的容量为(忽略功率损耗及电压降横分量):

  A. 10.928Mvar   B. 1.323Mvar

  C. 1.0928Mvar   D. 13.23Mvar

```
112kV   r₁=0.21Ω/km        T₁          S_max=(25+j10)MVA
        x₁=0.4Ω/km                     S_min=(15+j8)MVA
        50km
                         31.5MVA
                         U_k%=10.5        Q_C
                         110±2×2.5%/11kV
```

解 (1)各元件参数:

$$R_L + jX_L = r_1 l + jx_1 l = 0.21 \times 50 + j0.4 \times 50 \, \Omega = (10.5 + j20) \, \Omega$$

$$X_T = \frac{U_k\%}{100} \frac{U_N^2}{S_N} = \frac{10.5}{100} \times \frac{110^2}{31.5} \, \Omega = 40.33 \, \Omega$$

等值阻抗：$R+jX=R_L+jX_L+jX_T=(10.5+j60.33)\Omega$

(2) 按最小负荷时确定变压器的变比。

$$\Delta U_{Tmin}=\frac{P_{min}R+Q_{min}X}{U_{1min}}=\frac{15\times10.5+8\times60.33}{112}kV=5.72kV$$

$$\frac{U_{T1min}}{U_{T2N}}=\frac{U_{1min}-\Delta U_{Tmin}}{U_{2min}}, 即 \frac{U_{T1min}}{11}=\frac{112-5.72}{10}, 求出 U_{T1min}=116.9kV$$

选择与 116.9kV 最接近的分接头电压 $110\times(1+2\times2.5\%)kV=115.5kV$

变压器的变比为：$k=\frac{U_{T1}}{U_{T2N}}=\frac{115.5}{11}=10.5$

(3) 按最大负荷时的调压要求确定电容器的容量。

最大负荷时低压母线归算到高压侧的电压为：

$$U'_{2max}=U_{1max}-\Delta U_{max}=112-\frac{25\times10.5+10\times60.33}{112}=104.27kV$$

电容器的容量为：

$$Q_C=\frac{kU_{2max}}{X}(kU_{2max}-U'_{2max})=\frac{10.5\times10.5}{60.33}(10.5\times10.5-104.27)=10.928Mvar$$

答案：A

【2011,47】简单电力系统如图所示，送电压始终保持在 113kV，变电所低电侧母线电压要求最大负荷保持 10.5kV，最小负荷保持 10.25kV，在满足以上条件时，应安装静止电容器的容量为：

    A. 5.76Mvar   B. 1.21Mvar   C. 17.9Mvar   D. 6.51Mvar

解 此题未忽略功率损耗，因此需要计算功率损耗。

(1) 各元件参数：

$$R_L+jX_L=r_1l+jx_1l=0.27\times100+j0.4\times100\Omega=(27+j40)\Omega$$

$$X_T=\frac{U_k\%}{100}\frac{U_N^2}{S_N}=\frac{10.5}{100}\times\frac{110^2}{30}\Omega=42.35\Omega$$

系统等值阻抗：$R+jX=R_L+jX_L+jX_T=(27+j82.35)\Omega$

(2) 最大负荷、最小负荷时的电压损耗：

$$S_{1max}=S_{max}+\Delta S_{max}=21+j14+\frac{21^2+14^2}{110^2}\times(27+82.35)=(22.42+j18.34)MVA$$

$$S_{1min}=S_{min}+\Delta S_{min}=10+j7+\frac{10^2+7^2}{110^2}\times(27+82.35)=(10.33+j8.01)MVA$$

$$\Delta U_{max}=\frac{P_{1max}R+Q_{1max}X}{U_{1max}}=\frac{22.42\times27+18.34\times82.35}{113}kV=18.72kV$$

$$\Delta U_{\min} = \frac{P_{1\min}R + Q_{1\min}X}{U_{1\min}} = \frac{10.33 \times 27 + 8.01 \times 82.35}{113}\text{kV} = 8.31\text{kV}$$

(3)按最小负荷时电容器退出运行时,确定变压器的变比。

$$\frac{U_{\text{T1min}}}{U_{\text{T2N}}} = \frac{U_{1\min} - \Delta U_{\min}}{U_{2\min}}, \Rightarrow \frac{U_{\text{T1min}}}{11} = \frac{113 - 8.31}{10.25} \Rightarrow U_{\text{T1min}} = 112.35\text{kV}$$

选择与 112.35kV 最接近的分接头电压 110×(1+2.5%)kV=112.75kV

变压器的变比为:$k = \dfrac{U_{\text{T1}}}{U_{\text{T2N}}} = \dfrac{112.75}{11} = 10.25$

(4)按最大负荷时的调压要求确定电容器的容量。

最大负荷时低压母线归算到高压侧的电压为:

$$U'_{2\max} = U_{1\max} - \Delta U_{\max} = 113 - 18.72 = 94.28\text{kV}$$

电容器的容量为:

$$Q_{\text{C}} = \frac{kU_{2\max}}{X}(kU_{2\max} - U'_{2\max}) = \frac{10.25 \times 10.5}{82.35}(10.25 \times 10.5 - 94.28) = 17.44\text{Mvar}$$

答案: C

【2009,51】输电系统如图所示,假设首端电压为118kV,末端电压固定在11kV,变压器容量为 11.5MVA,额定电压为 110±2×2.5%/11kV,忽略电压降的横分量及功率损耗,最大负荷时电压降是 4.01kV,最小负荷时电压降是 3.48kV,则低压侧母线要求恒调压时末端需并联的电容器容量为:

  A. 15.21Mvar   B. 19.19Mvar
  C. 1.521Mvar   D. 5.802Mvar

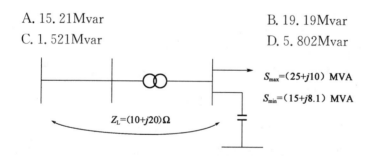

解 由题意可知,$U_{1\max} = U_{1\min} = 118\text{kV}, U_{2\max} = U_{2\min} = 11\text{kV}$

(1)按最小负荷电容器退出运行,确定变压器的变比。

$\dfrac{U_{\text{T1min}}}{U_{\text{T2N}}} = \dfrac{U_{1\min} - \Delta U_{\text{Tmin}}}{U_{2\min}}$,即 $\dfrac{U_{\text{T1min}}}{11} = \dfrac{118 - 3.48}{11}$,求出 $U_{\text{T1min}} = 114.52\text{kV}$

选择与 114.52kV 最接近的分接头电压 110×(1+2×2.5%)kV=115.5kV

变压器的变比为:$k = \dfrac{U_{\text{T1}}}{U_{\text{T2N}}} = \dfrac{115.5}{11} = 10.5$

(2)按最大负荷时的调压要求确定电容器的补偿容量。

最大负荷时低压母线归算到高压侧的电压为:

$U'_{2\max} = U_{1\max} - \Delta U_{\max} = 118 - 4.01 = 113.99\text{kV}$

电容器的容量为:

$$Q_{\text{C}} = \frac{kU_{2\max}}{X}(kU_{2\max} - U'_{2\max}) = \frac{10.5 \times 11}{20} \times (10.5 \times 11 - 113.99) = 8.720\text{Mvar}$$

答案: 没有正确答案

【2016,49】输电系统如图所示,线路和变压器参数为归算到变压器高压侧的参数,变压器的容量为31.5MVA,额定电压为$110\pm2\times2.5\%/11$kV,送端电压固定在112kV,忽略电压降的横分量及功率损耗,变压器低压侧母线要求恒调压$U_2=10.5$kV时,末端应并联的静电电容器容量为:

A. 1.919Mvar B. 19.19Mvar
C. 1.521Mvar D. 15.21Mvar

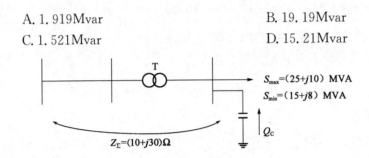

解 由题意可知,$U_{1max}=U_{1min}=112$kV,$U_{2max}=U_{2min}=10.5$kV

(1)最大最小负荷时的电压损耗:

$$\Delta U_{Tmin}=\frac{P_{min}R+Q_{min}X}{U_{1min}}=\frac{15\times10+8\times30}{112}\text{kV}=3.48\text{kV}$$

$$\Delta U_{Tmax}=\frac{P_{max}R+Q_{max}X}{U_{1max}}=\frac{25\times10+10\times30}{112}\text{kV}=4.91\text{kV}$$

(2)按最小负荷电容器退出运行,确定变压器的变比。

$$\frac{U_{T1min}}{U_{T2N}}=\frac{U_{1min}-\Delta U_{Tmin}}{U_{2min}} \Rightarrow \frac{U_{T1min}}{11}=\frac{112-3.48}{10.5} \Rightarrow U_{T1min}=113.68\text{kV}$$

选择与113.68kV最接近的分接头电压$110\times(1+2.5\%)$kV$=112.75$kV

变压器的变比为:$k=\frac{U_{T1}}{U_{T2N}}=\frac{112.75}{11}=10.25$

(3)按最大负荷时的调压要求确定电容器的补偿容量。

最大负荷时低压母线归算到高压侧的电压为:

$$U'_{2max}=U_{1max}-\Delta U_{max}=112-4.91=107.1\text{kV}$$

电容器的补偿容量:

$$Q_C=\frac{kU_{2max}}{X}(kU_{2max}-U'_{2max})=\frac{10.25\times10.5}{30}(10.25\times10.5-107.1)=1.883\text{Mvar}$$

答案: A

【2007,50;2012,46】一条110kV的供电线路,输送有功为22MW,功率因数为0.74。现装设串联电容器以使末端电压从109kV提高为115kV,为达到此目的选用标准单相电容器,其中$U_G=0.66$kV,$Q_{CN}=40$kVA,则需装电容器的总容量为:

A. 1.20Mvar B. 3.60Mvar
C. 6.00Mvar D. 2.88Mvar

解 由题意可知,输送的无功功率为:$Q=P\tan\varphi=20$Mvar

所需串联电容器的容抗值为：$X_C = \dfrac{U_1(U_{2C} - U_2)}{Q} = \dfrac{110 \times (115 - 109)}{20} = 33\Omega$

线路通过的最大负荷电流 $I_{\max}$ 为：

$$I_{\max} = \dfrac{S_{\max}}{\sqrt{3}U_{\max}} = \dfrac{P/\cos\varphi}{\sqrt{3}U_{\max}} = \dfrac{22/0.74}{\sqrt{3} \times 110} = 0.156\text{kA} = 156\text{A}$$

每台电容器的额定电流为：$I_{NC} = \dfrac{Q_{NC}}{U_{NC}} = \dfrac{40}{0.66} = 60.6\text{A}$

电容器组需要并联的串数为：$m \geq \dfrac{I_{\max}}{I_{NC}} = \dfrac{156}{60.6} = 2.574$，因此 $m = 3$

电容器组每串串联的个数为：$n \geq \dfrac{I_{\max}X_C}{U_{NC}} = \dfrac{156 \times 33}{0.66 \times 10^3} = 7.8$，因此 $n = 8$

电容器组的总容量为：$Q_C = 3mnQ_{NC} = 3 \times 3 \times 8 \times 40 = 2.88\text{Mvar}$

答案：D

6）短路电流计算

【2006,47；2007,51】当高压电网发生三相短路故障时，其短路电流非周期分量出现最大瞬时值的条件是：

  A. 短路前负载，电压初相位为 0°
  B. 短路前负载，电压初相位为 90°
  C. 短路前空载，电压初相位为 0°
  D. 短路前空载，电压初相位为 90°

解 短路电流的直流分量有最大初值的条件是：短路前空载；电压初相角为 0，电感回路阻抗角 $\varphi \approx 90°$。

答案：C

【2017,38】平行架设的双回输电线路的每一回路的等值阻抗与单回输电线路相比，不同在于：

  A. 正序阻抗减小，零序阻抗增大
  B. 正序阻抗增大，零序阻抗减小
  C. 正序阻抗不变，零序阻抗增大
  D. 正序阻抗减小，零序阻抗不变

解 平行架设双回输电线路中通过零序电流时，两回路之间会对彼此的互感产生助磁作用，因此每一回的零序等值阻抗大于单回输电线路的零序阻抗，但正序阻抗不变。

答案：C

【2017,50】变压器中性点经小电阻接地有助于：

  A. 电气制动   B. 降低接地故障电流

C. 调整电压 D. 调控潮流

解 电力系统在正常运行时,电流不会流经变压器中性点;在系统发生故障时,故障电流会流经变压器中性点。因此变压器中性点经电阻接地后会减少故障电流。

答案: B

【2009,47】冲击电流是指短路前空载、电源电压过零发生三相短路时全短路电流的:

A. 有效值 B. 一个周期的平均值
C. 最大瞬时值 D. 一个周期的均方根值

答案: C

【2011,49;2012,48】三相短路后,短路点冲击电流和最大有效值电流公式为:

A. $K_m I''_{fm}$ 和 $I''_f \sqrt{1+2(K_m-1)^2}$
B. $K_m I''$ 和 $I''_{fm} \sqrt{1+2(K_m-1)^2}$
C. $I''_f \sqrt{1+2(K_m-1)^2}$ 和 $K_m I''_{fm}$
D. $I''_{fm} \sqrt{1+2(K_m-1)^2}$ 和 $K_m I''$

解 短路冲击电流: $i_M = k_M I_m = \sqrt{2} k_M I$,短路电流的有效值: $I_M = I \cdot \sqrt{1+2(k_M-1)^2}$。式中, I_m 是短路电流交流分量的幅值, I 是短路电流交流分量的有效值。

答案: A

【2005,48】网络接线和元件参数如图所示,当 f 处发生三相短路时,其短路电流为:

A. 32.9925kV B. 34.6400kV
C. 57.1429kV D. 60.0000kV

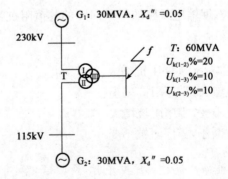

解 选取 $S_B = 60\text{MVA}, U_B = U_{av}$
(1)计算各元件的标幺值:
发电机:
$$X_{G1*} = X_{G2*} = X''_d \frac{S_B}{S_{GN}} = 0.05 \times \frac{60}{30} = 0.1$$

变压器：

$$\begin{cases} U_{k1}\% = \frac{1}{2}[U_{k(1-2)}\% + U_{k(3-1)}\% - U_{k(2-3)}\%] = \frac{1}{2}(20+10-10) = 10 \\ U_{k2}\% = \frac{1}{2}[U_{k(1-2)}\% + U_{k(2-3)}\% - U_{k(3-1)}\%] = \frac{1}{2}(20+10-10) = 10 \\ U_{k3}\% = \frac{1}{2}[U_{k(2-3)}\% + U_{k(3-1)}\% - U_{k(1-2)}\%] = \frac{1}{2}(10+10-20) = 0 \end{cases}$$

$X_{TI*} = \frac{U_{k1}\%}{100} \cdot \frac{S_B}{S_{TN}} = \frac{10}{100} \times \frac{60}{60} = 0.1$

$X_{TII*} = \frac{U_{k2}\%}{100} \cdot \frac{S_B}{S_{TN}} = \frac{10}{100} \times \frac{60}{60} = 0.1$

$X_{TIII*} = \frac{U_{k3}\%}{100} \cdot \frac{S_B}{S_{TN}} = \frac{0}{100} \times \frac{60}{60} = 0$

(2)绘制等值电路图如下。

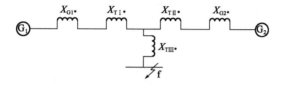

(3)电源到短路点 f 的总电抗标幺值：

$X_{\Sigma} = [(X_{G1*} + X_{TI*}) /\!/ (X_{G2*} + X_{TII*})] + X_{TIII*}$

$\quad = [(0.1+0.1) /\!/ (0.1+0.1)] + 0 = 0.1$

(4)短路电流标幺值：

$\dot{I}_f^* = \frac{1}{X_{\Sigma}} = \frac{1}{0.1} = 10$

(5)短路电流有名值：

$I_f = \dot{I}_f^* \frac{S_B}{\sqrt{3}U_B} = 10 \times \frac{60}{\sqrt{3} \times 10.5} \text{kA} = 32.99 \text{kA}$

答案：A

【2011,50】如图所示系统中，f 点发生三相短路，短路点等值阻抗(标幺值)及短路点短路电流为：(取 $S_B = 100\text{MVA}$，线路电抗均为 $0.4\Omega/\text{km}$)

   A. 0.86, 2.26kA   B. 0.136, 3.69kA

   C. 0.38, 5.7kA   D. 0.03, 3.87kA

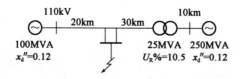

解 选取 $S_B=100\text{MVA}$，$U_B=U_{av}$，$S_{GN1}=100\text{MVA}$，$S_{GN2}=250\text{MVA}$，$l_1=20\text{km}$，$l_2=30\text{km}$。

(1)计算各元件的标幺值：

发电机 G_1：$X_{G1*}=X''_d\times\dfrac{S_B}{S_{GN1}}=0.12\times\dfrac{100}{100}=0.12$

发电机 G_2：$X_{G2*}=X''_d\times\dfrac{S_B}{S_{GN2}}=0.12\times\dfrac{100}{250}=0.048$

线路 l_1：$X_{l1*}=xl_1\times\dfrac{S_B}{U_B^2}=0.4\times20\times\dfrac{100}{115^2}=0.06$

线路 l_2：$X_{l2*}=xl_2\times\dfrac{S_B}{U_B^2}=0.4\times30\times\dfrac{100}{115^2}=0.09$

变压器 T：$X_{T*}=\dfrac{U_k\%}{100}\times\dfrac{S_B}{S_{TN}}=\dfrac{10.5}{100}\times\dfrac{100}{25}=0.42$

(2)电源到短路点 f 的总电抗标幺值：

$X_\Sigma=(X_{G1*}+X_{l1*})//(X_{G2*}+X_{T*}+X_{l2*})=(0.12+0.06)//(0.048+0.42+0.09)=0.136$

(3)短路电流标幺值：

$$I_f^*=\dfrac{1}{X_\Sigma}=\dfrac{1}{0.136}=7.353$$

(4)短路电流周期分量起始值：

$$I_f=I_f^*\dfrac{S_B}{\sqrt{3}U_B}=7.353\times\dfrac{100}{\sqrt{3}\times115}\text{kA}=3.69\text{kA}$$

答案：B

【2008,49】已知某电力系统如图所示，各线路电抗均为 $0.4\Omega/\text{km}$，$S_B=250\text{MVA}$，如果 f 处发生三相短路，瞬时故障电流周期分量起始值为：

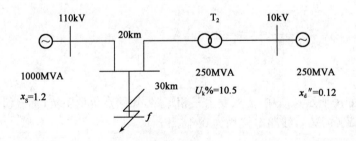

A．3.8605kA　　　B．2.905kA　　　C．5.4767kA　　　D．2.7984kA

解 选取 $S_B=250\text{MVA}$，$U_B=U_{av}$，$S_{GN1}=1000\text{MVA}$，$S_{GN2}=250\text{MVA}$，$l_1=20\text{km}$，$l_2=30\text{km}$，$l_3=20\text{km}$。

(1)计算各元件的标幺值：

发电机 G_1：$X_{G1*}=X_S\times\dfrac{S_B}{S_{GN1}}=1.2\times\dfrac{250}{1000}=0.3$

发电机 G_2：$X_{G2*}=X''_d\times\dfrac{S_B}{S_{GN2}}=0.12\times\dfrac{250}{250}=0.12$

线路 l_1：$X_{l1*} = xl_1 \times \dfrac{S_B}{U_B^2} = 0.4 \times 20 \times \dfrac{250}{115^2} = 0.151$

线路 l_2：$X_{l2*} = xl_2 \times \dfrac{S_B}{U_B^2} = 0.4 \times 30 \times \dfrac{250}{115^2} = 0.227$

线路 l_3：$X_{l3*} = xl_3 \times \dfrac{S_B}{U_B^2} = 0.4 \times 20 \times \dfrac{250}{115^2} = 0.151$

变压器 T：$X_{T*} = \dfrac{U_k\%}{100} \times \dfrac{S_B}{S_{TN}} = \dfrac{10.5}{100} \times \dfrac{250}{250} = 0.105$

(2) 绘制等值电路图

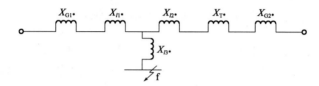

(3) 电源到短路点 f 的总电抗标幺值

$X_\Sigma = [(X_{G1*} + X_{l1*})//(X_{G2*} + X_{T*} + X_{l3*})] + X_{l2*} = [(0.3+0.151)//(0.12+0.105+0.151)] + 0.227 = 0.432$

(4) 短路电流标幺值：

$$I_f^* = \dfrac{1}{X_\Sigma} = \dfrac{1}{0.432} = 2.315$$

(5) 短路电流周期分量起始值：

$$I_f = I_f^* \dfrac{S_B}{\sqrt{3}U_B} = 2.315 \times \dfrac{250}{\sqrt{3} \times 115} \text{kA} = 2.906 \text{kA}$$

答案：B

【2014,47】某一简单系统如图所示，变电所高压母线接入系统，系统的等值电抗未知，已知接到母线的断路器 QF 的额定切断容量为 2500MVA，当变电所低压母线发生三相短路时，短路点的短路电流(kA)和冲击电流(kA)分别为：(取冲击系数为 1.8，S_B=1000MVA)

    A. 31.154kA，12.24kA
    B. 3.94kA，10.02kA
    C. 12.24kA，31.153kA
    D. 12.93kA，32.92kA

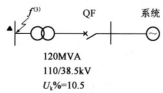

解 (1) 计算各元件的标幺值：

系统：$X_{S*} = \dfrac{S_B}{S_f} = \dfrac{1000}{2500} = 0.4$

变压器：$X_{T*} = \dfrac{U_k\%}{100} \dfrac{S_B}{S_{TN}} = \dfrac{10.5}{100} \times \dfrac{1000}{120} = 0.875$

(2) 总电抗标幺值 $X_\Sigma = X_{S*} + X_{T*} = 0.4 + 0.875 = 1.275$

(3) 短路电流有名值：$I_f = I_f^* \dfrac{S_B}{\sqrt{3}U_B} = \dfrac{1}{X_\Sigma} \dfrac{S_B}{\sqrt{3}U_B} = \dfrac{1}{1.275} \times \dfrac{1000}{\sqrt{3}\times 37} \text{kA} = 12.238\text{kA}$

(4) 冲击电流有名值：$i_M = \sqrt{2} k_M I_f = \sqrt{2} \times 1.8 \times 12.238 = 31.153\text{kA}$

答案：C

【2009,52】图示电路 f 处发生三相短路，各线路电抗均为 $0.4\Omega/\text{km}$，长度标在图中，取 $S_B = 250\text{MVA}$，f 处短路电流周期分量起始值及冲击电流分别为：

A. 2.677kA, 6.815kA 　　　　B. 2.132kA, 3.838kA
C. 4.636kA, 6.815kA 　　　　D. 4.636kA, 7.786kA

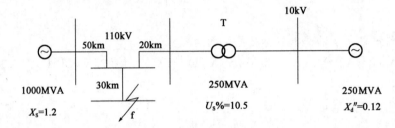

解 选取 $S_B = 250\text{MVA}$，$U_B = U_{av}$，$S_{GN1} = 1000\text{MVA}$，$S_{GN2} = 250\text{MVA}$，$l_1 = 50\text{km}$，$l_2 = 30\text{km}$，$l_3 = 20\text{km}$

(1) 计算各元件的标幺值：

发电机 G_1：$X_{G1*} = X_S \times \dfrac{S_B}{S_{GN1}} = 1.2 \times \dfrac{250}{1000} = 0.3$

发电机 G_2：$X_{G2*} = X_d'' \times \dfrac{S_B}{S_{GN2}} = 0.12 \times \dfrac{250}{250} = 0.12$

线路 l_1：$X_{l1*} = xl_1 \times \dfrac{S_B}{U_B^2} = 0.4 \times 50 \times \dfrac{250}{115^2} = 0.378$

线路 l_2：$X_{l2*} = xl_2 \times \dfrac{S_B}{U_B^2} = 0.4 \times 30 \times \dfrac{250}{115^2} = 0.227$

线路 l_3：$X_{l3*} = xl_3 \times \dfrac{S_B}{U_B^2} = 0.4 \times 20 \times \dfrac{250}{115^2} = 0.151$

变压器 T：$X_{T*} = \dfrac{U_k\%}{100} \times \dfrac{S_B}{S_{TN}} = \dfrac{10.5}{100} \times \dfrac{250}{250} = 0.105$

(2) 绘制等值电路图如下。

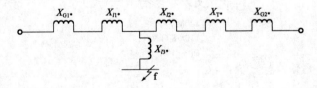

(3) 电源到短路点 f 的总电抗标幺值：

$$X_\Sigma = [(X_{G1*} + X_{l1*}) /\!/ (X_{G2*} + X_{T*} + X_{l3*})] + X_{l2*}$$
$$= [(0.3+0.378) /\!/ (0.12+0.105+0.151)] + 0.227 = 0.4689$$

(4) 短路电流标幺值：

$$\dot{I}_f^* = \frac{1}{X_\Sigma} = \frac{1}{0.4689} = 2.133$$

(5) 短路电流周期分量起始值：

$$I_f = \dot{I}_f^* \frac{S_B}{\sqrt{3} U_B} = 2.133 \times \frac{250}{\sqrt{3} \times 115} \text{kA} = 2.677 \text{kA}$$

(6) 冲击电流有名值：

$$i_M = \sqrt{2} k_M I_f = \sqrt{2} \times 1.8 \times 2.677 = 6.815 \text{kA}$$

答案：A

【2012，52】网络接线如图所示，容量为1200MVA，取 $S_B = 60$MVA，当图示 f 点发生三相短路时，短路点的短路电流及短路冲击电流分别为：

A. 6.127kA, 14.754kA
B. 6.127kA, 15.57kA
C. 4.25kA, 10.84kA
D. 5.795kA, 14.754kA

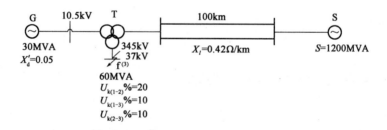

解 (1) 计算各元件的标幺值：

发电机：

$$X_{G*} = X_d'' \frac{S_B}{S_{GN}} = 0.05 \times \frac{60}{30} = 0.1$$

变压器：

$$\begin{cases} U_{k1}\% = \frac{1}{2}[U_{k(1-2)}\% + U_{k(3-1)}\% - U_{k(2-3)}\%] = \frac{1}{2}(20+10-10) = 10 \\ U_{k2}\% = \frac{1}{2}[U_{k(1-2)}\% + U_{k(2-3)}\% - U_{k(3-1)}\%] = \frac{1}{2}(20+10-10) = 10 \\ U_{k3}\% = \frac{1}{2}[U_{k(2-3)}\% + U_{k(3-1)}\% - U_{k(1-2)}\%] = \frac{1}{2}(10+10-20) = 0 \end{cases}$$

$$X_{T1*} = \frac{U_{k1}\%}{100} \cdot \frac{S_B}{S_{TN}} = \frac{10}{100} \times \frac{60}{60} = 0.1$$

$$X_{T2*} = \frac{U_{k2}\%}{100} \cdot \frac{S_B}{S_{TN}} = \frac{10}{100} \times \frac{60}{60} = 0.1$$

$$X_{T3*} = \frac{U_{k3}\%}{100} \cdot \frac{S_B}{S_{TN}} = \frac{0}{100} \times \frac{60}{60} = 0$$

线路 l：

$$X_{l*} = \frac{1}{2} X l_1 \times \frac{S_B}{U_B^2} = \frac{1}{2} \times 0.42 \times 100 \times \frac{60}{345^2} = 0.01$$

系统 S：

$$X_{S*} = \frac{S_B}{S_f} = \frac{60}{1200} = 0.05$$

(2)绘制等值电路图如下。

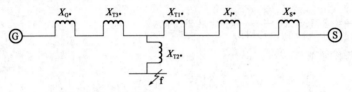

(3)电源到短路点 f 的总电抗标幺值：

$$X_\Sigma = [(X_{G*} + X_{T3*}) /\!/ (X_{T1*} + X_{l*} + X_{S*})] + X_{T2*}$$
$$= [(0.1+0) /\!/ (0.1+0.01+0.05)] + 0.1 = 0.1615$$

(4)短路电流标幺值：

$$\dot{I}_f^* = \frac{1}{X_\Sigma} = \frac{1}{0.1615} = 6.19$$

(5)短路电流有名值：

$$I_f = \dot{I}_f^* \frac{S_B}{\sqrt{3} U_B} = 6.19 \times \frac{60}{\sqrt{3} \times 37} \text{kA} = 5.795 \text{kA}$$

(6)冲击电流有名值：

$$i_M = \sqrt{2} k_M I_f = \sqrt{2} \times 1.8 \times 5.795 = 14.752 \text{kA}$$

答案：D

【2013,52】某发电厂有两组相同的发电机、变压器及电抗器，系统接线及元件参数如图所示，当 115kV 母线发生三相短路时，短路点的短路电流有名值为（$S_B = 60\text{MVA}$）：

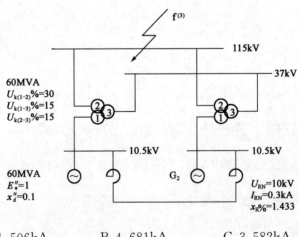

A. 1.506kA B. 4.681kA C. 3.582kA D. 2.463kA

解 选取基准值 $S_B = 60\text{MVA}$，$U_B = U_{av}$。

(1)计算各元件的标幺值：

发电机：
$$X_{G1*}=X_{G2*}=X_d''\frac{S_B}{S_{GN}}=0.05\times\frac{60}{30}=0.1$$

变压器：
$$\begin{cases}U_{k1}\%=\frac{1}{2}[U_{k(1-2)}\%+U_{k(3-1)}\%-U_{k(2-3)}\%]=\frac{1}{2}(30+15-15)=15\\U_{k2}\%=\frac{1}{2}[U_{k(1-2)}\%+U_{k(2-3)}\%-U_{k(3-1)}\%]=\frac{1}{2}(30+15-15)=15\\U_{k3}\%=\frac{1}{2}[U_{k(2-3)}\%+U_{k(3-1)}\%-U_{k(1-2)}\%]=\frac{1}{2}(15+15-30)=0\end{cases}$$

$$X_{T1*}=\frac{U_{k1}\%}{100}\cdot\frac{S_B}{S_{TN}}=\frac{15}{100}\times\frac{60}{60}=0.15$$

$$X_{T2*}=\frac{U_{k2}\%}{100}\cdot\frac{S_B}{S_{TN}}=\frac{15}{100}\times\frac{60}{60}=0.15$$

$$X_{T3*}=\frac{U_{k3}\%}{100}\cdot\frac{S_B}{S_{TN}}=\frac{0}{100}\times\frac{60}{60}=0$$

(2)绘制等值电路图如下。

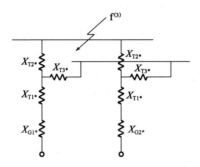

(3)总电抗标幺值：
$$X_\Sigma=(X_{G1*}+X_{T1*}+X_{T2*})//(X_{G2*}+X_{T1*}+X_{T2*})=0.2$$

(4)短路电流标幺值：
$$I_{f*}=\frac{1}{X_\Sigma}=\frac{1}{0.2}=5$$

(5)短路电流有名值：
$$I_f=I_{f*}\frac{S_B}{\sqrt{3}U_B}=5\times\frac{60}{\sqrt{3}\times115}\text{kA}=1.506\text{kA}$$

答案：A

【2014,50】图示系统 f 处发生三相短路，各线路电抗均为 0.4Ω/km，长度标在图中，系统电抗未知，发电机、变压器参数标在图中，取 $S=500$MVA，已知母线 B 的短路容量为 1000MVA，f 处短路电流周期分量起始值(kA)及冲击电流(kA)分别为(冲击系数取1.8)：

A. 2.677kA, 6.815kA B. 2.132kA, 3.838kA
C. 2.631kA, 6.698kA D. 4.636kA, 7.786kA

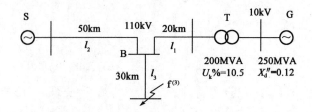

解 B 母线处发生三相短路时,左右两个电源都会提供短路电流,由于 B 处离两个电源都较近,因此不能单纯地认为短路容量由 S 系统提供。通常的做法是,先由 B 母线处短路容量求出系统 S 的电抗,然后再根据电路拓扑求取任一位置的短路电流,这是通用的解题方法。由于此题短路点就在 B 母线的下方,可不必求出系统 S 的电抗值。

方法 1:选取基准值 $S_B=500\text{MVA}, U_B=115\text{kV}$,则:

$$X_{l3*}=xl_3\times\frac{S_B}{U_B^2}=0.4\times30\times\frac{500}{115^2}=0.4537$$

(1)总电抗标幺值:

$$X_\Sigma=\frac{S_B}{S_f}+X_{l3*}=\frac{500}{1000}+0.4537=0.9537$$

(2)短路电流有名值:

$$\dot I_f=\dot I_f^*\frac{S_B}{\sqrt{3}U_B}=\frac{1}{X_\Sigma}\frac{S_B}{\sqrt{3}U_B}=\frac{1}{0.9537}\times\frac{500}{\sqrt{3}\times115}\text{kA}=2.632\text{kA}$$

(3)冲击电流有名值:

$$i_M=\sqrt{2}k_M I_f=\sqrt{2}\times1.8\times2.632=6.7\text{kA}$$

方法 2(通用求法):

选取基准值 $S_B=500\text{MVA}, U_B=115\text{kV}$,则:

(1)各元件的标幺值:

线路:

$$X_{l1*}=xl_1\times\frac{S_B}{U_B^2}=0.4\times20\times\frac{500}{115^2}=0.3025$$

$$X_{l2*}=xl_2\times\frac{S_B}{U_B^2}=0.4\times50\times\frac{500}{115^2}=0.7561$$

$$X_{l3*}=xl_3\times\frac{S_B}{U_B^2}=0.4\times20\times\frac{500}{115^2}=0.4537$$

发电机 G:

$$X_{G*}=X_d''\times\frac{S_B}{S_G}=0.12\times\frac{500}{250}=0.24$$

变压器:

$$X_{T*}=\frac{U_k\%}{100}\times\frac{S_B}{S_N}=0.105\times\frac{500}{200}=0.2625$$

(2)在 B 母线处短路时,系统 S 的电抗:

$$X_\Sigma=(X_S+X_{l2*})\mathbin{/\mkern-6mu/}(X_{G*}+X_{T*}+X_{l1*})=\frac{1}{I_f^*}=\frac{S_B}{S_f}=\frac{500}{1000}\Rightarrow X_S=0.5636$$

(3)求出 X_S 就可以求出电源至短路点的总阻抗,进而求出短路电流。
在 f 点短路时短路电路周期分量的起始值:

$$I_f = \dot{I}_f^* \frac{S_B}{\sqrt{3}U_B} = \frac{1}{X_\Sigma + X_{l3^*}} \frac{S_B}{\sqrt{3}U_B} = \frac{1}{0.9537} \times \frac{500}{\sqrt{3} \times 115} \text{kA} = 2.632 \text{kA}$$

(4)冲击电流有名值:

$$i_M = \sqrt{2} k_M I_f = \sqrt{2} \times 1.8 \times 2.632 = 6.7 \text{kA}$$

答案:C

【2017,39】 已知 QF 的额定切断容量为 500MVA,变压器的额定容量为 10MVA,短路电压 $U_k = 7.5\%$,输电线路 $X_L = 0.4\Omega/\text{km}$,请以 $S_B = 100\text{MVA}$,$U_B = U_{av}$ 为基值,求出 f 点发生三相短路时起始次暂态电流和短路容量的有名值分别为:

    A. 7.179kA, 78.34MVA   B. 8.789kA, 95.95MVA
    C. 7.377kA, 80.50MVA   D. 7.377kA, 124.6MVA

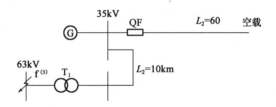

解 根据断路器 QF 的切断容量可计算出系统的电抗 $X_{S^*} = \frac{S_B}{S} = \frac{100}{500} = 0.2$

线路: $X_{l^*} = xl_1 \times \frac{S_B}{U_B^2} = 0.4 \times 10 \times \frac{100}{37^2} = 0.292$

变压器: $X_{T^*} = \frac{U_k\%}{100} \times \frac{S_B}{S_N} = 0.075 \times \frac{100}{10} = 0.75$

故次暂态电流的标幺值: $I_{f^*} = \frac{1}{X_{S^*} + X_{l^*} + X_{T^*}} = \frac{1}{1.242} = 0.805$

次暂态电流有名值: $I_f = I_{f^*} \frac{S_B}{\sqrt{3}U_B} = 0.805 \times \frac{100}{\sqrt{3} \times 6.3} \text{kA} = 7.378 \text{kA}$

短路容量: $S_f = S_{f^*} S_B = I_{f^*} S_B = 0.805 \times 100 = 80.5 \text{MVA}$

答案:C

【2016,50】 已知图示系统中开关 B 的开断容量为 2500MVA,取 $S_B = 100\text{MVA}$,则 f 点三相短路 $t=0$ 时的冲击电流为:

         A. 13.49kA   B. 17.17kA   C. 24.28kA   D. 26.31kA

解 由上题的分析可知:开关 B 开断容量可以近似认为是系统 S 的系统容量。
取定 $S_B = 100\text{MVA}$,$U_B = U_{av}$。

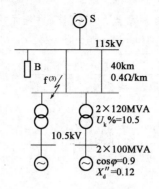

(1) 各元件的标幺值：

系统 S：

$$X_{S*}=\frac{S_B}{S}=\frac{100}{2500}=0.04$$

线路：

$$X_{l*}=xl_1\times\frac{S_B}{U_B^2}=\frac{1}{2}\times0.4\times40\times\frac{100}{115^2}=0.06$$

发电机 G：

$$X_{G*}=X_d''\times\frac{S_B}{S_G}=X_d''\times\frac{S_B\cos\varphi}{P_G}=0.12\times\frac{500\times0.9}{100}=0.54$$

变压器：

$$X_{T*}=\frac{U_k\%}{100}\times\frac{S_B}{S_N}=0.105\times\frac{100}{120}=0.0875$$

(2) 故其短路周期分量的初始值($t=0$ 时刻)：

$$I_f=I_{f*}\frac{S_B}{\sqrt{3}U_B}=\left(\frac{1}{0.5X_{G*}+0.5X_{T*}}+\frac{1}{X_{S*}+X_{l*}}\right)\frac{S_B}{\sqrt{3}U_B}$$

$$=\left(\frac{1}{0.27+0.5\times0.0875}+\frac{1}{0.04+0.06}\right)\times\frac{100}{\sqrt{3}\times115}\text{kA}=6.62\text{kA}$$

(3) 冲击电流有名值：

$$i_M=\sqrt{2}k_MI_f=\sqrt{2}\times1.8\times6.62=16.85\text{kA}$$

答案：B

【2005,49；2006,49；2012,49】系统如图所示。已知：T_1、T_2：100MVA，$U_k\%=10$。l：$S_B=100$MVA 时的标幺值电抗为 0.03。当 f_1 点三相短路时，短路容量为 1000MVA，当 f_2 点三相短路时，短路容量为 833MVA，则当 f_3 点三相短路时的短路容量为：

A. 222MVA B. 500MVA
C. 909MVA D. 1000MVA

解 此题短路发生在发电机出口侧，可近似认为短路容量即为系统的容量。注意与上题的区别与联系。

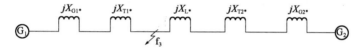

已知 $S_B=100\text{MVA}, S_{f1}=1000\text{MVA}, S_{f2}=833\text{MVA}, S_{TN}=100\text{MVA}$

(1)计算各元件的标幺值。

发电机：

$$X_{G1*}=\frac{S_B}{S_{f1}}=\frac{100}{1000}=0.1$$

$$X_{G2*}=\frac{S_B}{S_{f2}}=\frac{100}{833}=0.12$$

变压器：

$$X_{T1*}=X_{T2*}=\frac{U_k\%}{100}\frac{S_B}{S_{TN}}=\frac{10}{100}\times\frac{100}{100}=0.1$$

线路：

$$X_{l*}=0.03$$

(2)当 f_3 点三相短路时，等效电路如下图所示。

$$X_{\Sigma*}=(X_{G1*}+X_{T1*})//(X_{G2*}+X_{l*}+X_{T2*})=(0.1+0.1)//(0.12+0.03+0.1)=0.11$$

(3)短路容量的标幺值为：

$$S_{f*}=I_{f*}=\frac{1}{X_{\Sigma*}}=\frac{1}{0.11}=9.09$$

(4)短路容量的有名值为：

$$S_f=S_{f*}S_B=9.09\times100\text{MVA}=909\text{MVA}$$

答案：C

【2013,49】系统接线如图所示，系统等值机参数不详。已知与系统相接变电站的断路器的开断容量是 1000MVA，求 f 点发生三相短路后的短路点的冲击电流（kA）。（取 $S_B=250\text{MVA}$）

A. 7.25kA　　　　B. 6.86kA　　　　C. 9.71kA　　　　D. 7.05kA

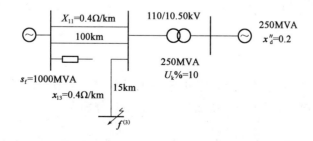

解 左边母线处发生三相短路时,左右两个电源都会提供短路电流,由于该母线离右边发电机距离较远,因此可近似认为短路容量由 S 系统提供。

(1)计算各元件的标幺值:

系统:$X_{S*} = \dfrac{S_B}{S_f} = \dfrac{250}{1000} = 0.25$

发电机:$X_{G*} = X_d'' \dfrac{S_B}{S_{GN}} = 0.2 \times \dfrac{250}{250} = 0.2$

变压器:$X_{T*} = \dfrac{U_k\%}{100} \dfrac{S_B}{S_{TN}} = \dfrac{10}{100} \times \dfrac{250}{250} = 0.1$

线路:$X_{l1*} = \dfrac{1}{2} xl_1 \times \dfrac{S_B}{U_B^2} = \dfrac{1}{2} \times 0.4 \times 100 \times \dfrac{250}{115^2} = 0.378$

$X_{l3*} = xl_3 \times \dfrac{S_B}{U_B^2} = 0.4 \times 15 \times \dfrac{250}{115^2} = 0.113$

(2)总电抗标幺值

$X_{\Sigma *} = (X_{S*} + X_{l1*})//(X_{G*} + X_{T*}) + X_{l3*} = (0.25+0.378)//(0.2+0.1) + 0.113 = 0.316$。

(3)短路电流有名值:

$$I_f = I_f^* \dfrac{S_B}{\sqrt{3} U_B} = \dfrac{1}{X_{\Sigma *}} \dfrac{S_B}{\sqrt{3} U_B} = \dfrac{1}{0.316} \times \dfrac{250}{\sqrt{3} \times 115} \text{kA} = 3.972 \text{kA}$$

(4)冲击电流有名值:

$$i_M = \sqrt{2} k_M I_f = \sqrt{2} \times 1.8 \times 3.972 = 10.11 \text{kA}$$

答案:无

【2007,52】 系统如图所示,原来出线 1 的断路器容量是按一台发电机考虑的,现在又装设一台同样的发电机,电抗器 X_R 应如何选择,才能使 f 点发生三相短路时,短路容量不变。

A. 0.10Ω
B. 0.2205Ω
C. 0.20Ω
D. 0.441Ω

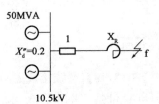

解 选取基准值 $S_B = 50\text{MVA}, U_B = 10.5\text{kV}$

则电抗器的基准值为:$U_B^2/S_B = 10.5^2/50 = 2.205\Omega$

由短路容量不变可知,安装前后电源到短路点 f 的总电抗标幺值 X_Σ 相等,安装前 $X_\Sigma = 0.2$,安装后 $X_\Sigma = 0.2//0.2 + X_{R*} = 0.1 + X_{R*}$,因此 $X_{R*} = 0.1$,所以电抗器的有名值 $0.1 \times 2.205 = 0.2205\Omega$。

答案:B

【2010,52】 如图所示为某系统等值电路,各元件参数标幺值标在图中,f 点发生三相短路时,短路点的总短路电流及各电源对短路点的转移阻抗分别为:

A. 1.136, 0.25, 0.033   B. 2.976, 9.72, 1.930

C. 11.360,9.72,0.993　　　　　　　　　D. 1.136,7.72,0.993

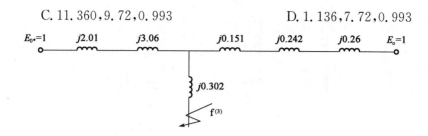

解 等效电路图如下图所示：

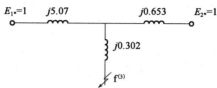

电源 E_1 对短路点的转移阻抗为：$X_{1f}=j5.07+j0.302+\dfrac{j5.07\times j0.302}{j0.653}=j7.717$

电源 E_2 对短路点的转移阻抗为：$X_{2f}=j0.653+j0.302+\dfrac{j0.653\times j0.302}{j5.07}=j0.994$

短路点的总短路电流标幺值为：$\dot{I}_f^*=\dfrac{E_1}{X_{1f}}+\dfrac{E_2}{X_{2f}}=\dfrac{1}{7.717}+\dfrac{1}{0.994}=1.136$

答案：D

【2011,52】下列网络接线如图所示，元件参数标幺值如图所示，f 点发生三相短路时各发电机对短路点的转移阻抗及短路电流标幺值分别为：

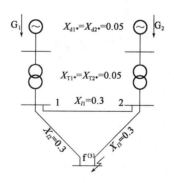

A. 0.4,0.4,5　　　　　　　　　　　　B. 0.45,0.45,4.44
C. 0.35,0.35,5.71　　　　　　　　　　D. 0.2,0.2,10

解 根据 Y-△变换，作其等效电路图，如下图 a)所示，进一步整理，如图 b)所示。

电源 E_1 对短路点的转移阻抗为：$X_{1f}=0.2+0.1+\dfrac{0.2\times 0.1}{0.2}=0.4$

电源 E_2 对短路点的转移阻抗为：$X_{2f}=0.2+0.1+\dfrac{0.2\times 0.1}{0.2}=0.4$

总的短路电流标幺值为：$\dot{I}_f^*=\dfrac{E_1}{X_{1f}}+\dfrac{E_2}{X_{2f}}=\dfrac{1}{0.4}+\dfrac{1}{0.4}=5$

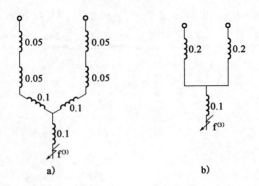

a)　　　　　　　　　　　b)

答案: A

【2009,49】 图中参数均为标幺值,若母线 a 处发生三相短路,网络对故障点的等值阻抗和短路电流标幺值分别为:

A. 0.358, 2.793
B. 0.278, 3.591
C. 0.358, 2.591
D. 0.397, 2.519

解 根据 Y-△ 变换,作其等效电路图,如下图所示:

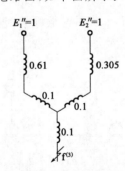

(1) 网络对故障点的等值阻抗:
$$X_{\Sigma*}=(0.61+0.1)//(0.305+0.1)+0.1=0.358$$

(2) 短路电流标幺值:
$$I_f^*=\frac{1}{X_{\Sigma*}}=\frac{1}{0.358}=2.793$$

答案: A

【2016,47】 下图中系统 S 参数不详,已知开关 B 的短路容量 2500MVA,发电厂 G 和变压器 T 额定容量均为 100MVA, $X_d''=0.195$, $X_{T*}=0.105$,三条线路单位长度电抗均为 0.4Ω/km,线路长度均为 100km;若母线 A 处发生三相短路,短路点冲击电流和短路容量分别为下列哪组数值?($S_B=100$MVA)

A. 4.91kA, 542.2MVA　　　　　　　B. 3.85kA, 385.4MVA

C. 6.94kA,542.9MVA   D. 2.72kA,272.6MVA

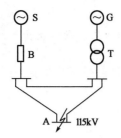

解 此题可采用近似计算法,断路器开断容量即认为是系统 E_1 的短路容量。画出如下等值电路图:

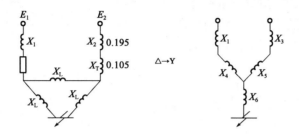

此题可采用延似计算法,断路器处的开断容量全部认为是系统 E_1 的短路容量,忽略 E_2 发电机提供的短路容量,则

$$X_{1*} = \frac{S_B}{S_K} = \frac{100}{2500} = 0.04$$

$$X_{3*} = x_2 + x_T = 0.195 + 0.105 = 0.3$$

$$X_{L*} = 0.412 \times 100 \times \frac{100}{115^2} = 0.312$$

则由 △→Y 可知:

$$X_{4*} = X_{5*} = X_{6*} = \frac{0.312 \times 0.312}{0.312 \times 3} = 0.104$$

则总阻抗 $X_{\Sigma*} = (X_{1*} + X_{4*}) // (X_{3*} + X_{5*}) + X_{6*}$
$= 0.144 // 0.404 + 0.104 = 0.2102$

冲击电流 $I = \sqrt{2} k_m I'' = \sqrt{2} \times 1.8 \times \frac{1}{0.2102} \times \frac{100}{\sqrt{3} \times 115} = 608 \text{kA}$

短路容量 $S_k = I'' \cdot S_B = \frac{1}{0.2102} \times 100 = 475.73 \text{MVA}$

答案: C

[2011,48;2012,47] 发电机的暂态电势与励磁绕组的关系为:

A. 正比于励磁电流   B. 反比于励磁磁链

C. 反比于励磁电流　　　　　　　　D. 正比于励磁磁链

解　由 $E'_q = \dfrac{x_{ad}}{x_f}\psi_f$ 可知，发电机的暂态电动势正比于励磁绕组磁链。此外，稳态电势 $E_q = x_{ad}i_f$，次暂态电势 $E''_q = K_f\Psi_f + K_D\Psi_D$，$E''_d = \dfrac{-x_{aq}}{x_Q}\Psi_Q$ 均与磁链成正比，由超导体闭合回路磁链守恒原则知，在短路瞬间均维持不变。

答案：B

【2013,47】 在短路瞬间，发电机的空载电势将：

　　　　A. 反比于励磁电流而增大
　　　　B. 正比于阻尼绕组磁链不变
　　　　C. 正比于励磁电流而突变
　　　　D. 正比于励磁磁链不变

解　由上题结论可知稳态电势 $E_q = x_{ad}i_f$ 与磁链成正比，由超导体闭合回路磁链守恒原则，知在短路瞬间均维持不变。

答案：D

【2014,45】 同步发电机突然发生三相短路后定子绕组中的电流分量有：

　　　　A. 基波周期交流、直流、倍频分量
　　　　B. 基波周期交流、直流分量
　　　　C. 基波周期交流、非周期分量
　　　　D. 非周期分量、倍频分量

解　①定子绕组含有的电流分量：基频分量（稳态电路电流、基频自由分量），非基频分量（直流电流、倍频电流）。

②转子侧电流分量：直流分量（稳态励磁电流、励磁绕组自由直流），交流分量（励磁绕组基频交流分量等）。

注意：周期分量包含基频分量和倍频分量。

答案：A

【2014,51】 同步发电机的电势中与磁链成正比的是：

　　　　A. E_q, E_Q, E'_q, E'　　　　　　B. E_q, E'_q, E'
　　　　C. E''_q, E''_d, E'_q, E'　　　　　D. E''_q, E''_d, E'_q

解　稳态电势 $E_q = X_{ad}i_f$、暂态电势 $E'_q = \dfrac{X_{ad}}{X_f}\Psi_f$，次暂态电势 $E''_q = K_f\Psi_f + K_D\Psi_D$，$E''_d = \dfrac{-X_{aq}}{X_Q}\Psi_Q$ 均与磁链成正比，由核心考点的超导体闭合回路磁链守恒原则知：在短路瞬间均维持不变。

答案：D

【2016,51】 同步发电机的暂态电势在短路瞬间：

A. 为零   B. 变大   C. 不变   D. 变小

答案:C

【2016,45】同步发电机突然发生三相短路后励磁绕组中的电流分量有：

A. 直流分量、周期交流   B. 倍频分量、直流分量
C. 直流分量、基波交流分量   D. 周期分量、倍频分量

答案:C

【2014,46】一台有阻尼绕组同步发电机，已知发电机在额定电压下运行 $U_{GN}=1.0\angle 0°$，带负荷 $S=0.850+j0.425$，$R_a=0$，$X_d=1.2$，$X_q=0.8$，$X_d'=0.3$，$X_d''=0.15$，$X_q'=0.165$（参数为以发电机稳定容量为基准的标幺值）。E_q''、E_d'' 分别为：

A. 1.01,0.36   B. $1.01\angle 26.91°$，$0.36\angle -63.09°$
C. $1.121\angle 24.4°$，$0.539\angle -65.6°$ D. 1.121,0.539

解 此题考查在同步发电机带负载运行下，短路后的次暂态等值电路参数计算。根据下面次暂态电动势电压等值电路及相量图可求出 E_q''，E_d''。

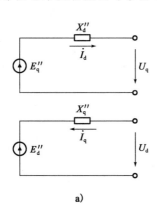 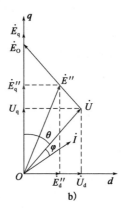

a)   b)

$$\begin{cases} U_q = E_q'' - X_d'' \dot{I}_d \\ U_d = E_d'' + X_q'' \dot{I}_q \end{cases}, U_q = U\cos\theta, U_d = U\sin\theta$$

由 $S = U\dot{I}^* \Rightarrow \dot{I} = 0.85 - j0.425 = 0.95\angle -26.56° \Rightarrow \varphi = 26.56°$；

故 $\sin\varphi = 0.447$，$\cos\varphi = 0.894$

根据同步发电机相量图求出内功率因数角：

$\tan\psi = \dfrac{IX_q + U\sin\varphi}{U\cos\varphi + Ir_a} = \dfrac{0.95\times 0.8 + 0.447}{0.894 + 0} = 1.35 \Rightarrow \psi = 53.47°$；

功角 $\theta = \psi - \varphi = 53.47° - 26.25° = 26.91°$

所以由 $E_q'' = X_d'' I_d + U\cos\theta = X_d'' I\sin\psi + U\cos\theta$

     $= 0.15\times 0.95\times \sin 53.47° + \cos 26.91°$

     $= 1.006\angle 26.91°$（与稳态时 $E_q = X_d I_d + U\cos\theta$ 类似）

341

$E''_d = U\sin\theta - X''_q I_q = \sin 26.91° - 0.165 \times 0.95 \times \cos 53.47° = 0.36\angle -63.09°$

答案:B

【2016,46】 一台额定功率为 200MW 的汽轮发电机,额定电压 10.5kV,$\cos\varphi_N = 0.85$,其有关电抗标幺值为 $X_d = X_q = 2.8, X'_d = X'_q = 0.3, X''_d = X''_q = 0.17$(参数为以发电机额定容量为基准的标幺值),发电机在额定电压下空载运行时端部突然三相短路,I''_k 为:

  A. 107.6kA   B. 85.8kA   C. 76.1kA   D. 60.99kA

解 同步发电机突然三相短路后,次暂态短路初始值 $I'' = \sqrt{I''^2_d + I''^2_q}$,其中 $I''_d = \dfrac{E''_q}{X''_d}$,

$I''_q = \dfrac{E''_d}{X''_q}$。

因此本题主要是求解发电机稳态电动势 E''_q, E''_d 的过程。$\cos\varphi = 0.85$,即 $\varphi = 31.79°$。

根据前述核心考点公式求出内功率因数角 ψ:

$\tan\psi = \dfrac{IX_q + U\sin\varphi}{U\cos\varphi + Ir_a} = \dfrac{1 \times 2.8 + 0.527}{0.85 + 0} = 3.914 \Rightarrow \psi = 75.668°$

则功角 $\theta = \psi - \varphi = 75.668° - 31.79° = 43.878°$

则在额定运行下,次暂态电势分别为:

$E''_q = U\cos\theta + X''_d I\sin\psi = 1 \times \sin 43.878° + 1 \times \sin 75.668° \times 0.17 = 0.885$

$E''_d = U\sin\theta + X''_q I\cos\psi = 1 \times \sin 43.878° + 1 \times \cos 75.668° \times 0.17 = 0.735$

故在短路后,交直轴电流标幺值:

$I''_d = \dfrac{E''_q}{X''_d} = \dfrac{0.855}{0.17} = 5.029$

$I''_q = \dfrac{E''_d}{X''_q} = \dfrac{0.735}{0.17} = 4.324$

故短路电路次暂态电流有名值:

$I'' = \sqrt{I''^2_d + I''^2_q} \times I_B = \sqrt{I''^2_d + I''^2_q} \times \dfrac{\dfrac{P}{\cos\varphi}}{\sqrt{3} U_N} = \sqrt{5.029^2 + 4.324^2} \times \dfrac{200}{0.85 \times \sqrt{3} \times 10.5}$

  $= 85.8\text{kA}$

答案:B

7) 不对称短路的分析与计算

【2014,48】 某简单系统其短路点的等值正序电抗为 $X_{(1)}$,负序电抗为 $X_{(2)}$,零序电抗为 $X_{(0)}$,利用正序等效定则求发生单相接地短路故障处正序电流,在短路点加入的附加电抗为:

  A. $\Delta X = X_{(1)} + X_{(2)}$ B. $\Delta X = X_{(2)} + X_{(0)}$

  C. $\Delta X = X_{(1)} // X_{(0)}$ D. $\Delta X = X_{(2)} // X_{(0)}$

解 本题考查正序等效定则。

答案:B

【2009,48】 变压器负序阻抗与正序阻抗相比,其值:

A. 比正序阻抗大
B. 与正序阻抗相等
C. 比正序阻抗小
D. 由变压器接线方式决定

解 静止元件的正序阻抗等于负序阻抗,如变压器、输电线路等。
答案: B

【2017,39】与无架空地线的单回输电线路相比,架设平行双回路和架空地线后,其等值的每回输电线路零序阻抗 $X_{(0)}$ 变化为:

A. 双回线路使 $X_{(0)}$ 增大,架空地线使 $X_{(0)}$ 减小
B. 双回线路使 $X_{(0)}$ 减小,架空地线使 $X_{(0)}$ 增大
C. 双回线路使 $X_{(0)}$ 增大,架空地线不影响 $X_{(0)}$ 大小
D. 双回线路不影响 $X_{(0)}$ 大小,架空地线使 $X_{(0)}$ 减小

解 由于零序电流三相同相位,相间的互感使每相的等值电感增大,因此双回线路使 $X_{(0)}$ 增大;由于架空地线的影响,其相当于导线旁边的一个短路线圈,对导线起去磁作用,架空地线距离导线越近,去磁作用越强,使 $X_{(0)}$ 减小。
答案: A

【2013,48】系统和各元件的标幺值电抗如图所示,当 f 处发生不对称短路故障时,其零序等值电抗为:

A. $X_{\Sigma(0)} = x_{L(0)} + (x_{G(0)} + x_p) // (x_T + 3x_{pt})$
B. $X_{\Sigma(0)} = x_{L(0)} + (x_{G(0)} + 3x_p) // (x_T + 1/3 x_{pt})$
C. $X_{\Sigma(0)} = x_{L(0)} + (x_{G(0)} + x_p) // (x_T + 1/9 x_{pt})$
D. $X_{\Sigma(0)} = x_{L(0)} + (x_{G(0)} + 3x_p) // (x_T + 1/9 x_{pt})$

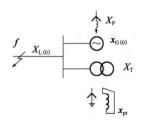

解 此题难点在于三角形绕组中串联电抗的等值,要明确三角形绕组串联电抗和星形中性点接地阻抗有本质的区别:
(1)三角形绕组串联电抗是表示二次侧(三角形)的漏抗参数,因此在正负零序中都要反映,而中性点接地阻抗只在零序网络中反映。
(2)在正负零序网络中,三角形绕组串联电抗用 1/9 倍表示,解释如下:①三角形绕组串联总阻抗,平均分配到三角形每个绕组中,除以 3;②正负零序网络均为单相等值网络,因而三角形电路需转化成星形电路,再除以 3。

因此本题零序等值电路如下图所示：

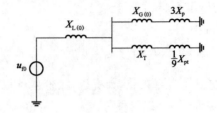

由图可以看出，零序等值阻抗 $X_{0\Sigma}=X_{L(0)}+(X_{G(0)}+3X_p)//(X_T+\frac{1}{9}X_{pt})$

答案：D

【2012,50】系统如图所示，系统中各元件在统一基准功率下的标幺值电抗：
$G: x''_d=x_{(2)}=0.1, E''=1; T_1: Y/\triangle-11, x_{T1}=0.1$，中性点接地电抗 $x_p=0.01$；
$T_2: Y/\triangle-11, x_{T2}=0.1$，三角绕组中接入电抗 $x_{pT}=0.18$；
$L: x_i=0.01, x_{i0}=3x_i$。
当图示 f 点发生 A 相短路接地时，其零序网等值电抗及短路点电流标幺值分别为：

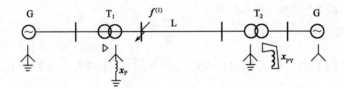

A. 0.0696, 10.95
B. 0.0697, 3.7
C. 0.0969, 4
D. 0.0969, 3.5

解 分别作出各序网络图如下：
正负零序等值网络图如下：

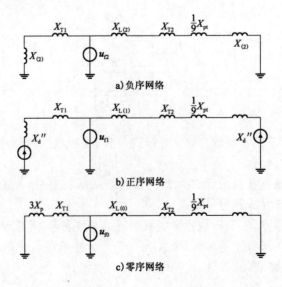

由以上各序网络图可求出：

$$x_{1\Sigma} = (x_d'' + x_{T1}) // (x_{L(1)} + x_{T2} + \frac{1}{9}x_{pt} + x_d'') = (0.1+0.1)//(0.01+0.1+0.02+0.1)$$
$$= 0.10697$$

$$x_{2\Sigma} = x_{1\Sigma} = 0.10697$$

$$x_{0\Sigma} = (3x_p + x_{T1}) // \left(x_{L(1)} + x_{T2} + \frac{1}{9}x_{pt}\right) = (0.03+0.1)//(0.03+0.1+0.02)$$
$$= 0.0696$$

当发生 A 相短路接地时：

$$I_{f*} = 3 \times \frac{E''}{x_{1\Sigma} + x_{2\Sigma} + x_{0\Sigma}} = \frac{3}{0.10697 \times 2 + 0.0696} = 10.58$$

答案：A

【2013,53】系统如图所示,系统中各元件在统一基准功率下的标幺值电抗为 $G_1: X_d'' = X_{(2)} = 0.1, G_2: X_d'' = X_{(2)} = 0.2, T_1: Y_0/\triangle-11, X_{T1} = 0.1$,中性点接地电抗 $X_{p1} = 0.01$; $T_2: Y_0/Y_0/\triangle, X_1 = 0.1, X_2 = 0, X_3 = 0.2, X_{p2} = 0.01, T_3: Y/\triangle-11, X_{T3} = 0.1, L_1: X_l = 0.1, X_{l0} = 3X_l, L_2: X_l = 0.05, X_{l0} = 3X_l$,电动机 $M: X_M'' = X_{M(2)} = 0.05$。当图示 f 点发生 A 相短路接地时,其零序网等值电抗及短路点电流标幺值分别为：

　　A. 0.196, 11.1　　　　　　　　　　B. 0.697, 3.7
　　C. 0.147, 8.65　　　　　　　　　　D. 0.969, 3.5

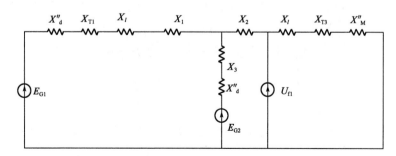

解 (1)正序网络如下图所示：

$$X_{1\Sigma} = [(X_d'' + X_{T1} + X_l + X_1) // (X_d'' + X_3) + X_2] // (X_M'' + X_{T3} + X_l)$$
$$= [(0.1+0.1+0.1+0.1)//(0.2+0.2)+0]//(0.05+0.1+0.05) = 0.1$$

(2)负序网络如下图所示：

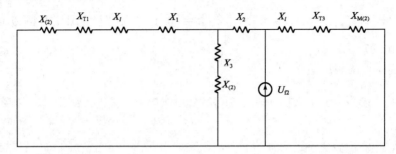

$X_{2\Sigma}=0.1$

(3)零序网络如下图所示：

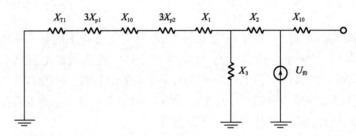

$X_{0\Sigma}=(X_{T1}+3X_{p1}+X_{l0}+X_1+3X_{p2})//X_3+X_2$

$=(0.1+0.03+0.3+0.1+0.03)//0.2+0=0.147$

(4)单相短路电流标幺值：

$I_{f1}=\dfrac{E''}{X_{1\Sigma}+X_{2\Sigma}+X_{0\Sigma}}=\dfrac{1}{0.1+0.1+0.147}=2.882$

$I_f=3I_{f1}=3\times2.882=8.65$

答案：C

【2014,53】 系统如图所示，各元件电抗标幺值为：G_1，G_2：$X''_d=0.1$，T_1：Y/△-11，$X_{T1}=0.1$，三角形绕组接入电抗 $X_{P1}=0.27$，T_2：Y/△-11，$X_{T2}=0.1$，$X_{P2}=0.01$，l：$X_{l(1)}=0.04$，$X_{l(0)}=3X_{l(1)}$，当线路 $l/2$ 处发生 A 相短路时，短路点的短路电流标幺值为：

A．7.087　　　　B．9.524　　　　C．3.175　　　　D．10.637

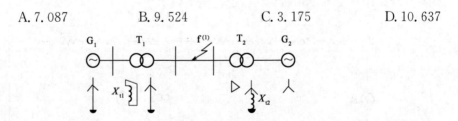

解 此题难点在于三角形绕组中串联电抗的等值，2016年供配电基础考试又对该知识点进行了考查。

(1)要明确三角形绕组串联电抗和星形中性点接地阻抗有本质的区别：三角形绕组串联电抗是表示二次侧(三角形)的漏抗参数，因此在正负零序中都要反映，而中性点接地阻抗只在零序网络中反映。

(2)在正负零序网络中,三角形绕组串联电抗用1/9倍表示,解释如下:
①三角形绕组串联总阻抗,平均分配到三角形每个绕组中,除以3;
②正负零序网络均为单相等值网络,因而三角形电路需转化成星形电路,再除以3。

正序:

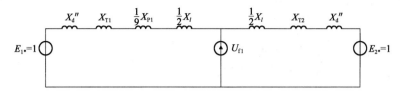

负序:

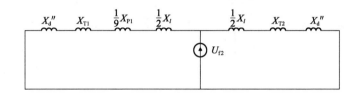

零序(从短路点开始):

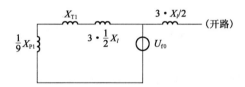

从以上网络中分别求得正、负、零序阻抗值:

$$X_{1\Sigma} = \left(X_d'' + X_{T1} + \frac{1}{9}X_{P1} + \frac{1}{2}X_l\right) // \left(\frac{1}{2}X_L + X_{T2} + X_d''\right) = 0.25 // 0.22 = 0.117$$

$$X_{2\Sigma} = X_{1\Sigma}$$

$$X_{\Sigma(0)} = \left(X_{T1} + \frac{1}{9}X_{P1}\right) + \frac{3}{2}X_l = 0.1 + \frac{0.27}{9} + 0.06 = 0.19$$

单相短路电流标幺值:

$$I_f = 3I_{f1} = \frac{3E''}{X_{1\Sigma} + X_{2\Sigma} + X_{0\Sigma}} = \frac{3}{0.117 + 0.117 + 0.19} = 7.075$$

答案:A

【2016,52】系统设备各元件的标幺值电抗如图所示,当线路中部 f 点发生不对称单路故障时,其零序等值电抗为:

A. 0.09   B. 0.12   C. 0.14   D. 0.186

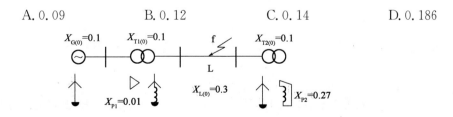

解 由上题分析可知：

$$X_{0\Sigma} = \left(\frac{1}{9}X_{P2} + X_{T2} + \frac{1}{2}X_{L(0)}\right) // \left(3X_{P1} + X_{T1} + \frac{1}{2}X_{L(0)}\right)$$

$$= \left(\frac{0.27}{9} + 0.1 + \frac{0.3}{2}\right) // \left(3 \times 0.01 + 0.1 + \frac{0.3}{2}\right) = 0.28 // 0.28 = 0.14$$

答案：C

【2008,50】简单电力系统如图所示，取基准功率 $S_B = 100\text{MVA}$ 时，计算 f 点发生 a 相接地短路时短路点的短路电流(kA)及短路点正序电压(kV)为：

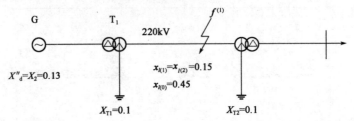

A. 0.887kA, 127.17kV　　　　　　B. 2.789kA, 76.089kV
C. 0.887kA, 76.089kV　　　　　　D. 2.789kA, 127.17kV

解 因为略去负荷，变压器 T_2 相当于空载，不包括在正、负序网络中。

(1) 各序阻抗：

$x_{1\Sigma} = x_d'' + x_{T1} + x_{L(1)} = 0.13 + 0.1 + 0.15 = 0.38$

$x_{2\Sigma} = x_2 + x_{T1} + x_{L(2)} = 0.13 + 0.1 + 0.15 = 0.38$

$x_{0\Sigma} = (x_{T1} + x_{L(0)}) // x_{T2} = (0.1 + 0.45) // 0.1 = 0.08$

(2) 单相短路电流标幺值：

$$\dot{I}_{f1} = \frac{\dot{E}_{1\Sigma}}{j(x_{1\Sigma} + x_{2\Sigma} + x_{0\Sigma})} = \frac{1 \angle 0°}{j(0.38 + 0.38 + 0.08)} = -j1.19$$

$I_f = 3I_{f1} = 3 \times 1.19 = 3.57$

(3) 单相短路电流有名值：$I_f = I_f \frac{S_B}{\sqrt{3}U_{av}} = 3.57 \times \frac{100}{\sqrt{3} \times 230} = 0.896\text{kA}$

(4) 正序相电压标幺值：$\dot{U}_{f1} = \dot{E}_{1\Sigma} - jX_{1\Sigma}\dot{I}_{f1} = 0.548$

正序相电压有名值：$U_{f1} = 0.548 \times \frac{230}{\sqrt{3}} = 72.77\text{kV}$

答案：无

【2010,53】系统接线如图所示，图中参数均为归算到同一基准，基准值之下($S_B = 50\text{MVA}$)的标幺值。系统在 f 点发生 a 相接地，短路处短路电流及正序相电压有名值为(变压连接组 Y, dll)：

A. 0.238kA, 58.16kV　　　　　　B. 0.316kA, 100.74kV
C. 0.412kA, 58.16kV　　　　　　D. 0.238kA, 52.11kV

解 (1)各序阻抗：
$X_{1\Sigma}=X_d''+X_T+X_{l(1)}=0.289+0.21+0.182=0.681$
$X_{2\Sigma}=X_{(2)}+X_T+X_{l(2)}=0.289+0.21+0.182=0.681$
$X_{0\Sigma}=X_T+3X_p+X_{l(0)}=0.21+3\times0.348+3\times0.182=1.8$

(2)单相短路电流标幺值：
$\dot{I}_{f*}=3\dot{I}_{f1}$
$=\dfrac{3\dot{E}_{1\Sigma}}{j(X_{1\Sigma}+X_{2\Sigma}+X_{0\Sigma})}=\dfrac{3\angle 0°}{j(0.681+0.681+1.8)}=-j0.948$

(3)单相短路电流有名值：
$I_f=I_{f*}\dfrac{S_B}{\sqrt{3}U_{av}}=0.948\times\dfrac{50}{\sqrt{3}\times115}=0.238\text{A}$

(4)短路处正序相电压标幺值：
$\dot{U}_{f1}=\dot{E}_{1\Sigma}-jX_{1\Sigma}\dot{I}_{f1}=0.785$

短路处正序相电压有名值：
$U_{f1}=0.785\times\dfrac{115}{\sqrt{3}}=52.12\text{kV}$

答案：D

【2008,52】如图所示系统在基准功率100MVA时，元件各序的标幺值电抗标在图中，f点发生单相接地短路时，短路点的短路电流为：

A. 1.466kA B. 0.885kA C. 1.25kA D. 0.907kA

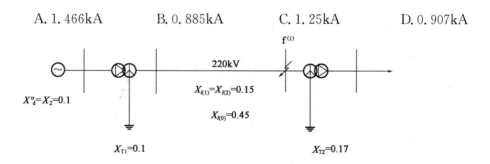

解 因为略去负荷，变压器 T_2 相当于空载，不包括在正、负序网络中。

(1)各序阻抗：
$X_{1\Sigma}=X_d''+X_{T1}+X_{l(1)}=0.1+0.1+0.15=0.35$
$X_{2\Sigma}=X_2+X_{T1}+X_{l(2)}=0.1+0.1+0.15=0.35$
$X_{0\Sigma}=(X_{T1}+X_{l(0)})/\!/X_{T2}=(0.1+0.45)/\!/0.17=0.13$

(2)单相短路电流标幺值：

$$I_{f1*} = \frac{1}{X_{1\Sigma}+X_{2\Sigma}+X_{0\Sigma}} = \frac{1}{0.35+0.35+0.13} = 1.205$$

$I_{f*} = 3I_{f1} = 3\times1.205 = 3.615$

(3)单相短路电流有名值：

$$I_f = I_{f*}\frac{S_B}{\sqrt{3}U_{av}} = 3.615\times\frac{100}{\sqrt{3}\times230} = 0.907\text{kA}$$

答案：D

【2017，40】 图示系统中参数为标幺值 $S_B=100$MVA，求短路点 A 相单相短路电流的有名值为：

  A. 0.2350kA   B. 0.3138kA   C. 0.4707kA   D. 0.8152kA

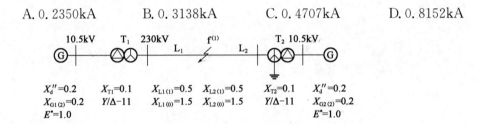

解 (1)各序阻抗：

$$X_{1\Sigma} = (X_d''+X_{T1}+X_{L1(1)}) // (X_d''+X_{T2}+X_{L2(1)})$$
$$= (0.2+0.1+0.5) // (0.2+0.1+0.5) = 0.4$$

$$X_{2\Sigma} = (X_{G1(2)}+X_{T1}+X_{L1(2)}) // (X_{G2(2)}+X_{T2}+X_{L2(2)})$$
$$= (0.2+0.1+0.5) // (0.2+0.1+0.5) = 0.4$$

$$X_{0\Sigma} = X_{L2(0)}+X_{T2} = 1.5+0.1 = 1.6$$

(2)正序电流标幺值：$I_{f1*} = \dfrac{E''}{X_{1\Sigma}+X_{2\Sigma}+X_{0\Sigma}} = \dfrac{1.0}{0.4+0.4+1.6} = 0.417$

单相短路电流标幺值：$I_{f*} = 3I_{f1*} = 3\times0.417 = 1.251$

(3)单相短路电流有名值：$I_f = I_{f*}\dfrac{S_B}{\sqrt{3}u_{av}} = 1.251\times\dfrac{100}{\sqrt{3}\times230} = 0.314\text{kA}$

答案：B

【2006，52】 如图所示，G_1，G_2：30MVA，$X_d''=X_{(2)}=0.1$，$E''=1.1$；T_1，T_2：30MVA，$U_k\%=10$，10.5/121kV，当 f 处发生 A 相接地短路，其短路电流值为：

  A. 1.657kA   B. 0.5523kA   C. 0.6628kA   D. 1.1479kA

解 选取基准值 $S_B=30$MVA，$U_B=115$kV

$$X_{T1}=X_{T2}=\frac{U_k\%}{100}\frac{S_B}{S_{TN}}=\frac{10}{100}\times\frac{30}{30}=0.1$$

(1)各序阻抗：

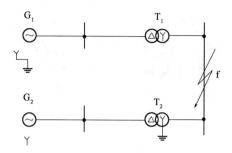

$X_{1\Sigma} = (X_d'' + X_{T1}) /\!/ (X_d'' + X_{T2}) = (0.1+0.1) /\!/ (0.1+0.1) = 0.1$

$X_{2\Sigma} = (X_{(2)} + X_{T1}) /\!/ (X_{(2)} + X_{T2}) = (0.1+0.1) /\!/ (0.1+0.1) = 0.1$

$X_{0\Sigma} = X_{T2} = 0.1$

(2)单相短路电流标幺值：

$$I_{f*} = 3I_{f1*} = \frac{3E''}{X_{1\Sigma} + X_{2\Sigma} + X_{0\Sigma}} = 3 \times \frac{1.1}{0.1+0.1+0.1} = 11$$

(3)单相短路电流有名值：

$$I_f = I_{f*} \frac{S_B}{\sqrt{3}U_{av}} = 11 \times \frac{30}{\sqrt{3} \times 115} = 1.657 \text{kA}$$

答案：A

【2005,52；2006,50】系统如图所示，各元件标幺值参数为：发电机 G，$X_d'' = 0.1$，$X_{(2)} = 0.1$，$E'' = 1.0$；变压器 T，$X_T = 0.2$，$X_p = 0.2/3$。当在变压器高压侧的 B 母线发生 A 相接地短路时，变压器中性线的电流为：

A. 1   B. $\sqrt{3}$ C. 2   D. 3

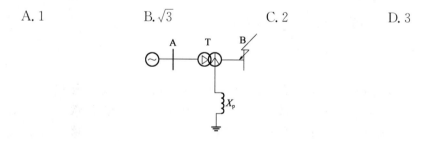

解 (1)各序阻抗：

$X_{1\Sigma} = X_d'' + X_T = 0.1 + 0.2 = 0.3$

$X_{2\Sigma} = X_{(2)} + X_T = 0.1 + 0.2 = 0.3$

$X_{0\Sigma} = X_T + 3X_p = 0.2 + 0.2 = 0.4$

(2)序电流标幺值：

$$I_{f1*} = I_{f2*} = I_{f0*} = \frac{E''}{X_{1\Sigma} + X_{2\Sigma} + X_{0\Sigma}} = \frac{1}{0.3+0.3+0.4} = 1$$

(3)变压器中性线中的电流：

$I_0^* = 3I_{f0}^* = 3$（有中性线引出的 Y 形绕组，中性线中有 3 倍零序电流流过）

答案:D

【2012,53】系统接线如图所示,各元件参数为 G_1、G_2:30MVA, $X''_d = X_{(2)} = 0.1$;T_1、T_2:30MVA,$U_k\% = 10$。取 $S_B = 30$MVA,线路标幺值为 $X_1 = 0.3$,$X_0 = 3X_1$,当系统在 f 点发生 A 相接地短路时,短路点短路电流为:

A. 2.21kA　　　　B. 1.22kA　　　　C. 8.16kA　　　　D. 9.48kA

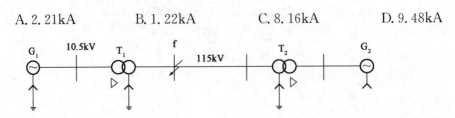

解 选取基准值 $S_B = 30$MVA,$U_B = 115$kV

$$X_{T1} = X_{T2} = \frac{U_k\%}{100} \frac{S_B}{S_{TN}} = \frac{10}{100} \times \frac{30}{30} = 0.1$$

(1)各序阻抗:

$X_{1\Sigma} = (X''_d + X_{T1}) // (X''_d + X_{T2} + X_{l1}) = (0.1+0.1) // (0.1+0.1+0.3) = 0.14$

$X_{2\Sigma} = (X_{(2)} + X_{T1}) // (X_{(2)} + X_{T2} + X_{l2}) = (0.1+0.1) // (0.1+0.1+0.3) = 0.14$

$X_{0\Sigma} = X_{T1} // (X_{T2} + X_{l0}) = 0.1 // (0.1+0.9) = 0.09$

(2)单相短路电流标幺值:

$$I_{f^*} = 3I_{f1} = \frac{3E''}{X_{1\Sigma} + X_{2\Sigma} + X_{0\Sigma}} = \frac{3}{0.14+0.14+0.09} = 8.1$$

(3)单相短路电流有名值:

$$I_f = I_{f^*} \frac{S_B}{\sqrt{3}U_{av}} = 8.1 \times \frac{30}{\sqrt{3} \times 115} = 1.22\text{kA}$$

答案:B

【2016,53】系统接线如图所示,各元件电抗标幺值如下:G_1,G_2:$X''_d = 0.1 = X_{(2)}$;T_1:Y/△-11,$X_{T1} = 0.104$;T_2:Y/△-11,$X_{T2} = 0.1$;$X_p = 0.01$;线路标幺值 $X_{l1} = 0.04$,$X_{l0} = 3X_{l1}$;当母线 A 发生单相短路时,短路点的短路电流标幺值为:

A. 3.875　　　　B. 7.087　　　　C. 9.324　　　　D. 10.811

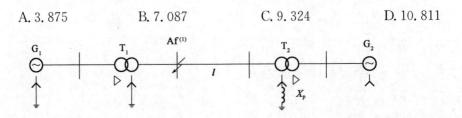

解 (1)各序阻抗

$X_{1\Sigma} = (X''_d + X_{T1}) // (X_{T2} + X_{l1} + X''_d) = (0.1+0.104) // (0.04+0.1+0.1) = 0.11$

$X_{2\Sigma} = (X''_d + X_{T1}) // (X_{T2} + X_{l1} + X''_d) = (0.1+0.104) // (0.04+0.1+0.1) = 0.11$

352

$X_{0\Sigma}=X_{T1}//(X_{T2}+X_{l0}+3X_p)=0.104//(0.1+0.03+0.12)=0.073$

(2)单相短路电流标幺值：

$$I_{f*}=3I_{f1*}=\frac{3E''}{X_{1\Sigma}+X_{2\Sigma}+X_{0\Sigma}}=\frac{3}{0.11+0.11+0.073}=10.238$$

答案：D

【2011,51】系统如图所示，系统中各元件在统一基准功率下的标幺值阻抗：

$G:X''_d=X_{(2)}=0.03,X_{(0)}=0.15,E''=1.12;T:X_T=0.06$，Y/△-11 接法，中性点接地阻抗 $X_p=0.04/3$，当图示 f 点发生 A 相接地短路时，短路处 A 相短路电流和电路点处系统的等值零序电抗分别为：

A. 12,0.1
B. 4,0.1
C. 0.09,4
D. 12,0.04

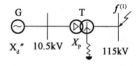

解 (1)各序阻抗：
$X_{1\Sigma}=X''_d+X_T=0.03+0.06=0.09$
$X_{2\Sigma}=X_{(2)}+X_T=0.03+0.06=0.09$
$X_{0\Sigma}=X_T+3X_p=0.06+0.04=0.1$

(2)短路电流标幺值：$I_{f1}=I_{f2}=I_{f0}=\dfrac{E''}{x_{1\Sigma}+x_{2\Sigma}+x_{0\Sigma}}=\dfrac{1.12}{0.09+0.09+0.1}=4$

$I_f=3I_{f1}=3\times 4=12$

答案：A

【2009,50】系统如图所示，母线 C 发生 a 相接地短路时，短路点短路电流和发电机 A 母线 a 相电压标幺值分别为：[变压器绕组为 YN,d11；各元件标幺值参数为：$G:X''_d=0.1,X_{(2)}=0.1,E''=1,X_T=0.2,X_P=0.2/3;L:X_1=0.2,X_{(2)}=0.1,X_{(0)}=0.2,E''=1$]

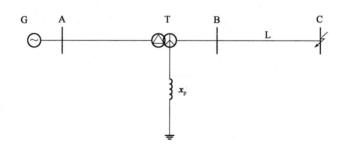

A. 1.9,0.833∠46.1°
C. 1.9,0.968∠26.6°
B. 2.0,0.833∠46.1°
D. 2.0,0.968∠26.6°

解 (1)各序等值阻抗：
$X_{1\Sigma}=X''_d+X_T+X_{L(1)}=0.1+0.2+0.2=0.5$

353

$X_{2\Sigma}=X_{(2)}+X_T+X_{L(2)}=0.1+0.2+0.1=0.4$
$X_{0\Sigma}=X_T+3X_p+X_{L(0)}=0.2+0.2+0.2=0.6$

(2)短路点各序电流标幺值：
$$\dot{I}_{f1}=\dot{I}_{f2}=\dot{I}_{f0}=\frac{\dot{E}_{1\Sigma}}{j(x_{1\Sigma}+x_{2\Sigma}+x_{0\Sigma})}=\frac{1.\angle 0°}{j(0.5+0.4+0.6)}=-j0.667$$

(3)短路点短路电流标幺值：
$$I_f=3I_{f1}=3\times 0.667=2$$

(4)短路点各序电压：
$$\dot{U}_{f1}=\dot{E}_{1\Sigma}-jX_{1\Sigma}\dot{I}_{f1}=0.667, \dot{U}_{f2}=-jX_{2\Sigma}\dot{I}_{f1}=-0.267$$

(5)发电机母线处的 A 相电压：
$$\dot{U}_A=[\dot{U}_{f1}+\dot{I}_{f1}(jX_T+jX_{L(1)})]e^{j30°}+[\dot{U}_{f2}+\dot{I}_{f2}(jX_T+jX_{L(2)})]e^{-j30°}=0.75+j0.5=0.9\angle 33.6°$$

答案： 无

【2007,53】 系统如图所示，系统中各元件在同一基准功率下的标幺值电抗：G：$X_d''=X_{(2)}=0.05, X_{(0)}=0.1$（Y接线，中性点接地），$E''_{(2)}=1.1$；T：$X_T=0.05$，Y/△-11接法，中性点接地电抗 $X_p=0.05/3$；负荷的标幺值电抗：$X_D=0.9$（Y接线）。则当图示 f 点发生 A 相接地短路时，发电机母线处的 A 相电压是：

A. 0.937　　　　B. 0.94　　　　C. 1.0194　　　　D. 1.0231

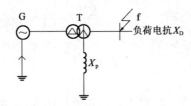

解 正负零序网络如下图所示：

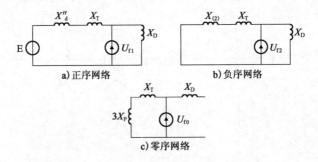

a)正序网络　　b)负序网络　　c)零序网络

(1)序阻抗：
$X_{1\Sigma}=(X_d''+X_T)//X_D=(0.05+0.05)//0.9=0.09$
$X_{2\Sigma}=(X_{(2)}+X_T)//X_D=(0.05+0.05)//0.9=0.09$
$X_{0\Sigma}=X_T+3X_p=0.05+0.05=0.1$

(2)短路点序电流标幺值：

$$\dot I_{f1*}=\dot I_{f2*}=\dot I_{f0*}=\frac{\dot E_{1\Sigma}}{j(X_{1\Sigma}+X_{2\Sigma}+X_{0\Sigma})}=\frac{1.1\angle 0°}{j(0.09+0.09+0.1)}=-j3.93$$

(3)短路点各序电压标幺值：

$$\dot U_{f1}=\dot E_{1\Sigma}-jX_{1\Sigma}\dot I_{f1*}=0.7463,\ \dot U_{f2}=-jX_{2\Sigma}\dot I_{f1*}=-0.3537$$

(4)发电机母线处的 A 相电压（即为非故障点的电压）：

求出该点的正负零序电压，然后进行合成并考虑到变压器转相位的问题，可以从短路点开始计算，也可以从电源处开始计算。

①从短路点开始计算：

在正序和负序网络里，流过发电机的正负序电流分别为：

$$\dot I_{G1}=\frac{X_D}{X_D+X_d''+X_T}\dot I_{f1*}$$

$$\dot I_{G2}=\frac{X_D}{X_D+X_{(2)}+X_T}\dot I_{f2*}$$

$$\dot U_A=[\dot U_{f1}+\dot I_{G1}\times(jX_T)]e^{j30°}+[\dot U_{f2}+\dot I_{G2}\times(jX_T)]e^{-j30°}$$

$$=\left[0.7463+\frac{0.9}{0.9+0.1}\times(-j3.93)\times j0.05\right]e^{j30°}+$$

$$\left[-0.3537+\frac{0.9}{0.9+0.1}\times(-j3.93)\times j0.05\right]e^{-j30°}$$

$$=0.923\left(\frac{\sqrt{3}}{2}+j\frac{1}{2}\right)-0.1768\left(\frac{\sqrt{3}}{2}-j\frac{1}{2}\right)=0.848\angle 40.41°$$

②从电源处开始计算：

$$\dot U_A=[\dot E_1-\dot I_{G1}\times(jX_d'')]e^{j30°}+[0-\dot I_{G2}\times(jX_{(2)})]e^{-j30°}$$

$$=0.923\left(\frac{\sqrt{3}}{2}+j\frac{1}{2}\right)-0.1768\left(\frac{\sqrt{3}}{2}-j\frac{1}{2}\right)=0.848\angle 40.41°$$

答案：无

【2009，53】 发电机和变压器归算至 $S_B=100\text{MVA}$ 的电抗标幺值标在图中，试计算图示网络中 f 点发生 BC 两相短路时，短路点的短路电流及发电机母线 B 相电压分别为（变压器连接组 YN,d11）：

A. 0.945kA,10.5kV B. 0.526kA,6.06kV
C. 0.945kA,5.25kV D. 1.637kA,10.5kV

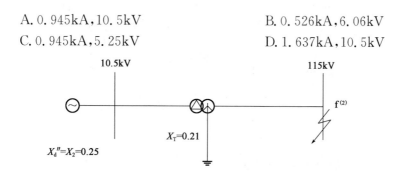

解 (1)各序阻抗：

$$X_{1\Sigma}=X_d''+X_T=0.25+0.21=0.46$$

$X_{2\Sigma} = X_{(2)} + X_T = 0.25 + 0.21 = 0.46$

(2)短路点各序电流：

$$\dot{I}_{a1} = \frac{\dot{E}_{1\Sigma}}{j(X_{1\Sigma}+X_{2\Sigma})} = \frac{1\angle 0°}{j(0.46+0.46)} = -j1.087$$

$\dot{I}_{a2} = -\dot{I}_{a1} = j1.087$

(3)短路点处 B 相或 C 相电流标幺值：

$\dot{I}_B = -\dot{I}_C = a^2\dot{I}_{a1} + a\dot{I}_{a2} + \dot{I}_{a0} = 1.883$

有名值为：

$1.883 \times \dfrac{100}{\sqrt{3} \times 115} = 0.945\text{kA}$

(4)短路点 A 相各序电压：

$\dot{U}_{a1} = \dot{U}_{a2} = -jX_{2\Sigma}\dot{I}_{a2} = 0.5$

(5)发电机母线 A 相各序电压：

$\dot{U}_{A1} = [\dot{U}_{a1} + \dot{I}_{a1} \times (jX_T)]e^{j30°} = 0.631 + j0.364$

$\dot{U}_{A2} = [\dot{U}_{a2} + \dot{I}_{a2} \times (jX_T)]e^{-j30°} = 0.235 - j0.136$

(6)发电机母线 B 相电压标幺值：

$\dot{U}_B = a^2\dot{U}_{A1} + a\dot{U}_{A2} = -j0.457$

则有名值为：$0.457 \times 10.5/\sqrt{3} = 2.77\text{kV}$

答案： 无答案

【2017,40】图中的参数为基值 $S_B = 1000\text{MVA}$，$U_B = U_{av}$ 的标幺值，当线路中点发生 BC 两相接地短路时，短路点的正序电流标幺值和 A 相电压的有名值为：

A. 1.0256, 265.4kV
B. 1.0256, 153.2kV
C. 1.1458, 241.5kV
D. 1.1458, 89.95kV

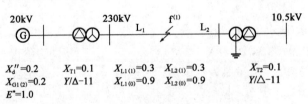

(1)各序阻抗：

$x_{1\Sigma} = x''_d + x_{T1} + x_{L1(1)} = 0.2 + 0.1 + 0.3 = 0.6$

$x_{2\Sigma} = x_{G(2)} + x_{T1} + x_{L1(2)} = 0.2 + 0.1 + 0.3 = 0.6$

$x_{0\Sigma} = (x_{T2} + x_{L2(0)}) = (0.1 + 0.9) = 1$

(2)两相短路接地各序电流标幺值：

$$\dot{I}_{f1} = \frac{E_{1\Sigma}}{j(x_{1\Sigma}+x_{2\Sigma}//x_{0\Sigma})} = \frac{1\angle 0°}{j(0.6+0.6//1)} = -j1.026$$

$$\dot{I}_{f2} = -\frac{x_{0\Sigma}}{j(x_{0\Sigma}+x_{2\Sigma})}\dot{I}_{f1} = -\frac{1}{j(0.6+1)} \times (-j1.026) = j0.641$$

$$\dot{I}_{f0} = -\frac{x_{2\Sigma}}{j(x_{0\Sigma}+x_{2\Sigma})}\dot{I}_{f1} = -\frac{0.6}{j(0.6+1)} \times (-j1.026) = j0.385$$

(3)各序相电压标幺值：

$$\dot{U}_{f1} = \dot{E}_{1\Sigma} - jX_{1\Sigma}\dot{I}_{f1} = 1 - j0.6 \times (-j1.026) = 0.385$$

$$\dot{U}_{f2} = 0 - jX_{2\Sigma}\dot{I}_{f2} = 0 - j0.6 \times (j0.641) = 0.385$$

$$\dot{U}_{f0} = 0 - jX_{0\Sigma}\dot{I}_{f0} = 0 - j1 \times (j0.385) = 0.385$$

则 A 相电压有名值：$U = (U_{f1}+U_{f2}+U_{f0}) \times U_B = 0.385 \times 3 \times \frac{230}{\sqrt{3}} = 153.2 \text{kV}$

答案：B

【2016，49】发电机、变压器和负荷阻抗标幺值在图中（$S_B=100\text{MVA}$），试计算图示网络中 f 点发生两相短路接地时，短路点 A 相电压和 B 相电流分别为：

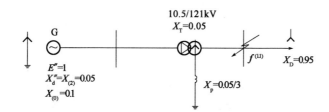

A. 107.64kV，4.94kA
B. 107.64kV，8.57kA
C. 62.15kV，8.57kA
D. 62.15kV，4.94kA

解 此题未明说具体哪两相短路，可按照常规的 BC 两相接地短路计算。首先分别画出正负零序网络图：

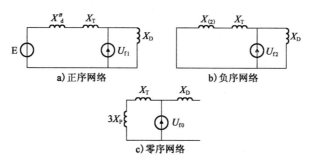

(1)序阻抗：

$$X_{1\Sigma} = (X_d'' + X_T)//X_D = (0.05+0.05)//0.95 \approx 0.09$$

$X_{2\Sigma}=(X_{(2)}+X_{\mathrm{T}})//X_{\mathrm{D}}=(0.05+0.05)//0.95=0.09$

$X_{0\Sigma}=X_{\mathrm{T}}+3X_{\mathrm{p}}=0.05+0.05=0.1$

(2)短路点序电流标幺值：

$$\dot{I}_{\mathrm{f1}}=\frac{\dot{E}_{1\Sigma}}{j(x_{1\Sigma}+x_{2\Sigma}//x_{0\Sigma})}=\frac{1\angle 0°}{j(0.09+0.09//0.1)}=-j7.278$$

$$\dot{I}_{\mathrm{f2}}=-\frac{X_{0\Sigma}}{X_{0\Sigma}+X_{2\Sigma}}\dot{I}_{\mathrm{f1}}=j3.83$$

$$\dot{I}_{\mathrm{f0}}=-\frac{X_{2\Sigma}}{X_{0\Sigma}+X_{2\Sigma}}\dot{I}_{\mathrm{f1}}=j3.447$$

(3)短路点 B 相电流标幺值：

$$\dot{I}_{\mathrm{B}}=a^2\dot{I}_{\mathrm{f1}}+a\dot{I}_{\mathrm{f2}}+\dot{I}_{\mathrm{f0}}=-9.617+j5.146$$

故 B 相电流有名值：$I_{\mathrm{B}}=I_{\mathrm{B}}^{*}\times\dfrac{S_{\mathrm{B}}}{\sqrt{3}\times 115}=5.47\mathrm{kA}$

(4)各序电压标幺值：

$$\begin{cases}\dot{U}_{\mathrm{f1}}=\dot{E}_1-j\dot{I}_{\mathrm{f1}}X_{1\Sigma}\\ \dot{U}_{\mathrm{f2}}=-j\dot{I}_{\mathrm{f2}}X_{2\Sigma}\\ \dot{U}_{\mathrm{f0}}=-j\dot{I}_{\mathrm{f0}}X_{0\Sigma}\end{cases}$$

则短路点非故障 A 相电压有名值：$U_{\mathrm{A}}=(\dot{U}_{\mathrm{f1}}+\dot{U}_{\mathrm{f2}}+\dot{I}_{\mathrm{f0}})\times\dfrac{115}{\sqrt{3}}=62.15\mathrm{kV}$

答案：D

【2011,53】系统接线如图所示，图中参数均为归算到统一基准值 $S_{\mathrm{B}}=100\mathrm{MVA}$ 的标幺值。变压器接线方式为 Y/△-11，系统在 f 点发生 BC 两相短路，发电机出口 M 点 A 相电流 (kA) 为：

A. 18.16kA B. 2.0kA C. 12.21kA D. 9.48kA

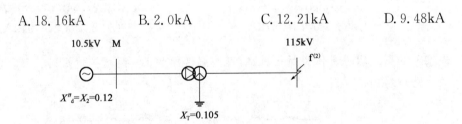

解 (1)各序阻抗：

$X_{1\Sigma}=X_{\mathrm{d}}''+X_{\mathrm{T}}=0.12+0.105=0.225$

$X_{2\Sigma}=X_{(2)}+X_{\mathrm{T}}=0.12+0.105=0.225$

(2)短路点各序电流：

$$\dot{I}_{\mathrm{a1}}=\frac{\dot{E}_{1\Sigma}}{j(X_{1\Sigma}+X_{2\Sigma})}=\frac{1\angle 0°}{j(0.225+0.225)}=-j2.22$$

$$\dot{I}_{\mathrm{a2}}=-\dot{I}_{\mathrm{a1}}=j2.22$$

(3)发电机出口 M 点各序电流：

$\dot{I}_{A1} = \dot{I}_{a1} e^{j30°}$

$\dot{I}_{A2} = \dot{I}_{a2} e^{-j30°}$

(4)发电机出口 M 点 A 相电流标幺值为：

$\dot{I}_A = \dot{I}_{A1} + \dot{I}_{A2} = 2.22$

发电机出口 M 点 A 相电流有名值为：

$2.22 \times \dfrac{100}{\sqrt{3} \times 10.5} = 12.21 \text{kA}$

答案：C

【2005,50】系统如图所示，在取基准功率 100MVA 时，各元件的标幺值电抗分别是：对于 G，$X''_d = X_{(2)} = 0.1$，$E''_{|0|} = 1.0$；对于 T，$X_T = 0.1$，YN,d11 接线。则在母线 B 发生 BC 两相短路时，变压器三角形接线侧 A 相电流为：

A. 0   B. 1.25   C. $1.25\sqrt{3}$ D. 2.5

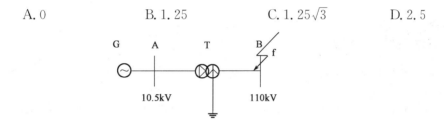

解 (1)各序阻抗：

$X_{1\Sigma} = X''_d + X_T = 0.1 + 0.1 = 0.2$

$X_{2\Sigma} = X_{(2)} + X_T = 0.1 + 0.1 = 0.2$

(2)星形侧各序电流：

$\dot{I}_{a1} = \dfrac{\dot{E}_{1\Sigma}}{j(X_{1\Sigma} + X_{2\Sigma})} = \dfrac{1\angle 0°}{j(0.2 + 0.2)} = -j2.5$

$\dot{I}_{a2} = -\dot{I}_{a1} = j2.5$

(3)三角形侧各序电流：

$\dot{I}_{A1} = \dot{I}_{a1} e^{j30°}, \dot{I}_{A2} = \dot{I}_{a2} e^{-j30°}$

(4)三角形侧 A 相电流为：

$\dot{I}_A = \dot{I}_{A1} + \dot{I}_{A2} = 2.5$

答案：D

【2014,52】已知图示系统变压器星形侧发生 B 相短路时的短路电流为 $\dot{I}_f$，则三角形侧的三相线电流为：

A. $\dot{I}_a = -\dfrac{\sqrt{3}}{3} \dot{I}_f, \dot{I}_b = \dfrac{\sqrt{3}}{3} \dot{I}_f, \dot{I}_c = 0$

B. $\dot{I}_a = -\frac{\sqrt{3}}{3}\dot{I}_f, \dot{I}_b = 0, \dot{I}_c = \frac{\sqrt{3}}{3}\dot{I}_f$

C. $\dot{I}_a = \frac{\sqrt{3}}{3}\dot{I}_f, \dot{I}_b = 0, \dot{I}_c = -\frac{\sqrt{3}}{3}\dot{I}_f$

D. $\dot{I}_a = 0, \dot{I}_b = -\frac{\sqrt{3}}{3}\dot{I}_f, \dot{I}_c = \frac{\sqrt{3}}{3}\dot{I}_f$

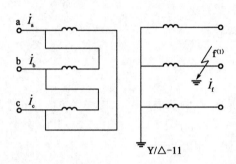

解 此题有理论计算法和向量图法两种解法。

方法1：理论计算法

星形侧 B 相发生接地故障时，各序电流为 $\dot{I}_{b1} = \dot{I}_{b2} = \dot{I}_{b0} = \frac{1}{3}\dot{I}_f$，根据变压器相位变换原则知△侧各序电流为 $\dot{I}_{b1}^{\triangle} = \frac{1}{3}\dot{I}_f e^{j30°}$，$\dot{I}_{b2}^{\triangle} = \frac{1}{3}\dot{I}_f e^{-j30°}$，$\dot{I}_{b0}^{\triangle} = 0$，则根据对称分量法知：

△侧：

B 相电流 $\dot{I}_B^{\triangle} = \dot{I}_{b1}^{\triangle} + \dot{I}_{b2}^{\triangle} + \dot{I}_{b0}^{\triangle} = \frac{\sqrt{3}}{3}\dot{I}_f$

A 相电流 $\dot{I}_A^{\triangle} = a\dot{I}_{b1}^{\triangle} + a^2\dot{I}_{b2}^{\triangle} + \dot{I}_{b0}^{\triangle} = -\frac{\sqrt{3}}{3}\dot{I}_f$

C 相电流为 $\dot{I}_{C(\triangle)} = a^2\dot{I}_{b1}^{\triangle} + a\dot{I}_{b2}^{\triangle} + \dot{I}_{b0}^{\triangle} = 0$

方法2：相量图法

具体步骤如下：

(1) 根据短路侧的短路类型，确定特殊相序分量的边界条件。

(2) 根据变压器相位转换，找出另一侧该相的序分量参数，其他相则根据正负零序间的相位关系确定。

(3) 利用对称分量法对电压或者电流进行合成。

具体做法如下图：

① 由题中知道 Y 侧 B 相短路接地，可推导出 $\dot{I}_{b1}^Y = \dot{I}_{b2}^Y = \dot{I}_{b0}^Y = \frac{1}{3}\dot{I}_f$。

② 根据变压器相位关系知：$\dot{I}_{b1}^{\triangle} = \dot{I}_{b1}^Y e^{j30°}$，$\dot{I}_{b2}^{\triangle} = \dot{I}_{b2}^Y e^{-j30°}$，可根据正、负零序特点在图上画出三角形侧 A、C 相的序分量 $\dot{I}_{a2}^{\triangle}, \dot{I}_{a1}^{\triangle}, \dot{I}_{c1}^{\triangle}, \dot{I}_{c2}^{\triangle}$。

③ 利用对称分量法进行合成，如下图所示。

由图可以看出：三角形侧 A、C 相电流 $\dot{I}_A^{\triangle} = \dot{I}_{a1}^{\triangle} + \dot{I}_{a2}^{\triangle} = -\dot{I}_B^{\triangle}$，$\dot{I}_C^{\triangle} = \dot{I}_{c1}^{\triangle} + \dot{I}_{c2}^{\triangle} = 0$。

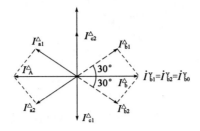

答案:A

【2006,51;2013,50】如图所示,Y 侧 BC 两相短路时,短路电流为 $\dot{I}_f$,则△侧三相电路上电流为:

A. $\dot{I}_a=-\dfrac{1}{\sqrt{3}}\dot{I}_f,\dot{I}_b=-\dfrac{1}{\sqrt{3}}\dot{I}_f,\dot{I}_c=\dfrac{1}{\sqrt{3}}\dot{I}_f$

B. $\dot{I}_a=-\dfrac{1}{\sqrt{3}}\dot{I}_f,\dot{I}_b=\dfrac{2}{\sqrt{3}}\dot{I}_f,\dot{I}_c=-\dfrac{1}{\sqrt{3}}\dot{I}_f$

C. $\dot{I}_a=\dfrac{2}{\sqrt{3}}\dot{I}_f,\dot{I}_b=-\dfrac{1}{\sqrt{3}}\dot{I}_f,\dot{I}_c=\dfrac{1}{\sqrt{3}}\dot{I}_f$

D. $\dot{I}_a=\dfrac{1}{\sqrt{3}}\dot{I}_f,\dot{I}_b=\dfrac{1}{\sqrt{3}}\dot{I}_f,\dot{I}_c=-\dfrac{2}{\sqrt{3}}\dot{I}_f$

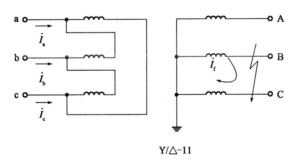

Y/△-11

解 本题有两种解题方法,这里给出最简单的画图求解法。

根据题意:Y 侧 BC 两相短路,A 相作为特殊相,即化简后的序分量的边界条件为 $\dot{I}_{a1}^Y=-\dot{I}_{a2}^Y$,则 $\dot{I}_B^Y=a^2\dot{I}_{a1}^Y+a\dot{I}_{a2}^Y=\dot{I}_f \Rightarrow \dot{I}_{a1}^Y=\dfrac{j}{\sqrt{3}}\dot{I}_f$,画出向量图如下:

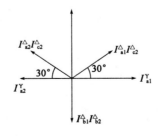

由图可知:

$$\dot{I}_{\text{A}}^{\triangle} = \dot{I}_{\text{a1}}^{\triangle} + \dot{I}_{\text{a2}}^{\triangle} = \dot{I}_{\text{C}}^{\triangle} = \dot{I}_{\text{c1}}^{\triangle} + \dot{I}_{\text{c2}}^{\triangle}; \dot{I}_{\text{B}}^{\triangle} = \dot{I}_{\text{b1}}^{\triangle} + \dot{I}_{\text{b2}}^{\triangle}$$

$$\dot{I}_{\text{A}}^{\triangle} = -\frac{1}{2}\dot{I}_{\text{B}}^{\triangle}$$

答案:B

【2014,49】系统如图所示,母线 B 发生两相接地短路时,短路点短路电流标幺值为(不计负荷影响):

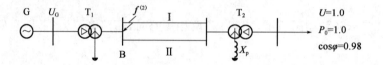

各元件标幺值参数:

G:$x_d''=0.3, x_d=1.0, x_2=x_d'', x_0=0.8$

T_1、T_2 相同:$x_{T(1)}=x_{T(2)}=x_{T(0)}=0.1, x_p=0.1/3, Y/\triangle-11$

Ⅰ、Ⅱ 线路相同:每回 $x_{(1)}=x_{(2)}=0.6, x_{(0)}=2x_{(1)}$

A. 3.39　　　　B. 2.93　　　　C. 5.47　　　　D. 6.72

解 (1)题目上没有明说,就以 BC 两相短路为例进行分析,不计负荷影响后的各序阻抗如下:

$$X_{1\Sigma} = (X_d'' + X_{T1}) // \left(\frac{1}{2}X_{L(1)} + X_{T2}\right) = (0.3+0.1)//(0.3+0.1) = 0.2$$

$$X_{2\Sigma} = (X_{G(2)} + X_{T1}) // \left(\frac{1}{2}X_{L(2)} + X_{T2}\right) = (0.3+0.1)//(0.3+0.1) = 0.2$$

$$X_{0\Sigma} = X_{T1} // \left(\frac{1}{2}X_{L(0)} + X_{T2} + 3X_p\right) = 0.089$$

(2)短路点处各序分量:

$$\dot{I}_{\text{a1}} = \frac{\dot{E}_\Sigma}{j(X_{1\Sigma} + X_{2\Sigma}//X_{0\Sigma})} = -j2.045$$

$$\dot{I}_{\text{a2}} = -\frac{X_{0\Sigma}}{X_{2\Sigma}+X_{0\Sigma}} \dot{I}_{\text{a1}} = j0.630$$

$$\dot{I}_{\text{a0}} = -\frac{X_{2\Sigma}}{X_{2\Sigma}+X_{0\Sigma}} \dot{I}_{\text{a1}} = j1.415$$

(3)短路点处 B、C 相电流:

$$\dot{I}_{\text{B}} = \alpha^2 \dot{I}_{\text{a1}} + \alpha \dot{I}_{\text{a2}} + \dot{I}_{\text{a0}} = -2.3166 + j2.1225 = 3.14\angle-42.6°$$

$$\dot{I}_{\text{C}} = \alpha \dot{I}_{\text{a1}} + \alpha^2 \dot{I}_{\text{a2}} + \dot{I}_{\text{a0}} = 2.3166 - j2.1225 = 3.14\angle 137.4°$$

答案:A

第5章 电 机 学

5.1 直流电机

直流电机电枢绕组内部的感应电动势和电流为交流,电刷外部的电压和电流为直流。电机中的额定功率均指输出功率。对于发电机,该功率为电功率;对于电动机,该功率为机械功率。

直流电机的额定功率 P_N、额定电压 U_N、额定电流 I_N、额定效率 η_N 之间的关系为:

发电机:$P_N=U_N I_N$

电动机:$P_N=U_N I_N \eta_N$

考点 直流电机可逆原理

可逆原理:同一台电机既可以作发电机运行,又可以作电动机运行,这就是电机的可逆性。

设有一台并励直流电机,并联在恒压直流电网作为发电机运行,在原动机驱动转矩 T_1 作用下,电枢沿着逆时针方向旋转。此时端电压 $U_a<E_a$,发电机向电网输出的电枢电流 $I_a=\dfrac{E_a-U_a}{R_a}>0$,$I_a$ 与 E_a 同方向,为正值。此时 $E_a I_a$ 为正值表示来自原动机的机械功率在电枢中转换为电磁功率。I_a 与气隙磁场互相作用产生的电磁转矩 $T_M=\dfrac{E_a I_a}{\Omega}$ 为制动转矩。因此转矩平衡方程式为 $T_1=T_M+T_0$,T_0 为空载转矩。若此时减小原动机驱动转矩 T_1,则转矩不平衡,发电机的转速 n 将下降,则 $E_a=C_e\Phi n$ 也减小,当 $E_a=U_a$ 时,则 $I_a=0$,$T_M=0$,输入发电机的机械功率仅补偿其空载损耗。若进一步将原动机切除,电机转速 n 继续下降,当 $E_a<U_a$ 时,I_a 为负值,I_a 与 E_a 反向,此时 E_a 为反电动势。电磁转矩方向与旋转方向相同,变为驱动转矩,电机仍继续沿着逆时针方向旋转,电机变成电动机运行状态,电枢绕组从电网吸收电功率 $E_a I_a$,并把它转换成电机转轴上的机械功率 $T_M\Omega$。

考点 电枢反应

直流电机接负载后,电枢绕组有电流通过,并产生电枢磁场。负载时气隙磁场(气隙磁动势 F_f 建立)由主磁场和电枢磁场共同决定。电枢磁场会对主磁场产生一定的影响,这一影响称为电枢反应。

电刷不在几何中性线上的电枢反应如下所示:

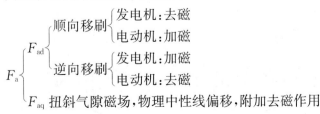

F_{ad} 与 F_f 在同一轴线,不能产生平均电磁转矩。

其中,F_{ad}、F_{aq} 分别为直轴磁动势、交轴磁动势。

考点 直流电机励磁方式

图 5-1 中电流正方向是以电动机为例设定的。

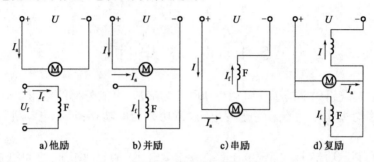

图 5-1 直流电机接线

(1)他励直流电机:励磁绕组与电枢绕组没有电的联系,励磁电流由另外的直流电源供电。

(2)并励直流电机:励磁绕组和电枢绕组采用同一个电源供电,$I=I_a+I_f$。其中,I_a、I_f 分别为电枢绕组电流、励磁绕组电流。

(3)串励直流电机:励磁绕组与电枢绕组串联,$I=I_a=I_f$。

(4)复励直流电机:每个主磁极上套有两个励磁绕组。一个和电枢回路并联连接(并励绕组),通过的电流为 I_f,另外一个与电枢回路串联连接(串励绕组)通过的电流为 I_a,两个绕组产生的磁动势方向相同称为积复励,相反则为差复励。

考点 电压平衡方程式

1)直流电机的感应电动势和电磁转矩

正负电刷间的电动势 $E=C_e\Phi n$,电磁转矩 $T_M=C_T\Phi I_a$;电动势常数 $C_e=\dfrac{pN_a}{60a}$,转矩常数 $C_T=\dfrac{pN_a}{2\pi a}=\dfrac{30}{\pi}C_e$。计算电磁转矩一般利用公式 $T_M=\dfrac{P_M}{\Omega}=\dfrac{E_aI_a}{\Omega}$。

发电机与电动机运行状态的判别:

①直流发电机:$E>U$,I_a 与 E 同方向,T_M 与 n 反方向(制动转矩),将机械能转化成电能。

②直流电动机:$E<U$,I_a 与 E 反方向,T_M 与 n 同方向(驱动转矩),将电能转化成机械能。

2)直流电动机基本方程式

电动势平衡方程式:$U=E_a+R_aI_a=C_e\Phi n+R_aI_a$

式中,R_a 包括电刷接触电阻在内的电枢回路总电阻;I_a 为电枢绕组电流。

并励直流电动机:$U_N=U_a=U_f$,$I_N=I_a+I_f$

串励直流电动机:$U_N=U_a+U_f$,$I_N=I_a=I_f$

式中,I_f 为励磁绕组电流。

3)直流发电机基本方程式

并励直流发电机:$U_N=U_a=U_f$,$I_a=I_N+I_f$

串励直流发电机:$U_a=U_N+U_f$,$I_N=I_a=I_f$

4) $C_e\Phi$ 的计算

直流发电机：$C_e\Phi = \dfrac{U_N + I_a R_a}{n}$

直流电动机：$C_e\Phi = \dfrac{U_N - I_a R_a}{n}$

注意：在基础考试中，直流电机部分的题目一般是结合电动势方程式，并配合调速以及制动的过程去分析另一种情况下的转速、电磁转矩等特性。关键计算重点可依照以下步骤：

①确定是发电机还是电动机以及励磁方式（并励还是串励），确定电流类型（是电枢绕组电流还是额定电流）。

②画出电路图，求解具体参数。

考点 电机起动、电磁制动、调速方法

(1) 起动方法：直接起动、电枢绕组串电阻起动、降压起动。

(2) 电磁制动：电动机产生与其转向相反的电磁转矩，使电动机尽快停转，或者限制机组的转速。制动方法主要包括回馈制动、能耗制动和反接制动。

其中较重要的是反接制动，将正在正向运行的他励直流电动机的电枢回路的电压突然反接，电枢电流 I_a 也将反向，主磁通 Φ_a 不变，则电磁转矩 T_{em} 反向，产生制动转矩。正向运行时：电枢电流 $I_a = \dfrac{U_N - E_a}{R_a}$，而反接后，电枢电流 $I_a' = \dfrac{-U_N - E_a}{R_a}$，因此反接后电流数值将非常大，为了限制电枢电流，所以反接时必须在电枢回路串入一个足够大的限流电阻 R。

(3) 调速方法：主要包括降压调速、电枢串电阻调速和弱磁调速。

直流电动机转速公式：$n = \dfrac{U_N - I_a(R_a + R_j)}{C_e\Phi}$

式中，R_j 为串接调速电阻，故而转速调节方法有降压调速、电枢串电阻调速和弱磁调速。

5.2 变压器

考点 变压器等效电路、波形分析及联接组别判断

1) 等效电路

变压器一次和二次通过交变磁场联系起来，利用电磁感应关系实现电能变换。而磁通分为主磁通和漏磁通，主磁通沿着铁芯闭合，起能量传递媒介作用，磁路非线性；而漏磁通主要沿着非铁磁物质闭合，仅起电抗压降的作用，所经磁路是非线性的。

主磁通感应电动势：$\dot{E}_1 = -j4.44fN_1\Phi_m$；$\dot{E}_2 = -j4.44fN_2\Phi_m$

在变压器等效电路中，引入了励磁阻抗 $Z_m = R_m + jX_m$，励磁电阻 R_m 不是一个实际存在的电阻，只是一个代表铁耗的等效电阻，其消耗的功率等于铁芯损耗，励磁电抗 X_m 与主磁通 Φ_m 对应，$X_{1\sigma}$、$X_{2\sigma}$ 分别与一次绕组和二次绕组的漏磁通 $\Phi_{1\sigma}$、$\Phi_{2\sigma}$ 对应。

$X_{1\sigma} = 2\pi fL_{1\sigma} = 2\pi fN_1^2\Lambda_{1\sigma}$；$X_{2\sigma} = 2\pi fL_{2\sigma} = 2\pi fN_2^2\Lambda_{2\sigma}$；$X_m = 2\pi fL_m = 2\pi fN_1^2\Lambda_m$

由于主磁通 Φ_m 经铁芯闭合，受铁芯饱和的影响，故 X_m 不是常数，X_m 随着铁芯饱和程度的提高而减小。$X_{1\sigma}$、$X_{2\sigma}$ 基本为常数，不受铁芯饱和的影响。

主磁通在一次和二次绕组感应电动势：$\dot{E}_1=-j4.44fN_1\Phi_m$，$\dot{E}_2=-j4.44fN_2\Phi_m$

图 5-2 为变压器单相 T 形等效电路。

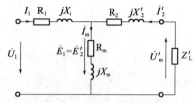

图 5-2　变压器单相 T 型等效电路

注意：该等效电路以及后面感应电机的等效电路均为单相电路，且已经折算到高压侧。对于变压器、异步电机、同步电机的额定值一般均为线值，因此在有名值计算时，一定考虑到线值转化成相值，若对于标幺值计算，则不用考虑相值和线值的区别。

由图 5-2 可以写出电动势的基本方程式：

$$\dot{U}_1=-\dot{E}_1+\dot{I}_1Z_1=-\dot{E}_1+\dot{I}_1(R_1+jX_{1\sigma})$$

$$\dot{U}_2=\dot{E}'_2-\dot{I}'_2Z'_2=\dot{E}'_2-\dot{I}'_2(R'_2+jX'_{2\sigma})；\dot{I}_m=\dot{I}'_2+\dot{I}_1$$

$$\dot{E}_1=\dot{E}'_2=-\dot{I}_m(R_m+jX_m)$$

由等效电路 $\dot{U}_1=-\dot{E}_1+\dot{I}_1Z_1$，且漏抗压降很小，因此 $\dot{U}_1\approx-\dot{E}_1=j4.44fN_1\Phi_m$（由公式可以看出，变压器内部的主磁通主要取决于外加电源的电压大小和频率）。

2）三相变压器的励磁电流、相电势波形分析

由于磁路饱和，磁通为正弦时，励磁电流为尖顶波。而尖顶波可以分解为基波和三次谐波。为了得到正弦的磁通，励磁电流中三次谐波分量是十分必要的。

（1）Y_N，y 或者 D，y 或者 Y，d 联接组

因为三相空载电流的三次谐波同大小、同相位，能否流通与绕组连接有关；三相谐波磁通也是同大小、同相位的，能否沿铁芯闭合则与三相磁路系统有关。

这三种结构原边或者副边能够提供三次谐波电流的流通路径，即使在磁路饱和的情况下，铁芯中的磁通和绕组中的感应电势仍呈正弦波。而且不论是线电势或相电势，还是原边或是副边电势，其波形均是正弦波。

（2）Y，y 联接组

Y，y 联接的三相变压器，三次谐波电流不能流通，空载电流接近于正弦波。主磁通为平顶波，即可以分解为基波和三次谐波分量。对于 Y，y 联接的三相组式变压器，由于三相磁路彼此无关，三次谐波磁通能沿铁芯闭合，铁芯磁阻小，故三次谐波磁通较强，相电势畸变为尖顶波，其中包含较强的三次谐波电动势，因此这种磁路结构的电力变压器不采用 Y/Y 联接方式，但在三相线电动势中，三次谐波电动势互相抵消，因此线电势仍为正弦波。对于 Y，y 联接的三相芯式变压器，由于三相磁路彼此相关，三次谐波磁通不能沿铁芯闭合，只能借助于油箱壁等形成闭合回路，对应的磁阻大，故三次谐波磁通很小，主磁通仍接近于正弦波，从而相电势也接近于正弦波。但由于三次谐波磁通经过油箱壁等部件引起附加损耗，因此也不宜采用 Y/Y 联接。

3）联接组别的判断

三相变压器的三绕组最常用的联接方法有两种：

①星形接法，也叫 Y 接法。

②三角形接法，也叫△接法。

三相变压器的联接组别用一次绕组、二次绕组的线电动势的相位差表示，它不仅与绕组的

接法有关,也与绕组的表示方法有关。采用时钟表示法来标志。

所谓时钟表示法,是把电动势相量图中高压绕组线电动势$\dot{E}_{AB}$看作时钟的长针,永远指向钟面上的"12",低压绕组线电动势$\dot{E}_{ab}$看作时钟的短针,它所指向的数字表示为三相变压器联接组标号的时钟序数,其中指向"12",时钟序数为"0"。

Y,y 联接:可用画一次、二次绕组的电动势相量图 5-3、图 5-4 来判断,用对应点重合法,也可采用中心重合法。

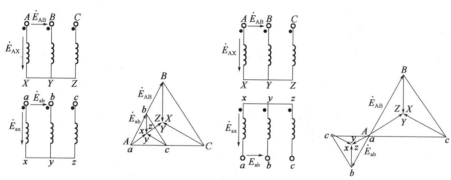

图 5-3 变压器 Y,y0 与 Y,y6 绕组接线与相量图

作图步骤:

①规定正方向$\dot{E}_{AX}$从尾指向首端。

②作高压边对称电动势相量图$\dot{E}_{AX}$、$\dot{E}_{BY}$、$\dot{E}_{CZ}$和线电动势位形图。

③按高低压电动势相位关系作低压边电动势相量图。

④将低压边电动势位形图平移到高压边电动势位形图内,使重心重合。

⑤指向"12"("0"),则$\overline{oa}$指向几点联接组号。

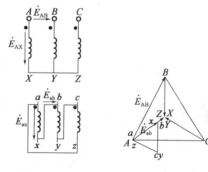

图 5-4 变压器 Y,d1 绕组接线与相量图

注意:画相量图中首端 $a \to b \to c$ 和 $A \to B \to C$ 顺时针的顺序;Y,y 联接组号一般为 0、2、4、6、8、10(偶数),Y,d 联接组号一般为 1、3、5、7、9、11(奇数)。

考点 电压调整率、效率计算

(1)电压调整率:变压器二次侧电压从空载到负载的变化程度。

①$\Delta U = \dfrac{U_{20} - U_2}{U_{2N}} \times 100\%$($U_{20} \approx U_{2N}$),可求二次侧实际运行电压 $U_2 = (1 - \Delta U\%) U_{2N}$。

②参数表示为:$\Delta U = \beta (R_k^* \cos\varphi_2 + X_k^* \sin\varphi_2) \times 100\%$,利用此公式计算时一定要区分单相还是三相变压器,做题时全部化成单相的参数进行计算。

(2)变压器效率的计算。

输入功率:

$$P_1 = m U_1 I_1 \cos\varphi_1 \quad (m=1,3)$$

铁耗:变压器空载时主要损耗,也称为不变损耗。用公式表示为 $p_{Fe} = m I_0^2 R_m = p_0$。

铜耗:变压器短路时主要损耗,也称为可变损耗。用公式表示为 $p_{Cu} = m I_1^2 R_1 + m I_2^2 R_2 =$

$\beta^2 p_{kN}$。

输出功率：
$$P_2 = mU_2 I_2 \cos\varphi_2 = mU_{2N}(\beta I_{2N})\cos\varphi_2 = \beta S_N \cos\varphi_2$$

变压器效率：
$$\eta = \frac{P_2}{P_1} = \frac{P_2}{P_2 + \sum p} = \frac{\beta S_N \cos\varphi_2}{\beta S_N \cos\varphi_2 + \beta^2 p_{kN} + p_0} \times 100\%$$

式中，$\beta = \dfrac{I_1}{I_{1N}} = \dfrac{I_2}{I_{2N}}$。

获得最大效率 η_{max} 的条件是：$p_0 = \beta^2 p_{kN}$。

考点 变压器并联运行分析、负荷分配计算

并联运行条件：
①原边、副边额定电压大小相等，即变比相同。
②各台变压器联接组别相同。
③短路阻抗标幺值（短路电压）相等。
其中，第二个条件必须满足，否则将产生很大的环流，烧毁变压器。
当前两个条件都满足，第三个条件不满足时，各变压器负荷分配与短路阻抗标幺值成反比。

即：
$$\frac{\beta_1}{\beta_2} = \frac{S_1}{S_{1N}} : \frac{S_2}{S_{2N}} = \frac{U_{k2}^*}{U_{k1}^*}$$

由公式可以看出：当 $\dfrac{U_{k2}^*}{U_{k1}^*} > 1$ 时，$\beta_2 = 1 \Rightarrow \beta_1 > 1$，则表明短路阻抗较小的变压器先达到满载。

考点 含有自耦变压器的分析与计算

把一台普通双绕组变压器的高压绕组和低压绕组串联连接便成为自耦变压器。低压绕组成为自耦变压器的公共绕组，原高压绕组为自耦变压器的串联绕组。以图 5-5 降压自耦变压器为例，分析如下。

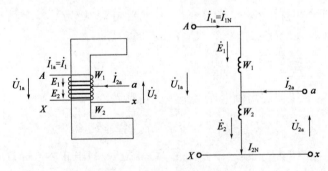

图 5-5 自耦变压器等效电路

根据图 5-5 可知：

变比
$$k_a = \frac{E_1 + E_2}{E_2} = \frac{W_1 + W_2}{W_2} = 1 + k$$

其中，$k = \dfrac{W_1}{W_2}$ 为双绕组变压器变比。

普通双绕组变压器的一次、二次绕组之间只有磁的联系而没有电的联系，功率的传递全靠电磁感应，所以变压器的额定容量就是指绕组的额定容量。自耦变压器则不同，一次、二次绕组之间除磁场的联系外还有电的联系，从原边到副边的功率传递，一部分靠电磁传递，称为电磁耦合功率；另一部分是负载直接从电源吸收的视在功率，不需要磁的耦合，称为传导功率。自耦变压器的额定容量指二者之和。

输入容量＝输出容量＝自耦变压器（S_{aN}）额定容量，即：$S_{aN}=U_{1aN}I_{1aN}=U_{2aN}I_{2aN}$

实际上自耦变压器的电流关系是：$I_{2a}=I_{1N}+I_{2N}$

式中，I_{1N}、I_{2N} 分别为串联绕组和公共绕组的电流。

串联绕组的容量：$S_{AaN}=U_{Aa}I_{1aN}=\dfrac{W_1+W_2-W_2}{W_1+W_2}U_{1aN}I_{1aN}=\left(1-\dfrac{1}{k_a}\right)S_{aN}$

公共绕组的容量：$S_{axN}=U_{2aN}I_{2N}=U_{2aN}\left(1-\dfrac{1}{k_a}\right)I_{2N}=\left(1-\dfrac{1}{k_a}\right)S_{aN}$

传导容量：$S=U_{2aN}I_{1a}=U_{2aN}\dfrac{W_2}{W_1+W_2}I_{2aN}=\dfrac{1}{k_a}S_{aN}$

由此可看出：绕组的容量（或者叫电磁容量）只有输入容量或输出容量的 $\left(1-\dfrac{1}{k_a}\right)$ 倍，而传导容量为 $\dfrac{1}{k_a}$ 倍输入容量，即绕组容量小于额定容量，k_a 越接近于1，传导功率就越大，电磁耦合功率就越小。

以 Aa 为一次绕组、ax 为二次侧绕组的普通双绕组变压器短路阻抗 Z_k^* 与自耦变压器的短路阻抗 Z_{ka}^* 的关系为 $Z_{ka}^*=\left(1-\dfrac{1}{k_a}\right)Z_k^*$，故 $Z_{ka}^*<Z_k^*$。

5.3 异步电机

5.3.1 交流绕组的共同问题

考点 三相绕组电动势

每极每相槽数：$q=\dfrac{Z}{2mp}$；极距：$\tau=\dfrac{Z}{2p}$；槽距电角度：$\alpha_1=\dfrac{p\times 360°}{Z}$。

基波相电势：$E_{\varphi 1}=4.44Nk_{d1}f_1\Phi_1$；$\nu$ 次谐波电动势有效值为：$E_{\varphi\nu}=4.44Nk_{d\nu}\nu f_1\Phi_\nu$。

每相串联绕组匝数：$N=\begin{cases}\dfrac{pqN_c}{a}\\[6pt]\dfrac{2pqN_c}{a}\end{cases}$（单层绕组、双层绕组）

其中，q 为每极每相槽数，N_c 为一个线圈的匝数，a 为并联支路数。

基波绕组系数：$k_{d1}=k_{y1}k_{q1}$

其中，基波短距系数：$k_{y1}=\sin\left(\dfrac{y_1}{\tau}\cdot\dfrac{\pi}{2}\right)$（$y_1$ 为节距）

基波分布系数：$k_{q1}=\dfrac{\sin\dfrac{q\alpha_1}{2}}{q\sin\dfrac{\alpha_1}{2}}$

ν 次谐波绕组系数：$k_{d\nu}=k_{y\nu}k_{q\nu}=\sin\left(\nu\dfrac{y_1}{\tau}\cdot 90°\right)\times\dfrac{\sin q\dfrac{\nu\alpha_1}{2}}{q\sin\dfrac{\nu\alpha_1}{2}}$

削弱高次谐波电动势的方法：通过选择适当线圈的节距，使某次谐波的短距系数接近 0，从而削弱或者消除该次谐波电动势，即采用 $y_1=\left(1-\dfrac{1}{\nu}\right)\tau$。

注意：此处即是记公式计算，要注意 p 为极对数。

考点 交流绕组磁动势

1）单相脉振磁动势

三相电机的每一相绕组单独产生的磁动势是脉振磁动势，其特点是磁动势波形的空间位置不变但波形随时间按照正弦规律变化。它既是时间的函数，又是空间的函数。

$$f_{p1}=F_{p1}\cos\omega t\cos\dfrac{\pi}{\tau}x=\dfrac{1}{2}F_{p1}\cos\left(\omega t-\dfrac{\pi}{\tau}x\right)+\dfrac{1}{2}F_{p1}\cos\left(\omega t+\dfrac{\pi}{\tau}x\right)=f_++f_-$$

其幅值 $F_{p1}=0.9\dfrac{IN}{p}k_{d1}$，其中电流 I、N 分别为每相电流、每相串联绕组匝数。

脉振磁动势可以分解为两个旋转速度相同 $\left(n_1=\dfrac{60f}{p}\right)$、旋转方向相反、振幅为脉振磁动势一半的旋转磁动势分量。

2）三相基波合成磁动势

电机对称绕组中通入三相对称电流，即：

$$i_A=\sqrt{2}I\cos\omega t\ ;i_B=\sqrt{2}I\cos(\omega t-120°)\ ;i_C=\sqrt{2}I\cos(\omega t+120°)$$

由单相脉振磁动势推导可知：上述三个电流各自产生的磁动势性质都是脉振的，这三个脉振磁动势在随时间变化的关系上，依次存在 120° 的相位差。故：

$$f_{A1}=F_{p1}\cos\omega t\cos X\ ;f_{B1}=F_{p1}\cos(\omega t-120°)\cos(X-120°)$$
$$f_{C1}=F_{p1}\cos(\omega t-240°)\cos(X-240°)$$

利用数学上的积化和差公式，得三相基波合成磁动势 $f=f_{A1}+f_{B1}+f_{C1}=\dfrac{3}{2}F_{p1}\cos(\omega t-X)$。

则三相基波合成磁动势的幅值 $F_1=\dfrac{3}{2}F_{p1}=\dfrac{3}{2}\times 0.9\dfrac{IN}{p}k_{d1}=1.35\dfrac{IN}{p}k_{d1}$，三相合成基波磁动势基波转速 $n_1=\dfrac{60f}{p}$，$k_{d1}=k_{y1}\cdot k_{q1}$ 为基波绕组系数。

结论：对称三相绕组通入对称的三相交流电，其基波合成磁动势是一个幅值恒定不变的圆形旋转磁动势，其转向由电流领先相向电流滞后相旋转。若改变电流的相序，则旋转磁动势的转向改变。

注意：星形联接电路中，通入对称三相交流电，有一相断线，合成磁动势为脉振磁动势；三角形联接电路中，通入对称三相交流电，有一相断线，合成磁动势为椭圆形旋转磁动势。

星形联接绕组中，假设 A 相断线，则 $i_A=0$，$i_B=I_m\sin\omega t$，$i_C=-I_m\sin\omega t$，B 相绕组轴线为参考轴。B、C 相绕组在电机气隙中产生的基波磁动势分别为：

$$f_{B1}(t,x) = F_{\Phi 1}\sin\omega_1 t\cos x\,;\; f_{C1}(t,x) = -F_{\Phi 1}\sin\omega_1 t\cos\left(x - \frac{2}{3}\pi\right)$$

合成基波磁动势为：

$$f_1 = f_{B1} + f_{C1} = F_{\Phi 1}\sin\omega_1 t\cos x + \left[-F_{\Phi 1}\sin\omega_1 t\cos\left(x - \frac{2}{3}\pi\right)\right]$$

$$= -2F_{\Phi 1}\sin\omega_1 t\sin\left(x - \frac{1}{3}\pi\right)\sin\frac{1}{3}\pi = \sqrt{3}\,F_{\Phi 1}\cos\left(x + \frac{1}{6}\pi\right)\sin\omega_1 t$$

合成的基波总磁动势为脉振磁动势，幅值为一相磁动势幅值的$\sqrt{3}$倍。

推广到谐波磁动势：三相合成磁动势谐波中不包含 3 及 3 的倍数次谐波，只存在 $\nu = 6k\pm 1$（$k=1,2,3,\cdots$）次谐波磁动势，其中 $6k-1$ 次谐波的转向与基波相反，而 $6k+1$ 次谐波的转向与基波相同。ν 次谐波的幅值是 ν 次谐波脉振磁动势振幅的 1.5 倍，转速为基波转速的 $1/\nu$。

5.3.2 异步电机核心考点总结

考点 异步电机等效电路

1) 转差率

转差率为旋转磁场的同步转速和电动机转速之差。用公式表示 $s = \dfrac{n_1 - n}{n_1}$，而同步转速 $n_1 = \dfrac{60f}{p}$，因此异步电动机的转速 $n = \dfrac{60f_1(1-s)}{p}$。

2) 额定参数

额定功率指的是额定运行状态下，电动机的输出功率，用公式表示为：$P_N = \sqrt{3}\,U_N I_N \cos\varphi_N \eta_N$，其额定电压和额定电流均为定子绕组的线电压和线电流。

3) 转子绕组开路时的等效电路（图 5-6）

定子绕组接到频率为 f_1、相电压为 U_1 的三相对称电源上，转子绕组开路，此时转子电流 $I_2 = 0$，相当于变压器副边绕组开路的情形。

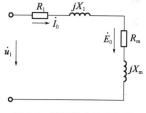

图 5-6 转子静止且开路的等效电路

则参照变压器的等效电路可得以下方程：

$$\dot U_1 = -\dot E_0 + \dot I_0 Z_1 = \dot I_0 Z_m + \dot I_0 Z_1 = \dot I_0 (Z_m + Z_1)$$
$$= \dot I_0[(R_m + jX_m) + (R_1 + jX_1)]$$

其中，$Z_m = R_m + jX_m$ 为激磁阻抗；R_1, X_1 分别为定子绕组一相漏电阻和漏电抗。

说明：参数与变压器参数含义一致，计算时全部化成一相参数计算即可。

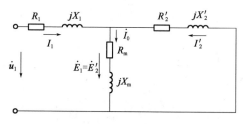

图 5-7 转子堵转时的等效电路

4) 转子绕组短路时的等效电路

转子绕组短路，且用外力固定住转子令其不旋转，这种情况和变压器副边绕组短路相似，这种状态称为异步电动机的堵转。

计算方法和变压器计算一致，根据转子绕组堵转的等效电路（图 5-7）可列出以下方程：

$$\dot U_1 = -\dot E_1 + \dot I_1 Z_1$$

$$= -\dot{E}_1 + \dot{I}_1(R_1 + jX_1)$$

$$\dot{E}_1 = \dot{E}_2'; E_2' = \dot{I}_2'(R_2' + jX_2'); \dot{I}_1 + \dot{I}_2' = \dot{I}_0$$

其中，$Z_2' = R_2' + jX_2'$ 为转子绕组折算到定子侧的漏阻抗。

5) 转子旋转时的等效电路（难点）

当异步电机定子绕组接电源,转子绕组短路时,定转子绕组中都会有电流。转子有功电流和气隙主磁场相互作用会产生作用在转子上的电磁转矩,使转子旋转起来。其等效电路如图 5-8a)所示,设定转子转速为 n,气隙磁场的转速为 n_1：

① 转子电流频率 $f_2 = \dfrac{p(n_1-n)}{60} = \dfrac{n_1-n}{n_1} \cdot \dfrac{pn_1}{60} = sf_1$,式中 $s = \dfrac{n_1-n}{n_1}$ 为转差率,f_2 也称转差频率。

② 不论转子静止还是旋转,定转子磁动势都是以同步速 n_1 相对于定子旋转,即是定转子磁动势相对静止。

③ 转子电动势 $E_{2s} = 4.44 f_2 N_2 k_{N2} \Phi_m = s(4.44 f_1 N_2 k_{N2} \Phi_m) = sE_2$,式中电动势 E_2 可理解为转子静止时的转子电动势。

④ 转子旋转时转子每相漏抗 $X_{2s} = 2\pi f_2 L_{2\sigma} = s(2\pi f_1 L_{2\sigma}) = sX_2$,式中 X_2 可理解为转子静止时漏抗。

⑤ 结合图 5-8a),由前述可写出电动势平衡方程如下：

$$\dot{U}_1 = -\dot{E}_1 + \dot{I}_1 Z_1, \dot{E}_{2s} = \dot{I}_{2s}(R_2 + jX_{2s})$$

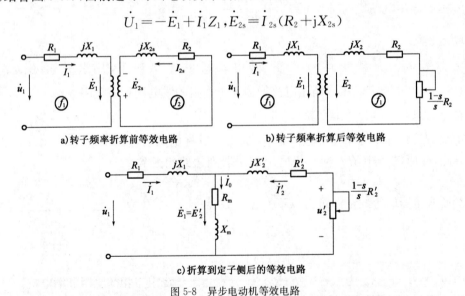

a) 转子频率折算前等效电路　　b) 转子频率折算后等效电路

c) 折算到定子侧后的等效电路

图 5-8　异步电动机等效电路

为了把转子的频率归算成定子频率,可以用一个等效静止转子来代替旋转的转子。在进行频率折算时,保持磁动势不变。即等效静止转子的电流大小和相位与转子旋转时的电流大小和相位相同,则旋转时转子电流有效值：

$$I_{2s} = \dfrac{E_{2s}}{\sqrt{R_2^2 + X_{2s}^2}} = \dfrac{sE_2}{\sqrt{R_2^2 + (sX_2)^2}}$$

而等效静止时转子的电流有效值：

$$I_2 = \dfrac{E_2}{\sqrt{R^2 + (X)^2}}$$

结合两公式可看出：使两个电流大小相位相同，即可得到：

$$\begin{cases} R = \dfrac{R_2}{s} = R_2 + \dfrac{1-s}{s}R_2 \\ X = X_2 \end{cases}$$

等效后的电路如图 5-8b) 所示，把实际旋转的转子等效成串入 $\dfrac{1-s}{s}R_2$ 电阻的静止转子，从而使转子电路的频率由 f_2 变为 f_1，这种方法叫异步电机的频率折算。

再考虑相数和匝数的归算，可得到归算到定子侧的等效电路，如图 5-8c) 所示，可以看出，其与变压器负载运行等效电路的区别在于，异步电机等效负载为 $\dfrac{1-s}{s}R_2$。根据图 5-8c) 可写出等效方程如下：

$$\left.\begin{aligned} \dot{U}_1 &= -\dot{E}_1 + \dot{I}_1(R_1 + jX_1) \\ \dot{U}'_2 &= \dot{E}'_2 - \dot{I}'_2(R'_2 + jX'_2) \\ \dot{I}_1 + \dot{I}'_2 &= \dot{I}_0 \\ \dot{E}_1 &= \dot{E}'_2 \\ \dot{E}_1 &= -\dot{I}_0(R_m + jX_m) \\ \dot{U}'_2 &= -\dot{I}'_2 \dfrac{1-s}{s}R'_2 \end{aligned}\right\}$$

考点 功率平衡方程式

图 5-9 为功率流程图。由图可知：

① 输入功率：$P_1 = \sqrt{3}U_{1N}I_{1N}\cos\varphi_1 = 3U_{1p}I_{1p}\cos\varphi_1$

② 定子铜耗：$p_{Cu1} = mR_1I_1^2 = 3R_1I_1^2$

③ 定子铁耗：$p_{Fe} = mR_mI_0^2 = 3R_mI_0^2$（转子铁损耗忽略不计）

④ 电磁功率：P_M（转子回路等效电阻 $\dfrac{R'_2}{s}$ 消耗的功率）：

$$P_M = P_1 - p_{Cu1} - p_{Fe} = 3I'^2_2 \dfrac{R'_2}{s} = 3E_2I_2\cos\varphi_2$$

⑤ 转子铜耗：$p_{Cu2} = 3I'^2_2 R'_2 = sP_M$

⑥ 机械功率：$P_m = P_M - p_{Cu2} = 3I'^2_2 \dfrac{1-s}{s}R'_2 = (1-s)P_M = \dfrac{1-s}{s}p_{Cu2}$

⑦ 空载损耗：$p_0 = p_{mec} + p_{ad}$（机械损耗＋杂散损耗）

⑧ 输出功率：$P_2 = P_m - p_0 = P_M - p_{Cu2} - p_0 = P_1 - p_{Cu1} - p_{Fe} - p_{Cu2} - p_0$

⑨ 效率：$\eta = \dfrac{P_2}{P_1} = \dfrac{P_2}{P_2 + \sum p}$

注意：对于该知识点的考查主要结合公式⑤～⑧，尤其是公式⑥与转差率 s 的关系求取异步电机其他参数。

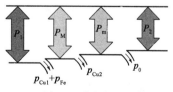

图 5-9 功率流程图

考点 电磁转矩

① 电磁转矩物理公式：$T_m = C'_T \Phi_m I'_2 \cos\varphi_2 = \dfrac{P_M}{\Omega_1}$，其中，$\Omega_1 = \dfrac{2\pi n_1}{60}$，$n_1 = \dfrac{60f_1}{P}$ 为同步转速，转

子功率因数角 $\varphi_2 = \arctan\dfrac{sX_2}{R_2}$。此公式常用于定性分析。

②电磁转矩参数表达式：$T_M = \dfrac{m_1 p}{2\pi f_1} \cdot \dfrac{U_1^2 \dfrac{R_2'}{s}}{\left(R_1 + \dfrac{R_2'}{s}\right)^2 + (X_1 + X_2')^2}$，当 $s=1$ 时即为启动转矩。

③最大电磁转矩：$T_{\max} = \pm \dfrac{m_1 p}{4\pi f_1} \cdot \dfrac{U_1^2}{X_1 + X_2'}$，最大电磁转矩对应的转差率称为临界转差率 $s_m \approx \pm \dfrac{R_2'}{X_1 + X_2'}$。从公式可以看出，最大转矩与定子相电压的二次方成正比，当转子电阻 R_2' 增大，临界转差率越大，但是最大转矩与转子电阻无关。

④过载能力：最大转矩 $T_{\max}$ 和额定转矩 T_N 之比 $k_m = \dfrac{T_{\max}}{T_N} = \dfrac{\dfrac{s_m}{s_N} + \dfrac{s_N}{s_m}}{2}$。

⑤异步电机转子串电阻调速中，最大电磁转矩不变，临界转差率改变。

⑥异步电机转子串电阻调速中，根据电磁转矩的物理公式 $T_M = C_T' \Phi_m I_2' \cos\varphi_2$ 可知：由于电源电压保持不变，主磁通不变（$U_1 \approx E_1 = 4.44 f_1 N_1 k_{d1} \Phi_m$），调速过程中保持 $I_2 = I_{2N}$，故：

$$\dfrac{R_2}{s_N} = \dfrac{R_2 + R_\Omega}{s} = 常数$$

式中，R_2、R_Ω 分别为转子阻抗和串接调速阻抗。

考点 异步电机的启动

1）星三角降压启动

适用于正常运行时定子绕组三角形接法的电动机，启动电流和电磁转矩都降为全压启动的 1/3。

2）自耦变压器启动

启动时，把三相异步电动机定子绕组接在一台降压自耦变压器的二次侧，通过将电动机相电压降至全压启动时的 K 倍，即 $U_{1K} = KU_1$，当转速升高到接近正常运行转速时，切除自耦变压器，把定子绕组直接接在额定电压的电源上继续启动。堵转时电网线电流和电磁转矩减为全压启动时的 K^2 倍。

3）电抗器启动

将三相电抗器串接在定子回路中，实际加在定子一相绕组上的电压 U_{1X} 小于电源相电压 U_1，$U_{1X} = KU_1$（$K<1$）；启动后，切除电抗器，转为正常运行。堵转时的定子电流减为全压启动时的 K 倍，电磁转矩减小为全压启动的 K^2 倍。

5.4 同步电机

考点 电枢反应

同步发电机主要分为汽轮发电机（主要为隐极式电机）、水轮发电机（凸极式电机），其同步主要是指转速不变，$n_1 = \dfrac{60f}{p}$ 取决于电网频率 f 和磁极对数 p。

1)三个角度

(1)内功率因数角 ψ：电势 $\dot{E}_0$ 与电流 $\dot{I}$ 时间相位角，与电机参数和负载有关。

(2)功率因数角 φ：电压 $\dot{U}$ 与电流 $\dot{I}$ 时间相位角，与负载有关。

(3)功率角(功角) δ：电势 $\dot{E}_0$ 与电压 $\dot{U}$ 时间相位角。

三者关系为：$\psi = \varphi + \delta$

2)两个轴

(1)直轴(d轴)：主磁极轴线位置。

(2)交轴(q轴)：与直轴呈90°的位置。

3)时空相矢图

规定：如图5-10所示，励磁磁动势 F_{f1} 及磁通 φ_0 在 d 轴上；电枢反应磁势 F_a 与电枢电流 I_a 重合。则 $\dot{E}_0$（滞后主磁通90°）在 q 轴上，将 F_a 分解为直轴分量和交轴分量，即：
$\begin{cases} F_{ad} = F_a \sin\psi \\ F_{aq} = F_a \cos\psi \end{cases}$，则气隙合成磁势 $\dot{F}_\delta = \dot{F}_{f1} + \dot{F}_a$。

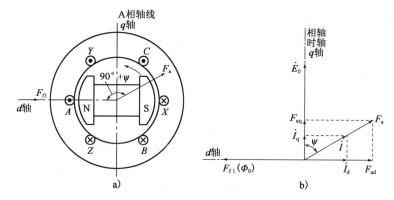

图5-10 时空相矢图

4)电枢反应性质(结合时空相矢图)

(1) $\dot{E}_0$ 与电流 $\dot{I}$ 同向时，内功率因数角 $\psi = 0$，只有交轴电枢反应。

(2)电流 $\dot{I}$ 滞后 $\dot{E}_0$ 90°时，$\psi = 90°$，只有直轴电枢反应，去磁作用。

(3)电流 $\dot{I}$ 超前 $\dot{E}_0$ 90°时，$\psi = -90°$，只有直轴电枢反应，增磁作用。

(4)一般情况下，$0 < \psi < 90°$，交轴和直轴电枢反应均存在。

考点 功角特性与V形曲线

1)功角特性

同步电机的功角特性是指同步电机接在电网上对称稳定运行时，电机的电磁功率与功率角之间的关系。其中功率角(功角) δ 是励磁电动势 $\dot{E}_0$ 与电网电压 $\dot{U}$ 的时间相位角。

(1)功率方程

发电机对称稳定运行，原动机输入到发电机的机械功率为 P_1，扣除发电机的机械损耗 p_{s1} 和铁耗 p_{Fe}，余下部分将通过电磁感应作用转换成定子的电功率，所以转换功率为电磁功率

P_M。用方程式表示为:$P_M = P_1 - p_{sl} - p_{Fe}$。

电磁功率 P_M 是从转子方面通过气隙合成磁场传递到定子的功率。发电机带负载时,定子电流通过电枢绕组还要损失一部分功率,即电枢铜耗 p_{Cu},余下的才为输出功率 P_2,即 $P_2 = P_M - p_{Cu}$。式中 $P_2 = mUI\cos\varphi$,$p_{Cu} = mI^2R_a$。注意,定子相数 m、电压 U、电流 I 均为相值。

(2)转矩方程

把功率方程式 $P_M = P_1 - p_{sl} - p_{Fe}$ 除以同步角速度 $\Omega_1 = \dfrac{2\pi n_1}{60}$,即可得到同步发电机的转矩方程式:

$$\frac{P_1}{\Omega_1} = \frac{p_{sl} + p_{Fe}}{\Omega_1} + \frac{P_M}{\Omega_1}$$

$T_M = \dfrac{P_M}{\Omega_1}$ 为电磁转矩(注意,一般是先求出电磁功率然后再求出电磁转矩)。

(3)功角公式及物理意义

①功角公式

忽略电枢电阻时,即 $R_a = 0$ 时,考虑较为一般情况下的凸极式发电机时,即 $X_d \neq X_q$。$P_2 = mUI\cos\varphi = P_M - p_{Cu} \approx P_M = m\dfrac{E_0 U}{X_d}\sin\delta + m\dfrac{U^2}{2}\left(\dfrac{1}{X_q} - \dfrac{1}{X_d}\right)\sin 2\delta$,当同步发电机为隐极机时,即 $X_d = X_q = X_s$ 时,$P_M = m\dfrac{E_0 U}{X_d}\sin\delta \approx mUI\cos\varphi$。此公式建立了功率角 δ 与功率因数角 φ 的关系,是分析与计算同步发电机参数的主要公式。一定要理解并且牢记!

②物理意义

a. 电动势 $\dot{E}_0$ 与电网电压 $\dot{U}$ 的时间相位角,$\dot{E}_0$ 超前于 $\dot{U}$。

b. $\dot{E}_0$ 由 F_{f1} 产生,$\dot{U}$ 为等效合成磁场产生,因而反映了励磁磁动势与等效合成磁势的空间相角。所以功率角 δ 实际上反映了定子合成磁场扭斜的角度,δ 越大,产生的电磁功率和电磁转矩也越大,而形成 δ 角的原因是交轴电枢反应 F_{aq},所以交轴电枢反应的磁功率是产生电磁转矩进行机电能量转换的必要条件。

(4)有功功率调节

无限大电网:U = 常数,f = 常数,即电网的频率和电压基本不受负载变化或其他扰动的影响而保持为常数。

有功功率的调节:发电机投入并联的目的就是向电网输出功率。

结论:要增加发电机的有功功率,必须增加原动机的输入功率,使功率角 δ 增大,电磁功率和输出功率便会增加。$\delta = 90°$ 时,电磁功率 $P_M = m\dfrac{E_0 U}{X_d}$——隐极机功率极限(实际是直接对电磁功率求导,即 $\dfrac{dP_M}{d\delta} = 0$;对于凸极式同步发电机,$\delta < 90°$)。

结论:对于隐极同步发电机而言:当 $0° < \delta < 90°$ 或 $\dfrac{dP_M}{d\delta} > 0$ 时,发电机是静态稳定的;当 $90° < \delta < 180°$ 或 $\dfrac{dP_M}{d\delta} < 0$ 时,发电机是静态不稳定的。$\delta = 90°$ 或 $\dfrac{dP_M}{d\delta} = 0$ 为发电机的静态稳定极限。对于凸极机,静态稳定极限 $\delta < 90°$。

过载能力:最大电磁功率 P_{Mmax} 与额定功率 P_N 之比 $k = \dfrac{P_{Mmax}}{P_N} = \dfrac{1}{\sin\delta_N}$(因此通过过载能力

可以求出功率角δ)。

2) V 形曲线

调节无功功率不改变原动机的输入,有功功率保持不变,即有：

$$\begin{cases} P_2 = mUI\cos\varphi = 常数 \\ P_M = \dfrac{mE_0 U}{x_s}\sin\delta = 常数 \end{cases},因此有 \begin{cases} I\cos\varphi = 常数 \\ E_0\sin\delta = 常数 \end{cases}$$

由同步发电机 V 形曲线图 5-11a)可知：

①定子电流 I_2 最小,$\cos\varphi = 1$ 称为负载时的正常励磁,发电机只发出有功功率。

②增加励磁,即 $E_{01} > E_{02}$ 称为过励,I_1 落后 U,发电机除发有功功率外,还向电网发出感性无功功率。

③减小励磁,即 $E_{03} < E_{02}$ 称为欠励,I_3 超前 U,发电机除了向电网发出有功功率外,还向电网发出容性无功功率。进一步减小励磁电流,E_0 更加减小,δ 和超前的功率因数角 φ 也将继续增大,使定子电流值更大,当 $\delta = 90°$,空载电动势为 E_{04} 时,发电机达到稳定运行的极限状态,若再进一步减小励磁电流,则不能稳定运行。

当原动机功率不变时,改变励磁引起无功电流的改变,随之定子总电流 I 也将改变。当 $I_f =$ 正常励磁时,I 数值最小；无论过励还是欠励都使 I 数值增大,把 $I = f(I_f)$ 的关系曲线称为同步发电机的 V 形曲线,如图 5-11b)所示。

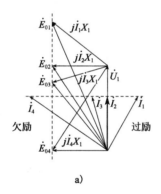
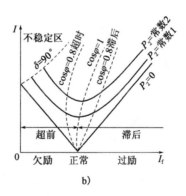

图 5-11 同步发电机 V 形曲线

无功功率调节：当原动机输入功率不变,调节同步发电机的励磁电流可以调节无功功率的输出,过励时,发电机输出感性无功功率。同时要注意：以隐极式同步发电机为例,$Q = m\dfrac{E_0 U}{X_s} \cdot \cos\delta - \dfrac{mU^2}{X_s}$,当增加输出的有功功率,即增大功角时,$\cos\delta$ 减小,使输出无功功率减小。因此,若增加输出的有功功率的同时要保持无功功率不变,必须随功角 δ 的增加而增加励磁电流,提高空载电动势 E_0 的大小。

对于同电动机 V 形曲线(图 5-12),在过励状态(电流滞后电压)下,同步电动机从电网吸收超前的无功功率(电容性无功功率),即向电网发出滞后的无功功率(感性

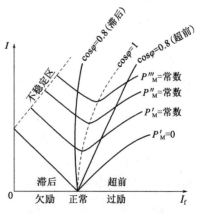

图 5-12 同步电动机的 V 形曲线

无功功率),在欠励状态(电流超前电压)下,同步电动机从电网吸收滞后的无功功率(感性无功功率),即向电网发出超前的无功功率(电容性无功功率)。

考点 同步发电机的电势方程式(掌握计算)

电压调整率:$\Delta U = \dfrac{E_0 - U_{Np}}{U_{Np}} \times 100\%$

1)凸极同步发电机

不计饱和时凸极式同步发电机(电动势方程相量图如图 5-13 所示):

$$\dot{E}_0 = \dot{U} + \dot{I}r_a + j\dot{I}_d X_d + j\dot{I}_q X_q$$

式中,$X_d = X_{ad} + X_\sigma$,$X_q = X_{aq} + X_\sigma$ 分别称为凸极同步电机的直轴同步电抗和交轴同步电抗。因为 $X_{ad} > X_{aq}$,故 $X_d > X_q$。对于隐极式电机,因为 $X_{ad} = X_{aq} = X_a$,所以 $X_d = X_q = X_s$。

但是实际上凸极同步发电机电动势相量图中的 d、q 轴不容易确定,通常采用以下方法:

由 $\dot{E}_0 = \dot{U} + \dot{I}r_a + j\dot{I}_d X_d + j\dot{I}_q X_q + j\dot{I}_d X_q - j\dot{I}_d X_q$

导出 $\dot{E}_0 = \dot{U} + \dot{I}r_a + j\dot{I}_d(X_d - X_q) + j(\dot{I}_q + \dot{I}_d)X_q$

因此可以得到:$\dot{E}_Q = \dot{E}_0 - j\dot{I}_d(X_d - X_q) = \dot{U} + \dot{I}r_a + j\dot{I}X_q$

由公式可以看出,$\dot{E}_0$、$\dot{E}_Q$ 同相位,因此只要找到 E_Q 的位置即可确定 q 轴位置,实际做法如下:

(1)画出 $\dot{U}$、$\dot{I}$、$\dot{I}r_a$。

(2)过 M 作垂直于 $\dot{I}$ 的直线 $QM = \dot{I}X_q$,找到 Q 点。

(3)连接 OQ 即为 $\dot{E}_0$ 的方向线,$\dot{E}_Q = \dot{U} + \dot{I}r_a + j\dot{I}X_q$。

(4)找到 ψ 角,将电流 $\dot{I}$ 分解为 $\dot{I}_d$、$\dot{I}_q$,画出 $j\dot{I}_d X_d$,$j\dot{I}_q X_q$。

同步发电机计算中最重要是确定内功率因数角 ψ,其他参数可以在图 5-13 上利用数学知识求解:

$\tan\psi = \dfrac{IX_q + U\sin\varphi}{U\cos\varphi + Ir_a} \rightarrow \psi = \arctan\dfrac{IX_q + U\sin\varphi}{U\cos\varphi + Ir_a}$(考试时一般会忽略电阻 r_a,φ 为功率因数角),则功角 $\delta = \psi - \varphi$。

则根据图 5-13 所示相量图,在忽略电阻 r_a 时,利用数学知识可求电动势大小:

$$E_0 = U\cos\delta + I_d X_d = U\cos\delta + X_d I\sin\psi$$

2)隐极式发电机($X_d = X_q = X_s$)

$X_s = X_a + X_\sigma$ 为同步电机的同步电抗,其中 X_a 为同步电机的电枢反应电抗。X_s 是表征对称稳态运行时电枢反应磁场和电枢漏磁场的一个综合参数,是同步电机的基本参数之一。

隐极式发电机的电动势公式为:$\dot{E}_0 = \dot{U} + \dot{I}r_a + j\dot{I}X_s$

隐极式发电机相量图如图 5-14 所示。

由上述隐极式电动势方程,可看出与凸极式 $\dot{E}_Q = \dot{U} + \dot{I}r_a + j\dot{I}X_q$ 具有相似性,因而隐极式发电机完全可参照凸极式计算方法,即:

$\tan\psi = \dfrac{IX_s + U\sin\varphi}{U\cos\varphi + Ir_a} \rightarrow \psi = \arctan\dfrac{IX_s + U\sin\varphi}{U\cos\varphi + Ir_a} \Rightarrow \delta = \psi - \varphi$ 忽略电阻 r_a 时简化的相量图如

图 5-14b)所示,隐极式发电机电势的三种求法为:

(1) $E_0 = U\cos\delta + I_d X_d = U\cos\delta + X_s I\sin\psi$。

(2) $E_0 = \sqrt{(U\cos\varphi)^2 + (U\sin\varphi + IX_s)^2}$。

(3) $E_0 = \sqrt{(U + IX_s\sin\varphi)^2 + (IX_s\cos\varphi)^2}$。

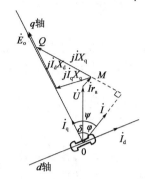
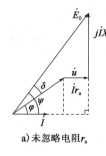
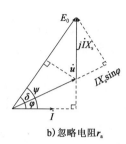

图 5-13 凸极同步发电机相量图　　　　　图 5-14 隐极式发电机相量图

a) 未忽略电阻 r_a　　　b) 忽略电阻 r_a

注意:计算包括有名值计算法和标幺值计算法。对于同步发电机的额定值一般都是线电压、线电流,因此在有名值计算时,一定要先求出一相的电压和电流(根据星三角联接去求解相电压和相电流),然后求取内功率因数角。

考点 同步发电机并联运行条件

同步发电机并联运行的条件如下:①电压波形相同——正弦波;②频率相同——接近;③幅值相同;④相位相同——接近;⑤相序相同——严格条件。

若发电机空载电势 $\dot{E}_0$ 与并网 $\dot{U}$ 大小不等,或相位不同,把发电机投入并联,则相当于突加电压差 $\Delta \dot{U}$ 引起的瞬态过程,将在发电机与电网中产生一定的冲击电流。则发电机发出的电流 $\dot{I}_G = \dfrac{\dot{E}_0 - \dot{U}}{R_s + jX_s}$,其中 $Z_s = R_s + jX_s$,为同步发电机的内阻抗。

电机学历年真题及详解

1) 直流电机

【2005,31;2016,37】已知并励直流发电机的数据为:$U_N = 230\text{V}$,$I_{aN} = 15.7\text{A}$,$n_N = 2000\text{r/min}$,$R_a = 1\Omega$(包括电刷接触电阻),$R_f = 610\Omega$,已知电刷在几何中性线上,不考虑电枢反应的影响,今将其改为电动机运行,并联于 220V 电网,当电枢电流与发电机在额定状态下的电枢电流相同时,电动机的转速为下列何值?

A. 2000r/min　　　　　　　　B. 1831r/min
C. 1739r/min　　　　　　　　D. 1663r/min

解 根据直流发电机的电压平衡方程式可得:

$E_a = U_a + R_a I_a \Rightarrow C_e \Phi = \dfrac{U_N + I_{aN} R_a}{n_N} = \dfrac{230 + 15.7 \times 1}{2000} = 0.12285$

当并联于 220V 时，$C_e\Phi' = \frac{220}{230} \times C_e\Phi = 0.117508$

电动机运行时，根据直流电动机的电压平衡式 $E_a = U_a - R_a I_a = C_e\Phi n$ 可得：

$$n = \frac{U_N' - I_{aN} R_a}{C_e\Phi'} = \frac{220 - 15.7 \times 1}{0.117508} \text{r/min} = 1739 \text{r/min}$$

答案：C

【2005,38】 一台积复励直流发电机与直流电网连接向电网供电。欲将它改为积复励直流电动机运行，若保持电机原转向不变(设电网电压极性不变)，需要采取下列哪项措施？

　　A. 反接并励绕组　　　　　　　　　B. 反接串励绕组
　　C. 反接电枢绕组　　　　　　　　　D. 所有绕组接法不变

解　积复励直流发电机的串励绕组和并励绕组的励磁磁动势方向相同，使得气隙磁通加强。积复励直流电动机改作积复励发电机运行时，只需将串励绕组的两端对调一下。

答案：B

【2013,37】 一台并励直流电动机，$U_N = 220\text{V}$，$P_N = 15\text{kW}$，$\eta_N = 85.3\%$，电枢回路总电阻(包括电刷接触电阻)$R_a = 2.0\Omega$。现采用电枢回路串接电阻起动，限制起动电流为 $1.5I_N$(忽略励磁电流)，所串电阻阻值为：

　　A. 1.63Ω　　　　B. 1.76Ω　　　　C. 1.83Ω　　　　D. 1.96Ω

解　$I_N = \frac{P_N}{U_N \eta_N} = \frac{150000}{220 \times 0.853} = 79.93\text{A}$

根据电机串电阻 R_j 启动时 $(n=0)$，$n = \frac{U_N - I_a(R_a + R_j)}{C_e\Phi} = 0$

得：$R_j = \frac{U_N}{I_{st}} - R_a = \frac{220}{1.5 \times 79.93} - 0.2 = 1.63\Omega$

答案：A

【2013,38】 一台串联直流电动机，若把电刷顺旋转方向偏离磁场几何中性线一个不大角度，设电机的电枢电流保持不变，此时电动机的转速将：

　　A. 降低　　　　　　B. 保持不变　　　　　　C. 升高　　　　　　D. 反转

解　根据：

$$F_a \begin{cases} F_{ad} \begin{cases} \text{顺向移刷} \begin{cases} \text{发电机：去磁} \\ \text{电动机：加磁} \end{cases} \\ \text{逆向移刷} \begin{cases} \text{发电机：加磁} \\ \text{电动机：去磁} \end{cases} \end{cases} \\ F_{aq}\text{-扭斜气隙磁场，物理中性线偏移，附加去磁作用} \end{cases}$$

可知电刷顺向移动时，直轴电枢反应磁动势对主磁极起增磁作用，则根据转速公式：

$$\Phi \downarrow \Rightarrow n = \frac{U_N - I_a \times R_a}{C_e\Phi} \downarrow$$

答案：A

【2014,30】一台他励直流电动机，$U_N=220$V，$I_N=100$A，$n_N=1150$r/min，电枢回路总电阻$R_a=0.095\Omega$。若不计电枢反应的影响，忽略空载转矩，其运行时，从空载到额定负载的转速变化率Δn为：

A. 3.98%　　　　　B. 4.17%　　　　　C. 4.52%　　　　　D. 5.1%

解　他励直流电机电势方程式为：

$$\begin{cases} U_N=E_a+R_aI_a \\ I_N=I_a \end{cases} \Rightarrow C_e\Phi=\frac{U_N-I_aR_a}{n_N}=\frac{220-100\times0.095}{1150}=0.183$$

则理想空载转速（即$I_a=0$）：

$$n_0=\frac{U_N}{C_e\Phi}=\frac{220}{0.183}=1202.2\text{r/min}$$

故而转速变化率 $\Delta n=\frac{n_0-n_N}{n_N}\times100\%=\frac{1202.2-1150}{1150}\times100\%=4.52\%$

答案：C

【2016,30】一台并励直流电动机，额定电压为110V，电枢回路电阻（含电刷接触电阻）为0.045Ω，当电动机加上额定电压并带一定负载转矩T_1时，其转速为1000r/min，电枢电流为40A，现将负载转矩增大到原来的4倍（忽略电枢反应），稳定后电动机的转速为：

A. 250r/min　　　　B. 684r/min　　　　C. 950r/min　　　　D. 1000r/min

解　并励直流电动机电势方程为：

$$\begin{cases} U_N=E_a+R_aI_a \\ I_a=40 \end{cases} \Rightarrow C_e\Phi=\frac{U_N-I_aR_a}{n_N}=\frac{110-40\times0.045}{1000}=0.10802$$

当负载转矩增大4倍，由转矩公式 $T_a=C_T\Phi I_a$，故电枢电流 $I'_a=4I_a=160$A，则 $n'=\frac{U_N-I'_aR_a}{C_e\Phi}=\frac{110-160\times0.045}{0.1082}=950$r/min

答案：C

【2006,31；2010,39】一台并励直流电动机，$U_N=110$V，$n_N=1500$r/min，$I_N=28$A，$R_a=0.15\Omega$（含电刷的接触压降），$R_f=110\Omega$。当电动机在额定状态下运行，突然在电枢回路串入一$R'=0.5\Omega$的电阻，若负载转矩不变，则电动机稳定后的转速为：

A. 1220r/min　　　　　　　　B. 1255r/min
C. 1309r/min　　　　　　　　D. 1500r/min

解　并励直流电动机电势方程为：

$$\begin{cases} U_N=E_a+R_aI_a \\ I_N=I_a+I_f \end{cases} \Rightarrow C_e\Phi=\frac{U_N-I_aR_a}{n_N}=\frac{110-27\times0.15}{1500}=0.071$$

当串入电阻$R_j=0.5\Omega$时且负载转矩不变，即I_N不变，则电机稳定后的转速：

$$n'=\frac{U_\mathrm{N}-I_\mathrm{a}(R_\mathrm{a}+R_\mathrm{j})}{C_\mathrm{e}\Phi}=\frac{110-27\times(0.15+0.5)}{0.071}=1309\mathrm{r/min}$$

答案：C

【2007,43】一并励直流电动机 $P_\mathrm{N}=17\mathrm{kW}$，$U_\mathrm{N}=220\mathrm{V}$，$n_\mathrm{N}=3000\mathrm{r/min}$，$I_\mathrm{aN}=87.7\mathrm{A}$，电枢回路总电阻为 0.114Ω，拖动额定的恒转矩负载运行时，电枢回路串入 0.15Ω 的电阻，忽略电枢反应的影响，稳定后的转速为：

  A. 1295r/min   B. 2812r/min   C. 3000r/min   D. 3947r/min

答案：B（参照上题解题过程，注意给定电流即为电枢绕组电流 I_a）

【2017,50】一台并励直流电动机额定功率 $P_\mathrm{N}=17\mathrm{kW}$，额定电压 $U_\mathrm{N}=220\mathrm{V}$，额定电流 $I_\mathrm{N}=88.9\mathrm{A}$，额定转速 $n_\mathrm{N}=3000\mathrm{r/min}$，电枢回路电阻 $R_\mathrm{a}=0.085\Omega$，励磁回路电阻 $R_\mathrm{f}=125\Omega$，若忽略电枢反应的影响，该电动机电枢回路串入电阻 $R=0.15\Omega$ 且仍输出额定转矩，稳定后转速为：

  A. 3100r/min   B. 3000r/min
  C. 2815.6r/min   D. 2706.4r/min

解 并励直流电动机电势方程为：
$$\begin{cases}U_\mathrm{N}=E_\mathrm{a}+R_\mathrm{a}I_\mathrm{a}\\ I_\mathrm{N}=I_\mathrm{a}+I_\mathrm{f}\\ I_\mathrm{f}=\dfrac{U_\mathrm{N}}{R_\mathrm{f}}\end{cases}\Rightarrow C_\mathrm{e}\Phi=\frac{U_\mathrm{N}-I_\mathrm{a}R_\mathrm{a}}{n_\mathrm{N}}=\frac{220-87.14\times0.085}{3000}=0.071$$

当串入电阻 $R_\mathrm{j}=0.15\Omega$ 时且负载转矩不变，即 I_N 不变，则电机稳定后的转速
$$n'=\frac{U_\mathrm{N}-I_\mathrm{a}(R_\mathrm{a}+R_\mathrm{j})}{C_\mathrm{e}\Phi}=\frac{220-87.14\times(0.085+0.15)}{0.071}=2810.2\mathrm{r/min}$$

答案：C

【2012,31】一台并励直流发电机额定电压 250V，额定功率 10kW，电枢电阻 0.1Ω（包括电刷接触电阻），励磁回路电阻 250Ω，额定转速 $900\mathrm{r/min}$。如果用作电动机，所加电压仍为 250V，如果调节负载使电枢电流与发电机额定时相等，此时电动机的转速为：

  A. 900 r/min   B. 891 r/min   C. 881 r/min   D. 871 r/min

解 额定电流 $I_\mathrm{N}=\dfrac{P_\mathrm{N}}{U_\mathrm{N}}=\dfrac{10000}{250}=40\mathrm{A}$，励磁支路电流 $I_\mathrm{f}=\dfrac{U_\mathrm{N}}{R_\mathrm{f}}=\dfrac{250}{250}=1\mathrm{A}$

并励直流发电机电势方程为：
$$\begin{cases}E_\mathrm{a}=U_\mathrm{N}+R_\mathrm{a}I_\mathrm{a}\\ I_\mathrm{a}=I_\mathrm{N}+I_\mathrm{f}\end{cases}\Rightarrow E_\mathrm{a}=250+(40+1)\times0.1=254.1\mathrm{V}\Rightarrow C_\mathrm{e}\Phi=\frac{E_\mathrm{a}}{n_\mathrm{N}}=\frac{254.1}{900}=0.2823$$

作电动机运行并保持电枢电路 I_a 不变时：$E'_\mathrm{a}=U_\mathrm{N}-I_\mathrm{a}R_\mathrm{a}=250-(40+1)\times0.1=245.9\mathrm{V}$

则电机稳定后的转速（励磁绕组电流没变）
$$n'=\frac{E'_\mathrm{a}}{C_\mathrm{e}\Phi}=\frac{245.9}{0.2823}=871.06\mathrm{r/min}$$

答案:D

【2008,36】一台正向旋转的直流并励电动机接在直流电网上运行,若将电枢电极反接,则电动机将:

  A. 停转   B. 作为电动机反向运行
  C. 作为电动机正向运行   D. 不能继续运行

  解 直流并励发电机接在直流电网上正向旋转运行时,当将原动机撤掉后,转速 T_M 继续下降,这时 $E_a < U_a$,I_a 为负值,I_a 与 E_a 反向。由于 I_a 反向,电磁转矩 T_M 方向与电枢旋转方向相同,变为驱动转矩,电机仍继续沿着逆时针方向旋转,电机已经变为电动机运行状态。

答案:C

【2009,32】一台并励直流发电机,在转速为 500r/min 时建立空载电压 120V,若此时把转速提高到 1000r/min,此时发电机的空载电压变为:

  A. 小于或等于 120V   B. 大于 120V 但小于 240V
  C. 等于 240V   D. 大于 240V

  解 由并励直流发电机的电动势平衡方程式 $E_a = C_e \Phi n$,不考虑励磁电流时,当转速提高 1 倍,空载电压也提高 1 倍,考虑到并励式励磁电流会增大,所以空载电压肯定大于 240V。

答案:D

【2009,31】一台并励直流发电机,$P_N = 35\text{kW}$,$U_N = 220\text{V}$,$I_{aN} = 180\text{A}$,$n_N = 1000\text{r/min}$,电枢回路总电阻(含电刷接触压降) $R_a = 0.12\Omega$,不考虑电枢反应,额定运行时的电磁功率 P_M 为:

  A. 36163.4W   B. 31563.6W   C. 31964.5W   D. 35712W

  解 由电磁功率公式可得: $P_M = E_a I_a = (U_N - I_a R_a) I_a = (220 - 180 \times 0.12) \times 180 = 35712\text{W}$

答案:D

【2010,31】一台直流励磁电动机 $P_N = 75\text{kW}$,$U_N = 230\text{V}$,$I_{aN} = 38\text{A}$,$n_N = 1750\text{r/min}$,电枢回路总电阻 $R_{aN} = 0.2\Omega$,励磁回路总电阻 $R_f = 383\Omega$,求满载运行时的电磁转矩为:

  A. 39.75N·m   B. 45.41N·m
  C. 46.10N·m   D. 34.57N·m

  解 电磁转矩基本公式为 $T_M = \dfrac{P_M}{\Omega} = \dfrac{E_a I_a}{\dfrac{2\pi n}{60}} = \dfrac{60 E_a I_a}{2\pi n}$

而 $U_N = E_a + R_a I_a \Rightarrow E_a = U_N - R_a I_a = 230 - 38 \times 0.2 = 222.4\text{V}$
代入上式可求得: $T_M = 46.1\text{N·m}$

答案:C

【2012,32】一台并励直流电动机,$P_N=96\text{kW}$,$U_N=440\text{V}$,$I_N=255\text{A}$,$I_{FV}=5\text{A}$,$n_N=500\text{r/min}$,$R_a=0.078\Omega$(包括电刷接触电阻)。其在额定运行时的电磁转矩为:

    A. 1991 N·m   B. 2007 N·m   C. 2046 N·m   D. 2084N·m

解 根据并励直流电机特性可求得电枢绕组电流 $I_a=I_N-I_f=255-5=250\text{A}$

而 $U_N=E_a+R_aI_a \Rightarrow E_a=U_N-R_aI_a=440-250\times0.078=420.5\text{V}$

电磁转矩基本公式为 $T_M=\dfrac{P_M}{\Omega}=\dfrac{E_aI_a}{\dfrac{2\pi n}{60}}=\dfrac{60E_aI_a}{2\pi n}$

代入可求得: $T_M=\dfrac{60\times420.5\times250}{2\pi\times500}=2008.8\text{N}\cdot\text{m}$

答案:B

【2014,38】一台并励直流电动机有下列数据:$P_N=10\text{kW}$,$U_N=220\text{V}$,$I_{fN}=1.178\text{A}$,$\eta_N=84.5\%$,$n_N=1500\text{r/min}$,$r_{a0.75℃}=0.316\Omega$,一对电刷压降为 $2\Delta U_b=2\text{V}$。欲作并励发电机运行并发出 230V 额定电压,转速应为(励磁电流与电枢电流均保持电动机额定运行时的数值,不计电枢反应影响):

    A. 1800r/min   B. 1852r/min   C. 1900r/min   D. 1860r/min

解 此题物理过程比上一题复杂,但只要分析清楚物理过程,解题较为容易。

先求出并励电动机的额定电流及电枢电流 $I_N=\dfrac{P_N}{U_N\eta}$,$I_a=I_N-I_f$,再根据电动机电动势方程式求 $C_e\Phi$:

$$\begin{cases}U_N=E_a+R_aI_a+2\Delta U_b\\ I_N=I_a+I_f\end{cases} \Rightarrow E_a=201.37\text{V},I_a=52.61\text{A}$$

作发电机运行时(电枢电流不变): $E'_a=U'_a+R_aI_a+2\Delta U_b=230+52.61\times0.316+2=248.62\text{V}$

并励运行时,励磁磁通不变,$E'_a=C_e\Phi n'$,即电动势和转速成正比,即求得:

$n'=\dfrac{E'_a}{E_a}n_N=\dfrac{248.62}{201.37}\times1500=1852\text{r/min}$

答案:B

【2008,43】一台正向旋转的直流并励电动机接在直流电网上运行,若撤掉原动机,则电动机将:

    A. 停转   B. 作为电动机反向运行
    C. 作为电动机正向运行   D. 不能继续运行

解 直流并励发电机接在直流电网上正向旋转运行时,当将原动机撤掉后,转速 n 继续下降,这时 $E_a<U_a$,I_a 为负值,I_a 与 E_a 反向。由于 I_a 反向,电磁转矩 T_M 方向与电枢旋转方向

相同,变为驱动转矩,电机仍继续沿着逆时针方向旋转,电机已经变为电动机运行状态。

答案: C

【2009,39】 一台并励直流电动机,$P_N=7.2\text{kW}$,$U_N=110\text{V}$,$n_N=900\text{r/min}$,$\eta_N=85\%$,$R_a=0.08\Omega$(含电刷接触压降),$I_f=2\text{A}$,当电动机在额定状态下运行,若负载转矩不变,在电枢回路中串入一电阻,使电动机转速下降到450r/min,那么此电阻的阻值为:

  A. 0.6933Ω B. 0.8267Ω C. 0.834Ω D. 0.912Ω

解 先求出并励电动机的额定电流及电枢电流 $I_N=\dfrac{P_N}{U_N\eta}$,$I_a=I_N-I_f$,再根据电动机电动势方程式求 $C_e\Phi$:

$$\begin{cases}U_N=E_a+R_aI_a\\ I_N=I_a+I_f\end{cases}\Rightarrow C_e\Phi=\dfrac{U_N-I_aR_a}{n_N}$$

当串入电阻 R_j 时且负载转矩不变,即 I_a 不变,则电机稳定后的转速为

$$n'=\dfrac{U_N-I_a(R_a+R_j)}{C_e\Phi}=450\text{r/min}$$

求得:$R_j=0.6933\Omega$

答案: A

【2017,50】 一台他励直流电动机,额定电压 $U_N=110\text{V}$,额定电流 $I_N=28\text{A}$,额定转速 $n_N=1500\text{r/min}$,电枢回路总电阻 $R_a=0.15\Omega$。现将该电动机接入电压为 $U_N=220\text{V}$ 的直流稳压电源,忽略电枢反应的影响,理想空载转速为:

  A. 1500r/min   B. 1600r/min   C. 1560r/min   D. 1460r/min

解 根据他励电动机电动势方程式求 $C_e\Phi$:

$$\begin{cases}U_N=E_a+R_aI_a\\ I_N=I_a\end{cases}\Rightarrow C_e\Phi=\dfrac{U_N-I_aR_a}{n_N}=\dfrac{110-28\times0.15}{1500}=0.0705$$

当 $I_a=0$ 不变,即理想空载转速 $n_0=\dfrac{U_N}{C_e\Phi}=1560\text{r/min}$

答案: C

【2014,38】 一台并励直流电动机有下列数据:$P_N=10\text{kW}$,$U_N=220\text{V}$,$I_{fN}=1.178\text{A}$,$\eta_N=84.5\%$,$n_N=1500\text{r/min}$,$r_{a0.75℃}=0.316\Omega$,一对电刷压降为 $2\Delta U_b=2\text{V}$。欲作并励发电机运行并发出230V额定电压,转速应为(励磁电流与电枢电流均保持电动机额定运行时的数值,不计电枢反应影响):

  A. 1800r/min   B. 1852r/min   C. 1900r/min   D. 1860r/min

解 此题物理过程比上一题复杂,但只要分析清楚物理过程,解题较为容易。

先求出并励电动机的额定电流及电枢电流 $I_N=\dfrac{P_N}{U_N\eta}$,$I_a=I_N-I_f$,再根据电动机电动势方

程式求 $C_e\Phi$：

$$\begin{cases} U_N = E_a + R_a I_a + 2\Delta U_b \\ I_N = I_a + I_f \end{cases} \Rightarrow E_a = 201.37\text{V}, I_a = 52.61\text{A}$$

作发电机运行时(电枢电流不变)：$E_a' = U_a' + R_a I_a + 2\Delta U_b = 230 + 52.61 \times 0.316 + 2 = 248.62\text{V}$

并励运行时，励磁磁通不变，$E_a' = C_e\Phi n'$，即电动势和转速成正比，即求得：

$$n' = \frac{E_a'}{E_{aN}} n_N = \frac{248.62}{201.37} \times 1500 = 1852\text{r/min}$$

答案：B

【2011,44】一台并励直流电动机拖动一台他励直流发电机，当电动机的电压和励磁回路的电阻均不变时，若增加发电机输出的功率，此时电动机的电枢电流 I_a 和转速 n 将：

  A. I_a 增大，n 降低　　　　　　　　B. I_a 减小，n 增高

  C. I_a 增大，n 增高　　　　　　　　D. I_a 减小，n 降低

解　增加发电机输出的功率，即增大原动机电动机提供的机械能，由电磁功率 $P_M = T_M\Omega = 9.55 C_e\Phi I_a\Omega = E_a I_a$，电动机电枢电流增大时，因为电动机的电压和励磁回路的电阻均不变，则转速 $n = \dfrac{U_a - I_a R_a}{C_e\Phi}$ 降低。

答案：A

【2012,39】一台他励直流电动机，额定运行时电枢回路电阻压降为外加电压的5%，此时若突然将励磁回路电流减小，使每极磁通降低20%，若负载转矩保持额定不变，那么改变瞬间电动机的电枢电流为原值的：

  A. 4.8倍　　　　B. 2倍　　　　C. 1.2倍　　　　D. 0.8倍

解　由直流电动机电压平衡方程式：$U_a = E_a + R_a I_a \Rightarrow E_a = U_a - 0.05 U_a = 0.95 U_a$

突然将励磁电流减小，使每极磁通降低20%的反电动势：$E_a' = C_e\Phi' n = C_e(0.8\Phi)n = 0.8 E_a$

可得此时电枢绕组瞬时电流：$I_a' = \dfrac{U_a - E_a'}{R_a} = \dfrac{U_a - 0.8 E_a}{R_a} = \dfrac{U_a - 0.8 \times 0.95 U_a}{R_a} = 0.24\dfrac{U_a}{R_a}$

而速度改变前的电枢电流：$I_a = \dfrac{U_a - E_a}{R_a} = \dfrac{U_a - 0.95 E_a}{R_a} = 0.05\dfrac{U_a}{R_a}$

则两者之比为：$\dfrac{I_a'}{I_a} = \dfrac{0.24}{0.05} = 4.8$

答案：A

【2013,44】一台并励直流电动机，$U_N = 220\text{V}$，电枢回路电阻 $R_a = 0.026\Omega$，电刷接触压降为2V，励磁回路电阻 $R_f = 27.5\Omega$。该电动机装于起重机作动力，在重物恒速提升时测得电机端电压为220V，电枢电流为350A，转速为795r/min。在下放重物时(负载转矩不变，电磁转矩也不变)，测得端电压和励磁电流均不变，转速变为100r/min。不计电枢反应，这时电枢回

路应串入的电阻值为：

  A. 0.724Ω B. 0.7044Ω C. 0.696Ω D. 0.67Ω

解 此题重在分析物理过程。首先，根据电动机电动势方程求 $C_e\Phi$：

$$\begin{cases} U_N = E_a + R_a I_a + 2\Delta U \\ I_N = I_a + I_f = I_a + \dfrac{U_N}{R_f} \end{cases} \Rightarrow C_e\Phi = \dfrac{U_N - I_a R_a - 2\Delta U}{n_1} = \dfrac{220 - (350 \times 0.026 + 2)}{795} = 0.263$$

下降时，串入电阻 R_j，且负载转矩不变（$T = 9.55 C_e \Phi I_a$），即 I_a 不变，且下降过程电机反转，即转速 $n' = -100 \text{r/min}$，根据电动机电势方程求转速：

$$n' = \dfrac{U_N - I_a(R_a + R_j) - 2\Delta u}{C_e\Phi} = \dfrac{220 - [350 \times (0.026 + R_j)]}{0.263} = -100 \text{r/min}$$

求得：$R_j = 0.672\Omega$

答案：D

【2017,49】一台单层叠绕组交流电机的并联支路对数 a 与极对数 p 的关系是：

  A. $a = 1$ B. $a = 2$ C. $a = p/2$ D. $a = p$

解 在每极每相整数槽的双层叠绕组中，每相在每极下有一个线圈组，因此每相最大的并联支路数 $a_{max} = 2p$；在单层绕组中，每相在每对极下有一个线圈组，因此每相最大的并联支路数 $a_{max} = p$。

答案：D

【2011,44】一台并励直流电动机拖动一台他励直流发电机，当电动机的电压和励磁回路的电阻均不变时，若增加发电机输出的功率，此时电动机的电枢电流 I_a 和转速 n 将：

  A. I_a 增大，n 降低   B. I_a 减小，n 增高

  C. I_a 增大，n 增高   D. I_a 减小，n 降低

解 增加发电机输出的功率，即增大原动机电动机提供的机械能，由电磁功率 $P_M = T_M\Omega = 9.55 C_e \Phi I_a \Omega = E_a I_a$，电动机电枢电流增大时，因为电动机的电压和励磁回路的电阻均不变，则转速 $n = \dfrac{U_a - I_a R_a}{C_e \Phi}$ 降低。

答案：A

【2017,49】一台他励直流电动机拖动恒转矩负载，当电枢电压降低时，电枢电流和转速的变化规律为：

  A. 电枢电流减小，转速减小   B. 电枢电流减小，转速不变

  C. 电枢电流不变，转速减小   D. 电枢电流不变，转速不变

解 由转矩公式 $T_M = 9.55 C_e \Phi I_a$，并结合他励式电动机可知，恒转矩负载和励磁回路均不变即，是要求磁通 Φ 和电枢电流 I_a 均不变。

根据转速公式 $n = \dfrac{U_a - I_a R_a}{C_e \Phi}$ 可知:降低电枢电压 U_a 即是降低转速 n。

答案:C

2)变压器

考点 变压器等效电路、相电势波形分析、联接组别判断

(1)变压器等效电路

【2005,34】变压器的其他条件不变,电源频率增加 10%,则原边漏抗 X_1、副边漏抗 X_2 和励磁电抗 X_m 会发生下列哪种变化?(分析时假设磁路不饱和)

  A. 增加 10% B. 不变 C. 增加 21% D. 减少 10%

解 $X = 2\pi f N^2 \Lambda$,在不考虑磁路饱和情况下,漏磁电抗大小与频率 f 成正比,因而漏磁电抗也增加 10%。

答案:A

【2007,38】一台变压器,额定功率为 50Hz,如果将其接到 60Hz 的电源上,电压的大小仍与原值相等,那么此时变压器铁芯中的磁通与原来相比将:

  A. 为零 B. 不变 C. 减少 D. 增加

解 $U \approx -E = 4.44 f \Phi_m N$,$f' = 1.2 f$,电压和绕组匝数不变,$\Phi'_m = \dfrac{5}{6} \Phi_m$。

答案:C

【2014,36】在电源电压不变的情况下,增加变压器副边绕组匝数,将副边归算到原边,则等效电路的励磁电抗 X_m 和励磁电阻 R_m 将:

  A. 增大、减小 B. 减小、不变 C. 不变、不变 D. 不变、减小

解 由 $U \approx -E = 4.44 f \Phi_m N_1$,知电压不变,则 Φ_m 不变。
再根据磁化曲线,知磁导 Λ_m 不变由 $X_m = 2\pi f N_1^2 \Lambda_m$,知漏抗大小与变压器副边绕组匝数无关。励磁电阻 R_m 反映的是铁芯损耗,根据变压器 Γ 型等效电路可知,励磁支路的铁耗与副边绕组匝数无关,但与一次电压有关,而电压不变,故励磁电阻不变。

答案:C

【2017,42】若电源电压保持不变,变压器在空载和负载两种运行情况下,主磁通幅值大小关系为:

  A. 完全相等 B. 基本相等 C. 相差很大 D. 不确定

解 由 $U \approx -E = 4.44 f \Phi_m N$ 可知,主磁通大小与电源电压有关,电压不变则主磁通基本不变。

答案：B

【2013,42】现有 A、B 两台单相变压器，均为 $U_{1N}/U_{2N}=220/110\text{V}$，两变压器原、副边绕组匝数分别相等，假定磁路均不饱和，如果两台变压器原边分别接到 220V 电源电压，测得空载电流 $I_{0A}=2I_{0B}$。今将两台变压器的原边顺极性串联后接到 440V 的电源上，此时 B 变压器副边的空载电压为：

    A. 73.3V   B. 110V   C. 146.7V   D. 220V

解 变压器空载等值电路如下图所示。

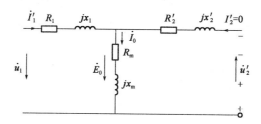

空载时副边电流 $\dot{I}_2'=0$，则 $\dot{I}_0=\dot{I}_1+\dot{I}_2'=\dot{I}_1$

同时空载电流 $\dot{I}_0=0$，很小，因而可忽略原边漏抗压降，即 $\dot{U}\approx\dot{E}_0=-\dot{I}_0 Z_m \Rightarrow E_{0A}=E_{0B}=220\text{V}$

根据两台变压器空载电流关系：$I_{0A}=2I_{0B} \Rightarrow \dfrac{E_{0A}}{Z_{mA}}=2\dfrac{E_{0B}}{Z_{mB}} \Rightarrow Z_{mA}=0.5Z_{mB}$

当两台变压器顺极性串接时，$E_0'=E_{0A}'+E_{0B}'=440\text{V}$，$Z_m'=Z_{mB}+Z_{mA}=1.5Z_{mB}$

串联时励磁电流 $I_0'=\dfrac{E_0'}{Z_m'}=\dfrac{2E_{0A}}{1.5Z_{mB}}=\dfrac{4E_{0B}}{3Z_{mB}}=\dfrac{4}{3}I_{0B}$

根据变压器原副边变比为 2:1，故

$U_B=\dfrac{1}{2}E_{0B}'=\dfrac{1}{2}\times I_0'\times Z_{mB}=\dfrac{1}{2}\times\dfrac{4}{3}I_{0B}Z_{mB}=\dfrac{2}{3}I_{0B}Z_{mB}=\dfrac{2}{3}\times E_{0B}=146.7\text{V}$

答案：C

(2)波形分析

【2005,35】若外加电压随时间正弦变化，当磁路饱和时，单相变压器的励磁磁势随时间变化的波形是下列哪种？

    A. 尖顶波   B. 平顶波   C. 正弦波   D. 矩形波

解 磁路饱和时，空载电流 I_0 与由它产生的主磁通 Φ_0 呈非线性关系。当磁通按正弦规律变化时，空载电流呈尖顶波形。

答案：A

【2009,34】变压器空载运行时存在饱和现象，若此时励磁电流为正弦波形，则副边的感应电势波形为：

A. 正弦波   B. 三角波   C. 尖顶波   D. 平顶波

解 根据磁化曲线可知：考虑饱和的情况,若励磁电流为正弦时,则磁通波形为平顶波(基波和三次谐波为主),故感应电势波形为尖顶波。

答案:C

【2011,39】由三台相同的单相变压器组成的 Y_N,y_0 连接的三相变压器,相电势的波形是：

A. 正弦波   B. 方波   C. 平顶波   D. 尖顶波

解 Y_N/y_N 联接的变压器能够提供三次谐波电流的流通路径,故磁通为正弦波,相电势的波形为正弦波。

答案:C

(3)联接组别的判断

【2005,39】如图所示,此台三相变压器的连接组应属下列哪项？

A. D,y11   B. D,y5   C. D,y1   D. D,y7

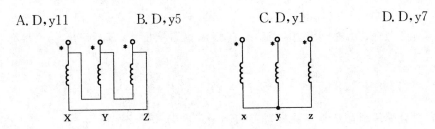

解 由变压器核心考点,画出联接组别如下图所示,从图中可以看出,电动势相量 $\dot{E}_{ab}$ 滞后 $\dot{E}_{AB} 30°$,因此该联接组别为 D,y1。

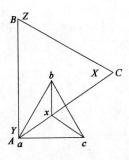

答案:C

【2010,41】一台三相变压器的联接组为 Y,d5,其含义表示此变压器原边的线电压滞后副边对应的线电压：

A. 30°   B. 150°   C. 210°   D. 330°

答案:C(本题考查变压器联接组别基本含义)

(4)空载短路试验

【2005,33;2006,32】 一台变压器的高压绕组由两个完全相同可以串联也可以并联的绕组组成。当它们同绕向串联并施以 220V,50Hz 的电压时,空载电流为 0.3A,空载损耗为 160W。如果它们改为并联,施以 110V,50Hz 电压时,此时的空载电流和空载损耗为下列哪组数值?(电阻损耗忽略不计)

  A. $I_0 = 0.3A, P_0 = 160W$ B. $I_0 = 0.6A, P_0 = 160W$
  C. $I_0 = 0.15A, P_0 = 240W$ D. $I_0 = 0.6A, P_0 = 240W$

解 设原绕组的电导为 G_T,电纳为 B_T。

串联时,电导为 $\dfrac{G_T}{2}$,电纳为 $\dfrac{B_T}{2}$;并联时,电导为 $2G_T$,电纳为 $2B_T$。

变压器串联的导纳为:$\dfrac{G_T}{2} = \dfrac{P_0}{U_N^2} \times 10^{-3}$;$\dfrac{B_T}{2} = \dfrac{I_0\% S_N}{100 U_N^2}$

变压器并联的导纳为:$2G_T = \dfrac{P_0'}{U_N'^2} \times 10^{-3}$;$2B_T = \dfrac{I_0'\% S_N}{100 U_N'^2}$

并联时,电压为串联时的一半,即 $U_N' = 0.5 U_N$,将 U_N' 代入可得:
$P_0' = 2G_T \times U_N'^2 \times 1000 = 2G_T \times 0.25 U_N^2 \times 1000 = P_0$

变压器空载电流电纳 B_T 占很大比重,故 $I_0 = \dfrac{I_0\%}{100} I_N \approx \dfrac{U_N}{\sqrt{3}} B_T$

根据题目串并联参数,$\begin{cases} I_0 = \dfrac{U_N}{\sqrt{3}} \times \dfrac{1}{2} B_T \\ I_0' = \dfrac{U_N'}{\sqrt{3}} \times 2 B_T \end{cases} \Rightarrow I_0' = 2 I_0$

答案: B

【2009,41】 变压器短路试验的目的主要是测量:

  A. 铁耗和铜耗   B. 铜耗和阻抗电压
  C. 铁耗和阻抗电压   D. 铜耗和励磁电流

答案: B(空载试验主要测量铁耗和励磁电流,短路试验主要测量铜耗和阻抗电压)

【2017,42】 变压器短路试验通常在高压侧进行,其原因是:

  A. 高压侧电压较大而电流较小,便于测量
  B. 低压侧电流太大,变压器易于损坏
  C. 可以使低压侧电流小一些
  D. 变压器发热可以小一些

解 变压器短路试验主要在高压侧进行,高压侧电压较大而电流较小,便于测量。而空载试验主要在低压侧进行,低压侧空载试验电压较小,便于测量电压。

答案: A

【2010,40】三绕组变压器数学模型中的电抗反映变压器绕组的：

  A. 铜耗   B. 铁耗   C. 等值漏磁通   D. 漏磁通

解 本题考查三绕组变压器基本参数的概念。电抗反映的是等值漏电抗，在三绕组变压器中不区分主磁通和漏磁通。

答案：C

【2013,41】变压器的额定容量 $S_N=320\text{kVA}$，额定运行时空载损耗 $P_0=21\text{kW}$，如果电源电压下降10%，变压器的空载损耗将为：

  A. 17.01kW   B. 18.9kW   C. 23.1kW   D. 25.41kW

解 变压器空载时的损耗主要为铁耗，用公式近似表示为：$p_0 \approx I_0^2 R_m = \left(\dfrac{U}{\sqrt{3}Z_m}\right)^2 R_m$，根据 $U'=0.9U$，则 $p_0'=0.81 p_0=0.81\times 21=17.01\text{kW}$。

答案：A

【2010,34】变压器空载时，一次边线路电压增高，铁芯损耗将：

  A. 增加   B. 不变   C. 减少   D. 不定

解 变压器空载时的损耗主要为铁耗，用公式近似表示为：$P_0 \approx I_0^2 R_m = \left(\dfrac{U}{\sqrt{3}Z_m}\right)^2 R_m$，故铁耗增加。

答案：A

【2006,38】变压器短路试验，电抗标幺值低压侧为16，折算到高压侧为：

  A. 16   B. 1600   C. 0.16   D. 1.6

答案：A（标幺值计算时，变压器原边和副边电压、电流、电抗标幺值一样）

【2017,41】一台变比 $k=10$ 的单相变压器，在低压侧进行空载试验，求得二次侧的励磁阻抗为 16Ω，那么归算到一次侧的励磁阻抗值为：

  A. 16Ω B. 0.16Ω C. 160Ω D. 1600Ω

解 根据变压器变阻抗原理，二次侧阻抗归算一次侧为：
$Z_1=k^2 \times Z_2=100\times 16=1600\Omega$

答案：D

考点 电压调整率、效率计算

(1) 电压调整率

【2008,38】变压器运行时，当副边（二次侧）电流增加到额定值，若此时副边电压恰好等于

其开路电压,即 $\Delta U\% = 0$,那么副边阻抗的性质为:

    A. 感性   B. 纯电阻性   C. 容性   D. 任意

解 电压调整率公式：$\Delta U = \beta(R_k^* \cos\varphi_2 + X_k^* \sin\varphi_2) \times 100\%$

式中,β 为负载系数,$\beta = \dfrac{I_2}{I_{2N}} = I_2^*$,$\beta = 0$,空载；$\beta = 1$,满载。

① 纯电阻负载时,即 $\cos\varphi_2 = 1$ 时,ΔU 为正值,且很小。
② 感性负载时,$\varphi_2 > 0$,$\cos\varphi_2 > 0$,$\sin\varphi_2 > 0$,ΔU 为正值,二次侧端电压 U_2 随负载电流 I_2 的增大而下降。
③ 容性负载时,$\varphi_2 < 0$,$\cos\varphi_2 > 0$,$\sin\varphi_2 < 0$,若 $R_k^* \cos\varphi_2 \leqslant X_k^* \sin\varphi_2$ 的绝对值,则 ΔU 为零或者负值,二次侧端电压 U_2 随负载电流 I_2 的增大而升高。

答案:C

【2017,41】一台变压器工作时额定电压调整率为零,此时负载性质应为:

  A. 电阻性负载   B. 电阻电容性负载
  C. 电感性负载   D. 电阻电感性负载

答案:B

【2009,33】变压器铭牌数据为:$S_N = 100 \text{kVA}$,$U_{1N}/U_{2N} = 6300/400 \text{V}$,连接组为 Y,d11。若电源电压由 6300V 改为 10000V,采用保持低压绕组匝数每相为 10 匝不变,改换高压绕组的办法来满足电源电压的改变,则新的高压绕组每相匝数应为:

  A. 40   B. 144   C. 577   D. 630

解 设高压每相绕组匝数为 N_1,则根据变压变比 $k = \dfrac{N_1}{N_2} = \dfrac{U_{1p}}{U_{2p}} \Rightarrow \dfrac{N_1}{10} = \dfrac{6300/\sqrt{3}}{400}$,得到 $N_1 = 1444$。

答案:D

【2012,35】一台 $S_N = 1800 \text{kVA}$,$U_{1N}/U_{2N} = 10000/400\text{V}$,Y/yn 连接的三相变压器,其阻抗电压 $u_k = 4.5\%$。当有额定电流时的短路损耗 $p_{1N} = 22000\text{W}$,当一次边保持额定电压,二次边电流达到额定且功率因数为 0.8(滞后)时,其电压调整率 ΔU 为:

  A. 0.98%   B. 2.6%   C. 3.23%   D. 3.58%

解 采用标幺值计算时,一、二次相同。本题选择将参数归算到一次侧计算。

$I_{1N} = \dfrac{S_N}{\sqrt{3} U_{1N}} = \dfrac{1800}{\sqrt{3} \times 10} = 103.92\text{A} \Rightarrow Z_B = \dfrac{U_B^2}{S_B} = \dfrac{10^2 \times 1000}{1800} = 55.56\Omega$

由 $3 I_{1N}^2 R_k = P_{kN} \Rightarrow R_k = 0.679\Omega$,$Z_k = \dfrac{U_k}{I_{1N}} = \dfrac{U_k\% \times U_{1N}/\sqrt{3}}{I_{1N}} \Rightarrow Z_k = 2.5\Omega$

则短路电抗 $X_k = \sqrt{Z_k^2 - R_k^2} = 2.41\Omega \Rightarrow X_k^* = \dfrac{X_k}{Z_B} = 0.0433$,$R_k^* = \dfrac{R_k}{Z_B} = 0.0122$

根据功率因数角滞后,即 $\cos\varphi_2=0.8 \Rightarrow \sin\varphi_2=0.6$

则在额定负载下,变压器负荷系数 $\beta=1$,

则 $\Delta U=\beta(R_k^*\cos\varphi_2+X_k^*\sin\varphi_2)\times100\%=\dfrac{R_k}{Z_B}\cos\varphi_2+\dfrac{X_k}{Z_B}\sin\varphi_2=3.57\%$

答案: D

【2013,34】 某三相电力变压器带电阻电感性负载运行时,在负载电流相同的情况下,则:

  A. 副边电压变化率 ΔU 越大,效率越高

  B. 副边电压变化率 ΔU 越大,效率越低

  C. 副边电压变化率 ΔU 越小,效率越高

  D. 副边电压变化率 ΔU 越小,效率越低

解 变压器的调整率 $\Delta U=\beta(R_k^*\cos\varphi_2+X_k^*\sin\varphi_2)\times100\%$

一般而言,$X_k \geqslant R_k$,在阻感性负载电流一定的情况下(即 β 为固定值),电压变化率 $\Delta U \approx X_k^*\sin\varphi_2$ 越小,则 $\sin\varphi_2 \downarrow \Rightarrow \varphi_2 \downarrow \Rightarrow \cos\varphi_2 \uparrow \Rightarrow \eta=\left(1-\dfrac{p_0+\beta^2 p_{kN}}{\beta S_N\cos\varphi_2+p_0+\beta^2 p_{kN}}\right)\times100\% \uparrow$

答案: C

【2017,43】 一台单相变压器,额定容量 $S_N=1000\text{kVA}$,额定电压 $U_{1N}/U_{2N}=60/6.3\text{kV}$,额定频率 $f_N=50\text{Hz}$,一次绕组漏阻抗 $Z_{1\sigma}=30.5+j102.5\Omega$,二次绕组漏阻抗 $Z_{2\sigma}=0.336+j1.013\Omega$。绕组电阻无需温度换算,该变压器满载且功率因数 $\cos\varphi=0.8$(滞后)时,电压调整率为:

  A. 5.77%   B. 4.77%   C. 3.77%   D. 2.77%

解 采用标幺值计算时,一、二次相同。本题选择将参数归算到一次侧计算。

基准阻抗 $Z_B=\dfrac{U_B^2}{S_B}=\dfrac{60^2\times1000}{1000}=3600\Omega$

考虑到二次侧折算一次侧总的阻抗为

$Z_k=R_k+X_k=Z_1+Z_2'=30.5+j102.5+(0.336+j1.013)\times\left(\dfrac{60}{6.3}\right)^2=60.98+j194.38\Omega$

则短路电抗及电阻标幺值 $X_k^*=\dfrac{X_k}{Z_B}=0.054$,$R_k^*=\dfrac{R_k}{Z_B}=0.0170$

根据功率因数角滞后,即 $\cos\varphi_2=0.8 \Rightarrow \sin\varphi_2=0.6$

则在满载情况下,变压器负荷系数 $\beta=1$:

则 $\Delta U=\beta(R_k^*\cos\varphi_2+X_k^*\sin\varphi_2)\times100\%=\dfrac{R_k}{Z_B}\cos\varphi_2+\dfrac{X_k}{Z_B}\sin\varphi_2=4.60\%$

答案: B

【2014,43】 一台单相变压器,$S_N=20000\text{kVA}$,$U_{1N}/U_{2N}=127/11\text{kV}$,短路试验在高压侧进行,测得 $U_k=9240\text{V}$,$I_k=157.5\text{A}$,$p_k=129\text{kW}$,在额定负载下,$\cos\varphi_2=0.8(\varphi_2<0)$ 时的电压调整率为:

  A. 4.984%   B. 4.86%   C. −3.704%   D. −3.828%

解 短路阻抗：$Z_k = \dfrac{U_k}{I_k} = \dfrac{9240}{157.5} = 58.67\Omega$，$R_k = \dfrac{p_k}{I_k^2} = \dfrac{129000}{157.5^2} = 5.2\Omega$

$X_k = \sqrt{Z_k^2 - R_k^2} = 58.43\Omega$，取定 $U_B = 127V$，$S_B = 20MVA \Rightarrow Z_B = \dfrac{U_B^2}{S_B} = 806.45\Omega$

根据功率因数角超前，所以 $\cos\varphi_2 = 0.8 \Rightarrow \sin\varphi_2 = -0.6$

则在额定负载下，变压器负荷系数 $\beta = 1$，则 $\Delta U = \beta(R_k^* \cos\varphi_2 + X_k^* \sin\varphi_2) \times 100\% = \dfrac{R_k}{Z_B}\cos\varphi_2 + \dfrac{X_k}{Z_B}\sin\varphi_2 = -3.804\%$

答案：D

(2) 效率计算

【2017,43】一台单相变压器额定容量 $S_N = 1000kVA$，$U_N = 100/6.3kV$，$f_N = 50Hz$，短路阻抗 $Z_k = (74.9 + j315.2)\Omega$，该变压器负载运行时电压变化率刚好为零，则负载性质和功率因素 $\cos\varphi_2$ 为：

    A. 感性负载，$\cos\varphi_2 = 0.973$ B. 感性负载，$\cos\varphi_2 = 0.8$
    C. 容性负载，$\cos\varphi_2 = 0.973$ D. 容性负载，$\cos\varphi_2 = 0.8$

解 由变压器电压变化率为 0，可判断负载为容性负载。则

$$\Delta U = \beta(R_k^* \cos\varphi_2 + X_k^* \sin\varphi_2) \times 100\% = \dfrac{R_k}{Z_B}\cos\varphi_2 + \dfrac{X_k}{Z_B}\sin\varphi_2 = 0$$

$\tan\varphi_2 = \dfrac{-R_k}{X_k} = -0.2376 \Rightarrow \varphi_2 = -13.36°$，即 $\cos\varphi_2 = 0.9729$

答案：C

【2007,39】一台三相变压器，$S_N = 31500kVA$，$U_{1N}/U_{2N} = 110kV/10.5kV$，$f_N = 50Hz$，Yd 接线，已知空载试验(低压侧)时 $U_0 = 10.5kV$，$I_0 = 46.76A$，$P_0 = 86kW$；短路试验(高压侧)时 $U_k = 8.29kV$，$I_k = 165.33A$，$p_k = 198kW$。当变压器在 $\cos\varphi_2 = 0.8$(滞后)时的最大效率为：

    A. 0.9932   B. 0.9897   C. 0.9722   D. 0.8

解 变压器效率计算公式为：

$$\eta = \left(1 - \dfrac{p_0 + \beta^2 p_{kN}}{\beta S_N \cos\varphi_2 + p_0 + \beta^2 p_{kN}}\right) \times 100\%$$

当变压器的可变损耗等于不变损耗时，$\beta^2 p_{kN} = P_0$，效率达到最大值，即

$$\beta_m = \sqrt{\dfrac{P_0}{p_{kN}}} = \sqrt{\dfrac{86}{198}} = 0.659$$

$$\eta_{max} = \left(1 - \dfrac{p_0 + \beta_m^2 p_{kN}}{\beta_m S_N \cos\varphi_2 + p_0 + \beta_m^2 p_{kN}}\right) \times 100\%$$

$$= \left(1 - \dfrac{86 + 0.659^2 \times 198}{0.659 \times 31500 \times 0.8 + 86 + 0.659^2 \times 198}\right) \times 100\% = 98.975\%$$

答案：B

【2011,42】一台 $S_N=5600\text{kVA}$，$U_{1N}/U_{2N}=6000/4000\text{V}$，Y/△连接的三相变压器，其空载损耗 $p_0=18\text{kW}$，短路损耗 $p_{kN}=56\text{kW}$，当负载的功率因数 $\cos\varphi_2=0.8$（滞后），保持不变，变压器的效率达到最大值时，变压器一次边输入电流为：

  A. 305.53A   B. 529.2A   C. 538.86A   D. 933.33A

解 效率达到最大值时的负载系数 $\beta_m=\sqrt{\dfrac{p_0}{p_{kN}}}=\sqrt{\dfrac{18}{56}}=0.56695$

而负载系数 $\beta=\dfrac{I_1}{I_{1N}}=\dfrac{I_2}{I_{2N}}$，又因为 $I_{1N}=\dfrac{S_N}{\sqrt{3}U_{1N}}=\dfrac{5600}{\sqrt{3}\times 6000}=0.539\text{kA}$

则变压器一次侧输入电流 $I_1=\beta_m I_{1N}=0.567\times 0.539=305.6\text{kA}$

答案：A

【2012,42】一台 $S_N=63000\text{kVA}$，50Hz，$U_{1N}/U_{2N}=220/10.5\text{kV}$，YN/d 连接的三相变压器，在额定电压下，空载电流为额定电流的1%，空载损耗 $P_0=61\text{kW}$；其阻抗电压，$u_k=12\%$；当有额定电流时的短路损耗 $P_{kCu}=210\text{kW}$。当一次侧保持额定电压，二次侧电流达到额定的80%且功率因数为0.8时，变压器的效率为：

  A. 99.47%   B. 99.49%   C. 99.52%   D. 99.55%

解 当一次侧保持额定电压，二次边电流达到额定电流的80%时，负载系数 $\beta=0.8$，则：

输出功率：$P_2=\beta S_N\cos\varphi_2=(0.8\times 63000\times 0.8)\text{kW}=40320\text{kW}$

空载损耗：$p_0=61\text{kW}$

短路铜损耗：$p_{Cu}=\beta^2 P_{Cu(N)}=(0.8)^2\times 210\text{kW}=134.4\text{kW}$

效率：$\eta=\dfrac{P_2}{P_1}=\dfrac{P_2}{P_2+p_0+p_{Cu}}=\dfrac{40320}{40320+61+134.4}\times 100\%=99.5177\%$

答案：C

考点 变压器并联运行分析、负荷分配计算

【2010,33】两台变压器并列运行，变压器 A 的参数如下：$S_N=1000\text{kVA}$，$V_1/V_2=6300/400\text{V}$，Y,D11 接线，$U_k\%=6.25$；变压器 B 的参数如下：$S_N=1800\text{kVA}$，$V_1/V_2=6300/400\text{V}$，Y,D11 接线，$U_k\%=6.6$。若供给的负荷为 2800kVA，则：

  A. A 过载   B. B 过载
  C. 均不过载   D. 均过载

解 由变压器负荷分配关系式：

$\dfrac{\beta_1}{\beta_2}=\dfrac{S_1}{S_{1N}}:\dfrac{S_2}{S_{2N}}=\dfrac{U_{k2}^*}{U_{k1}^*}\Rightarrow\begin{cases}S_A+S_B=2800\\ \dfrac{S_A}{S_{AN}}:\dfrac{S_B}{S_{BN}}=\dfrac{U_{kB}^*}{U_{kA}^*}\end{cases}\Rightarrow S_A=1030\text{kVA},S_B=1764\text{kVA}$

故变压器 A 过载。

答案:A

【2011,37】设有两台三相变压器并联运行,额定电压均为 6300/400V,联接组相同,其中 A 变压器额定容量为 500kVA,阻抗电压 $U_{ka}=0.0568$;B 变压器额定容量为 1000kVA,阻抗电压 $U_{kb}=0.0532$,在不使任何一台变压器过载的情况下,两台变压器并联运行所能供给的最大负荷为:

    A. 1200kVA   B. 1468.31kVA
    C. 1500kVA   D. 1567.67kVA

解 短路阻抗百分数小的先达到满载,故由公式:

$$\frac{\beta_1}{\beta_2}=\frac{S_A}{S_{AN}}:\frac{S_B}{S_{BN}}=\frac{U^*_{kB}}{U^*_{kA}}=\frac{0.0532}{0.0568} \Rightarrow \begin{cases} \beta_2=1 \\ \beta_1=0.9366 \end{cases}$$

$$\Rightarrow S=\beta_1 S_A+\beta_2 S_B=500\times 0.9366+1\times 1000=1468\text{kVA}$$

答案:B

【2013,33】某线电压为 66kV 的三相电源,经 A、B 两台容量均为 7500kVA,△/Y 连接的三相变压器二次降压后供给一线电压为 400V 的负载,A 变压器的额定电压为 66/3.6kV,空载损耗为 10kW,额定短路损耗为 15.64kW;B 变压器的额定电压为 6300/400V,空载损耗为 12kW,额定短路损耗为 14.815kW。在额定电压条件下,两台变压器在总效率为最大时的负载系数 β_{tmax} 为:

    A. 0.8   B. 0.85   C. 0.9   D. 0.924

解 变压器效率计算公式为:$\eta=\left(1-\dfrac{p_0+\beta^2 p_{kN}}{\beta S_N \cos\varphi_2+p_0+\beta^2 p_{kN}}\right)\times 100\%$

当变压器的可变损耗等于不变损耗时,即 $\beta^2 p_{kN}=p_0$,效率达到最大值,则:

$$\beta_m=\sqrt{\frac{p_0}{p_{kN}}}=\sqrt{\frac{10+12}{15.64+14.815}}=0.85$$

答案:B

【2014,35】两台变压器 A 和 B 并联运行,已知 $S_{NA}=1200\text{kVA}$,$S_{NB}=1800\text{kVA}$,阻抗电压 $u_{kA}=6.5\%$,$u_{kB}=7.2\%$,且已知变压器 A 在额定电流下的铜耗和额定电压下的铁耗分别为 $p_{CuA}=1500\text{W}$ 和 $p_{FeA}=540\text{W}$,那么两台变压器并联运行,当变压器 A 运行在具有最大效率的情况下,两台变压器所能供给的总负载为:

    A. 1695kVA   B. 2825kVA
    C. 3000kVA   D. 3129kVA

解 变压器效率计算公式:$\eta=\left(1-\dfrac{P_0+\beta^2 p_{kN}}{\beta S_N \cos\varphi_2+P_0+\beta^2 p_{kN}}\right)\times 100\%$

当变压器 A 的可变损耗等于不变损耗时,$\beta^2 p_{kN}=P_0$,效率达到最大值,即 $\beta_m=\sqrt{\dfrac{P_0}{p_{kN}}}=$

$$\sqrt{\frac{540}{1500}}=0.6$$

再根据并联变压器负荷分配关系式：

$$\begin{cases}\beta_A=0.6\\ \dfrac{\beta_A}{\beta_B}=\dfrac{S_A}{S_{AN}}:\dfrac{S_B}{S_{BN}}=\dfrac{U_{kB}^*}{U_{kA}^*}\end{cases}\Rightarrow\begin{cases}S_A=1200\times0.6=720\text{kVA}\\ \beta_B=0.542\Rightarrow S_B=\beta_B S_{BN}=975\text{kVA}\end{cases}\Rightarrow S_A+S_B=1695\text{kVA}$$

答案：A

考点 含有自耦变压器分析与计算

[自编题]将一台5kVA、220/110V的单相变压器接成220/330V的升压自耦变压器，试计算改接后一次和二次的额定电流、额定电压和额定容量、传导容量以及电磁容量分别为多少？

解 作为普通两绕组变压器，如下图a)所示：

$$k=\frac{220}{110}=2, I_{1N}=\frac{5000}{220}\text{A}=22.7\text{A}, I_{2N}=\frac{5000}{110}\text{A}=45.4\text{A}$$

接成自耦变压器如下图b)所示，变压器的变比 $k_a=\dfrac{220+110}{220}=1.5$

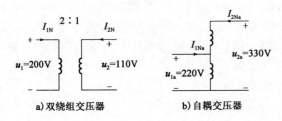

a) 双绕组变压器   b) 自耦变压器

$U_{1a}=220\text{V}, U_{2a}=330\text{V}, I_{1Na}=I_{1N}+I_{2N}=68.1\text{A}, I_{2Na}=45.4\text{A}$

额定容量 $S_{aN}=220\times68.1\text{VA}=330\times45.4\text{VA}=15000\text{VA}=15\text{kVA}$

其中传导容量 $\dfrac{1}{k_a}S_{aN}=15\times\dfrac{2}{3}\text{kVA}=10\text{kVA}$，电磁容量为 $(1-\dfrac{1}{k_a})S_{aN}=15\times\dfrac{1}{3}\text{kVA}=5\text{kVA}$

注意：2016年发输变电真题考查双绕组变压器改接自耦变压器题型，此题虽不是发输电2016年真题，但是基本上包含了自耦变压器计算所有考点。

考点 其他

【2009,40】变压器负序阻抗与正序阻抗相比，则有：

  A. 比正序阻抗大　　　　　　　　　B. 与正序阻抗相等
  C. 比正序阻抗小　　　　　　　　　D. 由变压器连接方式决定

解 对于静止元件：变压器和输电线路，正序阻抗等于负序阻抗；对于旋转元件：正序阻抗不等于负序阻抗。

答案：B

【2012,38】一台单相变压器二次边开路，若将其一次边接入电网运行，电网电压的表达式

为 $u_i = U_{1m}\sin(\omega t + \alpha)$，$\alpha$ 为 $t=0$ 合闸时电压的初相角。试问当 α 为何值时合闸电流最小？

  A. $0°$ B. $45°$
  C. $90°$ D. $135°$

解 当 $\alpha=90°$ 投入电网时，此时合闸瞬间电源电压瞬时值为最大，但磁通 $\Phi_t = -\Phi_m\cos(\omega t+90°) = -\Phi_m\sin\omega t$，这种情况下稳态运行时一样，从 $t=0$ 时刻，变压器一次侧电流 i_1 在铁芯中就建立稳态磁通 $\Phi_m\sin\omega t$，而不发生瞬态过程。一次侧电流 i_1 也是正常运行时的稳态空载电流 i_0。当 $\alpha=0°$ 投入电网时，空载合闸电流可达到额定电流 3 倍以上。

答案：C

【2014，37】三台相同的单相变压器接成三相变压器组，$f=50$Hz，$k=2$，高压绕组接成星形，加上 380V 电压，3 次谐波磁通在高压绕组感应相电势为 50V，当低压绕组也接为星形，忽略 5 次以上谐波的影响，其相电压为：

  A. 110V   B. 112.8V
  C. 190.5V   D. 220V

解 因为该变压器为三相变压器组，即使星形中性点不接地，三次谐波磁通仍可以在各自绕组回路中流通，因而感应三次谐波电势，故低压侧相电压为 $\sqrt{\left(\dfrac{380/\sqrt{3}}{2}\right)^2 + \left(\dfrac{50}{2}\right)^2} = 112.8\text{V}$

答案：B

3）异步电机

考点　三相绕组电动势

【2008，42】已知一双层交流绕组的极距 $\tau=15$ 槽，今欲利用短距消除 5 次谐波电势，其线圈节距 y 应设计为：

  A. $y=12$ B. $y=11$
  C. $y=10$ D. $y<10$ 的某个值

解 该题中，$v=5$，$\tau=15$，代入公式 $y_1 = \left(1-\dfrac{1}{v}\right)\tau$ 中，则 $y=\left(1-\dfrac{1}{5}\right)\times 15 = \dfrac{4}{5}\times 15 = 12$。

答案：A

【2012，40】一台三相交流电机定子绕组，级数 $2p=6$，定子槽数 $z_1=54$ 槽，线圈节距 $y_1=9$ 槽，那么此绕组的基波绕组因数 k_{w1} 为：

  A. 0.945   B. 0.96   C. 0.94   D. 0.92

解 槽距角：$\alpha = \dfrac{p\times 360°}{Z}$；每极每相槽数：$q = \dfrac{54}{6\times 3} = 3$；槽距角：$\alpha = \dfrac{3\times 360°}{54} = 20°$；极距：$\tau = \dfrac{54}{6} = 9$。

则基波分布因数：$k_{d1}=\dfrac{\sin q\dfrac{\alpha}{2}}{q\sin\dfrac{\alpha}{2}}=\dfrac{\sin 30°}{3\times\sin 10°}=0.959795$；基波节距因数：$k_{p1}=\sin\dfrac{y_1}{\tau}90°=\sin 90°=1$，因此基波绕组因数：$k_{w1}=k_{d1}k_{p1}=0.959795\approx 0.96$。

答案：B

考点 交流绕组磁动势

【2011，39】 三相感应电动机定子绕组，Y接法，接在三相对称交流电源上，如果有一相断线，在气隙中产生的基波合成磁势为：

    A. 不能产生磁势   B. 圆形旋转磁势
    C. 椭圆形旋转磁势   D. 脉振磁势

解 星形联接电路中，通入对称三相交流电，有一相断线，合成磁势为脉振磁势；三角形联接电路中，通入对称三相交流电，有一相断线，合成磁势为椭圆形旋转磁势。

答案：D

【2017，45】 要改变异步电动机的转向，可采用的方法是：

    A. 改变电源的频率   B. 改变电源的幅值
    C. 改变电源三相的相序   D. 改变电源的相位

解 通过改变电源的相序，进而改变旋转磁场的方向，以改变异步电机的转向。

答案：C

考点 交流磁动势

【2011，33】 一台三相感应电动机 $P_N=1000\text{kW}$，定子电源频率 f 为 50Hz，电动机的同步转速 $n_0=187.5\text{r/min}$，$U_N=6\text{kV}$，Y接法，$\cos\varphi=0.75$，$\eta_N=0.92$，$K_{w1}=0.945$，定子绕组每相有两条支路，每相串联匝数 $N_1=192$，已知电动机的励磁电流 $I_m=45\%I_N$，其三相基波旋转磁动势的幅值为：

    A. 480.3A   B. 960.6A
    C. 2134.7A   D. 1663.8A

解 每条支路电流 $I=\dfrac{1}{2}I_m=\dfrac{1}{2}\times 0.45I_N=\dfrac{1}{2}\times 0.45\times\dfrac{P_N}{\sqrt{3}U_N\cos\varphi\times\eta}=31.377\text{A}$

极对数：$n=\dfrac{60f}{P}\Rightarrow P=\dfrac{60f}{n}=\dfrac{3000}{187.5}=16$

由三相基波合成磁动势 $F_1=1.35\times\dfrac{I_N}{P}\times K_{w1}=1.35\times\dfrac{31.77\times 192}{16}\times 0.945=480.36\text{A}$

答案：A

考点 异步电机等效电路

【2017,44】有一台两极绕线式转子感应电动机,可将其转速调高1倍的方法是:

A. 变极调速　　　　　　　　　　B. 转子中串入电阻调速
C. 提高电源电压调速　　　　　　D. 变频调速

解　三相异步电动机的转速 n 取决于电网的频率 f_1、定子绕组的极对数 p 和转差率 s,即 $n=\dfrac{60f_1(1-s)}{p}$。其中,变频调速只能由基频向下调速,可以实现平滑调速;而变极调速可以做到极对数减少1倍,同步转速升高1倍,其适用于不需要平滑调速的场合。变压调速一般用于小容量的通风机负载;绕线式异步电动机转子回路串入电阻调速,使转子回路铜损增加,转差率增大,达到调速的目的,缺点是效率太低,但由于比较简单,一般用于中、小型绕线式异步电动机调速中。

答案:A

【2005,37;2006,36】一台三相绕线式异步电动机若定子绕组为四级,转子绕组为六级。定子绕组接到频率为50Hz的三相额定电压时,此时转子的转速应为:

A. 接近于 1500r/min　　　　　　B. 接近于 1000r/min
C. 转速为零　　　　　　　　　　D. 接近于 2500r/min

解　三相异步电动机的转速 n 取决于电网的频率 f_1、定子绕组的极对数 p 和转差率 s,即 $n=\dfrac{60f_1(1-s)}{p}$。异步电动机从空载到额定运行的范围内转差率 s 变化不大,转速接近同步转速 n_1。而同步转速为 $n_1=\dfrac{60f_1}{p}=\dfrac{60\times50}{2}\mathrm{r/min}=1500\mathrm{r/min}$。

答案:A

【2010,36】异步电动机在发电机状态下工作,其转速的变化范围为:

A. $n<0$　　　　B. $n=0$　　　　C. $0<n<n_1$　　　　D. $n>n_1$

解　异步电机三种运行状态如下:

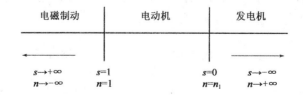

答案:D

【2009,35】一台6极50Hz的三相异步电机在额定状态下运行,此时的转差率为 $s_N=0.04$,

若此时突然将电源相序改变,改变瞬间电动机的转差率为:

    A. 0.04   B. 1   C. 1.96   D. 2

解 转差率公式 $s=\frac{n_1-n}{n_1}$。异步电动机额定运行时,$s_N=\frac{n_1-n}{n_1}=0.04 \Rightarrow n=0.96n_1$,若突然将电源的相序改变,则转速的方向会变为 $-n_1$,此时 $s'=\frac{-n_1-n}{-n_1}=1.96$。

答案:C

【2008,37】一台4极三相感应电动机,接在频率为50Hz的电源上,当转差率 $s=0.05$ 时,定子电流产生的旋转磁势相当于转子转速为:

    A. 0   B. 75r/min   C. 1425r/min   D. 1500r/min

解 三相异步电动机的转速 $n=\frac{60f_1(1-s)}{p}=\frac{60\times 50\times 0.95}{2}=1425$r/min,而同步旋转磁场转速为 $n_1=\frac{60f_1}{p}=\frac{60\times 50}{2}r/min=1500$r/min,故相转速为 $1500-1425=75$r/min。

答案:B

【2017,44】一台运行于50Hz交流电网的三相感应电动机的额定转速为1440r/min,其极对数为:

    A. 1   B. 2   C. 3   D. 4

解 已知三相异步电动机的转速 $n=1440$r/min。异步电动机从空载到额定运行的范围内转差率 s 变化不大,转速接近同步转速 $n_1=1500$r/min。而同步转速为 $n_1=\frac{60f_1}{p} \Rightarrow$ 极对数 $p=\frac{60\times 50}{n_1}=2$。

答案:B

【2006,37;2007,42;2013,40】一台三相绕线式感应电动机,额定频率 $f_N=50$Hz,额定转速 $n_N=980$r/min,当定子接到额定电压,转子不转且开路时,每相感应电动势为110V,那么电动机在额定运行时转子每相感应电势 E_2 为:

    A. 0V   B. 2.2V   C. 38.13V   D. 110V

解 由异步电机的转速 $n_N=980$r/min,可知同步转速为 $n_1=1000$r/min,额定转差率 $S_N=\frac{n_1-n_N}{n_1}=0.02$,当电机旋转时,感应电势 $E_{2s}=SE_2=110\times 0.02=2.2$V。

答案:B

【2014,39】一台三相绕线式感应电动机,转子静止且开路,定子绕组加额定电压,测得定

子电流为 $I_1=0.3I_N$,假设将转子绕组短路仍保持静止,在定子绕组上从小到大增加电压使定子电流 $I_1=I_N$,与前者相比,后一种情况主磁通和漏磁通的大小变化为:

A. 后者 Φ_m 较大,且 $\phi_{1\sigma}$ 较大 B. 后者 Φ_m 较大,且 $\phi_{1\sigma}$ 较小
C. 后者 Φ_m 较小,且 $\phi_{1\sigma}$ 较大 D. 后者 Φ_m 较小,且 $\phi_{1\sigma}$ 较小

解 当转子静止且开路时,定子加额定电压,定子电流为额定电压下的空载电流,铁芯中的主磁通近于正常运行时的主磁通 $\Phi_m \approx \dfrac{U}{4.44fN_1k_{w1}}$,且由于转子开路,不产生反磁动势,所以主磁通较大。

当转子静止并短路时,当定子电流达到额定电流时,定子所加的电压仍然很低,根据主磁通磁通公式知,此时磁通较小。

漏磁通:主要通过空气闭合,磁路不饱和,漏磁通和电流成正比,故转子短路且堵转时定子电流大,所以漏磁通大。

答案:C

【2010,35】 一台三相异步电动机,电源频率为 50Hz,额定运行时转子的转速 $n=1400\text{r/min}$,此时转子绕组中感应电磁的频率为:

A. 0.067Hz B. 3.333Hz C. 50Hz D. 100Hz

解 由题可知:同步转速 $n_1=1500\text{r/min}$,额定运行转子感应频率 $f_2=S_Nf_1=f_1\times\dfrac{n_1-n_N}{n_1}$
$=f_1\times\dfrac{1500-1400}{1500}=3.35\text{Hz}$。

答案:B

【2014,32】 一台三相6极绕线转子感应电动机,额定转速 $n_N=980\text{r/min}$,当定子施加频率为 50Hz 的额定电压,转子绕组开路时,转子每相感应电势为 110V,已知转子堵转时的参数为 $R_2=0.1\Omega$,$X_{2\sigma}=0.5\Omega$,忽略定子漏阻抗的影响,该电机额定运行时转子的相电动势 E_{2s} 为:

A. 1.1V B. 2.2V C. 38.13V D. 110V

解 由异步电机的转速 $n_N=980\text{r/min}$ 可知同步转速为 $n_1=1000\text{r/min}$,额定转差率 $S_N=\dfrac{n_1-n_N}{n_1}=0.02$,当电机旋转时,感应电势 $E_{2s}=SE_2=110\times0.02=2.2\text{V}$。

答案:B

【2012,34】 一台感应电动机空载运行时,转差率为 0.01,当负载转矩增大,引起转子转速下降,转差率变为 0.05,那么此时此电机转子电流产生的转子基波磁势的转速将:

A. 下降4% B. 不变 C. 上升4% D. 不定

解 异步电机转子电流频率为 sf_1,转子电流产生的旋转磁动势相对于转子的转速为

sn_1,相对于定子的转速为 $sn_1+n=n_1$,即与定子基波磁动势相对于定子转速相同,而 $n_1=\dfrac{60f}{P}$,n_1 不变,故转子电流产生的转子基波磁动势的转速不变。

答案:B

考点 功率平衡方程式

【2013,32】一台三相六极感应电动机,定子△连接,$U_N=380\text{V}$,$f_1=50\text{Hz}$,$P_N=7.5\text{kW}$,$n_N=960\text{r/min}$,额定负载时 $\cos\varphi_1=0.824$,定子铜耗 474W,铁耗 231W。机械损耗 45W,附加损耗 37.5W,则额定负载时转子铜耗 P_{Cu2} 为:

  A.315.9W   B.329.1W   C.312.5W   D.303.3W

解 根据异步电机功率流程图可知:

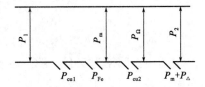

由题异步电机的转速 $n_N=960\text{r/min}$ 可得同步转速为 $n_1=1000\text{r/min}$,$p_{cu1}=474\text{W}$,$p_{Fe}=231\text{W}$,$p_m+p_\Delta=45+37.5=82.5\text{W}$

机械损耗:$P_\Omega=P_N+p_m+p_\Delta=7500+45+37.5=7582.5\text{W}$

而转差率 $s=\dfrac{n_1-n_N}{n_1}=\dfrac{1000-960}{1000}=0.04$,再根据转子铜耗:$p_{cu2}=sP_m=\dfrac{s}{1-s}P_\Omega=315.94\text{W}$

答案:A

【2017,46】一台三角形连接的三相感应电动机,额定功率 $P_N=7.5\text{kW}$,额定电压 $U_N=380\text{V}$,电源频率 $f=50\text{Hz}$。该电动机额定负载运行时,定子铜耗 $P_{cu1}=474\text{W}$,铁耗 $P_{Fe}=231\text{W}$,机械损坏 $P_\Omega=45\text{W}$,附加损耗 $P_{附加}=37.5\text{W}$,转速 $n=960\text{r/min}$,功率因数 $\cos\varphi=0.824$,则转子铜耗和定子线电流为:

  A.474W,16.5A   B.474W,15.86A

  C.315.9W,16.5A   D.315.9W,15.86A

解 由题异步电机的转速 $n_N=960\text{r/min}$ 可得同电动机步转速为 $n_1=1000\text{r/min}$,$s=\dfrac{n_1-n_N}{n_1}=\dfrac{1000-960}{1000}=0.04$

机械功率:$s=\dfrac{n_1-n_N}{n_1}=\dfrac{1000-960}{1000}=0.04$

而转差率 $s=\dfrac{n_1-n_N}{n_1}=\dfrac{1000-960}{1000}=0.04$

则转子铜耗:$P_1=P_\Omega+p_{cu2}+p_{cu1}+p_{Fe}=7582.5+315.94+474+231=8603.44\text{W}$

根据异步电机功率流程图可知,输入的电功率:$P_1=P_\Omega+P_{cu2}+P_{cu1}+P_{Fe}=7582.5+$

315.94+474+231=8603.44W

根据公式 $P_1=\sqrt{3}U_{1N}I_{1N}\cos\varphi$,可得定子电流:

$I_{1N}=8603.44/(\sqrt{3}\times380\times0.824)=15.86A$

答案:D

【2013,31】 一台Y解法三相四极绕线式感应电动机,$f_1=50Hz$,$P_N=150kW$,$U_N=380V$,额定负载时测得 $P_{Cu2}=2210W$,$P_m+P_{ad}=3640W$。已知电机参数 $R_1=R_2'=0.012\Omega$,$X_{1\sigma}=X_{2\sigma}'=0.06\Omega$,当负载转矩不变,电动机转子回路每相串入电阻 $R'=0.1\Omega$(已折算到定子边),此时转速为:

  A. 1300r/min   B. 1350r/min   C. 1479r/min   D. 1500r/min

解 电磁功率: $P_M=P_N+P_m+P_\Delta+P_{cu2}=150+3.64+2.21=155.85kW$

再根据额定运行下转子铜耗: $P_{cu2}=s_N P_M=\frac{s_N}{1-s_N}P_\Omega \Rightarrow s_N=\frac{P_{cu2}}{P_M}=0.014$

再由负载转矩不变,即 $\frac{R_2'}{s_N}=\frac{R_2'+R'}{s'} \Rightarrow s'=\frac{R_2'+R'}{R_2'}s_N=0.13$,故串入电阻后转速 $n'=(1-s')n_1=(1-s')\frac{60f}{P}=1305r/min$

答案:A

【2014,40】 一台三相4极绕线转子感应电动机,定子绕组星形接法,$f_1=50Hz$,$P_N=150kW$,$U_N=380V$,额定负载时测得其转子铜耗 $p_{Cu2}=2210W$,机械损耗 $p_\Omega=2640W$,杂散损耗 $p_k=1000W$,已知电机的参数为:$R_1=R_2'=0.012\Omega$,$X_1=X_2'=0.06\Omega$,忽略励磁电流,当电动机运行在额定状态,电磁转矩不变时,在转子每相绕组回路中串入电阻 $R'=0.1\Omega$(已归算到定子侧)后,转子回路铜耗为:

  A. 20730W   B. 18409W   C. 20619W   D. 22829W

解 由电磁功率: $P_M=P_N+P_\Omega+P_k+P_{Cu2}=150+2.64+1+2.21=155.85kW$

再根据额定运行下转子铜耗: $P_{Cu2}=s_N P_M=\frac{s_N}{1-s_N}P_\Omega \Rightarrow s_N=\frac{P_{Cu2}}{P_M}=0.0142$

再由电磁转矩不变,即 $\frac{R_2'}{s_N}=\frac{R_2'+R'}{s'} \Rightarrow s'=\frac{R_2'+R'}{R_2'}s_N=0.133$

故串入电阻后转子回路铜耗 $P_{Cu2}'=s'P_M=0.133\times155.85=20.73kW$

答案:A

【2017,46】 一台Y连接的三相感应电动机,额定功率 $P_N=15kW$,额定电压 $U_N=380V$,电源频率 $f=50Hz$,额定转速 $n_N=975r/min$,额定运行时效率 $\eta_N=0.88$,功率因素 $\cos\varphi=0.83$,电磁转矩 $T_e=150N\cdot m$。该电动机额定运行时电磁功率和转子铜耗为:

  A. 15kW,392.5W   B. 15.7kW,392.5W
  C. 15kW,100W   D. 15.7kW,100W

解 已知异步电机的转速 $n_N = 975 \text{r/min}$，可得同步转速为 $n_1 = 1000 \text{r/min}$

而转差率 $s = \dfrac{n_1 - n_N}{n_1} = \dfrac{1000 - 975}{1000} = 0.025$

根据电磁转矩 $T_e = \dfrac{P_m}{\Omega_1}$，其中 $\Omega_1 = \dfrac{2\pi n_1}{60}$ 得出：$P_M = 15.7 \text{kW}$

根据转子铜耗与电磁功率的关系，知：$p_{Cu2} = sP_M = 392.5 \text{W}$

答案：B

考点 电磁转矩考点

【2008,34；2010,43；2011,36】一台绕线式感应电动机拖动额定的恒转矩负载运行时，当转子回路串入电阻，电动机的转速将会改变，此时与未串电阻时相比，会出现下列哪种情况？

  A. 转子回路的电流和功率因数均不变
  B. 转子回路的电流变化而功率因数不变
  C. 转子回路的电流不变而功率因数变化
  D. 转子回路的电流和功率因数均变化

解 当负载转矩保持不变，即表明电磁转矩 $T_M = C_M \Phi_m I_2 \cos\varphi_2$ 不变，功率因数 $\varphi_2 = \arctan\dfrac{sX_{2\sigma}}{R_2}$，串入调速电阻后，转速下降，转差率 s 增大，但是 $\dfrac{R_2}{s} = \dfrac{R_2'}{s'} = $ 常数，即 $\varphi_2' = \arctan\dfrac{s'X_{2\sigma}}{R_2'}$ 不变，继而转子电流 I_2 不变；定子电流及输入功率也保持不变；串入调速电阻后转子回路中的调速电阻功耗很大，转速下降，输出功率下降。

答案：A

【2009,43】一台绕线式异步电动机运行时，如果在转子回路串入电阻使 R_s 增大一倍，则该电动机的最大转矩将：

  A. 增大 1.21 倍   B. 增大 1 倍
  C. 不变   D. 减小 1 倍

解 最大电磁转矩：$T_{max} = \pm\dfrac{m_1 p}{4\pi f_1} \times \dfrac{U_1^2}{(X_{1\sigma} + X_{2\sigma}')}$

最大电磁转矩对应转差率称为临界转差率，$s_m \approx \pm\dfrac{R_2'}{X_{1\sigma} + X_{2\sigma}'}$

从公式可以看出：最大转矩与定子相电压的二次方成正比，当转子电阻增大，临界转差率越大，但是最大转矩与转子电阻无关。

答案：C

【2013,39】一台三相四极绕线式感应电动机，额定转速 $n_N = 1440 \text{r/min}$，接在频率为 50Hz 的电网上运行，当负载转矩不变，若在转子回路中每相串入一个与转子绕组每相电阻阻值相同的附加电阻，则稳定后的转速为：

A. 1500r/min B. 1440r/min C. 1380r/min D. 1320r/min

解 负载转矩不变,即 $\frac{R_2}{s}=\frac{R_2+R_2}{s'}=$ 常数

根据额定运行的条件下确定额定转速 $n_1=\frac{60f}{P}=1500\text{r/min}$,$s=\frac{n_1-n}{n_1}=\frac{1500-1440}{1500}=0.04$,

故 $s'=\frac{R_2+R_2}{R_2}\times s=0.08$

所以串入电阻后,转速 $n'=(1-s')n=1380\text{r/min}$

答案:C

【2011,38】 三相鼠笼式电动机,$P_N=10\text{kW}$,$U_N=380\text{V}$,$n_N=1455\text{r/min}$,定子 △ 接法,等效电路参数如下:$R_1=1.375\Omega$,$R_2'=1.047\Omega$,$X_{1\sigma}=2.43\Omega$,$X_{2\sigma}'=4.4\Omega$,则最大电磁转矩的转速为:

A. 1455r/min B. 1275r/min
C. 1260r/min D. 1250r/min

解 最大电磁转矩式的临界转差率 $s_m\approx\frac{R_2'}{X_{1\sigma}+X_{2\sigma}'}=\frac{1.047}{2.43+4.4}=0.1534$,由异步电机额定转速 $n_N=1455\text{r/min}$ 可知同步转速 $n_1=1500\text{r/min}$。

故异步电机在最大电磁转矩下的转速 $n=(1-s_m)n_1=(1-0.1534)\times1500=1270\text{r/min}$

答案:B

【2017,45】 一台三相四极感应电动机接于工频电网运行,电磁转矩为 80N·m,转子上产生的铜耗为 502W,此时电磁功率和转速为:

A. 12.0kW,1440r/min B. 12.0kW,1500r/min
C. 12.566kW,1440r/min D. 12.566kW,1500r/min

解 由四极感应电动机可知同步转速为 $n_1=1500\text{r/min}$,

在根据电磁转矩公式得到电磁功率:

$T_m=P_m/\Omega_1\Rightarrow P_m=T_m\cdot\Omega_1=T_m\cdot 2\pi n_1/60=80\times 2\pi\cdot 1500/60=12560\text{W}$

转子铜耗:$p_{cu2}=502\text{W}$

再根据转子铜耗与电磁功率关系得:$P_{cu2}=sP_M\Rightarrow s=P_{cu2}/P_m=0.04$

而转差率

$s=\frac{n_1-n_N}{n_1}=\frac{1500-n_N}{1500}=0.04\Rightarrow n_N=1440\text{r/min}$,

答案:C

考点 异步电机的启动

【2011,43】 一台三相感应电动机在额定电压下空载启动与在额定电压下满载启动相比,两种情况下合闸瞬间的启动电流:

A. 前者小于后者 B. 相等

C. 前者大于后者　　　　　　　　D. 无法确定

解　直接起动时,转子转速 $n=0$,转差率 $s=1$,不论是满载还是空载,其等效电路与异步电机堵转时的等效电路一样。

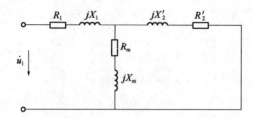

由于励磁支路阻抗较大,忽略励磁支路时,起动电流和起动转矩分别为:

$$I_{1st} \approx I_{2st} = \frac{U_1}{\sqrt{(R_1+R_2')^2+(X_1+X_2')^2}}; T_{st} = \frac{3pU_1^2 R_2'}{2\pi f_1 [(R_1+R_2')^2+(X_1+X_2')^2]}$$

由上述公式可知:在额定电压下,空载和满载的起动电流、启动转矩均相等。
答案:B

【2012,41】一台三相鼠笼式感应电动机,额定电压为380V,定子绕组△接法,直接启动电流为 I_{st},若将电动机定子绕组改为Y接法,加线电压为220V的对称电源直接起动,此时的起动电流为 I_{st}',那么 I_{st}' 与 I_{st} 相比,将:

A. 变小　　　　B. 不变　　　　C. 变大　　　　D. 无法判断

解　三相异步电动机的起动电流为: $I_{st} = \frac{U_1}{\sqrt{(R_1+R_2')^2+(X_1+X_2')^2}}$

①当电机定子绕组△接法,额定电压为380V直接起动时电流 I_{st} 为:

$$I_{st} = \frac{380}{\sqrt{(R_1+R_2')^2+(X_1+X_2')^2}}$$

②当电机定子绕组Y接法,加线电压为220V的对称三相电流直接起动,此时的起动电流 I_{st}' 为:

$$I_{st}' = \frac{220/\sqrt{3}}{\sqrt{(R_1+R_2')^2+(X_1+X_2')^2}}$$

因此, $I_{st}' < I_{st}$。Y接法的起动电流是△接法起动电流的1/3。
答案:A

考点　磁势分析

【2009,42】三相异步电动机的旋转磁势的转速为 n_1,转子电流产生的磁势相对定子的转速为 n_2,则有:

A. $n_1 < n_2$　　　　　　　　B. $n_1 = n_2$

C. $n_1 > n_2$　　　　　　　　　　　　D. n_1 和 n_2 的关系无法确定

解　三相异步电动机通入三相对称电流在电机内部产生圆形旋转磁动势,该旋转磁动势的相对于定子转速 $n_1 = \dfrac{60f}{p}$。则异步电动机的转速 $n < n_1$,当接上负载后产生转子电流,该电流将产生转子旋转磁动势,转子磁动势相对于定子转速为 $n_2 = n + (n_1 - n) = n_1$,即表明定子磁动势和转子磁动势在空间相对静止。

答案:B

【2009,36】异步电动机在运行中,如果负载增大引起转子转速下降 5%,此时转子磁势相对空间的转速:

　　A. 增加 5%　　　B. 保持不变　　　C. 减小 5%　　　D. 减小 10%

解　定子磁动势和转子磁动势在空间无相对运动。
答案:B

【2010,42】一台绕线式三相异步电动机,如果将其定子绕组短接,转子绕组接至频率为 $f_1 = 50\text{Hz}$ 的三相交流电源,在气隙中产生顺时针方向的旋转磁势,设转子的转速为 n,那么转子的转向是:

　　A. 顺时针　　　B. 不转　　　C. 逆时针　　　D. 不能确定

解　当转子绕组通入三相交流电产生转速为 n、转向为顺时针方向旋转磁场,转子磁场在定子绕组中感应三相电动势。由于定子三相绕组短接,有三相电流流过,该电流的有功分量与转子磁场相互作用,定子导体中形成顺时针方向的转矩,但由于定子固定不动,对转子产生一个大小相等的反作用力,使转子沿逆时针方向旋转。
答案:C

【2014,31】一台三相绕线式感应电动机,如果定子绕组中通入频率为 f_1 的三相交流电,其旋转磁场相对定子以同步速 n_1 逆时针旋转,同时向转子绕组通入频率为 f_2、相序相反的三相交流电,其旋转磁场相对于转子以同步速 n_1 顺时针旋转。转子相对定子的转速和转向为:

　　A. $n_1 + n_2$,逆时针　　　　　　B. $n_1 + n_2$,顺时针
　　C. $n_1 - n_2$,逆时针　　　　　　D. $n_1 - n_2$,顺时针

解　定子三相绕组通入三相正弦交流电流产生转速为 n_1 的旋转磁场,相对于定子为逆时针方向,可推出定子相对于定子旋转磁场以 n_1 顺时针转向;
　　转子三相绕组通入三相相序相反的正弦交流电流产生相对于转子转速为 n_2 的顺时针方向的旋转磁场,可推出转子相对于转子旋转磁场以 n_2 逆时针转向;
　　由于定转子所加电流相序相反,故而二者的旋转磁势相反,因此可推出转子相对于定子旋转磁场以 n_2 顺时针转向;故转子相对于定子转速为 $n_1 - n_2$,方向为逆时针。
答案:C

4）同步电机

考点 电枢反应

【2005,32】同步发电机单机运行供给纯电容性负载，当电枢电流达额定时，电枢反应的作用使其端电压比空载时：

　　A. 不变　　　　B. 降低　　　　C. 增高　　　　D. 不能确定

解 由同步发电机电枢反应相量图可判断，同步发电机供给纯电容负载（电流超前电压90°）时，合成磁动势增大，从而端电压升高。

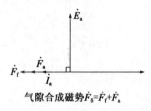

气隙合成磁势 $\dot{F}_\delta = \dot{F}_f + \dot{F}_a$

答案：C

【2017,47】一台凸极同步电机的直轴电流 $\dot{I}_d^* = 0.5$，交轴电流 $\dot{I}_q^* = 0.5$，那么该电机的内功率因素角为：

　　A. 0°　　　　B. 45°　　　　C. 60°　　　　D. 90°

解 内功率因数角为空载电势 E_0 与电流 I 的夹角，根据电枢反应相量图，E_0 在 q 轴的正方向上，画图如下：

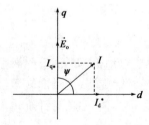

由图可知：$\psi = \arctan \dfrac{I_d^*}{I_q^*} = 45°$

答案：B

【2010,37】一台三相同步发电机单机运行供给一纯电阻性负载，运行中如果增大此发电机的励磁电流，那么总输出的电枢电流比原来：

　　A. 多输出感性电流　　　　　　　　B. 多输出纯有功电流
　　C. 多输出容性电流　　　　　　　　D. 电枢电流不变

解 电枢电流与空载电势同相位,电枢反应磁势产生交磁作用,增大了气隙磁势,即是增大空载电动势,而电势和电流同相位,故多输出纯有功功率。
答案:B

【2011,35】 每相同步电抗 $X_S=1\Omega$ 的三相隐极式同步发电机单机运行,供给每相阻抗为 $Z_L=(4-j3)\Omega$ 的三相对称负载,其电枢反应的性质为:

  A. 纯交轴电枢反应   B. 直轴去磁兼交轴电枢反应
  C. 直轴加磁兼交轴电枢反应   D. 纯直轴去磁电枢反应

解 同步发电机带电容性负载的时空相矢图如下:

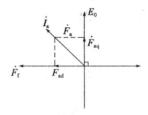

由上图可知,该电枢反应性质为直轴增磁兼交轴电枢反应。
答案:C

【2017,47】 一台凸极同步发电机直轴电流 $I_d=6A$,交轴电流 $I_q=8A$,此时电枢电流为:

  A. 10A   B. 14A   C. 8A   D. 6A

解 根据凸极式同步发电机相量图,可知电枢电流 $I=\sqrt{I_d^2+I_q^2}=\sqrt{6^2+8^2}=10A$
答案:A

考点 功角特性与V型曲线

(1)功角特性

【2006,33;2008,32】 无穷大电网同步发电机在 $\cos\varphi=1$ 下运行,保持励磁电流不变,减小输出有功,将引起功率角 δ、功率因数 $\cos\varphi$ 哪些变化?

  A. 功率角减小,功率因数减小   B. 功率角增大,功率因数减小
  C. 功率角减小,功率因数增大   D. 功率角增大,功率因数增大

解 由同步发电机的有功功率和无功功率调节方式可知:励磁电流不变,即空载电势 E_0 不变。当有功功率减小时,由电磁功率 $P_M=\dfrac{mE_0U}{x_s}\sin\delta=3UI\cos\varphi$ 也将减小,可得,功角 δ 减小,根据隐极同步发电机的电动势平衡方程 $\dot{E}_0=\dot{U}+jIX_s$ 相量图可得,只有 φ 增大,才能保证 E_0、U 不变,则功率因数减小。

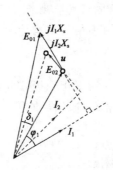

答案：A

【2007,40】一台并联在电网上运行的同步发电机,若要在保持其输出的有功功率不变的前提下,增大其感性无功功率的输出,可以采用下列哪种办法？

  A. 保持励磁电流不变,增大原动机输入,使功角增加
  B. 保持励磁电流不变,减小原动机输入,使功角减小
  C. 保持原动机输入不变,增大励磁电流
  D. 保持原动机输入不变,减小励磁电流

解 同步发电机与电网并联后,调节无功功率不需要调节原动机的输入功率,只需通过调节同步发电机的励磁电流改变同步发电机发出的无功功率(大小和性质)。

答案：C

【2009,44】一台隐极同步发电机并网运行时,如果不调节原动机,仅减少励磁电流 I_f,将引起：

  A. 功角 δ 减小,电磁功率最大值 P_{Mmax} 减小
  B. 功角 δ 减小,电磁功率最大值 P_{Mmax} 增大
  C. 功角 δ 增大,电磁功率最大值 P_{Mmax} 减小
  D. 功角 δ 增大,电磁功率最大值 P_{Mmax} 增大

解 由电磁功率表达式 $P_M = \dfrac{mE_0 U}{X_s}\sin\delta = 3UI\cos\varphi$ 可知,不调节原动机,即输入功率不变。继而电磁功率不变。根据题意,励磁电流减小,所以空载电势 E_0 减小,故而维持电磁功率不变,需要 $\sin\delta\uparrow \Rightarrow \delta\uparrow$,最大电磁功率 $P_{M(max)} = \dfrac{mE_0 U}{X_s}$ 减小。

答案：C

【2010,44】一台汽轮发电机并联于无穷大电网,额定负载时功角 $\delta = 20°$,现因故障电压降为 $60\% U_N$。则当保持输入的有功功率不变继续运行时,且使功角 δ 保持在 $25°$,应加大励磁 E_0 使其上升约为原来的多少倍？

  A. 1.25   B. 1.35

C. 1.67 D. 2

解 由电磁功率表达式 $P_M = \dfrac{mE_0U}{x_s}\sin\delta = 3UI\cos\varphi$ 可知,当保持输入有功功率不变时,即电磁功率不变。$U' = 0.6U, \delta' = 25°, P'_M = \dfrac{mE'_0U'}{x_s}\sin\delta' = P_M$,即可求出:$E'_0 = 1.35E_0$。

答案: B

【2011,41】一台并网运行的三相同步发电机,运行时输出 $\cos\varphi = 0.5$(滞后)的额定电流,现在要让它输出 $\cos\varphi = 0.8$(滞后)的额定电流,可采取的办法是:

A. 输入的有功功率不变,增大励磁电流
B. 增大输入的有功功率,减小励磁电流
C. 增大输入的有功功率,增大励磁电流
D. 减小输入的有功功率,增大励磁电流

解 根据 $P_M = \dfrac{mE_0U}{X_s}\sin\delta = 3UI\cos\varphi$ 可知,当 $\cos\varphi = 0.5$(滞后)增大到 $\cos\varphi = 0.8$(滞后)时,同步发电机电磁功率增大。发电机与电网并联时,负载由电网供给,发电机的有功功率由原动机的输入功率决定。因此,增大同步发电机电磁功率,需增大输入的有功功率。

由于功率因数(滞后)增大,结合同步发电机过励磁曲线,功率因数越大,即电压 $U、I$ 相位差越小。由图 a)可以看出 E_0 越小,因而所需的励磁电流 I_f 也减小。

第二种方法就是根据隐极同步电动机的电动势平衡方程式 $\dot{E}_0 = \dot{U} + j\dot{I}X_s$,画出相量图 b),可看出功率因数角 φ_2(电压 U 与电流 I_2 夹角)小于功率因数角 φ_1(电压 U 与电流 I_1 的夹角)并保证电流大小 $I_1 = I_2$,由图 b)可以看出 $E_{02} < E_{01}$,所需的励磁电流 I_f 也减小。

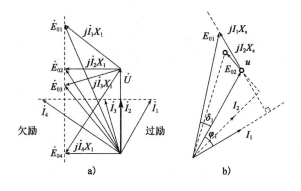

答案: B

【2007,41】一台隐极同步发动机,分别在 $U、I、\cos\varphi_1$(滞后)和 $U、I、\cos\varphi_2$(滞后)两种情况下运行,其中 $U、I$ 大小保持不变,而 $\cos\varphi_1 > \cos\varphi_2$,那么两种情况所需的励磁电流相比为下列哪种情况?

A. $I_{f1} > I_{f2}$ B. $I_{f1} = I_{f2}$
C. $I_{f1} < I_{f2}$ D. 无法相比

解 由上题可知：过励磁时，增大功率因数 $\cos\varphi_2 \Rightarrow \cos\varphi_1$，即减小功率因数角，空载电势 E_0 减小，继而所需励磁电流越小。

答案：C

【2014,42】一台与无穷大电网并联运行的同步发电机，当原动机输出转矩保持不变时，若减小发电机功角，应采取的措施是：

A. 增大励磁电流 B. 减小励磁电流
C. 减小原动机输入转矩 D. 保持励磁电流不变

解 发电机与电网并联时，负载由电网供给，发电机的有功功率由原动机的输入功率决定，原动机的输出转矩不变，故电磁功率也不变。根据 $P_M = \dfrac{mE_0 U}{X_s}\sin\delta = 3UI\cos\varphi$ 可知，若减小功角 δ，为了保持电磁功率不变只有增大励磁电流。

答案：A

(2) V形曲线

【2006,34;2012,44】三相同步电动机运行在过励状态，从电网吸收：

A. 感性电流 B. 容性电流 C. 纯有功电流 D. 直流电流

解 通过调节同步电动机的励磁电流调节无功功率，改善电网的功率因数。

① 在过励磁状态（电流超前电压）下，同步电动机从电网吸收超前的无功功率（电容性无功功率），即向电网发出滞后的无功功率（感性无功功率）。

② 在欠励磁状态（电流滞后电压）下，同步电动机从电网吸收滞后的无功功率（感性无功功率），即向电网发出超前的无功功率（电容性无功功率）。

注意：同步发电机在过励磁状态（电流滞后电压）下，发电机除发有功功率外，还向电网发出感性无功。欠励磁状态（电流超前电压）下，发电机除向电网发出有功功率外，还向电网发出容性无功功率。

答案：B

【2008,38】判断并网运行的同步发电机，处于过励运行状态的依据是：

A. E 超前 U B. E 滞后 U C. I 超前 U D. I 滞后 U

解 注意同步发电机与同步电动机是相反的过程。

答案：D

考点 同步发电机的电势方程式（掌握计算）

【2009,38】一台额定功率为 $P_N = 75\text{kW}$，额定电压 $U_N = 380\text{V}$，定子绕组为 Y 接法的三相

隐极同步发电机并网运行,已知发电机的同步电抗 $X_S=1.0$,每相空载电势 $E_0=270$V,不计饱和及电枢绕组的电阻,此时发电机额定运行时的功率角 δ 为:

    A. 14.10°   B. 24.89°   C. 65.11°   D. 75.90°

解 在不计饱和及电枢绕组电阻时,电磁功率 $P_M = \dfrac{mE_0 U}{X}\sin\delta = P_N$,带入数据求得:$\delta = 24.89°$。

答案:B

【2011,34】一台隐极式同步发电机,忽略电枢电阻,同步电抗的标幺值 $X_S^* = 1.0$,端电压 U 保持额定值不变,当负载电流为额定值且功率因数为1,功率角 δ 为:

    A. 0°   B. 36.87°   C. 45°   D. 90°

解 由隐极式同步发电机电势方程可知:$\dot{E}_0 = \dot{U} + j\dot{I}X_s$,由 $\cos\varphi = 1 \Rightarrow \varphi = 0°$,电压电流同相位,因此,$\dot{E}_0 = \dot{U} + j\dot{I}X_s = (1+j1)\dot{U} = \sqrt{2}\dot{U}\angle 45°$,由功角的定义可知正确答案为选项C。

答案:C

【2011,40】一台隐极同步发电机并网运行,额定容量为 7500kVA,$\cos\varphi_N = 0.8$(滞后),$U_N = 3150$V,Y形连接,同步电抗 $X_S = 1.6\Omega$,不计定子电阻。该机的最大电磁功率约为:

    A. 6000kW   B. 8750kW   C. 10702kW   D. 12270kW

解 根据 $S_N = \sqrt{3}U_N I_N$,得 $I_N = \dfrac{S_N}{\sqrt{3}U_N} = \dfrac{7500\times 10^3}{\sqrt{3}\times 3150}$A $= 1374.64$A

已知 $\cos\varphi = 0.8$(滞后),则 $\varphi = 36.87°$,Y形连接,则端电压 $U = \dfrac{U_N}{\sqrt{3}} = \dfrac{3150}{\sqrt{3}}$V $= 1818.65$V

求空载电势有下列两种方法:

方法1:设定端电压 U 的相角为 0°,利用发电机电动势方程求出空载电势 E_0;相对于端电压的相角差即为功角 δ。

$\dot{E}_0 = \dot{U} + j\dot{I}X_s = (1818.65 + j1374.64\angle -36.87°\times 1.6) = 3598.17\angle 29.28°$

则功角 $\delta = 29.28°$

方法2:利用相量图直接求出功角 δ,然后求出空载电势 E_0。

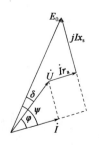

由隐极机相量图可知:$\tan\psi=\dfrac{IX_s+U\sin\varphi}{U\cos\varphi+Ir_a}\to\psi=\arctan\dfrac{IX_s+U\sin\varphi}{U\cos\varphi+Ir_a}$;代入上述数据求出内功率因数角 $\psi=66.15°$。

故功角 $\delta=\psi-\varphi=66.15°-36.87°=29.28°$。

由相量图可以直接求出空载电势 $E_0=\sqrt{(U\cos\varphi)^2+(U\sin\varphi+IX_s)^2}$ 或 $E_0=U\cos\delta+IX_s\sin\psi$ 计算得:$E_0=3598.17\text{V}$

则最大电磁功率:$P_{M(\max)}=\dfrac{mE_0 U}{x_s}=\dfrac{3\times3598.17\times1818.65}{1.6}\approx12270\text{kW}$

答案:D

注意: 有名值计算,采用一相参数计算;标幺值计算则不用考虑相值和线值区别。

【2017,48】一台星形连接的三相隐极同步发电机,额定容量 $S_N=1000\text{kVA}$,额定电压 $U_N=6.6\text{kV}$,同步电抗 $X_s=20\Omega$,不计电枢电阻和磁饱和,该发电机额定运行且功率因数 $\cos\varphi=1$ 时,激磁电动势为:

  A. 4291V   B. 4193V   C. 4400V   D. 6620V

解 根据 $S_N=\sqrt{3}U_N I_N$,得 $I_N=\dfrac{S_N}{\sqrt{3}U_N}=\dfrac{1000}{\sqrt{3}\times6.6}=87.48\text{A}$

已知 $\cos\varphi=1$,则 $\varphi=0°$,Y形连接,则端电压 $U=\dfrac{U_N}{\sqrt{3}}=\dfrac{6600}{\sqrt{3}}\text{V}=3810.5\text{V}$

利用隐极式发电机相量图直接求出功角 δ,然后求出空载电势 E_0。

由相量图可知:$\tan\psi=\dfrac{IX_s+U\sin\varphi}{U\cos\varphi+Ir_a}\to\psi=\arctan\dfrac{IX_s+U\sin\varphi}{U\cos\varphi+Ir_a}$

代入上述数据求出内功率因数角 $\psi=24.66°$

故功角 $\delta=\psi-\varphi=24.66°-0°=24.66°$

由相量图可以直接求出空载电势:

$E_0=\sqrt{(U\cos\varphi)^2+(U\sin\varphi+IX_s)^2}$ 或 $E_0=U\cos\delta+IX_s\sin\psi$

计算得:$E_0=4192.97\text{V}$

答案:B

【2010,38】一台隐极同步发动机,$P_N=25000\text{kW}$,$U_N=10.5\text{kV}$,定子绕组接成 Y 型,功率因数 $\cos\varphi_N=0.8$(滞后),同步电抗 $X_s=9.39\Omega$,忽略电枢绕组的电阻,额定运行状态下 E_0 为:

  A. 20358.3   B. 23955.8
  C. 31953.9   D. 13830.9

解 额定运行时,$\cos\varphi=0.8\Rightarrow\varphi=36.9°\Rightarrow\sin\varphi=0.6$

额定电流 $I_N=\dfrac{S_N}{\sqrt{3}U_N}=\dfrac{P_N}{\sqrt{3}U_N\cos\varphi}=\dfrac{25000}{\sqrt{3}\times10.5\times0.8}=1718.3\text{A}$

然后根据相量图利用数学关系求取内功率因数角 ψ:

$\tan\psi=\dfrac{IX_s+U\sin\varphi}{U\cos\varphi+Ir_a}\to\psi=\arctan\dfrac{IX_s+U\sin\varphi}{U\cos\varphi+Ir_a}=\arctan\dfrac{1718.3\times9.39+10500/\sqrt{3}\times0.6}{10500/\sqrt{3}\times0.8+0}=$

76.22°,因此功角 $\delta=\psi-\varphi=76.22°-36.9°=39.32°$

对于隐极机来说:$X_d=X_q=X_s$

故空载电势标幺值:

$E_0=U\cos(\delta)+I_dX_d=U\cos(\psi-\varphi)+I\sin\psi X_s$
$=10500/\sqrt{3}\times\cos(76.22°-36.9°)+1718.3\times\sin76.22°\times9.39$
$=20360V$

答案:A

【2013,35】 三相凸极同步发电机,$S_N=1000kVA$,$U_N=400V$,Y 接法,$X'_d=1.075$,$X''_q=0.65$,不计定子绕组电阻,接在大电网上运行,当其输出电枢电流为额定,输出功率为500kW,功角 $\delta=11.75°$,此时该发电机的空载电势标幺值 E_0^* 为:

A. 0.5　　　　B. 1.484　　　　C. 1.842　　　　D. 2

解 额定运行时,$\cos\varphi=\dfrac{P}{S}=\dfrac{500}{1000}=0.5\Rightarrow\varphi=60°\Rightarrow\sin\varphi=\dfrac{\sqrt{3}}{2}$

然后根据凸极式同步发电机相量图及数学关系求取内功率因数角 ψ:

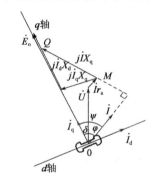

凸极式同步发电机电势向量图

$\tan\psi=\dfrac{I^*X_q^*+U^*\sin\varphi}{U^*\cos\varphi+I^*r_a^*}\rightarrow\psi=\arctan\dfrac{I^*X_q^*+U^*\sin\varphi}{U^*\cos\varphi+I^*r_a^*}=\arctan\dfrac{1\times0.65+1\times\sqrt{3}/2}{1\times0.5+0}=71.75°$

因此功角 $\delta=\psi-\varphi=71.75°-60°=11.75°$

或直接根据题目中的功角直接确定内功率因数角:$\psi=\delta+\varphi=11.75°+60°=71.75°$

则空载电势标幺值:

$E_0^*=U^*\cos(\delta)+I_d^*X_d^*=U^*\cos(\psi-\varphi)+I^*\sin\psi X_d^*$
$=1\times\cos(71.75°-60°)+1\times\sin71.75°\times1.025=2.0$

答案:D

【2012,36】 一台三相隐极同步发电机并网运行,已知电网电压 $U_N=400V$,发电机每相同步电抗 $X_S=1.2\Omega$,电枢绕组 Y 接法。当发电机在输出功率为80kW,且 $\cos\varphi=1$ 时,若保持励磁电流不变,减少原动机的输出,使发电机的输出功率减少到20kW,不计电阻压降,此时发电机的功角 δ 为:

A. 90°   B. 46.21°   C. 30.96°   D. 7.389°

解 额定运行时,根据相量图及数学关系求取内功率因数角 ψ:

当 $P_2=80\text{kW}$,输出电流 $I_2=\dfrac{P_2}{\sqrt{3}U_N\cos\varphi}=115.47\text{A}$

$$\tan\psi=\dfrac{I_2 X_s+U_N\sin\varphi}{U_N\cos\varphi} \rightarrow \psi=\arctan\dfrac{I_2 X_s+U_N\sin\varphi}{U_N\cos\varphi}=\arctan\dfrac{115.47\times1.2+400/\sqrt{3}\times0}{400/\sqrt{3}}=$$

$30.96°$,因此功角 $\delta=\psi-\varphi=30.9°-0°=30.9°$

在保持励磁电流不变同时忽略电阻的情况下,负载功率 $P_2=80\text{kW}$ 时:

$$P_M=\dfrac{E_0 U_N}{X_s}\sin\delta=P_2=U_2 I_2\cos\varphi_2 \qquad ①$$

当输出功率 $P'_2=20\text{kW}$ 时:

$$P'_M=\dfrac{E_0 U_N}{X_s}\sin\delta'=P'_2=U_N I'_2\cos\varphi'_2=\dfrac{1}{4}P_2=\dfrac{1}{4}P_M \qquad ②$$

结合式①、②,则此时 $\sin\delta'=\dfrac{1}{4}\sin\delta \Rightarrow \delta'=7.38°$

答案: D

注意: 此题还可以继续深究,如求出输出功率 $P'_2=20\text{kW}$ 时对应的功率因数角。方法如下题。

【2014,33】一台汽轮发电机,$\cos\varphi=0.8$(滞后),$X_S^*=1.0$,$R_a\approx0$,并联运行于额定电压的无穷大电网上。不考虑磁路饱和的影响,当其额定运行时,保持励磁电流 I_{fN} 不变,将输出有功功率减半,此时 $\cos\varphi$ 变为:

A. 0.8   B. 0.6   C. 0.473   D. 0.223

解 额定运行时,根据相量图利用数学关系求取空载电势:

$$E_0^*=\sqrt{(I_{2N}^* X_s^*+U_{2N}^*\sin\varphi)^2+(U_{2N}^*\cos\varphi)^2}=1.79$$

$$\tan\psi=\dfrac{I_{2N}^* X_s^*+U_{2N}^*\sin\varphi}{U_{2N}^*\cos\varphi} \rightarrow \psi=\arctan\dfrac{I_{2N}^* X_s^*+U_{2N}^*\sin\varphi}{U_{2N}^*\cos\varphi}=\arctan\dfrac{1\times1+1\times0.6}{1\times0.8}=63.43°$$

因此,功角 $\delta=\psi-\varphi=63.43°-36.9°=26.53°$

在忽略电阻的情况下,额定运行时:

$$P_M=\dfrac{E_0^* U_{2N}^*}{X_s^*}\sin\delta=P_2=U_{2N}^* I_{2N}^*\cos\varphi_2$$

当输出功率减半时:

$$P'_M=\dfrac{E_0^* U_N^*}{X_s^*}\sin\delta'=P'_2=U_{2N} I'_2\cos\varphi'_2=\dfrac{1}{2}P_{2N}=\dfrac{1}{2}P_M=0.5U_{2N} I_{2N}\cos\varphi_2$$

则此时 $\sin\delta'=\dfrac{1}{2}\sin\delta \Rightarrow \delta'=12.9°$

或者按照最简单的办法:

由电磁功率 $P'_M=\dfrac{E_0^* U_N^*}{X_s^*}\sin\delta'=P'_2=0.5P_2=0.5\times1\times1\times0.8=0.4 \Rightarrow \delta'=12.9°$

再根据 $E_0^* = U^* \cos(\delta') + I_d^* X_d^* = U^* \cos(\delta') + I^* \sin\psi X_d^*$
在保持励磁电流不变时(E_0^* 不变):
$$\tan\psi = \frac{I^* X_q^* + U^* \sin\varphi}{U^* \cos\varphi + I^* r_a^*} \to \psi = \arctan\frac{I^* X_q^* + U^* \sin\varphi}{U^* \cos\varphi + I^* r_a^*}$$
$$= \arctan\frac{1 \times 0.65 + 1 \times \sqrt{3}/2}{1 \times 0.5 + 0} = 71.75°$$
则根据相量图(隐极机 $X_d = X_s$)得:
$$\psi' = \arctan\frac{E_0^* - U_{2N}^* \cos\delta'}{U_{2N}^* \sin\delta'} = \arctan\frac{1.79 - 1 \times \cos12.9°}{1 \times \sin12.9°} = 74.67°$$
得 $\varphi_2' = \psi' - \delta' = 61.76° \Rightarrow \cos\varphi_2' = 0.47$
答案:C

【2012,37】一台三相 Y 接凸极同步发电机,$X_d'' = 0.8$,$X_q'' = 0.55$,忽略电枢电阻,$\cos\varphi_N = 0.85$(滞后),额定负载时电压调整率 ΔU 为:

  A. 0.572   B. 0.62   C. 0.568   D. 0.74

解 额定运行时电压和电流的标幺值为 1,$\cos\varphi = 0.85 \Rightarrow \varphi = 31.79° \Rightarrow \sin\varphi = 0.5268$
然后根据凸极式同步发电机相量图及数学关系求取内功率因数角 ψ:
$$\tan\psi = \frac{I^* X_q^* + U^* \sin\varphi}{U^* \cos\varphi + I^* r_a^*} \to \psi = \arctan\frac{I^* X_q^* + U^* \sin\varphi}{U^* \cos\varphi + I^* r_a^*} = \arctan\frac{1 \times 0.55 + 1 \times 0.85}{1 \times 0.5268 + 0} = 51.7°$$
因此,功角 $\delta = \psi - \varphi = 51.7° - 31.79° = 19.91°$
故空载电势标幺值:
$$E_0^* = U^* \cos(\delta) + I_d^* X_d^* = U^* \cos(\psi - \varphi) + I^* \sin\psi X_d^*$$
$$= 1 \times \cos19.91° + 1 \times \sin51.7° \times 1 = 1.568$$
故电压调整率: $\Delta U = \frac{E_0^* - U^*}{U^*} \times 100\% = \frac{1.568 - 1}{1} = 56.8\%$
答案:C

【2014,41】一台三相汽轮发电机,电枢绕组星形接法,额定容量 $S_N = 15000\text{kVA}$,额定电压 $U_N = 6300\text{V}$,忽略电枢绕组电阻,当发电机运行在 $U^* = 1$,$I^* = 1$,$X_1^* = 1$,负载的功率因数角 $\varphi = 30°$(滞后)时,功角 δ 为:

  A. 30°   B. 45°   C. 60°   D. 15°

解 本题考查标幺值计算,按照公式计算即可。
额定运行时,$\varphi = 30° \Rightarrow \cos\varphi = 0.866$,$\sin\varphi = 0.5$
不计定子电阻,根据隐极式电机相量图利用数学关系求取内功率因数角 ψ:
$$\tan\psi = \frac{I^* X_s + U^* \sin\varphi}{U^* \cos\varphi + I^* r_a} \to \psi = \arctan\frac{I^* X_s + U^* \sin\varphi}{U^* \cos\varphi + I^* r_a} = \arctan\frac{1 \times 1 + 1 \times 0.5}{1 \times 0.866 + 0} = 60°$$
因此功角 $\delta = \psi - \varphi = 60° - 30° = 30°$
答案:A

【2011,40】一台隐极同步发电机并网运行,额定容量为 7500kVA,$\cos\varphi_N = 0.8$(滞后),$U_N = 3150V$,Y 连接,同步电抗 $X_s=1.6\Omega$,不计定子电阻。该机的最大电磁功率约为:

  A. 6000kW   B. 8750kW   C. 10702kW   D. 12270kW

解 根据 $S_N=\sqrt{3}U_N I_N$,得 $I_N=\dfrac{S_N}{\sqrt{3}U_N}=\dfrac{7500\times 10^3}{\sqrt{3}\times 3150}A=1374.64$A

已知 $\cos\varphi=0.8$(滞后),则 $\varphi=36.87°$,Y 形连接,则端电压 $U=\dfrac{U_N}{\sqrt{3}}=\dfrac{3150}{\sqrt{3}}V=1818.65$V

求空载电势有下列两种方法:

方法1:设定端电压 U 的相角为 $0°$,利用发电机电动势方程求出空载电势 E_0;相对于端电压的相角差即为功角 δ。

$$\dot{E}_0=\dot{U}+j\dot{I}X_s=(1818.65+j1374.64\angle -36.87°\times 1.6)=3598.17\angle 29.28°$$

则功角 $\delta=29.28°$

方法2:利用相量图直接求出功角 δ,然后求出空载电势 E_0。

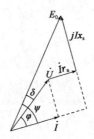

由隐极机相量图可知:$\tan\psi=\dfrac{IX_s+U\sin\varphi}{U\cos\varphi+Ir_a}\rightarrow\psi=\arctan\dfrac{IX_s+U\sin\varphi}{U\cos\varphi+Ir_a}$;代入上述数据求出内功率因数角 $\psi=66.15°$。

故功角 $\delta=\psi-\varphi=66.15°-36.87°=29.28°$。

由相量图可以直接求出空载电势 $E_0=\sqrt{(U\cos\varphi)^2+(U\sin\varphi+IX_s)^2}$ 或 $E_0=U\cos\delta+IX_s\sin\psi$ 计算得: $E_0=3598.17$V

则最大电磁功率:$P_{M(\max)}=\dfrac{mE_0U}{x_s}=\dfrac{3\times 3598.17\times 1818.65}{1.6}\approx 12270$kW

答案:D

注意:有名值计算,采用一相参数计算;标幺值计算则不用考虑相值和线值区别。

【2012,43】有一台 $P_N=72500$kW,$U_N=10.5$kV,Y 接法,$\cos\varphi_N=0.8$(滞后)的水轮发电机,同步电抗标幺值 $X'_d=1$,$X'_q=0.554$,忽略电枢电阻,额定运行时的每相空载电势 E_0 为:

  A. 6062.18V   B. 9176.69V   C. 10500V   D. 10735.1V

解 本题考查凸极式同步发电机基本电势关系,利用凸极式同步发电机相量图求解。

额定运行时,电压和电流的标幺值为 1,$\cos\varphi=0.8\Rightarrow\varphi=36.9°$

根据相量图利用数学关系求取内功率因数角 ψ:

$$\tan\psi=\frac{IX_q+U\sin\varphi}{U\cos\varphi+Ir_a}\rightarrow\psi=\arctan\frac{IX_q+U\sin\varphi}{U\cos\varphi+Ir_a}=\arctan\frac{1\times0.554+1\times0.6}{1\times0.8+0}=55.268°$$

因此功角 $\delta=\psi-\varphi=55.268°-36.9°=18.37°$

故空载电势标幺值：

$$\begin{aligned}E_0^*&=U^*\cos(\delta)+I_d^* X_d^*=U^*\cos(\psi-\varphi)+I^*\sin\psi X_d^*\\&=1\times\cos(55.2685°-36.9°)+1\times\sin55.2685°\times1\\&=1.771\text{V}\end{aligned}$$

实际有名值：$E_0=E_0^*\times\dfrac{U_N}{\sqrt{3}}=1.771\times\dfrac{10.5}{\sqrt{3}}\times1000\text{V}=10735\text{V}$

答案：D

【2013，43】 一台三相隐极式同步发电机，并联在大电网上运行，Y 接法，$U_N=380\text{V}$，$I_N=84\text{A}$，$\cos\varphi_N=0.8$（滞后），每相同步电抗 $X_s=1.5\Omega$。当发电机运行在额定状态，不计定子电阻，此时功角 δ 的值为：

    A. 53.13°   B. 49.345°   C. 36.87°   D. 18.83°

解 本题考查有名值计算，额定运行时，$\cos\varphi=0.8\Rightarrow\varphi=36.9°$

在不计定子电阻时，根据凸极式电机相量图利用数学关系求取内功率因数角 ψ。

$$\tan\psi=\frac{IX_s+U\sin\varphi}{U\cos\varphi+Ir_a}\rightarrow\psi=\arctan\frac{IX_s+U\sin\varphi}{U\cos\varphi+Ir_a}=\arctan\frac{84\times1.5+\frac{380}{\sqrt{3}}\times0.6}{\frac{380}{\sqrt{3}}\times0.8+0}=55.74°$$

因此功角 $\delta=\psi-\varphi=55.74°-36.9°=18.84°$

答案：D

【2014，41】 一台三相汽轮发电机，电枢绕组星形接法，额定容量 $S_N=15000\text{kVA}$，额定电压 $U_N=6300\text{V}$，忽略电枢绕组电阻，当发电机运行在 $U^*=1$，$I^*=1$，$X_1^*=1$，负载的功率因数角 $\varphi=30°$（滞后）时，功角 δ 为：

    A. 30°   B. 45°   C. 60°   D. 15°

解 本题考查标幺值计算，按照公式计算即可。

额定运行时，$\varphi=30°\Rightarrow\cos\varphi=0.866$，$\sin\varphi=0.5$

不计定子电阻，根据隐极式电机相量图利用数学关系求取内功率因数角 ψ：

$$\tan\psi=\frac{I^*X_s+U^*\sin\varphi}{U^*\cos\varphi+I^*r_a}\rightarrow\psi=\arctan\frac{I^*X_s+U^*\sin\varphi}{U^*\cos\varphi+I^*r_a}=\arctan\frac{1\times1+1\times0.5}{1\times0.866+0}=60°$$

因此功角 $\delta=\psi-\varphi=60°-30°=30°$

答案：A

【2017，48】 一台三角形联接的汽轮发电机并联在无穷大电网上运行，电机额定容量 $S_N=7600\text{kVA}$，额定电压 $U_N=3.3\text{kV}$，额定功率因素 $\cos\varphi=0.8$（滞后），同步电抗 $X_S=1.7\Omega$。不计定子电阻及磁饱和，该发电机额定运行时的内功率因素角为：

A. 36.87° B. 51.2° C. 46.5° D. 60°

答案：B

考点 | 同步发电机并联运行条件

【2005,36】 三相同步发电机在与电网并联时，必须满足一些条件，在下列条件中，必须先绝对满足的条件是下列哪项？

A. 电压相等 B. 频率相等 C. 相序相同 D. 相位相同

解 发电机并网的条件如下：
① 发电机电压与并网电压大小相等，且波形一致。
② 发电机电压相位与并网电压相位一致。
③ 发电机频率等于电网的频率。
④ 发电机的相序必须与电网相序一致，若不满足，绝不允许并网。
前三条若任何一条不满足，将会产生一个环流，最大可达 $(20\sim30)I_N$ 的冲击电流。

答案：C

【2009,37；2013,36】 一台三相同步发电机与电网并联时，并网条件除发电机电压小于电网电压10%外，其他条件均已满足，若在两电压同相时合闸并联，发电机将出现的现象是：

A. 产生很大的冲击电流，使发电机不能并网
B. 产生不大的冲击电流，发出的此电流是电感性电流
C. 产生不大的冲击电流，发出的此电流是电容性电流
D. 产生不大的冲击电流，发出的电流是纯有功电流

解 若发电机空载电势 $\dot{E}_0$ 与并网 $\dot{U}$ 大小不等，或相位不同，把发电机投入并联，则相当于突加电压差 $\Delta\dot{U}$ 引起的瞬态过程，将在发电机与电网中产生一定的冲击电流。则发电机向系统送出的电流：

$$\dot{I}_G = \frac{\Delta\dot{U}}{j(X_s+X_L)} = \frac{\dot{E}_0-\dot{U}}{j(X_s+X_L)} = \frac{-0.1\dot{U}}{j(X_s+X_L)} < 0$$

由相量图可知

电流超前于发电机电动势 $\dot{E}_0$，发出容性无功功率。

答案：C

考点 | 其他

【2008,40】 某水轮发电机的转速为 150r/min，已知电网频率为 $f=50\text{Hz}$，则其主磁极数应为：

A. 10 B. 20 C. 30 D. 40

解 由同步发电机转速公式 $n_1 = \dfrac{60f}{p}$,得:$150\text{r/min} = \dfrac{60 \times 50}{p}$

求得极对数 $p=20$,则主磁极数为 40。

答案:D

【2014,34】 有两台隐极同步电机,气隙长度分别为 δ_1 和 δ_2,其他结构诸如绕组、磁路等都完全一样。已知 $\delta_1 = 2\delta_2$,现分别在两台电机上进行稳态短路试验,转速相同,忽略定子电阻,如果加同样大的励磁电流,哪一台的短路电流比较大?

    A. 气隙大电机的短路电流大   B. 气隙不同无影响

    C. 气隙大电机的短路电流小   D. 一样大

解 同步发电机的电枢反应电抗 $X_m = 2\pi f L_m = 2\pi f N_1^2 \Lambda_m$,而磁导 $\Lambda_m = \dfrac{\mu S}{\delta}$,其中 μ, S, δ 分别为磁导率、铁芯截面积、气隙长度。

由题意:气隙长度 $\delta_1 = 2\delta_2$,故 $X_1 < X_2$,励磁电流相同,即空载电势 E_0 相同,故短路电流 $I_{k1} \approx \dfrac{E_0}{X_1} > I_{k2} \approx \dfrac{E_0}{X_2}$。

结论即为:气隙大,磁阻大,电抗小,短路电流大。

答案:A

第6章 高电压技术

考点 过电压

1) 过电压的分类

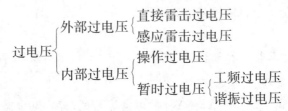

注：外部过电压，也称为大气过电压或雷电过电压。

2) 操作过电压

因操作或故障引起的瞬间(以毫秒计)电压升高，称为操作过电压。操作过电压的特点是持续的时间通常比雷电过电压长，而又比暂时过电压短，并且衰减得很快。

常见的操作过电压的种类：在中性点直接接地的电力系统中，常见的操作过电压有空载线路合闸过电压、空载线路分闸过电压、空载变压器分闸过电压、解列过电压。在中性点不直接接地的电力系统中，主要是间歇性电弧接地过电压、投切补偿电容器组过电压以及开断高压感应电动机过电压等。

(1) 空载线路分闸过电压

① 产生原因：在电力系统中，开断空载线路、电容器组等电容性元件时，若断路器有重燃现象，则被分闸(断开)的电容元件会通过回路中电磁能量的振荡，从电源处继续获得能量并积累起来，形成过电压。

② 抑制措施：断路器触头间装并联电阻，线路侧接并联电抗器，断路器线路侧接电磁式电压互感器。

(2) 空载变压器分闸过电压

① 产生原因：切除空载变压器、大型电动机、并联电抗器等电感性元件时，断路器将电感电流突然截断，感性元件中所储存的电磁能量释放，形成分闸过电压。

② 抑制措施：装设金属氧化物避雷器，此处的避雷器在非雷雨季节也不能退出运行。

(3) 间歇性电弧接地过电压

① 产生原因：中性点不接地系统中发生单相接地故障时，产生间歇性的电弧。

② 抑制措施：根本途径是消除间歇性电弧，方法是将系统中性点直接接地，中性点经消弧线圈接地。

3) 工频过电压

电力系统在正常或故障运行时，可能出现幅值超过最大工作相电压、频率为工频或接近工频的电压升高，称为工频过电压。常见的工频过电压的种类：空载长线路电容效应引起的工频过电压,不对称接地引起的工频过电压,甩负荷引起的工频过电压。

4)谐振过电压

由于操作或故障,使系统中电感元件与电容元件参数匹配时出现谐振,产生谐振过电压。根据谐振回路中电感元件的性质不同,谐振过电压分为线性谐振过电压、非线性谐振过电压(铁磁谐振过电压)和参数谐振过电压。

考点 防雷装置和防雷保护

1)避雷线

应用:主要用于保护输电线路。

保护角:是指避雷线与边相导线的连线与经过避雷线的垂直线之间的夹角。保护角越小雷击概率越小,对于500kV的高压输电线路,避雷线的保护角不应大于15°。

2)避雷器

避雷器分为保护间隙避雷器、管式避雷器、阀式避雷器、金属氧化物避雷器。保护间隙避雷器和管式避雷器主要用于线路的过电压保护,阀式避雷器和金属氧化物避雷器主要用于发电厂和变电所的过电压保护。

(1)保护间隙避雷器

仅用于3~10kV配网中一些不重要的场合。

(2)管式避雷器

实质上是一个具有较高灭弧能力的保护间隙,仍具有保护间隙的其他缺点。

(3)阀式避雷器

①额定电压:避雷器能够可靠工作时的最大允许工频电压。额定电压应不低于避雷器安装点可能出现的最大暂时过电压。

②残压:冲击电流通过避雷器时,在阀片电阻上产生的电压降。残压越低,对保护的设备绝缘损害越小,绝缘配合也就越好。残压决定了电气设备的绝缘水平。

(4)金属氧化物避雷器

其特点是无间隙,无续流,通流容量大,保护性能优越。

3)接地装置

(1)接地:将地面上的金属物体或电气回路中的某一点通过导体与大地相连,使得该物体或者节点与大地保持同电位。

(2)分类:保护接地,工作接地和防雷接地。

①保护接地:将电气装置正常情况下不带电的金属部分与接地装置连接起来,以防止该部分在故障情况下突然带电而造成对人体的伤害。

②工作接地:根据电力系统正常运行的需要而设置的接地,比如变压器、发电机的中性点接地。

③防雷接地:目的是减少雷电流通过接地装置时对地的电位升高。

4)输电线路的防雷保护

(1)衡量线路防雷性能优劣的指标是耐雷水平和雷击跳闸率。线路的耐雷水平越高、雷击跳闸率越低,线路的防雷性能越好。

(2)绕击:雷电绕过避雷线直接击于导线。绕击点的最大雷电过电压:
$$U = I\frac{Z_0 Z/2}{Z_0 + Z/2}$$

式中:I——雷电流的幅值;

Z_0——雷电通道波阻抗;

Z——输电线路波阻抗。

(3)输电线路的防雷措施:

①架设避雷线:防止雷击导线。110kV及以上,应全线架设避雷线。35kV及以下,一般不在全线架设避雷线,主要因为这些线路本身的绝缘水平太低,即使装上避雷线来截住直击雷,也往往难以避免发生反击闪络;另外,这些线路均属中性点非有效接地系统,即使发生雷击造成短路和接地故障,其故障电流也比较小,因而主要靠装设消弧线圈和自动重合闸来进行防雷保护。

②降低杆塔的接地线电阻。

③架设耦合地线。

④加强绝缘。例如增加绝缘子串的片数。

⑤采用消弧线圈接地方式。适用于35kV及以下线路。

⑥装设自动重合闸装置。

⑦安装线路避雷器。

5)发电厂和变电站的防雷保护

(1)当雷电波入侵变电站时,变电站设备上所受冲击电压的最大值U_s的计算公式:
$$U_s = U_{res} + 2\alpha\frac{l}{v}$$

式中:U_{res}——避雷器的残压;

α——侵入波的陡度(kV/s);

l——避雷器与设备的电气距离(m);

v——波速(架空线的波速是3×10^8m/s,电缆的波速是1.5×10^8m/s)。

(2)避雷器至变压器的最大允许电气距离与侵入波的陡度、避雷器的残压和电气设备的冲击耐压值等有关,考虑了避雷器残压与变压器的绝缘配合问题。

考点 传输线的波过程

1)波过程

波过程即在分布参数电路的暂态过程中所产生的电压电流波以及相应的电磁波的传播过程。波过程的产生原因:分布电感和电容的存在,使得电压和电流既与距离x有关,也与时间t有关。

2)波速
$$v = \frac{1}{\sqrt{L_0 C_0}}$$

式中:L_0、C_0——分别为单位长度导线的电感和电容。

对于架空线路来说,$v=3\times10^8$m/s;对于电缆线路来说,波速只有光速的一半左右,即$v=$

$1.5 \times 10^8 \mathrm{m/s}$。

3) 波阻抗

$$Z = \sqrt{\frac{L_0}{C_0}}$$

其值取决于单位长度线路的电感和对地电容,与线路的长度无关。

波阻抗的大小比较:单导线架空线＞分裂导线＞电缆。

4) 波阻抗与电阻的区别

(1) 电磁波通过波阻抗时,能量以电能、磁场能的形式储存在周围的介质中,是不消耗能量的,而电阻是需要消耗能量的。

(2) 电阻等于电压与电流之比,而波阻抗等于前行电压波与前行电流波之比,也等于反行电压波与反行电流波比的负值,但是不等于总电压与总电流之比。

(3) 波阻抗的值取决于导线上单位长度的电感和电容,与导线的长度无关。

5) 行波的折射和反射

(1) 产生原因:当线路的行波到达节点后,线路参数 L_0、C_0 和波阻抗 z 发生突变。

(2) 计算公式:如图 6-1 所示,设无限长直角波 u_{1q}、i_{1q} 沿线路 Z_1 向 A 点传播,折射波为 u_{2q}、i_{2q},反射波为 u_{1f}、i_{1f}。

$$\begin{cases} u_{2q} = \alpha_u u_{1q} = \dfrac{2Z_2}{Z_1+Z_2} u_{1q} \\ i_{2q} = \alpha_i u_{1q} = \dfrac{2Z_1}{Z_1+Z_2} i_{1q} \end{cases} \quad \begin{cases} u_{1f} = \beta_u u_{1q} = \dfrac{Z_2-Z_1}{Z_1+Z_2} u_{1q} \\ i_{1f} = \beta_i u_{1q} = \dfrac{Z_1-Z_2}{Z_1+Z_2} i_{1q} \end{cases}$$

式中:α_u、α_i、β_u、β_i——分别称为电压折射系数、电流折射系数、电压反射系数和电流反射系数。

几种特殊情况下的折射波和反射波:

① 线路末端开路:相当于在线路末端接了一条 $Z_2=\infty$ 的线路,此时 $u_{2q}=2u_{1q}$,$i_{2q}=0$,即末端电压为入射波电压的 2 倍,末端电流为 0。

② 线路末端短路:相当于在线路末端接了一条 $Z_2=0$ 的线路,此时 $u_{2q}=0$,$i_{2q}=2i_{1q}$,即末端电压为 0,末端电流为入射波电流的 2 倍。

6) 波的多次折射和反射

如图 6-2 所示,在波阻抗为 Z_1、Z_2 的两条无限长线路之间接入一段波阻抗为 Z_0、长度为 l_0 的线路。设无限长直角波 U_0 自线路 Z_1 向线路 Z_2 入侵,节点 2 处的折射电压波形与 Z_1、Z_2、Z_0 之间的大小关系有关,分析如下:

(1) 当 $Z_0>Z_1$ 且 $Z_0>Z_2$ 或者 $Z_0<Z_1$ 且 $Z_0<Z_2$ 时,节点 2 处的折射电压波形如图 6-3a)所示,节点 2 处的折射电压 u_{2q} 逐次叠加增大,最终幅值 $U_{2q}=\dfrac{2Z_2}{Z_1+Z_2} U_0$,与中间线路的波阻抗 Z_0 无关。

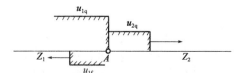

图 6-1 行波在节点 A 的折射和反射

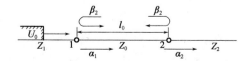

图 6-2 行波的多次折反射

(2)当 $Z_1<Z_0<Z_2$ 或者 $Z_2<Z_0<Z_1$ 时，节点 2 处的折射电压波形如图 6-3b)所示，为一振荡波，但节点 2 处的折射电压最终幅值仍为 $U_{2q}=\dfrac{2Z_2}{Z_1+Z_2}U_0$。

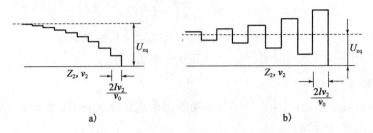

图 6-3　不同波阻抗组合下节点 2 处的折射电压波形

7)冲击电晕对波过程的影响

引起行波衰减和变形的最主要原因是冲击电晕，其他因素还有导线电阻、大地电阻、绝缘的泄露电导与介质损耗等。

冲击电晕对波过程的影响有：

(1)波阻抗减小 20%～30%。

(2)波速减小。

(3)引起波的衰减和变形：幅值降低，陡度减小。

考点　高电压绝缘与试验

1)极不均匀电场气隙的击穿电压

(1)直流电压作用下：$U_{负棒—正板}>U_{棒—棒}>U_{正棒—负板}$。

(2)工频交流电压作用下："棒—板"气隙的击穿总是发生在棒极为正半波时。

(3)在棒—板电极形成的不均匀电场中：当棒极性为正时，抑制了电晕，起始电晕电压高而放电电压(击穿电压)低；当棒极性为负时，容易起晕，起始电晕电压低而放电电压(击穿电压)高。

2)提高气隙击穿电压的方法

(1)改善电场分布。电场分布越均匀，气隙的击穿电压越高。常用方法：增大电极的曲率半径(简称屏蔽)。

(2)采用高度真空。应用：在真空断路器中用作绝缘和灭弧。

(3)增高气压。

(4)采用高耐电强度气体。

3)影响液体电介质击穿强度的因素

(1)液体本身的介质品质：含杂质越多，品质越差，击穿电压就越低。

(2)电场均匀度：改善电场的均匀程度能提高击穿电压。

(3)电压作用时间：击穿电压随着作用时间的增加而降低。

(4)压力：击穿电压随着油压的增加而升高。

(5)温度。

4)提高液体电介质击穿强度的方法

(1)提高并保持油的品质:除去纤维、水分、气体、有机酸。

(2)覆盖层:阻碍杂质小桥中热击穿的发展。

(3)绝缘层:覆在曲率半径较小的电极上,降低这部分空间的场强。且固体绝缘层的耐电强度较高,不易造成局部放电。

(4)极间障:能机械地阻隔杂质小桥,改善电场分布。

5)固体电介质的特点

(1)固体电介质的击穿强度一般高于气体和液体电介质。

(2)固体电介质击穿后,其绝缘性不可恢复。

6)影响固体电介质击穿强度的因素

(1)电压作用时间:很短时间——电击穿;较长时间——热击穿、电热联合击穿;很长时间——电化学击穿。

(2)温度:电击穿与温度无关,热击穿电压随温度的升高而降低。

(3)电场均匀程度和介质厚度:

①均匀电场:

电击穿:击穿电压与介质厚度无关。

热击穿:介质厚度越大,击穿电压越小。

②不均匀电场:电击穿和热击穿的击穿电压均随介质厚度的增大而减小。

(4)电压种类:直流击穿电压>交流击穿电压;冲击击穿电压>工频击穿电压。

(5)累积效应也会产生影响。

(6)受潮:含水量(受潮度)增大时,击穿电压下降。

7)提高固体电介质击穿强度的方法

(1)改进制造工艺:尽量消除固体介质中的杂质。

(2)改进绝缘设计:尽量使电场均匀。

(3)改善运行条件:保持良好的通风散热条件。

8)工频高压试验

工频高压试验是校验电气设备绝缘强度的最直接和最有效的方法,而应用工频高压试验变压器是获得工频高压最通用的方法。

9)直流高压试验

如果被试品的电容较大(电力电缆、电力电容器),会在交流高压下产生很大的电容电流,对工频高压试验装置要求很高,需要很大的容量,故常采用直流高压试验来代替工频高压试验。

10)冲击高压试验

≥220kV的设备必须做冲击高电压试验,<220kV的设备,冲击高电压试验可用工频耐压试验代替。

11)稳态高电压的测量

稳态高电压主要指工频交流高电压和直流高电压。主要测量仪器有测量球隙、静电电压表、分压器等。

(1) 测量球隙

利用气体放电测量交流高电压。

(2) 静电电压表

静电电压表可以用来测量交流高电压和直流高电压。

(3) 分压器

①电阻分压器:电阻分压器的分压比 $N=\dfrac{U_1}{U_2}=\dfrac{R_1+R_2}{R_2}$。电阻分压器可以用来测量直流高电压和交流高电压。电阻分压器的响应时间 $t=\dfrac{1}{6}R_总 C$,其中 C 为对地杂散电容。当被测交流电压很高、前沿很快时,通过补偿杂散电容以满足电阻分压器响应,达到使用的要求。

②电容分压器:电容分压器的分压比 $N=\dfrac{U_1}{U_2}=\dfrac{C_1+C_2}{C_2}$。电容分压器只能用来测量交流高电压,不能用来测量直流高电压。

③阻尼式电容分压器:由于其本身的分布电感及对地杂散电容,在施加陡峭冲击波时,会产生高频振荡。分布式电容器的各个电容单元中串入阻尼电阻构成阻尼式电容分压器,可以抑制高频振荡。

12) 冲击高电压的测量

目前常用的冲击高电压的测量方法有测量球隙、分压器配用峰值电压表、分压器配用高压示波器等。

考点 绝缘子污秽闪络

1) 污闪

覆盖在绝缘子表面的污秽层受潮后变成导电层,最终引发局部电弧发展到整个沿面闪络,称为污闪。污闪的发展过程:积污、受潮、干区形成、局部电弧的出现和发展。

2) 防止污闪的措施

①增大爬距(增大泄漏距离);②定期或不定期清扫表面积污;③涂料,采用憎水材料;④采用半导体釉绝缘子和新型合成绝缘子。

考点 绝缘配合

绝缘配合的目的是确定电气设备的绝缘水平,而电气设备的绝缘水平是指该设备能承受的试验电压值(耐受电压)。

对于 220kV 及以下电网,设备的绝缘水平主要由大气过电压决定;330kV 及以上的超高压电网中,操作过电压的危险性大于大气过电压,设备的绝缘水平主要由操作过电压决定。

高电压技术历年真题及详解

【2017,52】下列说法正确的是:

  A. 220kV 系统相间最高运行电压为 252kV

  B. 220kV 系统相对地最高运行电压为 220kV

C. 220kV 系统相间最高运行电压为 230kV

D. 220kV 系统相对地最高运行电压为 133kV

解 我国规定 110kV 和 220kV 系统相间最高工作电压为额定电压的 1.15(实际是 1.14545)倍,对于 330kV 以上的电压等级最高工作电压是额定电压的 1.1 倍。因此,对于 220kV 系统相间最高运行电压为 220×1.145＝252kV,相对地最高运行电压为 $\frac{252}{\sqrt{3}}$＝145kV。

答案: A

【2005,56】 断路器开断空载变压器发生过电压的主要原因是下列哪项?

  A. 断路器的开断能力不够
  B. 断路器对小电感电流的截流
  C. 断路器弧隙恢复电压高于介质强度
  D. 三相断路器动作不同期

解 断路器开断空载变压器、大型电动机、并联电抗器等电感性元件时,断路器将电感电流突然截断,感性元件中所储存的电磁能量释放,形成分闸过电压。

答案: B

【2008,53】 能够有效降低线路操作过电压的方法为:

  A. 加串联电抗器   B. 增加线间距离
  C. 断路器加装合、分闸电阻 D. 增加绝缘子片数

解 串联电抗器的作用是限制短路电流,增加绝缘子片数的作用是提高绝缘能力,增加线间距离不能降低操作过电压。

答案: C

【2006,55】 下列说法正确的是:

  A. 电网中性点接地方式对架空线过电压没有影响
  B. 内部过电压就是操作过电压
  C. 雷电过电压可分为感应雷击过电压和直接雷击过电压
  D. 间歇电弧接地过电压是谐振过电压中的一种

解 电网中性点接地方式对架空线过电压有影响。内部过电压分为操作过电压和暂时过电压,间歇电弧接地过电压是操作过电压中的一种。

答案: C

【2017,52】 下面操作会产生谐振过电压的是:

  A. 突然甩负荷   B. 切除空载线路
  C. 切除接有电磁式电压互感器的母线 D. 切除有载变压器

解 内部过电压分为两大类:操作过电压和暂时过电压,暂时过电压又包括工频过电压和谐振过电压。

选项 C 因为存在电感元件,切除电感元件可能与线路电容产生谐振,从而产生谐振过电压。

选项 A 属于工频过电压,选项 B 属于操作过电压,选项 D 不会产生过电压或产生操作过电压。

答案:C

【2007,59】决定电气设备绝缘水平的避雷器参数是:

  A. 额定电压   B. 残压
  C. 工频参考电压   D. 最大长期工作电压

解 电气设备的绝缘水平是由避雷器的残压决定的。

答案:B

【2008,55】避雷器额定电压是根据下列哪项电压值决定的?

  A. 预期的操作过电压幅值   B. 系统标称电压
  C. 预期的雷电过电压   D. 预期的工频过电压

解 避雷器的额定电压为避雷器能够可靠工作时的最大允许工频电压,按照此电压设计的避雷器,能在所规定的动作负载试验中确定的工频过电压下正确地工作。

答案:D

【2005,55】下列叙述正确的是:

  A. 发电厂和变电站接地网的接地电阻主要根据工作接地的要求决定
  B. 保护接地就是根据电力系统的正常运行方式的需要而将网络的某一点接地
  C. 中性点不接地系统发生单相接地故障时,非故障相电压不变,所以可以继续运行 2h 左右
  D. 在工作接地和保护接地中,接地体材料一般采用铜或铝

解 工作接地是根据电力系统正常运行的需要而设置的接地,比如变压器、发电机的中性点接地;保护接地是将电气装置正常情况下不带电的金属部分与接地装置连接起来,以防止该部分在故障情况下突然带电而造成对人体的伤害;中性点不接地系统发生单相完全接地故障时,非故障相电压的幅值增大了 $\sqrt{3}$ 倍;在工作接地和保护接地中,接地体的材料一般采用铜或钢。

答案:A

【2012,59】某一变电站低网面积为 S,工频接地电阻为 R,扩建后地网面积增大为 $2S$,扩建后变电站网工频接地电阻为:

A. $2R$ B. $\dfrac{1}{4}R$ C. $\dfrac{1}{2}R$ D. $\dfrac{1}{\sqrt{2}}R$

解 因为 $R=0.5\dfrac{\rho}{\sqrt{S}}$，所以 $R'=0.5\dfrac{\rho}{\sqrt{2S}}=\dfrac{1}{\sqrt{2}}R$。

答案：D

【2011,60】 避雷器保护变压器时规定避雷器距变压器的最大电气距离，其原因是：

  A. 防止避雷器对变压器反击
  B. 增大配合系数
  C. 减小雷电绕击频率
  D. 满足避雷器残压与变压器的绝缘配合

解 避雷器距变压器的最大电气距离考虑了不同电压等级下，避雷器残压与变压器的绝缘配合问题。若电气距离过大，则会导致被保护的变压器承受的电压高于避雷器的残压，从而对变压器的绝缘安全造成威胁。

答案：D

【2012,60】 某 220kV 变电所一路出线，当有一电流幅值为 10kA，陡度为 300kV/μs 的雷电波侵入，母线上采用 10kA 雷电保护残压为 496kV 的金属氧化物避雷器保护变压器，避雷器距变压器的距离为 75m，则变压器节点上可能出现的最大雷电过电压幅值为：

  A. 666kV   B. 650kV   C. 496kV   D. 646kV

解 避雷器的残压 $U_{res}=496\mathrm{kV}$，侵入波的陡度 $\alpha=300\mathrm{kV/\mu s}=3\times10^{8}\mathrm{kV/s}$，避雷器与设备的电气距离 $l=75\mathrm{m}$，波速 $v=3\times10^{8}\mathrm{m/s}$，代入公式得：

$$U_s=U_{res}+2\alpha\dfrac{l}{v}=496+2\times3\times10^{8}\dfrac{75}{3\times10^{8}}=646\mathrm{kV}$$

答案：D

【2014,60】 如图变电站中采用避雷器保护变压器免遭过电压损坏，已知避雷器的 V-A 特性满足 $U_f=f(I)$，避雷器距变压器间的距离为 l，当 $-U(t)=\alpha t$ 斜角雷电波由避雷器侧沿波阻抗为 Z 的架空输电线路以波速 v 传入时，变压器 T 节点处的最大雷电过电压为：

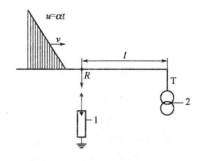

A. $\dfrac{2\alpha z}{v}$ B. $U_f + \dfrac{2\alpha i}{v}$

C. $2U_f - \dfrac{\alpha i}{v}$ D. $\dfrac{2U_f}{Z}$

解 直接代入公式 $U_T = U_{res} + 2\alpha \dfrac{l}{v}$,其中 $U_{res} = U_f$, $l = i$,所以 $U_T = U_f + 2\alpha \dfrac{i}{v}$。

答案: B

【2010,58】 35kV 及以下输电线路一般不采取全线路架设避雷线措施的原因是:

A. 感应雷过电压超过线路耐雷水平   B. 线路杆塔挡距小

C. 线路短   D. 线路输送容量小

解 35kV 及以下输电线路一般不在全线架设避雷线,主要是因为这些线路本身的绝缘水平太低,即使装上避雷线来截住直击雷,也往往难以避免发生反击闪络。

答案: A

【2017,53】 雷击杆塔顶部引起的感应雷击过电压:

A. 有无避雷线变化不大

B. 对 35kV 线路绝缘危害大于对 110kV 线路绝缘的危害

C. 不会在三相同时出现

D. 与杆塔接地电阻大小无关

解 35kV 的线路绝缘水平比较差,承受能力低,而 110kV 的线路本身绝缘水平高,所以雷击杆塔顶部引起的感应雷击过电压对 35kV 线路绝缘危害更大一些。

答案: B

【2016,59】 电力系统中输电线路架空地线采用分段绝缘方式的目的是:

A. 减小零序阻抗   B. 提高输送容量

C. 增强诱雷效果   D. 降低线路损耗

解 输电线路设置架空地线是防雷击最为有效和最基本的措施,而架空地线采用分段绝缘方式可以增强诱雷效果。

答案: C

【2017,54】 下列说法不正确的是:

A. 110kV 及以上系统的屋外配电装置,一般将避雷器装在构架上

B. 110kV 及以上系统的屋外配电装置,土壤电阻率大于 $1000\Omega \cdot m$,宜装设独立避雷针

C. 35kV 及以下系统的屋外配电装置,一般将避雷器装在构架上

D. 35kV 及以下系统的屋外配电装置,一般设独立避雷针

解 110kV 及以上的配电装置,一般将避雷针装在其构架或房顶上;35kV 及以下高压配电装置,构架或房顶上不宜装设避雷针。

答案:C

【2014,58】 在直配电机防置保护中电机出线上敷设电缆段的主要作用是:

  A. 增大线路波阻抗   B. 减小线路电容
  C. 利用电缆的集肤效应分流   D. 减小电流反射

解 电缆段的主要作用是利用电缆外皮的集肤效应限制流向电机的雷电流。

答案:C

【2011,59】 35kV 及以下中性点不接地系统架空输电线路不采用全线架设避雷线方式的原因之一是:

  A. 设备绝缘水平低   B. 雷电过电压幅值低
  C. 系统短路电流小   D. 设备造价低

答案:A

【2017,54】 避雷线架设的原则是:

  A. 330kV 及以上架空线必须全线架设双避雷线进行保护
  B. 110kV 及以上架空线必须全线架设双避雷线进行保护
  C. 35kV 线路需全线架设避雷线进行保护
  D. 220kV 及以上架空线必须全线架设双避雷线进行保护

解 330kV 及以上架空线应全线架设双避雷线;110kV、220kV 架空线一般全线架设避雷线,只要有强雷区或山区,均应架设双避雷器;35kV 架空线一般不需要全线路架设避雷线。

答案:A

【2014,60】 一幅值为 I 的雷电流绕击输电线路,雷电通道波阻抗为 Z_0,输电线路波阻抗为 Z,则雷击点可能出现的最大雷电过电压 U 为:

  A. $U = I \times \dfrac{Z_0 \times Z/2}{Z_0 + Z/2}$ B. $U = \dfrac{2ZI}{Z_0 + Z}$

  C. $U = \dfrac{ZI}{Z_0 + Z}$ D. $U = \dfrac{2IZZ_0}{Z_0 + Z}$

解 绕击点的最大雷电过电压为 $U = I\dfrac{Z_0 Z/2}{Z_0 + Z/2}$,其中 I 为雷电流的幅值,Z_0 为雷电通道波阻抗,Z 为输电线路波阻抗。

答案:A

【2010,59】 下列哪种方法可以提高线路绝缘子雷击闪络电压?

A. 改善绝缘子电位分布　　　　　　B. 提高绝缘子憎水性
C. 增加绝缘子爬距　　　　　　　　D. 增加绝缘子片数

解　增加绝缘子片数可以有效提高线路绝缘子雷击闪络电压。
答案：D

【2011,58】 提高悬式绝缘子耐污秽性能的方法是：

A. 改善绝缘子电位分布　　　　　　B. 涂憎水性涂料
C. 增加绝缘子爬距　　　　　　　　D. 增加绝缘子片数

解　题中四个选项均能防止污闪事故，但是只有选项 B 可以提高绝缘子的耐污秽能力。
答案：B

【2011,59】 雷电冲击电压波在线路中传播时，为何会出现折射现象？

A. 线路阻抗大　　　　　　　　　　B. 线路阻抗小
C. 线路有节点　　　　　　　　　　D. 线路有雷电感应电压波

解　波传播过程中发生折射和反射的原因是线路参数 L_0、C_0 和波阻抗 Z 发生突变。
答案：C

【2008,54】 电磁波传播过程中的波反射是因为：

A. 波阻抗的变化
B. 波速的变化
C. 传播距离
D. 传播媒质的变化

解　如果波阻抗在某一节点发生突变，会在该节点上发生行波的折射和反射。
答案：A

【2012,59】 冲击电压波在 GIS 中传播出现折反射的原因是：

A. 机械振动　　　　　　　　　　　B. GIS 波阻抗小
C. GIS 内部节点　　　　　　　　　D. 电磁振荡

解　如果线路参数 L_0、C_0 和波阻抗 Z 在某一节点上发生突变，会在该节点上发生行波的折射和反射。
答案：C

【2012,58】 架空输电线路在雷电冲击电压作用下出现的电晕对波的传播有什么影响？

A. 传播速度加快，波阻抗减小
B. 波幅降低，陡度增大

C. 波幅降低,陡度减小

D. 传播速度减缓,波阻抗增加

解 冲击电晕对波过程的影响有:①波阻抗减小20%~30%;②波速减小;③引起波的衰减和变形:幅值降低,陡度减小。

答案:C

【2013,58】高频冲击波在分布参数元件与集中参数元件中传播特性不同之处在于:

A. 波在分布参数元件中传播速度更快

B. 波在集中参数元件中传播无波速

C. 波在分布参数元件中传播消耗更多的能量

D. 波在集中参数元件中传播波阻抗更小

解 集中参数不考虑波过程。

答案:B

【2011,60】一列幅值 $u_1=1200\text{kV}$ 的直角雷电波击中波阻抗为 250Ω,长约 150km 无损空载输电线路的首端,波传播到达线路末端,末端电压为:

A. 1200kV   B. 2400kV

C. 1600kV   D. 1800kV

解 空载输电线路末端开路,相当于在线路末端接了一条波阻抗为无穷大的导线,末端电压为入射波电压的2倍,即为2400kV。

答案:B

【2008,55】某变电站母线上带有三条波阻抗为 $Z=400\Omega$ 的无限长输电线,当幅值为 750kV 的行波沿着其中一条出线传至相线时,电压为:

A. 500kV   B. 750kV

C. 375kV   D. 250kV

解 根据折射公式有:$u=\dfrac{2\times(400//400)}{400+400//400}U_0=\dfrac{2}{3}\times 750=500\text{kV}$

答案:A

【2008,56;2016,60】一幅值为 U_0 的无限长直角行波沿波阻抗为 Z 的输电线路传播至开路的末端时,末端节点上的电压值是:

A. $\dfrac{1}{2}U_0$ B. U_0 C. 0   D. $2U_0$

解 线路末端开路,相当于在线路末端接了一条波阻抗为无穷大的导线,末端电压为入射波电压的2倍,末端电流为0;线路末端短路,相当于在线路末端接了一条波阻抗为无穷大的导线,末端电压为0,末端电流为入射波电流的2倍。

答案:D

【2012,60】母线上接有波阻抗分别为50Ω、100Ω、300Ω的三条出线,一幅值为U_0的无穷长直角雷电冲击中其中某条线路。依据过电压理论求母线上可能出现的最大电压值?

A. $\dfrac{6}{5}U_0$ B. $\dfrac{1}{5}U_0$

C. $\dfrac{4}{7}U_0$ D. $\dfrac{8}{5}U_0$

解 根据折射公式有:$u=\dfrac{2\times(100//300)}{50+100//300}U_0=\dfrac{6}{5}U_0$

答案:A

【2009,60】一波阻抗为$Z_1=300\Omega$的架空线路与一波阻抗为$Z_2=60\Omega$的电缆线路相连。当幅值为300kV的无限长直角行波沿Z_2向Z_1传播时,架空线路中的行波幅值为:

A. 500kV B. 50kV
C. 1000kV D. 83.3kV

解 所求行波幅值,即求折射波电压,折射波电压公式为:
$$u_{2q}=\dfrac{2Z_2}{Z_1+Z_2}u_{1q}$$
式中,Z_1为入射波阻抗,Z_2为折射波阻抗。

代入数据,即 $u_{2q}=\dfrac{2Z_2}{Z_1+Z_2}u_{1q}=\dfrac{2\times 300}{60+300}\times 300=500\text{kV}$

答案:A

【2014,59】一幅值为U_0的无限长直角电压波在$t=0$时刻沿波阻抗为Z_1的架空输电线路侵入至A点并沿两节点线路传播,两节点距离为S,波在架空输电线路中的传播速度为v,在$t=\infty$时B点的电压值为:

A. $U=\dfrac{2U_0Z_1}{Z_1+Z_2}$ B. $U=\dfrac{2U_0}{Z_2+Z_3}$

C. $U=\dfrac{2U_0Z_1}{Z_1+Z_2+Z_3}$ D. $U=\dfrac{2U_0Z_3}{Z_1+Z_3}$

解 在$t=\infty$时,节点B处的折射电压最终幅值$U_B=\dfrac{2Z_3}{Z_1+Z_3}U_0$,与中间线路的波阻抗$Z_2$无关。

答案:D

【2013,60】如图所示电压幅值为E的直角电压波在两节点无限长线路上传播时,当$Z_2>Z_1>Z_3$时,在B点的折射电压波为:

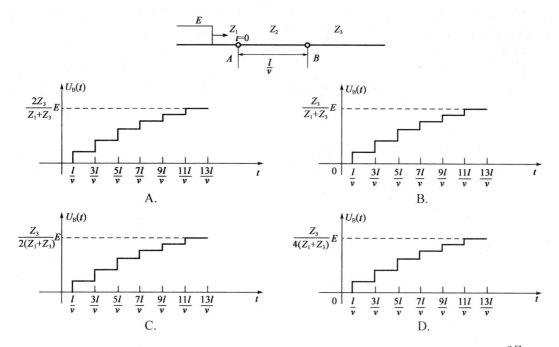

解 当 $Z_2 > Z_1$ 且 $Z_2 > Z_3$ 时,节点 B 处的折射电压逐次叠加增大,最终幅值 $U_B = \dfrac{2Z_3}{Z_1+Z_3}E$,与中间线路的波阻抗 Z_2 无关。

答案:A

【2013,60;2016,60】图示已知一幅值 $u=1000\text{kV}$ 的直流电压源在 $t=0$ 时刻合闸于波阻抗 $Z=200\Omega$、300km 长的空载架空线路传播,传播速度为 300km/ms,下列哪项为线路中点的电压波形?

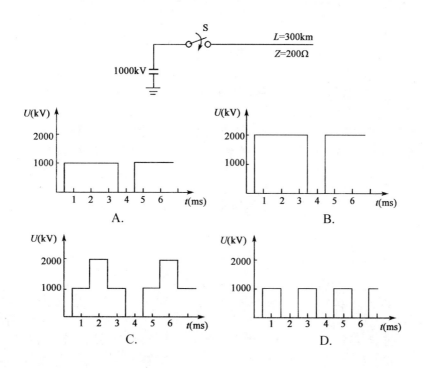

解 设线路长度为 l，波速为 v，合闸后，波传到线路末端需要的时间 $t=l/v$，因此题 A、B 错误；线路末端开路，则末端电压为入射波电压的 2 倍，所以选项 D 错误。

答案：C

【2014,55】 无限长直角波作用于变压器绕组，绕组纵向初始电压分布与哪些因素有关：

   A. 变压器绕组结构、中性点接地方式、额定电压
   B. 电压持续时间、三相绕组接线方式、变压器绕组波阻抗
   C. 绕组中波的传接速度、额定电压
   D. 变压器绕组结构、匝间电容、对地电容

解 无限长直角波作用于变压器绕组，绕组纵向初始电压分布受纵向电容（匝间电容）、对地电容和绕组结构的影响。

答案：D

【2011,57】 在棒—板电极形成的不均匀电场中，在棒电极的极性不同的情况下，起始电晕电压和放电电压的特性为：

   A. 负极性、高、高　　　　　　　　B. 正极性、高、低
   C. 负极性、高、低　　　　　　　　D. 正极性、高、高

解 当棒极性为正时，抑制了电晕，起始电晕电压高而放电电压（击穿电压）低；当棒极性为负时，容易起晕，起始电晕电压低而放电电压（击穿电压）高。

答案：B

【2012,57】 极不均匀电场中操作冲击电压击穿特性具有的特点是：

   A. 放电分散性小
   B. 随间隙距离增大，放电电压线性提高
   C. 饱和特性
   D. 正极放电电压大于负极放电电压

解 极不均匀电场长气隙的操作冲击击穿特性具有显著的"饱和特性"，而其雷电冲击击穿特性却是线性的，电气强度最差的正极性棒—板气隙的饱和现象最为严重。

答案：C

【2014,57】 长空气间隙在操作冲击电压作用下的击穿具有何种特性？

   A. 击穿电压与操作冲击电压波尾有关
   B. 放电 V-S 特性呈现 U 形曲线
   C. 击穿电压随间隙距离增大线性增加
   D. 击穿电压高于工频击穿电压

解 长气隙在操作冲击电压作用下的击穿电压是随着间隙距离的增大而线性增加的，长

气隙在操作冲击电压作用下的击穿电压比工频击穿电压低。

答案:C

【2013,56】提高具有强垂直分量极不均匀电场工频沿面闪络电压的方法为:

　　A. 降低电极的电位、增大比电容、减小电极表面粗糙度
　　B. 增大表面电阻率、增加绝缘厚度、减小比电容
　　C. 降低介质介电常数、减小表面电阻率、减小比电容
　　D. 降低电极的电位、增大绝缘厚度、增大介质介电常数

解 对具有强垂直分量的不均匀电场,通过采用介电常数较小的介质,减小比电容,减小绝缘表面电阻,即减小介质表明电阻率等方法可以提高沿面闪络电压。

答案:C

【2014,53】以下关于电弧的产生与熄灭的描述中,正确的是:

　　A. 电弧的形成主要是碰撞游离所致
　　B. 维持电弧燃烧所需的游离过程是碰撞游离
　　C. 空间电子主要是由碰撞游离产生的
　　D. 电弧的熄灭过程中空间电子数目不会减少

解 电弧主要是碰撞游离产生的,而维持电弧燃烧主要是热游离,电弧熄灭过程是去游离大于游离的过程,空间电子数目减少;强电场发射和热电子发射,在空间产生大量自由电子。

答案:A

【2008,54】影响 SF_6 气体绝缘特性的因素不包括:

　　A. 分子密度　　　　　　　　　B. 电场分布
　　C. 导电微粒　　　　　　　　　D. 分子质量

解 影响 SF_6 气体绝缘温度的因素有电场分布、分子密度、导电微粒等。

答案:D

【2009,59】直流下多层绝缘介质的电场分布由下列哪个参数决定?

　　A. 介质的厚度　　　　　　　　B. 介质的电阻率
　　C. 介质的介电常数　　　　　　D. 介质的质量密度

解 直流电压下多层绝缘介质的电场分布与介质的相对介电常数成反比。

答案:C

【2016,56】气体中固体介质表面滑闪放电的特征是:

　　A. 碰撞电离　　　　　　　　　B. 热电离
　　C. 阴极发射电离　　　　　　　D. 电子崩电离

解 气体中固体介质表面滑闪放电的特征是热电离。滑闪放电是带电质点在强法线分量的电场驱使下撞击固体介质将带电质点动能转化为热能,使该处气体温度升高产生热电离,形成先到通道,并进一步发展。

答案:B

【2014,58】提高液体电介质击穿强度的方法是:

    A. 减少液体中的杂质,均匀含杂质液体介质的极间电场分布
    B. 增加液体的体积,提高环境温度
    C. 降低作用电压幅值,减小液体密度
    D. 减少液体中悬浮状态的水分,去除液体中的气体

解 液体中悬浮状态的水分和气体容易发展成小桥,小桥的介电常数和电导率与液体电介质的不同,从而畸变了电场分布,影响液体电介质的击穿场强。

答案:D

【2016,55】影响气体中固体介质沿面闪络电压的主要因素:

    A. 介质表面平行电场分量
    B. 介质厚度
    C. 介质表面粗糙度
    D. 介质表面垂直电场分量

解 气隙中沿面放电分为具有强垂直分量的电场和弱垂直分量的电场,可判断介质表面电场的垂直分量影响较大。

答案:D

【2016,57】下列哪种方法会使电场分布更加恶劣:

    A. 采用多层介质并在电场强的区域采用介电常数较小的电介质
    B. 补偿杂散电容
    C. 增设中间电极
    D. 增大曲率半径

答案:多层介质时,场强和介电常数成反比,若采用介电常数小的电介质,场强会增大,电场分布劣化。其余选项均可改善电场分布。

答案:A

【2016,58】提高不均匀电场中含杂质低品质绝缘油工频击穿电压的有效方法是:

    A. 降低运行环境温度   B. 减小气体在油中的溶解量
    C. 改善电场均匀程度   D. 油中设置固体绝缘屏障

解 屏障可以阻碍油中杂质小桥的形成,改善电场分布,提高击穿电压。

答案:D

【2014,56】高阻尼电容分压器中阻尼电阻的作用是:

   A. 减小支路电感   B. 改变高频分压特性
   C. 降低支路电压   D. 改变低频分压特性

解 电容分压器由于本身的分布电感及对地杂散电容,在施加陡峭冲击波时,会产生高频振荡。分布式电容器的各个电容单元中串入阻尼电阻构成阻尼式电容分压器,可以抑制高频振荡。

答案:B

【2014,59】工频试验变压器输出波形畸变的主要原因是:

   A. 磁化曲线的饱和   B. 变压器负载过小
   C. 变压器绕组的杂散电容   D. 变压器容量过大

解 磁化曲线饱和,励磁电流呈现非正弦波,从而引起工频试验变压器输出波形畸变。

答案:A

【2013,59】减小电阻分压器方波响应时间的措施是:

   A. 增大分压器的总电阻   B. 减小泄漏电流
   C. 补偿杂散电容   D. 增大分压比

解 电阻分压器的响应时间为 $t = \frac{1}{6}R_{\&}C$,其中 C 为对地杂散电容。当被测交流电压很高、前沿很快时,通过补偿杂散电容以满足电阻分压器响应达到使用的要求。

答案:C

【2008,52】下列哪种测量仪器最适合测量陡波冲击高压:

   A. 静电电压表   B. 高阻串微安表
   C. 阻容分压器   D. 测量球隙

解 目前常用的冲击高电压的测量方法有测量球隙、分压器配用峰值电压表、分压器配用高压示波器等。

答案:D

【2013,58】测量冲击电流通常采用下列哪一种方法?

   A. 高阻串微安表   B. 分压器
   C. 罗戈夫斯基线圈   D. 测量小球

解 测量冲击电流的方法主要有分流器和罗戈夫斯基线圈。

答案:C

【2013,59】为什么对GIS进行冲击耐压试验时,GIS尺寸不宜过大?

  A. GIS尺寸大波阻抗大   B. 波动性更剧烈
  C. 需要施加的电源电压更高   D. 波的传播速度更慢

解 对GIS进行冲击耐压试验时,会在GIS尺寸较大的试验品中引起波的反射,使波动更加剧烈,因此GIS尺寸不宜过大。

答案:B

【2007,60】用超低频(0.1Hz)法对大电机进行绝缘试验时,所需的试验设备容量仅为工频试验设备的:

  A. 1/50   B. 1/100   C. 1/250   D. 1/500

解 目前所做耐压试验使用的是超低频(0.1Hz)交流电压,所需的试验设备容量是工频试验设备的1/500。

答案:D

【2013,57】在发电机母线上加装并联电容器的作用是:

  A. 降低电枢绕组匝间过电压   B. 改变电枢绕组波阻抗
  C. 改变励磁特性   D. 提高发电机输出容量

解 在架空线路与电气设备连接处接入并联电容,可以减小作用在电气设备上的电压陡度,从而降低电枢绕组匝间过电压。

答案:A

【2007,58】绝缘与污秽闪络等事故主要发生在:

  A. 下雷阵雨时   B. 下冰雹时
  C. 雾天   D. 刮大风时

解 在毛毛雨、雾、露天气下,污层湿润,开始导电,容易引起污秽闪络。

答案:C

【2008,51】电力系统中绝缘配合的目的是:

  A. 确定绝缘子串中绝缘子个数   B. 确定设备的试验电压值
  C. 确定空气的间隙距离   D. 确定避雷器的额定电压

解 绝缘配合的目的是确定电气设备的绝缘水平,而电气设备的绝缘水平是指该设备能承受的试验电压值(耐受电压)。

答案:B

【2009,59】威胁变压器绕组匝间绝缘的主要因素是：

  A. 长期工作电压   B. 暂态过电压幅值
  C. 工频过电压   D. 过电压陡度

解 过电压陡度越大，在变压器绕组中产生的电位梯度越大，从而危及变压器绕组的匝间绝缘。

答案：D

【2009,58】决定超高压电力设备绝缘配合的主要因素是：

  A. 工频过电压   B. 雷电过电压
  C. 谐振过电压   D. 操作过电压

解 330kV及以上的超高压电网中，设备的绝缘水平主要取决于操作过电压。

答案：D

第7章 发电厂电气

7.1 电气设备的选择

考点 电气设备选择和校验的基本原则和方法

1）电气设备选择的一般条件

按正常运行条件进行选择，按短路条件进行校验。

2）热稳定和动稳定的校验

热稳定条件：短路电流通过电气设备的最高发热温度不超过允许值。

动稳定条件：短路冲击电流通过电气设备产生的最大应力不超过允许值。

以下情况，可不需要校验热稳定或动稳定：

(1) 用熔断器保护的电气设备，可不校验热稳定。

(2) 采用有限流电阻的熔断器保护的电气设备，可不校验动稳定。

(3) 装设在电压互感器回路中的裸导体和电气设备，可不校验热稳定和动稳定。

3）短路计算时间和开断计算时间

(1) 校验热稳定的短路计算时间为：继电保护动作时间（按后备保护时间考虑）与断路器开断时间之和。

(2) 断路器的开断计算时间为：主保护动作时间与断路器固有分闸时间之和。

4）高压熔断器

(1) 分类：按限流特性，分为限流式熔断器和非限流式熔断器。

(2) 非限流式熔断器：熔体较短，需要采取吹弧措施将电弧拉长，促进电弧的熄灭。

(3) 限流式熔断器：目前常用的是石英砂限流式熔断器。限流式熔断器的特点：截流效应明显，短路电流开断能力大，电弧维持时间短。

考点 硬母线的选择和校验

常用的硬母线截面有矩形、槽形和管形。

矩形母线一般用于 35kV 及以下，电流在 4000A 及以下的装置中；槽形母线一般用于 4000~8000A 的装置中；管形母线可用于 8000A 以上的大电流母线中。因此，管形截面的母线适用电流最大。

母线截面的选择：配电装置的汇流母线按长期发热允许电流选择，其余导体的截面一般按经济电流密度选择。

7.2 断 路 器

考点 断路器和隔离开关

1）断路器和隔离开关的区别

断路器有灭弧装置，能切断负荷电流和短路电流；隔离开关没有灭弧装置，一般只能切断线路的空载电流，不能用于切断负荷电流和短路电流。

2）断路器和隔离开关的操作顺序

送电时，先合隔离开关后合断路器；断电时，先断开断路器后断开隔离开关。原因：送电和断电瞬间会产生电弧，隔离开关没有灭弧能力或灭弧能力差。（断路器先开后合，隔离开关先合后开）具体操作如下：送电时先合母线隔离开关，再合线路侧隔离开关，然后再投入断路器；切断电源时应先断开断路器，再依次断开线路侧隔离开关、母线侧隔离开关。这样的操作顺序主要遵循了两条基本原则：一是防止隔离开关带负荷合闸或者拉闸；二是在断路器处于合闸的状态下，误操作隔离开关的事故不发生在母线侧隔离开关上，以避免误操作的电弧引起母线短路事故；反之，误操作发生在线路侧隔离开关上时，只会引起本线路短路事故，不影响母线上其他线路运行，造成的事故范围及修复时间缩小。

考点 断路器弧隙电压恢复

1）断路器弧隙电压恢复过程

断路器开断交流电路的短路故障时，弧隙电压恢复过程与电路的参数有关，而断路器触头两端并联电阻 r 可以改变恢复电压的特性。当 $r<\frac{1}{2}\sqrt{\frac{L}{C}}$ 时电压恢复过程为非周期性，当 $r>\frac{1}{2}\sqrt{\frac{L}{C}}$ 时电压恢复过程为周期性过程。如果断路器触头两端并联电阻 $r<\frac{1}{2}\sqrt{\frac{L}{C}}$ 时，可以把具有周期性振荡特性的恢复过程转变为非周期性的恢复过程，从而大大降低恢复电压的幅值和恢复速度，增加断路器的开断能力。

2）电弧熄灭条件

断路器断开交流电路时，电弧熄灭的条件：弧隙介质强度恢复速度快于弧隙电压的上升速度。

考点 多断口断路器

多断口的断路器通常在每个断口并联电容，作用是：使得各个断口的电压分布均匀，提高断路器的开断能力。

考点 断路器的额定关合电流和全开断时间

1）断路器的额定关合电流

说明断路器关合短路故障能力的参数为额定关合电流。为了保证断路器在关合短路电流时的安全性，断路器的额定关合电流应不小于短路冲击电流。

2)断路器的全开断时间

断路器的全开断时间指断路器接到分闸命令瞬间起到电弧熄灭为止的时间间隔,包括断路器固有分闸时间和燃弧时间。

7.3 互 感 器

考点 电流互感器

1)电流互感器的工作特点

(1)一次绕组串接在主电路中,一次电流完全取决于被测电路的负荷电流,与二次电流大小无关。

(2)二次绕组所接仪表和继电器的电流线圈阻抗很小,所以二次侧近似短路。

(3)电流互感器的二次侧不允许开路,也不允许二次侧安装熔断器。

2)电流互感器的主要参数

(1)额定电流比 K_i:电流互感器额定一、二次电流之比,即 $K_i = \dfrac{I_{1N}}{I_{2N}} \approx \dfrac{N_2}{N_1}$。式中,$I_{1N}$、$I_{2N}$ 分别为一、二次绕组的额定电流;N_1、N_2 分别为一、二次绕组的匝数。

(2)额定容量:电流互感器在额定二次电流 I_{2N} 和额定二次阻抗 Z_{2N} 运行时,二次绕组输出的容量,即 $S_{2N} = I_{2N}^2 Z_{2N}$。由于电流互感器的二次电流为标准值(5A 或 1A),故其额定容量也常用额定二次阻抗来表示。

3)电流互感器的误差

电流互感器的误差包括电流误差和相位误差,由电流互感器本身存在的励磁损耗和磁饱和等引起。

电流误差:

$$f_i \approx -\frac{(Z_2+Z_{2L})L_{av}}{222N_2^2 S\mu}\sin(\psi+\alpha)\times 100\%$$

相位误差:

$$\delta_i \approx \frac{(Z_2+Z_{2L})L_{av}}{222N_2^2 S\mu}\cos(\psi+\alpha)\times 3440'$$

式中:S、L_{av}——分别为铁芯截面、磁路平均长度;

μ——铁芯磁导率;

Z_2——二次绕组阻抗;

Z_{2L}——负荷阻抗。

(1)电流误差和相位误差与二次负荷阻抗成正比。即在二次负荷功率因数不变的情况下,二次负荷阻抗增加时,电流误差和相位误差均增大。

(2)二次负荷功率因数角增大(α 增大)时,电流误差增大,相位误差减小。

(3)一次电流对电流误差和相位误差的影响:一次电流减小,铁芯的磁导率下降,电流误差和相位误差均增大。一次电流在额定值附近时,误差最小。

4)保护用电流互感器的准确级

准确级是指在规定的二次负荷范围内,一次电流为额定值时的最大误差。保护用电流互感器按照用途,可分为稳态保护用(P)和暂态保护用(TP)两类。

(1)P类电流互感器:通常用于220kV及以下系统。如果P类电流互感器的准确级为5P10,则表示:当一次电流是额定一次电流的10倍时,电流互感器的复合误差≤±5%。

(2)TP类电流互感器:通常用于330kV及以上系统。

5)电流互感器的接线方式

(1)单相接线:常用于对称三相负荷电流测量,测量一相电流。

(2)星形接线:可测量三相电流,能反映各种相间、接地故障,常用于110kV及以上系统(中性点直接接地的电力系统)。

(3)不完全星形接线:只测量A、C两相电流,能反映各种相间故障,但不能完全反映接地故障,常用于35kV及以下系统(中性点非直接接地的电力系统)。

6)电流互感器连接导线的计算长度L_c

电流互感器连接导线的计算长度L_c与电流互感器到测量仪表的实际距离L的关系:

电流互感器采用单相接线时,$L_c=2L$。

电流互感器采用星形接线时,$L_c=L$。

电流互感器采用不完全星形接线时,$L_c=\sqrt{3}L$。

考点 电压互感器

1)电压互感器的工作特点

(1)一次绕组并接在主电路中。

(2)电压互感器的二次侧不允许短路。

(3)电压互感器的一、二次侧通常都应装设熔断器作为短路保护,因此电压互感器不需要校验热稳定性。

(4)电压互感器的二次侧必须有一端接地,防止一、二次侧击穿时,高压窜入二次侧,危及人身和设备安全。二次侧接地方式有B相接地和中性点接地两种。

2)电压互感器的额定电压比和电压误差

(1)电压互感器的额定电压比:电压互感器一、二次绕组的额定电压之比,即$K_u=\dfrac{U_{1N}}{U_{2N}}\approx\dfrac{N_1}{N_2}$。其中,二次侧的额定电压统一规定为100V或$100/\sqrt{3}$ V。

(2)电压误差f_u:$f_u=\dfrac{K_uU_2-U_1}{U_1}\times100\%$。其中,$U_1$、$U_2$为一、二次电压实测值。

3)电压互感器的接线方式

(1)单相接线:用于35kV及以下中性点不接地系统时,只能测量相间电压(线电压),不能测量相对地电压(相电压);用于110kV及以上中性点接地系统时,测量相对地电压。

(2)两个单相电压互感器接成不完全星形(V-V形):用来测量各相间电压,但不能测量相对地电压,广泛应用在20kV及以下中性点不接地或经消弧线圈接地的系统中。

(3)三个单相电压互感器接成Y_0/Y_0:用于110kV及以上中性点直接接地系统中,可测量相间电压和相对地电压。

(4)三个单相三绕组电压互感器或一个三相五柱式电压互感器接成$Y_0/Y_0/\triangle$(开口三角

形):二次绕组可用于测量相间电压和相对地电压,附加二次绕组接成开口三角形,用来测量零序电压。

注意:在 20kV 及以下配电装置中,可选用三相五柱式,而不是三相三柱式。原因:三相三柱式零序磁通磁阻大,致使过大的零序电流烧坏电压互感器,则电压互感器的一次侧三相中性点不允许接地,不能测量对地电压,故很少采用。用于接入精度要求较高的计费电能表时,不宜采用三相式电压互感器。原因是:当负荷不对称时,特别是单相接地时三相磁路不对称,增大误差。

4)电压互感器一次、二次及附加绕组额定电压的确定

电压互感器二次绕组电压通常是供额定电压为 100V 的仪表和继电器使用。

当一次绕组接线电压,则 $U_{1N}=U_{Ns}$,$U_{2N}=100V$;当一次绕组接相电压,则 $U_{1N}=U_{Ns}/\sqrt{3}$,$U_{2N}=100/\sqrt{3}V$。

对于三绕组电压互感器的第三绕组的电压的确定:

110kV 及以上中性点直接接地系统,附加二次绕组的额定电压为 100V(供接地保护使用);35kV 及以下中性点不接地系统,附加二次绕组的额定电压为 100/3V(供交流电网绝缘监视仪表与信号装置用)。

表 7-1 为互感器额定电压选择表。

互感器额定电压选择　　　　　　　　　　　　　表 7-1

互感器形式	接入系统方式	系统额定电压 U_{Ns}(kV)	互感器额定电压		
			初级绕组(kV)	次级绕组(V)	第三绕组(V)
三相五柱三绕组	接于线电压	3～10	U_{Ns}	100	100/3
三相三柱双绕组	接于线电压	3～10	U_{Ns}	100	无此绕组
单相双绕组	接于线电压	3～35	U_{Ns}	100	无此绕组
单相三绕组	接于相电压	3～63	$U_{Ns}/\sqrt{3}$	$100/\sqrt{3}$	100/3
单相三绕组	接于相电压	110～500J①	$U_{Ns}/\sqrt{3}$	$100/\sqrt{3}$	100

注:①J 指中性点直接接地系统。

5)电压互感器二次及附加绕组额定电压的确定(重点)

电压互感器一次绕组额定电压 U_{1N},应根据互感器的接线方式来确定其相电压或相间电压。单相电压互感器:用于 110kV 及以上中性点接地系统,测量相对地电压,或用于 35kV 及以下中性点不接地系统,测量相间电压。

用三台单相或三相式电压互感器(3～35kV 电压等级)测量相间电压或相对地电压;电压互感器二次绕组额定电压通常是供额定电压为 100V 的仪表和继电器的电压绕组使用。显然,单个单相式电压互感器的二次绕组电压为 100V,而其余可获得相间电压的接线方式,二次绕组电压为 $100/\sqrt{3}$。

(1)电压互感器采用单相接线时,$U_{2N}=100V$。

(2)电压互感器采用不完全星形接线时,$U_{2N}=100V$。

(3)电压互感器采用 $Y_0/Y_0/\triangle$ 接线时,$U_{2N}=100/\sqrt{3}V$。

(4)对于三绕组电压互感器的第三绕组(主要用来测零序电压)的电压的确定:110kV 及以上中性点直接接地系统,附加二次绕组(剩余绕组)的额定电压为 100V(供接地保护使用);35kV 及以下中性点不接地系统,附加二次绕组的额定电压为 100/3V(供交流电网绝缘监视

仪表与信号装置用）。

(5)当一次绕组接线电压，则 $U_{1N}=U_N$，$U_{2N}=100V$；当一次绕组接相电压，则 $U_{1N}=U_N/\sqrt{3}$，$U_{2N}=100/\sqrt{3}\,V$。

7.4 电气主接线

考点 电气主接线

1)电气主接线的分类

电气主接线分为有汇流母线的接线形式和无汇流母线的接线形式。

有汇流母线的接线形式分为单母线接线和双母线接线。其中，单母线接线分为单母线不分段、单母线分段、单母线带旁路母线、单母线分段带旁路母线，双母线接线分为双母线不分段、双母线分段、双母线带旁路母线、双母线分段带旁路母线、一台半断路器接线(3/2接线)、三分之四台断路器接线(4/3接线)、变压器母线组接线。

无汇流母线的接线形式分为单元接线、桥形接线、角形接线。

2)有汇流母线的接线

进出线数量较多时，采用汇流母线来汇集和分配电能。

(1)单母线不分段接线

只有一条工作母线，所有进出线通过断路器、隔离开关组合连接至该母线上并列运行(图7-1)。每条回路中都装有断路器和隔离开关，紧靠母线侧的隔离开关称作母线隔离开关，靠近线路侧的隔离开关称为线路隔离开关。由于断路器具有开合电路的专用灭弧装置，可以开断或闭合负荷电流和开断短路电流，故用来作为接通或切断电路的控

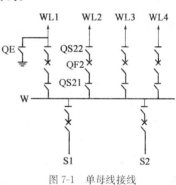

图7-1 单母线接线

制电器。隔离开关没有没有灭弧装置，其开合电流能力很低，只能用作设备停运后退出工作时断开电路，保证与带电部分隔离，起着隔离电压的作用。所以，同一回路中在断路器可能出现电源的一侧或两侧均应配置隔离开关，以便检修断路器时隔离电源。若馈线的用户侧没有电源，则断路器通往用户的那一侧，可以不装设线路隔离开关。

缺点：母线或母线隔离开关故障或检修时，整个系统全部停电；出线断路器故障或检修时，必须停止该回路的供电。

适用范围：出线回路少，且没有重要负荷的发电厂和变电站中。

(2)单母线分段接线

母线分段的作用：减少母线故障或检修时的停电范围。

单母线不分段接线和单母线分段接线中，任何一条出线断路器故障或检修时，都会中断该回路的供电。发电厂用电接线通常采用单母线分段接线方式。

(3)双母线不分段接线和双母线分段接线

双母线中的一组作为工作母线，另一组作为备用母线，在两组母线之间，通过母线联络断路器(简称为母联断路器)进行连接。

双母线不分段接线和双母线分段接线中，任何一条出线断路器故障或检修时，会中断该回

路的供电。

(4) 带旁路母线的单母线接线和双母线接线

旁路母线的作用：检修出线断路器时，可以不中断该回路的供电。一般在 110kV 以上的高电压等级中，输送容量大，一般不允许因检修出线断路器而停电，需设置旁路母线，该回路可以不停电，提高供电的可靠性。当 110kV 出线在 6 回以上、220kV 出线在 4 回以上时，一般设置旁路母线。

(5) 一台半断路器接线（3/2 接线）

每 2 回进出线（出线或电源）通过 3 台断路器构成一串连接至两组母线上，称为一台半断路器接线。在一串中两个元件（进线、出线）各自经 1 台断路器接至不同母线，两回路之间断路器称为联络断路器，如图 7-2 所示。

特点：任一母线故障或检修，均不致停电；任一断路器检修，也不引起停电。

注意：电源线宜与负荷线配对成串（即要求同一个断路器串配置一条电源回路和一条出线回路）；接线为 2 串时，同名回路（两个变压器回路或向同一用户供电的双回线）宜分别接入不同侧的母线，且进出线应该装设隔离开关；当一台半断路器接线达三串及以上时，进出线不宜装设隔离开关。

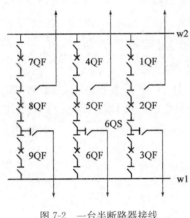

图 7-2 一台半断路器接线

适用范围：通常用在高压、超高压系统中。

通常在 330~500kV 配电装置中，当进出线为 6 回及以上，配电装置在系统中具有重要地位，则宜采用一台半断路器接线。

(6) 三分之四台断路器接线（4/3 接线）

每 3 回进出线通过 4 台断路器构成一串连接至两组母线上，通常用于发电机台数（进线）大于线路（出线）数的大型水电厂。

3) 无汇流母线的接线

(1) 单元接线和扩大单元接线

单元接线：发电机与变压器直接连接组成单元接线。

扩大单元接线：两台发电机与一台变压器相连组成扩大单元接线。

(2) 桥式接线

当只有两台变压器和两条线路时，常采用桥式接线，桥式接线分为内桥接线和外桥接线，如图 7-3 所示。内桥接线的桥联断路器在线路断路器之内，外桥接线的桥联断路器在线路断路器之外。

内桥接线适用于出线线路较长，主变压器不需要经常投切的场合。

外桥接线适用于出线线路较短，主变压器需要经常投切的场合。

(3) 角形接线

角形接线的角数等于断路器数，也等于进出线总回路数，如图 7-4 所示。

多角形接线的优点：所用的断路器数目比单母线分段接线或双母线接线还少 1 台，却具有双母线接线的可靠性，任一台断路器检修时，只需断开其两侧的隔离开关，不会引起任何回路

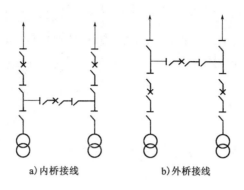

a) 内桥接线　　　　b) 外桥接线

图 7-3　桥式接线

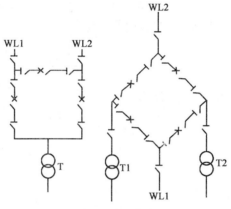

图 7-4　角形接线

停电;没有母线,因而不存在因母线故障所产生的影响;任一回路故障时,只跳开与它相连接的 2 台断路器,不会影响其他回路的正常工作;操作方便,所有隔离开关,只用于检修时隔离电源,不作操作之用,不会发生带负荷断开隔离开关的事故。

考点 各电压等级电气主接线限制短路电流的方法

1) 限制短路电流的方法

(1) 采用适当的主接线形式和运行方式。

(2) 采用限流电抗器。

(3) 采用低压分裂绕组变压器。

2) 限流电抗器

(1) 正常运行时,线路电抗器的电压损失不得超过 5%。

(2) 通常在架空线路上不装设电抗器,因为架空线路本身的感抗较大。

(3) 母线电抗器装设在母线分段处。

(4) 分裂电抗器(图 7-5):分裂电抗器在结构上与普通电抗器相似,只是线圈中心有一个抽头 3,中间抽头一般用来连接电源,两个分支 1 和 2 用来连接大致相等的两组负荷。

① 正常运行

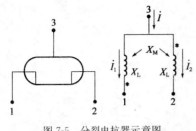

$$\dot{I}_1 = \dot{I}_2 = \dot{I}/2, \quad \Delta U_{31} = I_1 X_L - I_2 X_M = \frac{I}{2}(X_L - X_M)$$

式中，X_L 为每臂的自感电抗，X_M 为互感电抗。

令 $f = X_M/X_L$，f 称为互感系数，则：$\Delta U_{31} = \frac{I}{2}(1-f)X_L$，若取 $f=0.5$，则在正常运行时，电抗器的电抗值为：

$$X = \frac{1}{2}(1-f)X_L = 0.25 X_L$$

图 7-5 分裂电抗器示意图

结论：若取 $f=0.5$，则在正常运行时，电抗器每臂的等效电抗为 $0.5 X_L$，电抗器的电抗值为 $0.25 X_L$。

② 分支短路

设分支 1 短路，如图 7-6 所示，忽略分支 2 的负荷电流，则：$\Delta U_{31} = I_k X_L$，即短路时，臂 1 的电抗为 X_L。即：当分支 1 或 2 出现短路时，分裂电抗器各分支的短路电抗等于正常运行电抗的 2 倍，分裂电抗器的电抗值是正常运行时的 4 倍。

若分支 2 接电源，可能送来的短路电流为 $\dot{I}_{kG}$，3 端开路，如图 7-7 所示，则：$\Delta U_{21} = 2(I_{kG}X_L + I_{kG}X_M) = 2I_{kG}(1+f)X_L$

若取 $f=0.5$，电抗器的电抗为：

$$X_{21} = 2(1+f)X_L = 3X_L$$

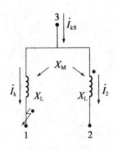

图 7-6 分支 1 短路示意图

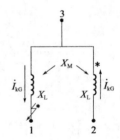

图 7-7 分支 1 短路

优点：正常运行时电抗小，而在故障时电抗大；占地面积减小（一个电抗器可供 2 路负荷）。

缺点：当两个分支负荷不等或者负荷变化过大时，将引起两臂电压产生偏差，造成电压波动，甚至可能出现过电压。

3）低压分裂绕组变压器（图 7-8）

分裂绕组变压器有一个高压绕组和两个低压分裂绕组，两个分裂绕组的额定电压和额定容量相同，匝数相等；两个低压分裂绕组布置上对称，没有电气上的联系，只有较弱的磁的联系。

4）采用不同的接线形式和运行方式

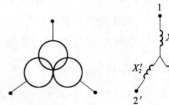

图 7-8 低压分裂绕组变压器

(1) 对大容量发电机采用单元接线，在发电机电压级不设母线。

(2) 在降压变电所，变压器低压侧分列运行（母线硬分段）。

(3) 双回路采用单回路运行。

(4) 环形供电网开环运行。

发电厂电气历年真题及详解

1)电气设备的选择

【2014,56】电气设备选择的一般条件是：

  A. 按正常工作条件选择，按短路情况校验
  B. 按设备使用寿命选择，按短路情况校验
  C. 按正常工作条件选择，按设备使用寿命校验
  D. 按短路工作条件选择，按设备使用寿命校验

解 电气设备选择的一般条件：按正常运行条件进行选择，按短路条件进行校验。
答案：A

【2017,56】选择电气设备除了满足额定电压、电流外，还需校验的是：

  A. 设备的动稳定和热稳定   B. 设备的体积
  C. 设备安装地点的环境   D. 周围环境温度的影响

解 电气设备要能可靠地工作，必须按正常工作条件进行选择，并按短路状态来校验热稳定和动稳定。
答案：A

【2005,53；2007,54】判断下列哪种情况或设备应校验热稳定以及动稳定？

  A. 装设在电流互感器回路中的裸导体和电器
  B. 装设在电压互感器回路中的裸导体和电器
  C. 用熔断器保护的电器
  D. 电缆

解 装设在电压互感器回路中的设备不需要校验热稳定和动稳定，因为系统发生短路时，短路电流不通过电压互感器回路；用熔断器保护的设备不需要校验热稳定，其热稳定由熔断时间保证；电缆不需要校验动稳定，电缆的动稳定由厂家保证。
答案：A

【2008,60】下列叙述正确的是：

  A. 验算热稳定的短路计算时间为继电保护动作时间与断路器开断时间之和
  B. 验算热稳定的短路计算时间为继电保护动作时间与断路器固有的分闸时间之和
  C. 电气的开断计算时间应为后备保护动作时间与断路器固有的分闸时间之和
  D. 电气的开断计算时间应为主保护动作时间与断路器全开断时间之和

解 校验热稳定的短路计算时间为:继电保护动作时间(按后备保护时间考虑)与断路器开断时间之和;断路器的开断计算时间为:主保护动作时间与断路器固有分闸时间之和。

答案: A

【2013,53】在导体和电气设备选择时,除了校验其热稳定性,还需要进行电动力稳定校验,以下关于三根导体短路时最大电动力的描述正确的是:

  A. 最大电动力出现在三相短路时中间相导体,其数值为:

$$F_{max}=1.616\times10^{-7}\frac{L}{a}[i_{ab}^3]^2(N)$$

  B. 最大电动力出现在两相短路时外边两相导体,其数值为:

$$F_{max}=2\times10^{-7}\frac{L}{a}[i_{ab}^2]^2(N)$$

  C. 最大电动力出现在三相短路时中间相导体,其数值为:

$$F_{max}=1.73\times10^{-7}\frac{L}{a}[i_{ab}^3]^2(N)$$

  D. 最大电动力出现在三相短路时外边两相导体,其数值为:

$$F_{max}=2\times10^{-7}\frac{L}{a}[i_{ab}^3]^2(N)$$

解 三相平行导体短路时的最大电动力出现在三相短路时的中间相(B相),数值为:$F_{max}=1.73\times10^{-7}\frac{L}{a}(i_{ab}^3)^2$

式中,L 为导体长度,a 为中间相与两边相的距离,i_{ab} 为短路时冲击电流的峰值。

答案: C

【2009,56;2011,57】下列叙述正确的是:

  A. 验算热稳定的短路计算时间为继电保护动作时间与断路器开断时间之和
  B. 验算热稳定的短路计算时间为继电保护动作时间与断路器固有的分闸时间之和
  C. 电气的开断计算时间应为后备保护动作时间与断路器固有的分闸时间之和
  D. 电气的开断计算时间应为主保护动作时间与断路器全开断时间之和

解 校验热稳定的短路计算时间为:继电保护动作时间(按后备保护时间考虑)与断路器开断时间之和。断路器的开断计算时间为:主保护动作时间与断路器固有分闸时间之和。

答案: A

【2013,51】校验电气设备的热稳定和开断能力时,需要合理地确定短路计算时间,在校验电气设备开断能力时,以下短路计算时间正确的是:

  A. 继电保护主保护动作时间
  B. 继电保护后备保护动作时间

C. 继电保护主保护动作时间＋断路器固有分闸时间
D. 继电保护后备保护动作时间＋断路器固有分闸时间

解 校验电气设备的开断能力时,时间为主保护动作时间与断路器固有分闸时间之和。
答案:C

【2017,60】下面说法不正确的是：

A. 熔断器可以用于过流保护
B. 电流越小,熔断器断开的时间越长
C. 高压熔断器由熔体和熔丝组成
D. 熔断器在任何电压等级下都可以用

解 熔断器串联接入被保护电路中,在正常工作情况下,由于电流较小,通过熔体时,熔体的温度虽然上升,但不致熔化,电路可靠接通；一旦电路发生过负荷或者短路,电流增大,熔体由于自身温度超过熔点而熔化,将电路切断。它具有结构简单、价格低廉、使用灵活,但其容量小,保护特性不稳定,广泛应用在1000V及以下配电装置中。
答案:D

【2006,54；2007,55】充填石英砂有限流作用的高压熔断器,只能用在：

A. 电网的额定电压小于或等于其额定电压的电网中
B. 电网的额定电压大于或等于其额定电压的电网中
C. 电网的额定电压等于其额定电压的电网中
D. 其所在电路的最大长期工作电流大于其额定电流

解 对于一般的高压熔断器,其额定电压必须大于或者等于电网的额定电压,但是对于填充石英砂有限流作用的熔断器,只能用于等于其额定电压的电网中,因为这种类型的熔断器能在电流达到最大值之前就将电流截断,致使熔断器熔断时产生过电压。一般在等于其额定电压的电网中,过电压倍数为2～2.5倍,在低于其额定电压的电网中,过电压倍数为3.5～4倍,可能损坏电网中的电气设备。
答案:C

【2017,55】发电机与变压器连接导体的截面选择,主要依据是：

A. 导体的长期发热允许电流　　B. 经济的电流密度
C. 导体的材质　　　　　　　　D. 导体的形状

解 导体截面可按长期发热允许电流或经济电流密度选择。配电装置的汇流母线通常在正常运行方式下,传输容量不大,可按长期发热允许电流进行选择；对年负荷利用小时数大,传输容量大,长度在20m以上的导体,如发电机、变压器的连接导体,其截面一般按经济电流密度选择。按经济电流密度选择的导体还必须按长期发热允许电流进行校验。
答案:B

【2009,54】配电装置的汇流母线,其截面选择应按:

    A. 经济电流密度   B. 导体长期发热允许电流
    C. 导体短时发热允许电流   D. 导体的机械强度

解 电气设备选择的一般原则是按正常运行条件进行选择,按短路条件进行校验。母线截面的选择应按照最大长期工作电流(长期发热允许电流)进行选择。
答案: B

【2017,57】下面哪种说法正确:

    A. 设计配电装置时,只要满足安全净距即可
    B. 设计配电装置时,最主要的是要考虑经济性
    C. 设计屋外配电装置时,高型主要用于220kV电压等级
    D. 设计屋外配电装置时,分相中型是220kV电压等级的典型布置形式

解 选项A明显错误。
设计配电装置时首先要保证可靠性,选项B错误。
330kV及以上电压等级的配电装置宜采用屋外中型配电装置。
选项C正确,设计屋外配电装置时,高型配电装置在110kV电压等级中采用较少,在3300kV及以上电压等级中不采用,主要用于220kV电压等级。
选项D错误,设计屋外配电装置时,220kV电压等级的典型布置形式是高型。
答案: C

【2017,58】下列说法不正确的是:

    A. 导体的载流量与导体的材料有关
    B. 导体的载流量与导体的截面积有关
    C. 导体的载流量与导体的形状无关
    D. 导体的载流量与导体的布置方式有关

解 导体的载流量是由导体的材料、截面积、形状、尺寸、布置方式、环境温度、最高允许温度及其他环境因素决定的。
答案: C

2)断路器

【2017,56】下列说法正确的是:

    A. 少油断路器可靠性高,不需要经常检修
    B. SF6断路器可靠性高,不需要经常检修
    C. GIS设备占地小,可靠性高,易于检修
    D. SF6断路器可靠性高,工作时噪声大

解 少油断路器的油质容易劣化,检修周期短。

SF6断路器具有体积小、质量较轻、开断能力强、可靠性高、维护工作量小、噪声低、寿命长等优点。

GIS是指六氟化硫封闭式组合电器,占地面积小,可靠性高,由于GIS设备的元件是全封闭式的,因此检修困难。

答案:B

【2017,56】在断路器和隔离开关配合接通电路中,下列操作正确的是:

  A. 先合断路器,后合隔离开关
  B. 先合隔离开关,后合断路器
  C. 随便先合隔离开关,再合断路器都行
  D. 先合断路器或先合隔离开关都一样

解 送电:先合母线侧隔离开关,再合线路侧隔离开关,最后合断路器。停电:先断开断路器,再断线路侧隔离开关,最后断母线侧隔离开关。

答案:B

【2017,57】下列说法不正确的是:

  A. 断路器具有限流的能力
  B. 电弧是由触头间的中性介质游离产生的
  C. 断路器可以切断短路电流
  D. 隔离开关可以进行正常工作电路的开断操作

解 隔离开关没有灭弧装置,一般只能切断线路的空载电流,不能用于切断负荷电流和短路电流,因此隔离开关不能进行正常工作电路的开断操作。

答案:D

【2005,54】高压断路器一般采用多断口结构,通常在每个断口并联电容。并联电容的作用是:

  A. 使弧隙电压的恢复过程由周期性变为非周期性
  B. 使得电压能均匀地分布在每个断口上
  C. 可以增大介质强度的恢复速度
  D. 可以限制系统中的操作过电压

解 多断口的断路器通常在每个断口并联一个比散杂电容大得多的电容器,使个断口上的电压分配均匀,从而提高断路器的开断能力。

答案:B

【2005,60;2012,55】断路器开断交流电路的短路故障时,弧隙电压恢复过程与电路参数等有关,为了把具有周期性振荡特性的恢复过程转变为非周期性的恢复过程,可在断路器触头

两端并联一只电阻 r,其值一般取下列哪项(C、L 为电路中的电容值、电感值)?

A. $r \leqslant \dfrac{1}{2}\sqrt{\dfrac{C}{L}}$ B. $r \geqslant \dfrac{1}{2}\sqrt{\dfrac{C}{L}}$

C. $r \leqslant \dfrac{1}{2}\sqrt{\dfrac{L}{C}}$ D. $r \geqslant \dfrac{1}{2}\sqrt{\dfrac{L}{C}}$

解 当断路器触头上并联电阻 $r < \dfrac{1}{2}\sqrt{\dfrac{L}{C}}$ 时,电压恢复过程为非周期性;当 $r > \dfrac{1}{2}\sqrt{\dfrac{L}{C}}$ 时,电压恢复过程为周期性。当并联电阻 $r < \dfrac{1}{2}\sqrt{\dfrac{L}{C}}$ 时,周期性振荡特性的恢复电压过程转变为非周期性恢复过程,大大降低恢复电压的幅值和恢复速度,从而增加了断路器的开断能力。

答案:C

【2010,57】为了使断路器各断口上的电压分布接近相等,常在断路器多断口上加装:

A. 并联电抗 B. 并联电容
C. 并联电阻 D. 并联辅助端口

解 多断口的断路器通常在每个断口并联一个比散杂电容大得多的电容器,使各断口上的电压分配均匀,从而提高断路器的开断能力。

答案:B

【2011,56】为使断路器弧隙电压恢复过程为非周期性的,可在断路器触头两端:

A. 并联电容 B. 并联电抗
C. 并联电阻 D. 辅助触头

解 当并联电阻 $r < \dfrac{1}{2}\sqrt{\dfrac{L}{C}}$ 时,周期性振荡特性的恢复电压过程转变为非周期性恢复过程,大大降低恢复电压的幅值和恢复速度,从而增加了断路器的开断能力。

答案:C

【2013,56】断路器中交流电弧熄灭的条件是:

A. 弧隙介质强度恢复速度比弧隙电压的上升速度快
B. 触头间并联电阻小于临界并联电阻
C. 弧隙介质强度恢复速度比弧隙电压的上升速度慢
D. 触头间并联电阻大于临界并联电阻

解 断路器断开交流电路时,电弧熄灭的条件:弧隙介质强度恢复速度快于弧隙电压的上升速度。

答案:A

【2006,59】为了保证断路器在关合短路电流时的安全性,其关合电流满足下列哪种条件?

　　A. 不应小于短路冲击电流
　　B. 不应大于短路冲击电流
　　C. 只需大于长期工作电流
　　D. 只需大于通过断路器的短路稳态电流

解 断路器的额定关合电流应不小于短路冲击电流。

答案: A

【2008,56;2009,53;2011,55】断路器开断中性点不直接接地系统中的三相短路电流时,首先开断相的恢复电压为:(U_{ph}为相电压,U_m为电源电压最大值)

　　A. $1.5U_{ph}$　　　　　　　　　　　　B. U_{ph}
　　C. $1.25U_{ph}$　　　　　　　　　　　D. U_m

解 断路器开断中性点不直接接地的三相短路电路时,电弧电流先过零的相为首先开断相,电弧先熄灭。首先开断相开断后断口上的工频恢复电压为相电压的1.5倍。经过0.005s后,另外两相的短路电流同时过零,电弧同时熄灭,每个断口上承受的电压为相电压的$\frac{\sqrt{3}}{2}$倍。

答案: A

【2012,52】断路器开断中性点直接接地系统中的三相接地短路电流,首先开断相恢复电压的工频分量为:(U_{Ph}为相电压)

　　A. U_{Ph}　　　　B. $1.25U_{Ph}$　　　　C. $1.5U_{Ph}$　　　　D. $1.3U_{Ph}$

解 断路器开断中性点直接接地的三相接地短路电路时,首先开断相的工频恢复电压为相电压的1.3倍,第二开断相的工频恢复电压为相电压的1.25倍,最后开断相的工频恢复电压为相电压。

答案: D

【2013,55】以下关于断路器开断能力的描述正确的是:

　　A. 断路器开断中性点直接接地系统单相短路电路时,其工频恢复电压近似地等于电源电压最大值的0.866倍
　　B. 断路器开断中性点不直接接地系统单相短路电路时,其首先断开相工频恢复电压为相电压的0.866倍
　　C. 断路器开断中性点直接接地系统三相短路电路时,其首先断开相起始工频恢复电压为相电压的0.866倍
　　D. 断路器开断中性点不直接接地系统三相短路电路时,首先断开相电弧熄灭后,其余两相电弧同时熄灭,且其工频恢复电压为相电压的0.866倍

解 断路器开断单相短路电路时,起始工频恢复电压近似等于电源电压最大值;断路器开断中性点不直接接地的三相短路电路时,首先开断相的工频恢复电压为相电压的1.5倍,经过

0.005s后,另外两相的短路电流同时过零,电弧同时熄灭,每个断口上的工频恢复电压为相电压的$\frac{\sqrt{3}}{2}$倍;断路器开断中性点直接接地的三相接地短路电路时,首先开断相的工频恢复电压为相电压的1.3倍。

答案:D

3) 互感器

【2017,59】电压互感器配置原则不正确的是:

    A. 配置在主母线上
    B. 配置在发电机端
    C. 配置在旁路母线上
    D. 配置在出线上

解 电压互感器的配置:①母线:工作和备用母线都装1组电压互感器,用于同期、测量仪表、保护装置及中性点不接地系统的绝缘监视。②发电机:一般装2组电压互感器。一组供自动调节励磁装置用;另一组供测量仪表、同期和保护装置用。③线路:35kV及以上输电线路,当对端有电源时,为了监视线路有无电压,进行同期和设置重合闸,装1台单相电压互感器。

答案:C

【2006,53;2010,54】电流互感器二次绕组在运行时:

    A. 允许短路不允许开路
    B. 允许开路不允许短路
    C. 不允许开路不允许短路
    D. 允许开路也允许短路

解 电流互感器相当于一台接近于短路运行的变流器,电流互感器的二次绕组在运行时不允许开路。当电流互感器二次绕组开路时,铁芯中的励磁磁动势较正常情况下增大很多倍,使铁芯严重饱和,铁芯中的磁通波形由正弦波畸变成平顶波,二次绕组在磁通过零时感应出很高的尖顶波电动势,从而造成电流互感器损坏;当电流互感器二次绕组开路时,开路电压很高,将危及工作人员的安全和仪器的绝缘。

答案:A

【2009,55;2011,54】电流互感器的额定容量是:

    A. 正常发热允许的容量
    B. 短路发热允许的容量
    C. 额定二次负荷下的容量
    D. 由额定二次电流确定的容量

解 电流互感器的额定容量 S_{2N} 为电流互感器在额定二次电流 I_{2N} 和额定二次阻抗 Z_{2N} 运行时,二次绕组输出的容量,即 $S_{2N}=I_{2N}^2 Z_{2N}$。

答案：D

【2005,58；2012,54】电流互感器的误差（电流误差 f_i 和相位差 δ_i）与二次负荷阻抗（Z_{2f}）的关系式为：

A. $f_i \propto Z_{2f}^2, \delta_i \propto Z_{2f}^2$

B. $f_i \propto \dfrac{1}{Z_{2f}^2}, \delta_i \propto \dfrac{1}{Z_{2f}^2}$

C. $f_i \propto Z_{2f}, \delta_i \propto Z_{2f}$

D. $f_i \propto \dfrac{1}{Z_{2f}}, \delta_i \propto \dfrac{1}{Z_{2f}}$

解 电流互感器的电流误差和相位误差均与二次负荷阻抗成正比。

答案：C

【2014,55】以下关于运行工况对电流互感器传变误差的描述正确的是：

A. 在二次负荷功率因数不变的情况下，二次负荷增加时电流互感器的幅值误差和相位误差均减小

B. 二次负荷功率因数角增大，电流互感器的幅值误差和相位误差均增大

C. 二次负荷功率因数角减小，电流互感器的幅值误差和相位误差均减小

D. 电流互感器铁芯的磁导率下降，幅值误差和相位误差均增大

解 电流误差和相位误差均与二次负荷阻抗成正比。即在二次负荷功率因数不变的情况下，二次负荷阻抗增加时，电流误差和相位误差均增大；二次负荷功率因数角增大时，电流误差增大，相位误差减小。一次电流对电流误差和相位误差的影响：一次电流减小，铁芯的磁导率下降，电流误差和相位误差均增大。

答案：D

【2006,56】选择 10kV 馈线上的电流互感器时，电流互感器的接线方式为不完全星形接线，若电流互感器与测量仪表相距 40m，则其连接线长度 L_C 应为：

A. 40m　　　　B. 69.3m　　　　C. 80m　　　　D. 23.1m

解 电流互感器采用不完全星形接线时，电流互感器连接导线的计算长度 L_C 与电流互感器到测量仪表的实际距离 L 的关系：$L_C = \sqrt{3}L = \sqrt{3} \times 40 = 69.3\text{m}$。

答案：B

【2013,55】P 类保护用电流互感器的误差要求中规定，在额定准确限制一次电流下的复合误差不超过规定限制，则某电流互感器的额定一次电流为 1200A，准确级为 5P40，以下描述正确的是：

A. 在额定准确限制一次电流为 40kA 的情况下，电流互感器的复合误差不超过 5A

B. 在额定准确限制一次电流为 40kA 的情况下,电流互感器的复合误差不超过 5%

C. 在额定准确限制一次电流为 40 倍额定一次电流的情况下,电流互感器的复合误差不超过 5A

D. 在额定准确限制一次电流为 40 倍额定一次电流的情况下,电流互感器的复合误差不超过 5%

解 如果 P 类电流互感器的准确级为 5P40,则表示:当一次电流是额定一次电流的 40 倍时,电流互感器的复合误差≤±5%。

答案:D

【2013,54】在进行电流互感器选择时,需考虑在满足准确级及额定容量要求下的二次导线的允许最小截面。用 L_i 表示二次导线的计算长度,用 L 表示测量仪器仪表到互感器的实际距离,当电流互感器采用不完全星形接线时,以下关系正确的是:

A. $L_i = L$ B. $L_i = \sqrt{3}L$
C. $L_i = 2L$ D. 两者之间无确定关系

解 电流互感器连接导线的计算长度 L_C 与电流互感器到测量仪表的实际距离 L 的关系:电流互感器采用单相接线时,$L_C = 2L$;电流互感器采用星型接线时,$L_C = L$;电流互感器采用不完全星型接线时,$L_C = \sqrt{3}L$。

答案:B

【2011,54】对于电压互感器,以下叙述不正确的是:

A. 接地线必须装熔断器 B. 接地线不准装熔断器
C. 二次绕组必须装熔断器 D. 电压互感器不需要校验热稳定

解 电压互感器二次绕组的接地线一律不装熔断器,接地线如果装设熔断器,就失去了接地的意义;电压互感器的二次绕组不允许短路,所以电压互感器的二次绕组必须装熔断器,作为短路保护;电压互感器不需要校验热稳定和动稳定,因为电压互感器并联在系统中,短路电流不通过电压互感器回路。

答案:A

【2017,58】下面说法正确的是:

A. 电磁式电压互感器的二次侧不允许开路
B. 电磁式电流互感器的测量误差与二次负载大小无关
C. 电磁式电流互感器的二次侧不允许开路
D. 电磁式电压互感器的测量误差与二次负载大小无关

解 电压互感器二次侧不允许短路,电流互感器二次侧不允许开路,选项 A 错误;电流互感器和电压互感器的测量误差与二次侧负载大小均有关,选项 B、D 错误。

答案：C

【2007,57；2008,59；2010,55】在 3～20kV 电网中，为了测量相对地电压通常采用：

  A. 三相五柱式电压互感器
  B. 三相三柱式电压互感器
  C. 两台单相电压互感器接成不完全星形接线
  D. 三台单相电压互感器接成 Y/Y 接线

解 三相三柱式电压互感器接线只能测量相间电压，不能测量相对地电压；两台单相电压互感器接成不完全星形接线只能测量相间电压，不能测量相对地电压；三台单相电压互感器用于 110kV 及以上中性点直接接地系统时，可测量相间电压和相对地电压；用于 35kV 及以下中性点不接地系统时，只能测量相间电压，不能测量相对地电压。

答案：A

【2009,51；2011,53】在 3～20kV 电网中，为了测量相对地电压通常采用：

  A. 三相五柱式电压互感器
  B. 三相三柱式电压互感器
  C. 两台单相电压互感器接成不完全星形接线
  D. 三台单相电压互感器接成 Y/Y 接线

解 三相三柱式电压互感器接线只能测量相间电压，不能测量相对地电压；两台单相电压互感器接成不完全星形接线只能测量相间电压，不能测量相对地电压；三台单相电压互感器用于 110kV 及以上中性点直接接地系统时，可测量相间电压和相对地电压；用于 35kV 及以下中性点不接地系统时，只能测量相间电压，不能测量相对地电压。

答案：A

【2009,55】电压互感器副边开口三角形的作用是：

  A. 测量三次谐波   B. 测量零序电压
  C. 测量线电压   D. 测量相电压

解 三个单相三绕组电压互感器或一个三相五柱式电压互感器接成 $Y_0/Y_0/\triangle$（开口三角形），二次绕组可用于测量相间电压和相对地电压，附加二次绕组接成开口三角形，用来测量零序电压。

答案：B

【2005,57；2008,57；2009,57；2012,53】中性点不接地系统中，三相电压互感器作绝缘监视用的附加副绕组的额定电压应选择下列哪项？

  A. $\dfrac{100}{\sqrt{3}}$V   B. 100V

C. $\dfrac{100}{3}$ V   D. $100\sqrt{3}$ V

解 110kV 及以上中性点直接接地系统,附加二次绕组的额定电压为 100V;35kV 及以下中性点不接地系统,附加二次绕组的额定电压为 100/3 V。

答案:C

【2011,55】中性点接地系统中,三相电压互感器二次侧开口三角形绕组的额定电压应等于:

A. 100V   B. $\dfrac{100}{\sqrt{3}}$ V

C. $\dfrac{100}{3}$ V   D. $3U_0$(U_0 为零序电压)

答案:A

【2013,57】对于采用单相三绕组接线形式的电压互感器,若其被接入中性点直接接地系统中,且原边接于相电压,设一次系统额定电压为 U_N,则其三个绕组的额定电压应分别选定为:

A. $\dfrac{U_N}{\sqrt{3}}$ V,100V,100V   B. $\dfrac{U_N}{\sqrt{3}}$ V,$\dfrac{100}{\sqrt{3}}$ V,100V

C. U_N V,100V,100V   D. $\dfrac{U_N}{\sqrt{3}}$ V,$\dfrac{100}{\sqrt{3}}$ V,$\dfrac{100}{\sqrt{3}}$ V

解 一次绕组接相电压,则 $U_{1N}=U_N/\sqrt{3}$,$U_{2N}=100/\sqrt{3}$ V;110kV 及以上中性点直接接地系统,附加二次绕组的额定电压为 100V。

答案:B

4)电气主接线

【2017,55】600MW 发电机的电气出线形式一般是:

  A. 与变压器构成单元接线,采用封闭母线
  B. 机端采用有汇流母线接线,采用封闭导体
  C. 与变压器构成单元接线,采用裸导体
  D. 与变压器构成单元接线,采用电缆线

答案:A

【2017,60】下列说法正确的是:

  A. 所有出线均需加电抗器限制短路电流
  B. 短路电流大,只要选择断路器能切断电流即可
  C. 分裂电抗器和普通电抗器性能完全一样
  D. 改变运行方式和加电抗器都可以起到限制短路电流的作用

解 限制短路电流的方法主要有:①采用适当的主接线形式和运行方式;②采用限流电抗器;③采用低压分裂绕组变压器。

答案:D

【2011.52】主接线检修时,会暂时中断该回路供电的接线方式:

  A. $\dfrac{4}{3}$ B. 双母线分段

  C. $\dfrac{3}{2}$ D. 双母线分段带旁路

解 二分之三和三分之四接线在出线断路器检修时,不会中断该回路的供电;旁路母线的作用是检修出线断路器时,可以不中断该回路的供电。

答案:D

【2011.56】下列哪种主接线在出线断路器检修时,会暂时中断该回路供电?

  A. 三分之四   B. 双母线分段带旁路
  C. 二分之三   D. 双母线分段

解 二分之三和三分之四接线在出线断路器检修时,不会中断该回路的供电;旁路母线的作用是检修出线断路器时,可以不中断该回路的供电。

答案:D

【2012.54】下列接线中,当检修出线断路器时会暂时中断该回路供电的是:

  A. 双母线分段   B. 二分之三
  C. 双母线分段带旁路母线   D. 单母线带旁路母线

答案:A

【2006.58】主接线中,旁路母线的作用是:

  A. 作备用母线
  B. 不停电检修出线断路器
  C. 不停电检修母线隔离开关
  D. 母线或母线隔离开关故障时,可以减少停电范围

解 旁路母线的作用是检修出线断路器时,可以不中断该回路的供电。

答案:B

【2014.52】以下关于一台半断路器接线的描述中,正确的是:

  A. 任何情况下都必须采用交叉接线以提高运行的可靠性
  B. 当仅有两串时,同名回路宜分别接入同侧母线,且需装设隔离开关

C. 当仅有两串时,同名回路宜分别接入不同侧的母线,且需装设隔离开关
D. 当仅有两串时,同名回路宜分别接入同侧母线,且无须装设隔离开关

解 在一台半断路器接线中,一般采用交叉接线的原则,电源线宜与负荷线配对成串,提高供电的可靠性;同名回路宜分别接入不同侧的母线,当一台半断路器接线达三串以上时,进出线不宜装设隔离开关,以节约投资。

答案: C

【2013,54】以下描述,符合一台半断路器接线基本原则的是(　　)。

A. 一台半断路器接线中,同名回路必须接入不同侧的母线
B. 一台半断路器接线中,所有进出线回路都必须装设隔离开关
C. 一台半断路器接线中,电源线应与负荷线配对成串
D. 一台半断路器接线中,同一个"断路器串"上应同时配置电源或负荷

解 一台半断路器接线中:电源线宜与负荷线配对成串;同名回路宜分别接入不同侧的母线;当一台半断路器接线达三串以上时,进出线不宜装设隔离开关。

答案: D

【2006,57;2007,56;2008,58;2010,56;2016,50】内桥形式的主接线适用于:

A. 出线线路较长,主变压器操作较少的电厂
B. 出线线路较长,主变压器操作较多的电厂
C. 出线线路较短,主变压器操作较多的电厂
D. 出线线路较短,主变压器操作较少的电厂

解 内桥接线适用于出线线路较长(线路的故障概率大),主变压器不需要经常投切的场合。

答案: A

【2013,52】当发电厂有两台变压器线路时,宜采用内桥形接线。外桥接线适用于以下哪种情况?

A. 线路较长,变压器需要经常投切
B. 线路较长,变压器不需要经常投切
C. 线路较短,变压器需要经常投切
D. 线路较短,变压器不需要经常投切

解 外桥接线适用于出线线路较短,主变压器需要经常投切的场合。

答案: C

【2012,51】某220kV系统的重要变电站,装设2台120MVA的主变压器,220kV侧有4回进线,110kV侧有10回出线且均为I、II类负荷,不允许停电检修出线断路器,应采用何种接线方式?

A. 220kV 母线采用一个半断路器接线,110kV 母线采用单母线接线
B. 220kV 母线采用一个半断路器接线,110kV 母线采用双母线接线
C. 220kV 母线采用双母线接线,110kV 母线采用双母线接线带旁母接线
D. 220kV 母线和 110kV 母线均采用双母线接线

解 因为 110kV 侧要求不允许停电检修出线断路器,所以需要加旁路母线,而 220kV 侧没有要求不停电检修,所以不需要加旁路母线。

答案:C

【2008,59;2014,57】外桥形式的主接线适用于:

A. 出线线路较长,主变压器操作较少的电厂
B. 出线线路较长,主变压器操作较多的电厂
C. 出线线路较短,主变压器操作较多的电厂
D. 出线线路较短,主变压器操作较少的电厂

解 外桥接线适用于出线线路较短,主变压器需要经常投切的场合。

答案:C

【2009,57】发电厂厂用电系统接线通常采用:

A. 双母线接线形式 B. 单母线带旁路接线形式
C. 一个半断路器接线 D. 单母线分段接线形式

解 发电厂厂用电系统接线通常采用单母线分段接线方式。

答案:D

【2008,58】普通电抗器在运行时,其电压损失不应大于额定电压的:

A. 5% B. 10% C. 15% D. 25%

解 为保证电压质量,正常运行时线路电抗器的电压损失不得超过 5%。

答案:A

【2005,59;2012,57】下列哪项叙述是正确的?

A. 为了限制短路电流,通常在架空线上装设电抗器
B. 母线电抗器一般装设在主变压器回路和发电机回路中
C. 采用分裂低压绕组变压器主要是为了组成扩大单元接线
D. 分裂电抗器两个分支负荷变化过大将造成电压波动,甚至可能出现过电压

解 架空线自身感抗较大,不需装设电抗器,而电缆线路通常要装设电抗器以限制短路电流;母线电抗器装设在母线分段处;采用低压分裂绕组变压器主要是为了限制短路电流。

答案:D

【2017,53】 电气设备工作接地电阻值：

  A. $<0.5\Omega$ B. $0.5\sim10\Omega$ C. $10\sim30\Omega$ D. $>30\Omega$

解 接地的类型主要包括工作接地、防雷接地、保护接地。为满足电力系统或者电气设备的运行要求，而将系统中的某一点进行接地，称为工作接地，要求电气设备工作接地电阻值为 $0.5\sim10\Omega$。为防止雷电过电压对人身或设备产生危害，而设置的过电压保护设备的接地，为防雷接地。为防止电气设备的绝缘损坏，将其金属外壳对地电压限制在安全电压内，避免造成人身电击事故，将电气设备的外露可接近导体部分接地，称为保护接地。

答案：B

【2006,60】 如图所示，分裂电抗器中间抽头 3 接电源，两个分支 1 和 2 接相等的两组负荷，两个分支的自感电抗相同，均为 X_k，耦合系数 K 取 0.5，下列表达正确的是：

  A. 正常运行时，电抗器的电抗值为 $0.25X_k$
  B. 当分支 1 出现短路时，电抗器的电抗值为 $2X_k$
  C. 当分支 1 出现短路时，电抗器的电抗值为 $1.5X_k$
  D. 正常运行时，电抗器的电抗值为 X_k；当分支 1 出现短路时，电抗器的电抗值为 $3X_k$

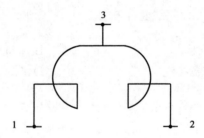

解 正常运行时，分裂电抗器的去耦合等效电路如下图所示，功率方向从 3 至分支 1、2，两个分支功率相等。正常运行时，当两分支正常负荷电流 $I_1=I_2$ 时，两分支线圈相互去磁使两分支线圈的磁通量减小一半，即感应电动势减小一半，使每分支等效电抗仅为自感抗的一半。分裂电抗器相当于一个电抗值为 $0.25X_k$ 的普通电抗器。短路情况下，忽略分支 2 的影响，分支 1 处短路时的电抗为 X_k。

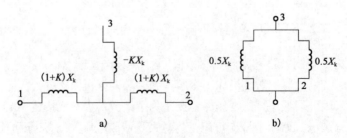

正常运行时的去耦合等效电路

答案：A

2018年度全国勘察设计注册电气工程师（供配电）执业资格考试试卷

基础考试
（下）

二〇一八年十月

应考人员注意事项

1. 本试卷科目代码为"2",考生务必将此代码填涂在答题卡"科目代码"相应的栏目内,否则,无法评分。

2. 书写用笔:**黑色或蓝色钢笔、签字笔或圆珠笔**;
   填涂答题卡用笔:**黑色 2B 铅笔**。

3. 必须用书写用笔将工作单位、姓名、准考证号填写在答题卡和试卷相应的栏目内。

4. 本试卷由 60 题组成,每题 2 分,满分 120 分,本试卷全部为单项选择题,每小题的四个备选项中只有一个正确答案,错选、多选、不选均不得分。

5. 考生作答时,必须**按题号在答题卡上**将相应试题所选选项对应的**字母用 2B 铅笔涂黑**。

6. 在答题卡上书写与题意无关的语言,或在答题卡上作标记的,均按违纪试卷处理。

7. 考试结束时,由监考人员当面将试卷、答题卡一并收回。

8. 草稿纸由各地统一配发,考后收回。

单项选择题(共60题,每题2分。每题的备选项中只有一个最符合题意。)

1. 关于基尔霍夫电压定律,下面说法错误的是:

   A. 适用于线性电路　　　　　　　　B. 适用于非线性电路

   C. 适用于电路的任何一个节点　　　　D. 适用于电路中的任何一个回路

2. 叠加定律不适用于:

   A. 电阻电路　　　　　　　　　　　　B. 线性电路

   C. 非线性电路　　　　　　　　　　　D. 电阻电路和线性电路

3. 功率表测量的功率是:

   A. 瞬时功率　　　　　　　　　　　　B. 无功功率

   C. 视在功率　　　　　　　　　　　　D. 有功功率

4. 图示电路,已知 $\dot{U}_s=6\angle 0°\text{V}$,负载 Z_L 能够获得的最大功率是:

   A. 1.5W

   B. 3.5W

   C. 6.5W

   D. 8.0W

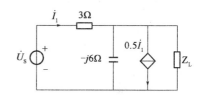

5. 电源对称(Y形连接)的负载不对称的三相电路如图所示,$Z_1=(150+j75)\Omega$,$Z_2=75\Omega$,$Z_3=(45+j45)\Omega$,电源相电压 220V,电源线电流 I_A 等于:

   A. $6.8\angle-85.95°\text{A}$

   B. $5.67\angle-143.53°\text{A}$

   C. $6.8\angle 85.95°\text{A}$

   D. $5.67\angle 143.53°\text{A}$

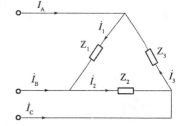

6. 图示电路,电流源两端电压 U 等于:

   A. 10V

   B. 8V

   C. 12V

   D. 4V

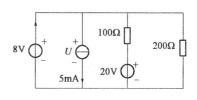

7. 已知一端口的电压 $u=100\cos(\omega t+60°)$V，电流 $i=5\cos(\omega t+30°)$A，其功率因数是：

  A. 1   B. 0

  C. 0.866   D. 0.5

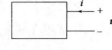

8. 图示电路，$R_1=R_2=R_3=R_4=R_5=3\Omega$，其 ab 端的等效电阻是：

  A. 3Ω

  B. 4Ω

  C. 9Ω

  D. 6Ω

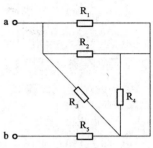

9. 图示电路，$t=0$ 时，开关 S 由 1 扳向 2，在 $t\leqslant 0$ 时电路已达稳态，电源和电容元件的初始值 $i(0_+)$ 和 $u_2(0_+)$ 分别是：

  A. 4A, 20V

  B. 4A, 15V

  C. 3A, 20V

  D. 3A, 15V

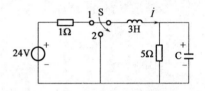

10. 图示电路中，已知 $i_L=\sqrt{2}\cos 5t$ A，电路消耗功率 $P=5$W，$C=0.2\mu F$，$L=1H$，电路中电阻 R 的值为：

  A. 10Ω

  B. 5Ω

  C. 15Ω

  D. 20Ω

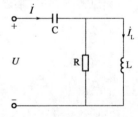

11. 图示电路中，$t=0$ 时开关由 1 扳向 2，$t<0$ 时电路已达稳定状态，$t\geqslant 0$ 时电容的电压 $u_C(t)$ 是：

  A. $(12-20e^{-t})$V

  B. $(12+20e^{-t})$V

  C. $(-8+4e^{-t})$V

  D. $(8+20e^{-t})$V

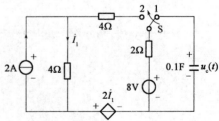

12. 无限大真空中有一半径为 a 的球,内部均匀分布有体电荷,电荷总量为 q,在 $r<a$ 的球内部,任意一 r 处的电场强度的大小 E 为:

A. $\dfrac{q}{4\pi\varepsilon_0 a}$ V/m

B. $\dfrac{q}{4\pi\varepsilon_0 a^2}$ V/m

C. $\dfrac{q}{4\pi\varepsilon_0 r^2}$ V/m

D. $\dfrac{qr}{4\pi\varepsilon_0 a^3}$ V/m

13. 两半径为 a 和 $b(a<b)$ 的同心导体球面间电位差为 V_0,则两极间电容为:

A. $4\pi\varepsilon\dfrac{ab}{b-a}$ V/m

B. $4\pi\varepsilon\dfrac{ab}{b+a}$ V/m

C. $4\pi\varepsilon\dfrac{a}{b}$ V/m

D. $4\pi\varepsilon\dfrac{ab}{(b-a)^2}$ V/m

14. 各向同性线性媒质的磁导率为 μ,其中存在的磁场磁感应强度 $\vec{B}=\dfrac{\mu I l \sin\theta}{4\pi r^2}\vec{e}_a$,该媒质内的磁化强度为:

A. $\dfrac{I l \sin\theta}{4\pi r^2}\vec{e}_n$

B. $\dfrac{\mu I l \sin\theta}{4\pi r^2}\vec{e}_n$

C. $\dfrac{(\mu+\mu_0) I l \sin\theta}{4\pi\mu_0 r^2}\vec{e}_n$

D. $\dfrac{(\mu-\mu_0) I l \sin\theta}{4\pi\mu_0 r^2}\vec{e}_n$

15. 无损耗传输线的原参数为 $L_0=1.3\times10^{-3}$ H/km,$C_0=8.6\times10^{-9}$ F/km,若使该路线工作在匹配状态,则终端应接多大的负载:

A. 289Ω

B. 389Ω

C. 489Ω

D. 589Ω

16. 一半径为 1m 的导体球作为接地极,深埋于地下,土壤的电导率 $\gamma=10^{-2}$ S/m,则此接地导体的电阻应为:

A. 31.84Ω

B. 7.96Ω

C. 63.68Ω

D. 15.92Ω

17. 空气中半径为 R 的球域内存在电荷体密度 $\rho=0.5r$ 的电荷,则空间最大的电场强度值为:

A. $\dfrac{R^2}{8\varepsilon_0}$

B. $\dfrac{R}{8\varepsilon_0}$

C. $\dfrac{R^2}{4\varepsilon_0}$

D. $\dfrac{R}{4\varepsilon_0}$

18. 半径为 a 的长直导线通有电流 I，周围是磁导率为 μ 的均匀媒质，$r>a$ 的媒质磁场强度大小为：

A. $\dfrac{I}{2\pi r}$

B. $\dfrac{\mu I}{2\pi r}$

C. $\dfrac{\mu I}{2\pi r^2}$

D. $\dfrac{\mu I}{\pi r}$

19. 测得一放大电路中三极管各级电压如图所示，则该三极管为：

A. NPN 型锗管

B. NPN 型硅管

C. PNP 型锗管

D. PNP 型硅管

20. 如图所示电路所加输入电压为正弦波，电压放大倍数 $\dot A_{u1}=\dfrac{\dot U_{o1}}{\dot U_i}$、$\dot A_{u2}=\dfrac{\dot U_{o2}}{\dot U_i}$ 分别是：

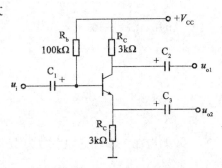

A. $A_{u1}\approx 1, A_{u2}\approx 1$

B. $A_{u1}\approx -1, A_{u2}\approx -1$

C. $A_{u1}\approx -1, A_{u2}\approx 1$

D. $A_{u1}\approx 1, A_{u2}\approx -1$

21. 在图示电路中，已知 $u_{i1}=4V$，$u_{i1}=1V$，当开关 S 闭合时，A、B、C、D 和 u_o 的电位分别是：

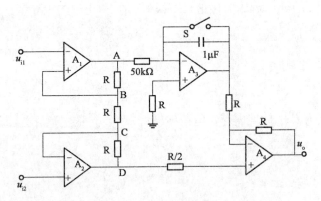

A. $U_A=-7V, U_B=-4V, U_C=-1V, U_D=2V, u_o=4V$

B. $U_A=7V, U_B=4V, U_C=-1V, U_D=2V, u_o=-4V$

C. $U_A=-7V, U_B=-4V, U_C=1V, U_D=-2V, u_o=4V$

D. $U_A=7V, U_B=4V, U_C=1V, U_D=-2V, u_o=-4V$

22. 图示放大电路的输入电阻 R_i 和比例系数 A_u 分别是：

A. $R_i=100\text{k}\Omega, A_u=10^4$

B. $R_i=150\text{k}\Omega, A_u=-10^4$

C. $R_i=50\text{k}\Omega, A_u=-10^4$

D. $R_i=250\text{k}\Omega, A_u=10^4$

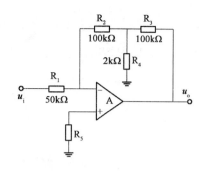

23. 图示电路的稳压管 D_z 起稳幅作用，其稳定电压 $\pm U_z=\pm 6\text{V}$，试估算输出电压不失真情况下的有效值和振荡频率分别是：

A. $u_o\approx 63.6\text{V}, f_o\approx 9.95\text{Hz}$

B. $u_o\approx 6.36\text{V}, f_o\approx 99.5\text{Hz}$

C. $u_o\approx 0.636\text{V}, f_o\approx 995\text{Hz}$

D. $u_o\approx 6.36\text{V}, f_o\approx 9.95\text{Hz}$

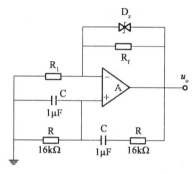

24. LM1877N-9 为 2 通道低频功率放大电路，单电源供电，最大不失真输出电压的峰值 $U_{OPP}=(U_{CC}-6)\text{V}$，开环电压增益为 70dB。如图所示为 LM1877N-9 中一个通道组成的实用电路，电源电压为 24V，$C_1 \sim C_3$ 对交流信号可视为短路，R_3 和 C_4 起相位补偿作用，可以认为负数为 8Ω。设输入电压足够大，电路的最大输出功率 P_{om} 和效率 η 分别是：

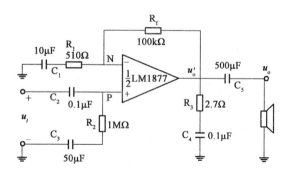

A. $P_{om}\approx 56\text{W}, \eta=89\%$

B. $P_{om}\approx 56\text{W}, \eta=58.9\%$

C. $P_{om}\approx 5.06\text{W}, \eta=8.9\%$

D. $P_{om}\approx 5.06\text{W}, \eta=58.9\%$

25. 下列逻辑式中，正确的逻辑公式是：

A. $A+B=\overline{\overline{A}\cdot\overline{B}}$

B. $A+B=\overline{\overline{A}+\overline{B}}$

C. $A+B=\overline{\overline{A}+\overline{B}}$

D. $A+B=AB$

26. 图示逻辑电路,当 A=1,B=0 时,则 CP 脉冲来到后 D 触发器状态是:

　　A. 保持原状态

　　B. 具有计数功能

　　C. 置"0"

　　D. 置"1"

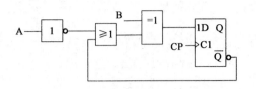

27. 图示组合逻辑电路,对于输入变量 A、B、C,输出函数 Y_1 和 Y_2 两者不相等的组合是:

　　A. ABC=00×

　　B. ABC=01×

　　C. ABC=10×

　　D. ABC=11×

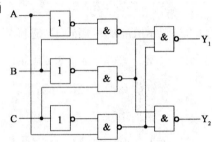

28. 图示电路中,对于 A、B、$\overline{R}_D$ 和 D 的波形,触发器 FF_0 和 FF_1 输出端 Q_0、Q_1 的波形是:

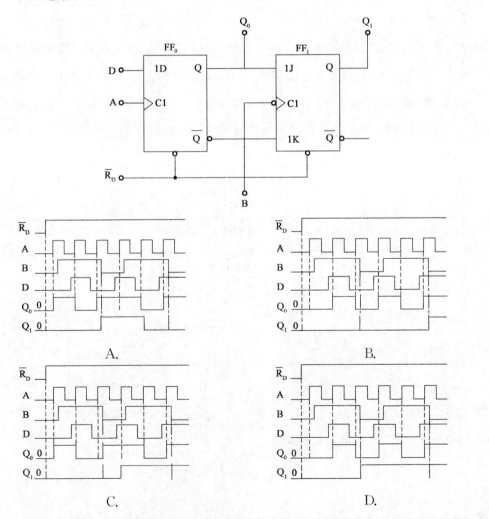

29. 如图所示异步时序电路,该电路的逻辑功能为:

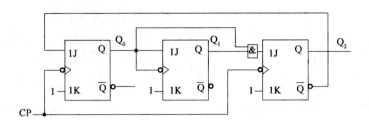

A. 八进制加法计数器   B. 八进制减法计数器
C. 五进制加法计数器   D. 五进制减法计数器

30. 图示的 74LS161 集成计数器构成的计数器电路和 74LS290 集成计数器构成的计数器电路是实现的逻辑功能依次是:

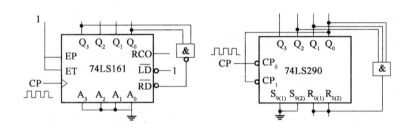

A. 九进制加法计数器,七进制加法计数器

B. 六进制加法计数器,十进制加法计数器

C. 九进制加法计数器,六进制加法计数器

D. 八进制加法计数器,七进制加法计数器

31. 中性点绝缘系统发生单相短路时,非故障相对地电压为:

A. 保持不变   B. 升高 2 倍
C. 升高 $\sqrt{3}$ 倍   D. 为零

32. 外桥形式的主接线适用于:

A. 进线线路较长,主变压器操作较少的电厂

B. 进线线路较长,主变压器操作较多的电厂

C. 进线线路较短,主变压器操作较少的电厂

D. 进线线路较短,主变压器操作较多的电厂

33. 某型电流互感器的额定容量 S_{2N} 为 20VA,二次电流为 5A,准确等级为 0.5,其负荷阻抗的上限和下限分别为:

   A. $0.6\Omega,0.3\Omega$
   B. $1.0\Omega,0.4\Omega$
   C. $0.8\Omega,0.2\Omega$
   D. $0.8\Omega,0.4\Omega$

34. 电压互感器采用三相星型接线的方式,若要满足二次侧线电压为 100V 的仪表的工作要求,所选电压互感器的额定二次电压为:

   A. $\frac{100}{3}$V
   B. $\frac{100}{\sqrt{3}}$V
   C. $100\sqrt{3}$V
   D. 100V

35. 主接线在检修出线断路器时,不会暂时中断该回路供电的是:

   A. 单母线不分段接线
   B. 单母线分段接线
   C. 双母线分段接线
   D. 单母线带旁母线

36. 熔断器的选择和校验条件不包括:

   A. 额定电压
   B. 动稳定
   C. 额定电流
   D. 灵敏度

37. 图示的变压器联结组别为 Yn/d11,发电机和变压器归算至 $S_B=100$MVA 的电抗标幺值分别为 0.15 和 0.2,网络中 f 点发生 bc 两相短路时,短路点的短路电流为:

   A. 1.24kA
   B. 2.48kA
   C. 2.15kA
   D. 1.43kA

38. 图示为某无穷大电力系统,$S_B=100$MVA,两台变压器并联运行下 k2 点的三相短路电流的标幺值为:

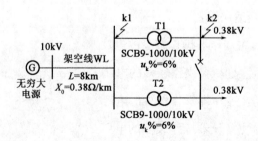

   A. 0.272
   B. 0.502
   C. 0.302
   D. 0.174

39. 用隔离开关分段单母线接线,"倒闸操作"是指:

   A. 接通两段母线,先闭合隔离开关,后闭合断路器

   B. 接通两段母线,先闭合断路器,后闭合隔离开关

   C. 断开两段母线,先断开隔离开关,后断开负荷开关

   D. 断开两段母线,先断开负荷开关,后断开隔离开关

40. 电力系统内部过电压不包括:

   A. 操作过电压　　　　　　　　B. 谐振过电压

   C. 雷电过电压　　　　　　　　D. 工频电压升高

41. 某发电机的主磁极数为4,已知电网频率为 $f=50Hz$,则其转速应为:

   A. 1500r/min　　　　　　　　B. 2000r/min

   C. 3000r/min　　　　　　　　D. 4000r/min

42. 一台25kW、125V的他励直流电动机,以恒定转速3000r/min运行,并具有恒定励磁电流,开路电枢电压为125V,电枢电阻为0.02Ω,当端电压为124V时,其电磁转矩为:

   A. 49.9N·m　　　　　　　　B. 29.9N·m

   C. 59.9N·m　　　　　　　　D. 19.9N·m

43. 选高压断路器时,校验热稳定的短路计算时间为:

   A. 主保护动作时间与断路器全开断时间之和

   B. 后备保护动作时间与断路器全开断时间之和

   C. 后备保护动作时间与断路器固有分闸时间之和

   D. 主保护动作时间与断路器固有分闸时间之和

44. 一台三相、两极、60Hz的感应电动机以转速3502r/min运行,输入功率为15.7kW,端点电流为22.6A,定子绕组的电阻是0.20Ω/相,则转子的功率损耗为:

   A. 220W　　　　　　　　　　B. 517W

   C. 419W　　　　　　　　　　D. 306W

45. 某变电所有一台变比为110±2×2.5%/6.3kV,容量为31.5MVA的降压变压器,归算到高压侧的变压器阻抗为 $Z_T=(2.95+j48.8)\Omega$,变压器低压侧最大负荷为(24+j18)MVA,最小负荷为(12+j9)MVA,变压器高压侧电压在最大负荷时保持110kV,最小负荷时保持113kV,变压器低压母线要求恒调压,保持6.3kV,满足该调压要求的变压器分接头分压为:

   A. 110kV　　　　　　　　　　B. 104.5kV
   C. 114.8kV　　　　　　　　　 D. 121kV

46. 电动机在运行中,从系统吸收无功功率,其作用是:

   A. 建立磁场　　　　　　　　　B. 进行电磁能量转换
   C. 既建立磁场,又进行能量转换　D. 不建立磁场

47. 一台并联在电网上运行的同步发电机,若要再保持其输出的有功功率不变的前提下,减小其感性无功功率的输出,可以采用的方法是:

   A. 保持励磁电流不变,增大原动机输入,使功角增加
   B. 保持励磁电流不变,减小原动机输入,使功角减小
   C. 保持原动机输入不变,增大励磁电流
   D. 保持原动机输入不变,减小励磁电流

48. 在大接地电流系统中,故障电流中含有零序分量的故障类型是:

   A. 两相短路　　　　　　　　　B. 两相短路接地
   C. 三相短路　　　　　　　　　D. 三相短路接地

49. 断路器在送电前,运行人员对断路器进行拉闸、合闸和重合闸试验一次,以检查断路器:

   A. 动作时间是否符合标准　　　B. 三相动作是否同期
   C. 合、跳闸回路是否完好　　　D. 合闸是否完好

50. 变压器的基本工作原理是:

   A. 电磁感应　　　　　　　　　B. 电流的磁效应
   C. 能量平衡　　　　　　　　　D. 电流的热效应

51. 发电机运行过程中,当发电机电压与系统电压相位不一致时,将产生冲击电流,冲击电流最大值发生在两个电压相差为:

   A. 0°　　　　　　　　　　　　B. 90°
   C. 180°　　　　　　　　　　　D. 270°

52. 对于YN/D11接线变压器，下列表示法正确的是：

   A. 低压侧电压超前高压侧电压30°

   B. 低压侧电压滞后高压侧电压30°

   C. 低压侧电流超前高压侧电流30°

   D. 低压侧电流滞后高压侧电流30°

53. 在电流互感器二次绕组接线方式不同的情况下，假定接入电流互感器二次回路电阻和继电器的阻抗均相同，二次计算负载最大的情况是：

   A. 两相电流差接线最大   B. 三相完全星形接线最大

   C. 三相三角形接线最大   D. 不完全星形接线最大

54. 他励直流电动机拖动恒转矩负载进行串联电阻调速，设调速前、后的电枢电流分别为 I_1 和 I_2，那么：

   A. $I_1 < I_2$ B. $I_1 = I_2$

   C. $I_1 > I_2$ D. $I_1 = -I_2$

55. 改变三相异步电动机旋转方向的方法是：

   A. 改变电源频率   B. 改变电源电压

   C. 改变定子绕组中电流的相序   D. 改变电机的工作方式

56. 某配变电所，低压侧有计算负荷为880kW，功率因数为0.7，欲使功率因数提高到0.98，需并联的电容器的容量是：

   A. 880kvar   B. 120kvar

   C. 719kvar   D. 415kvar

57. 某双绕组变压器的额定容量为20000kVA，短路损耗为 $\Delta P_k = 130$kW，额定变压器为220kV/11kV，则归算到高压侧等值电阻为：

   A. 15.73Ω   B. 0.039Ω

   C. 0.016Ω   D. 39.32Ω

58. 一台三相笼型异步电动机的数据为 $P_N = 43.5$kW，$U_N = 380$V，$n_N = 1450$r/min，$I_N = 100$A，定子绕组采用Y-△形接法，$I_{st}/I_N = 8$，$T_{st}/T_N = 4$，负载转矩为345N·m。若电动机可以直接启动，供电变压器允许起动电流至少为：

   A. 800A   B. 600A

   C. 461A   D. 267A

59. 图示网络中,在不计网络功率损耗的情况下,各段电路状态是:

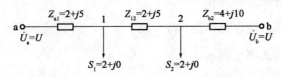

A. 仅有有功功率
B. 既有有功功率,又有无功功率
C. 仅有无功功率
D. 不能确定有无无功功率

60. 线路首末端电压的相量差为:

A. 电压偏移
B. 电压损失
C. 电压降落
D. 电压偏差

2018年度全国勘察设计注册电气工程师(供配电)执业资格考试基础考试(下)试题解析及参考答案

1.解 KCL和KVL定律对于线性和非线性均适用。KVL定律适用于电路中的任何一个回路,KCL定律适用于电路中的任何一个节点。

答案:C

2.解 基本概念。

答案:C

3.答案: D

4.解

方法1: 本题利用开路短路法求解较为简单。开路及短路等效电路图如解图1所示。

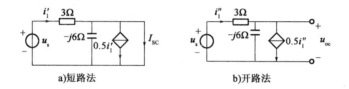

题4解图1

由解图1a)KCL定律可知:$i_1' = 0.5i_1' + I_{SC}$

其中,$i_1' = \dfrac{U_S}{R} = \dfrac{6\angle 0°}{3} = 2\angle 0° \Rightarrow I_{SC} = \dfrac{i_1'}{2} = 1\angle 0°$

由解图1b)列出KCL方程可知:

$U_S = 3 \times i_1'' + (-j6) \times 0.5 i_1'' \Rightarrow i_1'' = \dfrac{6\angle 0°}{3-j3} = \sqrt{2}\angle 45°$

开路电压 $U_{OC} = (-j6) \times 0.5 i_1'' = (-j3) \times \sqrt{2}\angle 45° = 3\sqrt{2}\angle -45°$

故系统等效阻抗 $Z_0 = \dfrac{U_{OC}}{I_{SC}} = \dfrac{3\sqrt{2}\angle -45°}{1} = (3-j3)$,负载阻抗 $Z_L = Z_0^* = (3+j3)$,将获得最大功率,值为 $P_{Lmax} = \dfrac{U_{OC}^2}{4R_0} = \dfrac{(3\sqrt{2})^2}{4\times 3} = 1.5\text{W}$

方法2: 常规做法

(1)由解图2列出KCL方程可知:

$U_S = 3 \times i_1 + (-j6) \times 0.5 i_1 \Rightarrow i_1 = \dfrac{6\angle 0°}{3-j3} = \sqrt{2}\angle 45°$

开路电压 $U_{OC}=(-j6)\times 0.5i_1=(-j3)\times\sqrt{2}\angle 45°=3\sqrt{2}\angle-45°$

(2) 求出等效阻抗：外加电源法，外加电压为 U_1，流入电流为 i_1，$\begin{cases}i+i_1=\dfrac{u}{-j6}+0.5i_1\\ U=-3i_1\end{cases}\Rightarrow$

$Z_{eq}=\dfrac{u}{i}=(3-j3)\Omega$

负载阻抗 $Z_L=Z_{eq}^*=(3+j3)$，将获得最大功率。

最大功率为：$P_{Lmax}=\dfrac{U_{OC}^2}{4R_0}=\dfrac{(3\sqrt{2})^2}{4\times 3}=1.5W$

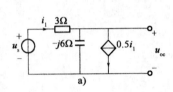 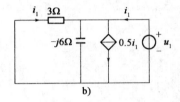

题4解图2

答案：A

5. 解　取定 $\dot{U}_A=220\angle 0°$，则 $\dot{U}_{AB}=380\angle 30°$，$\dot{U}_{CA}=380\angle 150°$

由图可知：

$\dot{I}_A=\dot{I}_1-\dot{I}_3$

$\dot{I}_1=\dfrac{\dot{U}_{AB}}{Z_1}=\dfrac{380\angle 30°}{150+j75}=2.26\angle 3.04°$

$\dot{I}_3=\dfrac{\dot{U}_{CA}}{Z_3}=\dfrac{380\angle 150°}{45+j45}=5.97\angle 105°$

故 $\dot{I}_A=\dot{I}_1-\dot{I}_3=2.26\angle 3.04°-5.97\angle 105°=6.8\angle-85°$

答案：A

6. 解　叠加定理。

答案：B

7. 解　由功率因数定义可得，$\cos\varphi=\cos(\varphi_u-\varphi_i)=\cos(60°-30°)=0.866$。

答案：C

8. 解　由图可知：R_4 被短路，故 ab 端口等效电阻为 R_1、R_2、R_3 并联后再与 R_5 串联。

$R_{ab}=R_1//R_2//R_3+R_5=3//3//3+3=4\Omega$

答案：B

9. 解　由题可知，$t\leq 0$ 电路已处于稳态，画出 $t=0_-$ 等效电路（电容开路，电感短路），

$$i_L(0_-)=\frac{24}{1+5}=4\text{A}, i_L(0_+)=i_L(0_-); U_C(0_-)=\frac{5}{1+5}\times 24=20\text{V}, U_C(0_+)=U_C(0_-)=24\text{V}$$

根据换路定则可知：

$$i_L(0_+)=i_L(0_-), U_C(0_+)=U_C(0_-)=24\text{V}$$

答案：A

10. 解 由 $i_L=\sqrt{2}\cos 5t\text{A}$ 可知 $\dot{U}_L=j\omega L\cdot \dot{I}=j5\cdot 1=j5$，故电阻 R 回路等效电路 $I=\frac{|U_L|}{R}$；根据电阻消耗的有功功率 $P=5\text{W}=I^2R=\frac{U_L^2}{R}\Rightarrow R=5\Omega$

答案：A

11. 解 (1)开关由1扳向2前,电容电压的初始值 $U_{C(0_-)}=-8\text{V}$,根据换路定则可知开关闭合时的电容电压 $U_{C(0_+)}=U_{C(0_-)}=-8\text{V}$；

(2)开关由1扳向2后,等效电路图如解图1所示,由 KVL 可知：

$$U_{C(\infty)}=2\times 4+2\times 2=12\text{V}$$

(3)求时间常数：

对于含有受控源的需要采用外加电源法,外加电压为 U,流入电流为 i,由解图2可知：

$$\begin{cases} i=i_1 \\ U=4i+4i_1+2i_1 \end{cases} \Rightarrow R_{eq}=\frac{U}{i}=10\Omega, 则\tau=R_{eq}C=1\text{S}$$

(4)根据三要素法可得：

$$U_C(t)=U_C(\infty)+[U_C(0_+)-U_C(\infty)]e^{\frac{-t}{\tau}}$$

$$=12+(-8-12)e^{\frac{-t}{1}}=12-20e^{-t}$$

答案：A

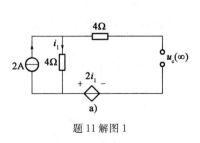

题11解图1

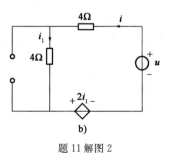

题11解图2

12. 解 根据高斯定律：$\oint_S D\text{d}S=q, D=\varepsilon_0 E$

建立高斯面如解图所示,因此：

$$\varepsilon_0 E \cdot 4\pi r^2 = \frac{q}{\frac{4}{3}\pi a^3} \cdot \frac{4}{3}\pi r^3$$

$$E = \frac{qr}{4\pi\varepsilon_0 a^3} (\text{V/m})$$

答案：D

题12解图

13. 解 球形电容器的电容：$C = \frac{4\pi\varepsilon R_1 R_2}{R_2 - R_1} = \frac{4\pi\varepsilon_0 ab}{b-a}$。

答案：A

14. 解 磁化强度 $M = \lim\limits_{\Delta V \to 0} \frac{\sum m_i}{\Delta V}$，$\vec{H} = \frac{\vec{B}}{\mu_0} - \vec{M}$，因此

$$\vec{M} = \frac{\vec{B}}{\mu_0} - \vec{H} = \frac{\vec{B}}{\mu_0} - \frac{\vec{B}}{\mu} = \frac{\mu I l \sin\theta}{4\pi r^2}\left(\frac{\mu - \mu_0}{\mu_0 \mu}\right)\vec{e}_n = \frac{(\mu - \mu_0) I l \sin\theta}{4\pi \mu_0 r^2}\vec{e}_n$$

答案：D

15. 解 无损耗传输线的特性阻抗 $Z_C = \sqrt{\frac{L_0}{C_0}} = 389\Omega$，使线路工作匹配状态要求 $Z_L = Z_C = 389\Omega$。

答案：B

16. 解 球形接地体的接地电阻

$$R_{球} = \frac{1}{4\pi\gamma a} = \frac{1}{4 \times 3.14 \times 0.01 \times 1} = 7.96\Omega$$

答案：B

17. 解 由高斯定理可得：

$$\oint_S \vec{E} \cdot d\vec{S} = \frac{\int_V \rho dV}{\varepsilon_0} = \frac{Q}{\varepsilon_0} \Rightarrow E = \frac{Q}{4\pi r^2 \varepsilon_0}$$

由于电荷体密度为 $\rho = 0.5r$（密度与半径有关），因此半径为 r 的高斯面包围的电荷量为：

$$Q = \int_V \rho dV = \int_0^r \rho \times 4\pi r^2 dr = \int_0^r 0.5r \times 4\pi r^2 dr = \frac{1}{2}\pi r^4$$

因此，

$$E = \frac{\frac{1}{2}\pi r^4}{4\pi\varepsilon_0 r^2} = \frac{r^2}{8\varepsilon_0}, E_{\max} = \frac{R^2}{8\varepsilon_0}$$

答案：A

18. 解 根据安培环路定理

$$\oint_L H dL = \mu I$$

$$2\pi r \cdot H = \mu I$$

$$H = \frac{\mu I}{2\pi r}$$

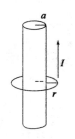

题18解图

19. 解 根据 $U_1 = -2V$, $U_2 = -2.6V$, $U_1 - U_2 = 0.6V$, 可以确定1、2两个管脚可能为硅管发射极或基极，故3脚为集电极。由PNP三极管放大特性可知：$U_1 > U_2 > U_3 = U_C$，因此1为发射极，2为基极，3为集电极。

答案：D

20. 解 $\dot{A}_{u1}$ 为共发射极放大电路放大倍数，$\dot{A}_{u2}$ 为共集电极放大电路的放大倍数。
根据瞬时极性法可以直接选出答案。

答案：C

21. 答案：D

22. 解 根据运算放大器虚短特性可知：$U_- = U_+ = 0$，输入电阻 $R_i = \frac{(U_i - U_-)}{I_i} = R_1 = 50k\Omega$

设电阻 R_4 两端电压为 U_4，如解图所示，根据节点KCL定律可得：

$$I_i = I_2 = I_4 + I_3 \Rightarrow$$

$$I_i = \frac{(U_i - U_-)}{R_1} = I_2 = \frac{(U_- - U_4)}{R_2} = I_4 + I_3 = \frac{U_4}{R_4} + \frac{(U_4 - U_0)}{R_3} \Rightarrow$$

$$A_u = \frac{U_0}{U_i} = -10^4$$

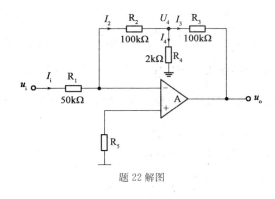

题22解图

答案：C

23. 解 该电路为RC桥式正弦波振荡电路，R_f 上电压峰值是稳压管的稳定电压 U_z，R_1 上电压峰值是 R_f 上电压峰值的 $\frac{1}{2}$，因而输出电压是稳压管稳定电压的1.5倍。

$$|u_o| = |u_{R_f}| + |u_{R_1}| = 1.5|u_{R_f}| = 1.5U_z$$

因此，输出电压不失真情况下的有效值为 $u_o = \dfrac{1.5U_z}{\sqrt{2}} \approx 6.36\text{V}$

振荡频率 $f = \dfrac{1}{2\pi RC} = \dfrac{1}{2\pi \times 16 \times 10^3 \times 10^{-6}} = 9.95\text{Hz}$

答案：D

24. 解　（1）静态时：$u'_o = u_P = u_N = \dfrac{U_{CC}}{2} = 12\text{V}, u_o = 0\text{V}$

（2）最大输出功率和效率分别为：

$$P_{om} = \dfrac{\left(\dfrac{U_{CC}-6}{2}\right)^2}{2R_L} \approx 5.06\text{W}$$

$$\eta = \dfrac{\pi}{4} \cdot \dfrac{U_{CC}-6}{U_{CC}} \approx 58.9\%$$

答案：D

25. 答案：A

26. 解　根据图示逻辑关系可知：

$$Q^{n+1} = (\overline{A} + \overline{Q^n}) \oplus B = \overline{\overline{A} + \overline{Q^n}} \cdot B + (\overline{A} + \overline{Q^n}) \cdot \overline{B}$$

当 $A=1, B=0$，代入上式得：$Q^{n+1} = \overline{Q^n}$，故具有计数功能。

答案：B

27. 解　写出逻辑表达式，代入即可。

答案：B

28. 解　根据图示电路可知：

触发器 FF_0 为 D 触发器，触发脉冲信号为 A 且为上升沿触发。状态方程为 $Q_0^{n+1} = D$。

触发器 FF_1 为 JK 触发器，触发脉冲信号为 B 且为下降沿触发。状态方程为：

$$Q_1^{n+1} = J \cdot \overline{Q_1^n} + \overline{K} \cdot Q_1^n = Q_0^n \cdot \overline{Q_1^n} + Q_0^n \cdot Q_1^n = Q_0^n$$

答案：B

29. 解　根据时序逻辑电路的分析过程，首先列出电路的驱动方程和输出方程。

（1）驱动方程：$\begin{cases} J_0 = \overline{Q_2^n} \\ K_0 = 1 \end{cases}, \begin{cases} J_1 = Q_0^n \\ K_1 = 1 \end{cases}, \begin{cases} J_2 = Q_1^n \cdot Q_0^n \\ K_2 = 1 \end{cases}$

（2）输出方程为 Q_2, Q_1, Q_0。

（3）列状态方程。

$$\begin{cases} Q_0^{n+1} = \overline{Q_2^n} \cdot \overline{Q_0^n} \\ Q_1^{n+1} = Q_0^n \cdot \overline{Q_1^n} \\ Q_2^{n+1} = Q_1^n \cdot Q_0^n \cdot \overline{Q_2^n} \end{cases}$$

列出状态表和状态图,由于触发器 jk1 是由 jk0 输出 Q_0 的下降沿触发,只有当 Q_0 出现下降沿(即是从 1→0)时触发器 jk1 才能触发开始计数,最终的状态图如解图所示。

由解图可以看出,该电路实现的功能为异步五进制加法计数器。

题 29 解表

$Q_2^n Q_1^n Q_0^n$	$CP_0=CP$	$CP_1=Q_0^n$	$CP_2=CP$	$Q_2^{n+1}Q_1^{n+1}Q_0^{n+1}$
000	↓		↓	001
001	↓	↓	↓	010
010	↓		↓	011
011	↓	↓	↓	100
100	↓		↓	000
101	↓	↓	↓	010
110	↓		↓	
110	↓		↓	010
111	↓	↓	↓	000

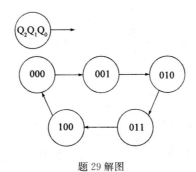

题 29 解图

答案:C

30.**解** 从图中接线看出 161 是反馈清 0 法,所以 74LS161 计数有 0000~1001 共 10 个状态,最后一个状态为无效状态,为九进制计数器。

同样,74LS290 计数有 0000~0111 共 8 个状态,最后一个状态为无效状态,为七进制计数器。

答案:A

31.**答案:C**

32.**答案:D**

33. 解 根据电流互感器准确级 0.5,确定二次侧负载容量变化范围为 $(0.25\sim 1)S_N$,
$(0.25\sim 1)S_N = I_N^2 Z \Rightarrow Z = (0.2\sim 0.8)\Omega$。

答案:C

34. 答案:D

35. 答案:D

36. 答案:B

37. 解 (1)各序阻抗:

正序:$X_{1\Sigma} = X''_d + X_T = 0.15 + 0.2 = 0.35$

负序:$X_{2\Sigma} = X_2 + X_T = 0.15 + 0.2 = 0.35$

(2)序电流标幺值:$I_{f(1)} = -I_{f(2)} = \dfrac{E''}{X_{1\Sigma} + X_{2\Sigma}} = \dfrac{1}{0.35 + 0.35} = 1.42857$

(3)两相短路电流有名值:

$I_{fB} = [a^2 I_{f(1)} + a I_{f(2)}] \times \dfrac{S_B}{\sqrt{3} U_{av}} = \sqrt{3} I_{f(1)} \times \dfrac{S_B}{\sqrt{3} U_{av}} = 1.42857 \times \dfrac{100}{115} = 1.242 \text{kA}$

答案:A

38. 解 (1)计算各元件的标幺值:

∞电源:$X_{\infty *} = 0$

线路 l:$X_{l*} = x_0 l \times \dfrac{S_B}{U_B^2} = 0.38 \times 8 \times \dfrac{100}{10.5^2} = 2.7574$

变压器 T:$X_{T1*} = X_{T2*} = \dfrac{U_k\%}{100} \times \dfrac{S_B}{S_{TN}} = \dfrac{6}{100} \times \dfrac{100}{1} = 6$

(2)电源到短路点 k2 的总电抗标幺值:

$X_{\Sigma} = (X_{\infty *} + X_{T1*} // X_{T2*} + X_{l*}) = [0 + 6//6 + 2.7574] = 5.7574$

(3)短路电流标幺值:

$I_f^* = \dfrac{1}{X_{\Sigma}} = \dfrac{1}{5.7574} = 0.174$

答案:D

39. 答案:D

40. 答案:C

41. 解 发电机转速:$n = \dfrac{60f}{P} = \dfrac{3000}{2} = 1500 \text{r/min}$。

答案:A

42. **解** 由于励磁电流恒定,即 ϕ 为定值,所以 $C_e\phi = \dfrac{E_a}{n} = \dfrac{125}{3000}$(定值)

当端电压为124V时,电枢电流 $I_a = \dfrac{E_0 - U}{R_a} = \dfrac{1}{0.02} = 50\text{A}$

电磁转矩 $T = \dfrac{P_M}{\Omega} = \dfrac{E_0 I_a}{\dfrac{2\pi n}{60}} = \dfrac{30}{\pi} \dfrac{E_0}{n} I_a = 19.9\text{N·m}$

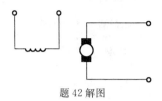

题42解图

答案:D

43. 答案:B

44. 解 同步转速 $n_1 = \dfrac{60f}{P} = \dfrac{3600}{1} = 3600\text{r/min}$, $P_{cu1} = i_1^2 r_1$

$P_{cu2} = sP_M = \dfrac{n_1 - n_N}{n_1} \times (P_i - mP_{cu1})$

$= \dfrac{3600 - 3502}{3600} \times (15.7 \times 10^3 - 22.6^2 \times 0.2 \times 3) = 419\text{W}$

答案:C

45. 解 按照恒调压的要求,最大负荷和最小负荷时变压器低压侧电压为:

$$U_{2max} = U_{2min} = 6.3\text{kV}$$

最大负荷和最小负荷时变压器电压损耗分别为:

$$\Delta U_{Tmax} = \dfrac{P_{max}R + Q_{max}X}{U_{1max}} = \dfrac{24 \times 2.95 + 18 \times 48.8}{110}\text{kV} = 8.63\text{kV}$$

$$\Delta U_{Tmin} = \dfrac{P_{min}R + Q_{min}X}{U_{1min}} = \dfrac{12 \times 2.95 + 9 \times 48.8}{113}\text{kV} = 4.2\text{kV}$$

最大负荷和最小负荷时分接头电压为:

$\dfrac{U_{T1max}}{U_{T2N}} = \dfrac{U_{1max} - \Delta U_{Tmax}}{U_{2max}}$,求出 $U_{T1max} = 101.37\text{kV}$

$\dfrac{U_{T1min}}{U_{T2N}} = \dfrac{U_{1min} - \Delta U_{Tmin}}{U_{2min}}$,求出 $U_{T1min} = 108.8\text{kV}$

$$U_{T1,av} = \dfrac{U_{T1max} + U_{T1min}}{2} = 105.1\text{kV}$$

选择与105.1kV最接近的分接头电压为 $110 \times (1 - 2 \times 2.5\%) = 104.5\text{kV}$。

答案:B

46. 解 电动机、变压器都是依靠建立交变磁场才能进行能量的转换和传递,为建立交变磁场和感应磁通而需要的电功率称为无功功率。

答案:A

47. 答案:D

48. 解 大电流接地系统中,能够产生零序分量是单相短路接地和两相短路接地。

答案:B

49. 答案:C

50. 答案:A

51. 答案:C

52. 解 基本概念。

答案:A

53. 解 由题意可知:二次侧回路电阻和继电器电阻均相同,且继电器电阻远大于线路电阻。二次侧计算负载 $Z_b = \sum K_{mc} Z_m$,结合解表可知,仪表接线的阻抗换算系数 K_{mc} 大小关系为:三角形>两相差接>三相星形、两相星形,故 $Z_{b三角形} > Z_{b两相差接}$。

测量用电流互感器各种接线方式的阻抗换算系数　　题53解表

电流互感器接线方式		阻抗换算系数		备注
		K_k①	K_{mc}②	
单相		2	1	
三相星形		1	1	
两相星形	$Z_{m0} = Z_m$	$\sqrt{3}$	$\sqrt{3}$	Z_{m0}为零线回路中的负荷电阻
	$Z_{m0} = 0$	$\sqrt{3}$	1	
两相差接		$2\sqrt{3}$	$\sqrt{3}$	
三角形		3	3	

注:① K_k 为连接线的阻抗换算系数。
② K_{mc} 为仪表连接线阻抗换算系数。

答案:C

54. 解 转矩公式 $T_M = C_T \Phi I_a$,根据题意可知:T_M、Φ 恒定,故串电阻前后电枢电流 I_a 不变。

答案:B

55. 解 基本概念。

答案:C

56. 解 根据基本公式求解:$Q_C = P_L(\tan\varphi_1 - \tan\varphi_2) = P_L(\tan\arccos 0.7 - \tan\arccos 0.98)$

代入数据得:$Q_C = 719 \text{kvar}$。

答案:C

57. 解 由变压器参数的基本公式可知：$R_k = \dfrac{P_k}{1000} \times \dfrac{U_N^2}{S_N^2}$（其中 $S_N = 20$MVA）

代入数据得：

$$R_k = \dfrac{P_k}{1000} \times \dfrac{U_N^2}{S_N^2} = \dfrac{130}{1000} \times \dfrac{220^2}{20^2} = 15.73\Omega$$

答案：A

58. 解 根据题意，定子绕组采用 Y-△ 形接法，画出等效电路。

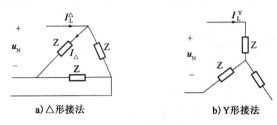

题 58 解图

由题可知：$I_L^{\triangle} = I_{st} = 8I_N = 800$A

△形接法中相电流 $I_{\triangle} = \dfrac{1}{\sqrt{3}} I_L^{\triangle} = \dfrac{u_N}{z}$

待求 Y 形中线电流 $I_L^Y = \dfrac{u_N}{\sqrt{3} \cdot z} = \dfrac{I_{\triangle}}{\sqrt{3}} = \dfrac{I_L^{\triangle}}{3}$

故 Y 形中线电流为△形线电流的 $\dfrac{1}{3}$，即 $I_L^Y = \dfrac{1}{3} I_L^{\triangle} = 261$A

答案：D

59. 解 图示电路为环网电网结构，根据环网的潮流分布计算公式：

$S_{a1} = \dfrac{S_1(Z_{12} + Z_{b2})^* + S_2(Z_{b2})^*}{Z_{12}^* + Z_{b2}^* + Z_{a1}^*}$，代入数据求得：$S_{a1} = 2.5$

根据节点功率方程可知：$S_{12} = S_{a1} - S_1 = 2.5 - 2 = 0.5$，$S_{b2} = S_2 - S_{12} = 2 - 0.2 = 1.5$

故线路上仅有有功功率。

答案：A

60. 答案：C

2018 年度全国勘察设计注册电气工程师
（发输变电）执业资格考试试卷

基础考试
（下）

二〇一八年十月

应考人员注意事项

1. 本试卷科目代码为"2",考生务必将此代码填涂在答题卡"科目代码"相应的栏目内,否则,无法评分。

2. 书写用笔:**黑色或蓝色钢笔、签字笔或圆珠笔**;
   填涂答题卡用笔:**黑色 2B 铅笔**。

3. 必须用书写用笔将工作单位、姓名、准考证号填写在答题卡和试卷相应的栏目内。

4. 本试卷由 60 题组成,每题 2 分,满分 120 分,本试卷全部为单项选择题,每小题的四个备选项中只有一个正确答案,错选、多选、不选均不得分。

5. 考生作答时,必须**按题号在答题卡上**将相应试题所选选项对应的**字母用 2B 铅笔涂黑**。

6. 在答题卡上书写与题意无关的语言,或在答题卡上作标记的,均按违纪试卷处理。

7. 考试结束时,由监考人员当面将试卷、答题卡一并收回。

8. 草稿纸由各地统一配发,考后收回。

单项选择题(共60题，每题2分。每题的备选项中只有一个最符合题意。)

1. 图示电路中，$I_1=10\text{A}, I_2=4\text{A}, R_1=R_2=2\Omega, R_3=1\Omega$，电流源 I_2 的电压是：

    A. 8V

    B. 12V

    C. 16V

    D. 20V

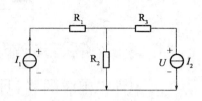

2. 图示电路，试用节点电压法求解电路，2Ω 电阻上的电压 U_K 等于：

    A. 4V

    B. $-\dfrac{152}{7}$V

    C. $\dfrac{152}{7}$V

    D. -4V

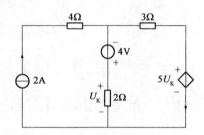

3. 图示电路，用叠加定理求出的电压 U 等于：

    A. -18V

    B. -6V

    C. 18V

    D. 6V

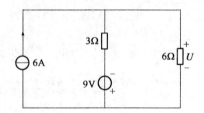

4. 单相交流电路的有功功率是：

    A. $3UI\sin\varphi$ B. $UI\sin\varphi$

    C. $UI\cos\varphi$ D. UI

5. 若某电路元件的电压、电流分别为 $u=15\cos(314t-30°)\text{V}$、$i=3\cos(314t+30°)\text{A}$，则相应的阻抗是：

    A. $5\angle-30°\Omega$ B. $5\angle 60°\Omega$

    C. $5\angle-60°\Omega$ D. $5\angle 30°\Omega$

6. 电路相量模型如图所示，已知电流相量 $\dot{I}_c = 3\angle 0°A$，则电压源相量 $\dot{U}_s$ 等于：

   A. $16\angle 30°V$
   B. $16\angle 0°V$
   C. $28.84\angle 56.3°V$
   D. $28.84\angle -56.3°V$

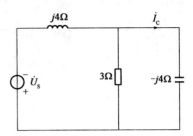

7. 图示电路中，已知 $\dot{I}_s = 2\angle 0°A$，则负载 Z_L 能够获得的最大功率是：

   A. 9W
   B. 6W
   C. 3W
   D. 4.5W

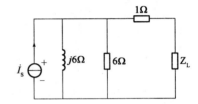

8. 已知 RLC 串联电路，$R=15\Omega, L=12mH, C=5\mu F, \omega=5000rad/s$，则其端口的电压与电流的相位关系是：

   A. 电压超前电流
   B. 电流超前电压
   C. 电压电流同相
   D. 电压超前电流 $90°$

9. 非正弦周期信号作用下的线性电路，电路响应等于它的各次谐波单独作用时产生响应的：

   A. 有效值的叠加
   B. 瞬时值的叠加
   C. 相量的叠加
   D. 最大值的叠加

10. 图示电路中，电容有初始储能，若在 $t=0$ 时将 a、b 两端短路，则在 $t \geq 0$ 时电容电压的响应形式为：

    A. 非振荡放电过程
    B. 临界过程
    C. 零状态响应过程
    D. 衰减振荡过程

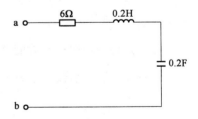

11. 图示电路中，开关S闭合前电路已经处于稳态，当 $t=0$ 时，S闭合，S闭合后的 $u_C(t)$ 是：

   A. $u_C(t)=(6+24e^{-1000t})\text{V}$ B. $u_C(t)=(6+24e^{-500t})\text{V}$

   C. $u_C(t)=(6-24e^{-1000t})\text{V}$ D. $u_C(t)=(6-24e^{-500t})\text{V}$

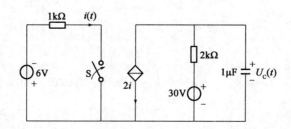

12. 平行平板电极间充满了介电常数为ε的电介质，平行平板面积为 S，平板间距为 d，两平板电极间电位差为 V，则平行平板电极上的电荷量为：

   A. $\dfrac{\varepsilon S}{d}V$ B. $\dfrac{\varepsilon S}{dV}$

   C. $\dfrac{\varepsilon S}{d}$ D. $\dfrac{d}{\varepsilon S}V$

13. 平行电容器两极板间距离为 d，极板面积为 S，中间填充的介质的介电常数为 ε，若在两极板间施加电压 U_0，则极板上的受力为：

   A. $\dfrac{\varepsilon S}{d^2}U_0^2$ B. $\dfrac{S}{d^2}U_0^2$

   C. $\dfrac{\varepsilon S}{2d^2}U_0^2$ D. $\dfrac{S}{2d^2}U_0^2$

14. 电位函数 $\varphi=[2(x^2+y^2)+4(x+y)+10]\text{V}$，则场点 $A(1,1)$ 处的场强 $\vec{E}$ 为：

   A. 10V/m B. $(6\vec{e}_x+6\vec{e}_y)\text{V/m}$

   C. $(-8\vec{e}_x-8\vec{e}_y)\text{V/m}$ D. $(-12\vec{e}_x-10)\text{V/m}$

15. 恒定电流通过媒质界面，媒质的参数分别为 ε_1、ε_2、γ_1 和 γ_2，当分界面无自由电荷时（即 $\sigma=0$），这些参数应该满足的条件为：

   A. $\dfrac{\varepsilon_2}{\varepsilon_1}=\dfrac{\gamma_1}{\gamma_2}$ B. $\dfrac{\varepsilon_1}{\varepsilon_2}=\dfrac{\gamma_1}{\gamma_2}$

   C. $\varepsilon_1+\varepsilon_2=\gamma_1+\gamma_2$ D. $\varepsilon_1\gamma_1+\gamma_2\varepsilon_2=0$

16. 内半径为 a，外半径为 b 的同轴电缆，中间填充空气，流过直流电流 I。在 $a<\rho<b$ 的区域中，磁场强度 H 为：

A. $\dfrac{I}{2\pi\rho}$A/m

B. $\dfrac{\mu_0 I}{2\pi\rho}$A/m

C. 0A/m

D. $\dfrac{I(\rho^2-a^2)}{2\pi(b^2-a^2)\rho}$A/m

17. 无限大真空中，过 $x=-1$ 点并垂直于 x 轴的平面上有一面电流 $6\vec{e}_z$；过 $x=1$ 点并垂直于 x 轴的平面上有一面电流 $-2\vec{e}_z$，则在 $x>1$ 的空间中磁感应强度为：

A. $4\mu_0\vec{e}_y$

B. $2\mu_0\vec{e}_y$

C. $-4\mu_0\vec{e}_y$

D. $-2\mu_0\vec{e}_y$

18. 某高压输电线的波阻抗 $Z_c=380\angle-60°\Omega$，在终端匹配时始端电压为 $U_1=147$kV，终端电压为 $U_2=127$kV，则传输线的传输效率为：

A. 64.4%

B. 74.6%

C. 83.7%

D. 90.2%

19. 图示电路 $V_{CC}=12$V，已知晶体管的 $\beta=80$，$r_{be}=1$kΩ，则电压放大倍数 A_u 是：

A. $A_u=-\dfrac{4}{20\times 10^{-3}}=-200$

B. $A_u=-\dfrac{4}{0.7}=-5.71$

C. $A_u=-\dfrac{80\times 5}{1}=-400$

D. $A_u=-\dfrac{80\times 2.5}{1}=--200$

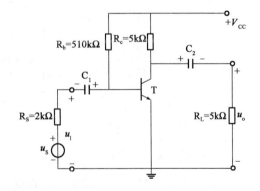

20. 差分放大电路的共模抑制比 K_{CMR} 越大，表明电路：

A. 放大倍数越稳定

B. 交流放大倍数越大

C. 直流放大倍数越大

D. 抑制零漂的能力越强

21. 用一个截止频率为 ω_1 的低通滤波器和一个截止频率为 ω_2 的高通滤波器,构成一个带通滤波器,应当是:

　　A. 二者串联,并且 $\omega_1 < \omega_2$ 　　　　　　B. 二者并联,并且 $\omega_1 > \omega_2$

　　C. 二者并联,并且 $\omega_2 > \omega_1$ 　　　　　　D. 二者串联,并且 $\omega_1 < \omega_2$

22. 在负反馈放大电路中,当要求放大电路的输出阻抗小,输入阻抗大时,应选择的反馈电路是:

　　A. 串联电流负反馈 　　　　　　B. 串联电压负反馈

　　C. 并联电流负反馈 　　　　　　D. 并联电压负反馈

23. LM1877N-9 为 2 通道低频功率放大电路,单电源供电,最大不失真输出电压的峰值 $U_{OPP}=(U_{CC}-6)$V,开环电压增益为 70dB。如图所示为 LM1877N-9 中一个通道组成的实用电路,电源电压为 24V,$C_1 \sim C_3$ 对交流信号可视为短路,R_3 和 C_4 起相位补偿作用,可以认为负数为 8Ω。设输入电压足够大,电路的最大输出功率 P_{om} 和效率 η 分别是:

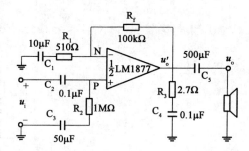

　　A. $P_{om} \approx 56$W,$\eta = 89\%$ 　　　　　　B. $P_{om} \approx 56$W,$\eta = 58.9\%$

　　C. $P_{om} \approx 5.06$W,$\eta = 8.9\%$ 　　　　　D. $P_{om} \approx 5.06$W,$\eta = 58.9\%$

24. 函数 $Y = \overline{A}B + AC$,欲使 $Y=1$,则 A、B、C 的取值组合是:

　　A. 000 　　　　　　　　　　　　B. 010

　　C. 100 　　　　　　　　　　　　D. 001

25. 测得某逻辑门输入 A、B 和输出 F 的波形如图所示,则 F(A,B) 的表达式为:

　　A. F=AB

　　B. F=A+B

　　C. F=A⊕B

　　D. F=$\overline{AB}$

26. 能实现分时传送数据逻辑功能的是：

　　A. TTL 与非门　　　　　　　　B. 三态逻辑门

　　C. 集电极开路门　　　　　　　D. CMOS 逻辑门

27. 下列数中最大数是：

　　A. $(101101)_B$　　　　　　　B. $(42)_D$

　　C. $(2F)_H$　　　　　　　　　D. $(51)_O$

28. 图示逻辑电路，输入为 X、Y，同它的功能相同的是：

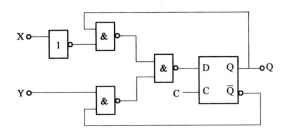

　　A. 可控 RS 触发器　　　　　　B. JK 触发器

　　C. 基本 RS 触发器　　　　　　D. T 触发器

29. 图示是一个集成 74LS161 集成计数器电路图，则该电路实现的逻辑功能是：

　　A. 十进制加计数器

　　B. 四进制加计数器

　　C. 八进制加计数器

　　D. 十六进制加计数器

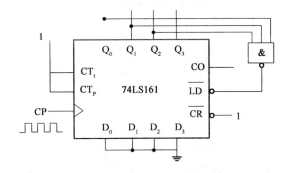

30. 由 555 定时器构成的单稳态触发器，其输出脉冲宽度取决于：

　　A. 电源电压　　　　　　　　　B. 触发信号幅度

　　C. 触发信号宽度　　　　　　　D. 外接 RC 的数值

31. 构成电力系统的四个最基本的要素是：
    A. 发电厂、输电网、供电公司、用户
    B. 发电公司、输电网、供电公司、负荷
    C. 发电厂、输电网、供电网、用户
    D. 电力公司、电网、配电所、用户

32. 额定电压 35kV 的变压器二次绕组电压为：
    A. 35kV   B. 33.5kV
    C. 38.5kV   D. 40kV

33. 大容量系统中频率允许的偏差范围为：
    A. 60.1   B. 50.3
    C. 49.9   D. 59.9

34. 电压基准值为 10kV，发电机端电压标幺值为 1.05，发电机端电压为：
    A. 11kV   B. 10.5kV
    C. 9.5kV   D. 11.5kV

35. 有一台 SFL1-20000/110 型变压器为 35kV 电网络供电，铭牌参数为：负载损耗 $\Delta P_s = 135kW$，短路电压百分数 $U_k\% = 10.5$，空载损耗 $\Delta P_0 = 22kW$，空载电流百分数 $I_0\% = 0.8$，$S_N = 20000kVA$，归算到高压侧的变压器电阻和电抗参数为：
    A. 4.08Ω，63.53Ω   B. 12.58Ω，26.78Ω
    C. 4.08Ω，12.58Ω   D. 12.58Ω，63.53Ω

36. 高压电网中，影响电压降落纵分量的是：
    A. 电压   B. 电流
    C. 有功功率   D. 无功功率

37. 额定电压 110kV 的辐射型电网各段阻抗及负荷如图所示，已知电源 A 的电压为 121kV，若不计电压降落的横分量 δU，则 B 点电压是：

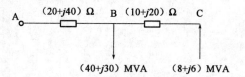

    A. 105.507kV   B. 107.363kV
    C. 110.452kV   D. 103.401kV

38. 图示各支路参数为标幺值,则节点导纳 Y_{11}、Y_{22}、Y_{33}、Y_{44} 分别是:

A. $-j4.4, -j4.9, -j14, -j10$

B. $-j2.5, -j2.0, -j14.45, -j10$

C. $j2.5, j2, j14.45, j10$

D. $j4.4, j4.9, -j14, -j10$

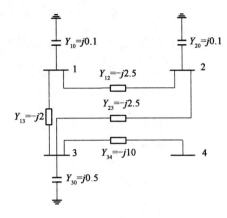

39. 系统负荷 $P_{LN}=4000$MW,正常运行 $f_N=50$Hz,若发电出力减少 50MW,发电机单位调节功率 $K_G=21.8$MW/Hz。系统频率运行在 48Hz,则系统负荷频率调节效应系数 K_{L*} 为:

A. 2   B. 1000

C. 100   D. 0.04

40. 在额定电压附近,三相异步电动机无功功率与电压的关系是:

A. 与电压升降方向一致   B. 与电压升降方向相反

C. 电压变化时,无功不变   D. 与电压无关

41. 下列关于氧化锌避雷器的说法错误的是:

A. 可做无间隙避雷器   B. 通流容量大

C. 不可用于直流避雷器   D. 适用于多种特殊需要

42. 一 35kV 的线路阻抗为 $(10+j10)\Omega$,输送功率为 $(7+j6)$MVA,线路始端电压 38kV,要求线路末端电压不低于 36kV,其补偿容抗为:

A. 10.08Ω B. 10Ω

C. 9Ω D. 9.5Ω

43. 在短路电流计算中,为简化分析通常会做假定,下列不符合假定的是:

   A. 不考虑磁路饱和,认为短路回路各元件的电抗为常数

   B. 不考虑发电机间的摇摆现象,认为所有发电机电势的相位都相同

   C. 不考虑发电机转子的对称性

   D. 不考虑线路对地电容、变压器的励磁支路和高压电网中的电阻,认为等值电路中只有各元件的电抗

44. 远端短路时,变压器35/10.5(6.3)kV,容量1000kVA,阻抗电压6.5%,高压侧短路容量为30MVA,其低压侧三相短路容量是:

   A. 30MVA   B. 1000kVA

   C. 20.5MVA   D. 10.17MVA

45. TN接地系统低压网络的相线零序阻抗为10Ω,保护线PE的零序阻抗为5Ω,TN接地系统低压网络的零序阻抗为:

   A. 15Ω   B. 5Ω

   C. 20Ω   D. 25Ω

46. 变压器在做短路试验时,一般试验方法是:

   A. 低压侧接入电源,高压侧开路

   B. 低压侧接入电源,高压侧短路

   C. 低压侧开路,高压侧接入电源

   D. 低压侧短路,高压侧接入电源

47. 变压器冷却方式代号ONAF,其具体冷却方式为:

   A. 油浸自冷   B. 油浸风冷

   C. 油浸水冷   D. 符号标志错误

48. 一台50Hz的感应电动机,其额定转速$n=730$r/min,该电动机的额定转差率为:

   A. 0.0375   B. 0.0267

   C. 0.375   D. 0.267

49. 关于感应电动机的星形和三角形的启动方式,下列正确的是:

   A. 适用于任何类型的异步电机

   B. 正常工作下连接方式是三角形

   C. 可带重载启动

   D. 正常工作下连接方式是星形

50. 交流异步电机转子串联电阻调速,以下错误的是:

   A. 只适用于绕线式

   B. 适当调整电阻后可调速超过额定转速

   C. 串电阻转速降低后,机械特性变软

   D. 在调速过程中消耗一定的能量

51. 同步发电机静态稳定,处于最稳定状态的功角为:

   A. 90°　　　　　　　　　　　B. 45°

   C. 0°　　　　　　　　　　　 D. 无法计算

52. 发电机过励时,发电机向电网输送的无功功率是:

   A. 不输送无功　　　　　　　B. 输送容性无功

   C. 输送感性无功　　　　　　D. 无法判断

53. 同步发电机不对称运行时,在气隙中不产生磁场的是:

   A. 正序电流　　　　　　　　B. 负序电流

   C. 零序电流　　　　　　　　D. 以上都不是

54. 110kV 系统的工频过电压一般不超过标幺值的:

   A. 1.3　　　　　　　　　　　B. 3

   C. $\sqrt{3}$　　　　　　　　　　　D. $1/\sqrt{3}$

55. 以下4种型号的高压断路器中,额定电压为10kV的高压断路器是:

   A. SN10-10I　　　　　　　　B. SN10-1I

   C. ZW10-1I　　　　　　　　D. ZW10-100I

56. 电流互感器的二次侧额定电流为5A,二次侧阻抗为2.4Ω,其额定容量为：

　　A. 12VA　　　　　　　　　　B. 24VA

　　C. 25VA　　　　　　　　　　D. 60VA

57. 以下关于互感器的正确说法是：

　　A. 电流互感器其接线端子没有极性

　　B. 电流互感器二次侧可以开路

　　C. 电压互感器二次侧可以短路

　　D. 电压电流互感器二次侧有一端必须接地

58. 改变直流发电机端电压极性,可以通过：

　　A. 改变磁通方向,同时改变转向

　　B. 电枢电阻上串接电阻

　　C. 改变转向,保持磁通方向不变

　　D. 无法改变直流发电机端电压

59. 断路器与隔离开关的正确操作顺序为：

　　A. 切断电路时必须先拉开断路器,再拉负荷侧隔离开关,最后拉电源侧隔离开关

　　B. 切断电路时必须先拉开断路器,再拉电源侧隔离开关,最后拉负荷侧隔离开关

　　C. 接通电路时必须先合电源侧隔离开关,再合断路器,最后合负荷侧隔离开关

　　D. 接通电路时必须先合负荷侧隔离开关,再合电源侧隔离开关,最后合断路器

60. 高压设备运行离2m左右噪声不超过：

　　A. 60dB　　　　　　　　　　B. 70dB

　　C. 85dB　　　　　　　　　　D. 95dB

2018年度全国勘察设计注册电气工程师(发输变电)执业资格考试基础考试(下)试题解析及参考答案

1. **解** 叠加定理。

   答案:B

2. **解** 由节点电压方程得：$\begin{cases} U_1 = U_R - 4 \\ U_1 \times \left(\dfrac{1}{2} + \dfrac{1}{3}\right) = 2 - \dfrac{4}{2} + \dfrac{5U_R}{3} \end{cases} \Rightarrow U_R = -4\text{V}$。

   答案:D

3. **答案**:D

4. **解** 基本概念。

   答案:C

5. **解** 由定义：$Z = \dfrac{u}{i} = \dfrac{15\angle -30°}{3\angle 30°} = 5\angle -60°$。

   答案:C

6. **解**:(1)由图可知：电阻上流过的电流 $\dot{I}_R = \dfrac{\dot{U}_C}{R} = \dfrac{\dot{I}_C X_C}{R} = -j4 = 4\angle -90°$，

   故总电流 $\dot{I} = \dot{I}_C + \dot{I}_R = 3 - j4$

   (2)电压源电压：$\dot{U}_S = \dot{I} \times (j4) + \dot{U}_C = (3-j4) \times (j4) - j12 = 16\angle 0°$

   答案:B

7. **解** 本题考查的是戴维南定理。

   (1)由解图1列出KVL方程可知：开路电压 $\dot{U}_{OC} = \dfrac{j6}{j6+6} \times \dot{I}_s \times 6 = 6\sqrt{2}\angle 45°$

   (2)求出等效阻抗：$Z_{eq} = 1 + (j6 // 6) = 4 + j3$

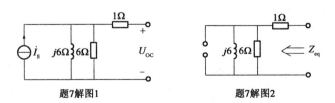

题7解图1　　　　题7解图2

故负载阻抗 $Z_L = Z_{eq}^* = (4-j3)$，将获得最大功率,最大功率为：

$$P_{L\max} = \frac{U_{OC}^2}{4R_0} = \frac{(6\sqrt{2})^2}{4 \times 4} = 4.5\text{W}$$

答案：D

8. 解 由 RLC 串联阻抗公式：$Z = R + j\left(\omega L - \dfrac{1}{\omega C}\right) = 15 + j(60-40) = 15 + j20$

答案：A

9. 答案：C

10. 解 根据二阶电路暂态过程判断公式可知：$R = 6 > 2\sqrt{\dfrac{L}{C}} = 2$，即为过阻尼非振荡放电过程。

答案：A

11. 解 (1)由题可知，$t \leq 0$ 电路已处于稳态，画出 $t = 0_-$ 等效电路（电容开路），
$U_C(0_-) = 30\text{V}, U_C(0_+) = U_C(0_-) = 30\text{V}$

(2)开关 S 闭合后，等效电路图如解图所示，由叠加定理可知：$U_{C(\infty)} = 30 - 12 \times 2 = 6\text{V}$

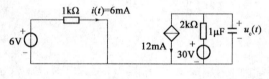

题 11 解图

(3)求时间常数：
$R_{eq} = 2\text{k}\Omega$，则 $\tau = R_{eq}C = 2 \times 10^{-3}\text{S}$

(4)根据三要素法得：
$U_C(t) = U_C(\infty) + [U_C(0_+) - U_C(\infty)]e^{-\frac{t}{\tau}} = 6 + (30-6)e^{-500t} = 6 + 24e^{-500t}$

答案：B

12. 解 $q = CU = \dfrac{\varepsilon S}{d}V$。

答案：A

13. 解 $F = Eq = \dfrac{U}{d} \times CU = \dfrac{\varepsilon S}{d^2}U_0^2$。

答案：A

14. 解 $\vec{E} = -\nabla\varphi = -\left[\dfrac{\partial \varphi}{\partial x}\vec{e}_x + \dfrac{\partial \varphi}{\partial y}\vec{e}_y\right] = -(4x+4)\vec{e}_x - (4y+4)\vec{e}_y$

当 (x, y) 为 $(1,1)$ 时，$\vec{E} = -8\vec{e}_x - 8\vec{e}_y$。

答案：C

15. 解 当恒定电流流过媒质界面时,设介质 1 中电流密度为 J_1,介质 2 中电流密度为 J_2,J_n 为法向分量,分界面上的面电荷密度为:$\rho = J_n\left(\dfrac{\varepsilon_2}{\gamma_2} - \dfrac{\varepsilon_1}{\gamma_1}\right)$。

又因为 $\rho = 0$,所以 $\dfrac{\varepsilon_1}{\varepsilon_2} = \dfrac{\gamma_1}{\gamma_2}$。

答案: B

16. 解 由安培环路定理:

$$\oint_l H \mathrm{d}l = I \Rightarrow H \cdot 2\pi\rho = I$$

$$H = \dfrac{I}{2\pi\rho}$$

答案: A

17. 解 单独 $6\vec{e}_z$ 作用:

$$B \cdot 2L = \mu_0 \cdot 6 \cdot L$$
$$B = 3\mu_0$$

单独 $-2\vec{e}_z$ 作用:

$$B \cdot 2L = \mu_0 \cdot 2L$$
$$B = -\mu_0$$

所以 $B_{\text{总}} = 2\mu_0 \vec{e}_y$

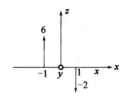

题 17 解图

答案: B

18. 解 画出如下等效电路图,由题可知,负载阻抗匹配,即 $Z_L = Z_c$,则负载电流 $I_2 = \dfrac{u_2}{Z_L}$

首端输入阻抗 $Z_{\text{in}} = Z_c \cdot \dfrac{Z_L + jZ_c \tan\beta L}{jZ_L \tan\beta L + Z_c} = Z_c$(以无损为例)

故首端电流 $I_1 = \dfrac{u_1}{Z_{\text{in}}} = \dfrac{u_1}{Z_c}$

效率 $\eta = \dfrac{p_2}{p_1} = \dfrac{u_2 I_2}{u_1 I_1} = \dfrac{U_2^2}{U_1^2} = 0.746 = 74.6\%$

题 18 解图

答案: B

19. 解 $A_u = \dfrac{-\beta(R_C // R_L)}{r_{be}}$。

答案: D

20. 答案: D

21. **解** 低通滤波器是容许低于截止频率 ω_1 的信号通过,但高于截止频率的信号不能通过的电子滤波装置;高通滤波器是容许高于截止频率 ω_2 的信号通过,但低于截止频率的信号不能通过的电子滤波装置。为构成带通滤波器即要求:二者串联,并且 $\omega_1 > \omega_2$。

答案:D

22. **答案**:B

23. **解** $u'_o = u_p = u_N = \dfrac{U_{CC}}{2} = 12\text{V}, u_o = 0\text{V}$。

最大输出功率和效率分别为:

$$P_{om} = \frac{\left(\dfrac{U_{CC}-6}{2}\right)^2}{2R_L} \approx 5.06\text{W}$$

$$\eta = \frac{\pi}{4} \cdot \frac{U_{CC}-6}{U_{CC}} \approx 58.9\%$$

答案:D

24. **答案**:B

25. **解** 异或。

答案:C

26. **答案**:B

27. **解** D为十进制,H为十六进制,B为二进制,O为八进制。

答案:C

28. **解** $Q^{n+1} = D = \overline{\overline{\overline{X} \cdot Q^n} \cdot \overline{Y \cdot \overline{Q^n}}} = \overline{X} \cdot Q^n + Y \cdot \overline{Q^n}$,根据触发器基本方程可知为JK触发器。

答案:B

29. **解** 从图中接线看出161是反馈置数法,所以74LS161计数有0000~0111共8个状态,最后一个状态为有效状态,为八进制计数器。

答案:C

30. **答案**:D

31. **答案**:C

32. **答案**:C

33. **解** 电力系统正常频率偏差允许值为±0.2Hz,当系统容量较小时,偏差值可以放宽到±0.5Hz。

答案:C

34. 答案:B

35. **解** 由变压器参数的基本公式可知:

$$R_k = \frac{\Delta P_s}{1000} \times \frac{U_N^2}{S_N^2}$$

$$X_k = \frac{U_k\%}{100} \times \frac{U_N^2}{S_N}(其中 S_N = 20\text{MVA})$$

代入数据得:

$$R_k = \frac{\Delta P_s}{1000} \times \frac{U_N^2}{S_N^2} = \frac{135}{1000} \times \frac{110^2}{20^2} = 4.08\Omega$$

$$X_k = \frac{U_k\%}{100} \times \frac{U_N^2}{S_N} = 0.105 \times \frac{110^2}{20} = 63.52\Omega$$

答案:A

36. 答案:D

37. **解** 设网络的额定电压 $U_N = 110$kV。

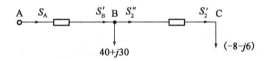

题 37 解图

(1) BC 线路阻抗支路末端的功率:$\tilde{S}'_2 = -\tilde{S}_2 = (-8-j6)\text{MVA}$

(2) BC 线路阻抗支路的功率损耗:

$$\Delta\tilde{S}_{zc} = \frac{P_2'^2 + Q_2'^2}{U_N^2}(R_{BC} + jX_{BC}) = \frac{(-8)^2 + (-6)^2}{110^2} \times (10 + j20)\text{MVA}$$

$$= (0.083 + j0.165)\text{MVA}$$

(3) BC 线路阻抗支路首端的功率为:

$$\tilde{S}''_2 = \tilde{S}'_2 + \Delta\tilde{S}_{zc} = (-8 - j6 + 0.083 + j0.165) = (-7.917 - 5.835)\text{MVA}$$

(4) AB 线路阻抗支路末端的功率为:

$$\tilde{S}'_B = \tilde{S}''_2 + \tilde{S}_B = -7.917 - j5.835 + 40 + j30 = (32.08 + j24.17)\text{MVA}$$

(5) AB 线路阻抗支路的功率损耗为:

$$\Delta\tilde{S}_{zAB} = \frac{P_B'^2 + Q_B'^2}{U_N^2}(R_{AB} + jX_{AB}) = \frac{(32.08)^2 + (24.17)^2}{110^2} \times (20 + j40)\text{MVA}$$

$$= (2.67 + j5.33) \text{MVA}$$

(6) AB 线路首端的功率为：

$$\tilde{S}_A = \tilde{S}_B' + \Delta \tilde{S}_{zAB} = (32.08 + j24.17 + 2.67 + j5.33) = (34.75 + j29.50) \text{MVA}$$

(7) 电压降落的纵分量为：

$$\Delta U_1 = \frac{P_A R_{AB} + Q_A X_{AB}}{U_A} = \frac{34.75 \times 20 + 29.50 \times 40}{121} = 15.496 \text{kV}$$

(8) B 点电压为：

$$U_B = U_A - \Delta U_1 = 121 - 15.496 = 105.50 \text{kV}$$

答案：A

38. 解 节点自导纳为该点相连所有导纳之和。

$$Y_{11} = y_{10} + y_{12} + y_{13} = j0.1 - j2.5 - j2 = -j4.4$$

$$Y_{22} = y_{20} + y_{12} + y_{13} = j0.1 - j2.5 - j2.5 = -j4.9$$

$$Y_{33} = y_{30} + y_{32} + y_{34} + y_{13} = j0.5 - j2.5 - j10 - j2 = -j14$$

$$Y_{44} = y_{34} = -j10$$

答案：A

39. 解 由负荷调节效应公式可知：$K_{L*} = \dfrac{K_L}{K_{LN}} = \dfrac{K_L}{P_{LN}/f_N}$ (1)

根据一次调频公式：$\Delta f = \dfrac{-\Delta P_L}{K_S} = \dfrac{-\Delta P_L}{K_G + K_L}$ (2)

代入数据，得 $\Delta f = 48 - 50 = -2\text{Hz}, \Delta P_L = -50\text{MW}, K_L = K_S - K_G = 25 - 21.8 = 3.2 \text{MW/Hz}$

再代入式(1)，得 $K_{L*} = \dfrac{K_L}{K_{LN}} = \dfrac{K_L}{P_{LN}/f_N} = \dfrac{3.2 \times 50}{4000} = 0.04$

答案：D

40. 解 异步电机简化等值电路如解图所示，消耗的无功功率为：

$$Q_M = Q_m + Q_d = \frac{V^2}{X_m} + I^2 X_\sigma$$

a) 异步电动机的简化等值电路 b) 异步电动机的无功功率与端电压的关系

题 40 解图

其中，Q_m 为励磁功率，它同电压平方成正比，实际上，当电压较高时，由于饱和影响，励磁电抗 X_m 的数值还有所下降，因此，励磁功率 Q_m 随电压变化的曲线稍高于二次曲线；Q_σ 为漏抗 X_σ 中的无功损耗，如果负载功率不变，则 $P_M = I^2R(1-s)/s = $ 常数，当电压降低时，转差将要增大，定子电流随之增大，相应地，在漏抗中的无功损耗 Q_σ 也要增大。综合这两部分无功功率的变化特点，可得解图 b)所示的曲线，其中 β 为电动机的实际负荷同它的额定负荷之比，称为电动机的受载系数。由图可见，在额定电压附近，电动机的无功功率随电压的升降而增减。当电压明显地低于额定值时，无功功率主要由漏抗中的无功损耗决定，因此，随电压下降反而具有上升的性质。

答案：A

41. 解 氧化锌避雷器可以省去碳化硅串联的火花间隙，做成无间隙避雷器，其优点为：

(1)保护性能优越，具有优越的陡波响应特性。

(2)无续流、动作负载轻、耐重复动作能力强。

(3)通流容量大。

(4)性能稳定，寿命长，适于大批量生产，造价低廉。

答案：C

42. 解 已知 $U_1 = 38\text{kV}$，$P = 7\text{MW}$，$Q = 6\text{Mvar}$，$U_2 = 36\text{kV}$

由题意可知，补偿容抗的电压降落纵分量为：$\Delta U_C = \dfrac{PR + Q(X - X_C)}{U_1}$

则 $U_1 - \Delta U_C = U_2 \Rightarrow U_1 - \dfrac{PR + Q(X - X_C)}{U_1} = U_2$，代入数据得：

$38 - \dfrac{7 \times 10 + 6 \times (10 - X_C)}{38} = 36 \Rightarrow X_C = 9\Omega$

答案：C

43. 解 短路电流计算中，采用以下假设：

(1)正常工作时，三相系统对称运行。

(2)所有电源的电动势相位角相同。

(3)不考虑电机磁饱和、磁滞及导体集肤效应。

(4)短路计算比潮流计算简化，一般忽略线路对地电容和变压器的励磁支路。

(5)转子结构完全对称。

答案：C

44. 解 画出等效电路图如解图所示(设 $S_B = 100\text{MVA}$，$U_B = U_{av}$)。

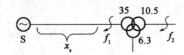

题44解图

(1)假设电源S到变压器高压侧等效电抗标幺值为x_s,

则根据f_1点短路容量$S=30$MVA

$$x_s = \frac{S_B}{S} = \frac{100}{30} = \frac{10}{3}$$

(2)变压器等效电抗:$x_k = \frac{u_k\%}{100} \times \frac{S_B}{S_N} = 0.065 \times \frac{100}{1} = 6.5$

(3)主变低压器短路容量(图中以f_2点三相短路为例)

$$S_k = I_k^* \cdot S_B = \frac{1}{x_s + x_k} \cdot S_B = \frac{1}{\frac{10}{3} + 6.5} \times 100 = 10.17\text{MVA}$$

答案:D

45.解 TN接地系统低压网络的零序阻抗等于相线的零序阻抗与三倍保护线(PE、PEN线)的零序阻抗之和,即$Z_{(0)} = Z_{(0)\varphi} + 3Z_{(0)p} = 10 + 5 \times 3 = 25\Omega$

答案:D

46.解 高压侧短路电流远小于低压侧短路电流。

答案:B

47.答案:B

48.解 根据异步电机转速,可知同步转速$n_1 = \frac{60f}{P} = \frac{300}{4} = 750$r/min

则额定转差率$s_N = \frac{n_1 - n}{n_1} = \frac{750 - 730}{750} = 0.0267$

答案:B

49.解 星三角降压启动适用于正常工作下电机连接方式是三角形形式。

答案:B

50.解 串电阻后,转速只能由额定转速往下调。

答案:B

51.解 同步发电机电磁功率$P_M = \frac{mE_0U}{X_d}\sin\delta$,$P_M$越大越稳定,即最大功角$\delta = 90°$。

答案:A

52.解 本题考查同步发电机的V形曲线。

答案：C

53.解 同步发电机不对称运行的主要危害是在定子中产生三相负序电流,会在电机气隙中建立反向旋转磁场,一两倍同步速切割转子上的一切金属部件,并在其中产生电势及电流,增加转子的损耗及发热,影响发电机的正常运行。

答案：C

54.解 《交流电气装置的过电压保护和绝缘配合》第4.1.1条对工频过电压幅值有如下要求：

(1)范围Ⅰ中的不接地系统工频过电压不应大于 $1.1\sqrt{3}$ p.u.。

(2)中性点谐振接地、低电阻接地和高电阻接地系统工频过电压不应大于 $\sqrt{3}$ p.u.。

(3)110kV和220kV系统,工频过电压不应大于1.3p.u.。

(4)变电站内中性点不接地的35kV和66kV并联电容补偿装置系统工频过电压不应超过 $\sqrt{3}$ p.u.。

答案：A

55.解 高压断路器全型号的表示和含义如解图所示。

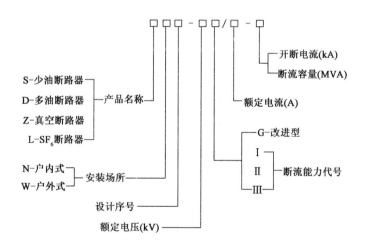

题55解图

答案：A

56.解 额定容量 $S_N = I_N^2 Z \Rightarrow S_N = 60 \text{VA}$。

答案：D

57.解 互感器二次接地是作为保护接地。

答案：D

58. 答案:C

59. **解** 送电操作顺序:先合电源侧隔离开关,再合负荷侧隔离开关,最后合断路器。停电操作顺序:先断开断路器,再断开负荷侧隔离开关,最后断开电源侧隔离开关。

答案:A

60. 答案:C

2019年度全国勘察设计注册电气工程师（供配电）执业资格考试试卷

基础考试
（下）

二〇一九年十月

应考人员注意事项

1. 本试卷科目代码为"2",考生务必将此代码填涂在答题卡"科目代码"相应的栏目内,否则,无法评分。

2. 书写用笔:黑色或蓝色钢笔、签字笔或圆珠笔;
   填涂答题卡用笔:**黑色 2B 铅笔**。

3. 必须用书写用笔将工作单位、姓名、准考证号填写在答题卡和试卷相应的栏目内。

4. 本试卷由 60 题组成,每题 2 分,满分 120 分,本试卷全部为单项选择题,每小题的四个备选项中只有一个正确答案,错选、多选、不选均不得分。

5. 考生作答时,必须**按题号**在答题卡上将相应试题所选选项对应的**字母用 2B 铅笔涂黑**。

6. 在答题卡上书写与题意无关的语言,或在答题卡上作标记的,均按违纪试卷处理。

7. 考试结束时,由监考人员当面将试卷、答题卡一并收回。

8. 草稿纸由各地统一配发,考后收回。

单项选择题(共60题,每题2分。每题的备选项中,只有一个最符合题意。)

1. 某线性电阻元件的电压为3V时,电流为0.5A。当其电压改变为6V时,则电阻为:
   A. 2Ω   B. 4Ω
   C. 6Ω   D. 8Ω

2. 在直流RC电路换路过程中,电容的:
   A. 电压不能突变   B. 电压可以突变
   C. 电流不能突变   D. 电压为零

3. 电源与负载均为星形连接的对称三相电路中,电源连接不变,负载改为三角形连接,则负载的电流有效值:
   A. 增大   B. 减小
   C. 不变   D. 时大时小

4. 在线性电路中,下列说法错误的是:
   A. 电流可以叠加   B. 电压可以叠加
   C. 功率可以叠加   D. 电压和电流都可以叠加

5. 电路如图所示,受控源的功率为:

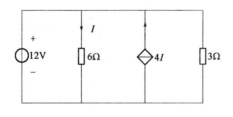

   A. 24W   B. 48W
   C. 72W   D. 96W

6. 图示电路,其网孔电流方程是 $\begin{cases} 4I_1 - 3I_2 = 4 \\ -3I_1 + 9I_2 = 2 \end{cases}$,则 R 和 U_s 分别为:

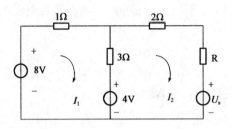

A. 4Ω,2V B. 4Ω,6V

C. 7Ω,-2V D. 7Ω,2V

7. 电路如图所示,已知当 $R_L = 4\Omega$ 时,电流 $I_L = 2A$。若改变 R_L,使其获得最大功率,则 R_L 和最大功率 P 分别为:

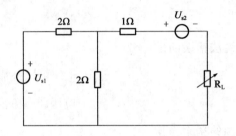

A. 1Ω,24W B. 2Ω,18W

C. 4Ω,8W D. 5Ω,4W

8. 电路如图所示,换路前电路已达到稳态。已知 $u_C(0_-) = 0$,换路后的电容电压 $u(t)$ 为:

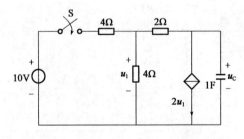

A. $-3(1-e^{-1.25t})$V B. $-3e^{-1.25t}$V

C. $3e^{-1.25t}$V D. $3(1-e^{-1.25t})$V

9. 用戴维南定理求图示电路的 i 时，其开路电压 U_{oc} 和等效阻抗 Z 分别为：

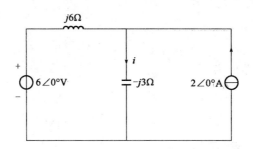

  A. $(6-j12)\text{V}, -j6\Omega$ B. $(6+j12)\text{V}, -j6\Omega$

  C. $(6-j12)\text{V}, j6\Omega$ D. $(6+j12)\text{V}, j6\Omega$

10. RLC 串联电路中，$R=2\sqrt{\dfrac{L}{C}}$ 的特点是：

  A. 非振荡衰减过程，过阻尼   B. 振荡衰减过程，欠阻尼

  C. 临界非振荡过程，临界阻尼   D. 无振荡衰减过程，无阻尼

11. RC 串联电路中，当角频率为 ω 时，串联阻抗为 $(4-j3)\Omega$，则当角频率为 3ω 时，串联阻抗为：

  A. $(4-j3)\Omega$ B. $(12-j9)\Omega$

  C. $(4-j9)\Omega$ D. $(4-j)\Omega$

12. 电路如图所示，其端口 ab 的输入电阻为：

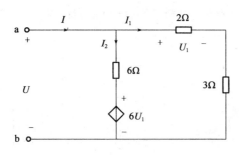

  A. -30Ω B. 30Ω

  C. -15Ω D. 15Ω

13. 电力线的方向是指向：

  A. 电位增加的方向   B. 电位减小的方向

  C. 电位相等的方向   D. 和电位无关

14. 在磁路中,对应电路中电流的是:

    A. 磁通　　　　　　　　　　　　　　B. 磁场

    C. 磁势　　　　　　　　　　　　　　D. 磁流

15. 磁感应强度 B 的单位为:

    A. 特斯拉　　　　　　　　　　　　　B. 韦伯

    C. 库仑　　　　　　　　　　　　　　D. 安培

16. 研究宏观电磁场现象的理论基础是:

    A. 麦克斯韦方程组　　　　　　　　　B. 安培环路定律

    C. 电磁感应定律　　　　　　　　　　D. 高斯通量定理

17. 在恒定电场中,电流密度的闭合面积分等于:

    A. 电荷之和　　　　　　　　　　　　B. 电流之和

    C. 非零常数　　　　　　　　　　　　D. 0

18. 无限大真空中有一半径为 $a(a \ll 3\text{m})$ 的球,内部均匀分布有体电荷,电荷总量为 q,在距离其3m处会产生一个电场强度为 E 的电场,若此球体电荷总量减小一半,同样距离下产生的电场强度应为:

    A. $E/2$　　　　　　　　　　　　　　B. $2E$

    C. $E/1.414$　　　　　　　　　　　　D. $1.414E$

19. 图示电路中二极管为硅管,电路输出电压 U_0 为:

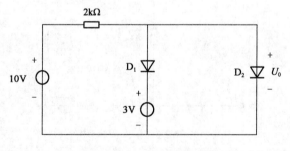

    A. 10V　　　　　　　　　　　　　　B. 3V

    C. 0.7V　　　　　　　　　　　　　　D. 3.7V

20. 在某放大电路中,测得三极管三个电极的静态电位分别为0V、10V、9.3V,则这只三极管是:

    A. NPN型硅管　　　　　　　　　　　B. NPN型锗管

    C. PNP型硅管　　　　　　　　　　　D. PNP型锗管

21. 电路如图所示,已知 $R_1=10\text{k}\Omega$, $R_2=20\text{k}\Omega$,若 $U_i=1\text{V}$,则 U_o 为:

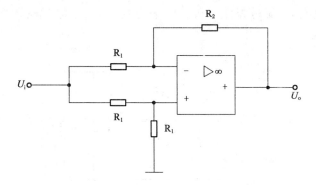

A. -2V
B. -1.5V
C. -0.5V
D. 0.5V

22. 如图所示的射极输出器中,已知 $R_S=50\Omega$, $R_{B1}=100\text{k}\Omega$, $R_{B2}=30\text{k}\Omega$, $R_E=1\text{k}\Omega$,晶体管的 $\beta=50$, $r_{be}=1\text{k}\Omega$,则放大电路的 A_u、r_i 和 r_o 分别为:

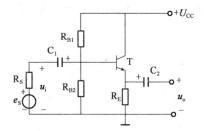

A. $A_u=98$, $r_i=16\text{k}\Omega$, $r_o=2.1\text{k}\Omega$
B. $A_u=9.8$, $r_i=16\Omega$, $r_o=21\text{k}\Omega$
C. $A_u=0.98$, $r_i=16\text{k}\Omega$, $r_o=21\Omega$
D. $A_u=0.98$, $r_i=16\Omega$, $r_o=21\Omega$

23. 图示电路,若 $R_{F1}=R_1$, $R_{F2}=R_2$, $R_3=R_4$,则 u_o 与 u_{i1}、u_{i2} 的关系式为:

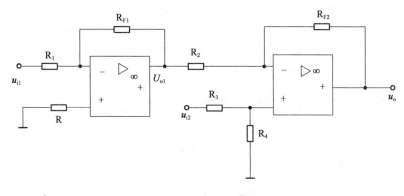

A. $u_o=u_{i2}+u_{i1}$
B. $u_o=u_{i2}\cdot u_{i1}$
C. $u_o=u_{i2}+2u_{i1}$
D. $u_o=u_{i1}-u_{i2}$

24. 如图所示电路，已知 $u_2=25\sqrt{2}\sin\omega t\text{V}$，$R_L=200\Omega$。计算输出电压的平均值 U_o、流过负载的平均电流 I_0、流过整流二极管的平均电流 I_P、整流二极管承受的最高反向电压 U_{DRM} 分别为：

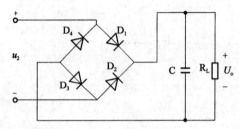

A. $U_o=35V, I_0=100mA, I_p=75mA, U_{DRM}=30V$

B. $U_o=30V, I_0=150mA, I_p=100mA, U_{DRM}=50V$

C. $U_o=35V, I_0=75mA, I_p=150mA, U_{DRM}=30V$

D. $U_o=30V, I_0=150mA, I_p=75mA, U_{DRM}=35V$

25. 图示波形为某组合逻辑电路的输入、输出波形，该电路的逻辑表达式应为：

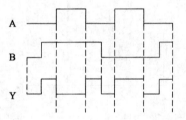

A. $Y=AB+\overline{A}\,\overline{B}$ 　　　　　　B. $Y=AB+\overline{A}B$

C. $Y=A\overline{B}+\overline{A}B$ 　　　　　　D. $Y=\overline{A}\,\overline{B}+\overline{A}+B$

26. 显示译码器的输出 abcdefg 为 1111001，要驱动共阴极接法的数码管，则数码管会显示：

A. H 　　　　　　　　　　　　B. L

C. 2 　　　　　　　　　　　　D. 3

27. 电路如图所示，则该电路实现的逻辑功能是：

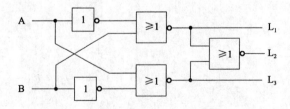

A. 编码器 　　　　　　　　　　B. 比较器

C. 译码器 　　　　　　　　　　D. 计数器

28. 逻辑电路图及相应的输入 CP、A、B 的波形如图所示,初始状态 $Q_1 \sim Q_2 = 000$,当 $\overline{R}_D$ =1 时,D、Q_1、Q_2 的输出波形分别是:

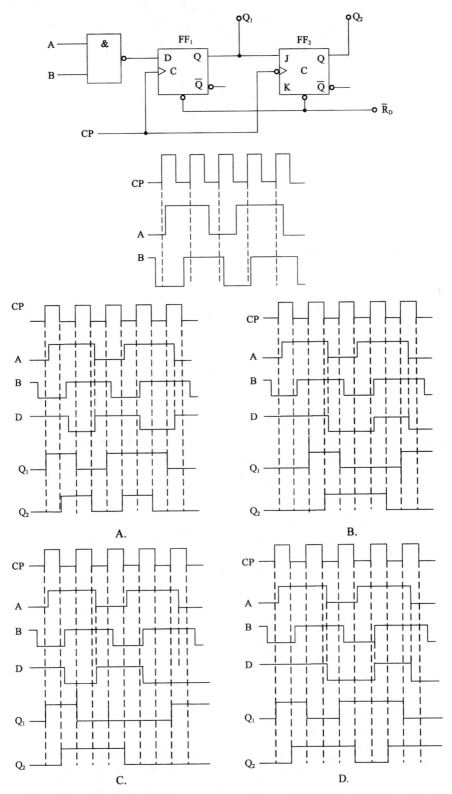

29. 如图所示逻辑电路,设触发器的初始状态均为"0",当$\overline{R}_D=1$时,该电路的逻辑功能为:

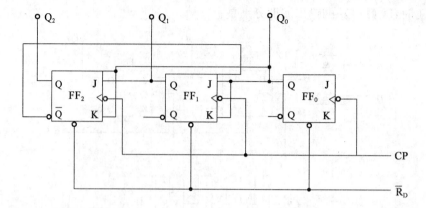

A. 同步八进制加法计数器

B. 同步八进制减法计数器

C. 同步六进制加法计数器

D. 同步六进制减法计数器

30. 图示电路,集成计数器74LS160在M=1和M=0时,其功能分别为:

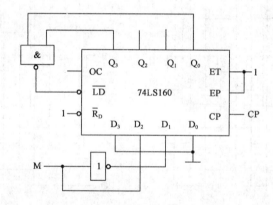

A. M=1时为六进制计数器,M=0时为八进制计数器

B. M=1时为八进制计数器,M=0时为六进制计数器

C. M=1时为十进制计数器,M=0时为八进制计数器

D. M=1时为六进制计数器,M=0时为十进制计数器

31. 中性点绝缘系统发生单相短路时,中性点对地电压:

A. 升高到相电压

B. 升高到相电压的2倍

C. 升高到相电压的$\sqrt{3}$倍

D. 为0

32. 内桥形式的特点是：

　　A. 只有一条线路故障时,需要断开桥断路器

　　B. 只有一条线路故障时,不需要断开桥断路器

　　C. 只有一条线路故障时,非故障线路会受到影响

　　D. 只有一条线路故障时,与之相连的变压器会短时停电

33. 某型电流互感器的额定容量为20VA,二次电流为5A,准确等级为0.5,其负荷阻抗的上限和下限分别为：

　　A. 0.6Ω,0.3Ω　　　　　　　　B. 1Ω,0.4Ω

　　C. 0.8Ω,0.2Ω　　　　　　　　D. 0.8Ω,0.4Ω

34. 电压互感器采用两相不完全星形接线的方式,若要满足二次侧线电压为100V的仪表的工作要求,所选电压互感器的额定二次电压为：

　　A. $\dfrac{100}{3}$V　　　　　　　　B. $\dfrac{100}{\sqrt{3}}$V

　　C. $100\sqrt{3}$V　　　　　　　　D. 100V

35. 对于单母线带旁路母线接线,利用旁路母线检修出线回路断路器,这种情况下：

　　A. 不能检修　　　　　　　　B. 可以检修所有回路

　　C. 可以检修两条回路　　　　D. 可以检修一条回路

36. 电流互感器的选择和校验条件不包括：

　　A. 额定电压　　　　　　　　B. 开断能力

　　C. 额定电流　　　　　　　　D. 动稳定

37. 发电机、电源和变压器归算至 $S_B=100$MVA 的电抗标幺值如图所示,试计算图示网络中 k_1 点发生三相短路时,短路点的短路电流为：

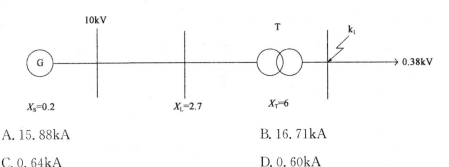

　　A. 15.88kA　　　　　　　　B. 16.71kA

　　C. 0.64kA　　　　　　　　　D. 0.60kA

38. 某厂有功计算负荷为5500kW,功率因数为0.9,该厂10kV配电所进线上拟装一高压断路器,其主保护动作时间为1.5s,断路器断路时间为0.2s,10kV母线上短路电流有效值为25kA,则改高压断路器进行热稳定校验的热效应数值为:

　　A. 63.75　　　　　　　　　　　　B. 1062.5

　　C. 37.5　　　　　　　　　　　　　D. 937.5

39. 高压负荷开关具备:

　　A. 断电保护功能　　　　　　　　　B. 切断短路电流的能力

　　C. 切断正常负荷的操作能力　　　　D. 过负荷操作的能力

40. 避雷器的作用是:

　　A. 建筑物防雷　　　　　　　　　　B. 将雷电流引入大地

　　C. 限制过电压　　　　　　　　　　D. 限制雷击电磁脉冲

41. 某发电机的主磁极数为4,已知电网频率$f=60Hz$,则其转速应为:

　　A. 1500r/min　　　　　　　　　　B. 2000r/min

　　C. 1800r/min　　　　　　　　　　D. 4000r/min

42. 一台25kW、125V的他励直流电机,以恒定转速3000r/min运行,并具有恒定励磁电流,开路电枢电压为122V,电枢电阻为0.02Ω,计算当端电压为124V时,其电磁转矩为:

　　A. 48.9N·m　　　　　　　　　　　B. 38.9N·m

　　C. 24.9N·m　　　　　　　　　　　D. 19.9N·m

43. 选高压隔离开关时,校验热稳定的短路计算时间为:

　　A. 主保护动作时间与断路器全开断时间之和

　　B. 后备保护动作时间与断路器全开断时间之和

　　C. 后备保护动作时间与断路器固有的分闸时间之和

　　D. 主保护动作时间与断路器固有的分闸时间之和

44. 三相异步电动机等效电路中的等效电阻$\frac{1-s}{s}R_2'$上消耗的电功率为:

　　A. 气隙功率　　　　　　　　　　　B. 转子损耗

　　C. 电磁功率　　　　　　　　　　　D. 总机械功率

45. 110/10kV 降压变压器,折算到高压侧的阻抗为(2.44+j40)Ω。最大负荷和最小负荷时流过变压器的功率分别为(28+j14)MVA 和(10+j6)MVA,最大负荷和最小负荷时高压侧电压分别为110kV 和114kV,低压母线电压在10～11kV范围时,变压器分接头为:

   A. ±5%
   B. −5%
   C. ±2.5%
   D. 2.5%

46. 一台额定频率为60Hz的三相感应电动机,用频率为50Hz的电源对其供电,供电电压为额定电压,起动转矩变为原来的:

   A. $\frac{5}{6}$
   B. $\frac{6}{5}$ 倍
   C. 1 倍
   D. $\frac{25}{36}$

47. 励磁电流小于正常励磁电流值时,同步电动机相当于:

   A. 线性负载
   B. 感性负载
   C. 容性负载
   D. 具有不确定的负载特性

48. 10kV 中性点不接地系统,在开断空载高压感应电动机时产生的过电压一般不超过:

   A. 12kV
   B. 14.4kV
   C. 24.5kV
   D. 17.3kV

49. 相对地电压为220V 的TN 系统配电线路或仅供给固定设备用电的末端线路,其间接接触防护电器切断故障回路的时间不宜大于:

   A. 0.4s
   B. 3s
   C. 5s
   D. 10s

50. 一台Yd 连接的三相变压器,额定容量 $S_N=3150$kVA,$U_{1N}/U_{2N}=35$kV/6.3kV,则二次侧额定电流为:

   A. 202.07A
   B. 288.8A
   C. 166.67A
   D. 151.96A

51. 同步发电机的短路特性是:

   A. 正弦曲线
   B. 直线
   C. 抛物线
   D. 不规则曲线

52. 一台三相变压器，Yd连接，$U_{1N}/U_{2N}=35\text{kV}/6.3\text{kV}$，则该变压器的变比为：

　　A. 3.208　　　　　　　　　　　B. 1

　　C. 5.56　　　　　　　　　　　　D. 9.62

53. 同步电动机输出的有功功率恒定，可以调节其无功功率的方式是：

　　A. 改变励磁阻抗　　　　　　　　B. 改变励磁电流

　　C. 改变输入电压　　　　　　　　D. 改变输入功率

54. 三相异步电动机拖动恒转矩负载运行，若电源电压下降10%，设电压调节前、后的转子电流分别为I_1和I_2，则I_1和I_2的关系是：

　　A. $I_1<I_2$　　　　　　　　　　B. $I_1=I_2$

　　C. $I_1>I_2$　　　　　　　　　　D. $I_1=-I_2$

55. 绕线式异步电机起动时，起动电压不变的情况下，在转子回路接入适量三相阻抗，此时产生的起动转矩将：

　　A. 不变　　　　　　　　　　　　B. 减小

　　C. 增大　　　　　　　　　　　　D. 不确定如何变化

56. 35kV的线路阻抗为$(6+j8)\Omega$，输送功率为$(10+j8)$MVA，线路始端电压38kV，要求线路末端电压不低于36kV，其补偿容抗为：

　　A. 10.08Ω　　　　　　　　　　　B. 6Ω

　　C. 9Ω　　　　　　　　　　　　　D. 9.5Ω

57. 变压器空载电流小的原因是：

　　A. 一次绕组匝数多，电阻很大

　　B. 一次绕组的漏抗很大

　　C. 变压器的励磁阻抗大

　　D. 变压器铁芯的电阻很大

58. 一台三相笼形异步电动机的数据为$P_N=43.5\text{kW}$，$U_N=380\text{V}$，$n_N=1450\text{r/min}$，$I_N=100\text{A}$，定子绕组采用Y-△形接法，$I_{st}/I_N=7$，$T_{st}/T_N=4$，负载转矩为345N·m。若电机可以直接起动，供电变压器允许起动电流至少为：

　　A. 800A　　　　　　　　　　　　B. 233A

　　C. 461A　　　　　　　　　　　　D. 267A

59. 一容量为63000kVA的双绕组变压器,额定电压为(121±2×2.5%)kV,短路电压百分数$U_k\%=10.5$,若变压器在-2.5%的分接头上运行,基准功率为100MVA,变压器两侧基准电压分别取110kV和10kV,则归算到高压侧的电抗标幺值为:

    A. 0.192   B. 1.92

    C. 0.405   D. 4.05

60. 线路首末端电压的代数差为:

    A. 电压偏移   B. 电压损失

    C. 电压降落   D. 电压偏差

2019年度全国勘察设计注册电气工程师(供配电)执业资格考试基础考试(下)试题解析及参考答案

1. **解** 电阻由导体本身性质决定,与所加电压、电流大小均无关。

   答案:C

2. 答案:A

3. **解** 设电源的线电压为 U_L,负载的阻抗为 Z,当负载为星形连接时,负载的相电流 $I_Y = \dfrac{U_L/\sqrt{3}}{Z}$;当负载为三角形连接时,负载的相电流 $I_\triangle = \dfrac{U_L}{Z}$,显然三角形接线负载相电流增大。

   答案:A

4. **解** 叠加定理基本概念。

   答案:C

5. **解** 根据电路图可知,$I = \dfrac{12}{6} = 2\text{A}$,则受控电流源吸收的功率为 $P = -UI = -12 \times 8 = -96\text{W}$,故受控源发出功率为96W。

   答案:D

6. **解** 根据网孔电流法基本特性可知,自电阻 $R_{22} = 2 + 3 + R = 9$,$4 - U_s = 2$,解得,$U_s = 2\text{V}$,$R = 4\Omega$。

   答案:A

7. **解** 根据戴维南定理可知,除负载阻抗 R_L 外,其余等效为一个电压源 U_{OC} 和等效内阻 $R_0 = 2//2 + 1 = 2\Omega$。再根据题干中当 $R_L = 4\Omega$ 时,电流 $I_L = 2\text{A}$ 可得,$I_L = \dfrac{U_{OC}}{R_0 + R_L} = \dfrac{U_{OC}}{2+4} = 2 \Rightarrow U_{OC} = 12\text{V}$。

   则根据最大功率传输定理可知,$P_{\max} = \dfrac{U_{OC}^2}{4R_0} = 18\text{W}$。

   答案:B

8. **解** (1)初始值:开关闭合后,根据换路定则可知,$u_c(0_+) = u_c(0_-) = 0$;

   (2)时间常数 $\tau = RC$,关键点在于求等效电阻 R。对于含有受控源电路,采用外加电源法求出等效电阻(内部独立源置0)。外加电源电压为 U_i,流入电流为 I_i,利用KCL、KVL定律可得(解图1):

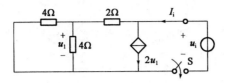

题8解图1

$$\begin{cases} I_i = 2U_1 + U_1/(4/\!/4) \\ U_i = U_1 + (I_i - 2U_1) \times 2 \end{cases} \Rightarrow U_i = 0.8I_i \Rightarrow R_i = 0.8\Omega, 故 \tau = RC = 0.8s。$$

(3)稳态值。

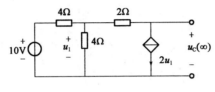

题8解图2

由解图2可知,$\begin{cases} 10 = U_1 + (U_1/4 + 2U_1) \times 4 \\ U_1 = U_C(\infty) + 2U_1 \times 2 \end{cases} \Rightarrow U_C(\infty) = -3V$

则 $U_C(t) = U_C(\infty) + [U_C(0_+) - U_C(\infty)]e^{\frac{-t}{\tau}} = -3(1 - e^{-1.25t})V$

答案:A

9. 解 根据戴维南定理可知,等效阻抗 $Z = j6$,开路电压 $U_{OC} = 6 + 2 \times j6 = 6 + j12$。

答案:D

10. 解 基本概念。

答案:C

11. 解 RC串联电路阻抗 $Z = \left(R - j\dfrac{1}{\omega C}\right)$。

答案:D

12. 解 利用KCL及KVL定律可知,$\begin{cases} I = I_1 + I_2 \\ I_1 = U_1/2 \\ U = (2+3) \times I_1 \\ U = 6I_1 + 6U_1 \end{cases} \Rightarrow R_{ab} = \dfrac{U}{I} = -30\Omega。$

答案:A

13. 解 电力线即电场线,其正方向为电位减小的方向。

答案:B

14. 解 磁路欧姆定律为:$F = R_m \Phi$,式中 F 为磁势,R_m 为磁阻,Φ 为磁通。

答案:A

15.解 常见物理量单位有磁感应强度 B(特斯拉 T)、磁通 Φ(韦伯 Wb)、电量 q(库仑 C)、电流 I(安培 A)。

答案:A

16.解 麦克斯韦方程组包含了安培环路定律、电磁感应定律、高斯通量定理。

答案:A

17.解 由于恒定电流无头无尾,因此,电流密度的闭合面积分等于 0。

答案:D

18.解 根据点电荷(或辐射对称体电荷)周围电场强度公式:$E=\dfrac{q}{4\pi\varepsilon_0 R^2}$,电场强度正比于电荷总量。

答案:A

19.解 根据二极管恒压降模型,D_2 与 D_1 二极管相比,阴极电位较低,则 D_2 二极管优先导通,即输出电压 $U_0=0.7\mathrm{V}$。

答案:C

20.解 (1)晶体管工作于放大状态的外部条件为:发射结正偏,集电结反偏。三个电极关系为:①NPN 管:$U_C>U_B>U_E$;②PNP 管:$U_C<U_B<U_E$。

(2)两个电位最接近的即为基极和发射极,另外电极即为集电极 C,根据题目参数满足 $U_C<U_B<U_E$ 且 $U_{EB}=0.7\mathrm{V}$,故为硅管。

答案:C

21.解 根据运算放大器虚断和虚短特性,$U_-=U_+=\dfrac{R_1}{R_1+R_1}\times U_i=0.5\mathrm{V}$

根据 $\dfrac{U_i-U_-}{R_1}=\dfrac{U_--U_o}{R_2}\Rightarrow U_o=-0.5\mathrm{V}$。

答案:C

22.解 题图为共集电极放大电路,画出微变等效电路图可知:

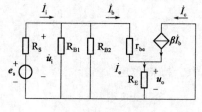

题 22 解图

由解图可知,输入阻抗 $r_i = R_{B1} // R_{B2} // [r_{be} + (1+\beta)R_E]$,对于输出阻抗采用外加电源法,求等效的输出阻抗(内部独立源置0)。

$r_0 = \dfrac{\dot{U}}{\dot{I}}\bigg|_{\substack{e_s=0 \\ R_L=\infty}}$,则:

$$\dot{I} = \dot{I}_b + \beta \dot{I}_b + \dot{I}_e = \dfrac{\dot{U}}{r_{be} + R_{B1} // R_S // R_{B2}} + \beta \dfrac{\dot{U}}{r_{be} + R_{B1} // R_S // R_{B2}} + \dfrac{\dot{U}}{R_E}$$

即 $r_0 = \dfrac{\dot{U}}{\dot{I}} = R_E // \dfrac{r_{be} + R_{B1} // R_S // R_{B2}}{1+\beta} \approx \dfrac{r_{be} + R_{B1} // R_S // R_{B2}}{\beta}$

输入电压 $\dot{U}_i = r_{be}\dot{I}_b + (1+\beta)R'_L\dot{I}_b$,输出电压 $\dot{U}_o = (1+\beta)R'_L\dot{I}_b$。

$\dot{A}_u = \dfrac{\dot{U}_o}{\dot{U}_i} = \dfrac{(1+\beta)R'_L\dot{I}_b}{r_{be}\dot{I}_b + (1+\beta)R'_L\dot{I}_b} = \dfrac{(1+\beta)R'_L}{r_{be} + (1+\beta)R'_L}$,其中 $R'_L = R_E$。

代入数值得,$A_u = 0.98$,$r_i = 15.98\text{k}\Omega$,$r_0 \approx 21\Omega$。

答案:C

23. **解** 根据运算放大器虚断和虚短特性可知,$U_{01} = -\dfrac{R_{f1}}{R_1}U_{i1} = -U_{i1}$,$U_{01}$ 与 U_{i2} 构成减法运算电路,即可求得:

$$U_- = U_+ = \dfrac{R_4}{R_3 + R_4} \times U_{i2} = 0.5U_{i2}, \quad \dfrac{U_{01} - U_-}{R_1} = \dfrac{U_- - U_0}{R_{f2}} \Rightarrow U_0 = U_{i1} + U_{i2}$$

答案:A

24. **解** 根据全波整流电路特点可知,输出电压平均值 $U_0 = 1.2U_2 = 1.2 \times 25 = 30\text{V}$,负载平均电流 $I_0 = \dfrac{U_0}{R_L} = \dfrac{30}{200} = 0.15\text{A}$,整流二极管的平均电流 $I_P = \dfrac{1}{2}I_0 = 75\text{mA}$,整流二极管承受的最高反向电压 $U_{DRM} = 25\sqrt{2}\text{V}$。

答案:D

25. **解** 根据波形图,列真值表如下:

题 25 解表

A	B	L
0	0	0
0	1	1
1	0	1
1	1	0

分析可知,$L = \overline{A}B + A\overline{B} = A \oplus B$,即异或关系。

答案:C

26. 解 共阴极数码管如解图所示，根据 abcdefg 为 1111001，则数码管显示数字为 3。

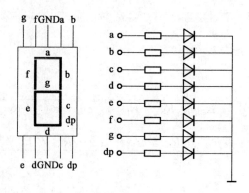

题 26 解图

答案：D

27. 解 根据图示接法写出逻辑表达式，$L_1=\overline{\overline{A}+B}=A\cdot\overline{B}$，$L_3=\overline{\overline{B}+A}=\overline{A}\cdot B$，$L_2=L_1+L_3=\overline{A\cdot\overline{B}+\overline{A}\cdot B}=\overline{A}\cdot\overline{B}+A\cdot B$，写出真值表，即可看出为比较器。

答案：B

28. 解 根据图示电路可知，触发器 FF_1 为 D 触发器，触发脉冲信号为 CP 的上升沿触发，状态方程为 $Q_1^{n+1}=D=\overline{A\cdot B}$。触发器 FF_2 为 JK 触发器，触发脉冲信号为 CP 的下降沿触发，状态方程为 $Q_2^{n+1}=J\overline{Q_2^n}+\overline{K}Q_2^n=Q_1^n\cdot\overline{Q_2^n}$ $(J=Q_1^n,K=1)$。

答案：A

29. 解 根据时序逻辑电路，首先列出电路的驱动方程和输出方程。

(1) 驱动方程：$\begin{cases}J_0=1\\K_0=1\end{cases}$，$\begin{cases}J_1=Q_0^n\cdot\overline{Q_2^n}\\K_1=Q_0^n\end{cases}$，$\begin{cases}J_2=Q_1^n\cdot Q_0^n\\K_2=Q_0^n\end{cases}$

(2) 输出方程为 Q_2,Q_1,Q_0。

(3) 列状态方程 $(Q^{n+1}=J\overline{Q^n}+\overline{K}Q^n)$

$\begin{cases}Q_2^{n+1}=Q_1^n\cdot Q_0^n\cdot\overline{Q_2^n}+\overline{Q_0^n}\cdot Q_2^n\\Q_1^{n+1}=Q_0^n\cdot\overline{Q_1^n}\cdot\overline{Q_2^n}+\overline{Q_0^n}Q_1^n\\Q_0^{n+1}=\overline{Q_0^n}\end{cases}$

列出状态表和状态图，三个触发器均为同一个触发脉冲信号，当 CP 脉冲出现下降沿（即从 1→0）时触发器才能触发开始计数，最终的状态图如解图所示。

由解表和解图可以看出，该电路实现的功能为同步六进制加法计数器。

答案：C

题 29 解表

$Q_2^n Q_1^n Q_0^n$	CP	$Q_2^{n+1} Q_1^{n+1} Q_0^{n+1}$
000	↧	001
001	↧	010
010	↧	011
011	↧	100
100	↧	101
101	↧	000
110	↧	111
111	↧	000

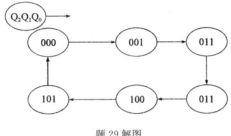

题 29 解图

30. 解 74LS160 为十进制加法计数器，从题图中 160 的接线可以看出，计数方式为反馈置数法（同步置数）。当 M=1 时，74LS160 计数有 0100～1001 共 6 个状态，最后一个状态为有效状态，为六进制计数器；当 M=0 时，74LS160 计数有 0010～1001 共 8 个状态，最后一个状态为有效状态，为八进制计数器。

答案：A

31. 解 电力系统基本概念。

答案：A

32. 答案：B

33. 解 根据电流互感器准确级 0.5，确定二次侧负载容量变化范围为 $(0.25～1)S_N$。

$(0.25～1)S_N = I_N^2 Z \Rightarrow Z = (0.2～0.8)\Omega$。

答案：C

34. 解 两台单相电压互感器接成不完全星形接线，用来测量相间电压，不能测量相对地电压，广泛用于 3～20kV 小电流接地系统，$U_{N1} = U_{NS}$，$U_{N2} = 100V$。

答案：D

35. 答案：B

36. 解 需要开断能力校验的设备是断路器。

答案:B

37. 解 根据三相短路电流计算公式:

$$I_k^{(3)} = I_k^* I_B = \frac{1}{X_\Sigma} \times \frac{S_B}{\sqrt{3} U_{av}} = \frac{1}{0.2+2.7+6} \times \frac{100}{\sqrt{3} \times 0.38 \times 1.05} = 16.28 \text{kA}$$

答案:B

38. 解 电气设备热稳定性校验条件是:$I_t^2 t \geq I_\infty^{(3)2} t_{ima}$,式中,$I_t$ 为电气设备在 t 秒时间内的热稳定电流,$I_\infty^{(3)}$ 为最大稳态短路电流,t_{ima} 为短路电流发热的假想时间,t 为 I_t 对应的时间。代入数据,得 $I_t^2 t \geq I_\infty^{(3)2} t_{ima} = 25^2 \times (1.5+0.2) = 1062.5 (\text{kA})^2 \cdot \text{s}$。

答案:B

39. 解 基本概念。

答案:C

40. 解 基本概念。

答案:C

41. 解 根据发电机转速公式:$n = \dfrac{60f}{p} = \dfrac{60 \times 60}{2} = 1800 \text{r/min}$。

答案:C

42. 解 根据电磁转矩公式:$T = \dfrac{P_m}{\Omega} = \dfrac{E_a I_a}{2\pi n/60} = \dfrac{122 \times \dfrac{124-122}{0.02}}{2\pi \times 3000/60} = 38.9 \text{N} \cdot \text{m}$。

答案:B

43. 解 校验热稳定的短路计算时间为继电保护动作时间(按照后备保护考虑)与断路器全开断时间之和。

答案:B

44. 解 本题考查异步电动机等效电路知识。

答案:D

45. 解 低压母线电压在 10~11kV,最大负荷时低压侧电压为 10kV,则有:

$$\frac{U_{1t\,max}}{U_{2N}} = \frac{U_{1max} - \Delta U}{U_{2max}} \Rightarrow$$

$$U_{1t\,max} = U_{2N} \times \frac{U_{1max} - \Delta U}{U_{2max}} = 10 \times \frac{110 - \dfrac{28 \times 2.44 + 14 \times 40}{110}}{10} = 104.29 \text{kV}$$

最大负荷时低压侧电压为 11kV,则有:

$$\frac{U_{1\text{t min}}}{U_{2N}}=\frac{U_{1\text{min}}-\Delta U}{U_{2\text{min}}} \Rightarrow U_{1\text{t min}}=U_{2N}\times\frac{U_{1\text{min}}-\Delta U}{U_{2\text{min}}}=10\times\frac{114-\frac{10\times2.44+6\times40}{114}}{11}=101.53\text{kV}$$

因此,$U_{1t}=\frac{U_{1\text{t max}}+U_{1\text{t min}}}{2}=102.91\text{kV}$,选择最接近该值的分接头为$-5\%$,对应电压为 104.5kV。

答案:B

46. 解 根据电动机的起动转矩公式,$T_{\text{st}}=\frac{P_{\text{M}}}{\Omega_1}=\frac{1}{\Omega_1}\times\frac{3U_1^2R_2'}{(R_1+R_2')^2+(X_1+X_2')^2}$,其中角速度 $\Omega=\frac{2\pi f}{60}$。

起动转矩与频率成反比,因此频率下降为原来的5/6,起动转矩变为原来的6/5倍。

答案:B

47. 解 励磁电流小于正常励磁电流值即欠励磁,同步电动机吸收感性功率,相当于感性负载。

答案:B

48. 解 开断空载高压感应电动机时,产生的过电压一般不超过2.5p.u.。

答案:C

49. 解 配电线路或仅供给固定设备用电的末端线路,不宜大于5s;供电给手握式电气设备和移动式电气设备的末端线路或插座回路,不应大于0.4s。

答案:C

50. 解 $I_{2N}=\frac{S_N}{\sqrt{3}U_{2N}}=\frac{3150\text{kVA}}{\sqrt{3}\times6.3\text{kV}}=289.02\text{A}$。

答案:B

51. 解 以凸极同步发电机为例分析短路特性。

$$\Psi=\arctan\frac{U\sin\varphi+IX_q}{U\cos\varphi+IR}\bigg|_{U=0}=\arctan\frac{X_q}{R}\bigg|_{R\ll X_q}\approx 90°$$

忽略电枢电阻R,短路运行时,电枢反应为直轴去磁电枢反应。

$$\dot{F}_\delta=\dot{F}_{f1}+\dot{F}_a \Rightarrow F_\delta=F_{f1}-F_a$$

此时气隙合成磁动势F_δ很小,气隙磁通密度B_δ也很小,电机磁路处于不饱和状态。气隙电动势E_δ和气隙合成磁动势F_δ成正比。

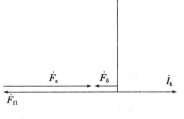

题51解图1

$$\dot{E}_\delta = \dot{U} + \dot{I}(R + jX_\sigma) \xrightarrow[R \ll X_s]{\dot{U}=0} \dot{E}_\delta \approx j\dot{I}_k X_\sigma$$

短路时电机磁路不饱和，$F_\delta \propto E_\delta \propto I_k$
电枢磁动势正比于电枢电流，$F_a \propto I_k$ $\Big\}$ $F_{fl} = (F_\delta + F_a) \propto I_k$
$F_{fl} \propto I_f$

$\Rightarrow I_k \propto I_f$

即短路特性曲线是一条过原点的直线。

答案：B

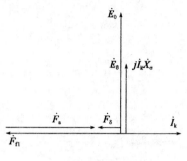

题51解图2

52. 解 变比为相电压之比，即 $k = \dfrac{U_{1N}/\sqrt{3}}{U_{2N}} = \dfrac{35}{6.3 \times \sqrt{3}} = 3.211$。

答案：A

53. 解 根据同步发电机的原理，有功调整只能通过调节原动机出力实现，无功调整主要靠调节励磁电流实现。

答案：B

54. 解 转子转矩公式为：$T = \dfrac{1}{\Omega_1} \dfrac{3U_1^2 R_2'/s}{(R_1 + R_2'/s)^2 + (X_1 + X_2')^2}$

电流公式为：$I' = \dfrac{U_1}{\sqrt{(R_1 + R_2'/s)^2 + (X_1 + X_2')^2}}$

电动机拖动恒转矩负载且电压下降10%，则：

$T_1 = \dfrac{1}{\Omega_1} \dfrac{3U_1^2 R_2'/s_1}{(R_1 + R_2'/s_1)^2 + (X_1 + X_2')^2} = T_2 = \dfrac{1}{\Omega_1} \dfrac{3(0.9U_1)^2 R_2'/s_2}{(R_1 + R_2'/s_2)^2 + (X_1 + X_2')^2}$，整理得：

$\dfrac{U_1^2/s_1}{(R_1 + R_2'/s_1)^2 + (X_1 + X_2')^2} = \dfrac{(0.9U_1)^2/s_2}{(R_1 + R_2'/s_2)^2 + (X_1 + X_2')^2} \Rightarrow$

$\sqrt{\dfrac{U_1^2/s_1}{(R_1 + R_2'/s_1)^2 + (X_1 + X_2')^2}} = \sqrt{\dfrac{(0.9U_1)^2/s_2}{(R_1 + R_2'/s_2)^2 + (X_1 + X_2')^2}} \Rightarrow$

$\dfrac{U_1/\sqrt{s_1}}{\sqrt{(R_1 + R_2'/s_1)^2 + (X_1 + X_2')^2}} = \dfrac{0.9U_1/\sqrt{s_2}}{\sqrt{(R_1 + R_2'/s_2)^2 + (X_1 + X_2')^2}} \Rightarrow$

$\dfrac{I_1'}{\sqrt{s_1}} = \dfrac{I_2'}{\sqrt{s_2}} \Rightarrow \dfrac{I_1'}{I_2'} = \sqrt{\dfrac{s_1}{s_2}}$

拖动恒转矩负载，电压降低，转速下降，转差率 s 增大，即 $s_2 > s_1$，因此 $I_2 > I_1$。

答案：A

55. 解 根据感应电动机串入电阻起动原理，在一定范围内，转子串入阻抗，起动电流减小，起动转矩增大。

答案：C

56. 解 由题可知,该补偿方式为电容串联补偿。设容抗值为 X_C,则根据公式 $U_1 - \dfrac{PR+Q(X-X_C)}{U_1} \geqslant 36$,代入数据得,$X_C \geqslant 6\Omega$。

答案: B

57. 解 本题考查变压器等值电路中参数基本含义。

答案: C

58. 解 根据题意,定子绕组采用 Y-△形接法,画出等效电路图如解图所示。

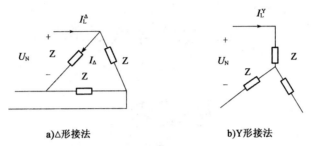

题 58 解图

由题可知:$I_L^\triangle = I_{st} = 7I_N = 700A$,三角形接法中相电流 $I_\triangle = \dfrac{U_N}{Z} = \dfrac{I_L^\triangle}{\sqrt{3}}$,待求 Y 形中线电流 $I_L^Y = \dfrac{U_N}{\sqrt{3}Z} = \dfrac{I_\triangle}{\sqrt{3}} = \dfrac{I_L^\triangle}{3}$,故 Y 形中线电流为三角形线电流的 $\dfrac{1}{3}$,即 $I_L^Y = \dfrac{I_L^\triangle}{3} = \dfrac{700}{3} = 233A$。

答案: B

59. 解 $X_T = \dfrac{U_k\%}{100} \dfrac{U_N^2}{S_N} = \dfrac{10.5}{100} \times \dfrac{[121\times(1-2.5\%)]^2}{63} = 23.2\Omega$

标幺值:$X_T^* = X_T \times \dfrac{S_B}{U_B^2} = 23.2 \times \dfrac{100}{110^2} = 0.192$

答案: A

60. 解 电压降落为 $d\dot{U} = \dot{U}_1 - \dot{U}_2$,电压损耗为 $\dfrac{U_1-U_2}{U_N} \times 100\%$ 或 (U_1-U_2),始端电压偏移为 $\dfrac{U_1-U_N}{U_N} \times 100\%$ 或 (U_1-U_N),末端电压偏移为 $\dfrac{U_2-U_N}{U_N} \times 100\%$ 或 (U_2-U_N)。

答案: B

2019年度全国勘察设计注册电气工程师(发输变电)执业资格考试试卷

基础考试
(下)

二〇一九年十月

应考人员注意事项

1. 本试卷科目代码为"2",考生务必将此代码填涂在答题卡"科目代码"相应的栏目内,否则,无法评分。

2. 书写用笔:黑色或蓝色钢笔、签字笔或圆珠笔;

   填涂答题卡用笔:**黑色 2B 铅笔**。

3. 必须用书写用笔将工作单位、姓名、准考证号填写在答题卡和试卷相应的栏目内。

4. 本试卷由 60 题组成,每题 2 分,满分 120 分,本试卷全部为单项选择题,每小题的四个备选项中只有一个正确答案,错选、多选、不选均不得分。

5. 考生作答时,必须**按题号在答题卡上**将相应试题所选选项对应的**字母用 2B 铅笔涂黑**。

6. 在答题卡上书写与题意无关的语言,或在答题卡上作标记的,均按违纪试卷处理。

7. 考试结束时,由监考人员当面将试卷、答题卡一并收回。

8. 草稿纸由各地统一配发,考后收回。

单项选择题(共 60 题,每题 2 分。每题的备选项中,只有一个最符合题意。)

1. 图示电路中,受控源吸收的功率为:

    A. $-8W$

    B. $8W$

    C. $16W$

    D. $-16W$

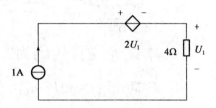

2. 电路如图所示,端口 ab 输入电阻为:

    A. 2Ω

    B. 4Ω

    C. 6Ω

    D. 8Ω

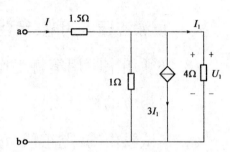

3. 电路如图所示,电路中电流 I 等于:

    A. $-1A$

    B. $1A$

    C. $4A$

    D. $-4A$

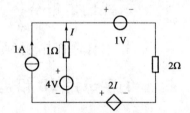

4. 电路如图所示,若改变 R_L,可使其获得最大功率,则 R_L 获得的最大功率为:

    A. $0.05W$

    B. $0.1W$

    C. $0.5W$

    D. $0.025W$

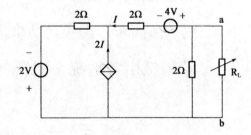

5. 对含有受控源的支路进行电源等效变换时,应注意不要消去:
   A. 电压源　　　　　　　　　　　B. 控制量
   C. 电流源　　　　　　　　　　　D. 电阻

6. 电路如图所示,支路电流 I 和 I_2 分别为:

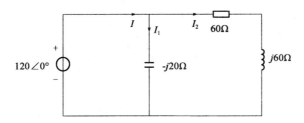

   A. $I=1+j5, I_2=1+j$　　　　　B. $I=1-j5, I_2=1-j$
   C. $I=1-j5, I_2=1+j$　　　　　D. $I=1+j5, I_2=1-j$

7. 三相负载作星形连接,接入对称的三相电源,负载线电压与相电压关系满足 $U_L=\sqrt{3}U_p$,成立条件是三相负载:
   A. 对称　　　　　　　　　　　　B. 都是电阻
   C. 都是电感　　　　　　　　　　D. 都是电容

8. 已知对称三相负载如图所示,对称线电压为380V,则负载相电流:

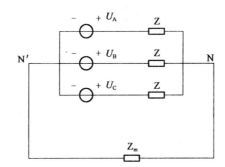

   A. $I_A=\dfrac{220\angle 0°}{Z}, I_B=\dfrac{220\angle -120°}{Z}, I_C=\dfrac{220\angle +120°}{Z}$

   B. $I_A=\dfrac{380\angle 30°}{Z}, I_B=\dfrac{380\angle -90°}{Z}, I_C=\dfrac{380\angle +150°}{Z}$

   C. $I_A=\dfrac{220\angle 0°}{Z+Z_N}, I_B=\dfrac{220\angle -120°}{Z+Z_N}, I_C=\dfrac{220\angle +120°}{Z+Z_N}$

   D. $I_A=\dfrac{380\angle 30°}{Z+Z_N}, I_B=\dfrac{380\angle -90°}{Z+Z_N}, I_C=\dfrac{380\angle +150°}{Z+Z_N}$

9. 电路如图所示，$u=10+20\cos\omega t$，已知 $R=\omega L=5\Omega$，则电路功率为：

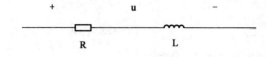

A. 20W
B. 40W
C. 80W
D. 100W

10. 某一电路发生突变，如开关突然通断，参数的突然变化及其突发意外事故或干扰统称为：

A. 短路
B. 断路
C. 换路
D. 通路

11. 对于二阶电路，用来求解动态输出响应的方法是：

A. 三要素法
B. 相量法
C. 相量图法
D. 微积分法

12. 图示电路中，开关S在 $t=0$ 时打开，在 $t\geq 0_+$ 后电容电压 $U_C(t)$ 为：

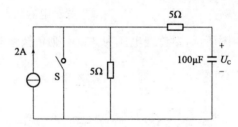

A. $10e^{-1000t}$
B. $10(1+e^{-1000t})$
C. $10(1-e^{-1000t})$
D. $10(1-e^{-100t})$

13. 一般用来描述电磁辐射的参数是：

A. 幅值
B. 频率
C. 功率
D. 能量

14. 静电荷是指：

A. 相对静止量值恒定的电荷
B. 绝对静止量值随时间变化的电荷
C. 绝对静止量值恒定的电荷
D. 相对静止量值随时间变化的电荷

15. 图示是一个简单的电磁铁,能使磁场变得更强的方式是:

　　A. 将导线在钉子上绕更多的圈

　　B. 用一个更小的电源

　　C. 将电源正负极反接

　　D. 将钉子移除

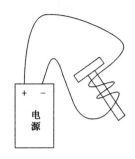

16. 在静电场中,场强小的地方,其电位通常:

　　A. 更高　　　　　　　　　　B. 更低

　　C. 接近于 0　　　　　　　　D. 高低不定

17. 在方向朝西的磁场中有一条电流方向朝北的带电导线,导线受力为:

　　A. 向下的力　　　　　　　　B. 向上的力

　　C. 向西的力　　　　　　　　D. 不受力

18. 在时变电磁场中,场量和场源除了是时间的函数,还是:

　　A. 角坐标　　　　　　　　　B. 空间坐标

　　C. 极坐标　　　　　　　　　D. 正交坐标

19. 如图所示电路,设 D_1 为硅管,D_2 为锗管,则 AB 两端之间的电压 U_{AB} 为:

　　A. 0.7V

　　B. 3V

　　C. 0.3V

　　D. 3.3V

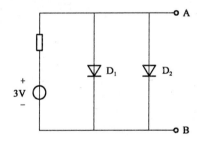

20. 如图所示,已知 $\beta=100$, $r_{be}=1k\Omega$,计算放大电路电压放大倍数 A_u、输入电阻 r_i 和输出电阻 r_o 分别为:

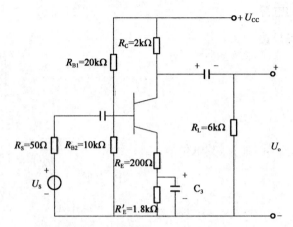

A. $A_u=-6.5$, $r_i=5.0k\Omega$, $r_o=2k\Omega$

B. $A_u=6.5$, $r_i=5.0k\Omega$, $r_o=20k\Omega$

C. $A_u=-65$, $r_i=1k\Omega$, $r_o=6k\Omega$

D. $A_u=65$, $r_i=200\Omega$, $r_o=2k\Omega$

21. 电路如图所示,当 $u_i=0.6V$ 时,输出电压 U_o 等于:

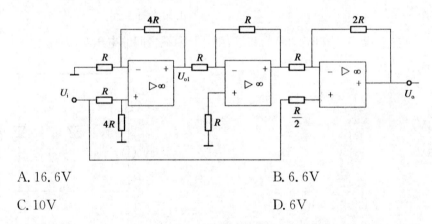

A. 16.6V B. 6.6V

C. 10V   D. 6V

22. 电路如图所示,输入电压 $u_i=10\sin\omega t(mV)$,则输出电压 u_o 为:

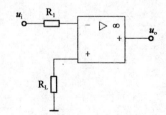

A. 方波   B. 正弦波

C. 三角波   D. 锯齿波

23. 图示RC振荡电路,若减小振荡频率,应该:

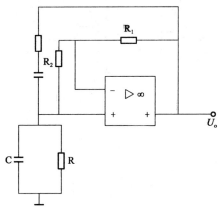

A. 减小 C
B. 增大 R
C. 增大 R_1
D. 减小 R_2

24. 图示电路,已知 $U_2=25\sqrt{2}\sin\omega t(V)$,$R_L=200\Omega$,计算电压平均值 U_o、流过负载电流 I_0、二级管平均电流 I_D、电流二级管承受的最高反向电压 U_{DRM} 分别为:

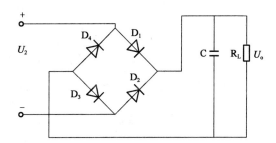

A. 25V,150mA,100mA,35V
B. 30V,75mA,50mA,70V
C. 30V,150mA,75mA,35V
D. 25V,75mA,150mA,50V

25. 逻辑函数 $Y=AB+\overline{A}C+\overline{B}C$ 最简化与或表达式为:

A. $Y=AB+C$
B. $Y=\overline{A}B+C$
C. $Y=A\overline{B}+C$
D. $Y=\overline{A}\,\overline{B}+C$

26. 显示译码器的输出 abcdefg 为 1001001,要驱动共阴极接法的数码管,则数码管会显示:

A. H
B. 5
C. 2
D. 3

27. 逻辑电路如图所示,该电路实现的逻辑功能是:

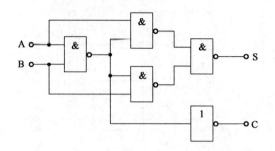

A. 编码器
B. 译码器
C. 计数器
D. 半加器

28. 图示逻辑电路,当 A=0,B=1 时,CP 脉冲到来后 D 触发器:

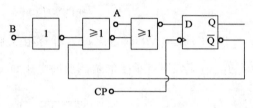

A. 保持原状态
B. 置 0
C. 置 1
D. 具有计数功能

29. 如图所示逻辑电路,设触发器的初始状态为"0",当 $\overline{R}_D=1$,该电路的逻辑功能是:

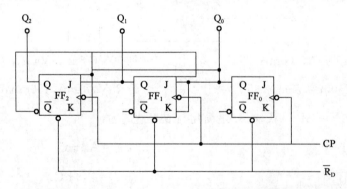

A. 同步八进制加法计算器
B. 同步八进制减法计算器
C. 同步六进制加法计算器
D. 同步六进制减法计算器

30. 如图所示电路中,权电阻网络 D/A 转换器中,若取 $V_{REF}=5V$,则当输入数字量为 $d_3d_2d_1d_0=1101$ 时,输出电压为:

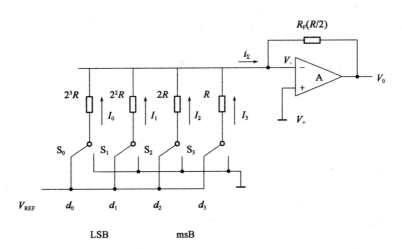

A. $-4.0625V$　　　　　　　　B. $-0.8125V$

C. $4.0625V$　　　　　　　　D. $0.8125V$

31. 风电机组能够获取的风能理论上的最大值为:

A. 33.3%　　　　　　　　B. 40%

C. 100%　　　　　　　　D. 59.3%

32. 接入 10kV 线路的发电机的额定电压为:

A. 10kV　　　　　　　　B. 11kV

C. 0.5kV　　　　　　　　D. 9.5kV

33. 发电机与 10kV 线路连接,以发电机端电压为基准值,则线路电压标幺值为:

A. 1　　　　　　　　B. 1.05

C. 0.905　　　　　　　　D. 0.952

34. 高压电网中,有功功率的方向是:

A. 电压高端向低端流动　　　　　　　　B. 电压低端向高端流动

C. 电压超前向电压滞后流动　　　　　　　　D. 电压滞后向电压超前流动

35. 如图所示,220kV 线路中 A、B 开关都断开时,A、B 两端口电压分别为 240kV 和 220kV。当开关 A 合上时,开关 B 断口处的电压差为:

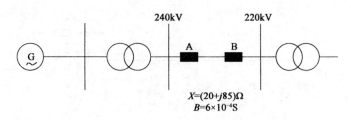

A. 20kV
B. 16.54kV
C. 26.26kV
D. 8.74kV

36. 线路上装设并联电抗器的作用为:

A. 电压电流测量
B. 降低线路末端电压
C. 提高线路末端电压
D. 线路滤波

37. 无限大功率电源供电系统如图所示,已知电力系统出口断路器的断流容量为 600MVA,架空线路 $x=0.38\Omega/km$,用户配电所 10kV 母线上 k-1 点短路的三相短路电流周期分量有效值和短路容量分别为:

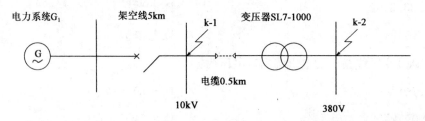

A. 7.29kA,52.01MVA
B. 4.32kA,52.01MVA
C. 2.91kA,52.90MVA
D. 2.86kA,15.50MVA

38. 高压系统短路电流计算,短路中总电阻 R 计入有效电阻的条件是:

A. 始终计入
B. 总电阻小于总阻抗
C. 总电阻大于总电抗的 1/3
D. 总电阻大于总阻抗的 1/2

39. 额定电压为110kV的输电网络,已知A点电压121kV,其余各点功率如图所示,则C点电压为(不计电压降落的横分量):

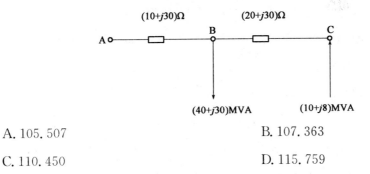

A. 105.507 B. 107.363
C. 110.450 D. 115.759

40. 某单相变压器的额定电压为10kV/230V,接在10kV的交流电源上,向一电感性负载供电,电压调整率为0.03,变压器满载时的二次电压为:

A. 220V B. 230V
C. 223V D. 233V

41. 一变压器容量为10kVA,铁耗为300W,满载时铜耗为400W,变压器在满载时向功率因数为0.8的负载供电的效率为:

A. 0.8 B. 0.97
C. 0.95 D. 0.92

42. 变压器冷却方式代号为ONAN,其具体冷却方式为:

A. 油浸自冷 B. 油浸风冷
C. 油浸水冷 D. 符号标志错误

43. 图中三种绕组接法分别是:

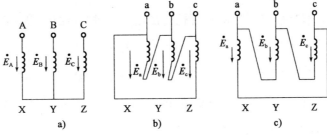

A. Y型,d型顺接,d型逆接 B. Y型,D型顺接,D型逆接
C. Y型,d型顺接,d型逆接 D. Y型,D型顺接,d型逆接

44. 某发电机的极对数 $P=3$，已知电网频率 $f=50\text{Hz}$，则其转速应为：

   A. 1500r/min   B. 1000r/min
   C. 1800r/min   D. 4000r/min

45. 感应电动机的电磁转矩与电机输入端的电压之间的关系，以下正确的是：

   A. 电磁转矩与电压成正比
   B. 电磁转矩与电压成反比
   C. 没有关系
   D. 电磁转矩与电压的平方成正比

46. 交流三相异步电动机中的转速差率大于1的条件是：

   A. 在任何情况都没有可能   B. 变压调速时
   C. 变频调速时   D. 反接制动时

47. 交流异步电机调速范围最广的是：

   A. 调压   B. 变频
   C. 变转差率   D. 变极对数

48. 一台汽轮发电机，极数为2，$P_N=300\text{MW}$，$U_N=18\text{kV}$，功率因数0.85，额定频率为50Hz，发电机的额定电流和额定无功功率分别为：

   A. 11.32kA，186kvar
   B. 11.32kA，186Mvar
   C. 14.36kA，352.94Mvar
   D. 14.36kA，186Mvar

49. 一三相同步发电机，星形连接，$U_N=11\text{kV}$，$I_N=460\text{A}$，$X_d=16\Omega$，$X_q=8\Omega$，电枢电阻 R_a 忽略不计，负载功率因数为0.8（感性），额定运行时的空载电势为：

   A. 11.5kV   B. 11kV
   C. 12.1kV   D. 10.9kV

50. 发电机并联运行过程中，当发电机电压与交流电压相位不一致时，将产生冲击电流，冲击电流最大值发生在两个电压相差为：

   A. 0°   B. 90°
   C. 180°   D. 270°

51. 110kV系统悬式绝缘子串的绝缘子个数为：

    A. 2 B. 3

    C. 5 D. 7

52. 电气装置的外露可导电部分接至电气上与低压系统接地点无关的接地装置，是以下哪种系统：

    A. TT B. TN-C

    C. TN-S D. TN-C-S

53. 电气设备发生接地故障时，接地电流流过接地装置时，大地表面形成分布电位，以下说法正确的是：

    A. 沿设备垂直距离为1.8m间的电位差为跨步电势

    B. 在接地电流扩散区域内，地面上水平距离为1m两点间的电位差为跨步电势

    C. 在接地电流扩散区域内，地面上水平距离为0.8m两点间的电位差为跨步电势

    D. 在接地电流扩散区域内，地面上水平距离为0.8m两点间的电位差为接触电势

54. 以下动作时间属于中速动作断路器的是：

    A. 2s B. 0.3s

    C. 0.1s D. 0.05s

55. 一类防雷建筑物的滚球半径为30m，单根避雷针高度25m，地面上的保护半径为：

    A. 30.5m B. 25.8m

    C. 28.5m D. 29.6m

56. 以下说法正确的是：

    A. 电流互感器其接线端子没有极性

    B. 电流互感器二次侧可以开路

    C. 电压互感器二次侧可以短路

    D. 电压电流互感器二次侧有一端必须接地

57. 他励直流电动机的电枢串电阻调速，下列说法错误的是：

    A. 只能在额定转速的基础上向下调速

    B. 调速效率太小

    C. 轻载时调速范围小

    D. 机械特性不随外串阻值的增加发生变化

58. 如图所示单母线接线，L1线断电的操作顺序为：

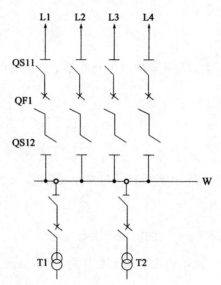

A. 断QS11、QS12，断QF1 B. 断QS11、QF1，断QS12
D. 断QF1，断QS11、QS12 D. 断QS12，断QF1、QS11

59. 保护PE线与相线材质相同，若线芯截面面积为$50mm^2$，其PE线最小截面面积为：

A. $50mm^2$ B. $16mm^2$
C. $20mm^2$ D. $25mm^2$

60. 中性点不接地系统中，正常运行时，三相附地电容电流均为15A，当A相发生接地故障时，A相故障接地点的电流属性为：

A. 感性 B. 容性
C. 阻性 D. 无法判断

2019年度全国勘察设计注册电气工程师(发输变电)执业资格考试基础考试(下)试题解析及参考答案

1. 答案:B

2. 答案:A(提示:采用外加电源法,利用 KVL 和 KCL 列方程求解)

3. **解** 设节点电压为 U_1,列出节点电压方程为:

$$\begin{cases} U_1 \times \left(1+\dfrac{1}{2}\right) = 1 + \dfrac{4}{1} + \dfrac{1-2I}{2} \\ U_1 = 4-I \end{cases} \Rightarrow I=1$$

答案:B

4. **解** 求除电阻 R_L 外的戴维南等效电路。

(1)求等效电阻 R_0

独立源置零后,通过外加电源法画出解图。

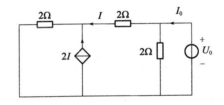

题 4 解图 1

根据解图 1 列出 KCL、KVL 方程:$\begin{cases} I_0 = \dfrac{U_0}{2} + I \\ U_0 = 2\times I + (2I+I)\times 2 \end{cases} \Rightarrow R_0 = \dfrac{U_0}{I_0} = 1.6\Omega$

(2)求开路电压 U_{OC}

根据解图 2 列出 KCL、KVL 方程:$\begin{cases} I = -\dfrac{U_{OC}}{2} \\ U_{OC} = 4 + 2\times I + (2I+I)\times 2 - 2 \end{cases} \Rightarrow U_{OC} = 0.4\text{V}$

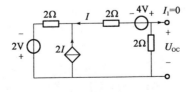

题 4 解图 2

(3)求最大功率:$R_L=R_0$,$P_{Lmax}=\dfrac{U_{oc}^2}{4R_0}=0.025W$。

答案:D

5. 答案:B

6. 答案:D(提示:分别求出并联支路电流 $I_2=\dfrac{120\angle 0°}{60+j60}=1-j1$,$I_1=\dfrac{120\angle 0°}{-j20}=j6$,则 $I=I_1+I_2=1+j5$)

7. 解 只有三相对称电路才满足题目中线电压和相电压之间的关系。

答案:A

8. 答案:A(提示:三相对称电路中,中性线中没有电流)

9. 解 本题考查非正弦周期求平均功率,已知电压 $u=10+20\cos\omega t=u_0+u_1$,然后求出电流 $i=\dfrac{u_0}{R}+\dfrac{u_1}{R+j\omega L}=2+2\sqrt{2}\cos(\omega t-45°)$

故平均功率:$P=UI=U_0I_0+U_1I_1=2\times 10+\dfrac{1}{2}\times 20\times 2\sqrt{2}\cos 45°=40W$

答案:B

10. 答案:C

11. 解 对于 n 阶动态电路,需要用 n 阶微分方程求解,就一阶电路而言,一阶常系数微分方程的解即三要素法写出的响应量。

答案:D

12. 答案:C(提示:采用三要素法)

13. 答案:C

14. 答案:A

15. 解 通电线圈磁场的强度与线圈有无铁心、线圈匝数、电流大小等有关,通电线圈有铁心比无铁心产生的磁感应强度大,且通电线圈的磁感应强度与线圈的匝数、电流成正比。

答案:A

16. 解 电位与电场强度本质上无关。

答案:D

17. 答案:B(提示:使用左手定则,左手张开,大拇指垂直于其余四指,磁场穿过手心,四指指向电流方向,大拇指即指向受力方向)

18. 解 在时变电磁场中,电场和磁场都是时间和空间的函数。

答案:B

19. 答案: C(提示:硅管死区电压为 0.7V,锗管死区电压为 0.3V,故 D_2 二极管先导通,D_1 二极管承受反压而截止,故 $U_{AB}=0.3V$)

20. 解 这是共发射极放大电路中典型静态工作点稳定电路。

电压放大倍数:$A_u = \dfrac{U_o}{U_i} = \dfrac{-\beta R'_L}{r_{be}+(1+\beta)R_E} = \dfrac{-100 \times (6 // 2)}{1+101 \times 0.2} = -7.07$

输入电阻:$r_i = \dfrac{U_i}{I_i} = [r_{be}+(1+\beta)R_E] // R_{B1} // R_{B2} = 5.07 \text{k}\Omega$

输出电阻:$r_o = R_C = 2\text{k}\Omega$

答案: A

21. 解 设从左至右三个运算放大器分别为 A_1、A_2、A_3。

利用运算放大器虚断、虚短特性:

对于 A_1:$\begin{cases} U_- = U_+ = \dfrac{4R}{4R+R} \times U_i = 0.8U_i \\ \dfrac{0-U_-}{R} = \dfrac{U_- - U_{01}}{4R} \end{cases} \Rightarrow U_{01} = 4U_i$

对于 A_2:$U_{02} = -U_{01}$

对于 A_3:$\begin{cases} U_- = U_+ = U_i \\ \dfrac{U_{02}-U_-}{R} = \dfrac{U_- - U_0}{2R} \end{cases} \Rightarrow U_0 = 11U_i = 6.6$

答案: B

22. 解 集成运放工作于非线性区,图中为典型的过零比较器($U_+ = 0$),则 $u_o = \begin{cases} -U_{om}, u_i > 0 \\ U_{om}, u_i < 0 \end{cases}$,画出输入电压、输出电压波形图,如解图所示。

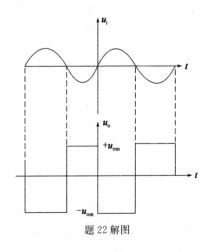

题 22 解图

答案: A

23.解 本题考查文氏桥电路,其振荡频率 $f=\dfrac{1}{2\pi RC}$,从公式可以看出,增大电阻 R 或者电容 C 均会减小振荡频率。

答案:B

24.解 根据全波整流电路特点可知,输出电压平均值 $U_0=1.2U_2=1.2\times25=30\text{V}$,负载平均电流 $I_0=U_0/R_L=30/200=0.15\text{A}$,整流二极管的平均电流 $I_\text{p}=\dfrac{1}{2}I_0=75\text{mA}$,整流二极管承受的最高反向电压 $U_\text{DRM}=25\sqrt{2}\text{V}$。

答案:C

25.解 利用分配律和吸收律化简,$Y=AB+\overline{A}C+\overline{B}C=AB+C(\overline{A}+\overline{B})=AB+\overline{AB}C=AB+C$。

答案:A

26.解 共阳极数码管如解图所示,根据 abcdefg 为 1001001 并结合解图可知,数码管显示数字为 H。

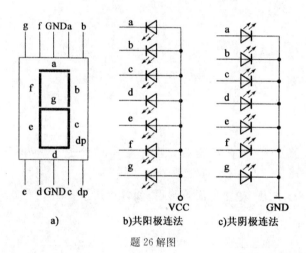

题 26 解图

答案:A

27.解 根据逻辑图,得到逻辑表达式 $\begin{cases}S=\overline{AB}(A+B)=\overline{A}B+\overline{B}A=A\oplus B\\ C=AB\end{cases}$

画出如下真值表:

题 27 解表

A	B	S	C
0	0	0	0
0	1	1	0
1	0	1	0
1	1	0	1

显然,S 为和,C 为高位进位,即为半加器。

答案:D

28. **解** $Q^{n+1}=D=\overline{\overline{(\overline{B}+\overline{Q^n})}+A}=\overline{\overline{(\overline{B}+\overline{Q^n})}}\cdot\overline{A}=\overline{A}\cdot(\overline{B}+\overline{Q^n})$,根据题目中 A=0,B=1,代入 $Q^{n+1}=\overline{Q^n}$,即表明在 CP 脉冲的下降沿来临时,D 触发器的输出就会翻转一次,实现的是计数功能。

答案:D

29. **解** 根据时序逻辑电路,首先列出电路的驱动方程和输出方程:

(1)驱动方程:$\begin{cases}J_0=1\\K_0=1\end{cases}$,$\begin{cases}J_1=Q_0^n\cdot\overline{Q_2^n}\\K_1=Q_0^n\end{cases}$,$\begin{cases}J_2=Q_1^n\cdot Q_0^n\\K_2=Q_0^n\end{cases}$

(2)输出方程为 Q_2,Q_1,Q_0。

(3)列状态方程($Q^{n+1}=J\overline{Q^n}+\overline{K}Q^n$)

$\begin{cases}Q_2^{n+1}=Q_1^n\cdot Q_0^n\cdot\overline{Q_2^n}+\overline{Q_0^n}\cdot Q_2^n\\Q_1^{n+1}=Q_0^n\cdot\overline{Q_2^n}\cdot\overline{Q_1^n}+\overline{Q_0^n}Q_1^n\\Q_0^{n+1}=\overline{Q_0^n}\end{cases}$

列出状态表和状态图,三个触发器均为同一个触发脉冲信号,当 CP 脉冲出现下降沿(即从 1→0)时,触发器才能触发开始计数,最终的状态图如解图所示。

题 29 解表

$Q_2^n Q_1^n Q_0^n$	CP	$Q_2^{n+1}Q_1^{n+1}Q_0^{n+1}$
000	⌐_	001
001	⌐_	010
010	⌐_	011
011	⌐_	100
100	⌐_	101
101	⌐_	000
110	⌐_	111
111	⌐_	000

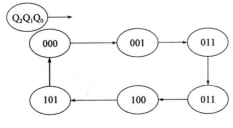

题 29 解图

由解图可以看出,该电路实现的功能为同步六进制加法计数器。

答案:C

30. 解 根据运算放大器的虚断和虚短特性:$I_0+I_1+I_2+I_3=\dfrac{0-V_0}{R_F}$

即 $\dfrac{V_{REF}-0}{2^3R}d_0+\dfrac{V_{REF}-0}{2^2R}d_1+\dfrac{V_{REF}-0}{2^1R}d_2+\dfrac{V_{REF}-0}{2^0R}d_3=\dfrac{0-V_0}{R_F}$,即得:

$V_0=-\dfrac{R_FV_{REF}}{2^3R}(2^0d_0+2^1d_1+2^2d_2+2^3d_3)$,代入 $R_F=\dfrac{1}{2}R$,得:

$V_0=-\dfrac{V_{REF}}{2^4}(2^0d_0+2^1d_1+2^2d_2+2^3d_3)$

根据 $d_3d_2d_1d_0=1101$,$V_0=-\dfrac{5}{2^4}(1+0+4+8)=4.0625V$

注:明白权电阻网络 D/A 转换器原理后,完全可以利用 $V_0=-\dfrac{5}{2^4}(2^0+0+2^2+2^3)=-4.0625V$,负号可通过瞬时极性法确定。

答案:A

31. 解 风能利用系数 $C_p=\dfrac{2P_M}{\rho Av^3}$,式中,$P_M$ 为风力涡流实际获得的轴功率,ρ 为空气密度,A 为叶轮扫风面积,v 为叶轮的上游风速,C_p 表示风力发电机将风能转化成电能的转换效率。根据贝兹理论,风力发电机最大风能利用系数 C_{pmax} 为 0.593。

答案:D

32. 答案:C

33. 解 线路电压标幺值 $U_*=\dfrac{U_N}{U_B}=\dfrac{10}{10.5}=0.952$。

答案:D

34. 答案:C

35. 解 根据题图可知,开关 B 断口相当于输电线路空载,线路末端的功率 S_2 为 0,当线路末端电压 $U_2=U_2\angle0°$ 已知时,有:

$U_1=U_2+\Delta U_2+j\delta U_2=U_2-\dfrac{BX}{2}U_2+j\dfrac{BR}{2}U_2$

将 $U_1=240kV$ 及线路参数代入上式得:

$240=U_2-\dfrac{6\times10^{-4}\times85}{2}U_2+j\dfrac{6\times10^{-4}\times20}{2}U_2$

解得:$U_2=246.28kV$

开关 B 断口两端的电压差为:$U_2-220=26.28$kV

答案:C

36. 解 超高压线路并联电抗器的作用为:

(1)削弱空载或轻载线路中的电容效应,抑制其末端电压升高,降低工频暂态过电压,限制操作过电压的幅值。

(2)改善沿线电压分布,提供负载线路中的母线电压,增加系统稳定性及送电能力。

(3)有利于消除同步电机带空载长线时可能出现的自励磁谐振现象。

(4)采用电抗器中性点经小电抗接地的办法,可补偿线路相间及相对地电容,加速潜供电弧自灭,有利于单相快速重合闸的实现。

答案:B

37. 解 取 $S_B=600$MVA,$U_B=U_{av}$,出口断路器的断流容量为 600MVA,即 $S_G=600$MVA

(1)计算各元件标幺值

$$X_{G^*}=\frac{S_B}{S_G}=\frac{600}{600}=1,\ X_{l1^*}=xl_1\times\frac{S_B}{U_B^2}=0.38\times5\times\frac{600}{10.5^2}=10.34$$

(2)计算短路电流有效值和短路容量

当 k-1 点发生三相短路时,短路电流及短路容量有效值为:

$$I_k^{(3)}=I_k^* I_B=\frac{1}{X_\Sigma}\times\frac{S_B}{\sqrt{3}U_{av}}=\frac{1}{1+10.34}\times\frac{600}{\sqrt{3}\times10.5}=2.91\text{kA}$$

$$S_k=I_k^* S_B=\frac{1}{X_\Sigma}\times S_B=\frac{1}{1+10.34}\times600=52.9\text{MVA}$$

答案:C

38. 解 此为高压短路电流计算条件之一:设定短路回路各元件的磁路系统为不饱和状态,即认为各元件的感抗为常数。若电网电压在 6kV 以上时,除电缆线路应考虑电阻外,网络阻抗一般可视为纯电抗(略去电阻);若短路电路中总电阻 R_Σ 大于总电抗 X_Σ 的 1/3,则应计入其有效电阻。

答案:C

39. 解 设网络的额定电压 $U_N=110$kV

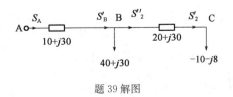

题 39 解图

(1)BC 线路阻抗支路末端的功率：$\tilde{S}_2' = -\tilde{S}_2 = (-10-j8)\text{MVA}$

(2)BC 线路阻抗支路的功率损耗：

$$\Delta \tilde{S}_{zc} = \frac{P_2'^2 + Q_2'^2}{U_N^2}(R_{BC}+jX_{BC}) = \frac{(-10)^2+(-8)^2}{110^2} \times (20+j30) = (0.271+j0.407)\text{MVA}$$

(3)BC 线路阻抗支路首端的功率：

$$\tilde{S}_2'' = \tilde{S}_2' + \Delta \tilde{S}_{zc} = (-10-j8+0.271+j0.407) = (-9.729-j7.593)\text{MVA}$$

(4)AB 线路阻抗支路末端的功率：

$$\tilde{S}_B' = \tilde{S}_2'' + \tilde{S}_B = (-9.729-j7.593+40+j30) = (30.271-j22.407)\text{MVA}$$

(5)AB 线路阻抗支路的功率损耗：

$$\Delta \tilde{S}_{zAB} = \frac{P_B'^2 + Q_B'^2}{U_N^2}(R_{AB}+jX_{AB}) = \frac{30.271^2+22.407^2}{110^2} \times (10+j30) = (1.172+j3.52)\text{MVA}$$

(6)AB 线路首端的功率：

$$\tilde{S}_A = \tilde{S}_B' + \Delta \tilde{S}_{zAB} = 40+j30+1.172+j3.52 = (41.172+j33.52)\text{MVA}$$

(7)电压降落的纵分量：

$$\Delta U_1 = \frac{P_A R_{AB} + Q_A X_{AB}}{U_A} = \frac{41.172\times10+33.52\times30}{121} = 11.71\text{kV}$$

(8)B 点及 C 点电压：

$$U_B = U_A - \Delta U_1 = 121 - 11.71 = 109.29\text{kV}$$

$$\Delta U_2 = \frac{P_2'' R_{BC} + Q_2'' X_{BC}}{U_B} = \frac{-9.729\times20-7.593\times30}{109.29} = -3.865\text{kV}$$

$$U_C = U_B - \Delta U_2 = 109.29 - (-3.865) = 113.15\text{kV}$$

注：本题与 2018 年发输变电专业基础考试真题第 37 题类似。

答案：D

40.**解** 根据变压器调整率计算公式：$\Delta U\% = \frac{U_{2N}-U_2}{U_{2N}} \times 100\% \Rightarrow U_2 = (1-\Delta U\%) \times U_{2N}$

代入数据得：$U_2 = (1-0.03) \times 230 = 223.1\text{V}$。

答案：C

41.**解** 变压器效率计算公式为：$\eta = \left(1 - \frac{p_0 + \beta^2 p_{kN}}{\beta S_N \cos\varphi_2 + p_0 + \beta^2 p_{kN}}\right) \times 100\%$

代入已知条件：$p_0 = 0.3\text{kW}, p_{kN} = 0.4\text{kW}, \beta = 1$，得：

$$\eta = \left(1 - \frac{p_0 + \beta^2 p_{kN}}{\beta S_N \cos\varphi_2 + p_0 + \beta^2 p_{kN}}\right) \times 100\% = \left(1 - \frac{0.3+0.4}{10\times0.8+0.3+0.4}\right) \times 100\%$$

＝91.95％

答案: D

42. 解 小容量变压器一般采用自然风冷却方式,变电所大容量主变压器一般采用强迫油循环风冷却及强迫油循环风冷却方式,巨型变压器采用强迫油循环导向冷却方式。变压器常用的冷却方式有以下几种。

题 42 解表

变压器冷却方式	代　号
油浸自冷	ONAN
油浸风冷	ONAF
强迫导向油循环风冷	ODAF
强迫油循环风冷	OFAF
强迫油循环水冷	OFWF
强迫导向油循环水冷	ODWF

注:1.第一个字母表示与绕组接触的内部冷却介质,O 表示矿物油或燃点不大于 300℃ 的合成绝缘液体,K 表示燃点大于 300℃ 的合成绝缘液体。
2.第二个字母表示内部冷却介质的循环方式,N 表示流经冷却设备和绕组内部的油流是自然的热对流循环;F 表示冷却设备中的油流是强迫循环,流经绕组内部的油流是热对流循环;D 表示冷却设备中的油流是强迫循环,至少在主要绕组内的油流是强迫导向循环。
3.第三个字母表示外部冷却介质,A 表示空气,W 表示水。
4.第四个字母表示外部冷却介质的循环方式,N 表示自然对流,F 表示强迫循环(如风扇、泵等)。

此外,同步发电机型号表示方法为:汽轮机发电机型号有 QFQ、QFN、QFS 系列,前两个字母表示汽轮发电机,第三个字母代表冷却方式(Q 表示氢外冷,N 表示氢内冷,S 表示双水内冷)。我国生产的水轮机为 TS 系列,T 表示同步,S 表示水轮。

答案: A

43. 解 (1)星形连接:指三相绕组的三个首端 A、B、C(或 a、b、c)向外引出,将末端 X、Y、Z(或 x、y、z)连接在一起成为中性点,用符号 Y(或 y)表示,如图 a)所示。

(2)三角形连接:指一相绕组的末端和另一相容阻的首端连接起来,顺序形成一个闭合电路,而把其首端向外引出,用符号 D(或 d)表示。三角形连接有正向和逆向两种连接顺序,图 b)为按照 a-b(x)-c(y)-a(c)的顺序连接,为正顺序;同理图 c)为逆顺序。

答案: A

44. 答案: B$\left(\text{提示:同步转速}\ n=\dfrac{60f}{P}\right)$

45. 答案: D(提示:参见异步电动机电磁转矩考点)

46. 解 为了描述异步电机转速,引入参数转差率,转差率为旋转磁场同步转速 n_1 和电动

机转子转速 n 之差与同步转速之比,用公式表示为 $s=\dfrac{n_1-n}{n_1}$,而同步转速 $n_1=\dfrac{60f}{p}$,因此异步电动机转子转速 $n=\dfrac{60f_1(1-s)}{p}$。按照转差率的正负和大小,异步电机可分为电动机、发电机和电磁制动三种运行状态。因此选项 B、C 为电动机运行状态,选项 D 为电磁制动状态。三种运行状态对应的转速及转差率如下:

(1)电动机状态:当 $0<n<n_1$、$0<s<1$ 时,T_{em} 与 n 方向相同,T_{em} 为驱动转矩。

(2)发电机状态:当 $n>n_1$、$s<0$ 时,T_{em} 与 n 方向相反,T_{em} 为制动转矩。

(3)电磁制动状态:当 $n<0$、$s>1$ 时,T_{em} 与 n 方向相反,T_{em} 为制动转矩。

答案:D

47. 解 异步电动机的转速与电源频率、电机磁极对数和转差率有关。

$$n=(1-s)n_1=(1-s)\dfrac{60f_1}{p}$$

对笼形电动机有:

(1)变极调速:电源频率不变,改变电动机的磁极对数调速。

(2)变频调速:频率 f 连续调节属无级调速,调速性能好,既可实现基频向下调速,也可实现基频向上调速,但需有一套专用变频设备。

(3)对绕线型电动机:变转差率调速即在绕线式电动机转子绕组中串入可调电阻,可改变 s 和 n。

特点:可实现小范围无级调速,但能耗大,效率低,广泛应用于起重设备。

答案:B

48. 解 由 $P_N=\sqrt{3}U_NI_N\cos\varphi$,代入数据得:$I_N=11.32\text{kA}$。

由 $Q_N=\sqrt{3}U_NI_N\sin\varphi$,代入数据得:$Q_N=185.9\text{Mvar}$。

答案:B

49. 解 额定运行时,$\cos\varphi=0.8\Rightarrow\varphi=36.9°\Rightarrow\sin\varphi=0.6$

额定相电压 $U_p=\dfrac{U_N}{\sqrt{3}}=\dfrac{11}{\sqrt{3}}=6.3508\text{kV}=6350.8\text{V}$

额定相电流 $I_p=I_N=460\text{A}$

然后根据凸机同步发电机相量图求内功率因数角:

$$\psi=\arctan\dfrac{U_p\sin\varphi+I_pX_q}{U_p\cos\varphi}=\arctan\dfrac{6350.8\times0.6+460\times8}{6350.8\times0.8}=55.85°$$

因此,功角 $\delta=\psi-\varphi=55.85°-36.9°=18.95°$

则空载相电动势 E_0 为：

$$E_0 = U_p\cos\delta + I_d X_d = U_p\cos\delta + I_p\sin\phi X_d$$
$$= 6350.8 \times \cos 18.95° + 460 \times \sin 55.85° \times 16 = 12097.5\text{V}$$

答案：C

50. 答案：C

51. 解 对于 35kV 线路，悬式绝缘子串个数不得少于 3 片；对于 60kV 线路，悬式绝缘子串个数不得少于 5 片；对于 110kV 线路，悬式绝缘子串个数不得少于 7 片；对于 220kV 线路，悬式绝缘子串个数不得少于 13 片；对于 330kV 线路，悬式绝缘子串个数不得少于 19 片；对于 500kV 线路，悬式绝缘子串个数不得少于 25 片，因此可以通过绝缘子串上的片数来判断电压等级。

答案：D

52. 解 低压配电系统接地有 IT、TT、TN 系统三种方式。

(1) IT 系统。电源变压器中性点不接地（或通过高阻抗接地），而电气设备外壳电气设备外壳采用保护接地。

(2) TT 系统。电源变压器中性点接地，电气设备外壳采用保护接地（其金属外壳直接接地的与电源端接地点无关的接地极）。

(3) TN 系统。电源变压器中性点接地，设备外露部分与中性线相连。TN 系统是将电气设备的金属外用保护零线与该中心点连接，称作保护接零系统。TN 系统又分为以下三种形式：

①TN-C：保护零线（PE）与工作零线（N）共用，为三相四线制系统。

②TN-S：工作零线和保护零线 PE 从电源端中性点开始完全分开，称为三相五线制系统。

③TN-C-S：整个系统中，工作零线同保护零线是部分共用，即局部三相五线制系统。

答案：A

53. 解 (1) 接触电位差：接地故障（短路）电流流过接地装置时，大地表面形成分布电位在地面上到设备水平距离为 1.0m 处与设备外壳、架构或墙壁离地面的垂直距离 2.0m 处两点间的电位差。

(2) 跨步电位差：接地故障（短路）电流流过接地装置时，地面上水平距离为 1.0m 的两点间电位差。

注：此题考查的是《交流电气装置的接地设计规范》(GB 50065—2011)条文。

答案：B

54.解 按照分闸时间的不同,可将断路器分为:

(1)高速断路器:分闸时间不超过0.08s。

(2)中速断路器:分闸时间不超过0.12s。

(3)低速断路器:分闸时间不超过0.24s。

断路器的合闸时间一般在0.2~0.4s。

答案:C

55.解 根据《建筑物防雷设计规范》(GB 50057—2010),通过滚球法作图确定单支避雷针的保护范围。地面保护半径 $r_0 = \sqrt{h_x^2-(h_x-h)^2}$,其中 $h_x=30, h=25$,代入数据得,$r_0=29.58$m。

答案:D

56.解 无论是电流互感器还是电压互感器,都要求二次侧有一点可靠接地,以防止万一互感器绝缘损坏,一次侧的高电压窜入二次回路,危及二次设备和人身安全。

答案:D

57.解 直流电机调速公式为:$n = \dfrac{U-I_a(R_a+R_{tj})}{C_e\Phi} = \dfrac{U}{C_e\Phi} - \dfrac{T_{em}(R_a+R_{tj})}{C_eC_T\Phi^2}$,式中,$R_a$为电枢回路总电阻,$R_j$为电枢回路外串电阻。

(1)由公式可知,当电机额定运行时,串入电阻R_j后,则转速由额定转速下降。

(2)由解图可以看出,随着串入电枢电阻增大,机械特性发生改变。

(3)轻载时,电枢电流I_a小,即电磁转矩T_{em}小,对应转速n_1高,转速变化范围小($n_0 \to n_1$)。

(4)相对于改变电压、磁通的调速方式,电枢串电阻会导致电动机增加附加的功率损耗,效率降低。

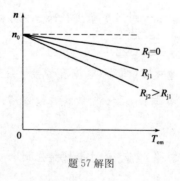

题57解图

答案:D

58.解 断路器及隔离开关操作顺序为:停电时,先断断路器QF1,再断线路侧隔离开关QS11,最后断开母线侧隔离开关QS12;送电时,先合上母线侧隔离开关QS12,再合上线路侧隔离开关 QS11,最后合上断路器 QF1。这样的操作顺序主要遵循了两条基本原则:一是防止隔离开关带负荷合闸或者拉闸;二是在断路器处于合闸的状态下,误操作隔离开关的事故不发生在母线侧隔离开关上,以避免误操作的电弧引起母线短路事故;反之,误操作发生在线路侧隔离开关上时,只会引起本线路短路事故,不影响母线上其他线路运行,造成的事故范围及修复时间缩小。

答案:C

59. 解 如解表所示,保护零线(PE 线)所用材质与相线、工作零线相同时,相线截面面积>35mm², 其最小截面面积应为相线截面面积的一半。

题 59 解表

相线截面面积 $S(\text{mm}^2)$	保护零线(PE 线)最小截面面积(mm^2)
$S \leq 16$	S
$16 < S \leq 35$	16
$S > 35$	$S/2$

答案:D

60. 解 中性点不接地系统中,正常运行时,如解图所示,三相对地电容电流之和为 0(即 $\dot{I}_{CC} + \dot{I}_{CB} + \dot{I}_{CA} = \dot{0}$)。当 A 相发生接地时,由于中性点电位升高,B、C 相对地电压升高至线电压,则对地电流分别变为 $\dot{I}'_{CC}$、$\dot{I}'_{CB}$。因此 A 相的故障电流即为 B、C 两相对地电容电流的相量和(即 $|\dot{I}'_{CC} + \dot{I}'_{CB}| = |\dot{I}_{PE}|$)。经相量图推出 A 相故障电流 $|\dot{I}_{PE}| = 3I_{CC} = 45\text{A}$,且为容性电流。

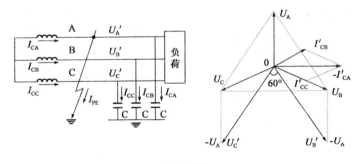

题 60 解图

答案:B

2020年度全国勘察设计注册电气工程师（供配电）执业资格考试试卷

基础考试
（下）

二〇二〇年十月

应考人员注意事项

1. 本试卷科目代码为"2",考生务必将此代码填涂在答题卡"科目代码"相应的栏目内,否则,无法评分。

2. **书写用笔:黑色或蓝色钢笔、签字笔或圆珠笔;**
   填涂答题卡用笔:**黑色 2B 铅笔**。

3. 必须用书写用笔将工作单位、姓名、准考证号填写在答题卡和试卷相应的栏目内。

4. 本试卷由 60 题组成,每题 2 分,满分 120 分,本试卷全部为单项选择题,每小题的四个备选项中只有一个正确答案,错选、多选、不选均不得分。

5. 考生作答时,必须**按题号在答题卡上**将相应试题所选选项对应的**字母用 2B 铅笔涂黑**。

6. 在答题卡上书写与题意无关的语言,或在答题卡上作标记的,均按违纪试卷处理。

7. 考试结束时,由监考人员当面将试卷、答题卡一并收回。

8. 草稿纸由各地统一配发,考后收回。

单项选择题(共 60 题,每题 2 分。每题的备选项中,只有一个最符合题意。)

1. 电路如图所示,若受控源 $2U_{AB}=\mu U_{AC}$,受控源 $0.4I_1=\beta I$,则 μ、β 分别为:

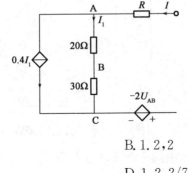

A. 0.8,2   B. 1.2,2

C. 0.8,2/7   D. 1.2,2/7

2. 电路如图所示,其 ab 端的开路电压和等效电阻分别为:

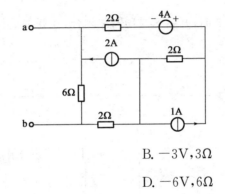

A. 3V,3Ω   B. −3V,3Ω

C. 6V,6Ω   D. −6V,6Ω

3. 电路如图所示,2Ω 电阻的电压 U 为:

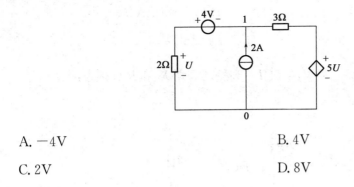

A. −4V   B. 4V

C. 2V   D. 8V

4. 图示电路中，N_s 为含有独立电源的电阻网络。当 $R_1=7\Omega$ 时，$I_1=20A$；当 $R_1=2.5\Omega$ 时，$I_1=40A$。则当 $R_1=R_{eq}$ 时可获得的最大功率为：

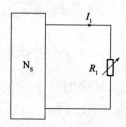

A. 3000W
B. 3050W
C. 4050W
D. 4500W

5. 一阶动态电路的三要素法中的3个要素分别为：

A. $f(-\infty), f(+\infty), \tau$
B. $f(0_+), f(+\infty), \tau$
C. $f(0_-), f(+\infty), \tau$
D. $f(0_+), f(0_-), \tau$

6. 电路如图所示，当 $t=0$ 时，开关 S_1 打开，S_2 闭合，在开关动作前电路已达到稳态。则当 $t\geq 0$ 时通过电感的电流为：

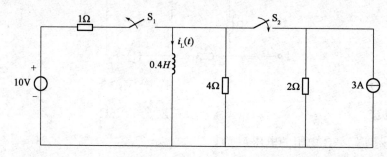

A. $3(1+e^{\frac{-t}{0.3}})A$
B. $3(1-e^{\frac{-t}{0.3}})A$
C. $(3-7e^{\frac{-t}{0.3}})A$
D. $(3+7e^{\frac{-t}{0.3}})A$

7. 图示电路中，电压 $\dot{U}=8\angle 30°V$，电流 $\dot{I}=2\angle 30°A$，则 X_C 和 R 分别为：

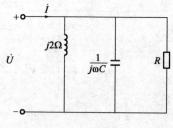

A. $0.5\Omega, 4\Omega$
B. $2\Omega, 4\Omega$
C. $0.5\Omega, 16\Omega$
D. $2\Omega, 16\Omega$

8. 电路如图所示，已知电源电压 $\dot{U}_s=10\angle0°\text{V}$，则电压源发出的有功功率为：

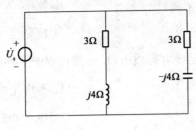

A. $\dfrac{100}{3}$ W

B. $\dfrac{200}{3}$ W

C. 24W

D. 48W

9. 电路如图所示，已知 $u=(10+5\sqrt{2}\cos3\omega t)\text{V}$，$R=5\Omega$，$\omega L=5\Omega$，$1/\omega C=45\Omega$，电压表和电流表均测有效值，其读数分别为：

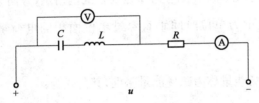

A. 0V，0A

B. 1V，1A

C. 10V，0A

D. 10V，1A

10. 根据相关概念判断下列电路中可能发生谐振的是：

A. 纯电阻电路

B. RL 电路

C. RC 电路

D. RLC 电路

11. 对称三相电路中，三相总功率 $P=\sqrt{3}UI\cos\varphi$，其中 φ 是：

A. 线电压与线电流的相位差

B. 相电流与相电压的相位差

C. 线电压与相电流的相位差

D. 相电压与线电流的相位差

12. 平行板电容器之间的电流属于：

A. 传导电流

B. 运流电流

C. 位移电流

D. 线电流

13. 在时变电磁场中，场量和场源除了是时间的函数，还是：

A. 角坐标的函数

B. 空间坐标的函数

C. 极坐标的函数

D. 正交坐标的函数

14. 一般衡量电磁波用的物理量是：

　　A. 幅值　　　　　　　　　　　　B. 频率

　　C. 功率　　　　　　　　　　　　D. 能量

15. 均匀平面波垂直入射至导电媒质中，在传播过程中下列说法正确的是：

　　A. 空间各点电磁场振幅不变　　　B. 不再是均匀平面波

　　C. 电场和磁场不同相　　　　　　D. 电场和磁场同相

16. 下列关于电流密度的说法正确的是：

　　A. 电流密度的大小为单位时间通过任意截面积的电荷量

　　B. 电流密度的大小为单位时间垂直穿过单位面积的电荷量，方向为负电荷运动的方向

　　C. 电流密度的大小为单位时间穿过单位面积的电荷量，方向为正电荷运动的方向

　　D. 电流密度的大小为单位时间垂直穿过单位面积的电荷量，方向为正电荷运动的方向

17. 单位体积内的磁场能量称为磁场能量密度，其公式为：

　　A. $\omega_m = \dfrac{H^2}{2\mu}$　　　　　　　B. $\omega_m = \dfrac{B^2}{2\mu}$

　　C. $\omega_m = \mu H^2$　　　　　　　D. $\omega_m = \mu B^2$

18. 下列物质能被磁体吸引的是：

　　A. 银　　　　　　　　　　　　　B. 铅

　　C. 水　　　　　　　　　　　　　D. 铁

19. 电路如图所示，二极管的正向压降忽略不计，则电压 U_A 为：

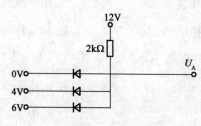

　　A. 0V　　　　　　　　　　　　　B. 4V

　　C. 6V　　　　　　　　　　　　　D. 12V

20.已知放大电路中某晶体管三个极的电位分别为$V_E=-1.7V$,$V_B=-1.4V$,$V_C=5V$,则该管的类型为：

A. NPN 型硅管　　　　　　　　B. NPN 型锗管

C. PNP 型硅管　　　　　　　　D. PNP 型锗管

21.在如图所示电路中,输出电压u_o为：

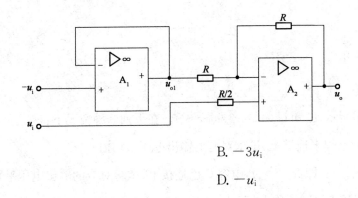

A. $3u_i$　　　　　　　　　　　B. $-3u_i$

C. u_i　　　　　　　　　　　D. $-u_i$

22.如图所示电路中,$V_{CC}=15V$,已知晶体管的$\bar{\beta}=37.5$,则放大电路的A_u、r_i和r_o分别为：

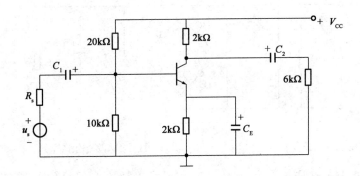

A. $A_u=71.2, r_i=0.79k\Omega, r_o=2k\Omega$

B. $A_u=-71.2, r_i=0.79k\Omega, r_o=2k\Omega$

C. $A_u=71.2, r_i=796k\Omega, r_o=21k\Omega$

D. $A_u=-71.2, r_i=79k\Omega, r_o=2k\Omega$

23. 运算放大器电路如图所示,则电路电压的放大倍数 A_u 为:

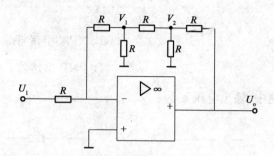

A. $A_u=-8$
B. $A_u=-18$
C. $A_u=8$
D. $A_u=18$

24. 电路如图所示,已知 $U_2=20\sqrt{2}\sin\omega t$(V)。在下列 3 种情况下:

(1)电容 C 因虚焊未连接上,试求对应的输出电压平均值 U_o;

(2)如果负载开路(即 $R_L=\infty$),电容 C 已连接上,试求对应的输出电压平均值 U_o;

(3)如果二极管 D_1 因虚焊未连接上,电容 C 开路,试求对应的输出电压平均值 U_o。

则上述三种情况的电压依次为:

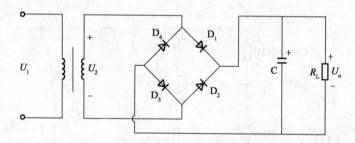

A. 9V,28.28V,18V
B. 18V,28.28V,9V
C. 9V,14.14V,18V
D. 18V,14.14V,9V

25. 若 $Y=A\bar{B}+AC=1$,则有:

A. ABC=001
B. ABC=110
C. ABC=100
D. ABC=011

26. 集成译码器 74LS138 在译码状态时,其输出端的有效电平个数为:

A. 1
B. 2
C. 4
D. 8

27.图示电路实现的逻辑功能是:

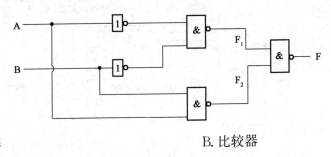

A. 半加器 B. 比较器
C. 同或门 D. 异或门

28.逻辑电路如图所示,A="1",C 脉冲来到后 JK 触发器将:

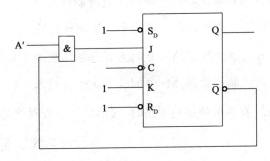

A. 保持原状态 B. 置"0"
C. 置"1" D. 具有计数功能

29.如图所示异步时序电路,该电路的逻辑功能为:

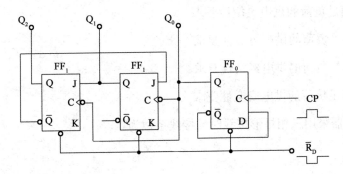

A. 同步八进制加法计数器 B. 异步八进制减法计数器
C. 异步六进制加法计数器 D. 异步六进制减法计数器

30. 图示逻辑电路在 M=1 和 M=0 时的功能分别为：

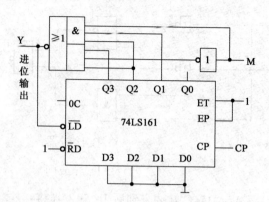

A. M=1 时为五进制计数器，M=0 时为十五进制计数器
B. M=1 时为十进制计数器，M=0 时为十六进制计数器
C. M=1 时为十五进制计数器，M=0 时为五进制计数器
D. M=1 时为十六进制计数器，M=0 时为十进制计数器

31. 中性点不接地系统发生单相接地短路时，接地故障点处对地的电容电流将：

A. 保持不变
B. 升高 2 倍
C. 升高 $\sqrt{3}$ 倍
D. 升高 3 倍

32. 装有两台主变压器的小型变电所，关于低压侧采用单母线分段的主接线的说法正确的是：

A. 为了满足负荷的供电灵敏性要求
B. 为了满足负荷的供电可靠性要求
C. 为了满足负荷的供电经济性要求
D. 为了满足负荷的供电安全性要求

33. 电流互感器采用三相星形接线时的接线系数为：

A. $\sqrt{3}$
B. 2
C. 1
D. 3

34. 电压互感器采用 V/V 型接线方式，其测量的电压值为：

A. 一个线电压
B. 一个相电压
C. 两个线电压
D. 两个相电压

35. 高压断路器的检修中,大修的期限为:

    A. 每半年至少一次　　　　　　　　　　B. 每一年至少一次

    C. 每两年至少一次　　　　　　　　　　D. 每三年至少一次

36. 电流互感器的校验条件为:

    A. 只需要校验热稳定性,不需要校验动稳定性

    B. 只需要校验动稳定性,不需要校验热稳定性

    C. 不需要校验热稳定性和动稳定性

    D. 热稳定性和动稳定性都需要校验

37. 发电机和变压器归算至 $S_B=100MVA$ 的电抗标幺值标在图中,试计算图示网络中 f 点发生 BC 两相短路时,短路点的短路电流为(变压器联结组 Yn/d11):

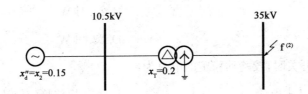

    A. 1.24kA　　　　　　　　　　　　　　B. 3.54kA

    C. 4.08kA　　　　　　　　　　　　　　D. 4.71kA

38. 某无穷大电力系统如图所示,两台变压器分列运行下 k-2 点的三相短路全电流为:

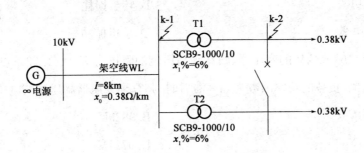

    A. 16.41kA　　　　　　　　　　　　　B. 41.86kA

    C. 25.44kA　　　　　　　　　　　　　D. 30.21kA

39. 高压断路器:

    A. 具有可见断点和灭弧装置　　　　　　B. 无可见断点,有灭弧装置

    C. 有可见断点,无灭弧装置　　　　　　D. 没有可见断点和灭弧装置

40. 总等电位联结的作用为：

    A. 只能用于漏电保护，不能用于建筑物防雷

    B. 只能用于建筑物防雷，不能用于漏电保护

    C. 不能用于建筑物防雷和漏电保护

    D. 能用于建筑物防雷和漏电保护

41. 已知同步电机感应电势的频率为 $f=60Hz$，磁极对数为 4，则其转速应为：

    A. 1500r/min   B. 900r/min

    C. 3000r/min   D. 1800r/min

42. 一台 20kW、230V 的并励直流发电机，励磁回路的阻抗为 73.3Ω，电枢电阻为 0.156Ω，机械损耗和铁损共为 1kW，计算所得电磁功率为：

    A. 22.0kW   B. 23.1kW

    C. 20.1kW   D. 23.0kW

43. 选高压负荷开关时，校验动稳定的电流为：

    A. 三相短路冲击电流   B. 三相短路稳定电流

    C. 三相短路稳定电流有效值 D. 计算电流

44. 三相异步电动机等效电路中的等效电阻 $\frac{1}{s}R_2$ 上消耗的电功率为：

    A. 气隙功率   B. 转子损耗

    C. 电磁功率   D. 总机械功率

45. 500kVA、10/0.4kV 的变压器，归算到高压侧的阻抗为 $Z_T=(1.72+j3.42)Ω$，当负载接到变压器低压侧，负载的功率因数为 0.8 滞后时，归算到变压器高压侧的电压为：

    A. 10000V   B. 9829V

    C. 10500V   D. 9721V

46. 下列关于感应电动机的说法正确的是：

    A. 只产生感应电势，不产生电磁转矩

    B. 只产生电磁转矩，不产生感应电势

    C. 不产生感应电势和电磁转矩

    D. 产生感应电势和电磁转矩

47. 当同步电动机的功率因数小于1时,减小励磁电流将引起:

　　A. 电动机吸收无功功率,功角增大　　　　B. 电动机吸收无功功率,功角减小

　　C. 电动机释放无功功率,功角增大　　　　D. 电动机释放无功功率,功角减小

48. 可用于判断三相线路是否漏电的是:

　　A. 正序电流　　　　　　　　　　　　　　B. 负序电流

　　C. 零序电流　　　　　　　　　　　　　　D. 以上均可

49. 相对地电压为220V的TN系统配电线路,供电给手握式电气设备和移动式电气设备的末端线路或插座回路,其断路器短延时脱扣的分断时间一般为:

　　A. 小于0.4s　　　　　　　　　　　　　　B. 小于1s

　　C. 小于0.1s　　　　　　　　　　　　　　D. 大于1s

50. 一台Yd连接的三相变压器,额定容量 S_N=800kVA,U_{1N}/U_{2N}=10kV/0.4kV,则二次侧额定电流为:

　　A. 384.9A　　　　　　　　　　　　　　　B. 222.2A

　　C. 666.6A　　　　　　　　　　　　　　　D. 1154.5A

51. 同步发电机的最大传输功率发生在功角为:

　　A. 0°　　　　　　　　　　　　　　　　　B. 90°

　　C. 45°　　　　　　　　　　　　　　　　 D. 60°

52. 对于Yd接线的变压器,假设一次绕组匝数与二次绕组匝数之比为 a,则一次绕组的额定电压与二次绕组的额定电压之比为:

　　A. $\frac{1}{a}$　　　　　　　　　　　　　B. $\frac{1}{\sqrt{3}a}$

　　C. a　　　　　　　　　　　　　　　　　D. $\sqrt{3}a$

53. 电压互感器二次侧连接需满足:

　　A. 不得开路,且有一端接地　　　　　　　B. 不得开路,且不接地

　　C. 不得短路,且有一端接地　　　　　　　D. 不得短路,且不接地

54. 三相异步电动机拖动恒转矩负载运行,若电源电压上升10%,设电压调节前、后的转子电流分别为 I_1 和 I_2,则:

　　A. $I_1<I_2$　　　　　　　　　　　　　　B. $I_1=I_2$

　　C. $I_1>I_2$　　　　　　　　　　　　　　D. $I_1=-I_2$

55. 一台三相、Y 接法、线电压 220V、7.5kW、60Hz、6 极的感应电机,转子的转差率为 2%,定子电流为 18.8A,归算后转子的电阻为 0.144Ω,则转子的转速为:

　　A. 125.7rad/s　　　　　　　　　　B. 123.2rad/s

　　C. 114.3rad/s　　　　　　　　　　D. 110.5rad/s

56. 某配变电所,低压侧有功计算负荷为 880kW,功率因数为 0.85,欲使功率因数提高到 0.95,需并联电容器的容量为:

　　A. 580kvar　　　　　　　　　　　B. 120kvar

　　C. 255kvar　　　　　　　　　　　D. 367kvar

57. 变压器短路试验所测的数据可用于计算:

　　A. 励磁阻抗及铁芯损耗　　　　　　B. 原边漏抗及铁芯损耗

　　C. 副边漏抗及副边电阻　　　　　　D. 励磁阻抗及副边电阻

58. 一台三相笼形异步电动机的数据为: $P_N=60kW, U_N=380V, n_N=1450r/min, I_N=91A$,定子绕组采用 Y-△形接法, $I_{st}/I_N=6, T_{st}/T_N=4$,负载转矩为 320N·m。若电动机可以直接启动,供电变压器的允许启动电流至少为:

　　A. 182A　　　　　　　　　　　　B. 233A

　　C. 461A　　　　　　　　　　　　D. 267A

59. 图示简单系统是额定电压为 110kV 的双回输电线路,变电所中装有两台三相 110/11kV 的变压器,每台的容量为 15MVA,其参数为: $\Delta P_0=40.5kW, \Delta P_s=128kW, V_s(\%)=10.5, I_0(\%)=3.5$。当两台变压器并联运行时,它们的等值电阻为:

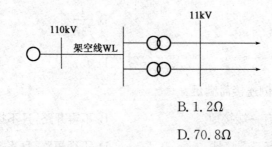

　　A. 3.4Ω　　　　　　　　　　　　B. 1.2Ω

　　C. 16.7Ω　　　　　　　　　　　　D. 70.8Ω

60. 三相电压负序不平衡度为:

　　A. 负序分量均方根与正序分量均方根的百分比

　　B. 负序分量均方根与零序分量均方根的百分比

　　C. 负序分量与正序分量的百分比

　　D. 负序分量与零序分量的百分比

2020年度全国勘察设计注册电气工程师(供配电)执业资格考试基础考试(下)试题解析及参考答案

1.解 根据KCL定律以及分压公式可知:$I=I_1+0.4I_1$,$U_{AB}=\dfrac{20}{20+30}U_{AC}=0.4U_{AC}$,结合题意,$\beta I=0.4I_1$,$2U_{AB}=\mu U_{AC}$,解得:$\mu=0.8$,$\beta=\dfrac{2}{7}$。

答案:C

2.解 将电路图进行等效化简如解图所示。

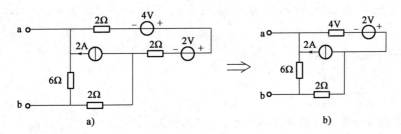

题2解图

针对解图b)可采用叠加原理求解开口电压:$U_{ab}=\dfrac{4}{4+6+2}\times 2\times 6-\dfrac{6}{6+4+2}\times 2=4-1=3\text{V}$,然后将电压源短路、电流源开路求等效内阻,则内阻$R_{ab}=6//(4+2)=3\Omega$。

答案:A

3.解 利用回路电流法得:$\left(-\dfrac{U}{2}+2\right)\times 3+5U-U+4=0$,解得:$U=-4\text{V}$。

答案:A

4.解 含独立电源的N_S电阻网络可以用戴维南定理表示为一个开路电压U_{oC}和等效电阻R_0相串联。根据题意,$I_1=\dfrac{U_{oC}}{R_0+R_1}$,代入已知参数得:$U_{oC}=180\text{V}$,$R_0=2\Omega$,故负载获得最大功率为:$P_{\max}=\dfrac{U_{oC}^2}{4R_0}=4050\text{W}$。

答案:C

5.解 本题考查三要素法的基本概念。

答案:B

6.解 (1)开关动作前,电感电流初始值$I_{L(0_-)}=10\text{A}$,根据换路定则可知,开关闭合时的

电感电流 $I_{L(0_+)}=I_{L(0_-)}=10A$。

(2)开关动作后，$I_{L(\infty)}=3A$，时间常数 $\tau=\dfrac{L}{R}=\dfrac{0.4}{4//2}=0.3$。

(3)根据三要素法得：

$i_L(t)=i_L(\infty)+[i_L(0_+)-i_L(\infty)]e^{\frac{-t}{\tau}}=3+(10-3)e^{\frac{-t}{0.3}}=(3+7e^{\frac{-t}{0.3}})A$

答案：D

7. 解 根据电压电流相位相同可知，LC支路发生并联谐振，则：$\omega L=\dfrac{1}{\omega C}\Rightarrow X_C=\dfrac{1}{\omega C}=2\Omega$，

$R=\dfrac{U}{I}=\dfrac{8}{2}=4\Omega$。

答案：B

8. 解 电压源发出有功功率即为电阻上消耗的功率，故 $P=\left(\dfrac{U_S}{\sqrt{3^2+4^2}}\right)^2\times 3+\left[\dfrac{U_S}{\sqrt{3^2+(-4)^2}}\right]^2\times 3=24W$。

答案：C

9. 解 本题考查非正弦周期电路电压、电流的计算。

根据 $u=10+5\sqrt{2}\cos 3\omega t$，分直流与交流分别计算：

(1)直流分量(电容相当于断路)：

电压电流分别为：$U_0=10V, I_0=0A$

(2)交流分量$\left(3\omega L=\dfrac{1}{3\omega C}\text{，发生谐振}\right)$：

$U_3=0V, I_3=\dfrac{5}{5}=1A$，故 $U=\sqrt{U_0^2+U_3^2}=10V, I=\sqrt{I_0^2+I_3^2}=1A$

答案：D

10. 答案： D

11. 解 $P=\sqrt{3}U_L I_L\cos\varphi=3U_P I_P\cos\varphi$，$\varphi$ 为相电流和相电压间的夹角。

答案：B

12. 解 全电流包括传导电流、运流电流和位移电流。

(1)传导电流是自由电子(或空穴)或者电解液中的离子在导电媒质中定向移动形成的电流。

(2)运流电流是电子、离子或者其它带电粒子在真空或气体中定向移动运动形成的电流。

(3)位移电流密度是电通密度的时间变化率或电场的时间变化率。

答案：C

13. 解 本题考查电磁波的特点。

答案：B

14. 解 电磁波一般以速度、频率、波长衡量。

答案：B

15. 答案：C

16. 解 本题考查电流密度的定义。

答案：D

17. 答案：B

18. 答案：D

19. 解 本题考查二极管的单向导电性。当含有多个二极管时，阳极和阴极电位相差最大时，优先导通。当第一个二极管导通后，不计正向压降时，$U_A=0V$，则剩下两个二极管因承受反向电压而截止。

答案：A

20. 解 根据 $U_{BE}=0.3V$，$U_C>U_B>U_E$，即可判断为NPN型锗管。

答案：B

21. 解 根据运算放大器虚断和虚短特性：

(1)对于 A_1：$u_{o1}=-u_i$。

(2)对于 A_2：$u_-=u_+=u_i$，$\dfrac{u_{o1}-u_-}{R}=\dfrac{u_--u_o}{R} \Rightarrow u_o=3u_i$。

答案：A

22. 解 图示电路为共发射极放大电路中典型稳定静态工作点电路，根据直流通路（电容开路）可知：$U_B=\dfrac{10}{10+20}\times V_{CC}=\dfrac{10}{10+20}\times 15=5V$，则发射极电流 $I_E=\dfrac{U_B-U_{BE}}{2}\approx\dfrac{5}{2}=$

$2.5mA$，根据电流确定电阻 $r_{be}=r'_{bb}+(1+\beta)\times\dfrac{26mV}{I_E}=300+(1+37.5)\times\dfrac{26mV}{2.5mA}=0.79k\Omega$。

画出微变等效电路如解图所示。

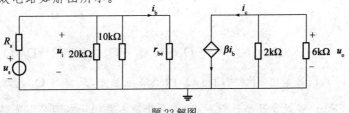

题22解图

由解图可知:输入阻抗 $r_i=20//10//0.79=0.71\text{k}\Omega$,输出阻抗 $r_o=2\text{k}\Omega$

输入电压 $\dot{U}_i=r_{be}\dot{I}_b$,输出电压 $\dot{U}_o=(1+\beta)R'_L\dot{I}_b$。

$$\dot{A}_u=\frac{\dot{U}_o}{\dot{U}_i}=-\frac{(1+\beta)R'_L\dot{I}_b}{r_{be}\dot{I}_b}=-\frac{(1+\beta)R'_L}{r_{be}}=-\frac{(1+37.5)(2//6)}{0.79}=-90.2。$$

答案:B

23.解 由运算放大器的虚短特性可知:$U_-=U_+=0$。

根据节点 KCL 定律可得:

$$\frac{U_i-U_-}{R}=\frac{0-U_1}{R},\frac{U_1-U_2}{R}+\frac{U_1}{R}=\frac{0-U_1}{R},\frac{U_1-U_2}{R}=\frac{U_2}{R}+\frac{U_2-U_o}{R}\Rightarrow A_u=\frac{U_o}{U_i}=-8$$

答案:A

24.解 三种情况分别对应 $0.9U_2$、$\sqrt{2}U_2$ 和 $0.45U_2$,其中 $U_2=20\text{V}$,则分别为 18V、28.28V 和 9V。

答案:B

25.解 将选项逐个代入验算,即可得到正确答案 C。

答案:C

26.解 74LS138 为 3 线-8 线译码器,在译码时,其输出端有效电平个数为 1。

答案:A

27.解 $F=\overline{\overline{\overline{A}\overline{B}}\cdot\overline{AB}}=\overline{A}\overline{B}+AB$,即为同或门。

答案:C

28.解 $Q^{n+1}=J\overline{Q^n}+\overline{K}Q^n=A\overline{Q^n}Q^n=A\overline{Q^n}\xrightarrow{A=1}Q^{n+1}=\overline{Q^n}$,即实现的逻辑功能为计数。

答案:D

29.解 根据时序逻辑电路的分析过程,首先列出电路的驱动方程和输出方程。

(1)驱动方程:$D=\overline{Q_0^n}$,$\begin{cases}J_1=\overline{Q_2^n}\\K_1=1\end{cases}$,$\begin{cases}J_2=Q_1^n\\K_2=1\end{cases}$

(2)输出方程:Q_2,Q_1,Q_0

(3)列状态方程:

$Q_2^{n+1}=J_2\overline{Q_2^n}+\overline{K_2}Q_2^n=Q_1^n\overline{Q_2^n}$,$Q_1^{n+1}=J_1\overline{Q_1^n}+\overline{K_1}Q_1^n=\overline{Q_2^n}\overline{Q_1^n}$,$Q_0^{n+1}=D=\overline{Q_0^n}$

由于触发器 FF1、FF2 是由 FF0 的输出 Q_0 的下降沿触发,只有当 Q_0 出现下降沿(即从 1→0)时触发器 FF1、FF2 才能触发开始计数,最终列出的状态表和状态图分别如解表和解图所示。

$Q_2^n Q_1^n Q_0^n$	$CP_0 = CP$	$CP_1 = Q_0^n$	$CP_2 = Q_0^n$	$Q_2^{n+1} Q_1^{n+1} Q_0^{n+1}$
000	↑			001
001	↑	↓	↓	010
010	↑			011
011	↑	↓	↓	100
100	↑			101
101	↑	↓	↓	000
110	↑			111
111	↑	↓	↓	000

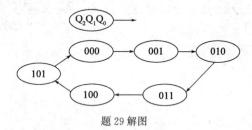

题29解图

由解表和解图可以看出,该电路实现的功能为异步六进制加法计数器。

答案:C

30.**解** 74LS161为十六进制加法计数器,从图中161的接线可以看出,计数方式为反馈置数法(同步置数)。由图示逻辑关系可知,$Y = \overline{MQ_1Q_2Q_3 + \overline{M}Q_2}$。

(1)当 M=1 时,进位信号 $Y = \overline{Q_1Q_2Q_3}$,图中故计数有0000~1110共15个状态,最后一个状态为有效状态,为十五进制计数器。

(2)当 M=0 时,进位信号 $Y = \overline{Q_2}$,计数有0000~0100共5个状态,最后一个状态为有效状态,为五进制计数器。

答案:C

31.**解** 正常时各相对地电容电流为U_p/X_c,发生单相接地故障后,故障点对地电容电流为非故障相之和,大小为$3U_p/X_c$,即故障点对地电流升高了2倍。

答案:B

32.**解** 无论何种主接线形式,首先要保证供电的可靠性。

答案:B

33.**解** 星形接线接入为线电压,接线系数为1;三角形接线接入电流为线电流之差,接线系数为$\sqrt{3}$。

答案:C

34.**解** 两个电压互感器高压侧首尾相连,相连处接B相,A端接A相,X端接C相,二次侧相对应地引出二次电压,并在B相接地,用于测量U_{AB}、U_{CB}。

答案:C

35. 答案:D

36. 解 电流互感器动稳定校验条件主要包括两个:①校验冲击电流倍数应小于或等于制造部门给出的允许动稳定倍数;②相间电流的相互作用使互感器绝缘瓷套顶部受到外作用力,也称之为外部动稳定校验。热稳定是验算互感器承受短路电流发热的能力。

答案:D

37. 解 将题干数据代入正序等效定则公式:$I_f = \dfrac{1}{2x_{\Sigma(1)}} \times \dfrac{100}{\sqrt{3} \times 35} = 4.08\text{kA}$。

注:一般短路计算取定电压为平均额定电压,针对此题取定$U_{av}=37\text{kV}$,没有对应选项,因此取定35kV计算。

答案:C

38. 解 取$S_B=1000\text{kVA}$,$U_B=U_{av}$,则线路及变压器标幺值为:

$$X_{T*} = \dfrac{U_k\%}{100} \times \dfrac{S_B}{S_N} = 0.06, \quad X_{L*} = x_l l \times \dfrac{S_B}{U_B^2} = 0.38 \times 8 \times \dfrac{1}{10.5^2} = 0.0275$$

根据三相短路电流全电流计算公式:

$$I_{ch} = I_k'' \sqrt{1+2(k_{ch}-1)^2} = \dfrac{1}{X_\Sigma} \dfrac{S_B}{\sqrt{3}U_{av}} \sqrt{1+2(k_{ch}-1)^2}$$

$$= \dfrac{1}{0.06+0.0275} \times \dfrac{1}{\sqrt{3} \times 0.4} \sqrt{1+2(1.8-1)^2} = 25.07\text{kA}$$

答案:C

39. 解 可见断点是隔离开关(刀闸)的特点。

答案:B

40. 答案:D

41. 解 $n = \dfrac{60f}{p} = \dfrac{60 \times 60}{4} = 900\text{r/min}$。

答案:B

42. 解 直流发电机电磁功率计算公式为:$P_m = E_a I_a$。由已知条件,输出电流$I=20000/230=86.96\text{A}$,励磁电流$I_f=230/73.3=3.14\text{A}$,因此,电枢电流$I_a=86.96-3.14=83.82\text{A}$。$E_a=230+83.82 \times 0.156=243.08\text{V}$,代入功率计算公式,得:$P_m=E_a I_a=83.82 \times 243.08=20.37\text{kW}$,就近选C。

答案:C

43. 解 热稳定校验的概念:在规定的短时间内,开关设备和控制设备在合闸位能够承载电流的有效值。动稳定校验的概念:开关设备和控制设备在合闸位能够承载的额定短时耐受电流的第一个大半波的电流峰值(冲击电流)。

答案:A

44. 解 本题考查异步电机功率流图。

答案:C

45. 解 由已知条件,$P=0.4$MW,$Q=0.6$Mvar,电压降 $\Delta U = \dfrac{PR+QX}{U} = \dfrac{0.4 \times 1.72 + 0.3 \times 3.42}{10} = 0.171$kV,因此,$U_2' = 10000 - 171 = 9829$V。

答案:B

46. 答案:D

47. 解 此题未说明电动机励磁状态,严格来讲,选项 AC 均正确。

答案:AC

48. 解 零序电流保护和剩余电流保护的基本原理都是基尔霍夫电流定律:流入电路中任一节点的复电流的代数和等于零,即 $\sum \dot{I} = 0$,并且都用零序 C.T 作为取样元件。在线路与电器设备正常情况下,各相电流的矢量和等于零(对零序电流保护假定不考虑不平衡电流),因此,零序 C.T 的二次侧绕组无信号输出(零序电流保护时躲过不平衡电流),执行元件不动作。当发生接地故障时,各相电流的矢量和不为零,故障电流的零序 C.T 的环形铁芯中产生磁通,零序 C.T 的二次侧感应电压使执行元件动作,带动脱扣装置,切换供电网络,达到接地故障保护的目的。

答案:C

49. 解 《低压配电设计规范》(GB 50054—2011)第 4.4.7 条对切断接地故障回路的时间要求为:

(1)配电线路或仅供给固定式电气设备用电的末端线路,不宜大于 5s。

(2)供电给手握式电气设备和移动式电气设备的末端线路或插座回路不应大于 0.4s。

答案:A

50. 解 $I_{2N} = \dfrac{S_N}{\sqrt{3} U_N} = \dfrac{800\text{kVA}}{\sqrt{3} \times 0.4\text{kV}} = 1156$A。

答案:D

51. 解 本题考查同步发电机的有功功率公式 $P_M = \dfrac{3UE_0}{X_s}\sin\delta$。

答案: B

52. 解 由已知条件，$U_{1p}/U_{2p}=a$，因此，$U_{1N}/U_{2N}=\sqrt{3}U_{1p}/U_{2p}=\sqrt{3}a$。

答案: D

53. 答案: C

54. 解 由转矩公式 $T=C_T\Phi I_a$ 可知，转矩不变，电压上升，则 Φ 变大，电流减小。

答案: C

55. 解 由异步电机转子转速公式：

$$n=(1-s)\dfrac{60f}{p}=(1-0.02)\times\dfrac{60\times 60}{3}=1176\,\text{r/min}=123.1\,\text{rad/s}$$

答案: B

56. 解 $Q=P(\tan\varphi_1-\tan\varphi_2)=880\times(0.620-0.329)=256.08\,\text{Mvar}$。

答案: C

57. 解 本题考查变压器试验。选项A为空载试验可测得的参数。

答案: C

58. 解 最小电流为启动电流的1/3，即 $I_{\min}=91\times 6/3=182\,\text{A}$。

答案: A

59. 解 $R_T=\dfrac{P_k}{1000}\times\dfrac{U_N^2}{S_N^2}=\dfrac{128}{1000}\times\dfrac{110^2}{15^2}\times\dfrac{1}{2}=3.44\,\Omega$。

答案: A

60. 答案: A

2020年度全国勘察设计注册电气工程师（发输变电）执业资格考试试卷

基础考试
（下）

二〇二〇年十月

应考人员注意事项

1. 本试卷科目代码为"2",考生务必将此代码填涂在答题卡"科目代码"相应的栏目内,否则,无法评分。

2. 书写用笔:**黑色或蓝色钢笔、签字笔或圆珠笔**;
   填涂答题卡用笔:**黑色 2B 铅笔**。

3. 必须用书写用笔将工作单位、姓名、准考证号填写在答题卡和试卷相应的栏目内。

4. 本试卷由 60 题组成,每题 2 分,满分 120 分,本试卷全部为单项选择题,每小题的四个备选项中只有一个正确答案,错选、多选、不选均不得分。

5. 考生作答时,必须**按题号在答题卡上**将相应试题所选选项对应的**字母用 2B 铅笔涂黑**。

6. 在答题卡上书写与题意无关的语言,或在答题卡上作标记的,均按违纪试卷处理。

7. 考试结束时,由监考人员当面将试卷、答题卡一并收回。

8. 草稿纸由各地统一配发,考后收回。

单项选择题(共 60 题,每题 2 分。每题的备选项中只有一个最符合题意。)

1. 基尔霍夫电流定律适用于:

   A. 节点　　　　　　　　　　　B. 支路

   C. 网孔　　　　　　　　　　　D. 回路

2. 电路如图所示,受控电流源吸收的功率为:

   A. $-72W$

   B. $72W$

   C. $36W$

   D. $-36W$

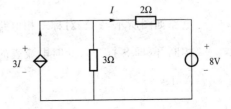

3. 如图所示电路ab端的开路电压为:

   A. $4V$

   B. $5V$

   C. $6V$

   D. $7V$

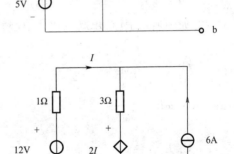

4. 电路如图所示,电路电流 I 为:

   A. $1A$

   B. $5A$

   C. $-5A$

   D. $-1A$

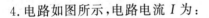

5. 正弦稳态电路如图所示,若 $u_s = 10\cos20t(V), R = 20\Omega, L = 1H$,则电流 i 与 u_s 的相位关系为:

   A. i 滞后 $u_s 90°$

   B. 电流 i 超前 $u_s 90°$

   C. i 滞后 $u_s 45°$

   D. i 超前 $u_s 45°$

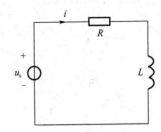

6. 电路如图所示，$i_s = \sqrt{2} \times 10\cos 10^5 t$(A)，$R = 8\Omega$，$C = 0.65\mu F$，$L = 80\mu H$，则电阻消耗功率为：

   A. 200W
   B. 800W
   C. 1600W
   D. 2400W

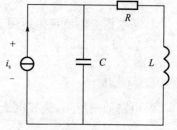

7. 电路如图所示，Y-Y对称三相电路中原先电流表指示1A(有效值)，后出现故障A相断开(即S打开)，此时电流表的读数为：

   A. 1A
   B. $\sqrt{\frac{3}{4}}$ A
   C. $\sqrt{\frac{3}{2}}$ A
   D. 0.5A

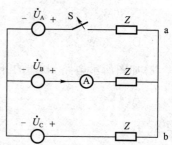

8. 如图所示RLC串联电路，U_s保持不变的串联谐振条件为：

   A. $\omega L = \dfrac{1}{\omega C}$
   B. $\omega L = \dfrac{1}{j\omega C}$
   C. $L = \dfrac{1}{C}$
   D. $R + j\omega L = \dfrac{1}{j\omega C}$

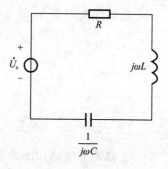

9. 电路如图所示，$L = 1H$，$R = 1\Omega$，$u_s = \left(\dfrac{1}{\sqrt{2}} + \sqrt{2}\cos t\right)$V，则$i$的有效值为：

   A. $\dfrac{1}{\sqrt{2}}$A
   B. $\sqrt{\dfrac{3}{2}}$A
   C. $\sqrt{2}$A
   D. 1A

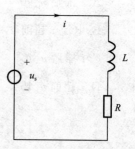

10. 一阶电路的时间常数只与电路元件有关的是：

　　A. 电阻和动态元件　　　　　　　　B. 电阻和电容

　　C. 电阻和电感　　　　　　　　　　D. 电感和电容

11. 电路如图所示，开关 S 闭合前电路处于稳态，$t=0$ 时开关闭合，则当 $t \geq 0$ 时的电感电流为：

　　A. $2(1-e^{-3t})$ A

　　B. $2e^{-3t}$ A

　　C. $2e^{-2t}$ A

　　D. $2(1-e^{-2t})$ A

12. 有一圆形气球，电荷均匀分布在其表面，在此气球被缓缓吹大的过程中，始终处于球外两点，则其电场强度将：

　　A. 变大　　　　　　　　　　　　　B. 变小

　　C. 不变　　　　　　　　　　　　　D. 无法判断

13. 静电场为：

　　A. 无旋场　　　　　　　　　　　　B. 散场

　　C. 有旋场　　　　　　　　　　　　D. 以上都不是

14. 磁路中的磁动势对应电路中的电动势，则对应电路电流的是磁路的：

　　A. 磁通　　　　　　　　　　　　　B. 磁场

　　C. 磁势　　　　　　　　　　　　　D. 磁流

15. 以下定律中，能反映恒定电场中电流连续性的是：

　　A. 欧姆定律　　　　　　　　　　　B. 电荷守恒定律

　　C. 基尔霍夫电压定律　　　　　　　D. 焦耳定律

16. 可传播电磁波的介质为：

　　A. 空气　　　　　　　　　　　　　B. 水

　　C. 真空　　　　　　　　　　　　　D. 以上均可

17. 恒定磁场的散度等于：

   A. 磁荷密度　　　　　　　　　　　B. 矢量磁位

   C. 零　　　　　　　　　　　　　　D. 磁荷密度与磁导率之比

18. 如果 $\vec{E}$ 和 $\vec{B}$ 分别表示电磁波中的电场向量和磁场向量,则电磁波的传播方向为：

   A. $\vec{E}$ 的方向　　　　　　　　B. $\vec{B}$ 的方向

   C. $\vec{B} \times \vec{E}$ 的方向　　　　　　D. $\vec{E} \times \vec{B}$ 的方向

19. 如图所示,设二极管为理想状态,u_o 的值为：

   A. $-6V$

   B. $-12V$

   C. $6V$

   D. $12V$

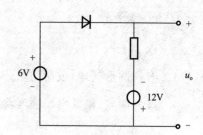

20. 基本电压放大电路,已知 $U_{BE}=0.7$,$\beta=50$,$r_{be}=588\Omega$,输入电阻 $R_B=75k\Omega$,则电压放大倍数 A_u 和输入电阻 r_i 分别为：

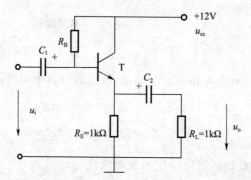

   A. $A_u=0.98, r_i=19.3k\Omega$　　　　B. $A_u=-0.98, r_i=0.9k\Omega$

   C. $A_u=98, r_i=19.3k\Omega$　　　　　D. $A_u=0.098, r_i=200\Omega$

21. 图示电路中,输出电压 u_o 为：

   A. u_i

   B. $-2u_i$

   C. $-u_i$

   D. $2u_i$

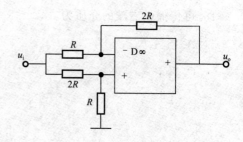

22. 在两级放大电路中,反馈电阻 R_F 引入的反馈类型为:

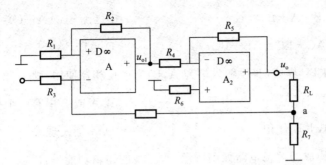

A. 电压串联负反馈 B. 电压并联负反馈

C. 电流串联负反馈 D. 电流并联负反馈

23. 由理想运算放大器组成的电路如图所示,则 u_{o1}、u_{o2}、u_o 的运算关系式分别为:

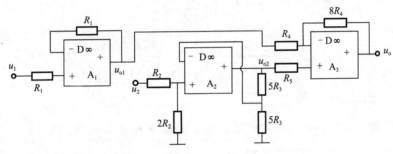

A. $u_{o1}=u_1, u_{o2}=2u_2, u_o=18u_2-8u_1$

B. $u_{o1}=-u_1, u_{o2}=4u_2, u_o=18u_2-8u_1$

C. $u_{o1}=u_1, u_{o2}=2u_2, u_o=-18u_2-8u_1$

D. $u_{o1}=u_1, u_{o2}=-2u_2, u_o=18u_2+8u_1$

24. 单相桥式整流电路如图所示,测得 $u_o=9\text{V}$,说明电路:

A. 电路正常输出

B. 电路中负载开路

C. 电路中滤波电容开路

D. 电路中二极管短路

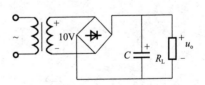

25. 下列等式不成立的是：

　　A. $A+\overline{A}B=A+B$
　　B. $(A+B)(A+C)=A+BC$
　　C. $AB+\overline{A}C+BC=AB+BC$
　　D. $AB+\overline{A}\overline{B}+A\overline{B}+\overline{A}B=1$

26. 将一个TTL异或门（设输入端为A,B）当作反相器使用，则A,B端连接：

　　A. A或B中有一个接高电平1
　　B. A或B中有一个接低电平0
　　C. A和B并联使用
　　D. 不能实现

27. TTL门构成的逻辑电路如图所示，其实现的逻辑功能是：

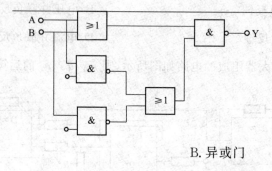

　　A. 或非门
　　B. 异或门
　　C. 与非门
　　D. 同或门

28. 如图所示，输入J=1，设初始状态为0，则输出Q的波形为：

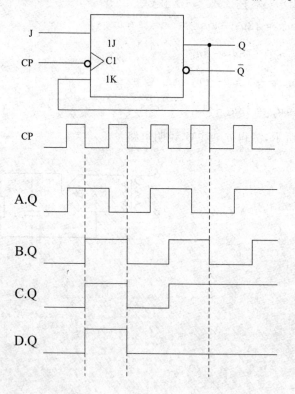

29. 如图所示,74LS161 同步进制计数器为：

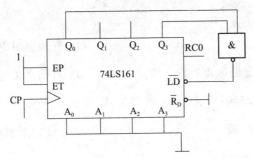

A. 16 进制加法计数 B. 12 进制加法计数
C. 10 进制加法计数 D. 9 进制加法计数

30. 为了将正弦信号转换成与之频率相同的脉冲信号,可采用：

A. 多谐振荡器 B. 施密特触发器
C. 移位寄存器 D. 顺序脉冲发生器

31. 目前我国电能的主要输送方式为：

A. 直流 B. 单相交流
C. 多相交流 D. 三相交流

32. 下列哪个电网电压系统中点不接地：

A. 35kV B. 220kV
C. 110kV D. 500kV

33. 如图所示,函数 Y 的表达式为：

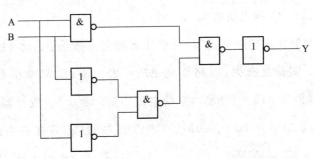

A. $Y=A+B+\overline{AB}$ B. $Y=AB+\overline{AB}$
C. $Y=(\overline{A}+B)(A+\overline{B})$ D. $Y=\overline{A}B+A\overline{B}$

34. 同步发电机稳态运行时,若所带负载为感性,$\cos\varphi = 0.8$,则其电枢反应的性质为:

　　A. 交轴电枢反应　　　　　　　　　B. 直轴去磁电枢反应

　　C. 直轴去磁与交轴电枢反应　　　　D. 直轴增磁与交轴电枢反应

35. 有一台 $P_N = 72500\text{kW}$、$U_N = 10.5\text{kV}$、Y形连接、$\cos\varphi = 0.8$(滞后)的水轮发电机 VA, $R_a^* \approx 0$, $X_d^* = 1$, $X_q^* = 0.554$,则额定负载下发电机励磁电动势 E_0 及 $\dot{E}_0$ 与 $\dot{U}_0$ 的夹角 θ 分别为:

　　A. 10.31kV, 26.4°　　　　　　　　B. 10.31kV, 28.4°

　　C. 10.42kV, 28.4°　　　　　　　　D. 10.42kV, 26.4°

36. 并励电动机的 $P_N = 96\text{kW}$, $U_N = 440\text{V}$, $I_N = 255\text{A}$, $n_N = 500\text{r/min}$, $I_{fN} = 5\text{A}$。已知电枢回路总电阻为 0.078Ω,则额定电流下的电磁转矩为:

　　A. 2007.7N·m　　　　　　　　　　B. 2020.7N·m

　　C. 2018.3N·m　　　　　　　　　　D. 1995.4N·m

37. 一台变压器,额定功率为50Hz,如果将其接到60Hz的电源上,电压的为原额定电压的6/5倍,则空载电流及漏电抗与原来相比:

　　A. 空载电流不变,漏电抗减小1.2倍

　　B. 空载电流不变,漏电抗增大1.2倍

　　C. 空载电流增大,漏电抗减小1.2倍

　　D. 空载电流增大,漏电抗增大1.2倍

38. 两台同参数的变压器并联运行,其变压器额定参数为:变比110kV/10kV,容量100MVA。实验数据为:短路损耗 $\Delta P_k = 228\text{kW}$,短路电压百分比 $U_k(\%) = 10.5$,空载损耗 $\Delta P_0 = 178\text{kW}$,空载电流 $I_0(\%) = 0.8$。变压器工作在额定电压下,流过的总功率为 $(80+j40)\text{MVA}$,则变压器的总功率损耗为:

　　A. $(0.445+j5.80)\text{MVA}$　　　　　B. $(0.3+j6.85)\text{MVA}$

　　C. $(0.15+j1.85)\text{MVA}$　　　　　D. $(0.15+j13.7)\text{MVA}$

39. 额定电压110kV的辐射型电网各段阻抗及负荷如图所示。已知B点功率及电压,则A点的电压及始端功率分别为:

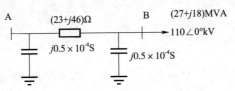

A. $110\angle -1.312°kV,(28.9+j20.7)MVA$

B. $125.2\angle 1.312°kV,(28.9+j20.7)MVA$

C. $121\angle -1.312°kV,(20.6+j10.7)MVA$

D. $125\angle -1.312°kV,(20.6+j10.7)MVA$

40. 降压变压器$110\pm 2\times 2.5\%/6.3kV$,容量为31.5MVA,折算到高压侧的阻抗为$(2.95+j48.8)\Omega$。最大负荷和最小负荷时流过变压器的功率分别为$(24+j18)$MVA和$(12+j9)$MVA,最大负荷和最小负荷时高压侧电压分别为110kV和113kV,低压母线维持额定电压不变,则满足该调压要求的变压器分接头电压为:

A. 110kV B. 104.5kV

C. 115kV D. 121kV

41. 在大负荷时升高电压,小负荷时降低电压的调压方式称为:

A. 逆调压 B. 顺调压

C. 常调压 D. 不确定

42. 对于供电距离较近、负荷变动不大的变电所常用:

A. 逆调压 B. 顺调压

C. 常调压 D. 不确定

43. 下列短路类型中属于对称短路的是:

A. 单相短路 B. 两相短路

C. 三相短路 D. 以上都不是

44. 单相短路电流$i=30A$,则其正序分量的大小为:

A. 30A B. 15A

C. 0A D. 10A

45. 设电动机转子自电阻为 R_2，额定转差率为 S。若电动机转子绕组接入电阻 $2R_2$，则其转差率变为：

    A. S B. $2S$

    C. $3S$ D. $4S$

46. 变压器电压变比 35kV/10.5kV，满载时二次电压为 10.1kV，则其电压调整率为：

    A. 0.15 B. 0.015

    C. 0.38 D. 0.038

47. 当变压器的其他条件不变时，电源频率增大 10%，则励磁电抗会（假设此路不饱和）：

    A. 增大 10% B. 不变

    C. 减小 10% D. 减小 20%

48. 某变压器的额定电压为 35kV/6.3kV，接在 34.5kV 的交流电源上，则变压器二次实际电压为：

    A. 6.3kV

    B. 6.21kV

    C. 6kV

    D. 6.6kV

49. 某水轮发电机的转速为 200r/min，已知电网频率 $f=50Hz$，则其主磁极数应为：

    A. 10 B. 20

    C. 30 D. 40

50. 一台并联于无穷大电网的同步发电机，在 $\cos\varphi=1$ 的情况下运行，此时，若保持励磁电流不变，减小输出的有功功率，将引起：

    A. 功角减小，功率因数减小 B. 功角增大，功率因数减小

    C. 功角减小，功率因数增大 D. 功角增大，功率因数增大

51. 中性点不接地系统中,三相电压互感器作绝缘监视用的附加二次绕组的额定电压应该选择为:

   A. $\dfrac{100}{\sqrt{3}}$V   B. 100V

   C. $\dfrac{100}{3}$V   D. $100\sqrt{3}$V

52. 在 3～20kV 电网中,为了测量相对地电压通常采用:

   A. 三相五柱式电压互感器
   B. 三相三柱式电压互感器
   C. 两台单相电压互感器接成不完全星形连接
   D. 三台单相电压互感器接成 YY 连接

53. 110kV 系统悬垂绝缘子串的绝缘子个数为:

   A. 2   B. 3
   C. 5   D. 7

54. 频率的二次调整是由:

   A. 发电机的调速器完成   B. 负荷的频率特性完成
   C. 发电机的调频器完成   D. 功率确定

55. 一台三相4极异步电动机 $P_N=28\text{kW}$,$U_N=380\text{V}$,$\eta_N=90\%$,$\cos\varphi_N=0.88$,定子为三角形连接,在额定电压下直接启动时,启动电流为额定电流的6倍,则当 Y-△ 启动时,启动电流为:

   A. 100A   B. 35.6A
   C. 96.78A   D. 107A

56. 在变电站设计中,校验电器的热稳定一般宜采用:

   A. 主保护动作时间
   B. 主保护动作时间加相应断路器的开断时间
   C. 后备保护动作时间
   D. 后备保护动作时间加相应断路器的开断时间

57. 下列选项中属于内部过电压的是：

    A. 反击雷过电压　　　　　　　　B. 感应雷过电压

    C. 谐振过电压　　　　　　　　　D. 大气过电压

58. 较小容量变电所的电气主接线若采用内桥接线，下列不符合要求的条件为：

    A. 主变不经常切换　　　　　　　B. 供电线路较长

    C. 线路有穿越功率　　　　　　　D. 线路故障率高

59. 主接线中旁路母线的作用为：

    A. 做备用母线

    B. 不停电检修出线断路器

    C. 不停电检修母线隔离开关

    D. 母线或母线隔离开关故障时，可减少停电范围

60. 高压电器在运行中或操作时会产生噪声，距电器2m外的屋外非连续性噪声水平不应大于：

    A. 60dB　　　　　　　　　　　　B. 85dB

    C. 100dB　　　　　　　　　　　D. 110dB

2020年度全国勘察设计注册电气工程师(发输变电)执业资格考试基础考试(下)试题解析及参考答案

1. **答案**：A

2. **解** 设定3Ω电阻的电流为I_1(方向由上到下,见解图),根据KCL及KVL定律可知：$I_1 = 3I - I = 2I$，$2I + 8 - 3I_1 = 0$，解得：$I = 2\text{A}$，$I_1 = 4\text{A}$，故受控源吸收的功率为：$P = -3I \times 3I_1 = -3 \times 2 \times 3 \times 4 = -72\text{W}$。

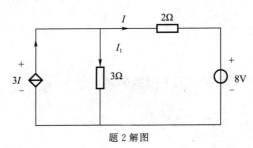

题2解图

答案：A

3. **解** 根据开路电压定义，$U_{oc}|_{I=0} = 5\text{V}$。

答案：B

4. **解** 根据KVL定律可知：$(6+I) \times 3 + 2I - 12 + I = 0$，解得：$I = -1\text{A}$。

答案：D

5. **解** $i = \dfrac{u_s}{Z} = \dfrac{10\angle 0°}{20 + j20} = \dfrac{0.5}{\sqrt{2}} \angle -45°$。

答案：C

6. **解** 已知$i_s = 10\angle 0°$，$X_C = \dfrac{1}{\omega C} = \dfrac{1}{10^5 \times 0.65 \times 10^{-6}} = 15.38$，$X_L = \omega L = 10^5 \times 80 \times 10^{-6} = 8$，根据并联分流公式可知,电阻回路电流为：

$$i = \dfrac{-jX_C}{-jX_C + R + jX_L} i_s = \dfrac{-j15.38}{-j15.38 + 8 + j8} \times 10\angle 0° = \dfrac{153.8\angle -90°}{10.88\angle -42.69°} = 14.14\angle -47.31°$$

故电阻消耗的功率$P = I^2 R = 14.14^2 \times 8 = 1600\text{W}$。

答案：C

7. **解** 开关断开前，$I = \dfrac{U_B}{Z}$；开关断开后，BC两相形成回路，$I' = \dfrac{U_{BC}}{2Z} = \dfrac{\sqrt{3}U_B}{2Z} =$

$\frac{\sqrt{3}}{2}I$。

答案: B

8. 答案: A

9. 解 本题考查利用非正弦周期电压求平均功率,已知电压 $u_s = \left(\frac{1}{\sqrt{2}} + \sqrt{2}\cos t\right) = u_0 + u_1$,计算得电流 $i = \frac{u_0}{R} + \frac{u_1}{R + j\omega L} = \frac{1}{\sqrt{2}} + \cos(t - 45°)$,故有效值 $I = \sqrt{\left(\frac{1}{\sqrt{2}}\right)^2 + 1} = \sqrt{\frac{3}{2}}$ A。

答案: B

10. 答案: A

11. 解 (1)初始值:开关闭合后,根据换路定则可知,$i_L(0_+) = i_L(0_-) = 0$A;

(2)时间常数:$\tau = \frac{L}{R} = \frac{1}{6//3} = 0.5$;

(3)稳态值:$i_L(\infty) = 2$A,则 $i_L(t) = i_L(\infty) + [i_L(0_+) - i_L(\infty)]\mathrm{e}^{-\frac{t}{\tau}} = 2(1 - \mathrm{e}^{-2t})$V。

答案: D

12. 解 球外任意一点的电场强度为 $E = \frac{q}{4\pi\varepsilon_0 r^2}$,球外两点与圆心距离不变,故电场强度不变。

答案: C

13. 解 静电场为无旋度源场,即无源场,因而空间任一点的电位或任意两点间的电压的计算与路径无关。

答案: A

14. 解 根据磁路安培定律,$F = \Phi R$,其中,R 为磁阻,相当于电路中的电阻;Φ 为磁通,相当于电路中的电流。

答案: A

15. 解 根据电荷守恒定律(电流连续性方程),恒定电流密度在任一闭合面上的积分恒为零,即流入某闭合曲面电流必定等于流出该闭合曲面电流,由此可反映电流具有连续性。

答案: B

16. 解 电磁波的传播不需要介质,在各种介质中均可传播。同频率的电磁波,在真空中的传播速度最快,在不同介质中的速度不同。

答案:D

17.解 根据恒定磁场的磁通连续性定理$\oint_S B\mathrm{d}S=0$,磁场线(又称磁感应线)必定是无头无尾的闭合曲线,恒定磁场是一个无散场,故散度为零。

答案:C

18.解 如解图所示,根据波印廷矢量的定义$\vec{S}=\vec{E}\times\vec{H}$,电场、磁场以及电磁波的传播方向应遵循右手螺旋定则,所以电磁波的传播方向与电场和磁场垂直,沿 X 轴正向传播。

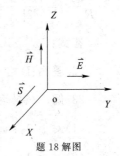

题 18 解图

答案:D

19.解 二极管阳极电位高于阴极电位,二极管导通,故 $u_o=6\mathrm{V}$。

答案:C

20.解 根据题中共集电极放大电路,画出微变等效电路图如解图所示。

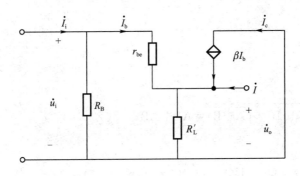

题 20 解图

根据解图可知,输入阻抗 $r_i = R_B // [r_{be} + (1+\beta)R'_L]$,其中,$R'_L = R_E // R_L$。

对于输出阻抗采用外加电源法,求等效的输出阻抗(内部独立源置 0)。

$$r_o = \frac{\dot{U}}{\dot{I}}\bigg|_{\substack{u_i=0 \\ R_L=\infty}}, \text{则} \dot{I} = -\dot{I}_b - \beta\dot{I}_b + \dot{I}_e = \frac{\dot{U}}{r_{be}} + \beta\frac{\dot{U}}{r_{be}} + \frac{\dot{U}}{R_E},$$

即 $r_o = \dfrac{\dot{U}}{\dot{I}} = R_E // \dfrac{r_{be}}{1+\beta} \approx \dfrac{r_{be}}{1+\beta} = 0.011\mathrm{k\Omega}$

输入电压 $\dot{U}_i = r_{be}\dot{I}_b + (1+\beta)R'_L\dot{I}_b$,输出电压 $\dot{U}_o = (1+\beta)R'_L\dot{I}_b$。

$$\dot{A}_u = \frac{\dot{U}_o}{\dot{U}_i} = \frac{(1+\beta)R'_L\dot{I}_b}{r_{be}\dot{I}_b + (1+\beta)R'_L\dot{I}_b} = \frac{(1+\beta)R'_L}{r_{be} + (1+\beta)R'_L}$$

代入数值得：$\dot{A}_u = 0.98, r_i = 19.3\text{k}\Omega, r_o \approx 11\Omega$。

答案：A

21. 解 根据运算放大器的虚断和虚短特性可知，$u_- = u_+ = \dfrac{R}{R+2R} \times u_i = \dfrac{1}{3}u_i$，$\dfrac{u_i - u_-}{R} = \dfrac{u_- - u_0}{2R} \Rightarrow u_0 = -u_i$。

答案：C

22. 答案：D

23. 解 根据运算放大器的虚断和虚短特性可知：

(1)对于 A_1：$u_{o1} = u_1$；

(2)对于 A_2：$u_{o2} = 2u_2$；

(3)对于 A_3：$u_- = u_+ = u_{o2}$，$\dfrac{u_{o1} - u_-}{R_4} = \dfrac{u_- - u_o}{8R_4} \Rightarrow u_o = 18u_2 - 8u_1$。

答案：A

24. 答案：C

25. 答案：C

26. 答案：A

27. 解 $Y = \overline{(A+B) \cdot (\overline{A} + \overline{B})} = AB + \overline{A}\,\overline{B}$。

答案：D

28. 解 $Q^{n+1} = J\overline{Q^n} + \overline{K}Q^n = \overline{Q^n}(J=1, K=Q^n)$。

答案：B

29. 解 74LS161 为十六进制加法计数器，从图中 161 的接线可以看出，计数方式为反馈置数法(同步置数)。74LS161 计数有 0000~1001 共 10 个状态，最后一个状态为有效状态，故为十进制计数器。

答案：C

30. 解 施密特触发器的基本应用之一就是波形变换，将变化缓慢的波形变换成矩形波(如将三角波或正弦波变换成同周期的矩形波)。解图 a)为反相施密特触发器，解图 b)为输入和输出波形，解图 c)为转换特性曲线。

如解图 a)所示，运算放大器的输出电压在正、负饱和之间转换，$v_o = \pm V_{\text{sat}}$。输出电压经由 R_1、R_2 分压后反馈到非反相输入端，$v_+ = \beta v_o$，其中反馈因数 $\beta = \dfrac{R_1}{R_1 + R_2}$。

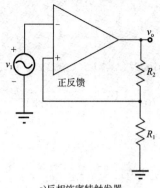

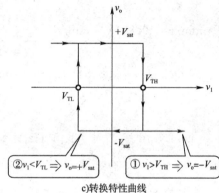

a)反相施密特触发器　　　　b)输入和输出波形

c)转换特性曲线

题 30 解图

当 v_o 为正饱和状态 V_{sat} 时,由正反馈得上临界电压

$$V_{TH} = \beta v_o = \frac{R_1}{R_1+R_2} \times (+V_{sat}) = \frac{R_1}{R_1+R_2}V_{sat}。$$

当 v_o 为负饱和状态 $-V_{sat}$ 时,由正反馈得下临界电压

$$V_{TL} = \beta v_o = \frac{R_1}{R_1+R_2} \times (-V_{sat}) = -\frac{R_1}{R_1+R_2}V_{sat}。$$

V_{TH} 与 V_{TL} 的电压差为滞后电压 $V_H = V_{TH} - V_{TL} = 2\beta V_{sat} = \frac{2R_1}{R_1+R_2}V_{sat}。$

答案:B

31. **答案:**D

32. **答案:**A

33. **解**　$Y = \overline{\overline{A}B} \cdot \overline{A\overline{B}} = (A+\overline{B}) \cdot (\overline{A}+B) = \overline{A}\overline{B}+AB。$

答案:D

34. **答案:**C

35. **解**　由 $\cos\varphi = 0.8$(滞后)可得:$\varphi = 36.87°$,$\sin\varphi = 0.6$,故内功率因数角 ψ 为:

$$\tan\psi = \frac{I^* X_q^* + U^* \sin\varphi}{U^* \cos\varphi + I^* R_a^*} \Rightarrow \psi = \arctan\frac{I^* X_q^* + U^* \sin\varphi}{U^* \cos\varphi + I^* R_a^*} = \arctan\frac{1\times 0.554 + 1\times 0.6}{1\times 0.8} = 55.27°$$

因此功角 $\theta = \psi - \varphi = 55.27° - 36.87° = 28.4°$

励磁电动势为：

$$E_0^* = U^* \cos\theta + I_d^* X_d^* = U^* \cos(\psi - \varphi) + I^* \sin\psi X_d^* = 1 \times \cos 28.4° + 1 \times 1$$

$$\times \sin 55.27° = 1.701 \quad E_0 = E_0^* \times \frac{U_N}{\sqrt{3}} = 1.701 \times \frac{10.5}{\sqrt{3}} = 10.31 \text{kV}$$

答案：B

36. 解 额定电枢电流 $I_{aN} = I_N - I_{fN} = (255 - 5)\text{A} = 250\text{A}$

额定电枢电动势 $E_N = U_N - I_{aN} R_a = (440 - 250 \times 0.078)\text{V} = 420.5\text{V}$

$$C_E \Phi = \frac{E_N}{n_N} = \frac{420.5}{500} \text{V} \cdot \text{min/r} = 0.841 \text{V} \cdot \text{min/r}$$

额定电磁转矩 $T_{emN} = \frac{30}{\pi} C_E \Phi I_{aN} = \frac{30}{\pi} \times 0.841 \times 250 \text{N} \cdot \text{m} = 2007.7 \text{N} \cdot \text{m}$

答案：A

37. 解 根据 $U_1 \approx E_1 = 4.44 N_1 f \Phi_m$，频率 f 由 50Hz 变为 60Hz，电压 U_1 变为原来的 6/5，主磁通 Φ_m 不变，因此磁动势 $N_1 I_0$ 不变，故空载电流不变。

由于主磁通 Φ_m 不变，故铁芯饱和程度不变，主磁路磁导 Λ_m 不变，励磁电抗 $X_m = 2\pi f N_1^2 \Lambda_m \propto f N_1^2 \Lambda_m$，故励磁电抗 X_m 增大为原来的 1.2 倍。

漏电抗 $X_{1\sigma} = 2\pi f N_1^2 \Lambda_{1\sigma}$，$X_{2\sigma} = 2\pi f N_2^2 \Lambda_{2\sigma}$，$\Lambda_{1\sigma}$、$\Lambda_{2\sigma}$ 与饱和程度无关，为常数，故漏电抗增大为原来的 1.2 倍。

答案：B

38. 解 总负荷功率 $S_2 = \sqrt{80^2 + 40^2} = 89.44\text{MVA}$，代入 n 台变压器并联运行总功率损耗公式：$\Delta S = \Delta P + \Delta Q = n \frac{P_k}{1000} \times \frac{S_2^2}{(nS_N)^2} + n \frac{P_0}{1000} + j \left[n \frac{U_k \% S_N}{100} \times \frac{S_2^2}{(nS_N)^2} + n \frac{I_0 \% S_N}{1000} \right]$

代入题干数据得：

$$\Delta P = n \frac{P_k}{1000} \times \frac{S_2^2}{(nS_N)^2} + n \frac{P_0}{1000} = 2 \times \frac{228}{1000} \times \frac{89.44^2}{(2 \times 100)^2} + 2 \times \frac{178}{1000} = 0.447 \text{MW}$$

$$\Delta Q = j \left(n \frac{U_k \% S_N}{100} \times \frac{S_2^2}{(nS_N)^2} + n \frac{I_0 \% S_N}{100} \right) = j \left[2 \times \frac{10.5 \times 100}{100} \times \frac{89.44^2}{(2 \times 100)^2} + 2 \times \frac{0.8 \times 100}{100} \right]$$

$$= 5.80 \text{Mvar}$$

答案：A

39. 解 (1) 设末端电压为额定电压 $U_N = 110\text{kV}$，则线路末端导纳支路的无功损耗为：

$$\Delta \tilde{S}_{Y2} = -j \frac{B}{2} U_N^2 = -j 0.5 \times 10^{-4} \times 110^2 = -j 0.605 \text{Mvar}$$

(2)线路阻抗支路末端的功率为:

$$\tilde{S}'_2 = \tilde{S}_2 + \Delta \tilde{S}_{Y2} = P'_2 + jQ'_2 = 27 + j18 - j0.605 = (27 + j17.395)\text{MVA}$$

(3)线路阻抗支路的功率损耗为:

$$\Delta \tilde{S}_z = \frac{P'^2_2 + Q'^2_2}{U^2_2}(R + jX) = \frac{27^2 + 17.395^2}{110^2} \times (23 + j46) = (1.96 + j3.92)\text{MVA}$$

(4)线路阻抗支路首端的功率为:

$$\tilde{S}'_1 = \tilde{S}'_2 + \Delta \tilde{S}_z = 27 + j17.395 + 1.96 + j3.92 = (28.96 + j21.32)\text{MVA}$$

(5)电压降落的纵分量和横分量分别为:

$$\Delta U_2 = \frac{P'_2 R + Q'_2 X}{U_2} = \frac{27 \times 23 + 17.395 \times 46}{110} = 12.92\text{kV}$$

$$\delta U_2 = \frac{P'_2 X - Q'_2 R}{U_2} = \frac{27 \times 46 - 17.395 \times 23}{110} = 7.65\text{kV}$$

(6)首端电压为:

$$\dot{U}_1 = \dot{U}_2 + \Delta U_2 + j\delta U_2 = 110 + 12.92 + j7.65 = 123.2\angle 3.56°$$

(7)始端功率为:

$$\tilde{S}'_1 = \tilde{S}'_1 + \Delta \tilde{S}_{Y1} = \tilde{S}'_1 - j\frac{B}{2}U^2_1 = 28.96 + j21.32 - j0.5 \times 10^{-4} \times 123^2$$

$$= (28.96 + j20.56)\text{MVA}$$

答案: B

40. 解 低压母线电压维持在额定电压不变,最大、最小负荷时低压侧电压均为 6.3kV,即 $U_{2\max} = U_{2\min} = 6.3\text{kV}$,则有:

$$\frac{U_{1t\max}}{U_{2N}} = \frac{U_{1\max} - \Delta U}{U_{2\max}} \Rightarrow U_{1t\max} = U_{2N} \times \frac{U_{1\max} - \Delta U}{U_{2\max}} = 6.3 \times \frac{110 - \frac{24 \times 2.95 + 18 \times 48.8}{110}}{6.3} = 101.37\text{kV}$$

$$\frac{U_{1t\min}}{U_{2N}} = \frac{U_{1\min} - \Delta U}{U_{2\min}} \Rightarrow U_{1t\min} = U_{2N} \times \frac{U_{1\min} - \Delta U}{U_{2\min}} = 6.3 \times \frac{113 - \frac{12 \times 2.95 + 9 \times 48.8}{113}}{6.3} = 108.8\text{kV}$$

因此,$U_{1t} = \frac{U_{1t\max} + U_{1t\min}}{2} = 105.1\text{kV}$,选择最接近该值的分接头为 -5%,对应电压为 104.5kV。

答案: B

41. 解 电力系统中负荷点数目众多而分散,不可能也没有必要对每个负荷点电压进行监视调整,系统中常选择一些有代表性的电厂和变电站母线作为电压监视点,称为电压中枢点。中枢点的调压方式包括逆调压、顺调压和常(恒)调压三类。

(1)逆调压:在大负荷时升高电压,小负荷时降低电压的调压方式。一般采用逆调压方式,在最大负荷时可保持中枢点电压比线路额定电压高5%,在最小负荷时保持为线路额定电压。供电线路较长、负荷变动较大的中枢点往往要求采用这种调压方式。

(2)顺调压:大负荷时允许中枢点电压低一些,但不低于线路额定电压的102.5%,小负荷时允许其电压高一些,但不超过线路额定电压的107.5%的调压模式。对于某些供电距离较近,或者符合变动不大的变电所,可以采用这种调压方式。

(3)常(恒)调压:介于前面两种调压方式之间的调压方式是恒调压,即在任何负荷下,中枢点电压保持为恒定的数值,一般比线路额定电压高2%~5%。

答案:A

42. 答案:B

43. 答案:C

44. 解 本题考查正序等效定则。

答案:D

45. 解 对于异步电动机来讲,在负载转矩不变的情况下,通过调节转子电路中的电阻进行调速,外接转子电阻越大,转子转差率就越大,转速越低。设转子自电阻为 R_2,串入电阻为 R_s,额定转差率为 S,串入电阻后转差率变为 S',则有如下关系式: $\frac{R_2+R_s}{S'}=\frac{R_2}{S}$,故当 $R_s=2R_2$ 时, $S'=3S$。

答案:D

46. 解 $\Delta U\% = \frac{U_{2N}-U_2}{U_{2N}} \times 100\% = \frac{10.5-10.1}{10.5} \times 100\% = 3.8\%$。

答案:D

47. 解 根据励磁电抗公式 $X_m = 2\pi f N_1^2 \Lambda_m$,磁路不饱和,励磁电抗与频率成正比。

答案:A

48. 解 根据变压器变压原理, $\frac{U_{1N}}{U_{2N}} = \frac{U_1}{U_2}$。

答案:B

49. 解 根据公式 $n=\frac{60f}{P}$,代入数据得,磁极对数 $P=15$,则主磁极数 $2P=30$。

答案:C

50. 解 由同步发电机的有功功率和无功功率调节方式可知，励磁电流不变，即空载电势 E_0 不变。当有功功率减小时，电磁功率 $P_M = \dfrac{mE_0 U}{x_s}\sin\delta = 3UI\cos\varphi$ 也将减小，功角 δ 减小。根据隐极同步发电机的电动势平衡方程 $\dot{E}_0 = \dot{U} + j\dot{I}X_s$ 相量图可得，只有 φ 增大，才能保证 E_0、U 不变，则功率因数减小。

答案：A

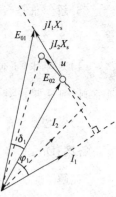

题 50 解图

51. 解 中性点不接地系统中，三相电压互感器作绝缘监视用的附加二次绕组的额定电压选择为 $\dfrac{100}{3}$V，中性点直接接地系统中，三相电压互感器附加二次绕组的额定电压选择为 100V。

答案：C

52. 答案：A

53. 解 根据《110kV～750kV 架空输电线路设计规范》(GB 50545—2010)第 7.0.2 条规定，在海拔高度 1000m 以下地区，操作过电压及雷电过电压要求的悬垂绝缘子串的绝缘子最少片数应符合解表规定。耐张绝缘子串的绝缘子片数应在表的基础上增加，对 110kV～330kV 输电线路应增加 1 片，对 500kV 输电线路应增加 2 片，对 750kV 输电线路不需增加片数。

题 53 解表

标称电压(kV)	110	220	330	500	750
单片绝缘子的高度(mm)	146	146	146	155	170
绝缘子片数(片)	7	13	17	25	32

答案：D

54. 解 一次调频是有差调频，由发电机的调速器完成。二次调频可做到无差调频，是由发电机的调频器完成。

答案：C

55. 解 额定电流 $I_N = \dfrac{P_N}{\sqrt{3}U_N\cos\varphi_N\eta_N} = \dfrac{28000}{\sqrt{3}\times 380\times 0.9\times 0.88} = 53.71\text{A}$

Y-△ 启动时，启动电流 $I_{stY} = \dfrac{1}{3}I_{st\triangle} = \dfrac{1}{3}\times 6I_N = \dfrac{1}{3}\times 6\times 53.71 = 107.42\text{A}$。

答案：D

56. 解 根据《导体和电器选择设计技术规定》(DL/T 5222—2005)第5.0.13条规定：

(1)对导体(不包括电缆)宜采用主保护动作时间加相应断路器开断时间。主保护有死区时,可采用能对该死区起作用的后备保护动作时间,并采用相应处的短路电流值。

(2)对电器宜采用后备保护动作时间加相应断路器的开断时间。

答案：D

57. 解 电力系统过电压包括内部过电压和外部过电压,其中内部过电压分类如下：

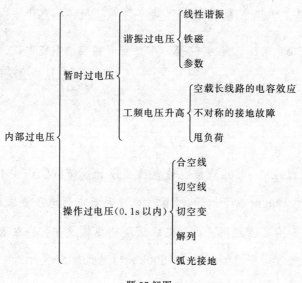

题57解图

答案：C

58. 解 内桥接线适用于主变不经常切换、供电线路长(线路故障率高)的系统,而外桥接线适用于主变经常切换、供电线路短及线路有穿越功率的场合。

答案：C

59. 答案：C

60. 解 以《声环境质量标准》(GB 3096—2008)提出的二类昼间标准为例,即每天6:00~22:00期间不得超过60dB。电力工程设计中也提出,在距离电器2m处不应大于下列水平：①连续性噪声水平:85dB；②非连续性噪声水平:屋内90dB,屋外110dB。

答案：D